大气科学 经典译丛

# 动力气象学引论
## 原书第五版

# An Introduction
# to Dynamic Meteorology
## Fifth Edition

■ [美] James R. Holton
Gregory J. Hakim 著

■ 段明铿 王 文 刘毅庭 译

U0275811

电子工业出版社
**Publishing House of Electronics Industry**
北京·BEIJING

## 内 容 简 介

本书是由 Holton 教授和 Hakim 教授撰写的大气科学专业的经典教科书。本书全面、系统地阐述了动力气象学的基本概念和基本理论，从理论上深入探讨了大气环流、天气系统和其他大气运动的演变规律，还讨论了一些动力气象学领域的新进展。本书物理概念明晰，数学推导严谨，叙述准确明了，注重理论和实际的结合与联系。

本书既可作为高等院校大气科学专业及相关专业本科生和研究生的教材，又可作为气象、水文、海洋、环境等部门科研和业务人员的参考用书。

版权贸易合同登记号　图字：01-2015-7155

**图书在版编目（CIP）数据**

动力气象学引论：原书第五版/（美）詹姆斯·霍顿（James R. Holton），（美）格雷戈瑞·哈金（Gregory J. Hakim）著；段明铿，王文，刘毅庭译. —北京：电子工业出版社，2019.6

（大气科学经典译丛）

书名原文：An Introduction to Dynamic Meteorology, Fifth Edition

ISBN 978-7-121-35611-7

Ⅰ．①动…　Ⅱ．①詹…　②格…　③段…　④王…　⑤刘…　Ⅲ．①理论气象学　Ⅳ．①P43

中国版本图书馆 CIP 数据核字（2018）第 263671 号

责任编辑：李　敏
印　　刷：北京盛通数码印刷有限公司
装　　订：北京盛通数码印刷有限公司
出版发行：电子工业出版社
　　　　　北京市海淀区万寿路 173 信箱　邮编　100036
开　　本：787×1 092　1/16　印张：26　字数：666 千字
版　　次：2019 年 6 月第 1 版
印　　次：2024 年 4 月第 7 次印刷
定　　价：99.00 元

以此纪念 James R. Holton（1938—2004 年）

# 目 录

# 前　言

霍尔顿先生修订本书第四版时，我是以最熟悉领域顾问的身份参与的。在修订接近尾声时，霍尔顿先生问我是否愿意以合著者的身份参加下一版的修订。尽管我很珍惜这次难得的机会，并期待进一步合作，但因为霍尔顿先生在 2004 年 3 月 3 日去世，却再也没有机会了。他的突然离世冲击着他产生过具大影响力的动力气象学界。他在这一领域的影响就包括这本关于动力气象学的书籍，这本书已经成为几代大气科学及相关学科学生、从业者的专业标准教材。没有霍尔顿先生的指导，要对其进行修订是非常困难的，但现实情况也给了我们从全新的角度去审视以往内容的机会，毕竟这些内容可以追溯到 20 世纪 60 年代在麻省理工学院授课时的讲义。

这本书服务于 3 个群体：大气科学专业的本科生和研究生、气象领域的从业者，以及与物理科学有关的、希望对动力气象学有明确的概括性了解的人。在本书的修订过程中，作为一名学生和一名教师，我设法充分利用自己的经验来精简和更新文本内容，以满足上述人群的需要。本版主要的结构变化包括第 5 章（大气波动——线性扰动理论，第四版的第 7 章）、第 7 章（斜压发展，第四版的第 8 章）、第 8 章（行星边界层，第四版的第 5 章）。本版的内容从核心概念的概述（见第 1~4 章）出发，到理解应用核心概念所需的方法（见第 5 章），再到对温带天气系统的理解（见第 6 章和第 7 章），最后几章则是对若干主题的深入探讨。

本版除了若干小的改动，还有如下实质性修订。第 1 章对关于黏性效应和非惯性参考系的内容进行了精简，并增加了一节关于运动学的内容。第 2 章增加了布辛涅斯克近似和湿空气热力学的内容，这些内容会在本书后面若干章节使用。第 4 章给出了对位涡（PV）的进一步分析，包括 Ertel 位涡（开尔文环流定理的特殊情况）的推导、非保守作用的讨论，以及利用位涡构建动力学对流层顶分布的例子；此外，还借助位涡推导了后面章节大量使用的正压浅水方程。第 5 章将基本波动的讨论拓展到了三维，并给出了求解波动问题的总体策略。讨论了浅水和静止层结大气中的定常罗斯贝波解，为读者深入理解第 6 章的准地转近似奠定了基础。对第 6 章进行了大幅度的改写，从 Ertel 位涡守恒方程出发，用一个新颖简单的办法推导出了准地转方程。与之前的版本相比，本版使用的是标准高度坐标，这样就可以把读者从与 $p$ 坐标系有关的思维训练中解放出来；还提供了一个准地转模式的 MATLAB 代码和诊断程序包，允许读者来模拟和诊断温带天气系统，且这些代码可以很容易地移植到不同的大气模态。第 7 章讨论的是斜压发展，具体的处理大致与之前的版本相同，但对广义的稳定性有更丰富的讨论。第 9 章新增了关于飓风的最新研究成果，包括对潜在强度理论的完整推导和讨论。第 10 章新增了一节针对气候敏感性和气候反馈的综述，这也是学术界越来越感兴趣的内容。最后，第 13 章新增了资料同化的数学处理，从标量的简单例子发展到了多变量；此外，还讨论了卡尔曼滤波、变分技术（3DVAR 和 4DVAR）、集合卡尔曼滤波，并新增了一节回顾可预报性和集合预报的内容，包括刘维尔方程及关于集合预报理论的初步结果。关于本书及教学辅助工具的信息可以参考网址 http://booksite.elsevier.com/9780123848666。

感谢 Margaret Holton 在本人承担这项工作过程中给予的支持！感谢 Dale Durran 和 Cecilia Bitz 为本书第四版提供的高质量勘误表，这对于本次修订很有帮助。感谢 Hanin Binder、Bonnie Brown、Dale Durran、Luke Madaus、Max Menchaca、Dave Nolan、Ryan Torn 和 Mike Wallace 对各章节早期草稿提出的意见和建议。尽管如此，错误依然在所难免，如您发现任何错误，请发邮件至 holton.hakim@gmail.com。

Gregory J. Hakim

华盛顿州西雅图

# 序 言

· · · · · · · · ·

　　动力气象学是大气科学学科的重要分支和理论基础,其发展对大气科学学科发展具有重要意义。从 1920 年开始,气象学家陆续提出了一系列的理论学说,如锋面气团学说、Ekman 层理论、大气长波理论、准地转理论、混沌理论、位涡理论、大圆理论等,极大地促进了动力气象学的发展,使之从经验学科上升为理论学科。动力气象学也广泛应用数学、力学、流体力学和热力学等学科,作为学科相关理论的基础知识,分析与天气、气候密切相关的大气运动及其与之相伴的物理状态的演变规律。截至目前,大气波动学、大气环流理论、中小尺度大气动力学、热带大气动力学等都已逐步形成了比较完整的理论体系。气象学家将这些理论付诸实践,还形成了完整的数值模拟和预报预测学科体系,使我们对天气、气候的模拟和预报预测走向了科学化、定量化、客观化。

　　动力气象学课程是国内外高等院校大气科学类专业的必修课程、核心课程和主干课程。学生对这门课程的掌握程度在某种意义上决定了对这个专业的理解和认识,而一本好的教材无疑可以在其中发挥很大的作用。Holton 教授等编写的 *An Introduction to Dynamic Meteorology* 作为动力气象学方面的经典教材,其影响范围之广、影响时间之长,无论怎样评价它的重要性都不为过。自 1972 年该教材首次出版以来,到目前已经过五次改版修订。通过吸纳最新研究成果,该教材的内容不断完善和丰富,目前的内容包括大气动力学、大气热力学、大气波动学、大气能量学、大气行星边界层、中层大气、中尺度环流、资料同化、大气数值模拟和数值天气预报等,几乎涵盖了经典动力气象学的所有领域,是一本不可多得的教材和参考书。

　　因教学需要,段明铿博士等人花费大量的时间和精力翻译了这本国际通用的动力气象学著作,这是一件非常有意义的工作。对大气科学及相关专业的本科生和研究生来说，能有一本与国际接轨的著作，无论是作为教材还是作为参考书都大有裨益。段明铿博士等人翻译完成的《动力气象学引论（原书第五版）》可以帮助读者避免直接阅读原著所面临的相关困难。

我期待本书译者及其他气象同行未来能够出版更多富有特色的动力气象学教材，为大气科学一流人才培养，以及气象科研和业务提升做出更大贡献！

2019 年 5 月

# 译者序

·········

　　动力气象学是大气科学学科的重要分支，是运用物理学定律研究大气运动的动力、热力过程及其相互关系，从理论角度分析大气环流、天气和气候系统及其他大气运动演变规律的分支学科。动力气象学也是流体力学的一个分支，研究的是在旋转地球上密度随高度变化流体的运动变化规律。动力气象学对于我们认识大气运动的机理、掌握天气和气候演变规律具有十分重要的作用，是现代大气科学各分支学科的理论基础。动力气象学课程是高等院校大气科学及相关专业本科生必修的专业基础课程和主干课程。

　　Holton 教授编著的 *An Introduction to Dynamic Meteorology* 是享誉世界的大气科学专业经典教材。国内曾在 1980 年出版过这本教材第一版的中译本（原中国人民解放军空军气象学院训练部译）。到现在将近 40 年过去了，这本教材的英文版经过多次再版，目前已出版了第五版。相比第一版，其中的内容已发生了显著的变化，例如，增加了有关中尺度环流和中层大气的内容，扩充了习题，增加了 MATLAB 练习题；同时，作者还对几乎所有章节进行了补充和改写，增加了许多最新的研究成果，如有关可预报性、资料同化及气候敏感度等方面的内容。相比第一版，第五版可以说是一本全新的教材。

　　2008 年，我到南京信息工程大学大气科学学院工作后，主要为本科生讲授"动力气象学"和"数值天气预报"课程。由于授课需要，我开始仔细研读这本教材，并翻译了其中若干知识点。2011 年，受学校委派，我有幸到英国雷丁大学进行教学培训，通过对该校气象学专业相关课程教学状况的深入了解，我更加认识到一本好的教材对课程教学的重要性。回国后，我与王文老师合作讲授了"动力气象学（双语）"课程，以此为契机，我开始系统翻译这本教材。翻译的过程就是重新学习的过程。为了确保翻译质量，我必须花费大量的时间研读原著、查阅资料、请教专家。正所谓教学相长，每年为本科生的授课也为提高翻译质量起到了重要作用，正是在授课过程中与课程团队其他老师及同学们的交流，让我对相关问题有了更加深入的认识和理解。

本人完成了全书的翻译工作，王文老师对译稿进行了详细的审核、修改和完善，刘毅庭老师做了文字方面的修饰工作。本书不仅适用于大气科学类专业本科生、研究生的教学，也可作为气象、海洋、环境等领域科研人员和业务人员的参考用书。

感谢周秀骥院士、王盘兴教授、赵平研究员、朱跃建研究员、何金海教授、管兆勇教授、郭品文教授、朱伟军教授、陈海山教授等诸位师长一直以来的教诲和帮助，感谢在本书翻译过程中给予帮助的所有老师和同学，感谢电子工业出版社李敏编辑在本书出版过程中的辛苦工作。本书的出版得到了江苏省高等教育教改研究课题"国际一流大气科学专业建设的探索与实践"（项目编号：2015JSJG032）和江苏高校品牌专业建设工程项目（编号：PPZY2015A016）的资助，特此致谢。

最后，在本书付梓之际，我们很荣幸邀请到中国气象学会理事长王会军院士为本书作序，对王院士一直以来的关心、帮助和鼓励，谨表示衷心的感谢！

读者可在华信教育资源网（http://www.hxedu.com.cn）查询获取与本书 MATLAB 练习题配套的电子资源。

由于译者水平所限，书中不免有不妥之处，期盼有关专家和读者不吝赐教，不胜感激！

段明铿

2019 年 5 月

于南京信息工程大学

# 第 1 章

# 引 言

## 1.1 动力气象学

动力气象学研究的是与天气和气候相关的地球大气运动。这些运动组成了连贯的环流特征，主要通过风、温度、云和降水来影响人类活动。持续几分钟到几天的短期特征与天气有关，本书将分析一些人们熟悉的天气系统，包括热带和温带气旋、有组织雷暴、发生在山脉附近的局地风等。图 1.1 给出的是大气中较大天气系统混合作用的结果，从热带地区的大面积对流云到南、北半球较高纬度地区的温带气旋。这些天气系统发生在大气与地面接触的部分，即对流层。对流层的温度通常随高度的升高而降低，并且其中包含了大气中绝大多数的水汽、云和降水。平均而言，对流层在垂直方向上伸展到约 10 km，也就是对流层顶所在的位置。对流层顶之上是平流层，由于臭氧吸收紫外辐射后加热大气，使得该层中的温度随着高度的升高而增大。本书讨论的大部分内容都是关于对流层和平流层动力学的。

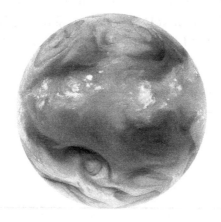

图 1.1 波长约为 6.7 μm 的红外卫星图像。由于这一波长捕捉的是地表以上 5～10 km 的层次内场的分布，因此被称为水汽通道。不同于云，水汽是连续分布的，所以大气的运动特别容易捕捉。在图中可以看到热带地区的对流云及更高纬度处涡旋的混合作用（来源：NASA）

更长的时期则属于气候范畴，环流特征会在地球上很大的区域内从季持续到年。气候变异包括风暴发生位置的变动、大尺度气压系统的振荡，以及与热带太平洋的厄尔尼诺和南方涛动（ENSO）有关的行星尺度变异。ENSO 现象提醒我们，尽管动力气象学是对大气运动的研究，但大气运动与地球系统中诸如海洋圈、生物圈和冰雪圈等其他部分都有联系，并且在化学成分的输送过程中发挥着积极的作用。此外，这里提出的很多思想也适用于其他行星的大气。

在开始探讨动力气象学相关问题之前，首先需要引入一些基本概念。需要注意的是，控制大气运动的定律应当满足量纲一致性原理，即描述这些定律的方程中，各项必须有相同的量纲，这些量纲可以用 4 个量纲独立的基本属性（长度、时间、质量和热力学温度）的积或者商来表示。为了度量和比较运动定律中各项的尺度，必须为这 4 个基本属性定义一套度量单位。本书全部使用国际单位制（SI）。4 个基本属性用表 1.1 中的 SI 基本单位来度量，其他属性则用 SI 导出单位来度量。导出单位是由基本单位的积或商组成的，例如，速度的单位米/秒（$\mathrm{m\,s^{-1}}$）是导出单位。

表 1.1　SI 基本单位

| 属　性 | 名　称 | 符　号 |
| --- | --- | --- |
| 长度 | 米 | m |
| 质量 | 千克 | kg |
| 时间 | 秒 | s |
| 温度 | 开尔文 | K |

一些重要的导出单位有其特定的名字和符号。表 1.2 列出了动力气象学中常用的一些导出单位。此外，国际单位制中还有一些表示角速度（$\mathrm{rad\,s^{-1}}$）需要的平面角、弧度（rad）等辅助单位[1]。表 1.3 所示为本书频繁使用的若干基本物理量的符号。需要注意的是，完整的三维速度矢量 $U$ 与水平速度矢量 $V$ 有关，其关系在高度和气压垂直坐标中分别为 $U = (V, w)$ 和 $U = (V, \omega)$。本书用"纬向"表示东西方向，用"经向"表示南北方向。

表 1.2　有特定名称的 SI 导出单位

| 属　性 | 名　称 | 符　号 |
| --- | --- | --- |
| 频率 | 赫兹 | Hz（$\mathrm{s^{-1}}$） |
| 力 | 牛顿 | N（$\mathrm{kg\,m\,s^{-1}}$） |
| 压强 | 帕斯卡 | Pa（$\mathrm{N\,m^{-2}}$） |
| 能量 | 焦耳 | J（$\mathrm{N\,m}$） |
| 功 | 瓦特 | W（$\mathrm{J\,s^{-1}}$） |

---

[1] 注：赫兹度量的频率，是每秒的周期运动次数，而不是每秒的弧度。

表 1.3　基本物理量的符号和单位

| 物 理 量 | 符 号 | 单 位 |
|---|---|---|
| 三维速度矢量 | $U$ | $m\ s^{-1}$ |
| 水平速度矢量 | $V$ | $m\ s^{-1}$ |
| 速度的向东分量 | $u$ | $m\ s^{-1}$ |
| 速度的向北分量 | $v$ | $m\ s^{-1}$ |
| 速度的向上分量 | $w\ (\omega)$ | $m\ s^{-1}(Pa\ s^{-1})$ |
| 气压 | $P$ | $N\ m^{-2}$ |
| 密度 | $\rho$ | $kg\ m^{-3}$ |
| 温度 | $T$ | $K$（或℃） |

　　动力气象学将关于动量、质量和能量的若干经典物理学守恒定律应用于大气，包括牛顿运动定律、热力学第一定律等。这种应用的本质涉及连续统一体假设，即忽略个别分子的属性，通过大量分子的局地平均来表示连续性。这种近似常用于包括液体和气体的所有流体，并且可以时间和空间为自变量，用平滑函数的唯一值来表示大气的属性（如气压、密度和温度等）或者"场变量"。可以将连续统一体中的一个"点"视为相对所分析的大气非常小但仍然包含了大量分子的体积元。气块和空气质点指的就是这样点。在第 2 章中，为了得到控制方程，会基于连续统一体近似，将基本守恒定律应用于大气中的微小体积元。下面对影响大气运动的几种力进行简要介绍。

# 1.2　动量守恒

　　牛顿第一定律指出，在没有外部非平衡力作用的情况下，物体会处于静止或匀速运动状态。一旦有外力存在，那么根据牛顿第二定律，动量随时间的变化（加速度）为矢量，其方向为合力（物体受到的所有力之和）的方向，大小则等于物体受到的合力除以其质量。这些力可以分为体积力和表面力两种。体积力作用于流体微团的质量中心，其值与微团的质量成正比，重力就是一种体积力；表面力则作用于将流体微团与周围环境分开的交界面上，其大小与微团质量无关，压力就是表面力。

　　对气象学而言，在大气所受的力中，最主要的是气压梯度力、重力和摩擦力。这些基本力决定着大气相对于空间固定参考系的加速度。在通常情况下，如果运动是相对于旋转参考系的，那么只要将特定视示力（离心力和科氏力）考虑进来，牛顿第二定律就是适用的。接下来讨论大气运动中涉及的基本力，视示力将在 1.3 节讨论。

## 1.2.1 气压梯度力

气压定义为作用在垂直于物体表面的单位面积上的力。在诸如大气这样的气体中，由于分子随机运动，某一点处的压力在所有方向是相等的。因此，分子撞击物体表面产生的净合力与该表面的方向无关；需要注意的是，净合力的方向随着物体表面方向的变化而变化，但其值不变。将一个平板置于气体中，且其一侧的气压与另一侧不同，那么就会产生一个合力，使得平板向着气压较低的一侧加速移动。这种与气压差有关的净合力实际上就是气压梯度力。

如图 1.2 所示，假设有无限小的气体体积元 $\delta V = \delta x \delta y \delta z$，其中心位于 $(x_0, y_0, z_0)$。由于分子随机运动，动量是由周围空气不断作用于体积元壁上的。单位时间单位面积上的动量传送就是周围空气作用于体积元壁上的压力。如果体积元中心的压力为 $p_0$，那么图 1.2 中体积元壁 $A$ 处的气压可用泰勒级数展开表示为

$$p_0 + \frac{\partial p}{\partial x}\frac{\delta x}{2} + 高阶项$$

在上述展开式中略去高阶项，那么作用于体积元壁 $A$ 处的压力为

$$F_{Ax} = -\left(p_0 + \frac{\partial p}{\partial x}\frac{\delta x}{2}\right)\delta y \delta z$$

式中，$\delta y \delta z$ 为 $A$ 面的面积。同样，作用于体积元壁 $B$ 处的气压为

$$F_{Bx} = +\left(p_0 - \frac{\partial p}{\partial x}\frac{\delta x}{2}\right)\delta y \delta z$$

因此，作用于体积元的这个力在 $x$ 方向上的净分量为

$$F_x = F_{Ax} + F_{Bx} = -\frac{\partial p}{\partial x}\delta x \delta y \delta z$$

由于净合力与气压的导数成正比，因此称净合力为气压梯度力。由于微分体积元的质量 $m$ 等于密度 $\rho$ 乘以体积，即 $m = \rho \delta x \delta y \delta z$，因此，单位质量大气受到的气压梯度力在 $x$ 方向上的分量为

$$\frac{F_x}{m} = -\frac{1}{\rho}\frac{\partial p}{\partial x}$$

类似地，可以证明单位质量大气受到的气压梯度力在 $y$ 方向和 $z$ 方向上的分量为

$$\frac{F_y}{m} = -\frac{1}{\rho}\frac{\partial p}{\partial y}, \qquad \frac{F_z}{m} = -\frac{1}{\rho}\frac{\partial p}{\partial z}$$

所以，单位质量大气受到的总气压梯度力用矢量表示为

$$\frac{\boldsymbol{F}}{m} = -\frac{1}{\rho}\nabla p \tag{1.1}$$

梯度算子 $\nabla = \left(\boldsymbol{i}\frac{\partial}{\partial x}, \boldsymbol{j}\frac{\partial}{\partial y}, \boldsymbol{k}\frac{\partial}{\partial z}\right)$ 作用于其右侧的函数就可以产生指向函数高值的矢量。值得注意的是：①气压梯度由低压指向高压，但气压梯度力由高压指向低压；②气压

梯度力正比于气压场的梯度，而并非气压本身。

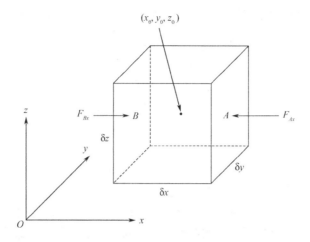

图 1.2　作用于体积元上的气压梯度力在 $x$ 方向上的分量

## 1.2.2　黏性力

任何实际流体都会受到内部摩擦力，即黏性力的作用，这种力能使流体有抵抗其运动的趋势。当流体速度在空间上有变化时就会出现黏性，进而通过分子随机运动，使快速移动气块中的分子向附近慢速移动气块中的分子产生净动量输送。这种气块之间的动量交换可以用沿着气块表面的黏性力 $F$ 来表示。该力会在气块的单位面积 $A$ 上产生切向应力 $\tau$，即

$$\tau = \frac{F}{A} \tag{1.2}$$

因此，黏性力就可写为 $F = \tau A$。对于牛顿流体而言，假定切向应力与流体速度线性相关，这对大气而言也是非常好的近似。例如，在垂直方向上，风场的 $x$ 方向分量 $u$ 的变化所产生的应力为

$$\tau \approx \mu \frac{\partial u}{\partial z} \tag{1.3}$$

式中，$\mu$ 为黏性系数，它与流体有关。正如对气压梯度力的讨论，我们需要得到黏性力作用于气块的净合力。利用类似气压梯度力推导中所使用的泰勒近似方法，但要注意的是，该力的方向沿着气块表面，而不是与之垂直，这样可以得到由 $x$ 方向上运动分量的垂直切变造成的单位质量大气的黏性力为

$$\frac{1}{\rho} \frac{\partial \tau_{zx}}{\partial z} = \frac{1}{\rho} \frac{\partial}{\partial z} \left( \mu \frac{\partial u}{\partial z} \right) \tag{1.4}$$

如果 $\mu$ 为常数，上式右端可简化为 $\gamma \frac{\partial^2 u}{\partial z^2}$，其中，$\gamma = \mu / \rho$ 为运动黏性系数。对于海平面处的标准大气[2]，$\gamma = 1.46 \times 10^{-5}~\mathrm{m^2~s^{-1}}$。需要注意的是，式（1.4）仅仅表示 $x$ 方向上

---

[2] 美国标准大气具有特定的大气结构垂直廓线。

的动量切变应力在 $z$ 方向上的贡献，且 $x$ 方向上的净合力 $F_{rx}$ 也包括 $x$ 方向和 $y$ 方向的贡献。单位质量大气受到的净摩擦力在笛卡儿坐标系 3 个方向上的分量为

$$F_{rx} = \gamma \left[ \frac{\partial^2 u}{\partial x^2} + \frac{\partial^2 u}{\partial y^2} + \frac{\partial^2 u}{\partial z^2} \right]$$

$$F_{ry} = \gamma \left[ \frac{\partial^2 v}{\partial x^2} + \frac{\partial^2 v}{\partial y^2} + \frac{\partial^2 v}{\partial z^2} \right] \qquad (1.5)$$

$$F_{rz} = \gamma \left[ \frac{\partial^2 w}{\partial x^2} + \frac{\partial^2 w}{\partial y^2} + \frac{\partial^2 w}{\partial z^2} \right]$$

以 $x$ 方向为例，因为有 $\frac{\partial^2 u}{\partial x^2} + \frac{\partial^2 v}{\partial y^2} + \frac{\partial^2 w}{\partial z^2} = \nabla \cdot \nabla u = \nabla^2 u$，所以，摩擦力的每个分量表示在该方向上动量的传播。对任意矢量 $A$，$\nabla \cdot A$ 为标量，称为 $A$ 的散度，这是因为矢量自某一点向外辐射时其值为正；负的散度被称为辐合。在 $u$ 的局地最大值处，$\nabla u$ 指向最大值（向最大值辐合），因此有 $\nabla^2 u < 0$，从而导致自最大值向周围区域的动量减小，这一过程被称为顺梯度扩散，因为通过动量扩散，使得梯度由大变小。

对于 100 km 以下的大气，$\gamma$ 是很小的。所以，除紧贴地表、垂直切变非常大、厚度仅几厘米的薄层外，分子黏性力都可以忽略不计。在这个地表分子边界层之上，动量主要是通过湍流涡动运动来输送的，细节将在第 8 章进行讨论。

## 1.2.3 万有引力

地球大气受到的唯一质量力是重力。牛顿万有引力定律指出，宇宙中任何两个物体之间都会相互吸引，引力的大小与它们的质量成正比，与彼此之间距离的平方成反比。因此，如果两个质量元 $M$ 和 $m$ 之间的距离为 $r \equiv |r|$（如图 1.3 所示，矢量 $r$ 指向 $m$），那么由于万有引力，质量元 $M$ 作用于质量元 $m$ 的力为

$$F_g = -\frac{GMm}{r^2} \left( \frac{r}{r} \right) \qquad (1.6)$$

式中 $G$ 为万有引力常数。式（1.6）给出的万有引力定律只能用于假想的质"点"，因为对于有限尺寸的物体而言，物体每个部位的 $r$ 是不一样的。但是，如果将 $r$ 理解为两个物体质心之间的距离，那么式（1.6）仍然是可以使用的。因此，如果将地球的质量取为 $M$，大气中物质元的质量取为 $m$，那么地球万有引力作用于单位质量大气的力为

$$\frac{F_g}{m} \equiv g^* = -\frac{GM}{r^2} \left( \frac{r}{r} \right) \qquad (1.7)$$

在动力气象学中，通常使用高于平均海平面的高度作为垂直坐标。如果地球平均半径取为 $a$，而平均海平面以上的距离取为 $z$，那么在忽略地球形状区别于球体的小偏差后，有 $r = a + z$，这样式（1.7）就可改写为

$$g^* = \frac{g_0^*}{(1 + z/a)^2} \qquad (1.8)$$

式中，$\boldsymbol{g}_0^* = -(GM/a^2)(\boldsymbol{r}/r)$ 表示平均海平面上的万有引力。在气象学中，由于 $z \ll a$，因此，如果微小的误差可以忽略不计，那么可以令 $\boldsymbol{g}^* = \boldsymbol{g}_0^*$，且可以简单地将万有引力视为常数。需要注意的是，考虑到由地球旋转产生的离心力，还需要对万有引力的处理做进一步修正。本书将在 1.3.2 节讨论这一问题。

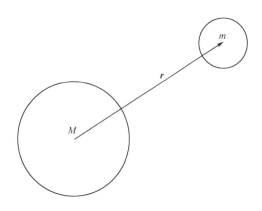

图 1.3　中心相距 $r$ 的球状物体

# 1.3　非惯性参考系和视示力

在对大气动力学定律进行数学表述时，很自然地就会使用以地球为中心的参考系，也就是相对于旋转地球保持静止不动的参考系。牛顿第一定律指出，当一个物体相对于空间中固定参考系做匀速运动时，在无外力作用的情况下会一直保持这种运动状态。这种运动被称为惯性运动，而对应的固定参考系就是惯性参考系，或者说绝对参考系。但是，显然对于相对旋转地球保持静止或做匀速运动的物体，其相对于固定空间的参考系并不是静止或者匀速运动的。

所以，在以地球为中心的参考系中的观测者看到的惯性运动，实际上是加速运动。因此，以地球为中心的参考系实际上是非惯性参考系。如果考虑参考系的加速，那么牛顿运动定律就能够适用于这种参考系。考虑参考系加速效应的最好办法是在牛顿第二定律的表达式中引入视示力。这些视示力是由于存在参考系加速度而出现的惯性反作用项。匀速旋转参考系有两种视示力，分别是离心力和科氏力。

## 1.3.1　向心加速度和离心力

为了说明非惯性参考系的实质，假设有一个质量为 $m$ 的小球系在绳子上，以定常角速度 $\omega$ 在半径为 $r$ 的圆周上做旋转运动。从惯性参考系中观测者的角度看，小球的速率是定常的，但是由于运动方向是连续变化的，因此，其速度并不是定常的。为了计算加速度，如图 1.4 所示，假定在时间间隔 $\delta t$ 内，小球的速度变化为 $\delta V$，旋转的角度为 $\delta \theta$。由于 $\delta \theta$

同时也是矢量 $V$ 和 $V + \delta V$ 之间的夹角，因此有 $|\delta V| = |V| \delta \theta$。如果除以 $\delta t$，并对 $\delta t \to 0$ 取极限，$\delta V$ 的方向指向旋转轴，则有

$$\frac{\mathrm{d} V}{\mathrm{d} t} = |V| \frac{\mathrm{d} \theta}{\mathrm{d} t} \left( -\frac{r}{r} \right)$$

但是由于有 $|V| = \omega r$ 和 $\mathrm{d} \theta / \mathrm{d} t = \omega$，所以

$$\frac{\mathrm{d} V}{\mathrm{d} t} = -\omega^2 r \tag{1.9}$$

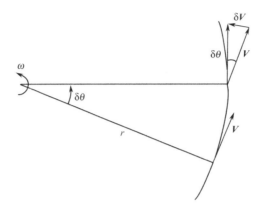

图1.4　向心加速度表示的是速度矢量方向的变化率，其方向指向旋转轴，图中用 $\delta V$ 表示

因此，从固定参考系来看，这是一种匀加速运动，其运动方向指向旋转轴，大小等于角速度的平方乘以其与旋转轴的距离。这种加速度被称为向心加速度，是由绳子牵引小球的力造成的。

另外，假定在随着小球旋转参考系中观测其运动，小球在这个旋转参考系中是静止的，但实际上小球仍然受到一个力，即绳子拉力的作用。因此，为了利用牛顿第二定律描述相对于这种旋转参考系的运动，必须额外引入一个视示力，也就是离心力，用来平衡绳子对小球的作用力。可见，离心力相当于绳子上小球的惯性反应，它与向心加速度大小相等，方向相反。

总之，从固定参考系观测时，旋转小球做的是均匀向心加速运动，是对绳子所施加拉力的响应。从随着绳子旋转的参考系来看，小球是静止的，绳子施加的力与离心力平衡。

## 1.3.2　重力

除极点以外，静止于地表的物体相对于惯性参考系并不是静止或者匀速运动的。相反，静止于地表的物体会受到向心力的作用，其方向指向地球旋转轴，对于单位质量的物体，其大小为 $-\Omega^2 R$。其中，$R$ 是由地球旋转轴指向物体的位置矢量；$\Omega = 7.292 \times 10^{-5}$ rad s$^{-1}$，是地球旋转的角速度[3]。除了在赤道和极点，向心加速度都有一个分量沿着地表（沿着等

---

[3] 地球围绕其轴旋转一周的时间是一个恒星日，等于23小时56分4秒（86164秒），所以 $\Omega = 2\pi / (86164\ \mathrm{s}) = 7.292 \times 10^{-5}$ rad s$^{-1}$。

位势面）指向极地，因此必然有一个净水平力沿着水平面指向极地，以维持离心加速度的水平分量。

这个力的出现是因为旋转地球不是球体，而是被假定的椭球体，因此，万有引力就会有一个沿着等位势面的向极分量。对于地表上的静止物体而言，这个分量足以平衡每个纬度上向心加速度的向极分量。换言之，从惯性参考系中观测者的角度看，等位势面是朝着赤道方向向上倾斜的，如图 1.5 所示。这样导致的结果是地球的赤道半径比极地半径大了约 21 km。

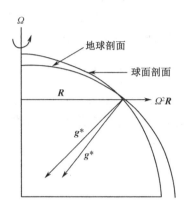

图 1.5 真重力矢量 $\boldsymbol{g}^*$ 与重力 $\boldsymbol{g}$ 之间的关系。对于理想的均匀球体，$\boldsymbol{g}^*$ 应当指向地球球心，但实际情况是除了在赤道和极地，$\boldsymbol{g}^*$ 都不会精确地指向地球球心。重力 $\boldsymbol{g}$ 是 $\boldsymbol{g}^*$ 与离心力的合力，它垂直于地球表面，真实的地球是一个近似椭球体

但是，从随着地球旋转的参考系来看，任何位置的等位势面都与真重力 $\boldsymbol{g}^*$ 和离心力 $\Omega^2 \boldsymbol{R}$（向心加速度的反作用力）之和垂直。因此，等位势面可被理解为旋转地球上静止物体组成的等位势面。除了在极点，等位势面上质量为 $m$ 的静止物体的重量等于地球对该物体的反作用力，其值略小于万有引力 $mg^*$，这是因为离心力部分平衡了万有引力。因此，比较方便的方法是将万有引力和离心力的作用结合起来考虑，将其定义为重力，即

$$\boldsymbol{g} \equiv -g\boldsymbol{k} \equiv \boldsymbol{g}^* + \Omega^2 \boldsymbol{R} \qquad (1.10)$$

式中，$\boldsymbol{k}$ 表示平行于局地垂直方向的单位矢量；$g$ 在某些时候会被称为视重力，这里将其值取为常数（$g = 9.81\,\mathrm{m\,s^{-2}}$）。除了在极点和赤道，$\boldsymbol{g}$ 都不会指向地球球心，但会与等位势面垂直。真重力 $\boldsymbol{g}^*$ 并不垂直于等位势面，而是有一个水平分量，其值大到足以平衡 $\Omega^2 \boldsymbol{R}$ 的水平分量。

重力可以用势函数 $\Phi$（也就是前面提到的位势）的梯度来表示，即

$$\nabla \Phi = -\boldsymbol{g}$$

由于 $\boldsymbol{g} = -g\boldsymbol{k}$（其中 $g \equiv |\boldsymbol{g}|$），所以，显然有 $\Phi = \Phi(z)$ 和 $\mathrm{d}\Phi/\mathrm{d}z = g$。所以，地球的水平地表实际上就是等位势面。如果将 $\mathrm{d}z$ 的值取为 $\mathrm{d}z'$（这里 $\mathrm{d}z'$ 为积分的虚拟变量），并将平均海平面上的位势取为 0，那么高度 $z$ 处的位势 $\Phi(z)$ 就等于将单位质量物体从平均海平面提升到高度 $z$ 所做的功：

$$\Phi = \int_0^z g\mathrm{d}z \qquad (1.11)$$

尽管地球表面是向着赤道凸起的，但静止于旋转地球表面的物体并不会"滑向"极点，这是因为，离心力的向赤道分量平衡了万有引力的向极分量。但如果物体是相对于地表运动的，那么这种平衡就会被破坏。假设有一个无摩擦物体初始时位于北极，那么它相对于地轴的角动量就等于 0。如果它在没有纬向力矩的情况下离开极点，那么就不会产生旋转，并且会受到由真重力的水平分量产生的回复力。如前所述，这个水平分量与地面上的静止物体受到离心力的水平分量大小相等，方向相反。用 $R$ 来表示其与极点的距离，那么小位移对应的水平回复力为 $-\Omega^2 R$，且从惯性参考系中看，物体的加速度满足如下简谐振荡方程：

$$\frac{\mathrm{d}^2 R}{\mathrm{d}t^2} + \Omega^2 R = 0 \qquad (1.12)$$

这个物体会经历一次周期为 $2\pi/\Omega$ 的振荡。对于固定参考系中的观测者而言，其路径是穿过极点的直线；但对于随地球旋转的观测者而言，其路径则是一个1/2天的闭合圆环，如图 1.6 所示。从固定参考系中的观测者的角度看，存在一个惯性偏向力，使物体以固定的速率向其运动方向右侧偏转。

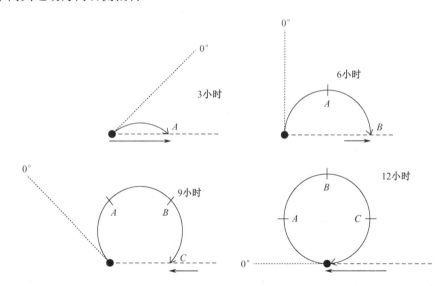

图 1.6　从固定参考系和旋转参考系中观察 $t=0$ 时刻从北极出发的无摩擦物体沿着 $0°$ 经线出发 3 小时、6 小时、9 小时和 12 小时后的运动轨迹。水平虚线表示 $t=0$ 时刻 $0°$ 度经线的位置；短虚线表示接下来每隔 3 小时其在固定参考系中的位置；水平箭头给出的是从固定参考系中看到的 3 小时位移矢量；粗弯曲箭头表示在旋转参考系中看到的物体的运动轨迹。$A$、$B$ 和 $C$ 表示物体每隔 3 小时相对于旋转参考系的位置。在固定参考系中，物体由于受到回复力（万有引力的水平分量）的影响而沿着直线来回振荡，一次完整振荡的周期是 24 小时（这里只给出了1/2 周期）；但对于旋转参考系中的观测者而言，运动为定常速度，运动轨迹在 12 小时内是一个完整的顺时针方向圆环

### 1.3.3 科氏力和曲率效应

假如引入离心力,将其作为作用于物体的视示力,那么就可以用旋转地球参考系中的牛顿第二定律来描述该物体相对于地表静止时力的平衡。但如果该物体沿着地球表面运动,那么就需要在牛顿第二定律的表述中增加其他的视示力。第 2 章会给出科氏力更正式的数学处理,本节的目标是在上一节讨论的离心力的基础上,推断其影响。

角动量 $\boldsymbol{m} = \boldsymbol{r} \times \boldsymbol{p}$ 度量的是线性动量 $\boldsymbol{p}$ 关于某个参考系的旋转,该参考系的原点决定着位置向量 $\boldsymbol{r}$。对于角动量而言,在动力学方面比较重要的是与地球旋转轴平行的那一部分,即 $m = m\cos\phi$。这里,假设线性动量指向东,除向东的大气运动 $u$ 对其有贡献外,行星旋转 $R\Omega$ 也对其有贡献,其中 $R$ 为气块相对于地球旋转轴的距离,如图 1.7 所示。如果东西方向上不存在力矩(没有气压梯度力或者黏性力),那么 $m$ 是守恒的,即

$$\frac{\mathrm{d}m}{\mathrm{d}t} = \frac{\mathrm{d}R}{\mathrm{d}t}(2R\Omega + u) + R\frac{\mathrm{d}u}{\mathrm{d}t} = 0 \tag{1.13}$$

因此有

$$\frac{\mathrm{d}u}{\mathrm{d}t} = -\frac{(2\Omega R + u)}{R}\frac{\mathrm{d}R}{\mathrm{d}t} \tag{1.14}$$

由图 1.7 可见,当气块移近地球旋转轴时,$\dfrac{\mathrm{d}R}{\mathrm{d}t} < 0$,但由于角动量是守恒的,因此,西风线性动量就会增加,这就与滑冰运动员收缩手臂时旋转速度会加快类似。

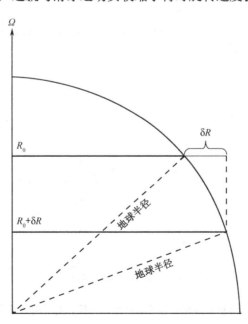

图 1.7 对于向极运动而言,气块是越来越接近旋转轴的;由于动量守恒,所以纬向风必然会加速

另外，有

$$\frac{dR}{dt} = \frac{dr}{dt}\cos\phi + r\frac{d}{dt}\cos\phi = w\cos\phi - v\sin\phi \tag{1.15}$$

式中，$v$ 和 $w$ 分别为向北和向上的速度分量。将式（1.15）代入式（1.14）右端后展开可得

$$\frac{du}{dt} = (2\Omega\sin\phi)v - (2\Omega\cos\phi)w - \frac{uw}{r} + \frac{uv}{r}\tan\phi \tag{1.16}$$

式（1.16）右端前两项分别是由经向和垂直运动造成的科氏力的纬向分量，后两项被称为度量项或曲率效应项，是由地球表面的曲率引起的。由于 $r$ 很大，除非物体附近大气运动 $u$ 很大，否则这些项都是可以忽略的。

另外，假定物体受到冲力的作用向东运动，尽管此时角动量不再守恒，但却有助于通过离心力来揭示科氏力的经向分量。由于物体的旋转比地球快，所以，施加在物体上的离心力会增大。相对于静止物体所受到的离心力，其增量为

$$\left(\Omega + \frac{u}{R}\right)^2 R - \Omega^2 R = \frac{2\Omega u R}{R} + \frac{u^2 R}{R^2}$$

上式右端的项表示偏向力，其方向沿着矢量 $R$ 指向外（垂直于旋转轴）。这些力的经向分量和垂直分量可以通过图 1.8 对 $R$ 取经向和垂直分量得到，具体为

$$\frac{dv}{dt} = -2\Omega u\sin\phi - \frac{u^2}{a}\tan\phi \tag{1.17}$$

$$\frac{dw}{dt} = -2\Omega u\cos\phi + \frac{u^2}{a} \tag{1.18}$$

式（1.17）和式（1.18）右端第一项分别是纬向运动受到的科氏力的经向分量和垂直分量，右端第二项为曲率效应项。

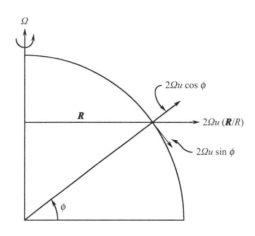

图 1.8　由于沿着纬圈相对运动而产生的科氏力的经向分量和垂直分量

对于大尺度运动，曲率项可以近似忽略。因此，由相对水平运动产生的、垂直于运动方向的水平加速度可写为

$$\frac{du}{dt} = 2\Omega v\sin\phi = fv \tag{1.19}$$

$$\frac{\mathrm{d}v}{\mathrm{d}t} = -2\Omega u \sin\phi = -fu \tag{1.20}$$

其中，$f \equiv 2\Omega \sin\phi$，是科氏参数。

可以看出，水平面上向东运动的物体由于科氏力的作用会偏向赤道；反过来，向西运动的物体则偏向极地。在任何一种情况下，这种偏转在北半球都指向运动方向的右方，而在南半球则指向其左方。式（1.18）中科氏力的垂直分量相对万有引力是非常小的，因此，其唯一的效果是根据物体向东或向西运动，在其非常明显的重力上叠加一个微小的变化。

对于时间尺度相对于地球旋转周期很小的运动而言，科氏力都可以忽略不计（本章末尾的若干习题均涉及这一点）。因此，科氏力对于个别对流云团的动力学特征而言是不重要的，但对于理解更长时间尺度的现象，如天气尺度系统，是非常必要的。在计算远程导弹或炮弹的轨迹时也必须考虑科氏力。

---

**示例**

假设有一枚弹道导弹在 $43°\mathrm{N}$（该纬度科氏参数 $f = 10^{-4}\ \mathrm{s}^{-1}$）向东发射。如果该导弹以水平速度 $u_0 = 1000\ \mathrm{m\,s^{-1}}$ 飞行 1000 km，导弹会由于科氏力作用而相对于向东方向偏转多少？

解答：式（1.20）对时间积分，可得

$$v = -fu_0 t \tag{1.21}$$

其中已假设偏转非常小，故可令 $f$ 和 $u_0$ 为常数。为了得到总偏转量，式（1.21）必须对时间进行积分，可得

$$\int_0^t v\,\mathrm{d}t = \int_{y_0}^{y_0+\delta y} \mathrm{d}y = -fu_0 \int_0^t t\,\mathrm{d}t$$

因此，总偏转量为

$$\delta y = -fu_0 t^2 / 2 = -50\ \mathrm{km}$$

所以说，导弹由于科氏力作用向南偏转了 50 km。

---

更多关于科氏力使物体运动发生偏转的例子将在本章末尾的习题中给出。

式（1.19）和式（1.20）中的 $x$ 方向分量和 $y$ 方向分量可合并写为如下矢量形式：

$$\left(\frac{\mathrm{d}\boldsymbol{V}}{\mathrm{d}t}\right)_{C_o} = -f\boldsymbol{k} \times \boldsymbol{V} \tag{1.22}$$

其中，$\boldsymbol{V} \equiv (u, v)$ 为水平速度，$\boldsymbol{k}$ 为垂直单位矢量，下标 $C_o$ 表示仅由科氏力产生的加速度。由于 $-\boldsymbol{k} \times \boldsymbol{V}$ 是将矢量 $\boldsymbol{V}$ 向右旋转 $90°$ 得到的新矢量，显然式（1.22）说明了科氏力的偏转特征——科氏力只能改变物体的运动方向，而不会改变其大小。

## 1.3.4　定常角动量振荡

假设某物体初始静止于地表点 $(x_0, y_0)$，在 $t = 0$ 时刻突然以速度 $V$ 沿着 $x$ 轴运动。那么根据式（1.19）和式（1.20），速度的时间演变为 $u = V\cos ft$ 和 $v = -V\sin ft$。但由于 $u = \mathrm{d}x / \mathrm{d}t$

和 $v = \mathrm{d}y/\mathrm{d}t$ ，所以对时间积分后，就可以得到该物体在 $t$ 时刻的位置为

$$x - x_0 = \frac{V}{f}\sin ft, \qquad y - y_0 = \frac{V}{f}(\cos ft - 1) \tag{1.23}$$

式（1.23）中略去了 $f$ 随纬度的变化。式（1.23）说明，在 $f$ 为正的北半球，物体会沿着以 $(x_0, y_0 - V/f)$ 为中心、以 $R = V/f$ 为半径的圆形轨道做顺时针（反气旋）运动，其对应的周期为

$$\tau = 2\pi R/V = 2\pi/f = \pi/(\Omega\sin\phi) \tag{1.24}$$

由此可见，由于重力的影响，物体会在水平方向上偏离其位于地表的平衡位置，并围绕该平衡位置做振荡运动。其振荡周期与纬度有关，在纬度30°处是一个恒星日，在极点则是1/2个恒星日。定常角动量振荡（通常也被称为"惯性振荡"）常常可以在海洋上观测到，但在大气中并不重要。

# 1.4  静态大气的结构

任意点处的大气热力学状态都是由该点的气压、温度和密度（或比容）确定的。这些场变量之间是由理想气体的状态方程联系在一起的。分别用 $p$ 、$T$ 、$\rho$ 和 $\alpha (\equiv \rho^{-1})$ 来表示气压、温度、密度和比容，那么干空气的状态方程可写为

$$p\alpha = RT \quad \text{或} \quad p = \rho RT \tag{1.25}$$

式中，$R$ 为干空气的气体常数，一般取 $R = 287\,\mathrm{J\,kg^{-1}\,K^{-1}}$ 。

## 1.4.1  静力学方程

在没有大气运动的情况下，重力必然精确地与气压梯度力的垂直分量平衡。如图1.9所示，因此有

$$\frac{\mathrm{d}p}{\mathrm{d}z} = -\rho g \tag{1.26}$$

这种静力平衡条件为实际大气中气压场与高度的关系提供了非常好的近似。只有在强烈的小尺度系统（如飑线或龙卷）中，才有必要考虑相对于静力平衡的偏差。将式（1.26）从高度 $z$ 处积分到大气顶，可得

$$p(z) = \int_z^\infty \rho g\mathrm{d}z \tag{1.27}$$

可见，任意一点上的气压就等于该点以上单位截面积气柱的重量。因此，平均海平面气压 $p(0) = 1013.25\,\mathrm{hPa}$ ，就等于单位面积上整个气柱重量的平均值[4]。通常，用位势表述的静力学方程比用几何高度表述的方程更有用。根据式（1.11）有 $\mathrm{d}\Phi = g\mathrm{d}z$ ，根据式（1.25）有 $\alpha = RT/p$ ，所以，静力学方程可写为

---

[4] 为了计算方便，通常将平均海平面气压近似取为1000 hPa。

$$gdz = d\Phi = -(RT/p)dp = -RTd\ln p \qquad (1.28)$$

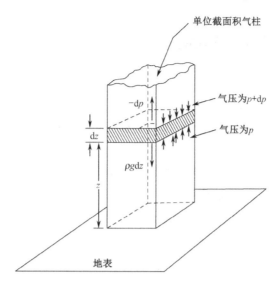

图1.9 在静力平衡状态下力的平衡。图中的小箭头表示气压施加于阴影区气块的向上的力和向下的力；阴影区气块受到向下的重力为 $\rho gdz$，净压力则为下表面受到的向上的力与上表面受到的向下的力的差 $-dp$。需要注意的是，由于气压随高度减小，因此 $dp$ 为负（引自 Wallace 和 Hobbs，1977）

由式（1.28）可见，位势随气压的变化仅依赖于温度。对式（1.28）在垂直方向进行积分，就可以得到压高方程为

$$\Phi(z_2) - \Phi(z_1) = g_0(Z_2 - Z_1) = R\int_{p_2}^{p_1} Td\ln p \qquad (1.29)$$

其中 $Z \equiv \Phi(z)/g_0$ 为位势高度，$g_0 \equiv 9.80665\,\mathrm{m\,s^{-2}}$ 为海平面上的全球平均重力加速度。因此，在对流层和平流层下部，$Z$ 在数值上几乎等于几何高度 $z$。用 $Z$ 表示的压高方程为

$$Z_T \equiv Z_2 - Z_1 = \frac{R}{g_0}\int_{p_2}^{p_1} Td\ln p \qquad (1.30)$$

式中，$Z_T$ 为等压面 $p_2$ 和 $p_1$ 之间的大气层厚度。将大气中某层的平均温度定义为

$$\langle T \rangle = \left[\int_{p_2}^{p_1} d\ln p\right]^{-1}\int_{p_2}^{p_1} Td\ln p$$

将其平均标高定义为 $H \equiv R\langle T \rangle/g_0$，那么根据式（1.30）有

$$Z_T = H\ln(p_1/p_2) \qquad (1.31)$$

可见，等压面之间的厚度与该层的平均温度成正比。气压在较冷层次中随高度减小的速度比在较暖层次中快。根据式（1.31）可以得到，在温度为 $T$ 的等温大气中，位势高度正比于相对于地面气压的标准化气压的自然对数：

$$Z = -H\ln(p/p_0) \qquad (1.32)$$

式中，$p_0$ 为 $Z = 0$ 处的气压。因此，在等温大气中，气压随位势高度成指数衰减，在每个标高上衰减 $e^{-1}$，即

$$p(Z) = p(0)\mathrm{e}^{-Z/H}$$

## 1.4.2 气压垂直坐标（$p$ 坐标系）

根据流体静力学方程［见式（1.26）］，显然在大气的每个垂直气柱中均存在气压与高度的单调函数关系。因此，可以使用气压作为独立的垂直坐标，而将高度（或位势）视为因变量。这样，大气的热力学状态就可以用场 $\Phi(x,y,p,t)$ 和 $T(x,y,p,t)$ 来表示。

式（1.1）中气压梯度力的水平分量可以在令 $z$ 为常数的前提下，通过求偏微分进行分析。但是，当使用气压为垂直坐标时，必须令 $p$ 为常数来求水平偏导数。可以利用图 1.10 将水平气压梯度力从高度坐标系（$z$ 坐标系）转换到气压坐标系（$p$ 坐标系）。

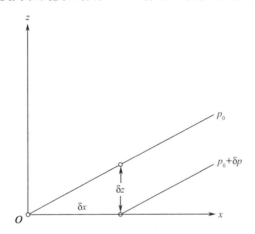

图 1.10　$x-z$ 平面上等压面的坡度

如果仅考虑 $x-z$ 平面上的情况，根据图 1.10，有

$$\left[\frac{(p_0 + \delta p) - p_0}{\delta x}\right]_z = \left[\frac{(p_0 + \delta p) - p_0}{\delta z}\right]_x \left(\frac{\partial z}{\partial x}\right)_p$$

式中，下标表示在进行微分运算时该变量保持不变。在上面例子中对 $\delta z \to 0$ 取极限，有

$$\left[\frac{(p_0 + \delta p) - p_0}{\delta z}\right]_x \to \left(-\frac{\partial p}{\partial z}\right)_x$$

上式中出现负号，是因为当 $\delta p > 0$ 时 $\delta z < 0$。

对 $\delta x, \delta z \to 0$ 取极限，可得[5]

$$\left(\frac{\partial p}{\partial x}\right)_z = -\left(\frac{\partial p}{\partial z}\right)_x \left(\frac{\partial z}{\partial x}\right)_p$$

再将流体静力学方程式（1.26）代入后可得

$$-\frac{1}{\rho}\left(\frac{\partial p}{\partial x}\right)_z = -g\left(\frac{\partial z}{\partial x}\right)_p = \left(\frac{\partial \Phi}{\partial x}\right)_p \tag{1.33}$$

---

[5] 一定要注意方程右端的负号。

类似地，很容易证明

$$-\frac{1}{\rho}\left(\frac{\partial p}{\partial y}\right)_z = -\left(\frac{\partial \Phi}{\partial y}\right)_p \tag{1.34}$$

因此，在等压坐标系（$p$ 坐标系）中，水平气压梯度力是用定常气压下的位势梯度来度量的。此时，密度不会显式地出现在气压梯度力的表达式中，这也是 $p$ 坐标系的独特优势。

### 1.4.3　广义垂直坐标

实际上，任何关于气压或高度的单值单调函数都可以作为独立垂直坐标。例如，在很多数值天气预报模式中，通常使用相对于地面气压进行归一化处理的气压 $\sigma \equiv p(x,y,z,t)/p_s(x,y,t)$ 作为垂直坐标。这种方法可以保证，即使地面气压存在时空变化，地面仍然能处于同一坐标面（$\sigma \equiv 1$）上。因此，这种所谓的 $\sigma$ 坐标特别适用于有强烈地形变化的区域。

另外，关于水平气压梯度的一般表达式，适用于任何以高度为单值单调函数的垂直坐标 $s = s(x,y,z,t)$。参考图 1.11 可以看出，对于水平距离 $\delta x$，沿着等 $s$ 面的气压差与沿着等 $z$ 面的气压差之间是有关联的，其关系式为

$$\frac{p_C - p_A}{\delta x} = \frac{p_C - p_B}{\delta z}\frac{\delta z}{\delta x} + \frac{p_B - p_A}{\delta x}$$

对 $\delta x, \delta z \to 0$ 取极限，可得

$$\left(\frac{\partial p}{\partial x}\right)_s = \frac{\partial p}{\partial z}\left(\frac{\partial z}{\partial x}\right)_s + \left(\frac{\partial p}{\partial x}\right)_z \tag{1.35}$$

利用等式 $\partial p/\partial z = (\partial s/\partial z)/(\partial p/\partial s)$，可将式（1.35）变形为

$$\left(\frac{\partial p}{\partial x}\right)_s = \left(\frac{\partial p}{\partial x}\right)_z + \frac{\partial s}{\partial z}\left(\frac{\partial z}{\partial x}\right)_s\left(\frac{\partial p}{\partial s}\right) \tag{1.36}$$

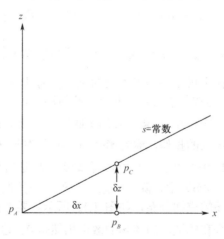

图 1.11　气压梯度力向 $s$ 坐标系的转换

在后面的章节，我们会利用式（1.35）或式（1.36），以及其他场的类似表达式，将动力学方程组转换到若干不同的垂直坐标中。

## 1.5　运动学

运动学仅对运动特征进行分析，而不考虑导致运动随时间改变的力。它提供的是对特定瞬间运动的诊断，事实证明这有助于理解流体随时间演变的动力学过程。运动学有很多方面，但通常人们感兴趣的是流体的结构，本节只分析水平流体。一种定量描述流体结构的方法是分析任意点$(x_0, y_0)$附近流体中的线性变化。该点附近风场的低阶泰勒近似可写为

$$u(x_0 + dx, y_0 + dy) \approx u(x_0, y_0) + \frac{\partial u}{\partial x}\bigg|_{(x_0, y_0)} dx + \frac{\partial u}{\partial y}\bigg|_{(x_0, y_0)} dy \qquad (1.37a)$$

$$v(x_0 + dx, y_0 + dy) \approx v(x_0, y_0) + \frac{\partial v}{\partial x}\bigg|_{(x_0, y_0)} dx + \frac{\partial v}{\partial y}\bigg|_{(x_0, y_0)} dy \qquad (1.37b)$$

定义如下表达式：

$$\frac{\partial u}{\partial x} + \frac{\partial v}{\partial y} = \delta \qquad (1.38a)$$

$$\frac{\partial v}{\partial x} - \frac{\partial u}{\partial y} = \zeta \qquad (1.38b)$$

$$\frac{\partial u}{\partial x} - \frac{\partial v}{\partial y} = d_1 \qquad (1.38c)$$

$$\frac{\partial v}{\partial x} + \frac{\partial u}{\partial y} = d_2 \qquad (1.38d)$$

用基本量$\delta$、$\zeta$、$d_1$和$d_2$来替换式（1.37a）和式（1.37b）中的导数后，可得

$$u(x_0 + dx, y_0 + dy) \approx u(x_0, y_0) + \frac{1}{2}(\delta + d_1)dx + \frac{1}{2}(d_2 - \zeta)dy \qquad (1.39a)$$

$$v(x_0 + dx, y_0 + dy) \approx v(x_0, y_0) + \frac{1}{2}(\zeta + d_2)dx + \frac{1}{2}(\delta - d_1)dy \qquad (1.39b)$$

这种处理方法的优点在于可以将该点附近的风场视为基本流体属性的线性组合。涡度$\zeta$表示（关于其垂直方向）纯粹的旋转；$\delta$表示纯粹的辐合辐散，$\delta < 0$时称为辐合；$d_1$和$d_2$则表示纯粹的变形，其中风场沿着某个方向上收缩（汇合）的地方被称为收缩轴，而与之垂直的方向上则对应风场的拉伸，称为膨胀轴。$d_2$相对于$d_1$旋转了45°，所以，两者并不是相互独立的。式（1.39a）和式（1.39b）右端第一项是常数项，表示均匀部分。

在式（1.39a）和式（1.39b）中，除其中某一项外，令其他基本量为0，就可以看到与该基本量相关的水平风场的空间分布，如图1.12所示。要注意的是，尽管在$d_1$表示的纯变形场中矢量表现为辐合和辐散，但该场的散度仍然是0。这是矢量场中收缩（膨胀）不同于辐合（辐散）的重要例子。图1.12（d）是涡度和散度线性组合的结果，这是比单独基本量场更复杂的模态。通过计算某点处的基本量，利用式（1.39a）和式（1.39b）就

可以给出经过该点附近的流体的线性变化。

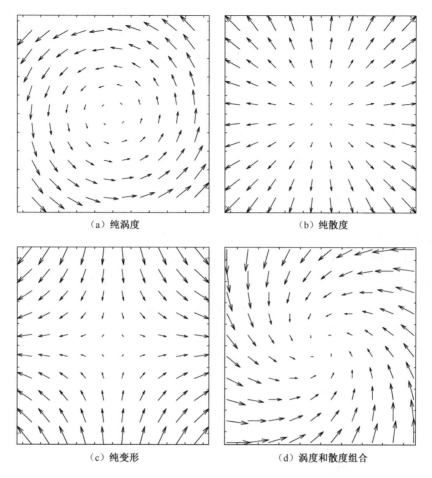

图 1.12　与纯涡度、纯散度、纯变形及涡度和散度组合有关的风场相关分布

　　这种对运动学特征的初步分析，突出了风场特定属性的重要性，我们还将在后续章节中对其进行更深入的探讨。根据质量守恒，散度与垂直运动相关，这一点会在第 2 章讨论；涡度是理解动力气象学的基础，将在第 3 章进行详细探讨；变形对于流体边界（如被称为锋区的水平温差）的生成和破坏是很重要的，将在第 9 章讨论。

# 1.6　尺度分析

　　尺度分析是分析特定类型运动控制方程中各项量级大小的有效方法。在尺度分析过程中，要确定如下物理量的典型期望值：
　　（1）场变量量级；
　　（2）场变量扰动振幅；

（3）扰动发生时的特征长度、深度和时间尺度。

这些典型值用来比较控制方程中各项的量级。例如，典型中纬度天气尺度[6]气旋在 1000 km 水平距离内的地面气压变化幅度为 10 hPa。用 $\delta p$ 表示水平气压扰动的振幅，$x$ 和 $y$ 表示水平坐标，$L$ 为水平尺度，那么水平气压梯度的量级就可以用 $\delta p$ 除以长度 $L$ 的结果来估算，即

$$\left(\frac{\partial p}{\partial x},\ \frac{\partial p}{\partial y}\right) \sim \frac{\delta p}{L} = 10\,\text{hPa}/10^3\,\text{km}\quad(10^{-3}\,\text{Pa m}^{-1})$$

类似大小的气压波动也会出现在其他尺度完全不同的系统中，如龙卷风、飑线和飓风等。因此，在气象学所关注的各种天气系统中，水平气压梯度的大小会在若干量级的范围内变化。对涉及其他场变量的导出项进行类似分析也是成立的。所以，控制方程中各主要项的性质强烈地依赖于运动的水平尺度。特别地，水平尺度达几千米或更小的系统通常会有比较小的时间尺度，这样有关地球旋转的项就可以略去；但对于较大尺度的运动而言，这些项却非常重要。由于大气运动的特征强烈依赖于水平尺度，所以水平尺度就为运动系统分类提供了一种便捷的方法。表 1.4 就是水平尺度为 $10^{-7} \sim 10^7$ m 的各种运动系统的分类。在接下来的章节中模拟各种类型运动时，将大量使用尺度分析对控制方程进行简化。

表 1.4　大气运动的水平尺度

| 运动系统类型 | 水平尺度（m） |
| --- | --- |
| 分子平均自由程 | $10^{-7}$ |
| 分钟级湍流涡旋 | $10^{-2} \sim 10^{-1}$ |
| 小湍流涡旋 | $10^{-1} \sim 1$ |
| 尘卷 | $1 \sim 10$ |
| 阵风 | $10 \sim 10^2$ |
| 龙卷风 | $10^2$ |
| 积雨云 | $10^3$ |
| 锋面、飑线 | $10^4 \sim 10^5$ |
| 飓风 | $10^5$ |
| 天气尺度气旋 | $10^6$ |
| 行星波 | $10^7$ |

# 推荐参考文献

完整参考文献可参见本书末尾的"参考文献"部分。

---

[6] 天气学尺度（Synoptic），是指分析同时（或接近同时）在一个较大区域内天气实况的气象学分支。这一术语通常用于表示天气图上出现扰动的典型尺度（这里就是此意）。

Curry 和 Webster 编写的 *Thermodynamics of Atmospheres and Oceans*（《大气和海洋热力学》）中有很多对大气统计学的深入讨论。

Durran（1993）详细讨论了定常角动量振荡。

Wallace 和 Hobbs 编写的 *Atmospheric Science: An Introductory Survey*（《大气科学导论》）初步讨论了本章涉及的大多数内容。

 习题

1.1　忽略地球半径的经向变化，计算地表万有引力和重力矢量夹角随纬度的变化，并求出该夹角的最大值。

1.2　计算地球同步卫星（在地表某一点上方保持不动的卫星）在赤道面上的轨道高度。

1.3　一颗人造卫星处于赤道上的地球同步轨道，有一根电线连接到正下方的地面。第二颗人造卫星位于第一颗人造卫星正上方，两者通过相同长度的电线连接，并以相同的角速度运动。假设不考虑电线的质量，请计算单位质量的人造卫星作用于电线上的拉力。不使用其他额外能量，这个拉力能将物体送入轨道吗？

1.4　一列火车无摩擦地以 $50\,\mathrm{m\,s^{-1}}$ 的速度在弯曲轨道上运行。乘客站在秤上观测到自己的体重比火车静止时重了 10%。已知这列火车是倾斜运动的，因此作用于乘客的力垂直于火车地板，试问轨道的曲率半径是多少？

1.5　在纬度 $30°$，如果一个棒球投手投出的球在 4 s 内沿水平方向飞行了 100 m，那么由于地球旋转它会侧向偏转多少？

1.6　将两个直径为 4 cm 的球置于 $43°N$ 的无摩擦水平面上，相距 100 m。如果两球受到冲力作用以相同的速度相向而行，那么需要多大速度才能确保彼此正好擦肩而过？

1.7　一个质量为 $2\times10^{5}\,\mathrm{kg}$ 的火车头在 $43°N$ 以 $50\,\mathrm{m\,s^{-1}}$ 的速度沿着水平面做直线运行，那么作用于铁轨的侧向作用力是多少？比较当火车分别向东和向西运动时，铁轨施加的向上反作用力的量级。

1.8　忽略空气阻力，计算在赤道从高度为 $h$ 的平台上掉下来的物体的水平位移。当 $h=5\,\mathrm{km}$ 时，这个水平位移是多少？

1.9　在纬度 $\phi$，一颗子弹以初速 $w_0$ 垂直向上射出，忽略空气阻力，该子弹落回地面时会在水平方向上偏移多少（相对于 $g$，在垂直动量方程中略去 $2\Omega u\cos\phi$）？

1.10　质量 $M=1\,\mathrm{kg}$ 的物块悬挂在一条无重量的绳子末端，绳子的另一端通过一个水平面上的小孔与一个质量为 $m=10\,\mathrm{kg}$ 的球连在一起。假设球与小孔的距离是 1 m，当球的角速度达到多大时才能平衡物块的重量？当球在旋转时，物块下降 10 cm，试问此时球的角速度又是多少？物块下降过程中做了多少功？

1.11　假设微粒可以在纬度 $\phi$ 的水平无摩擦平面上自由滑动。如果在 $t=0$ 时刻给微粒一个

向北的瞬时速度 $v = V_0$，求出控制微粒路径的方程，并给出微粒路径的解随时间的变化（假设经向偏移很小，$f$ 为常数）。

1.12　分别在温度为 273 K 和 250 K 的等温条件下，计算 1000 hPa 到 500 hPa 的大气厚度。

1.13　在天气图上以 60 m 间隔绘制了 1000 hPa 到 500 hPa 的等厚度线，那么请问对应的层平均温度的间隔是多少？

1.14　证明均质大气（密度与高度无关）具有有限高度，且其高度只与下边界的温度有关。取地面温度 $T_0 = 273$ K，地面气压为 1000 hPa，计算均质大气的高度（利用理想气体实验定律和静力平衡）。

1.15　在习题 1.14 的条件下，计算温度随高度的变化。

1.16　证明在具有均匀垂直递减率 $\gamma$（其中 $\gamma \equiv -\mathrm{d}T/\mathrm{d}z$）的大气中，等压面 $p_1$ 处的位势高度为

$$Z = \frac{T_0}{\gamma}\left[1 - \left(\frac{p_0}{p_1}\right)^{-R\gamma/g}\right]$$

其中，$T_0$ 和 $p_0$ 分别为海平面气温和气压。

1.17　对于 $\gamma = 6.5$ K km$^{-1}$ 和 $T_0 = 273$ K 的定常温度垂直递减率的大气，计算 1000 hPa 到 500 hPa 的厚度，并将得到的结果与习题 1.12 的结果进行比较。

1.18　在定常温度垂直递减率的大气中推导出密度随高度变化的表达式。

1.19　当在具有定常温度垂直递减率的大气中出现了与高度无关的温度变化 $\delta T$，而地面气压保持不变时，请推导当气压变化 $\delta p$ 时的高度变化表达式。如果温度垂直递减率为 6.5 K km$^{-1}$，$T_0 = 300$ K，$\delta T = 2$ K，那么在什么高度气压变化的量级达到最大？

# MATLAB 练习题

M1.1　本练习题的目的是分析高纬度定常角动量轨迹中曲率项的作用。

（a）取如下初始参数：初始纬度为 $60°$，初始速度 $u = 0$、$v = 40$ m s$^{-1}$，运行时间 5 天，运行脚本 coriolis.m。比较分别考虑和忽略曲率项时出现的轨迹，并定性解释这种差别；然后说明为什么这些轨迹不像文中式（1.15）所述的那样是闭合圆环（提示：考虑正比于 $\tan\phi$ 的项与球面几何形状各自的作用）。

（b）在纬度 $60°$，取 $u = 0$、$v = 80$ m s$^{-1}$，运行脚本 coriolis.m，得到的结果与（a）有什么不同？通过改变运行时间，确定每种情况下微粒完成一次闭合圆形路径所需的时间，并与式（1.24）给出的 $\phi = 60°$ 处的所需时间进行比较。

M1.2　利用练习题 M1.1 的 MATLAB 脚本，比较在 $43°$ 向东和向西发射弹道导弹时横向偏差的量级，假设每枚导弹的发射初始速度均为 1000 m s$^{-1}$，飞行距离均为 1000 km。解释得到的结果。在这种情况下可以忽略曲率项吗？

M1.3　本练习题分析赤道附近定常角动量轨迹的怪异行为。针对如下两种相反的情况运行脚本 coriolis.m：（a）纬度 $0.5°$、$u = 20\,\mathrm{m\,s^{-1}}$、$v = 0$、运行时间 20 天；（b）纬度 $0.5°$、$u = -20\,\mathrm{m\,s^{-1}}$、$v = 0$、运行时间 20 天。显然，赤道附近向西和向东运动会导致完全不同的行为，请简要解释为什么这两种情况下的轨迹有如此差异。通过设定不同的运行时间，确定每种情况下的近似振荡周期（回到原纬度的时间）。

M1.4　本练习题分析赤道附近更怪异的行为。初始条件取为：纬度 $0°$、$u = 0$、$v = 50\,\mathrm{m\,s^{-1}}$、运行时间 5～10 天，运行脚本 const_ang_mom_traj1.m。要注意的是，运动是关于赤道对称的，并且有净向东偏移。为什么在赤道上的气块只要有向极的初始速度就会产生向东的平均位移？尝试设定不同的初始经向速度（50～250 $\mathrm{m\,s^{-1}}$），确定气块到达的最大纬度与初始经向速度的近似关系，同时确定净向东位移与初始经向速度之间的关系，将结果列表或者使用 MATLAB 绘图。

# 第 2 章

# 基本守恒定律

● ● ● ● ● ● ● ●

　　大气运动受 3 个基本物理定律控制，它们分别是质量守恒定律、动量守恒定律和能量守恒定律。描述这些定律的数学表达式可以通过分析流体中无限小体积元的质量、动量和能量的收支来导出。在流体力学中，通常会使用两种类型的体积元。在欧拉框架下，流体元是边长为 $\delta x$、$\delta y$ 和 $\delta z$ 的平行六面体，且其位置相对于坐标轴固定。质量、动量和能量的收支依赖于流体穿过体积元的边界所引起的通量（1.2.1 节中使用的就是这种体积元）。但在拉格朗日框架下，体积元中包含着"带标记的"无限小质量的流体微团。此时，体积元是随着流体运动的，并通常包含着相同的流体微团。

　　拉格朗日框架对于推导守恒定律是特别有用的，因为用特定流体质量元描述这些定律是最简单的；而欧拉框架则便于求解大多数的问题，因为在这个框架下可将场变量用以坐标 $x$、$y$、$z$ 和 $t$ 为自变量的偏微分方程组联系起来。但是，在拉格朗日框架下，对于个别流体微团而言，还是有必要了解各种场的时间演变的，那么自变量就是 $x_0$、$y_0$、$z_0$ 和 $t$，其中 $x_0$、$y_0$ 和 $z_0$ 表示参考时刻为 $t_0$ 时特定微团经过的位置。

## 2.1　全导数

　　本章将要推导的守恒定律包含特定运动流体微团的密度、动量和热力学能量的变化率方程。为了在欧拉框架下应用这些定律，有必要先推导出随着流体运动的场变量的变化率与其在固定点处变化率的关系。前者称为物质导数或全导数（用 $\mathrm{d}/\mathrm{d}t$ 来表示）；后者则称为局地导数（仅是关于时间的偏导数）。

　　为了推导全导数和局地导数之间的关系，方便起见，我们使用特定的场变量（如温度）。对于某个给定的气块，其位置 $(x, y, z)$ 是时间 $t$ 的函数，因此有 $x = x(t)$、$y = y(t)$ 和 $z = z(t)$。跟随着这个气块，温度 $T$ 仅可视为时间的函数，因此，其变化率为 $\mathrm{d}T/\mathrm{d}t$。为了将全导数与固定点处的局地变化率联系起来，我们来分析一个随风飘动的气球的温度。假定它在位置 $(x_0, y_0, z_0)$ 和 $t_0$ 时刻的温度为 $T_0$，如果气球经过 $\delta t$ 移动到了 $(x_0 + \delta x, y_0 + \delta y, z_0 + \delta z)$，那么气球温度变化量 $\delta T$ 可以用泰勒级数展开写为

$$\delta T = \left(\frac{\partial T}{\partial t}\right)\delta t + \left(\frac{\partial T}{\partial x}\right)\delta x + \left(\frac{\partial T}{\partial y}\right)\delta y + \left(\frac{\partial T}{\partial z}\right)\delta z + 高阶项$$

上式除以 $\delta t$，同时注意到 $\delta T$ 是相应的温度变化量，因此有

$$\frac{\mathrm{d}T}{\mathrm{d}t} \equiv \lim_{\delta t \to 0} \frac{\delta T}{\delta t}$$

对 $\delta t \to 0$ 取极限，可得

$$\frac{\mathrm{d}T}{\mathrm{d}t} = \frac{\partial T}{\partial t} + \left(\frac{\partial T}{\partial x}\right)\frac{\mathrm{d}x}{\mathrm{d}t} + \left(\frac{\partial T}{\partial y}\right)\frac{\mathrm{d}y}{\mathrm{d}t} + \left(\frac{\partial T}{\partial z}\right)\frac{\mathrm{d}z}{\mathrm{d}t}$$

这就是温度 $T$ 随运动的变化量。

如果令

$$\frac{\mathrm{d}x}{\mathrm{d}t} \equiv u, \quad \frac{\mathrm{d}y}{\mathrm{d}t} \equiv v, \quad \frac{\mathrm{d}z}{\mathrm{d}t} \equiv w$$

那么 $u$、$v$、$w$ 就分别是在 $x$、$y$、$z$ 方向上的速度分量，且有

$$\frac{\mathrm{d}T}{\mathrm{d}t} = \frac{\partial T}{\partial t} + \left(u\frac{\partial T}{\partial x} + v\frac{\partial T}{\partial y} + w\frac{\partial T}{\partial z}\right) \tag{2.1}$$

利用矢量符号，这个表达式可改写为

$$\frac{\partial T}{\partial t} = \frac{\mathrm{d}T}{\mathrm{d}t} - \boldsymbol{U} \cdot \nabla T$$

式中，$\boldsymbol{U} = \boldsymbol{i}u + \boldsymbol{j}v + \boldsymbol{k}w$ 是速度矢量；$-\boldsymbol{U} \cdot \nabla T$ 被称为温度平流，反映的是空气运动对局地温度变化的贡献。例如，若风从冷区吹向暖区，那么 $-\boldsymbol{U} \cdot \nabla T$ 为负，对应冷平流，说明平流项对局地温度变化有负贡献。因此，温度局地变化率等于随流体运动的温度变化率（个别气块的加热或冷却）加上温度的平流变化率。

式（2.1）中温度的全导数与局地导数的关系也适用于其他任意场变量。此外，全导数可以根据运动场而不是实际风场来确定。

**示例**

我们希望将移动船只上气压计观测到的气压变化与局地气压变化联系起来。已知地面气压沿着向东方向每 180 km 降低 3 hPa，一艘以 $10\ \mathrm{km\,h^{-1}}$ 速度向东运动的船只每 3 小时观测到 1 hPa 的气压下降。

那么船只经过的某个岛屿上的气压变化是多少？如果取东方向为 $x$ 轴，那么岛上的气压局地变化率为

$$\frac{\partial p}{\partial t} = \frac{\mathrm{d}p}{\mathrm{d}t} - u\frac{\partial p}{\partial x}$$

其中，$\mathrm{d}p/\mathrm{d}t$ 为船只观测到的气压变化，而 $u$ 为船只的速度。因此，有

$$\frac{\partial p}{\partial t} = \frac{-1\,\mathrm{hPa}}{3\,\mathrm{h}} - \left(\frac{10\,\mathrm{km}}{1\,\mathrm{h}}\right)\left(\frac{-3\,\mathrm{hPa}}{180\,\mathrm{km}}\right) = -\frac{1\,\mathrm{hPa}}{6\,\mathrm{h}}$$

这就说明，岛上的气压降低速度只有移动船只上观测到的一半。

如果场变量的全导数为 0，那么这个变量就是随着运动的保守量，其局地变化则完全是由平流引起的。正如后面证明的，随着运动近似保持守恒的场变量在动力气象学中扮演着重要角色。

### 2.1.1 旋转坐标系中矢量的全导数

动量守恒定律（牛顿第二定律）将惯性参考系中随着运动的绝对动量变化率与作用于流体的力的总和联系在了一起。对于气象学中的绝大多数应用而言，运动通常都是相对于地球旋转坐标系的。要将动量方程转换到旋转坐标系中，就需要将惯性参考系中矢量的全导数与旋转坐标系中相应的全导数建立联系。

为了导出这种关系，取任意矢量 $A$，其在惯性系中的笛卡儿分量为

$$A = i'A_x' + j'A_y' + k'A_z'$$

而在以角速度 $\Omega$ 旋转的坐标系中，其分量为

$$A = iA_x + jA_y + kA_z$$

令 $\mathrm{d}_a A / \mathrm{d}t$ 为 $A$ 在惯性系中的全导数，那么有

$$\frac{\mathrm{d}_a A}{\mathrm{d}t} = i'\frac{\mathrm{d}A_x'}{\mathrm{d}t} + j'\frac{\mathrm{d}A_y'}{\mathrm{d}t} + k'\frac{\mathrm{d}A_z'}{\mathrm{d}t}$$

$$= i\frac{\mathrm{d}A_x}{\mathrm{d}t} + j\frac{\mathrm{d}A_y}{\mathrm{d}t} + k\frac{\mathrm{d}A_z}{\mathrm{d}t} + \frac{\mathrm{d}_a i}{\mathrm{d}t}A_x + \frac{\mathrm{d}_a j}{\mathrm{d}t}A_y + \frac{\mathrm{d}_a k}{\mathrm{d}t}A_z$$

上式第二行前三项可以合并为

$$\frac{\mathrm{d}A}{\mathrm{d}t} \equiv i\frac{\mathrm{d}A_x}{\mathrm{d}t} + j\frac{\mathrm{d}A_y}{\mathrm{d}t} + k\frac{\mathrm{d}A_z}{\mathrm{d}t}$$

实际上这就是从旋转系中观察到的 $A$ 的全导数（随着相对运动的 $A$ 的变化率）。

之所以出现后三项，是因为随着地球旋转，单位矢量 $(i, j, k)$ 的方向在空间上也是变化的。对旋转坐标系而言，这些项都有一个比较简单的形式。例如，对于向东的单位矢量有

$$\delta i = \frac{\partial i}{\partial \lambda}\delta\lambda + \frac{\partial i}{\partial \phi}\delta\phi + \frac{\partial i}{\partial z}\delta z$$

对于刚体旋转，有 $\delta\lambda = \Omega t$，$\delta\phi = 0$ 和 $\delta z = 0$，因此有 $\delta i / \delta t = (\partial i / \partial\lambda)/(\delta\lambda / \delta t)$。再对 $\delta t \to 0$ 取极限可得

$$\frac{\mathrm{d}_a i}{\mathrm{d}t} = \Omega\frac{\partial i}{\partial\lambda}$$

但根据图 2.1 和图 2.2，$i$ 的经向导数可写为

$$\frac{\partial i}{\partial\lambda} = j\sin\varphi - k\cos\varphi$$

由于 $\boldsymbol{\Omega} = (0, \; \Omega\sin\phi, \; \Omega\cos\phi)$ ，所以有

$$\frac{\mathrm{d}_a \boldsymbol{i}}{\mathrm{d}t} = \Omega(\boldsymbol{j}\sin\varphi - \boldsymbol{k}\cos\varphi) = \boldsymbol{\Omega} \times \boldsymbol{i}$$

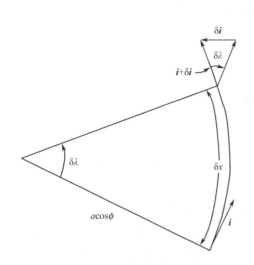 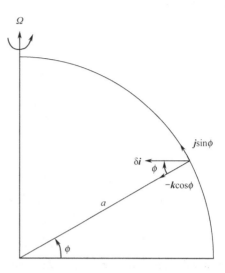

图 2.1　单位矢量 $\boldsymbol{i}$ 的经向变化　　　图 2.2　图 2.1 中 $\delta\boldsymbol{i}$ 的向北和垂直分量

通过类似的方法，可以证明 $\mathrm{d}_a\boldsymbol{j}/\mathrm{d}t = \boldsymbol{\Omega} \times \boldsymbol{j}$ 和 $\mathrm{d}_a\boldsymbol{k}/\mathrm{d}t = \boldsymbol{\Omega} \times \boldsymbol{k}$ 。因此，惯性参考系与旋转坐标系中矢量全微分之间的关系可写为

$$\frac{\mathrm{d}_a \boldsymbol{A}}{\mathrm{d}t} = \frac{\mathrm{d}\boldsymbol{A}}{\mathrm{d}t} + \boldsymbol{\Omega} \times \boldsymbol{A} \tag{2.2}$$

## 2.2　旋转坐标系中动量方程的矢量形式

在惯性参考系中，牛顿第二定律可写为

$$\frac{\mathrm{d}_a \boldsymbol{U}_a}{\mathrm{d}t} = \sum \boldsymbol{F} \tag{2.3}$$

上式左端为惯性参考系中随着运动的绝对速度 $\boldsymbol{U}_a$ 的变化率，右端则是作用于单位质量物质上的真实力之和。在 1.3 节中，通过对简单物理成因的分析，发现如果要使牛顿第二定律成立，那么当从旋转坐标系观察物体运动时，就必须额外考虑特定的视示力。对式（2.3）进行坐标变换也可以得到相同的结果。

为了将这个表达式转换到旋转坐标系中，首先必须找到 $\boldsymbol{U}_a$ 与旋转坐标系中相对速度 $\boldsymbol{U}$ 之间的关系。这种关系可以通过将式（2.2）应用于旋转地球上气块的位置向量 $\boldsymbol{r}$ 得到：

$$\frac{\mathrm{d}_a \boldsymbol{r}}{\mathrm{d}t} = \frac{\mathrm{d}\boldsymbol{r}}{\mathrm{d}t} + \boldsymbol{\Omega} \times \boldsymbol{r} \tag{2.4}$$

但由于 $\mathrm{d}_a\boldsymbol{r}/\mathrm{d}t \equiv \boldsymbol{U}_a$ 和 $\mathrm{d}\boldsymbol{r}/\mathrm{d}t \equiv \boldsymbol{U}$ ，所以式（2.4）可写为

$$U_a = U + \boldsymbol{\Omega} \times \boldsymbol{r} \tag{2.5}$$

上式可以简单地理解为，旋转地球上物体的绝对速度等于其相对于地球的速度加上因地球旋转导致的速度。

接下来，就可以将式（2.2）应用于速度矢量 $U_a$，可得

$$\frac{d_a U_a}{dt} = \frac{dU_a}{dt} + \boldsymbol{\Omega} \times U_a \tag{2.6}$$

将式（2.5）代入式（2.6）右端，有

$$\begin{aligned} \frac{d_a U_a}{dt} &= \frac{d}{dt}(U + \boldsymbol{\Omega} \times \boldsymbol{r}) + \boldsymbol{\Omega} \times (U + \boldsymbol{\Omega} \times \boldsymbol{r}) \\ &= \frac{dU}{dt} + 2\boldsymbol{\Omega} \times U - \Omega^2 \boldsymbol{R} \end{aligned} \tag{2.7}$$

式中，$\boldsymbol{\Omega}$ 是固定大小的，$\boldsymbol{R}$ 是与旋转坐标轴垂直的矢量，其大小等于物体与旋转坐标轴之间的距离。因此，根据矢量运算法则，有

$$\boldsymbol{\Omega} \times (\boldsymbol{\Omega} \times \boldsymbol{r}) = \boldsymbol{\Omega} \times (\boldsymbol{\Omega} \times \boldsymbol{R}) = -\Omega^2 \boldsymbol{R}$$

式（2.7）说明，惯性参考系中随着运动的加速度等于旋转坐标系中随着相对运动的相对速度的变化率加上旋转坐标系中因相对运动导致的科氏加速度，再加上由于坐标系旋转引起的向心加速度。

如果假设作用于大气的真实力只有气压梯度力、重力和摩擦力，那么利用式（2.7），牛顿第二定律［见式（2.3）］可改写为

$$\frac{dU}{dt} = -2\boldsymbol{\Omega} \times U - \frac{1}{\rho}\nabla p + \boldsymbol{g} + \boldsymbol{F}_r \tag{2.8}$$

式中，$\boldsymbol{F}_r$ 为摩擦力（见 1.2.2 节），离心力则与万有引力合并为重力 $\boldsymbol{g}$（见 1.3.2 节）。式（2.8）就是相对于旋转坐标系的运动的牛顿第二定律表达式。该式说明，旋转坐标系中随着相对运动的加速度等于科氏力、气压梯度力、有效重力和摩擦力之和。这种形式的动量方程是动力气象学中大多数分析的基础。

# 2.3 球坐标系中的分量方程

为了进行理论分析和数值预报，有必要将式（2.8）所示的动量方程的矢量形式展开为分量形式。由于在气象学分析中完全忽略了地球实际形状与球体之间的偏差，因此，将式（2.8）在球坐标中展开是很方便的，此时地球表面对应的就是坐标面。该坐标系的坐标轴为 $(\lambda, \phi, z)$，其中，$\lambda$ 为经度，$\phi$ 为纬度，$z$ 是与地表的垂直距离。如果单位矢量 $\boldsymbol{i}$、$\boldsymbol{j}$ 和 $\boldsymbol{k}$ 分别指向东、向北和向上，那么相对速度就可写为

$$U \equiv \boldsymbol{i}u + \boldsymbol{j}v + \boldsymbol{k}w$$

式中，分量 $u$、$v$ 和 $w$ 定义为

$$u \equiv r\cos\varphi\frac{d\lambda}{dt}, \quad v \equiv r\frac{d\varphi}{dt}, \quad w \equiv \frac{dz}{dt} \tag{2.9}$$

这里的 $r$ 是物体与地球球心的距离，它与 $z$ 的关系是 $r = a + z$，其中 $a$ 为地球半径。通常式（2.9）中的变量 $r$ 是用常数 $a$ 来代替的。这是一种非常好的近似，因为对于气象学所关心的大气而言，$z \ll a$。

为了表述简单，通常用 $x$ 和 $y$ 来表示向东和向北的距离，所以有 $\mathrm{d}x = a \cos\phi \mathrm{d}\lambda$ 和 $\mathrm{d}y = a \mathrm{d}\phi$。那么，向东和向北的水平速度分量为 $u \equiv \mathrm{d}x / \mathrm{d}t$ 和 $v \equiv \mathrm{d}y / \mathrm{d}t$。但是，用这种方式定义的 $(x, y, z)$ 坐标并不是笛卡儿坐标，因为单位矢量 $\boldsymbol{i}$、$\boldsymbol{j}$、$\boldsymbol{k}$ 的方向并不是不变的，而是地球表面上位置的函数。要把加速度矢量在球面上展开为分量形式，那么这种单位矢量对位置的依赖就必须考虑进去。因此有

$$\frac{\mathrm{d}\boldsymbol{U}}{\mathrm{d}t} = \boldsymbol{i}\frac{\mathrm{d}u}{\mathrm{d}t} + \boldsymbol{j}\frac{\mathrm{d}v}{\mathrm{d}t} + \boldsymbol{k}\frac{\mathrm{d}w}{\mathrm{d}t} + u\frac{\mathrm{d}\boldsymbol{i}}{\mathrm{d}t} + v\frac{\mathrm{d}\boldsymbol{j}}{\mathrm{d}t} + w\frac{\mathrm{d}\boldsymbol{k}}{\mathrm{d}t} \tag{2.10}$$

为了得到分量形式表达式，有必要先来分析随着运动的单位矢量的变化率。首先，对于 $\mathrm{d}\boldsymbol{i}/\mathrm{d}t$，如式（2.1）将全导数展开，并注意到 $\boldsymbol{i}$ 仅仅是 $x$ 的函数（如果在南北方向或者垂直方向上运动，那么向东的矢量不会改变其方向），所以有

$$\frac{\mathrm{d}\boldsymbol{i}}{\mathrm{d}t} = u\frac{\partial \boldsymbol{i}}{\partial x}$$

根据图 2.1，由三角形的相似性可以看出

$$\lim_{\delta x \to 0}\frac{|\delta \boldsymbol{i}|}{\delta x} = \left|\frac{\partial \boldsymbol{i}}{\partial x}\right| = \frac{1}{a \cos\varphi}$$

且矢量 $\partial \boldsymbol{i}/\partial x$ 是指向旋转坐标轴的。因此，如图 2.2 所示，有

$$\frac{\partial \boldsymbol{i}}{\partial x} = \frac{1}{a \cos\varphi}(\boldsymbol{j}\sin\varphi - \boldsymbol{k}\cos\varphi)$$

所以有

$$\frac{\mathrm{d}\boldsymbol{i}}{\mathrm{d}t} = \frac{u}{a \cos\varphi}(\boldsymbol{j}\sin\varphi - \boldsymbol{k}\cos\varphi) \tag{2.11}$$

下面再来分析 $\mathrm{d}\boldsymbol{j}/\mathrm{d}t$。我们注意到 $\boldsymbol{j}$ 仅是 $x$ 和 $y$ 的函数，因此借助图 2.3 可以看出，对向东的运动而言，有 $|\delta \boldsymbol{j}| = \delta x/(a/\tan\phi)$。由于矢量 $\partial \boldsymbol{j}/\partial x$ 指向 $x$ 轴的负方向，因此有

$$\frac{\partial \boldsymbol{j}}{\partial x} = -\frac{\tan\varphi}{a}\boldsymbol{i}$$

根据图 2.4，显然对向北的运动有 $|\delta \boldsymbol{j}| = \delta\phi$，但 $\delta y = a\delta\phi$，并且 $\delta \boldsymbol{j}$ 是向下的，因此有

$$\frac{\partial \boldsymbol{j}}{\partial y} = -\frac{\boldsymbol{k}}{a}$$

所以，可得

$$\frac{\mathrm{d}\boldsymbol{j}}{\mathrm{d}t} = -\frac{u\tan\varphi}{a}\boldsymbol{i} - \frac{v}{a}\boldsymbol{k} \tag{2.12}$$

最后，通过类似分析还可以证明

$$\frac{\mathrm{d}\boldsymbol{k}}{\mathrm{d}t} = \boldsymbol{i}\frac{u}{a} + \boldsymbol{j}\frac{v}{a} \tag{2.13}$$

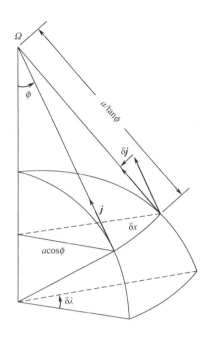

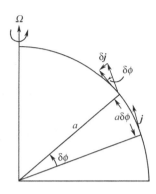

图 2.3　单位矢量 **j** 随经度的变化　　　　图 2.4　单位矢量 **j** 随纬度的变化

将式（2.11）～式（2.13）代入式（2.10）并整理，就可以得到随着相对运动的加速度在球面极坐标系中的展开式：

$$\frac{\mathrm{d}\boldsymbol{U}}{\mathrm{d}t} = \left(\frac{\mathrm{d}u}{\mathrm{d}t} - \frac{uv\tan\varphi}{a} + \frac{uw}{a}\right)\boldsymbol{i} + \left(\frac{\mathrm{d}v}{\mathrm{d}t} - \frac{u^2\tan\varphi}{a} + \frac{vw}{a}\right)\boldsymbol{j} + \left(\frac{\mathrm{d}w}{\mathrm{d}t} - \frac{u^2+v^2}{a}\right)\boldsymbol{k} \quad (2.14)$$

接下来，将式（2.8）中的作用力项展开为分量形式。在对科氏力进行分解时，要注意 **Ω** 在平行于 **i** 的方向上没有分量，其平行于 **j** 和 **k** 的分量分别为 $2\Omega\cos\phi$ 和 $2\Omega\sin\phi$。利用向量叉乘的定义，有

$$-2\boldsymbol{\Omega}\times\boldsymbol{U} = -2\Omega\begin{vmatrix} \boldsymbol{i} & \boldsymbol{j} & \boldsymbol{k} \\ 0 & \cos\varphi & \sin\varphi \\ u & v & w \end{vmatrix} \quad (2.15)$$

$$= -(2\Omega w\cos\varphi - 2\Omega v\sin\varphi)\boldsymbol{i} - 2\Omega u\sin\varphi\,\boldsymbol{j} + 2\Omega u\cos\varphi\,\boldsymbol{k}$$

气压梯度力为

$$\nabla p = \boldsymbol{i}\frac{\partial p}{\partial x} + \boldsymbol{j}\frac{\partial p}{\partial y} + \boldsymbol{k}\frac{\partial p}{\partial z} \quad (2.16)$$

重力通常写为

$$\boldsymbol{g} = -g\boldsymbol{k} \quad (2.17)$$

其中 $g$ 为正的标量（在地表上 $g \cong 9.8\,\mathrm{m\,s^{-2}}$）。最后，由 1.2.2 节可知

$$\boldsymbol{F}_r = \boldsymbol{i}F_{rx} + \boldsymbol{j}F_{ry} + \boldsymbol{k}F_{rz} \quad (2.18)$$

将式（2.14）～式（2.18）代入式（2.8），并分别分离出 $i$、$j$ 和 $k$ 方向上的项，可得

$$\frac{\mathrm{d}u}{\mathrm{d}t} - \frac{uv\tan\varphi}{a} + \frac{uw}{a} = -\frac{1}{\rho}\frac{\partial p}{\partial x} + 2\Omega v\sin\varphi - 2\Omega w\cos\varphi + F_{rx} \tag{2.19}$$

$$\frac{\mathrm{d}v}{\mathrm{d}t} + \frac{u^2\tan\varphi}{a} + \frac{vw}{a} = -\frac{1}{\rho}\frac{\partial p}{\partial y} - 2\Omega u\sin\varphi + F_{ry} \tag{2.20}$$

$$\frac{\mathrm{d}w}{\mathrm{d}t} - \frac{u^2 + v^2}{a} = -\frac{1}{\rho}\frac{\partial p}{\partial z} - g + 2\Omega u\cos\varphi + F_{rz} \tag{2.21}$$

式（2.19）～式（2.21）分别是动量方程在向东、向北和垂直方向上的分量方程。式（2.19）～式（2.21）左端正比于 $1/a$ 的项被称为曲率项，它们是由地球的曲率引起的[1]。由于这些项都是非线性的，是关于自变量的二次项，因此在进行理论分析时很难处理。不过，根据 2.4 节的分析，对于中纬度天气尺度运动而言，曲率项是不重要的。即使曲率项被忽略，式（2.19）～式（2.21）仍然是非线性偏微分方程组。将全导数展开为如下局地导数与平流项之和后就可以看出这一点：

$$\frac{\mathrm{d}u}{\mathrm{d}t} = \frac{\partial u}{\partial t} + u\frac{\partial u}{\partial x} + v\frac{\partial u}{\partial y} + w\frac{\partial u}{\partial z}$$

$\mathrm{d}v/\mathrm{d}t$ 和 $\mathrm{d}w/\mathrm{d}t$ 的表达式与此类似。一般情况下，平流项在量级上与局地导数相当。非线性平流过程的存在是动力气象学有趣并富有挑战的原因之一。

# 2.4　运动方程的尺度分析

对于气象学所关心的运动而言，为了确定相应运动方程组中的某些项是否是可以忽略的，1.6 节讨论了对该方程组进行尺度分析的基本概念。通过尺度分析消除某些项，不仅可以在数学上简化方程，而且如后面章节所证明的，在某些情况下消除小项对于完全消除或者过滤不需要的运动类型是非常重要的。完整的运动方程组［式（2.19）～式（2.21）］描述了大气中所有类型和尺度的运动。例如，声波解是这个方程组诸多解中的一种，但声波对于动力气象学而言是无关紧要的。因此，如果证明可以忽略导致声波产生的项，并过滤掉这种不需要的运动类型，无疑是非常好的。

为了针对天气尺度运动对式（2.19）～式（2.21）进行简化，基于中纬度天气尺度系统的观测值，定义如表 2.1 所示的场变量特征尺度。

---

[1] 可以证明，对于用 $a$ 来代替 $r$ 的这种常规近似方法，如果式（2.19）和式（2.21）要满足角动量守恒，那么这些方程中正比于 $\cos\phi$ 的科氏力项就必须忽略。

表 2.1  场变量特征尺度

| | |
|---|---|
| $U \sim 10 \text{ m s}^{-1}$ | 水平速度尺度 |
| $W \sim 1 \text{ cm s}^{-1}$ | 垂直速度尺度 |
| $L \sim 10^6 \text{ m}$ | 长度尺度［$\sim 1/(2\pi)$ 波长］ |
| $H \sim 10^4 \text{ m}$ | 厚度尺度 |
| $\delta P / \rho \sim 10^3 \text{ m}^2 \text{ s}^{-2}$ | 水平气压扰动尺度 |
| $L/U \sim 10^5 \text{ s}$ | 时间尺度 |

尽管 $\delta P$ 和 $\rho$ 都是随着高度上升近似成指数减小的，但为了得到在对流层所有层次上都适用的尺度估计，需要相对于密度 $\rho$ 对水平气压扰动 $\delta P$ 进行标准化处理。另外还要注意，$\delta P / \rho$ 的单位与位势的单位一致。根据式（1.31）可以看出，实际上等高面上 $\delta P / \rho$ 的扰动量级必须等于等压面上位势扰动的量级。这里的时间尺度是平流时间尺度，根据对天气尺度系统的观测结果，它适用于近似以水平风速移动的气压系统。所以，$L/U$ 就是系统以速度 $U$ 移动距离 $L$ 所需的时间。此外，对于这种运动而言，式中重要微分算子的尺度为 $\text{d}/\text{d}t \sim U/L$。

这里需要指出的是，天气尺度系统的垂直速度并不是直接观测值。如第 3 章所述，$w$ 的量级是从水平速度场推导而来的。

至此，就可以针对给定纬度上的天气尺度运动来估计式（2.19）和式（2.20）中各项的量级。对中心位于纬度 $\phi_0 = 45°$ 的扰动进行分析是很方便的，可引入如下表达式：

$$f_0 = 2\Omega \sin\varphi_0 = 2\Omega \cos\varphi_0 \cong 10^{-4} \text{ s}^{-1}$$

表 2.2 给出的就是基于上述尺度分析得到的式（2.19）和式（2.20）中每项的特征尺度。分子摩擦项很小，几乎在所有运动中都会被忽略，除非分析的是第 8 章所讨论的近地面最小尺度的湍流运动，此时垂直风切变会变得非常大，必须保留分子摩擦项。

表 2.2  水平动量方程的尺度分析

| | A | B | C | D | E | F | G |
|---|---|---|---|---|---|---|---|
| $x$ 方向方程 | $\dfrac{\text{d}u}{\text{d}t}$ | $-2\Omega v\sin\varphi$ | $+2\Omega w\cos\varphi$ | $+\dfrac{uw}{a}$ | $-\dfrac{uv\tan\varphi}{a}$ | $=-\dfrac{1}{\rho}\dfrac{\partial p}{\partial x}$ | $+F_{rx}$ |
| $y$ 方向方程 | $\dfrac{\text{d}v}{\text{d}t}$ | $+2\Omega u\sin\varphi$ | | $+\dfrac{vw}{a}$ | $-\dfrac{u^2\tan\varphi}{a}$ | $=-\dfrac{1}{\rho}\dfrac{\partial p}{\partial y}$ | $+F_{ry}$ |
| 尺度 | $U^2/L$ | $f_0 U$ | $f_0 W$ | $\dfrac{UW}{a}$ | $\dfrac{U^2}{a}$ | $\dfrac{\delta P}{\rho L}$ | $\dfrac{\nu U}{H^2}$ |
| （$\text{m s}^{-2}$） | $10^{-4}$ | $10^{-3}$ | $10^{-6}$ | $10^{-8}$ | $10^{-5}$ | $10^{-3}$ | $10^{-12}$ |

### 2.4.1　地转近似与地转风

由表 2.2 很容易可以看出，对于中纬度天气尺度扰动而言，科氏力（B 项）和气压梯度力（F 项）是近似平衡的。作为第一近似，在式（2.19）和式（2.20）中仅保留这两项就可以得到地转关系，即

$$-fv \approx -\frac{1}{\rho}\frac{\partial p}{\partial x}, \quad fu \approx -\frac{1}{\rho}\frac{\partial p}{\partial y} \tag{2.22}$$

式中，$f \equiv 2\Omega\sin\phi$，被称为科氏参数。地转平衡是一种诊断关系，反映的是热带外大尺度系统中气压场和风场之间的近似关系。式（2.22）中的这种近似与时间无关，因此，不能用于预报速度场的演变，这就是地转关系被称为诊断关系的原因。

从式（2.22）的地转近似类推，可以将水平风场定义为 $V_g \equiv iu_g + jv_g$，这就是地转风。它与式（2.22）等价，其矢量形式为

$$V_g \equiv k \times \frac{1}{\rho f}\nabla p \tag{2.23}$$

这就说明，任何时刻的气压场分布都可以决定地转风。需要明确的是，式（2.23）通常定义的是地转风，但只有远离赤道的大尺度运动才能使用地转风作为实际水平风场的近似。对于表 2.2 中的尺度，在中纬度地区地转风与实际水平风场的差别为 10%～15%。

### 2.4.2　近似预报方程组：罗斯贝数

为了得到预报方程，有必要在式（2.19）和式（2.20）中保留加速度项（A 项），那么得到的近似水平动量方程为

$$\frac{\mathrm{d}u}{\mathrm{d}t} = fv - \frac{1}{\rho}\frac{\partial p}{\partial x} = f(v - v_g) = fv_a \tag{2.24}$$

$$\frac{\mathrm{d}v}{\mathrm{d}t} = -fu - \frac{1}{\rho}\frac{\partial p}{\partial y} = -f(u - u_g) = -fu_a \tag{2.25}$$

其中已利用式（2.23）将气压梯度力项写成地转风的形式。因为式（2.24）和式（2.25）中的加速度项正比于实际风场与地转风之差，所以与我们尺度分析的结果一致，这些加速度项比科氏项和气压梯度力项小一个量级。式（2.24）和式（2.25）中右端最后一组等式定义的是实际风场与地转风之差，称为非地转风。

将水平气流近似为地转平衡，有助于进行诊断分析，但是很难将这些方程应用于实际天气预报过程。因为实际天气预报过程要求加速度必须通过两个大项的小差求得，也就是说，如果速度场或风场有很小的误差，都有可能在估算加速度时产生很大的误差。与此有关的数值天气预报问题将会在第 13 章进行讨论。为了加强物理上的理解，第 6 章中会基于小的非地转风对方程简化的问题进行讨论。

可以通过加速度项与科氏力项特征尺度的比值 $(U^2 / L)/(f_0 U)$，来更方便地度量加速

度项相对于科氏力项的量级大小。这个比值是一个无量纲数，称为罗斯贝数，是用瑞典气象学家 C. G. Rossby（1898—1957 年）的名字命名的，其形式为

$$R_o \equiv U/(f_0 L)$$

较小的罗斯贝数说明地转近似是成立的。

### 2.4.3　流体静力学近似

类似的尺度分析还可以用于动量方程的垂直分量方程，如式（2.21）所示。从地面到对流层顶，气压减小了大约一个数量级，因此垂直气压梯度的尺度为 $P_0/H$，其中，$P_0$ 为地面气压，$H$ 为对流层厚度。这样就可以针对天气尺度运动估算式（2.21）中各项的量级，其结果如表 2.3 所示。与水平分量方程相同，本书仍然分析中心位于 45° 且忽略摩擦的运动。尺度分析说明，气压场满足静力平衡，且具有高度准确性；这说明任何一点的气压就等于该点以上单位截面积气柱的重量。

表 2.3　垂直动量方程的尺度分析

| $z$ 方向方程 | $\dfrac{\mathrm{d}w}{\mathrm{d}t}$ | $-2\Omega u\cos\varphi$ | $-\dfrac{u^2+v^2}{a}$ | $=-\dfrac{1}{\rho}\dfrac{\partial p}{\partial z}$ | $g$ | $+F_{rz}$ |
|---|---|---|---|---|---|---|
| 尺度 | $\dfrac{UW}{L}$ | $f_0 U$ | $\dfrac{U^2}{a}$ | $\dfrac{P_0}{\rho H}$ | $g$ | $\dfrac{\nu W}{H^2}$ |
| $(\mathrm{m\ s^{-2}})$ | $10^{-7}$ | $10^{-3}$ | $10^{-5}$ | $10$ | $10$ | $10^{-15}$ |

但上述对垂直动量方程的分析仍然存在某种误导，还不足以证明垂直加速度相对于 $g$ 是比较小的。因为只有部分水平变化的气压场直接与水平速度场有关，所以，有必要证明水平变化的气压分量本身就随着水平扰动密度场处于静力平衡。为此，比较方便的办法是首先定义一个标准气压 $p_0(z)$，也就是每个高度上的水平平均气压，再定义一个对应的标准密度 $\rho_0(z)$，并使 $p_0(z)$ 和 $\rho_0(z)$ 完全满足静力平衡：

$$\frac{1}{\rho_0}\frac{\mathrm{d}p_0}{\mathrm{d}z} \equiv -g \tag{2.26}$$

接下来就可以把总气压和密度写为

$$p(x,\ y,\ z,\ t) = p_0(z) + p'(x,\ y,\ z,\ t)$$
$$\rho(x,\ y,\ z,\ t) = \rho_0(z) + \rho'(x,\ y,\ z,\ t) \tag{2.27}$$

式中，$p'$ 和 $\rho'$ 分别是相对于气压和密度标准值的偏差。对于静止大气，$p'$ 和 $\rho'$ 均为 0。利用式（2.26）和式（2.27）所示定义，并且假设 $\rho'/\rho_0$ 的量级远远小于 1，故有 $(\rho_0+\rho')^{-1} \cong \rho_0^{-1}(1-\rho'/\rho_0)$。最终可得

$$-\frac{1}{\rho}\frac{\partial p}{\partial z} - g = -\frac{1}{(\rho_0+\rho')}\frac{\partial}{\partial z}(p_0+p') - g$$

$$\approx \frac{1}{\rho_0}\left[\frac{\rho'}{\rho_0}\frac{\mathrm{d}p_0}{\mathrm{d}z} - \frac{\partial p'}{\partial z}\right] = -\frac{1}{\rho_0}\left[\rho'g + \frac{\partial p'}{\partial z}\right] \tag{2.28}$$

对于天气尺度运动，式（2.28）中各项的量级为

$$\frac{1}{\rho}\frac{\partial p'}{\partial z}\sim\left[\frac{\delta P}{\rho_0 H}\right]\sim 10^{-1}\ \mathrm{m\ s^{-2}}, \qquad \frac{\rho'g}{\rho_0}\sim 10^{-1}\ \mathrm{m\ s^{-2}}$$

将这些值与垂直动量方程中其他项的量级进行比较（参见表 2.3），可以看出处于静力平衡下的扰动气压场与扰动密度场之间有非常好的近似关系，因此有

$$\frac{\partial p'}{\partial z}+\rho'g=0 \tag{2.29}$$

所以，对于天气尺度运动而言，垂直加速度是可以忽略的，且垂直速度不能通过垂直动量方程来确定。但正如第 3 章所证明的，在实际应用中仍然可以通过间接方法导出垂直速度场。此外，第 6 章将证明，仅通过气压场就可以估算并从物理上理解垂直速度场。

# 2.5　连续方程

现在开始分析 3 个基本守恒定律中的第二个，即质量守恒定律。用来描述流体中质量守恒关系的数学表达式被称为连续方程。本节将用两种不同的方法推出连续方程，第一种方法基于欧拉体积元，第二种方法基于拉格朗日体积元。

## 2.5.1　欧拉推导方法

如图 2.5 所示，分析固定于笛卡儿坐标系中的体积元 $\delta x\delta y\delta z$。对于这个固定的体积元，通过各面的净流入率必然等于该体积内的质量增加率。通过右侧面单位面积的质量净流入率为

$$\left[\rho u-\frac{\partial}{\partial x}(\rho u)\frac{\delta x}{2}\right]$$

通过该侧面单位面积的质量净流出率为

$$\left[\rho u+\frac{\partial}{\partial x}(\rho u)\frac{\delta x}{2}\right]$$

因为每个面的面积都是 $\delta y\delta z$，所以，由 $x$ 方向上的速度分量导致的该体积内的净流入率为

$$\left[\rho u-\frac{\partial}{\partial x}(\rho u)\frac{\delta x}{2}\right]\delta y\delta z-\left[\rho u+\frac{\partial}{\partial x}(\rho u)\frac{\delta x}{2}\right]\delta y\delta z=-\frac{\partial}{\partial x}(\rho u)\delta x\delta y\delta z$$

显然，类似的表达式在 $y$ 方向上和 $z$ 方向上同样成立。因此，总质量净流入率为

$$-\left[\frac{\partial}{\partial x}(\rho u)+\frac{\partial}{\partial y}(\rho v)+\frac{\partial}{\partial z}(\rho w)\right]\delta x\delta y\delta z$$

另外，单位体积内的质量流入量为 $-\nabla\cdot(\rho\boldsymbol{U})$，它必然等于单位体积内的质量增加率。此外，单位体积流体的质量增加量正好等于局地密度变化 $\partial\rho/\partial t$。因此有

$$\frac{\partial\rho}{\partial t}+\nabla\cdot(\rho\boldsymbol{U})=0 \tag{2.30}$$

式（2.30）就是连续方程的质量散度形式。

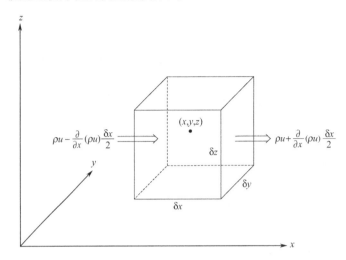

图 2.5　平行于 $x$ 轴的运动导致的进入固定（欧拉）体积元的流体质量

下面推导连续方程的另一种形式。已知有如下矢量恒等式：

$$\nabla\cdot(\rho\boldsymbol{U})\equiv\rho\nabla\cdot\boldsymbol{U}+\boldsymbol{U}\cdot\nabla p$$

及关系式

$$\frac{\mathrm{d}}{\mathrm{d}t}\equiv\frac{\partial}{\partial t}+\boldsymbol{U}\cdot\nabla$$

因此可得

$$\frac{1}{\rho}\frac{\mathrm{d}\rho}{\mathrm{d}t}+\nabla\cdot\boldsymbol{U}=0 \tag{2.31}$$

式（2.31）就是连续方程的速度散度形式。它说明气块随着运动的密度增加率等于负的速度散度（辐合）。这与式（2.30）有明显区别，后者指的是密度的局地变化率等于负的质量散度。

## 2.5.2　拉格朗日推导方法

散度的物理意义可以通过对式（2.31）的另一种推导方法来说明。假定有一个随流体运动的体积元，其质量固定，取为 $\delta M$。令流体体积 $\delta V=\delta x\delta y\delta z$，因为体积元随着流体运动，其质量 $\delta M=\rho\delta V=\rho\delta x\delta y\delta z$ 是守恒的，所以有

$$\frac{1}{\delta M}\frac{\mathrm{d}}{\mathrm{d}t}(\delta M)=\frac{1}{\rho\delta V}\frac{\mathrm{d}}{\mathrm{d}t}(\rho\delta V)=\frac{1}{\rho}\frac{\mathrm{d}\rho}{\mathrm{d}t}+\frac{1}{\delta V}\frac{\mathrm{d}}{\mathrm{d}t}(\delta V)=0 \tag{2.32}$$

但

$$\frac{1}{\delta V}\frac{\mathrm{d}}{\mathrm{d}t}(\delta V) = \frac{1}{\delta x}\frac{\mathrm{d}}{\mathrm{d}t}(\delta x) + \frac{1}{\delta y}\frac{\mathrm{d}}{\mathrm{d}t}(\delta y) + \frac{1}{\delta z}\frac{\mathrm{d}}{\mathrm{d}t}(\delta z)$$

由图 2.6 可知，在体积元 $y-z$ 平面所在的面（分别用 $A$ 和 $B$ 表示）上，有流体沿着 $x$ 方向分别以速度 $u_A = \mathrm{d}x/\mathrm{d}t$ 和 $u_B = \mathrm{d}(x+\delta x)/\mathrm{d}t$ 平流。因此，两个面上的速度差为 $\delta u = u_B - u_A = \mathrm{d}(x+\delta x)/\mathrm{d}t - \mathrm{d}x/\mathrm{d}t$ 或者 $\delta u = \mathrm{d}(\delta x)/\mathrm{d}t$。类似地，还有 $\delta v = \mathrm{d}(\delta y)/\mathrm{d}t$ 和 $\delta w = \mathrm{d}(\delta z)/\mathrm{d}t$。所以，最终可得

$$\lim_{\delta x, \delta y, \delta z \to 0}\left[\frac{1}{\delta V}\frac{\mathrm{d}}{\mathrm{d}t}(\delta V)\right] = \frac{\partial u}{\partial x} + \frac{\partial v}{\partial y} + \frac{\partial w}{\partial z} = \nabla \cdot \boldsymbol{U}$$

因此，对 $\delta V \to 0$ 取极限，式（2.32）就成了连续方程［见式（2.31）］；三维速度场的散度就等于流体微团体积的变化率对 $\delta V \to 0$ 取极限。这里留一个问题供读者证明：水平速度场的散度等于流体微团水平面积 $\delta A$ 的变化率对 $\delta A \to 0$ 取极限。

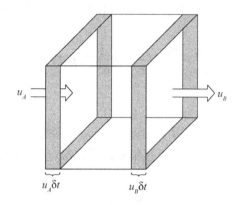

图 2.6　流体沿着平行于 $x$ 轴的方向运动时引起的拉格朗日体积元（用阴影表示）的变化

### 2.5.3　连续方程的尺度分析

利用 2.4.3 节提出的方法，并再次假设 $|\rho'/\rho_0| \ll 1$，那么就可以将连续方程［式（2.31）］近似写为

$$\underset{\text{A}}{\underbrace{\frac{1}{\rho}\left(\frac{\partial \rho'}{\partial t} + \boldsymbol{U}\cdot\nabla\rho'\right)}} + \underset{\text{B}}{\underbrace{\frac{w}{\rho_0}\frac{\mathrm{d}\rho_0}{\mathrm{d}z}}} + \underset{\text{C}}{\underbrace{\nabla \cdot \boldsymbol{U}}} \approx 0 \qquad (2.33)$$

式中，$\rho'$ 表示相对于水平方向平均密度 $\rho_0(z)$ 的局地偏差量。对于天气尺度运动而言，有 $\rho'/\rho_0 \sim 10^{-2}$，因此利用 2.4 节给出的特征尺度，可以得到 A 项的量级为

$$\frac{1}{\rho_0}\left(\frac{\partial \rho'}{\partial t} + \boldsymbol{U}\cdot\nabla\rho'\right) \sim \frac{\rho'}{\rho_0}\frac{U}{L} \approx 10^{-7}\ \mathrm{s}^{-1}$$

对于深度尺度 $H$ 与密度标高相当的运动，有 $\mathrm{d}\ln\rho_0/\mathrm{d}z \sim H^{-1}$，因此，B 项的量级为

$$\frac{w}{\rho_0}\frac{\mathrm{d}\rho_0}{\mathrm{d}z}\sim\frac{W}{H}\approx10^{-6}\ \mathrm{s}^{-1}$$

C 项在笛卡儿坐标系中可展开为

$$\nabla\cdot\boldsymbol{U}=\frac{\partial u}{\partial x}+\frac{\partial v}{\partial y}+\frac{\partial w}{\partial z}$$

对于天气尺度运动，$\partial u/\partial x$ 和 $\partial v/\partial y$ 项的量级相等但符号相反，两者基本是平衡的，因此有

$$\left(\frac{\partial u}{\partial x}+\frac{\partial v}{\partial y}\right)\sim10^{-1}\frac{U}{L}\approx10^{-6}\ \mathrm{s}^{-1}$$

此外还有

$$\frac{\partial w}{\partial z}\sim\frac{W}{H}\approx10^{-6}\ \mathrm{s}^{-1}$$

所以，B 项和 C 项均比 A 项大一个量级，并且作为一级近似，B 项和 C 项在连续方程中是平衡的。比较好的近似是

$$\frac{\partial u}{\partial x}+\frac{\partial v}{\partial y}+\frac{\partial w}{\partial z}+w\frac{\mathrm{d}}{\mathrm{d}z}(\ln\rho_0)=0$$

或者可写为矢量形式

$$\nabla\cdot(\rho_0\boldsymbol{U})=0 \tag{2.34}$$

所以，对于天气尺度运动而言，利用密度基本态 $\rho_0$ 计算得到的质量通量是无辐散的。这种近似类似于流体运动学中常用的不可压缩的理想情况。但不可压缩流体随着运动其密度是不变的，即

$$\frac{\mathrm{d}\rho}{\mathrm{d}t}=0$$

因此，根据式（2.31），不可压缩流体中的速度散度为 0（$\nabla\cdot\boldsymbol{U}=0$），这与式（2.34）不同。式（2.34）中的近似说明，对于纯水平运动流体而言，大气的行为类似于不可压缩流体。但是，当存在垂直运动时，必须考虑可压缩性，并且这种可压缩性与平均密度 $\rho_0$ 随高度的变化有关。

## 2.6  热力学方程

本节介绍第三个基本守恒定律，即能量守恒定律，并将其应用于运动中的流体元。热力学第一定律是通过分析处于热力学平衡的系统导出的，这种系统初始是静止的，在与周围环境发生热交换，并对周围环境做功后又会回到静止状态。对于这样一个系统，热力学第一定律表述为：系统内能的变化等于系统获得的热量减去系统对外所做的功。包含给定质量流体的拉格朗日流体元可被视为一个热力学系统。但除非流体是静止的，否则就不会处于热力平衡。尽管如此，热力学第一定律仍然是适用的。

为了证明这一点，我们注意到流体元的总能量是内能（反映单个分子的动能）和动能（反映流体的宏观运动）之和。这种总能量的变化率就等于非绝热加热率加上外力对流体微团做功的功率。

如果用 $e$ 表示单位质量流体的内能，那么密度为 $\rho$、体积为 $\delta V$ 的拉格朗日流体元中的总能量为 $\rho[e+(1/2)\boldsymbol{U}\cdot\boldsymbol{U}]\delta V$。作用于流体元的外力可分为表面力（如压力、黏性力）和体积力（如重力、科氏力）。图 2.7 给出的就是气压在 $x$ 方向上的分量对流体元做功的功率。已知气压是作用于单位面积的力，其做功的功率可用该力与速度矢量的点乘来表示，因此，周围流体作用于 $y-z$ 平面上两个界面的压力做功的功率为

$$(pu)_A \delta y\delta z - (pu)_B \delta y\delta z$$

第二项前面出现负号是必要的，这是因为如果穿过 $B$ 面的 $u$ 为负，那么对流体元所做的功就为正。接下来利用泰勒级数展开，有

$$(pu)_B = (pu)_A + \left[\frac{\partial}{\partial x}(pu)\right]_A \delta x + \cdots$$

因此，由 $x$ 方向上的运动分量而使压力做功的功率为

$$[(pu)_A - (pu)_B]\delta y\delta z = -\left[\frac{\partial}{\partial x}(pu)\right]_A \delta V$$

式中，$\delta V = \delta x\delta y\delta z$。

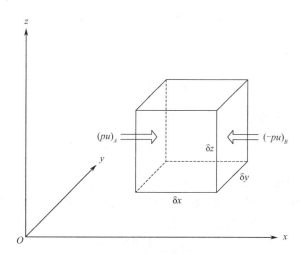

图 2.7 气压在 $x$ 方向上的分量对流体元做功的功率

类似地，还可以证明 $y$ 方向上和 $z$ 方向上的运动分量使压力做功的功率分别为

$$-\left[\frac{\partial}{\partial y}(pv)\right]\delta V, \quad -\left[\frac{\partial}{\partial z}(pw)\right]\delta V$$

因此，压力做功的总功率可简单写为

$$-\nabla\cdot(p\boldsymbol{U})\delta V$$

气象学上作用于大气质量元的重要体积力只有科氏力和重力。由于科氏力 $-2\boldsymbol{\Omega}\times\boldsymbol{U}$ 是垂直于速度矢量的，因此不做功。体积力对质量元做功的功率为 $\rho\boldsymbol{g}\cdot\boldsymbol{U}\delta V$。

将能量守恒定律应用于拉格朗日体积元（忽略分子黏性力的作用），可得

$$\frac{d}{dt}\left[\rho\left(e+\frac{1}{2}\boldsymbol{U}\cdot\boldsymbol{U}\right)\delta V\right]=-\nabla\cdot(\rho\boldsymbol{U})\delta V+\rho\boldsymbol{g}\cdot\boldsymbol{U}\delta V+\rho J\delta V \tag{2.35}$$

式中，$J$ 是辐射、凝结和潜热释放过程对单位质量流体的加热率。根据微分链式法则，可将式（2.35）改写为

$$\rho\delta V\frac{d}{dt}\left(e+\frac{1}{2}\boldsymbol{U}\cdot\boldsymbol{U}\right)+\left(e+\frac{1}{2}\boldsymbol{U}\cdot\boldsymbol{U}\right)\frac{d(\rho\delta V)}{dt} \tag{2.36}$$
$$=-\boldsymbol{U}\cdot\nabla p\delta V-p\nabla\cdot\boldsymbol{U}\delta V-\rho gw\delta V+\rho J\delta V$$

式中，用到了 $\boldsymbol{g}=-g\boldsymbol{k}$。接下来，根据式（2.32），式（2.36）左端第二项为 0，因此有

$$\rho\frac{de}{dt}+\rho\frac{d}{dt}\left(\frac{1}{2}\boldsymbol{U}\cdot\boldsymbol{U}\right)\equiv-\boldsymbol{U}\cdot\nabla p-p\nabla\cdot\boldsymbol{U}-\rho gw+\rho J \tag{2.37}$$

如将式（2.8）与 $\boldsymbol{U}$ 求点乘，就可以对上述方程进行简化。点乘后可得（忽略摩擦力）

$$\rho\frac{d}{dt}\left(\frac{1}{2}\boldsymbol{U}\cdot\boldsymbol{U}\right)=-\boldsymbol{U}\cdot\nabla p-\rho gw \tag{2.38}$$

式（2.37）减去式（2.38），可得

$$\rho\frac{de}{dt}=-p\nabla\cdot\boldsymbol{U}+\rho J \tag{2.39}$$

式（2.37）中被式（2.38）减去后消失的项表示由于流体元运动而导致的机械能平衡，保留的项则表示热平衡。

利用位势的定义［见式（1.11）］可得

$$gw=g\frac{dz}{dt}=\frac{d\varPhi}{dt}$$

因此式（2.38）可进一步改写为

$$\rho\frac{d}{dt}\left(\frac{1}{2}\boldsymbol{U}\cdot\boldsymbol{U}+\varPhi\right)=-\boldsymbol{U}\cdot\nabla p \tag{2.40}$$

式（2.40）被称为机械能方程。动能之和再加上重力势能就是机械能。式（2.40）说明，随着流体的运动，单位体积流体的机械能变化率等于气压梯度力做功的功率。

根据式（2.31），热力学方程式（2.39）可以写成如下人们更熟悉的形式：

$$\frac{1}{\rho}\nabla\cdot\boldsymbol{U}=-\frac{1}{\rho^2}\frac{d\rho}{dt}=\frac{d\alpha}{dt}$$

另外，对于干空气而言，单位质量大气的内能为 $e=c_v T$，其中 $c_v(=717\,\mathrm{J\,kg^{-1}\,K^{-1}})$ 为定容比热，因此还有

$$c_v\frac{dT}{dt}+p\frac{d\alpha}{dt}=J \tag{2.41}$$

式（2.41）是热力学方程的常用形式。由此可见，热力学第一定律实际上是适用于运动流体的。上式左端第二项表示的是单位质量流体做功的功率，反映了热能与机械能之间的转换。这种转换过程能将太阳辐射转化为驱动大气运动的能量。

## 2.7　干空气热力学

对状态方程式（1.25）求全导数，可得

$$p\frac{\mathrm{d}\alpha}{\mathrm{d}t} + \alpha\frac{\mathrm{d}p}{\mathrm{d}t} = R\frac{\mathrm{d}T}{\mathrm{d}t}$$

再将式（2.41）中的 $p\mathrm{d}\alpha/\mathrm{d}t$ 代入上式，并利用 $c_p = c_v + R$，其中 $c_p(=1004\,\mathrm{J\,kg^{-1}\,K^{-1}})$ 为定压比热，这样就可以将热力学第一定律写为

$$c_p\frac{\mathrm{d}T}{\mathrm{d}t} - \alpha\frac{\mathrm{d}p}{\mathrm{d}t} = J \tag{2.42}$$

上式两端除以 $T$，并再次利用状态方程，就可以得到热力学第一定律熵的形式：

$$c_p\frac{\mathrm{d}\ln T}{\mathrm{d}t} - R\frac{\mathrm{d}\ln p}{\mathrm{d}t} = \frac{J}{T} \equiv \frac{\mathrm{d}s}{\mathrm{d}t} \tag{2.43}$$

式（2.43）给出的是热力学可逆过程中随着流体运动的单位质量流体熵的变化率。可逆过程指的是系统中热力学状态可以变化，并且会在不改变其周围环境的情况下回到原始状态的过程。对于这样的一个过程，式（2.43）定义的熵指的是仅依赖于流体状态的场变量。因此，$\mathrm{d}s$ 是全微分，而 $\mathrm{d}s/\mathrm{d}t$ 则被视为全导数。但"热量"并不是一个场变量，因此，加热率 $J$ 并不是全导数[2]。

### 2.7.1　位温

对于经历绝热过程（与周围环境没有热交换的可逆过程）的理想气体，热力学第一定律可写为如下微分形式：

$$c_p\mathrm{d}\ln T - R\mathrm{d}\ln p = \mathrm{d}(c_p\ln T - R\ln p) = 0$$

将上式从气压为 $p$、温度为 $T$ 的状态积分到气压为 $p_s$、温度为 $\theta$ 的状态，并经过反对数计算后，可得

$$\theta = T(p_s/p)^{R/c_p} \tag{2.44}$$

式（2.44）中的这种关系被称为泊松方程，其中定义的温度 $\theta$ 被称为位温。$\theta$ 是气压为 $p$、温度为 $T$ 的干空气气块通过绝热膨胀或压缩后，达到标准气压 $p_s$（通常取为1000 hPa）时所具有的温度。由此可见，每个气块都有唯一的位温，且对于干绝热运动而言这个值是守恒的。由于天气尺度运动在活跃降水区以外都是近似绝热的，所以，对这种运动而言，$\theta$ 是准保守量。

对式（2.44）取对数并求微分，可得

---

[2] 关于熵及其在热力学第二定律中作用的讨论，可参见 Curry 和 Webster 于 1999 年发表的文章。

$$c_p \frac{\mathrm{d}\ln\theta}{\mathrm{d}t} = c_p \frac{\mathrm{d}\ln T}{\mathrm{d}t} - R\frac{\mathrm{d}\ln p}{\mathrm{d}t} \tag{2.45}$$

比较式（2.43）和式（2.45），可得

$$c_p \frac{\mathrm{d}\ln\theta}{\mathrm{d}t} = \frac{J}{T} = \frac{\mathrm{d}s}{\mathrm{d}t} \tag{2.46}$$

由此可见，对于可逆过程而言，位温的变化与熵的变化成正比。随着运动保持熵守恒的气块必然是沿着等熵面（等 $\theta$ 面）运动的。

### 2.7.2　绝热递减率

温度垂直递减率（温度随高度升高的减小率）与位温随高度升高的变化率之间的关系，可以通过对式（2.44）求对数，并对高度求微分得到。利用静力学方程和理想气体实验定律对得到的结果进一步简化后可得

$$\frac{T}{\theta}\frac{\partial\theta}{\partial z} = \frac{\partial T}{\partial z} + \frac{g}{c_p} \tag{2.47}$$

对于位温不随高度升高变化的大气，其递减率为

$$-\frac{\mathrm{d}T}{\mathrm{d}z} = \frac{g}{c_p} \equiv \Gamma_d \tag{2.48}$$

可见，在整个大气层下部，干绝热递减率近似保持不变。

### 2.7.3　静力稳定性

如果位温是高度的函数，那么大气的垂直递减率 $\Gamma \equiv -\partial T/\partial z$ 就有别于干绝热递减率，并且有

$$\frac{T}{\theta}\frac{\partial\theta}{\partial z} = \Gamma_d - \Gamma \tag{2.49}$$

如果 $\Gamma < \Gamma_d$，就说明 $\theta$ 是随高度升高增大的，那么离开平衡位置并经历绝热位移的气块，当向下运动时就会受到向上的浮力，当向上运动时就会受到向下的压力，从而使其回到平衡位置。那么，此时的大气就是静力稳定的或稳定层结的。

在稳定层结大气中，气块围绕其平衡位置的绝热振荡称为浮力振荡。这种振荡的特征频率可以通过分析气块在不扰动周围环境的情况下于垂直方向上的小位移 $\delta z$ 来导出。如果环境大气满足静力平衡，那么有 $\rho_0 g = -\mathrm{d}p_0/\mathrm{d}z$，其中 $p_0$ 和 $\rho_0$ 分别为环境大气的气压和密度。那么气块的垂直加速度为

$$\frac{\mathrm{d}w}{\mathrm{d}t} = \frac{\mathrm{d}^2}{\mathrm{d}t^2}(\delta z) = -g - \frac{1}{\rho}\frac{\partial p}{\partial z} \tag{2.50}$$

式中，$p$ 和 $\rho$ 分别为气块的气压和密度。在气块法中，假定在气块移动过程中其气压是瞬时调整到环境气压的，即 $p = p_0$。如果气块要无扰动地离开环境大气，那么这一条件就必

须成立。因此，借助静力平衡关系，在式（2.50）中消去气压后可得

$$\frac{d^2}{dt^2}(\delta z) = g\left(\frac{\rho_0 - \rho}{\rho}\right) = g\frac{\theta}{\theta_0} \tag{2.51}$$

其中，已利用式（2.44）和理想气体实验定律给出了用位温表示的浮力，这里的 $\theta$ 表示气块相对于基本状态（环境）$\theta_0(z)$ 的偏差。如果气块在初始时刻位于位温为 $\theta_0(0)$ 的 $z=0$ 处，那么经过小位移 $\delta z$ 后，环境位温可写为

$$\theta_0(\delta z) \approx \theta_0(0) + \left(\frac{d\theta_0}{dz}\right)\delta z$$

如果气块的位移是绝热的，那么气块的位温就是守恒的。因此有 $\theta(\delta z) = \theta_0(0) - \theta_0(\delta z) = -(d\theta_0/dz)\delta z$，并且式（2.51）可改写为

$$\frac{d^2}{dt^2}(\delta z) = -N^2\delta z \tag{2.52}$$

其中，

$$N^2 = g\frac{d\ln\theta_0}{dz}$$

$N^2$ 是对环境静力稳定性的度量。式（2.52）有一个形如 $\delta z = A\exp(iNt)$ 的通解。如果 $N^2 > 0$，那么气块就以 $\tau = 2\pi/N$ 为周期围绕其初始位置来回振荡。对应的频率 $N$ 就是浮力振荡频率[3]。对于对流层的平均状况，$N \approx 1.2\times 10^{-1}\ \text{s}^{-1}$，因此浮力振荡的周期约为 8 min。对于 $N=0$ 的情况，对式（2.52）的分析表明，不存在加速度，气块离开初始位置后会在新的层次上重新处于中性振荡状态。如果 $N^2 < 0$（位温随高度升高减小），位移就会随时间成指数增大。这样，就得到了如下干空气重力或静力稳定性标准：

| | |
|---|---|
| $d\theta_0/dz > 0$ | 静力稳定 |
| $d\theta_0/dz = 0$ | 静力中性 |
| $d\theta_0/dz < 0$ | 静力不稳定 |

对于天气尺度而言，大气通常是层结稳定的，因为任何不稳定区域都会很快通过对流翻转发展为稳定区域。

## 2.7.4 热力学方程的尺度分析

如果将位温分为基本态 $\theta_0(z)$ 和偏差 $\theta(x, y, z, t)$ 两部分，那么任何一点处的总位温都可以表示为 $\theta_{tot} = \theta_0(z) + \theta(x, y, z, t)$。对于天气尺度系统而言，描述热力学第一定律的式（2.46）可近似写为

---

[3] $N$ 常被称为 Brunt–Väisälä 频率。

$$\frac{1}{\theta_0}\left(\frac{\partial \theta}{\partial t}+u\frac{\partial \theta}{\partial x}+v\frac{\partial \theta}{\partial y}\right)+w\frac{\mathrm{d}\ln\theta_0}{\mathrm{d}z}=\frac{J}{c_p T} \tag{2.53}$$

其中，当$|\theta/\theta_0|\ll 1$时，$|\mathrm{d}\theta/\mathrm{d}z|\ll \mathrm{d}\theta_0/\mathrm{d}z$，则

$$\ln\theta_{\mathrm{tot}}=\ln[\theta_0(1+\theta/\theta_0)]\approx\ln\theta_0+\theta/\theta_0$$

在活跃降水区外，非绝热加热主要是由净辐射加热造成的。在对流层，辐射加热是很弱的，因此，一般都有$J/c_p\leqslant 1\,℃\,\mathrm{d}^{-1}$（除了在云顶附近，在其他区域，由于云滴的热辐射，会有比较大的冷却）。在中纬度天气尺度系统中（边界层以上），水平位温扰动的典型振幅是$\theta\sim 4\,℃$。因此有

$$\frac{T}{\theta_0}\left(\frac{\partial \theta}{\partial t}+u\frac{\partial \theta}{\partial x}+v\frac{\partial \theta}{\partial y}\right)\sim\frac{\theta U}{L}\sim 4\,℃\,\mathrm{d}^{-1}$$

由位温基本态的垂直平流引起的冷却（通常称为非绝热冷却）的典型量级是

$$w\left(\frac{T}{\theta_0}\frac{\mathrm{d}\theta_0}{\mathrm{d}z}\right)\sim w(\varGamma_d-\varGamma)\sim 4\,℃\,\mathrm{d}^{-1}$$

其中，$w\sim 1\,\mathrm{cm}\,\mathrm{s}^{-1}$，干绝热递减率和实际递减率的差$\varGamma_d-\varGamma$约为$4\,℃\,\mathrm{km}^{-1}$。

因此，在没有强的非绝热加热的情况下，扰动位温的变化率等于稳定层结状态下因垂直运动引起的非绝热加热或冷却，并且式（2.54）可近似写为

$$\left(\frac{\partial \theta}{\partial t}+u\frac{\partial \theta}{\partial x}+v\frac{\partial \theta}{\partial y}\right)+w\frac{\mathrm{d}\theta_0}{\mathrm{d}z}\approx 0 \tag{2.54}$$

此外，如果温度场可以分为基本态$T_0(z)$和偏差场$T(x,y,z,t)$两部分，那么由于$\theta/\theta_0\approx T/T_0$，式（2.54）可以写成关于温度的表达式，同样形式的近似表达式为

$$\left(\frac{\partial T}{\partial t}+u\frac{\partial T}{\partial x}+v\frac{\partial T}{\partial y}\right)+w(\varGamma_d-\varGamma)\approx 0 \tag{2.55}$$

## 2.8  布辛涅斯克近似

在某些情况下，气块的垂直位移是相对比较小的，因此，随着运动的密度变化也是比较小的。通过布辛涅斯克近似（Boussinesq Approximation）可以得到适用于这种情况的动力学方程组的简化形式。在这种近似中，除在垂直动量方程中的浮力项外，其他密度项均被定常平均值$\rho_0$代替。此时，水平动量方程式（2.24）和式（2.25）可在笛卡儿坐标系中写为

$$\frac{\mathrm{d}u}{\mathrm{d}t}=-\frac{1}{\rho_0}\frac{\partial p}{\partial x}+fv+F_{rx} \tag{2.56}$$

$$\frac{\mathrm{d}v}{\mathrm{d}t}=-\frac{1}{\rho_0}\frac{\partial p}{\partial y}-fu+F_{ry} \tag{2.57}$$

但是，利用式（2.28）和式（2.51），垂直动量方程可改写为

$$\frac{\mathrm{d}w}{\mathrm{d}t} = -\frac{1}{\rho_0}\frac{\partial p}{\partial z} + g\frac{\theta}{\theta_0} + F_{rz} \tag{2.58}$$

与 2.7.3 节一样，$\theta$ 表示位温相对于其基本态 $\theta_0(z)$ 的扰动偏差。因此，总位温场为 $\theta_{\mathrm{tot}} = \theta(x, y, z, t) + \theta_0(z)$，并且绝热的热力学方程与式（2.54）的形式相似，具体为

$$\frac{\mathrm{d}\theta}{\mathrm{d}t} = -w\frac{\mathrm{d}\theta_0}{\mathrm{d}z} \tag{2.59}$$

应用完全物质导数后与式（2.54）相比可以看出，式（2.59）中包含了扰动位温垂直平流项。此外，在布辛涅斯克近似条件下，连续方程式（2.43）的形式为

$$\frac{\partial u}{\partial x} + \frac{\partial v}{\partial y} + \frac{\partial w}{\partial z} = 0 \tag{2.60}$$

# 2.9 湿空气热力学

尽管作为第一近似，将水汽的作用从大气动力学分析中略去是很方便的，但是它在某些时候却有着重要作用。最常见的变化是水的相变，以及伴随着的潜热释放，这会影响到大气的动力学过程；即使只以水汽的形式存在，对于浮力加速度来说也是很关键的。水汽是大气中高度变化的成分，这为理想气体实验定律的应用提出了挑战，因为气体常数依赖于大气中的分子组成。对于干空气而言，理想气体实验定律写为

$$p_d = \rho_d R_d T \tag{2.61}$$

式中，$p_d$ 和 $\rho_d$ 分别为干空气的气压和密度，$R_d$ 为干空气的气体常数。对于纯粹的水汽而言，理想气体实验定律写为

$$e = \rho_v R_v T \tag{2.62}$$

式中，$e$ 和 $\rho_v$ 分别为水汽的气压和密度，$R_v$ 为水汽的气体常数。对于湿空气（干空气和水汽的混合物）而言，理想气体实验定律写为

$$p = \rho R_d T_v \tag{2.63}$$

式中，$p$ 和 $\rho$ 分别为气压和密度；$T_v$ 为虚温，表示干空气达到湿空气所具有的气压和密度时所对应的温度。式（2.63）可以在任何地方使用干空气的气体常数。将式（2.61）和式（2.62）相加，就可以证明虚温满足如下表达式：

$$T_v = \frac{T}{1 - \dfrac{e}{p}\left(1 - \dfrac{R_d}{R_v}\right)} \tag{2.64}$$

可以看出，$T_v \geqslant T$，并且这种差别的量级一般是几摄氏度，甚至更小；尽管如此，这种很小的变化仍然可能会使气块有稳定或不稳定的差异。

有很多对大气中水汽进行度量的方法，这里总结一些最常见的方法。早期在理想气体实验定律中使用的是水汽压，它根据道尔顿法则来简单描述水汽对总压力的贡献。饱和水

汽压仅由温度来决定，满足克劳修斯–克拉珀龙方程[4]，即

$$\frac{1}{e_s}\frac{\mathrm{d}e_s}{\mathrm{d}T}=\frac{L}{R_v T^2} \tag{2.65}$$

对于液态水面（冰面）上方的水汽而言，$L$ 表示凝结（升华）潜热。饱和水汽压近似随温度升高成指数变化，并且对低于冰点的温度而言，水面上的饱和水汽压大于冰面上的饱和水汽压。相对湿度定义为

$$RH = 100 \times \frac{e}{e_s} \tag{2.66}$$

式中，$e_s$ 可以是水饱和度或冰饱和度；如果未指定，那么一般假定是前者。

水汽混合比指的是单位体积空气中水汽质量与干空气质量之比，其单位为 kg/kg 或者更常用的 g/kg。根据式（2.61）和式（2.62），混合比可定义为

$$q = 0.622\frac{e}{p-e} \tag{2.67}$$

式中，系数 0.622 表示水汽与干空气的分子量之比。

有很多种使湿空气达到饱和的方法，其中一种是在保持气压不变且不增加或减小水汽的条件下，通过冷却空气来实现的。通过这种方式达到的饱和能够给出露点温度。

### 2.9.1　相当位温

之前利用气块法讨论了干空气的垂直稳定性，发现如果 $\partial\theta/\partial z>0$（实际温度递减率小于绝热递减率），那么干气块关于垂直位移的稳定性就取决于使气块位移稳定的环境位温递减率。同一条件同样适用于相对湿度小于 100%的湿空气中的气块。但如果湿空气块是受迫抬升的，那么它最终会在被称为抬升凝结高度（LCL）的层次上达到饱和。进一步的受迫抬升会导致凝结和潜热释放，接着气块会以饱和绝热递减率冷却。如果环境温度递减率大于饱和绝热递减率，并且气块继续受迫上升，那么就会到达周围环境对其产生浮力的高度；接下来，该气块就可以自由地加速上升。发生这种现象的高度称为自由对流高度（LFC）。

通过定义被称为相当位温的热力学场，就可以对湿空气中的气块动力学特征进行讨论。相当位温 $\theta_e$ 指的是气块中的水汽完全凝结且释放的所有潜热都用于加热该气块时所具有的位温。气块从初始位置抬升到气块中所有水汽凝结并释出，然后再绝热压缩到气压为1000 hPa，就可以将此时气块的温度视为位温。假设凝结的水汽都被释出，那么以干绝热递减率压缩率压缩气块时气块温度会升高，当气块回到初始高度时，其温度会比初始温度高。由此可见，这一过程是不可逆的。这种假设所有凝结物均被释出的上升过程称为假绝热上升（实际上这并不是真正的绝热过程，因为释出的液态水带走了小部分热量）。

对于 $\theta_e$ 与其他状态变量之间关系的完整数学推导是相当复杂的，将在附录 D 中给出。

---

[4]　具体推导可以参考诸如 Curry 和 Webster 于 1999 年发表的文章等。

对于大多数情况，使用 $\theta_e$ 的近似表达式就足够了，它可从热力学第一定律熵的形式［见式（2.46）］直接导出。如果用 $q_s$ 来表示饱和气块中单位质量干空气所对应的水汽质量（饱和混合比），那么单位质量的非绝热加热率为

$$J = -L_c \frac{\mathrm{d}q_s}{\mathrm{d}t}$$

式中，$L_c$ 为凝结潜热。此时，根据热力学第一定律，有

$$c_p \frac{\mathrm{d}\ln\theta}{\mathrm{d}t} = -\frac{L_c}{T}\frac{\mathrm{d}q_s}{\mathrm{d}t} \tag{2.68}$$

对于经历假绝热上升的饱和气块而言，随着气块的运动，$q_s$ 的变化率远大于 $T$ 或 $L_c$ 的变化率，有

$$\mathrm{d}\ln\theta \approx -\mathrm{d}(L_c q_s / c_p T) \tag{2.69}$$

将式（2.69）从初始状态 $(\theta, q_s, T)$ 积分到 $q_s \approx 0$ 的状态，可得

$$\ln(\theta/\theta_e) \approx -L_c q_s / c_p T$$

这里的终态位温 $\theta_e$ 就近似等于之前定义的相当位温。所以，对于饱和气块而言，$\theta_e$ 为

$$\theta_e \approx \theta \exp(L_c q_s / c_p T) \tag{2.70}$$

只要将式（2.70）中的温度取为气块非绝热膨胀到饱和时的温度（$T_{\mathrm{LCL}}$），并用初始状态的实际混合比来代替饱和混合比，那么也可以用该式来计算非饱和气块的 $\theta_e$。由此可见，对于同时经历干绝热和假绝热位移的气块而言，相当位温是守恒的。

另一种常用于对流研究且可以代替 $\theta_e$ 的是湿静力能，其定义为 $h \equiv s + L_c q$，其中 $s \equiv c_p T + gz$ 为干静力能。可以证明（见习题 2.10）

$$c_p T \mathrm{d}\ln\theta_e \approx \mathrm{d}h \tag{2.71}$$

所以，当 $\theta_e$ 守恒时，湿静力能是近似守恒的。

## 2.9.2　假绝热递减率

对于经历假绝热上升的饱和气块，热力学第一定律［见式（2.68）］可用于推导温度随高度上升的变化率公式。利用式（2.44）对 $\theta$ 的定义，针对垂直上升运动，可将式（2.68）改写为

$$\frac{\mathrm{d}\ln T}{\mathrm{d}z} - \frac{R}{c_p}\frac{\mathrm{d}\ln p}{\mathrm{d}z} = -\frac{L_c}{c_p T}\frac{\mathrm{d}q_s}{\mathrm{d}z}$$

注意到 $q_s \equiv q_s(T, p)$，利用静力学方程和状态方程，上式可写为

$$\frac{\mathrm{d}T}{\mathrm{d}z} + \frac{g}{c_p} = -\frac{L_c}{c_p}\left[\left(\frac{\partial q_s}{\partial T}\right)_s \frac{\mathrm{d}T}{\mathrm{d}z} - \left(\frac{\partial q_s}{\partial p}\right)_T \rho g\right]$$

因此，正如附录 D 的详细证明，不断上升的饱和气块，有

$$\Gamma_s \equiv -\frac{\mathrm{d}T}{\mathrm{d}z} = \Gamma_d \frac{[1 + L_c q_s / (RT)]}{[1 + \varepsilon L_c^2 q_s / (c_p R T^2)]} \tag{2.72}$$

其中，$\varepsilon = 0.622$ 为水和干空气的分子量之比；$\varGamma_d \equiv g/c_p$ 为干绝热递减率；$\varGamma_s$ 为假绝热递减率，其值通常小于 $\varGamma_d$，$\varGamma_s$ 观测值通常约为 $4\,℃\,\text{km}^{-1}$（对流层下层暖湿空气中）和 $6\sim7\,℃\,\text{km}^{-1}$（对流层中层）。

### 2.9.3 条件不稳定性

在 2.7.3 节已经证明，对于干绝热运动，如果气块的垂直递减率小于干绝热递减率（位温随高度升高增大），那么大气就是静力稳定的；如果气块的垂直递减率 $\varGamma$ 位于干绝热递减率和假绝热递减率之间（$\varGamma_s < \varGamma < \varGamma_d$），那么大气相对于干绝热位移是层结稳定的，但相对于假绝热位移则是层结不稳定。这种情况被称为条件不稳定（饱和气块的不稳定是有条件的）。

条件不稳定的判据也可以用场变量 $\theta_e^*$ 的梯度来表示。$\theta_e^*$ 定义为具有真实大气热力结构的假想饱和大气的相当位温[5]，因此

$$\mathrm{d}\ln\theta_e^* = \mathrm{d}\ln\theta + \mathrm{d}\left(\frac{L_c q_s}{c_p T}\right) \tag{2.73}$$

其中，$T$ 为实际温度，而不是像式（2.70）中那样绝热膨胀到饱和状态时的温度。为了推导条件不稳定的表达式，本节来分析饱和气块在 $z_0$ 高度处位温为 $\theta_0$ 的环境大气中的运动。此时，$z_0 - \delta z$ 处无扰动环境大气的位温为

$$\theta_0 = -(\partial\theta/\partial z)\delta z$$

假定具有 $z_0 - \delta z$ 处环境位温的饱和气块上升到了 $z_0$ 处，那么到达该位置时气块的位温为

$$\theta_1 = \left(\theta_0 - \frac{\partial\theta}{\partial z}\delta z\right) + \delta\theta$$

式中，$\delta\theta$ 是气块垂直上升 $\delta z$ 过程中因凝结导致的位温变化。假定这是假绝热上升，那么根据式（2.69）有

$$\frac{\delta\theta}{\theta} \approx -\delta\left(\frac{L_c q_s}{c_p T}\right) \approx -\frac{\partial}{\partial z}\left(\frac{L_c q_s}{c_p T}\right)\delta z$$

因此，当气块到达 $z_0$ 处时，其受到的浮力正比于

$$\frac{(\theta_1 - \theta_0)}{\theta_0} \approx -\left[\frac{1}{\theta}\frac{\partial\theta}{\partial z} + \frac{\partial}{\partial z}\left(\frac{L_c q_s}{c_p T}\right)\right]\delta z \approx -\frac{\partial\ln\theta_e^*}{\partial z}\delta z$$

上式最后一项表达式的推导用到了式（2.73）。

如果 $\theta_1 > \theta_0$，那么 $z_0$ 处饱和气块的温度就高于周围环境的温度。因此，对于饱和气块而言，条件稳定性判据为

---

[5] 注意：除在饱和大气中以外，$\theta_e^*$ 与 $\theta_e$ 是不同的。

$$\frac{\partial \theta_e^*}{\partial z} \begin{cases} < 0, & 条件不稳定 \\ = 0, & 饱和中性 \\ > 0, & 条件稳定 \end{cases} \tag{2.74}$$

图 2.8 给出了北美中西部（温带）雷暴附近通过探空得到的 $\theta$、$\theta_e$ 和 $\theta_e^*$ 的典型垂直廓线。由图可见，在对流层下层，大气环境是条件不稳定的。但这一观测廓线并不表示会自动发生对流翻转。对流不稳定性的释放不仅要求 $\partial \theta_e^*/\partial z < 0$，而且要求气块在对流开始的层次上处于环境温度时达到饱和（气块必须到达抬升凝结高度）。对流层的平均相对湿度远小于 100%，即使在边界层也是如此。因此，低层辐合及因此产生的受迫气层抬升，或者边界层中强烈的垂直湍流混合，都需要产生饱和状态。

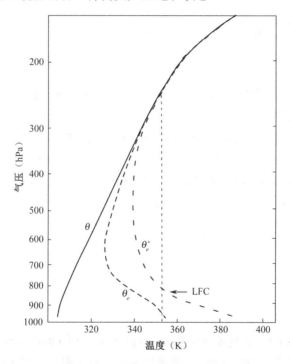

图 2.8　在条件不稳定环境中，北美中西部雷暴条件的特征探空曲线。图中给出了具有相同温度廓线的假想饱和大气的位温 $\theta$、相当位温 $\theta_e$ 和相当温度 $\theta_e^*$ 的垂直廓线，点线表示从地面升起的无夹卷气块的 $\theta_e$，箭头表示气块的抬升凝结高度

使气块上升到抬升凝结高度所必需的上升量可以通过图 2.8 简单估算。自 $z_0 - \delta z$ 层假绝热上升的气块会保持该高度处的环境特征（$\theta_e$ 值）不变，但气块受到的浮力仅依赖于气块与周围环境之间的密度差。因此，为了计算气块在 $z_0$ 处受到的浮力，仅简单地比较 $z_0$ 处的环境特征 $\theta_e$ 与 $\theta_e(z_0 - \delta z)$ 是不对的。这是因为如果环境大气是非饱和的，气块与环境特征 $\theta_e$ 的差别可能主要是由混合比的差别导致的，而不是任何温度（或密度）的差别导致的。为了估算气块受到的浮力，$\theta_e(z_0 - \delta z)$ 应当反过来与 $\theta_e^*(z_0)$ 进行比较，后者是环境大气在等温条件下达到饱和时在 $z_0$ 处应当具有的相当位温。如果 $\theta_e(z_0 - \delta z) > \theta_e^*(z_0)$，则当

气块抬升到 $z_0$ 处时，气块就会受到浮力作用，这是因为接下来气块的温度会超过 $z_0$ 处的环境温度。

由图 2.8 可以看出，从约 960 hPa 处升起的气块的 $\theta_e$ 线，会在 850 hPa 附近与 $\theta_e^*$ 线相交；反之，从 850 hPa 处以上上升的气块，无论其受迫上升到多高，都不会与 $\theta_e^*$ 线相交。其原因在于低层辐合通常都需要在海洋上开始对流翻转。只有当近地面空气受迫上升时，它才会具有足够高的 $\theta_e$ 来产生浮力。但是，大陆上对流的开始并不需要显著的边界层辐合，因为强地面加热就可以产生正的气块浮力。另外，持续深对流还需要低层平均湿度辐合。

# 推荐参考文献

Curry 和 Webster 编写的 *Thermodynamics of Atmospheres and Oceans*（《大气和海洋热力学》），对大气热力学有非常好的介绍。

Pedlosky 编写的 *Geophysical Fluid Dynamics*（《地球物理流体力学》），对旋转坐标系中的运动方程进行了分析，并详细讨论了尺度分析方法，适用于研究生阶段的学习。

Salby 编写的 *Fundamentals of Atmospheric Physics*（《大气物理学基础》），对基本守恒定律做了全面探讨，适用于研究生阶段的学习。

# 习题

2.1 一艘轮船以 $10\,\mathrm{km\,h^{-1}}$ 的速度向北航行。地面气压以 $5\,\mathrm{Pa\,km^{-1}}$ 的速率向西北方向增大。如果轮船上的气压以 $100/3\,\mathrm{Pa\,h^{-1}}$ 的速率减小，那么邻近岛屿上的气压趋势如何？

2.2 某台站以北 50 km 的气温比该台站的气温低 3℃，如果风是从东北方向以 $20\,\mathrm{m\,s^{-1}}$ 的速度吹来的，并且大气被辐射加热的速度是 $1℃\,\mathrm{h^{-1}}$，那么该台站的局地温度变化量是多少？

2.3 推导式 (2.27) 中用到的如下关系式：
$$\boldsymbol{\Omega}\times(\boldsymbol{\Omega}\times\boldsymbol{r})=-\Omega^2\boldsymbol{R}$$

2.4 推导随流体运动的 $\boldsymbol{k}$ 的变化率，即式 (2.13)。

2.5 假设质量为 $1\,\mathrm{kg}$ 的干空气块以定常速度垂直上升。如果气块以 $10^{-1}\,\mathrm{W\,kg^{-1}}$ 的速率被辐射加热，那么气块需要以多快的速度上升才能保持其温度不变？

2.6 假设气块的初始气压为 $p_s$，密度为 $\rho_s$，经过绝热膨胀后，气块的气压变为 $p$，请推导出此时气块密度 $\rho$ 的表达式。

2.7 某气块位于 1000 hPa 处，温度为 20 ℃，当它经过干绝热抬升过程到达 500 hPa 处时，其密度是多少？

2.8 假设气块在初始时静止于 800 hPa 处，接着上升至 500 hPa 处，在此过程中一直保持其温度比环境温度高 1 ℃。假设 800 hPa 到 500 hPa 的平均温度是 260 K，请计算由于浮力做功而释放的能量。假设所有释放的能量都被转化为气块的动能，那么其在 500 hPa 处的垂直速度是多少？

2.9 证明对于具有绝热递减率（位温为常数）的大气，位势高度可写为

$$Z = H_\theta [1 - (p/p_0)^{R/c_p}]$$

其中，$p_0$ 是 $Z = 0$ 处的气压，$H_\theta \equiv c_p \theta / g_0$ 是大气的总位势高度。

2.10 已知在等熵坐标系（见 4.6 节）中，以位温为垂直坐标。因为绝热流体中的位温随着运动是守恒的，所以等熵坐标系可用于追踪单个气块的实际路径。请证明：将水平气压梯度力从 $z$ 坐标系转换到 $\theta$ 坐标系的关系式为

$$\frac{1}{\rho} \nabla_z p = \nabla_\theta M$$

其中，$M \equiv c_p T + \Phi$ 为蒙哥马利流函数。

2.11 法国科学家发明了一种高空探测气球，该气球可以在围绕地球旋转时一直停留在定常位温处。假设有这样的一个气球位于赤道对流层下层的 200 K 等温面处，如果气球经过很小的垂直位移，到达距离平衡位置 δz 处，那么就会围绕其平衡位置来回振荡，试问振荡周期是多少？

2.12 利用 2.4 节和 2.7 节的尺度分析参数，推导热力学方程的近似形式，即式 (2.55)。

# MATLAB 练习题

M2.1 MATLAB 脚本 standard_T_p.m 定义并绘制了美国标准大气随高度变化的温度垂直递减率。修改这个脚本后计算气压和位温，并使用与温度和垂直递减率相同的格式来绘图（提示：在计算气压时，要将静力学方程以步长 δz 从地面向上积分）；此外，请证明：如果令 $H = R[T(z) + T(z + \delta z)]/(2g)$，定义 $z$ 和 $z + \delta z$ 层之间的平均标高，那么有 $p(z + \delta z) = p(z) \exp[-\delta z / H]$（注意：在逐层上移时，必须在这个公式中使用 $H$ 与局地高度有关的值）。

M2.2 MATLAB 脚本 thermo_profile.m 是一个读取热带平均探空气压和温度数据的简单脚本。首先，运行这个脚本，绘制文件 tropical_temp.dat 中的温度和气压关系图；然后，利用压高公式计算数据文件中每个气压层对应的位势高度；最后，计算相应的位温，并分别绘制温度、位温与气压、位势高度的关系图。

# 第 3 章

# 基本方程组的初步应用

● ● ● ● ● ● ● ● ●

除了第 2 章讨论的地转风，其他的近似关系式也可以揭示速度、气压和温度场等之间的关系，这些关系式对于天气系统的分析是非常有用的。本章讨论的内容包括从基本力平衡推导而来的风场估算、轨迹和流线分析、热成风，以及垂直运动和地面气压倾向估算。

## 3.1 $p$ 坐标系中的基本方程组

本章内容在以气压为垂直坐标的坐标系（$p$ 坐标系）中进行讨论是最方便的，因此，在讨论初步应用之前，有必要先给出 $p$ 坐标系中的动力学方程组。

### 3.1.1 水平动量方程

一级近似水平动量方程式（2.24）和式（2.25）可写为如下矢量形式：

$$\frac{\mathrm{d}V}{\mathrm{d}t} + f\boldsymbol{k} \times V = -\frac{1}{\rho}\nabla p \tag{3.1}$$

其中，$V = \boldsymbol{i}u + \boldsymbol{j}v$，是水平速度矢量。为了给出式（3.1）在 $p$ 坐标系中的表达式，需要利用式（1.33）和式（1.34）对气压梯度力进行转换，结果为

$$\frac{\mathrm{d}V}{\mathrm{d}t} + f\boldsymbol{k} \times V = -\nabla_p \Phi \tag{3.2}$$

其中，$\nabla_p$ 是定常气压条件下的水平梯度算子。

由于 $p$ 坐标系是独立垂直坐标系，所以必须将全导数展开为

$$\frac{\mathrm{d}}{\mathrm{d}t} \equiv \frac{\partial}{\partial t} + \frac{\mathrm{d}x}{\mathrm{d}t}\frac{\partial}{\partial x} + \frac{\mathrm{d}y}{\mathrm{d}t}\frac{\partial}{\partial y} + \frac{\mathrm{d}p}{\mathrm{d}t}\frac{\partial}{\partial p}$$
$$= \frac{\partial}{\partial t} + u\frac{\partial}{\partial x} + v\frac{\partial}{\partial y} + \omega\frac{\partial}{\partial p} \tag{3.3}$$

式中，$\omega \equiv \mathrm{d}p/\mathrm{d}t$（通常称为"$\omega$"垂直运动），表示随着运动的气压变化，它在 $p$ 坐标系中的作用与 $w \equiv \mathrm{d}z/\mathrm{d}t$ 在 $z$ 坐标系中的作用相同。需要注意的是，这里是在气压保持不变或者说在等压面上，对 $x$ 和 $y$ 取偏导数的。

根据式（3.2），地转关系在 $p$ 坐标系中的形式为

$$f\boldsymbol{V}_g = \boldsymbol{k} \times \nabla_p \Phi \tag{3.4}$$

通过比较式（2.23）和式（3.4），可以很容易地看出 $p$ 坐标系的优势，即式（3.4）中没有密度项。这就意味着，在位势梯度确定后，可以在任何高度上得到相同的地转风；而如果给定的是水平气压梯度，由于密度的不同，会得到不同的地转风。此外，如果将 $f$ 视为常数，那么等压面上地转风的水平散度为 0，即

$$\nabla_p \cdot \boldsymbol{V}_g = 0$$

## 3.1.2　连续方程

尽管完全有可能将连续方程式（2.31）从 $z$ 坐标系转化到 $p$ 坐标系，但相对而言，直接导出 $p$ 坐标系中的连续方程会更简单一些。具体方法是，考虑拉格朗日体积元，其体积 $\delta V = \delta x \delta y \delta z$，并利用流体静力学方程 $\delta p = -\rho g \delta z$（注意 $\delta p < 0$），那么其体积可写为 $\delta V = -\delta x \delta y \delta p/(\rho g)$，而这个体积元的质量在运动过程中是守恒的，即 $\delta M = \rho \delta V = -\delta x \delta y \delta p/g$。因此有

$$\frac{1}{\delta M}\frac{\mathrm{d}}{\mathrm{d}t}(\delta M) = \frac{g}{\delta x \delta y \delta p}\frac{\mathrm{d}}{\mathrm{d}t}\left(\frac{\delta x \delta y \delta p}{g}\right) = 0$$

对上式取微分，利用链式法则，并改变微分算子的顺序[1]，可得

$$\frac{1}{\delta x}\delta\left(\frac{\mathrm{d}x}{\mathrm{d}t}\right) + \frac{1}{\delta y}\delta\left(\frac{\mathrm{d}y}{\mathrm{d}t}\right) + \frac{1}{\delta p}\delta\left(\frac{\mathrm{d}p}{\mathrm{d}t}\right) = 0$$

或

$$\frac{\delta u}{\delta x} + \frac{\delta v}{\delta y} + \frac{\delta \omega}{\delta p} = 0$$

对 $\delta x, \delta y, \delta p \to 0$ 取极限，并已知 $\delta x$ 和 $\delta y$ 是在等压面上进行分析的，因此可以得到 $p$ 坐标系中的连续方程为

---

[1] 从现在开始，$g$ 均被视为常数。

$$\left(\frac{\partial u}{\partial x}+\frac{\partial v}{\partial y}\right)_p+\frac{\partial \omega}{\partial p}=0 \qquad (3.5)$$

这种形式的连续方程不包含密度项，也不涉及时间导数。式（3.5）这种简洁特征是使用 $p$ 坐标系的主要优势之一。

### 3.1.3 热力学方程

令 $\mathrm{d}p/\mathrm{d}t=\omega$，并利用式（3.3）将 $\mathrm{d}T/\mathrm{d}t$ 展开，则可在 $p$ 坐标系中将热力学第一定律对应的式（2.43）写为

$$c_p\left(\frac{\partial T}{\partial t}+u\frac{\partial T}{\partial x}+v\frac{\partial T}{\partial y}+\omega\frac{\partial T}{\partial p}\right)-\alpha\omega=J$$

上式可进一步改写为

$$\left(\frac{\partial T}{\partial t}+u\frac{\partial T}{\partial x}+v\frac{\partial T}{\partial y}\right)-S_p\omega=\frac{J}{c_p} \qquad (3.6)$$

式中利用了状态方程和泊松方程式（2.44），即

$$S_p\equiv\frac{RT}{c_p p}-\frac{\partial T}{\partial p}=-\frac{T}{\theta}\frac{\partial \theta}{\partial p} \qquad (3.7)$$

这就是 $p$ 坐标系中的静力稳定性参数。利用式（2.49）和静力学方程，式（3.7）可改写为

$$S_p=(\Gamma_d-\Gamma)/\rho g$$

可见，只要实际递减率小于干绝热递减率，那么 $S_p$ 为正。但是，由于密度是随高度升高近似成指数减小的，因此 $S_p$ 会随高度升高迅速增大。静力稳定性参数 $S_p$ 对高度的强烈依赖是 $p$ 坐标系的一个缺点。

## 3.2 平衡流

尽管如天气图所描绘的，大气运动系统具有复杂的表象，但天气扰动中气压（或位势高度）分布与速度分布之间实际上是由相当简单的力的近似平衡联系在一起的。为了对大气运动中水平力的平衡有定性的理解，本书理想化地假定气流处于稳定状态（与时间无关），并且没有速度的垂直运动分量。此外，为了描述流场，将 $p$ 坐标系中的水平动量方程式（3.2）在所谓的自然坐标系中展开为分量形式是非常有用的。

### 3.2.1　自然坐标系

自然坐标系是使用单位矢量 $t$、$n$ 和 $k$ 的正交集定义的。单位矢量 $t$ 在每个点上均与水平速度平行；单位矢量 $n$ 与水平速度正交，当单位矢量 $n$ 指向流体运动方向的左方时为正；单位矢量 $k$ 是垂直向上的。在自然坐标系中，水平速度可写为 $V = Vt$，其中，$V$ 为水平速率，是由 $V \equiv \mathrm{d}s / \mathrm{d}t$ 确定的非负标量，其中 $s(x, y, t)$ 是水平面上沿着气块运动曲线的距离。因此，随着运动的加速度为

$$\frac{\mathrm{d}V}{\mathrm{d}t} = \frac{\mathrm{d}(Vt)}{\mathrm{d}t} = t\frac{\mathrm{d}V}{\mathrm{d}t} + V\frac{\mathrm{d}t}{\mathrm{d}t}$$

利用图 3.1 所示的几何图形，随着运动的 $t$ 的变化率为

$$\delta\psi = \frac{\delta s}{|R|} = \frac{|\delta t|}{|t|} = |\delta t|$$

式中，$R$ 是微团运动轨迹的曲率半径，并用到了 $|t|=1$。根据习惯，当曲率中心位于 $n$ 的正向时，$R$ 取值为正。因此，$R>0$ 表示气块向运动方向的左侧偏转，$R<0$ 则表示气块向运动方向的右侧偏转。

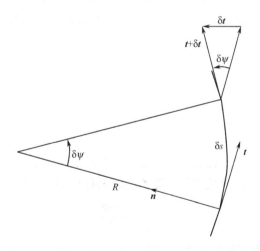

图 3.1　随着运动的单位切向量 $t$ 的变化率

需要注意的是，对 $\delta s \to 0$ 取极限时，$\delta t$ 的方向与 $n$ 平行，根据上面的关系式可得 $\mathrm{d}t / \mathrm{d}s = n / R$，所以有

$$\frac{\mathrm{d}t}{\mathrm{d}t} = \frac{\mathrm{d}t}{\mathrm{d}s}\frac{\mathrm{d}s}{\mathrm{d}t} = \frac{n}{R}V$$

和

$$\frac{\mathrm{d}\boldsymbol{V}}{\mathrm{d}t} = \boldsymbol{t}\frac{\mathrm{d}V}{\mathrm{d}t} + \boldsymbol{n}\frac{V^2}{R} \tag{3.8}$$

可见，随着运动的加速度是气块的速度变化率与轨迹曲率导致的向心加速度之和。由于科氏力总是作用于运动方向的法向方向，因此，科氏力在自然坐标系中可以简单地写为

$$-f\boldsymbol{k} \times \boldsymbol{V} = -fV\boldsymbol{n}$$

气压梯度力则写为

$$-\nabla_p \boldsymbol{\varPhi} = -\left( \boldsymbol{t}\frac{\partial \boldsymbol{\varPhi}}{\partial s} + \boldsymbol{n}\frac{\partial \boldsymbol{\varPhi}}{\partial n} \right)$$

因此，水平动量方程在自然坐标系中可展开成如下分量形式：

$$\frac{\mathrm{d}V}{\mathrm{d}t} = -\frac{\partial \boldsymbol{\varPhi}}{\partial s} \tag{3.9}$$

$$\frac{V^2}{R} + fV = -\frac{\partial \boldsymbol{\varPhi}}{\partial n} \tag{3.10}$$

式（3.9）和式（3.10）分别表示的是平行和垂直于流体运动方向上的力的平衡。对于与等位势线平行的运动，有 $\partial \varPhi / \partial s = 0$，且随着运动的速率是定常的。此外，如果与运动方向垂直的位势梯度沿着轨迹保持不变，那么式（3.10）就说明轨迹的曲率半径也是不变的。在这种情况下，根据式（3.10）中三项对力的平衡的相对贡献，可将气流分为简单的几类。

## 3.2.2  地转流

气流沿着与等高线平行的直线（$R \to \pm\infty$）运动就称为地转运动。在地转运动中，科氏力和气压梯度力的水平分量是完全平衡的，因此有 $V = V_g$，其中地转风 $V_g$ 可定义为[2]

$$fV_g = -\frac{\partial \boldsymbol{\varPhi}}{\partial n} \tag{3.11}$$

图 3.2 所示就是这种平衡的示意。只有当等高线与纬圈平行时，实际风才有可能进行精确的地转运动。如 2.4.1 节所讨论的，地转风是对温带天气尺度扰动中实际风的一种很好的近似。但是，下文分析的某些特殊情况并非如此。

---

[2] 注意：尽管在自然坐标系中的实际风速 $V$ 一般为正，但是正比于高度梯度（与气流方向垂直）的 $V_g$ 有可能是负的，这种情况可参见图 3.5（c）所示的"异常"低压。

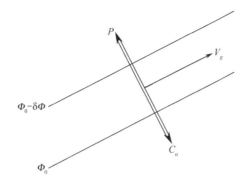

图 3.2　地转平衡中力的平衡。图中 $P$ 为气压梯度力，$C_o$ 为科氏力

## 3.2.3　惯性流

如果等压面上的位势高度场是均一的，那么就不存在水平气压梯度力，式（3.10）就简化为科氏力和离心力的平衡，即

$$\frac{V^2}{R} + fV = 0 \tag{3.12}$$

根据式（3.12）可求得曲率半径为

$$R = -\frac{V}{f}$$

根据式（3.9），由于在这种情况下速度必须为常数，那么曲率半径也为常数（忽略了 $f$ 随纬度的变化）。此时气块沿着圆形路径运动，类似于反气旋[3]。这种振荡的周期为

$$P = \left| \frac{2\pi R}{V} \right| = \frac{2\pi}{|f|} = \frac{0.5\text{天}}{|\sin\phi|} \tag{3.13}$$

$P$ 等于傅科摆变化 $180°$ 所需的时间，通常也称为二分之一摆日。

由于科氏力及相对运动造成的离心力都是由流体的惯性引起的，所以，这种运动通常被称为惯性振荡，而半径为 $|R|$ 的圆则被称为惯性圆。比较重要的是，我们要认识到受式（3.13）控制的"惯性流"与在绝对坐标系中的惯性运动是完全不同的。式（3.12）表示的气流实际上就是 1.3.4 节讨论的定常角动量振荡。在这种气流中，作用于运动平面垂直方向上的重力使得振荡发生在水平面上。在真正的惯性运动中，所有的力均为 0，运动保持均匀绝对速度。

在大气中，运动基本上都是由气压梯度力产生和维持的；而纯惯性流所要求的均匀气压场几乎不可能存在。但是，在海洋中，洋流通常是由吹拂海面的瞬时风而不是由其内部的压力梯度产生的。因此，洋流中会出现明显的能量，并且其振荡周期接近于惯性周期。图 3.3 所示就是用海流计在巴巴多斯岛附近记录的一个例子。

---

[3] 反气旋性气流在北半球是顺时针方向的，在南半球则是逆时针方向的；气旋性气流的方向在各半球上正好与反气旋性气流相反。

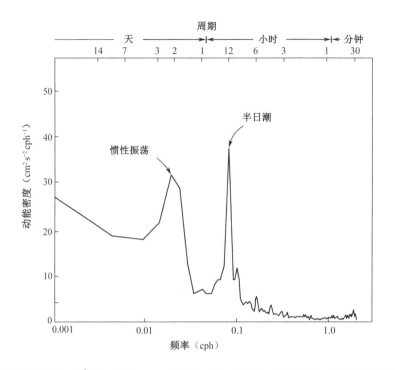

图 3.3　巴巴多斯岛附近（13°N）海洋 30 m 深处的动能功率谱。纵坐标表示单位频率范围内的动能密度（cph$^{-1}$ 表示每小时的周期数）。这种图形表示的是总动能在不同周期振荡中的分布形式。注意：53 h 的强峰值是 13°N 处的惯性振荡周期［引自 Warsh et al.（1971），美国气象学会许可复制］

### 3.2.4　旋衡流

如果扰动的水平尺度足够小，那么相对于气压梯度力和离心力，式（3.10）中的科氏力就可以忽略不计。因此，在与气流方向垂直的方向上，力的平衡为

$$\frac{V^2}{R} = -\frac{\partial \Phi}{\partial n}$$

根据上述方程求 $V$，就可以得到旋衡风的风速为

$$V = \left(-R\frac{\partial \Phi}{\partial n}\right)^{1/2} \tag{3.14}$$

如图 3.4 所示，旋衡流可能是气旋性气流，也可能是反气旋性气流。在这两种情况下，气压梯度力都指向曲率中心，而离心力都指向远离曲率中心的方向。

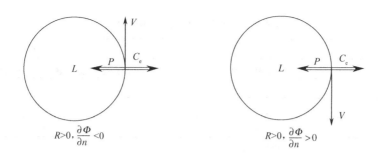

图 3.4 在旋衡流中力的平衡。图中，$P$ 为气压梯度力，$C_e$ 为离心力

只有当离心力与科氏力的比值非常大时，旋衡流才有可能近似成立。比值 $V/(fR)$ 等于 2.4.2 节讨论的罗斯贝数。作为旋衡尺度运动的例子，我们来分析一个典型的龙卷风。假设距离涡旋中心 300 m 处的切向速度为 30 m s$^{-1}$，并且 $f \approx 10^{-4}$ s$^{-1}$，那么罗斯贝数 $R_o = V/|fR| \approx 10^3$，这就说明在计算龙卷风中力的平衡时，科氏力可以忽略不计。但是，在北半球观测到的大多数龙卷风都是气旋性（逆时针方向）的，这是因为它们处于有利于气旋性旋转的环境中（参见 9.6.1 节）。但是，更小尺度的涡旋，如尘卷、水龙卷等，并没有明确的旋转方向。根据 Sinclair（1965）收集的数据，它们发生气旋性旋转和反气旋性旋转的可能性基本相同。

## 3.2.5　梯度风近似

与等高线平行、切向加速度为 0（$dV/dt = 0$）的水平无摩擦流体被称为梯度流。梯度流是科氏力、离心力和水平气压梯度力三力平衡的结果。类似于地转流，纯梯度流在非常特殊的情况下才有可能存在。但是，也有可能定义一种梯度风，即在任意点上风的分量都平行于满足式（3.10）的等高线。正是因为这个原因，式（3.10）常被称为梯度风方程。由于式（3.10）考虑了由于气块轨迹的曲率导致的离心力，因此，相对于地转风，梯度风是对实际风更好的近似。

根据式（3.10）求解 $V$ 就可以得到梯度风的风速，即

$$
\begin{aligned}
V &= -\frac{fR}{2} \pm \left( \frac{f^2 R^2}{4} - R\frac{\partial \Phi}{\partial n} \right)^{1/2} \\
&= -\frac{fR}{2} \pm \left( \frac{f^2 R^2}{4} + fR V_g \right)^{1/2}
\end{aligned}
\tag{3.15}
$$

上式后一个表达式中使用了式（3.11），用地转风来表示 $\partial \Phi/\partial n$。式（3.15）数学上可能的根并非都是有物理意义的。因为根据要求，$V$ 必须为实数且非负。为了区分出有物理意义的解，根据 $R$ 和 $\partial \Phi/\partial n$ 的正负，表 3.1 对式（3.15）的各个根进行了分类。

表 3.1　北半球梯度风方程根的分类

| $\partial\Phi/\partial n$ 的正负 | $R>0$ | $R<0$ |
|---|---|---|
| 正（$V_g<0$） | 正根[a]：无物理意义 | 正根：反气旋性气流（异常低压） |
| | 负根：无物理意义 | 负根：无物理意义 |
| 负（$V_g>0$） | 正根：气旋性气流（正常低压） | 正根（$V>-fR/2$）：反气旋性气流（异常高压） |
| | 负根：无物理意义 | 负根（$V<-fR/2$）：反气旋性气流（正常高压） |

[a] 表中第 2 列、第 3 列的"正根""负根"指的是式（3.15）中最后一项的正负号。

图 3.5 给出了 4 种可能的根所对应的力的平衡。式（3.15）表明，对于正常高压和异常高压这两种情况，气压梯度受到根号下的值不能为负的限制，即

$$|fV_g|=\left|\frac{\partial\Phi}{\partial n}\right|<\frac{|R|f^2}{4} \tag{3.16}$$

由此可以看出，高压中的气压梯度必须在 $|R|\rightarrow 0$ 时也接近于 0。正因为这个原因，高压中心附近的气压场通常是比较平缓的，风也比低压中心附近缓和。

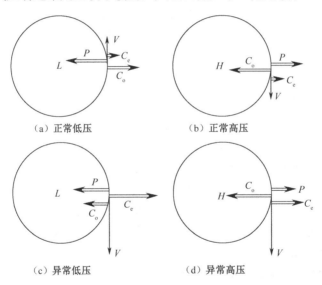

（a）正常低压　　　　　　　（b）正常高压

（c）异常低压　　　　　　　（d）异常高压

图 3.5　北半球 4 种类型梯度流中力的平衡

对于图 3.5 所示的圆周对称运动，关于旋转轴的绝对角动量可写为 $VR+fR^2/2$。根据式（3.15），很容易可以证明，正常的梯度风平衡在北半球有正的绝对角动量，而异常情况则具有负的绝对角动量。由于负绝对角动量的唯一来源是南半球，因此，除在赤道附近外，其他位置都不可能出现异常情况。

除异常低压［见图 3.5（c）］外，在其他情况下科氏力和气压梯度力的水平分量的方向都是相反的，对应的气流被称为压流。异常低压属于反压流；此时由式（3.11）定义的

地转风对于异常低压来说是负的，显然不是对实际风速的有用近似[4]。此外，如图 3.5 所示，只有当离心力和科氏力的水平分量同向（$Rf > 0$）时，梯度流才是气旋性的；当这两个力反向（$Rf < 0$）时，梯度流则是反气旋性的。由于反气旋性气流和气旋性气流的方向在南半球是相反的，因此，不管在哪个半球，气旋性气流都要求 $Rf > 0$。

利用式（3.11）对地转风的定义，可将式（3.10）中与气流方向垂直的方向上力的平衡改写为

$$\frac{V^2}{R} + fV - fV_g = 0$$

上式除以 $fV$，就可以得到地转风与梯度风的比值，即

$$\frac{V_g}{V} = 1 + \frac{V}{fR} \tag{3.17}$$

对于正常的气旋性气流（$fR > 0$），$V_g > V$；而对于反气旋性气流（$fR < 0$），$V_g < V$。因此，在气旋性弯曲的区域地转风是对平衡风的高估，而在反气旋性弯曲的区域地转风则是对平衡风的低估。对于中纬度天气尺度系统而言，梯度风和地转风的差别一般不超过 10%～20%［注意：$V/(fR)$ 的大小正好是罗斯贝数］。对于热带扰动，罗斯贝数为 1～10，必须使用梯度风公式，而不能使用地转风公式。式（3.17）也说明，只有当 $V/(fR) < -1$ 时才存在反压流异常低压（$V_g < 0$）。因此，反压流是与诸如龙卷风这样的小尺度强涡旋相联系的。

# 3.3　轨迹和流线

在上一节讨论平衡流时使用的自然坐标系中，将 $s(x, y, t)$ 定义为水平面上沿着气块移动路径曲线的距离。特定气块在有限时间内经过的路径就称为该气块的轨迹。梯度风方程中路径 $s$ 的曲率半径 $R$ 就是气块轨迹的曲率半径。实际情况下，$R$ 常常是用等高线的曲率半径来估算的，因此，$R$ 很容易通过天气图估算得到。但是，等高线实际上是梯度风的流线（该线上的每处都平行于瞬时风速）。

能够明确区分轨迹和流线是非常重要的，前者是有限时段内对个别流体微团运动的追踪结果，后者则是任意瞬间速度场的"快照"。在笛卡儿坐标系中，水平轨迹是针对要分析的各气块将式（3.18）在有限时段内积分得到的：

$$\frac{ds}{dt} = V(x, y, t) \tag{3.18}$$

流线则是通过 $t_0$ 时刻式（3.19）关于 $x$ 的积分来确定的：

$$\frac{dy}{dx} = \frac{v(x, y, t_0)}{u(x, y, t_0)} \tag{3.19}$$

---

[4] 注意：在自然坐标系中风速 $V$ 是正定的。

需要注意的是，由于流线是平行于速度场的，因此它在水平场上的坡度就等于水平速度分量的比值。只有在稳态运动场（该场中的速度局地变化率为0）中，流线和轨迹才是重合的。但是，天气扰动不是稳态运动，通常它们的移动速度与背景风速量级相同。在梯度风方程中通常使用流线曲率，而不使用轨迹曲率。为了分析使用这两种曲率的可能误差，有必要针对移动的气压系统分析流线曲率和轨迹曲率之间的关系。

令 $\beta(x, y, t)$ 表示等压面每点风的方向角，$R_t$ 和 $R_s$ 则分别表示轨迹和流线的曲率半径。此外，根据图 3.6，有 $\delta s = R\delta\beta$，因此，对 $\delta s \to 0$ 求极限可得

$$\frac{d\beta}{ds} = \frac{1}{R_t} \qquad \text{和} \qquad \frac{\partial\beta}{\partial s} = \frac{1}{R_s} \tag{3.20}$$

式中，$d\beta/ds$ 表示沿着轨迹的风向变化率（正值表示逆时针方向转动），$\partial\beta/\partial s$ 则表示任意瞬间沿着流线的风向变化率。因此，随着运动的风向变化率为

$$\frac{d\beta}{ds} = \frac{d\beta}{ds}\frac{ds}{dt} = \frac{V}{R_t} \tag{3.21}$$

展开全导数后有

$$\frac{d\beta}{dt} = \frac{\partial\beta}{\partial t} + V\frac{\partial\beta}{\partial s} = \frac{\partial\beta}{\partial t} + \frac{V}{R_s} \tag{3.22}$$

联立式（3.21）和式（3.22），就可以得到风场的局地转向公式：

$$\frac{\partial\beta}{\partial t} = V\left(\frac{1}{R_t} - \frac{1}{R_s}\right) \tag{3.23}$$

式（3.23）说明，只有当风向的局地变化率为 0 时，轨迹和流线才会重合。

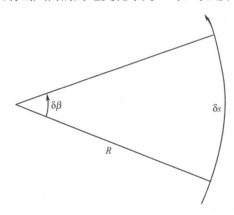

图 3.6　风的方向角变化 $\delta\beta$ 与曲率半径 $R$ 之间的关系

在一般情况下，由于上层西风气流的平流作用，中纬度天气尺度系统是向东运动的。在这种情况下，即使系统在移动过程中等高线的形状保持不变，系统的移动还是会导致风场产生局地转向。在这种情况下，$R_t$ 和 $R_s$ 的关系可以很容易地通过理想化的、以定常速度 $C$ 移动的圆形等高线来确定。此时，风的局地转向完全是由流线形态的运动引起的，因此有

$$\frac{\partial \beta}{\partial t} = -\boldsymbol{C} \cdot \nabla \beta = -C \frac{\partial \beta}{\partial s} \cos \gamma = -\frac{C}{R_s} \cos \gamma$$

其中，$\gamma$ 为流线（等高线）与系统运动方向的夹角。将上式代入式（3.23），并利用式（3.20）求解 $R_t$，就可以得到流线曲率与轨迹曲率之间的关系为

$$R_t = R_s \left(1 - \frac{C \cos \gamma}{V}\right)^{-1} \tag{3.24}$$

式（3.24）可用于计算移动的流线分布中任意位置的轨迹曲率。图 3.7 给出的是初始位置位于气旋性系统中心东、南、西、北 4 个方向上的气块的轨迹曲率，两张图分别是风速大于和小于等高线移动速度的情况。这些例子中绘制的轨迹都是基于地转平衡的，因此等高线等同于流线。简单起见，仍假设风速与距离系统中心的远近无关。

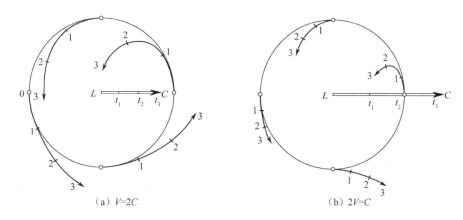

（a）$V=2C$　　　　　　　　　　　　　（b）$2V=C$

图 3.7　北半球移动的圆形气旋性环流系统的轨迹。图中数值表示各个时刻的位置，$L$ 表示气压最小值

在图 3.7（b）所示的例子中，在低压中心南侧的区域内，轨迹曲率与流线曲率相反。由于天气尺度气压系统的移动速度通常与风速相当，因此，在对实际风的近似上，基于等高线曲率计算的梯度风风速通常不会比地转风更好。实际上，真实的梯度风风速会沿着等高线，并随着轨迹曲率的变化而变化。

# 3.4　热成风

基于静力平衡的简单物理分析可以很容易证明，在水平温度梯度存在的情况下，地转风必然存在垂直切变。根据式（3.4），由于地转风正比于等压面上的位势梯度，因此，要使沿着 $y$ 轴正向的地转风量值随高度升高增加，就需要 $x$ 轴方向上的等压面坡度也随着高度升高增加，如图 3.8 所示。根据压高方程 [见式（1.30）]，与（正的）气压差 $\delta p$ 对应的厚度 $\delta z$ 为

$$\delta z \approx -g^{-1} R T \delta \ln p \tag{3.25}$$

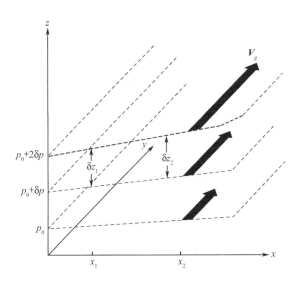

图 3.8　地转风垂直切变与水平厚度梯度之间的关系（注意：$\delta p < 0$）

由此可见，两个等压面之间的厚度正比于该层的平均温度。在图 3.8 中，气柱 $\delta z_1$ 的平均温度 $T_1$ 必然小于气柱 $\delta z_2$ 的平均温度 $T_2$。因此，沿着 $x$ 轴正向的气压梯度增大必然与 $x$ 轴正向上的温度梯度有关。对于给定的气压下降值，由于 $x_2$ 处垂直气柱中的空气较暖（密度较小），因此它必然比 $x_1$ 处的气柱更高。

使用 $p$ 坐标系可以非常容易地推导出地转风分量随高度的变化率方程。在 $p$ 坐标系中，地转风方程式（3.4）的分量形式为

$$v_g = \frac{1}{f}\frac{\partial \Phi}{\partial x}, \qquad u_g = -\frac{1}{f}\frac{\partial \Phi}{\partial y} \tag{3.26}$$

这里是在气压保持不变的情况下求导。此外，利用理想气体实验定律，可将静力学方程写为

$$\frac{\partial \Phi}{\partial p} = -\alpha = -\frac{RT}{p} \tag{3.27}$$

将式（3.26）对气压求微分，并利用式（3.27），可得

$$p\frac{\partial v_g}{\partial p} \equiv \frac{\partial v_g}{\partial \ln p} = -\frac{R}{f}\left(\frac{\partial T}{\partial x}\right)_p \tag{3.28}$$

$$p\frac{\partial u_g}{\partial p} \equiv \frac{\partial u_g}{\partial \ln p} = \frac{R}{f}\left(\frac{\partial T}{\partial y}\right)_p \tag{3.29}$$

其矢量形式为

$$\frac{\partial \boldsymbol{V}_g}{\partial \ln p} = -\frac{R}{f}\boldsymbol{k}\times\nabla_p T \tag{3.30}$$

式（3.30）常被称为热成风方程。实际上，它反映的是垂直风切变的关系，即地转风随 $\ln p$ 的变化率。严格地讲，热成风指的是两层之间地转风的矢量差。用 $\boldsymbol{V}_T$ 表示热成风矢量，将式（3.30）从等压面 $p_0$ 积分到 $p_1$（$p_1 < p_0$），可得

$$V_T \equiv V_g(p_1) - V_g(p_0) = -\frac{R}{f} \int_{p_0}^{p_1} (\boldsymbol{k} \times \nabla_p T) \, \mathrm{d} \ln p \qquad (3.31)$$

令 $\langle T \rangle$ 表示等压面 $p_0$ 和 $p_1$ 之间的整层平均温度,那么热成风在 $x$ 方向和 $y$ 方向上的分量为

$$u_T = -\frac{R}{f} \left( \frac{\partial \langle T \rangle}{\partial y} \right)_p \ln \left( \frac{p_0}{p_1} \right), \qquad v_T = \frac{R}{f} \left( \frac{\partial \langle T \rangle}{\partial x} \right)_p \ln \left( \frac{p_0}{p_1} \right) \qquad (3.32)$$

也可以用特定层次顶部和底部之间位势差的水平梯度来表示热成风,即

$$u_T = -\frac{1}{f} \frac{\partial}{\partial y} (\Phi_1 - \Phi_0), \qquad v_T = \frac{1}{f} \frac{\partial}{\partial x} (\Phi_1 - \Phi_0) \qquad (3.33)$$

先用平均温度 $\langle T \rangle$ 代替 $T$,然后将静力学方程式(3.27)从 $p_0$ 垂直积分到 $p_1$,就可以很容易证明式(3.32)和式(3.33)是等价的。得到的结果是压高方程 [见式(1.29)],有

$$\Phi_1 - \Phi_0 \equiv g Z_T = R \langle T \rangle \ln \left( \frac{p_0}{p_1} \right) \qquad (3.34)$$

式中,变量 $Z_T$ 是等压面 $p_0$ 和 $p_1$ 之间的厚度,单位为位势米。根据式(3.34),厚度正比于该层的平均温度。因此,等 $Z_T$ 线(等厚度线)等同于该层平均温度的等值线。如图 3.9 所示,它也可以用于估算某一层中的平均水平温度平流。根据如下热成风关系的矢量形式:

$$V_T = -\frac{1}{f} \boldsymbol{k} \times \nabla (\Phi_1 - \Phi_0) = \frac{g}{f} \boldsymbol{k} \times \nabla Z_T = \frac{R}{f} \boldsymbol{k} \times \nabla \langle T \rangle \ln \left( \frac{p_0}{p_1} \right) \qquad (3.35)$$

显然,热成风是沿着等温线(等厚度线)吹的,并且当在北半球背风而立时,暖空气位于其右方。因此,随高度逆时针方向旋转的地转风与冷平流有关,如图 3.9(a)所示;相反,地转风随高度顺时针方向旋转则说明地转风为该层带来了暖平流,如图 3.9(b)所示。

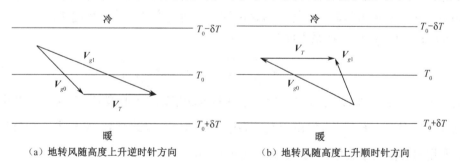

（a）地转风随高度上升逆时针方向　　　　　（b）地转风随高度上升顺时针方向

图 3.9　地转风转向与温度平流的关系

因此,完全有可能仅通过分析特定位置上单站探空得到的垂直风廓线数据来合理地估算水平温度平流及其垂直变化。或者说,只要知道某个层次的地转风速度,就可以通过平均温度场求得任意层次上的地转风。例如,如果已知 850 hPa 等压面上的地转风,以及 500～850 hPa 的平均水平温度梯度,那么就可以利用热成风方程求得 500 hPa 等压面上的地转风。

### 正压大气和斜压大气

正压大气指的是密度仅依赖于气压的大气，即 $\rho = \rho(p)$，此时的等压面也是等密度面。将大气视为理想气体，如果它是正压的，那么等压面也是等温面。因此，在正压大气中，$\nabla_p T = 0$，并且热成风方程式（3.30）变成了 $\partial V_g / \partial \ln p = 0$，说明在正压大气中地转风与高度无关。可见，正压性对旋转流体中的运动有非常强的约束；大尺度运动只依赖于水平位置和时间，而不依赖于高度。

密度与温度、气压都有关的大气，即 $\rho = \rho(p, T)$，被称为斜压大气。在斜压大气中，地转风一般都有垂直切变，且这种切变与热成风方程式（3.30）中的水平温度梯度有关。显然，斜压大气在动力气象学中是最重要的。但正如后面几章所讨论的，通过对较为简单的正压大气的分析，也可以了解很多东西。

## 3.5 垂直运动

如前所述，对于天气尺度运动而言，垂直速度分量的量级通常只有几厘米每秒，但是日常气象探测中风速的测量精度只有大约 $1 \text{ m s}^{-1}$。因此，垂直速度通常并不是直接观测的，而是从直接观测场导出的。

通常可用两种方法来推导垂直速度场，它们分别是基于连续方程的运动学方法和基于热力学方程的绝热方法。这两种方法都适用于 $p$ 坐标系，因此，推导出的一般是 $\omega(p)$ 而不是 $w(z)$。可以利用流体静力学近似将这两种垂直运动度量方法联系起来。

将 $\mathrm{d}p / \mathrm{d}t$ 在 $(x, y, z)$ 坐标系中展开，可得

$$\omega \equiv \frac{\mathrm{d}p}{\mathrm{d}t} = \frac{\partial p}{\partial t} + V \cdot \nabla p + w\left(\frac{\partial p}{\partial z}\right) \tag{3.36}$$

对于天气尺度运动，水平速度的第一估计是地转运动，因此有 $V = V_g + V_a$，其中，$V_a$ 为非地转风，且 $|V_a| \ll |V_g|$。但由于 $V_g = (\rho f)^{-1} k \times \nabla p$，因此有 $V_g \cdot \nabla p = 0$。根据这个结果，并利用流体静力学近似，式（3.36）可改写为

$$\omega = \frac{\partial p}{\partial t} + V_a \cdot \nabla p - g \rho w \tag{3.37}$$

接下来比较式（3.37）中右边三项的量级。对于天气尺度运动有

$$\partial p / \partial t \sim 10 \text{ hPa d}^{-1}$$

$$V_a \cdot \nabla p \sim (1 \text{ m s}^{-1})(1 \text{ Pa km}^{-1}) \sim 1 \text{ hPa d}^{-1}$$

$$g \rho w \sim 100 \text{ hPa d}^{-1}$$

因此，式（3.37）可以很好地近似为

$$\omega = -\rho g w \tag{3.38}$$

### 3.5.1  运动学方法

运动学方法对垂直速度的推导是通过对连续方程在垂直方向上积分实现的。将式（3.5）对气压求积分，从参考面 $p_s$ 积分到任意高度 $p$，可得

$$\omega(p) = \omega(p_s) - \int_{p_s}^{p}\left(\frac{\partial u}{\partial x} + \frac{\partial v}{\partial y}\right)_p \mathrm{d}p$$

$$= \omega(p_s) + (p_s - p)\left(\frac{\partial \langle u\rangle}{\partial x} + \frac{\partial \langle v\rangle}{\partial y}\right)_p \tag{3.39}$$

这里的〈〉表示考虑气压权重的垂直平均，即

$$\langle\ \rangle \equiv (p - p_s)^{-1}\int_{p_s}^{p}(\ )\mathrm{d}p$$

利用式（3.38），式（3.39）的平均形式可改写为

$$w(z) = \frac{\rho(z_s)w(z_s)}{\rho(z)} - \frac{p_s - p}{\rho(z)g}\left(\frac{\partial \langle u\rangle}{\partial x} + \frac{\partial \langle v\rangle}{\partial y}\right) \tag{3.40}$$

其中，$z$ 和 $z_s$ 分别为等压面 $p$ 和 $p_s$ 上的高度。

要利用式（3.40）推导垂直速度场需要具备水平散度的知识。为了确定水平散度，通常需要利用有限差分近似（参见 13.2.1 节）由 $u$ 场和 $v$ 场来估算偏微分 $\partial u/\partial x$ 和 $\partial v/\partial y$。例如，为了确定图 3.10 中点 $(x_0, y_0)$ 处水平速度的散度，可将其写为

$$\frac{\partial u}{\partial x} + \frac{\partial v}{\partial y} \approx \frac{u(x_0 + d) - u(x_0 - d)}{2d} + \frac{v(y_0 + d) - v(y_0 - d)}{2d} \tag{3.41}$$

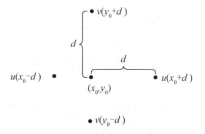

图 3.10  估算水平散度的格点

但是，对于中纬度天气尺度运动而言，水平速度是接近于地转平衡的。除了因科氏参数变化引起的微小作用（见习题 3.19），地转风都是无辐散的，也就是说 $\partial u/\partial x$ 和 $\partial v/\partial y$ 在数值上几乎相等但符号相反。可见，水平散度主要是由实际风相对于地转风的微小偏差（非地转风）引起的。在式（3.41）中，如果对某个风场分量的分析有 10% 的偏差，那么就会使水平散度产生 100% 的误差。正是因为这个原因，不推荐使用基于连续方程的运动学方法由水平风的观测值估算垂直速度。

### 3.5.2　绝热方法

第二种推导垂直速度的方法对水平速度的误差不敏感，是基于热力学方程的。在热平衡中，如果非绝热加热 $J$ 相对于其他项很小，那么由式（3.6）可得

$$\omega = S_p^{-1} \left( \frac{\partial T}{\partial t} + u \frac{\partial T}{\partial x} + v \frac{\partial T}{\partial y} \right) \tag{3.42}$$

在中纬度地区利用地转风对温度平流的估算是非常准确的，因此，只要有位势和温度资料就可以使用绝热方法。绝热方法的缺点是需要知道温度的局地变化率。除非观测的时间间隔很小，否则很难在很大的区域内准确地估算 $\partial T / \partial t$。如果有强的非绝热加热，如在伴随大面积降水的风暴系统中，这种方法就是很不准确的。第 6 章给出了另外一种基于 $\omega$ 方程估算垂直速度的方法，该方法不会出现这些问题。

## 3.6　地面气压倾向

负地面气压倾向的发展是正在移近的气旋天气扰动的经典预警方法。可以用一个简单的表达式将地面气压倾向与风场联系起来，理论上可以将其作为短期预报的基础。这个表达式可以通过在式（3.39）中对 $p \to 0$ 取极限求得：

$$\omega(p_s) = -\int_0^{p_s} (\nabla \cdot V) \mathrm{d}p \tag{3.43}$$

代入式（3.37）可得

$$\frac{\partial p_s}{\partial t} \approx -\int_0^{p_s} (\nabla \cdot V) \mathrm{d}p \tag{3.44}$$

这里已经假设地面是水平的，即 $w_s = 0$，并根据 3.5.1 节对尺度的讨论略去了因非地转地面风速造成的平流。

根据式（3.44），特定点的地面气压倾向是由该点以上进入垂直气柱的质量辐合总量决定的。这是流体静力学近似的直接结果，而这种近似指的是某点的气压仅由该点以上气柱的重量决定。气柱中的温度变化会影响上层等压面的高度，但不会影响地面气压。

如前所述，尽管倾向方程可能有助于预报的潜力的提升，但根据 3.5.1 节的讨论，由于 $\nabla \cdot V$ 依赖于非地转风场，很难通过观测资料准确计算得到，因此该方程的使用有很大的局限性。此外，垂直分量还存在很强的补偿倾向，当对流层低层有辐合运动时，就会在上层有辐散，反之亦然。整体的净辐合或净辐散实际上是难以确定的物理量在垂直积分中的小残差。

尽管如此，式（3.44）仍有助于定性理解地面气压变化的源头，以及这种变化与水平散度的关系。下面可以通过热力气旋发展来具体说明。假定热源在对流层中层产生了一个

局地暖异常，如图 3.11（a）所示，那么根据压高方程式（3.34），上层等压面的高度会在暖异常的上方升高，从而在上层产生一个水平气压梯度力，并驱动上层的辐散风。根据式（3.44），这种上层辐散在刚开始时会使地面气压减小，接着就会在暖异常的下方产生一个地面低压，如图 3.11（b）所示。接下来，与地面低压相关的水平气压梯度就会驱动低层辐合和垂直环流，从而补偿高层辐散。高层辐散和低层辐合之间补偿的程度决定了地面气压是继续下降、保持稳定还是升高。

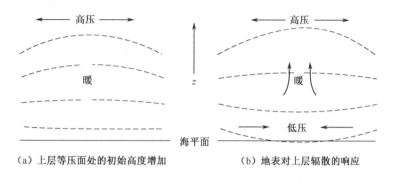

（a）上层等压面处的初始高度增加　　　　（b）地表对上层辐散的响应

图 3.11　地面气压对对流层中层热源的适应，图中虚线为等压线

上述例子中热力驱动的环流绝不是唯一可能的环流类型（例如，冷心气旋就是很重要的天气尺度特征）。但是，它确实能让我们知道上层大气中的动力学过程是如何与地面产生联系的，以及地面和对流层上部的动力学联系是如何通过辐合辐散环流连接起来的。这个问题会在第 6 章详细讨论。

式（3.44）是确定固定高度上气压演变的下边界条件。如果将动力学方程式（3.2）、式（3.5）、式（3.6）及（3.27）作为 $p$ 坐标系中的控制方程，那么下边界条件就可以用定常气压条件下的位势（或位势高度）演变来表示。将 $\mathrm{d}\Phi/\mathrm{d}t$ 在 $p$ 坐标系中展开就可以得到这个表达式，具体为

$$\frac{\partial \Phi}{\partial t} = -\boldsymbol{V}_a \cdot \nabla \Phi - \omega \frac{\partial \Phi}{\partial p}$$

再代入式（3.27）和式（3.43），可得

$$\frac{\partial \Phi_s}{\partial t} \approx -\frac{RT_s}{p_s} \int_0^{p_s} (\nabla \cdot \boldsymbol{V}) \mathrm{d}p \tag{3.45}$$

式中再次略去了非地转风造成的平流。

在实际应用中，式（3.45）所示的边界条件是很难使用的，因为它需要在气压等于 $p_s$ 处使用，而 $p_s$ 是随时间和空间变化的。在简单模式中，通常将 $p_s$ 假定为常数（取为 1000 hPa），并在 $p_s$ 处令 $\omega = 0$。但在现代天气预报模式中，通常会采用其他坐标系，并将下边界作为坐标面。这种方法将在 10.3.1 节具体讨论。

习题

3.1 一艘飞船以 $60°$ 的航向（北偏东 $60°$）和相对于地面 $200\ \mathrm{m\ s^{-1}}$ 的航速出发，以 $225\ \mathrm{m\ s^{-1}}$ 的航速到达 $90°$ 航向（向东）。如果飞船在定常气压条件下飞行，并假设飞船处于稳定的气压场，并且是地转风，取 $f = 10^{-4}\ \mathrm{s^{-1}}$，那么高度的变化率（水平移动 $1\ \mathrm{km}$ 的高度变化量）是多少？

3.2 已知实际风的方向指向地转风右侧 $30°$，如果地转风风速为 $20\ \mathrm{m\ s^{-1}}$，那么实际风速的变化率是多少？其中 $f = 10^{-4}\ \mathrm{s^{-1}}$。

3.3 某龙卷风以定常角速度 $\omega$ 旋转，请证明龙卷风中心的地面气压可表示为

$$p = p_0 \exp\left(\frac{-\omega^2 r_0^2}{2RT}\right)$$

其中，$p_0$ 为距离中心 $r_0$ 处的地面气压，$T$ 为温度（假设为定常）。如果温度为 $288\ \mathrm{K}$，距离其中心 $100\ \mathrm{m}$ 处的气压和风速分别是 $1000\ \mathrm{hPa}$ 和 $100\ \mathrm{m\ s^{-1}}$，那么中心地面气压是多少？

3.4 计算位势高度梯度为 $100\ \mathrm{m}/1000\ \mathrm{km}$ 的等压面上的地转风风速（$\mathrm{m\ s^{-1}}$），并与位势高度梯度不变、曲率半径为 $500\ \mathrm{km}$ 条件下所有可能的梯度风风速进行比较。计算时取 $f = 10^{-4}\ \mathrm{s^{-1}}$。

3.5 确定相同气压梯度下正常反气旋梯度风风速与地转风风速之间的最大可能比值。

3.6 证明在等温坐标系中的地转平衡可写为

$$f\boldsymbol{V}_g = \boldsymbol{k} \times \nabla_T (RT \ln p + \varPhi)$$

3.7 已知圆形低压系统以 $15\ \mathrm{m\ s^{-1}}$ 的速度向东移动，请分别确定位于该系统中心以东、以南、以西和以北 $500\ \mathrm{km}$ 处气块的轨迹曲率半径。计算时假设地转气流具有 $15\ \mathrm{m\ s^{-1}}$ 的均匀切向风速。

3.8 计算习题 3.7 中 4 个气块的正常梯度风风速。利用习题 3.7 求得的曲率半径，将计算得到的风速与地转风风速进行比较（取 $f = 10^{-4}\ \mathrm{s^{-1}}$）。利用求得的梯度风风速重新计算习题 3.7 中 4 个气块的曲率半径，然后利用新估算的曲率半径计算 4 个气块的梯度风风速。最后，说明在利用地转风近似计算曲率半径的过程中有多大误差（注意：可以进行进一步的迭代，但不会很快收敛）？

3.9 证明：当气压梯度接近 0 时，对于正常反气旋而言，梯度风会退化为地转风；而对于异常反气旋而言，梯度风则会退化为惯性流（参见 3.2.3 节）。

3.10 $750\ \mathrm{hPa}$ 与 $500\ \mathrm{hPa}$ 等压面之间气层的平均温度以 $3\ ℃/100\ \mathrm{km}$ 的速率向东减小。如果 $750\ \mathrm{hPa}$ 处的地转风是风速为 $20\ \mathrm{m\ s^{-1}}$ 的东南风，那么 $500\ \mathrm{hPa}$ 处的地转风风速和风向是多少（取 $f = 10^{-4}\ \mathrm{s^{-1}}$）？

3.11 习题 3.10 中 $750\ \mathrm{hPa}$ 与 $500\ \mathrm{hPa}$ 等压面之间气层的平均温度平流是多少？

3.12 假设 43°N 有一气柱位于 500~900 hPa，并且已知 900 hPa 处的地转风是 $10\ \mathrm{m\ s^{-1}}$ 的南风，700 hPa 处是 $10\ \mathrm{m\ s^{-1}}$ 的西风，500 hPa 处是 $20\ \mathrm{m\ s^{-1}}$ 的西风，请分别计算 900 hPa 到 700 hPa 气层及 700 hPa 到 500 hPa 气层的平均水平温度梯度及温度平流变化率。如果要在 600 hPa 到 800 hPa 气层建立干绝热递减率，那么这样的平流变化模态需要维持多久？计算时假设 900 hPa 和 500 hPa 气层的递减率为常数，800 hPa 和 600 hPa 之间的气层厚度为 2.25 km。

3.13 飞行员驾驶飞机携带气压高度表和可以测量相对于海面的绝对高度的雷达测高仪穿越 45°N 的海洋，速度为 $100\ \mathrm{m\ s^{-1}}$。飞行员通过海平面气压设定为 1013 hPa 的气压高度表来确定高度，始终将高度保持在 6000 m，此时雷达测高仪的读数为 5700 m，1 小时以后雷达测高仪显示为 5950 m。试问飞机偏离航向多远？偏离到了什么方向？

3.14 参照表 3.1，制作南半球（$f<0$）的梯度风分类表。

3.15 在地转动量近似（Hoskins, 1975）中，稳定环形流体的梯度风［见式（3.17）］可近似改写为

$$VV_g R^{-1} + fV = fV_g$$

将通过上述近似公式计算得到的风速 $V$ 与习题 3.8 利用梯度风公式求得的风速进行比较。

3.16 对于气旋性气流，在地转动量近似与梯度风近似的差别达 10% 之前，比值 $V_g/(fR)$ 可以达到多大？

3.17 火星围绕其地轴缓慢旋转，因此，将科氏参数取为 0 是相当合理的近似。对于平行于纬圈的稳定无摩擦运动，动量方程（2.20）可简化为典型的旋衡运动：

$$\frac{u^2 \tan\phi}{a} = -\frac{1}{\rho}\frac{\partial p}{\partial y}$$

将这个表达式转换到 $p$ 坐标系，证明在这种情况下的热成风方程可写为

$$\omega_r^2(p_1) - \omega_r^2(p_0) = \frac{-R\ln(p_0/p_1)}{(a\sin\phi\cos\phi)}\frac{\partial\langle T\rangle}{\partial y}$$

其中，$R$ 是气体常数，$a$ 是火星半径，$\omega_r \equiv u/(a\cos\phi)$ 是相对角速度。为了使 $\omega_r$ 仅是气压的函数，$\langle T\rangle$（垂直平均温度）应该如何随纬度变化？假设 $\omega_r$ 仅是气压的函数，如果赤道上空约 60 km 处（$p_1 = 2.9\times10^5\ \mathrm{Pa}$）的纬向速度为 $100\ \mathrm{m\ s^{-1}}$，地表处（$p_0 = 9.5\times10^6\ \mathrm{Pa}$）的纬向速度为 0，那么赤道和极点之间的垂直平均温度差异是多少？已知火星半径 $a = 6100\ \mathrm{km}$，气体常数 $R = 187\ \mathrm{J\ kg^{-1}K^{-1}}$。

3.18 假设在气旋系统经过时，某台站等压线的曲率半径是 800 km，风向以 10° 每小时的速率顺时针方向转向。那么，经过该台站的气块轨迹的曲率半径是多少（假定风速为 $20\ \mathrm{m\ s^{-1}}$）？

3.19 证明球面地球上 $p$ 坐标系中的地转风散度为

$$\nabla\cdot V_g = -\frac{1}{fa}\frac{\partial\varPhi}{\partial x}\left(\frac{\cos\phi}{\sin\phi}\right) = -v_g\left(\frac{\cot\phi}{a}\right)$$

注：可以利用附录 C 中散度算子在球坐标系中的表达式。

3.20 某台站接收到其以东、以北、以西和以南 50 km 处的风速数据分别为：90°，10 m s$^{-1}$；120°，4 m s$^{-1}$；90°，8 m s$^{-1}$，60°，4 m s$^{-1}$，计算该台站水平散度的近似值。

3.21 假设习题 3.20 中给出的风速都有 ±10% 的误差，那么在计算水平散度时误差最大是多少？

3.22 下表给出的是某台站上空不同等压面上的水平风散度。假设大气是温度为 260 K 的等温大气，并且在 100 hPa 处 $w = 0$，请计算各层的垂直速度。

| 气压（hPa） | $\nabla \cdot V$ (×10$^{-5}$ s$^{-1}$) |
|---|---|
| 1000 | +0.9 |
| 850 | +0.6 |
| 700 | +0.3 |
| 500 | 0.0 |
| 300 | −0.6 |
| 100 | −0.9 |

3.23 假设 850 hPa 处的垂直温度递减率为 4 K km$^{-1}$。如果某处的气温以 2 K h$^{-1}$ 的速率下降，并且有 10 m s$^{-1}$ 的西风，温度以 5/100 K m$^{-1}$ 的速率向西降低，请利用绝热方法计算 850 hPa 处的垂直速度。

3.24 观测表明，某些飓风中的切向速度分量与半径有关。当相对于飓风中心的距离 $r \geqslant r_0$ 时，这种关系可写为 $v_\lambda = V_0 (r_0 / r)^2$。令 $V_0 = 50$ m s$^{-1}$，$r_0 = 50$ km，并假定处于梯度风平衡且 $f_0 = 5 \times 10^{-5}$ s$^{-1}$，请计算无限远处（$r \to \infty$）和 $r = r_0$ 处总位势的差异，并计算在相对于中心多远的位置上科氏力与离心力相等？

# MATLAB 练习题

M3.1 针对练习题 M2.1 和 M2.2 的情况，进一步修改 MATLAB 脚本，计算密度的垂直廓线和式（3.7）定义的静力稳定度 $S_p$，并绘制这些结果在 $z = 0$ 到 $z = 15$ km 范围内的曲线图。在分析过程中，需要利用有限差分方法（参见 13.2.1 节）近似求得对 $S_p$ 的垂直导数。

M3.2 本练习题的目的是分析天气尺度系统中轨迹和流线的区别。在无纬向平均气流大气中，理想化中纬度天气尺度扰动可以用位势的正弦函数表示为

$$\Phi(x, y, t) = \Phi_0 + \Phi' \sin[k(x - ct)] \cos ly$$

其中，$\Phi_0(p)$ 是仅与气压有关的标准大气位势，$\Phi'$ 是位势扰动，$c$ 是扰动纬向传播的相速度，$k$ 和 $l$ 分别是 $x$ 方向上和 $y$ 方向上的波数。如果假设气流满足地转平衡，那么位势就

正比于流函数。令纬向波数和经向波数相等（$k = l$），并定义扰动风速振幅为 $U' \equiv \Phi' k / f_0$，其中 $f_0$ 是定常科氏参数。轨迹用 $(x, y)$ 空间上的路径给出，可通过求解如下耦合常微分方程组得到：

$$\frac{\mathrm{d}x}{\mathrm{d}t} = u = -f_0^{-1} \frac{\partial \Phi}{\partial y} = +U' \sin[k(x - ct)] \sin ly$$

$$\frac{\mathrm{d}y}{\mathrm{d}t} = v = +f_0^{-1} \frac{\partial \Phi}{\partial x} = +U' \cos[k(x - ct)] \cos ly$$

注意：$U'$ 表示扰动风的 $x$ 方向分量和 $y$ 方向分量的振幅，取为正的常数。MATLAB 脚本 trajectory_1.m 是在纬向平均风速为 0 的特殊情况下，求解上述方程组的精确数值解。对 $c = 5\,\mathrm{m\,s^{-1}}$、$10\,\mathrm{m\,s^{-1}}$ 和 $15\,\mathrm{m\,s^{-1}}$ 的情况，均令 $U' = 10\,\mathrm{m\,s^{-1}}$，运行此脚本，描述在这 3 种情况下轨迹的行为。进一步请解释在位势高度波动场的传播过程中，为什么可以观察到轨迹与相速度 $c$ 有关？

M3.3　MATLAB 脚本 trajectory_2.m 是对练习题 M3.2 的拓展，考虑了纬向平均气流。在这种情况下，位势的分布为 $\Phi(x, y, t) = \Phi_0 - f_0 \bar{U} l^{-1} \sin ly + \Phi' \sin[k(x - ct)] \cos ly$。

（a）求解在这种情况下平均纬向风随纬度的变化；

（b）将初始 $x$ 的位置确定为 $x = -2250\,\mathrm{km}$，并取 $U' = 15\,\mathrm{m\,s^{-1}}$，然后分别令 $\bar{U} = 10\,\mathrm{m\,s^{-1}}$、$c = 5\,\mathrm{m\,s^{-1}}$ 及 $\bar{U} = 5\,\mathrm{m\,s^{-1}}$、$c = 10\,\mathrm{m\,s^{-1}}$，并运行两次脚本，分别确定在这两种情况下初始时刻中心位于 $x = -2250\,\mathrm{km}$ 处的脊沿纬向传播了多远距离？利用所得结果简要解释在每种情况下计算得到的 4 天轨迹的特征（包括形状和长度）；

（c）如何组合初始位置、$\bar{U}$ 和 $c$，才能得到直线轨迹。

M3.4　MATLAB 脚本 trajectory_3.m 可用于分析初始位于小半径圆环上的 $N$ 个气块组成的气块群的散布特征。这个气块群的位势分布特征表示纬向平均急流与槽脊线东北—西南向倾斜的波动相叠加的结果。使用者必须输入纬向平均风振幅 $\bar{U}$、水平扰动风振幅 $U'$、波动传播速度 $c$ 及气块群中心在 $y$ 方向上的位置。

（a）令 $y = 0$、$U' = 15\,\mathrm{m\,s^{-1}}$，并分别取 $\bar{U}$ 为 $10\,\mathrm{m\,s^{-1}}$、$12\,\mathrm{m\,s^{-1}}$ 和 $15\,\mathrm{m\,s^{-1}}$，运行脚本，计算气块群的 20 天轨迹，并解释在 3 种情况下气块群散布特征的区别；

（b）对于 $c = 10\,\mathrm{m\,s^{-1}}$、$U' = 15\,\mathrm{m\,s^{-1}}$ 和 $\bar{U} = 12\,\mathrm{m\,s^{-1}}$ 的情况，将初始 $y$ 方向的位置取为 $250\,\mathrm{km}$、$500\,\mathrm{km}$ 和 $750\,\mathrm{km}$，并分别运行脚本。

说明得到的结果与 $y = 0\,\mathrm{km}$、$\bar{U} = 12\,\mathrm{m\,s^{-1}}$ 的结果有何不同，并对这些运行结果的差别进行解释。

# 第4章

# 环流、涡度和位涡

●●●●●●●●

在经典的运动学理论中，经常使用角动量守恒定理对涉及旋转的运动进行分析，这个定理对旋转物体的行为提供了强有力的约束。类似的守恒定理也适用于旋转流场，但显然在诸如大气这样的连续介质中"旋转"的定义要比固体的旋转定义更加微妙。

环流和涡度是流体旋转的两种主要度量方法。环流作为一种标量积分量，是对有限区域内流体旋转特征的宏观度量；涡度则是矢量场，是对流体中任意一点上旋转特征的微观度量。位涡是对涡度概念的进一步拓展，考虑了运动中的热力学约束，为解释大气动力学问题提供了强大的工具。

## 4.1 环流定理

流体中闭合等值线上的环流 $C$ 定义为速度矢量沿着等值线切线方向上的分量的线积分，即

$$C = \oint \boldsymbol{U} \cdot \mathrm{d}\boldsymbol{l} = \oint |\boldsymbol{U}| \cos \alpha \, \mathrm{d}l$$

式中，$\boldsymbol{l}(s)$ 是从原点指向等值线 $C$ 上点 $s(x, y, z)$ 的位置向量，$\mathrm{d}\boldsymbol{l}$ 表示 $\delta s \to 0$ 时 $\delta \boldsymbol{l} = \boldsymbol{l}(s + \delta s) - \boldsymbol{l}(s)$ 的极限。因此，$\mathrm{d}\boldsymbol{l}$ 表示与等值线局地相切的位移矢量，如图 4.1 所示。方便起见，当沿着等值线逆时针方向积分时，$C > 0$，环流取为正。

环流是旋转特征的一种度量方式，可以理解为半径为 $R$ 的流体环围绕 $z$ 轴以角速度 $\Omega$ 做刚体旋转。在这种情况下，$\boldsymbol{U} = \boldsymbol{\Omega} \times \boldsymbol{R}$，其中 $\boldsymbol{R}$ 是旋转轴与流体环之间的距离。因此，流体环的环流可写为

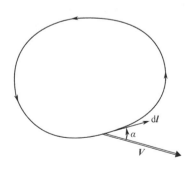

图 4.1　闭合等值线上的环流

$$C = \oint \boldsymbol{U} \cdot \mathrm{d}\boldsymbol{l} = \int_0^{2\pi} \Omega R^2 \mathrm{d}\lambda = 2\Omega\pi R^2$$

在这种情况下，环流正好等于 $2\pi$ 乘以流体环的旋转角动量。换言之，注意到 $C/(\pi R^2) = 2\Omega$，说明环流除以流体环包围的面积正好是其旋转角动量的两倍。不同于角动量和角速度，环流的计算不需要参考旋转轴，因此，环流可用于需要分析流体旋转特征但"角速度"不容易定义的情况。

针对流体微团组成的闭合环线，通过对牛顿第二定律的线积分，就可以得到环流定理。在绝对坐标系中，略去黏性力，其结果为

$$\oint \frac{\mathrm{d}_a \boldsymbol{U}_a}{\mathrm{d}t} \cdot \mathrm{d}\boldsymbol{l} = -\oint \frac{\nabla_p \cdot \mathrm{d}\boldsymbol{l}}{\rho} - \oint \nabla\Phi \cdot \mathrm{d}\boldsymbol{l} \tag{4.1}$$

式中，万有引力用位势 $\Phi^*$ 的梯度来表示，具体用真重力来定义，故有 $-\nabla\Phi^* = \boldsymbol{g}^* = -g^*\boldsymbol{k}$。上式左端的被积函数可以改写为[1]

$$\frac{\mathrm{d}_a \boldsymbol{U}_a}{\mathrm{d}t} \cdot \mathrm{d}\boldsymbol{l} = \frac{\mathrm{d}}{\mathrm{d}t}(\boldsymbol{U}_a \cdot \mathrm{d}\boldsymbol{l}) - \boldsymbol{U}_a \cdot \frac{\mathrm{d}_a}{\mathrm{d}t}(\mathrm{d}\boldsymbol{l})$$

或者可以看出，由于 $\boldsymbol{I}$ 是正矢量，故有 $\mathrm{d}_a\boldsymbol{I}/\mathrm{d}t \equiv H_a$，因此

$$\frac{\mathrm{d}_a \boldsymbol{U}_a}{\mathrm{d}t} \cdot \mathrm{d}\boldsymbol{l} = \frac{\mathrm{d}}{\mathrm{d}t}(\boldsymbol{U}_a \cdot \mathrm{d}\boldsymbol{l}) - \boldsymbol{U}_a \cdot \mathrm{d}\boldsymbol{U}_a \tag{4.2}$$

将式（4.2）代入式（4.1），并利用闭合环线全微分的线积分等于 0 这一性质，可得

$$\oint \nabla\Phi \cdot \mathrm{d}\boldsymbol{l} = \oint \mathrm{d}\Phi = 0$$

此外，还注意到

$$\oint \boldsymbol{U}_a \cdot \mathrm{d}\boldsymbol{U}_a = \frac{1}{2}\oint \mathrm{d}(\boldsymbol{U}_a \cdot \boldsymbol{U}_a) = 0$$

因此，环流定理可写为

$$\frac{\mathrm{d}C_a}{\mathrm{d}t} = \frac{\mathrm{d}}{\mathrm{d}t}\oint \boldsymbol{U}_a \cdot \mathrm{d}\boldsymbol{l} = -\oint \rho^{-1}\mathrm{d}p \tag{4.3}$$

式（4.3）右端的项被称为力管项，其中 $\mathrm{d}p = \nabla p \cdot \mathrm{d}\boldsymbol{l}$ 表示沿着弧长增量的气压增量。对正压流体而言，密度仅是压力的函数，因此力管项为 0。所以，在正压流体中，随着运动的绝对环流是守恒的，这就是所谓流体的开尔文环流定理，类似于刚体运动学中的角动量守恒。

在气象学分析中，使用相对环流 $C$ 比使用绝对环流更方便一些，这是因为绝对环流 $C_e$ 中的一部分是由于地球围绕地轴旋转引起的。为了计算 $C_e$，需要将斯托克斯定理应用于矢量 $\boldsymbol{U}_e$，其中 $\boldsymbol{U}_e = \boldsymbol{\Omega} \times \boldsymbol{r}$ 表示位置 $\boldsymbol{r}$ 处的地球旋转速度。具体表达式为

$$C_e = \oint \boldsymbol{U}_e \cdot \mathrm{d}\boldsymbol{l} = \int_A \int (\nabla \times \boldsymbol{U}_e) \cdot \boldsymbol{n}\mathrm{d}A$$

其中，$A$ 是环线包围的面积，单位法向量 $\boldsymbol{n}$ 是利用"右手法则"由线积分取逆时针方向确定的。因此，对于如图 4.1 所示的环线，$\boldsymbol{n}$ 是从纸面指向外的。如果在水平面上计算线

---

[1] 注意：对于标量，有 $\mathrm{d}_a/\mathrm{d}t = \mathrm{d}/\mathrm{d}t$，即标量随着运动的变化率是不依赖于坐标系的；但矢量就不是这样，具体可参见 2.1.1 节。

积分，$n$ 就指向局地垂直方向（见图 4.2）。利用向量恒等式（参见附录 C），可得

$$\nabla \times \boldsymbol{U}_e = \nabla \times (\boldsymbol{\Omega} \times \boldsymbol{r}) = \nabla \times (\boldsymbol{\Omega} \times \boldsymbol{R}) = \boldsymbol{\Omega} \nabla \cdot \boldsymbol{R} = 2\boldsymbol{\Omega}$$

因此，$(\nabla \times \boldsymbol{U}_e) \cdot \boldsymbol{n} = 2\Omega \sin\phi \equiv f$，正好是科氏参数。因此，由于地球旋转造成的水平面上的环流为

$$C_e = 2\Omega \langle \sin\phi \rangle A = 2\Omega A_e$$

其中，$\langle \sin\phi \rangle$ 表示面积元 $A$ 内的平均值，$A_e$ 则是 $A$ 投影到子午面上的面积（见图 4.2）。因此，相对环流可表示为

$$C = C_a - C_e = C_a - 2\Omega A_e \tag{4.4}$$

对式（4.4）求随流体运动的微分，并将式（4.3）代入，就可以得到皮叶克尼斯环流定理：

$$\frac{\mathrm{d}C}{\mathrm{d}t} = -\oint \frac{\mathrm{d}p}{\rho} - 2\Omega \frac{\mathrm{d}A_e}{\mathrm{d}t} \tag{4.5}$$

对正压流体而言，随着流体的运动，可将式（4.5）从初值状态（记为下标 1）积分到最终状态（记为下标 2），从而得到环流的变化量

$$C_2 - C_1 = -2\Omega(A_2 \sin\phi_2 - A_1 \sin\phi_1) \tag{4.6}$$

式（4.6）说明，在正压流体中，如果流体环的面积或者所在纬度发生变化，那么其相对环流就会发生变化。此外，只有闭合流体环自南半球平流穿越赤道，北半球的负绝对环流才能够发展。3.2.5 节讨论的异常梯度风平衡就是负绝对环流的例子（参见习题 4.6）。

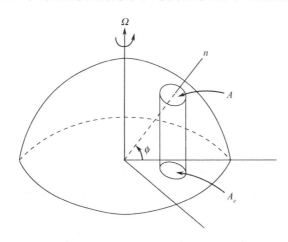

图 4.2  中心位于纬度 $\phi$ 处的水平面积 $A$ 投影到赤道面上的面积 $A_e$

**示例**

假定有一个中心位于赤道、半径为 100 km、初始时刻相对于地面静止的圆形气团。假设该圆形气团保持面积不变，并沿着等压面向北极方向移动，此时气团边界处的环流为

$$C = -2\Omega\pi r^2 [\sin(\pi/2) - \sin(0)]$$

那么半径 $r = 100$ km 处的平均切向速度为

$$V = C/(2\pi r) = -\Omega r \approx -7 \text{ m s}^{-1}$$

这里的负号表示气团获得的是反气旋性相对环流。

在斜压流体中，环流也可由式 (4.3) 中的气压–密度力管项产生。图 4.3 中海陆风环流的发展可以很好地说明这一过程。在图中，气团在海洋上空的平均温度低于相邻陆地上空的平均温度。如果下垫面的气压相同，那么陆地上空的等压面就会向着海洋一侧倾斜，等密度面则会向着陆地倾斜。

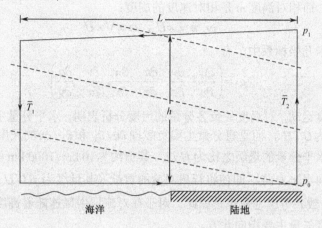

图 4.3　环流定理在海陆风问题上的应用。闭合粗实线组成的环线就是要分析的环流，虚线为等密度面

为了计算由于等压面和等密度面相交造成的加速度，我们利用环流定理，对与海岸线正交的垂直面上的环流进行积分。将理想气体实验定律代入式 (4.3) 可得

$$\frac{\mathrm{d}C_a}{\mathrm{d}t} = -\oint RT\mathrm{d}\ln p$$

对如图 4.3 所示的环线，只有环线的垂直部分才对线积分有贡献，这是因为水平部分取的是定常气压。最终得到的环流增长率为

$$\frac{\mathrm{d}C_a}{\mathrm{d}t} = R\ln\left(\frac{p_0}{p_1}\right)(\bar{T}_2 - \bar{T}_1) > 0$$

令 $\langle v \rangle$ 为沿着环线的平均切向速度，则有

$$\frac{\mathrm{d}\langle v \rangle}{\mathrm{d}t} = \frac{R\ln(p_0/p_1)}{2(h+L)}(\bar{T}_2 - \bar{T}_1) \tag{4.7}$$

如果令 $p_0 = 1000 \text{ hPa}$、$p_1 = 900 \text{ hPa}$、$\bar{T}_2 - \bar{T}_1 = 10\,^\circ\text{C}$、$L = 20 \text{ km}$ 和 $h = 1 \text{ km}$，根据式 (4.7) 就可以得到加速度约为 $7 \times 10^{-3} \text{ m s}^{-2}$。如果不考虑摩擦阻力，这个加速度会在 1 h 内产生 $25 \text{ m s}^{-1}$ 的风速。但实际情况并非如此，随着风速的增大，摩擦力会减小加速度，温度平流会减小海陆温差。因此，最终会在气压–密度力管项产生的动能与摩擦耗散之间达到平衡。

## 4.2　涡度

涡度作为对流体旋转特征的微观描述，是用速度的旋度定义的矢量场。绝对涡度 $\omega_a$ 是绝对速度的旋度，而相对涡度 $\omega$ 是相对速度的旋度：

$$\omega_a \equiv \nabla \times U_a, \quad \omega \equiv \nabla \times U$$

因此，在笛卡儿坐标系中，有

$$\omega = \left( \frac{\partial w}{\partial y} - \frac{\partial v}{\partial z}, \ \frac{\partial u}{\partial z} - \frac{\partial w}{\partial x}, \ \frac{\partial v}{\partial x} - \frac{\partial u}{\partial y} \right)$$

针对天气尺度运动，对涡度矢量各分量的尺度分析表明，水平分量主要贡献项 $\partial u / \partial z$ 和 $\partial v / \partial z$ 的尺度[2]为 $U / H$，而垂直分量主要贡献项 $\partial u / \partial y$ 和 $\partial v / \partial x$ 的尺度为 $U / L$。因此，涡度垂直分量与水平分量的量级之比为 $H / L$，其值约为 $10\,\mathrm{km}/1000\,\mathrm{km} = 0.01$。由此可见，涡度矢量主要指向水平方向，即使将行星涡度的贡献（其量级为 $fH/U = R_o^{-1}H/L \sim 0.1$，其中 $R_o$ 为罗斯贝数）考虑进来也是如此。对于在对流层中风速随着高度上升而增大的西风急流而言，涡度矢量主要指向北方。

上述分析结果看上去似乎比较奇怪，但实际上对于大尺度动力气象学而言，我们通常仅关心绝对涡度和相对涡度的垂直分量，它们分别用 $\eta$ 和 $\zeta$ 表示为

$$\eta \equiv k \times (\nabla \cdot U_a), \quad \zeta \equiv k \cdot (\nabla \times U)$$

在本书接下来的内容中，直接用 $\eta$ 和 $\zeta$ 分别表示绝对涡度和相对涡度，不再特别说明是"垂直分量"。待讨论过位涡之后，再来全面解释为什么将分析的重点集中在相对较小的涡度垂直分量上。但本质的一点是，对于天气尺度和大尺度而言，涡度的垂直分量与位温的垂直梯度紧密联系，后者的量值很大，基本与水平梯度相当。

正 $\zeta$ 区通常与北半球的气旋性风暴相联系，负 $\zeta$ 区则与南半球的气旋性风暴相联系。在两种情况下，$\zeta$ 均与行星旋转的局地值 $f$ 同号，因此可以将气旋性特征统一定义为 $f\zeta > 0$。可见，相对涡度的分布是天气分析过程中一种非常好的诊断工具。

绝对涡度与相对涡度的差是行星涡度，它是由地球旋转引起的涡度的局地垂直分量，$k \cdot \nabla \times U_e = 2\Omega \sin\phi \equiv f$。因此有 $\eta = \zeta + f$，或者在笛卡儿坐标系中有

$$\zeta = \frac{\partial v}{\partial x} - \frac{\partial u}{\partial y}, \quad \eta = \frac{\partial v}{\partial x} - \frac{\partial u}{\partial y} + f$$

通过另一个角度就可以很清楚地看到相对涡度与上一节讨论的相对环流 $C$ 之间的关系。涡度的垂直分量可定义为在面积趋向于 0 的情况下，水平面上的环流除以闭合环线所包围的面积后取极限，即

$$\zeta \equiv \lim_{A \to 0} \left( \oint V \cdot \mathrm{d}l \right) A^{-1} \tag{4.8}$$

---

[2] 对于天气尺度系统而言，通过比较可知涉及 $w$ 的项都是可以略去的。

上述定义明确给出了本章引言部分讨论的环流与涡度之间的关系。如图 4.4 所示，这两种涡度 $\zeta$ 定义的等价性可以很容易通过分析 $(x-y)$ 平面上面积为 $\delta x \delta y$ 的矩形面积元的环流来证明。对于图中矩形每个边上的 $\boldsymbol{V} \cdot \mathrm{d}\boldsymbol{l}$，可得如下环流表达式：

$$\delta C = u\delta x + \left(v + \frac{\partial v}{\partial x}\delta x\right)\delta y - \left(u + \frac{\partial u}{\partial y}\delta y\right)\delta x - v\delta y$$

$$= \left(\frac{\partial v}{\partial x} - \frac{\partial u}{\partial y}\right)\delta x\delta y$$

上式除以面积 $\delta A = \delta x \delta y$，可得

$$\frac{\delta C}{\delta A} = \left(\frac{\partial v}{\partial x} - \frac{\partial u}{\partial y}\right) \equiv \zeta$$

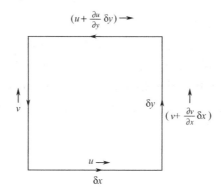

图 4.4　水平面上面元的环流与涡度的关系

在更一般的情况下，涡度和环流之间的关系也可以很简单地将速度矢量应用于斯托克斯定理得到：

$$\oint \boldsymbol{U} \cdot \mathrm{d}\boldsymbol{l} = \iint\limits_{A} (\nabla \times \boldsymbol{U}) \cdot \boldsymbol{n}$$

式中，$A$ 是环线包围的面积，$\boldsymbol{n}$ 是面元对应的单位法向量（方向遵循右手法则）。根据斯托克斯定理，任意闭合环线的环流都等于该环线所包围面积的涡度法向分量的积分。因此，对于有限面积而言，环流除以面积就等于该区域内涡度法向分量的平均值；对处于刚体旋转的流体而言，其涡度就等于旋转角速度的 2 倍。所以说，可将涡度视为对流体局地角速度的度量。

## 自然坐标系中的涡度

通过分析自然坐标系（参见 3.2.1 节）中涡度的垂直分量可以很方便地给出涡度的物理解释。计算图 4.5 中无限小环线的环流，可得[3]

---

[3] 需要注意的是，$n$ 是自然坐标系中水平面上垂直于局地流体运动方向的坐标轴，其正向为面向流体下游的左侧。

$$\delta C = V[\delta s + \mathrm{d}(\delta s)] - \left(V + \frac{\partial V}{\partial n}\delta n\right)\delta s$$

根据图 4.5，有 $\mathrm{d}(\delta s) = \delta\beta\delta n$，其中 $\delta\beta$ 是 $\delta s$ 距离内风向的角度变化。因此有

$$\delta C = \left(-\frac{\partial V}{\partial n} + V\frac{\delta\beta}{\delta s}\right)\delta n\delta s$$

或者对 $\delta n, \delta s \to 0$ 求极限：

$$\zeta = \delta\lim_{\delta n,\delta s \to 0}\frac{\delta C}{(\delta n\delta s)} = -\frac{\partial V}{\partial n} + \frac{V}{R_s} \tag{4.9}$$

式中，$R_s$ 是流线的曲率半径［见式（3.20）］。显然，净垂直涡度分量是两个部分的和，它们分别是：①流体运动法向方向上的风速变化率 $-\partial V/\partial n$，称为切变涡度；②风沿着流线的转向 $V/R_s$，称为曲率涡度。如果流体轴的法向方向上有速度变化，那么即使直线运动也可能会有涡度。例如，在如图 4.6（a）所示的线性切变流中，在速度最大值的北侧有气旋性相对涡度，在南侧有反气旋性相对涡度（北半球的情况），这可以很容易地通过置于流体中的小涡轮的旋转观测到。图 4.6（a）中两个涡轮中下方的那个涡轮会发生顺指针方向（反气旋性）的旋转，这是因为旋转轴北侧的风力大于南侧；当然，上方的那个涡轮则会出现逆时针方向（气旋性）的旋转。由此可见，西风急流的向极方向和向赤道方向分别是气旋性切变和反气旋性切变。

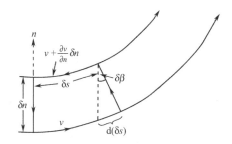

图 4.5　自然坐标系中无限小环线的环流

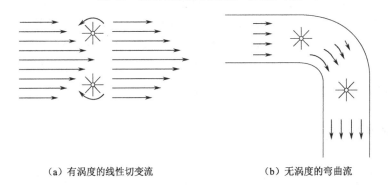

（a）有涡度的线性切变流　　　　　　　（b）无涡度的弯曲流

图 4.6　两类二维流体

反之，如果切变涡度与曲率涡度大小相等、方向相反，也可能出现涡度为 0 的弯曲流。这种情况如图 4.6（b）所示，相对涡度为 0 的无摩擦流体从上游流过通道的拐弯处，沿着

内边界的流体流速大于其右侧的流体流速，因此涡轮不会旋转。

# 4.3 涡度方程

上一节讨论了涡度的运动学属性。本节将利用运动方程来讨论涡度的动力学特征，并确定各项对涡度随时间变化率的贡献。

## 4.3.1 笛卡儿坐标形式

对于天气尺度运动，可以通过水平动量方程的近似形式［式（2.24）和式（2.25）］推导涡度方程。其中，纬向分量方程对 $y$ 求微分，经向分量方程对 $x$ 求微分，可得

$$\frac{\partial}{\partial y}\left(\frac{\partial u}{\partial t}+u\frac{\partial u}{\partial x}+v\frac{\partial u}{\partial y}+w\frac{\partial u}{\partial z}-fv=-\frac{1}{\rho}\frac{\partial p}{\partial x}\right) \tag{4.10}$$

$$\frac{\partial}{\partial x}\left(\frac{\partial v}{\partial t}+u\frac{\partial v}{\partial x}+v\frac{\partial v}{\partial y}+w\frac{\partial v}{\partial z}+fu=-\frac{1}{\rho}\frac{\partial p}{\partial y}\right) \tag{4.11}$$

式（4.11）减去式（4.10），并利用 $\zeta=\partial v/\partial x-\partial u/\partial y$，可得涡度方程为

$$\frac{\partial\zeta}{\partial t}+u\frac{\partial\zeta}{\partial x}+v\frac{\partial\zeta}{\partial y}+w\frac{\partial\zeta}{\partial z}+(\zeta+f)\left(\frac{\partial u}{\partial x}+\frac{\partial v}{\partial y}\right)+\left(\frac{\partial w}{\partial x}\frac{\partial v}{\partial z}-\frac{\partial w}{\partial y}\frac{\partial u}{\partial z}\right)+v\frac{\mathrm{d}f}{\mathrm{d}y}$$
$$=\frac{1}{\rho^2}\left(\frac{\partial\rho}{\partial x}\frac{\partial p}{\partial y}-\frac{\partial\rho}{\partial y}\frac{\partial p}{\partial x}\right) \tag{4.12}$$

由于科氏参数只与 $y$ 有关，因此，有 $\mathrm{d}f/\mathrm{d}t=v(\mathrm{d}f/\mathrm{d}y)$，故式（4.12）可改写为

$$\frac{\mathrm{d}}{\mathrm{d}t}(\zeta+f)=-(\zeta+f)\left(\frac{\partial u}{\partial x}+\frac{\partial v}{\partial y}\right)-\left(\frac{\partial w}{\partial x}\frac{\partial v}{\partial z}-\frac{\partial w}{\partial y}\frac{\partial u}{\partial z}\right)+$$
$$\frac{1}{\rho^2}\left(\frac{\partial\rho}{\partial x}\frac{\partial p}{\partial y}-\frac{\partial\rho}{\partial y}\frac{\partial p}{\partial x}\right) \tag{4.13}$$

式（4.13）说明，随着运动的绝对涡度的变化率是式（4.13）右端三项的和，它们分别是散度（或涡旋拉伸）项、扭转（或倾斜）项、力管项。

流体因散度场造成的涡度和稀释［见式（4.13）右端第一项］类似于在角动量守恒条件下，刚体转动惯量变化导致的角速度变化。如果流体是辐散的，那么流体环包围的面积就会随着时间增大，假定环流是守恒的，那么闭合流场的平均绝对涡度必然减小（涡度会被稀释）；如果流体是辐合的，那么流体环包围的面积就会随时间减小，涡度会增大。这种随着运动的涡度变化机制对于天气尺度扰动是非常重要的。

式（4.13）右端第二项表示涡度水平方向分量向垂直方向倾斜而产生的垂直涡度，是因非均匀垂直运动场引起的。图 4.7 描述的就是这种机理。图中给出的是 $y$ 方向上的速度分量随高度增大的区域，这样会有一个指向 $x$ 轴负方向的切变涡度分量（见图 4.7 中的双

线箭头）。如果同时存在随着 $x$ 增大而 $w$ 减小的垂直速度场，那么由垂直运动引起的平流就会使原来与 $x$ 轴平行的涡度矢量发生倾斜，从而产生垂直分量。这样，如果有 $\partial v / \partial z > 0$ 和 $\partial w / \partial x < 0$，就会产生正的垂直涡度。

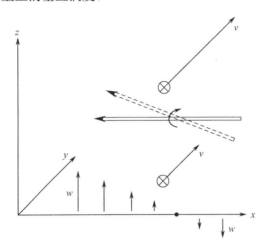

图 4.7 因涡度水平方向分量（双线箭头）向垂直方向倾斜而产生的垂直涡度

式（4.13）右端第三项则是环流定理式（4.5）中力管项的微观等价表达式。为了说明这种等价性，将斯托克斯定理应用于力管项，可得

$$-\oint \alpha \mathrm{d}p \equiv -\oint \alpha \nabla p \cdot \mathrm{d}\boldsymbol{l} = -\iint_A \nabla \times (\alpha \nabla p) \cdot \boldsymbol{k} \mathrm{d}A$$

式中，$A$ 为曲线 $\boldsymbol{l}$ 包围的水平面积。利用矢量恒等式 $\nabla \times (\alpha \nabla p) \equiv \nabla \alpha \times \nabla p$，上式可改写为

$$-\oint \alpha \mathrm{d}p = -\iint_A (\nabla \alpha \times \nabla p) \cdot \boldsymbol{k} \mathrm{d}A$$

但涡度方程中的力管项写为

$$-\left( \frac{\partial \alpha}{\partial x} \frac{\partial p}{\partial y} - \frac{\partial \alpha}{\partial y} \frac{\partial p}{\partial x} \right) = -(\nabla \alpha \times \nabla p) \cdot \boldsymbol{k}$$

由此可见，涡度方程中的力管项正好是环流定理中的力管项除以面积后，对面积趋向于 0 求极限的结果。

### 4.3.2 $p$ 坐标系中的涡度方程

当使用 $p$ 坐标系描述运动时，涡度方程的形式会稍微简单一点。这个方程的矢量形式可以通过动量方程式（3.2）乘以矢量算子 $\boldsymbol{k} \cdot \nabla \times$ 求得，这里的 $\nabla$ 表示等压面上的水平梯度。为了方便处理，首先需要使用如下矢量恒等式：

$$(\boldsymbol{V} \cdot \nabla) \boldsymbol{V} = \nabla \left( \frac{\boldsymbol{V} \cdot \boldsymbol{V}}{2} \right) + \zeta \boldsymbol{k} \times \boldsymbol{V} \tag{4.14}$$

式中，$\zeta = \boldsymbol{k} \cdot (\nabla \times \boldsymbol{V})$。利用上式，将式（3.2）改写为

$$\frac{\partial \boldsymbol{V}}{\partial t} = -\nabla \left( \frac{\boldsymbol{V} \cdot \boldsymbol{V}}{2} + \boldsymbol{\Phi} \right) - (\zeta + f)\boldsymbol{k} \times \boldsymbol{V} - \omega \frac{\partial \boldsymbol{V}}{\partial p} \qquad (4.15)$$

将算子 $\boldsymbol{k} \cdot \nabla \times$ 作用于式（4.15），并利用任意标量 $A$ 都满足 $\nabla \times \nabla A = 0$，以及任意矢量 $\boldsymbol{a}$ 和 $\boldsymbol{b}$ 满足

$$\nabla \times (\boldsymbol{a} \times \boldsymbol{b}) = (\nabla \cdot \boldsymbol{b})\boldsymbol{a} - (\boldsymbol{a} \cdot \nabla)\boldsymbol{b} - (\nabla \cdot \boldsymbol{a})\boldsymbol{b} + (\boldsymbol{b} \cdot \nabla)\boldsymbol{a} \qquad (4.16)$$

消去式（4.15）右端第一项，并简化第二项，从而得到如下涡度方程：

$$\frac{\partial \zeta}{\partial t} = -\boldsymbol{V} \cdot \nabla (\zeta + f) - \omega \frac{\partial \zeta}{\partial p} - (\zeta + f)\nabla \cdot \boldsymbol{V} + \boldsymbol{k} \cdot \left( \frac{\partial \boldsymbol{V}}{\partial p} \times \nabla \omega \right) \qquad (4.17)$$

比较式（4.13）和式（4.17）可以看出，在 $p$ 坐标系中不存在由气压—密度力管项产生的涡度。出现这一差别的原因是，在 $p$ 坐标系中水平方向偏导数的计算是在 $p$ 为常数的前提下进行的，因此涡度的垂直分量为 $\zeta = (\partial v / \partial x - \partial u / \partial y)_p$，而在 $z$ 坐标系中则为 $\zeta = (\partial v / \partial x - \partial u / \partial y)_z$。在实际应用中，这种差别通常是不重要的，因为正如下节所证明的，力管项一般都非常小，对于天气尺度运动而言可以忽略不计。

### 4.3.3　涡度方程的尺度分析

2.4 节通过对运动方程中各项量级大小的分析，针对天气尺度运动，对这些方程进行了简化。同样的方法也适用于涡度方程。基于天气尺度运动的典型观测值，可以确定如下场变量特征尺度：

| | |
|---|---|
| $U \sim 10 \text{ m s}^{-1}$ | 水平尺度 |
| $W \sim 1 \text{ cm s}^{-1}$ | 垂直尺度 |
| $L \sim 10^{6} \text{ m}$ | 长度尺度 |
| $H \sim 10^{4} \text{ m}$ | 厚度尺度 |
| $\delta p \sim 10 \text{ hPa}$ | 水平气压尺度 |
| $\rho \sim 1 \text{ kg m}^{-3}$ | 平均密度 |
| $\delta \rho / \rho \sim 10^{-2}$ | 比密度扰动 |
| $L/U \sim 10^{5} \text{ s}$ | 时间尺度 |
| $f_0 \sim 10^{-4} \text{ s}^{-1}$ | 科氏参数 |
| $\beta \sim 10^{-11} \text{ m}^{-1} \text{ s}^{-1}$ | "$\beta$" 参数 |

这里再次选择使用平流时间尺度，是因为类似于气压系统，涡度系统的移动速度也与水平风速相当。利用这些特征尺度来分析式（4.12）中各项的量级，首先注意到

$$\zeta = \frac{\partial v}{\partial x} - \frac{\partial u}{\partial y} \lesssim \frac{U}{L} \sim 10^{-5} \text{ s}^{-1}$$

式中 $\lesssim$ 表示在量级上小于或者等于。因此有

$$\zeta / f_0 \lesssim U / (f_0 L) \equiv R_o \sim 10^{-1}$$

对于中纬度天气尺度系统而言，与行星涡度相比，相对涡度通常是比较小的（罗斯贝数的量级）。对于这样的系统，在涡度方程的散度项中，相对于 $f$，$\zeta$ 可以略去，即

$$(\zeta + f)\left(\frac{\partial u}{\partial x} + \frac{\partial v}{\partial y}\right) \approx f\left(\frac{\partial u}{\partial x} + \frac{\partial v}{\partial y}\right)$$

但这种近似不适用于强气旋风暴的中心附近。因为在这种系统中，$|\zeta/f| \sim 1$，所以相对涡度应当保留。

这样，估算得到的式（4.12）中各项的量级为

$$\frac{\partial \zeta}{\partial t}, \ u\frac{\partial \zeta}{\partial x}, \ v\frac{\partial \zeta}{\partial y} \sim \frac{U^2}{L^2} \sim 10^{-10} \ \mathrm{s}^{-2}$$

$$w\frac{\partial \zeta}{\partial z} \sim \frac{WU}{HL} \sim 10^{-11} \ \mathrm{s}^{-2}$$

$$v\frac{df}{dy} \sim U\beta \sim 10^{-10} \ \mathrm{s}^{-2}$$

$$f\left(\frac{\partial u}{\partial x} + \frac{\partial v}{\partial y}\right) \lesssim \frac{f_0 U}{L} \sim 10^{-9} \ \mathrm{s}^{-2}$$

$$\left(\frac{\partial w}{\partial x}\frac{\partial v}{\partial z} - \frac{\partial w}{\partial y}\frac{\partial u}{\partial z}\right) \lesssim \frac{WU}{HL} \sim 10^{-11} \ \mathrm{s}^{-2}$$

$$\frac{1}{\rho^2}\left(\frac{\partial \rho}{\partial x}\frac{\partial p}{\partial y} - \frac{\partial \rho}{\partial y}\frac{\partial p}{\partial x}\right) \lesssim \frac{\delta\rho\delta p}{\rho^2 L^2} \sim 10^{-11} \ \mathrm{s}^{-2}$$

后面三项中使用了 $\lesssim$，是因为在每种情况下，表达式的两个部分可以部分抵消，因此真实的量级要比给出的值小。实际上，散度项（上述第四项）尤其如此，因为如果 $\partial u/\partial x$ 和 $\partial v/\partial y$ 不是近似相等并且符号相反的话，散度项就会比方程中的其他项都大一个量级，这样方程就不会成立。因此，涡度方程的尺度分析表明，天气尺度运动必然是准无辐散的。只有当散度项为

$$\left|\left(\frac{\partial u}{\partial x} + \frac{\partial v}{\partial y}\right)\right| \lesssim 10^{-6} \ \mathrm{s}^{-1}$$

散度项才能与涡度平流项平衡，这样天气尺度系统的水平散度必然与涡度大小相当。根据上述尺度分析及罗斯贝数的定义，可得

$$\left|\left(\frac{\partial u}{\partial x} + \frac{\partial v}{\partial y}\right)\Big/ f_0\right| \lesssim R_o^2$$

和

$$\left|\left(\frac{\partial u}{\partial x} + \frac{\partial v}{\partial y}\right)\Big/ \zeta\right| \lesssim R_o$$

由此可见，水平散度和相对涡度的比值与相对涡度和行星涡度的比值是同一个量级。

在涡度方程中仅保留量级为 $10^{-10} \ \mathrm{s}^{-2}$ 的项，就可以得到针对天气尺度系统的近似形式：

$$\frac{\mathrm{d}_h(\zeta + f)}{\mathrm{d}t} = -f\left(\frac{\partial u}{\partial x} + \frac{\partial v}{\partial y}\right) \tag{4.18}$$

其中

$$\frac{\mathrm{d}_h}{\mathrm{d}t} \equiv \frac{\partial}{\partial t} + u\frac{\partial}{\partial x} + v\frac{\partial}{\partial y}$$

如前所述，式（4.18）在强气旋风暴中是不准确的。对于这种情况，应当在散度项中保留相对涡度，即

$$\frac{\mathrm{d}_h(\zeta + f)}{\mathrm{d}t} = -(\zeta + f)\left(\frac{\partial u}{\partial x} + \frac{\partial v}{\partial y}\right) \tag{4.19}$$

式（4.18）说明，天气尺度系统中随着水平运动的绝对涡度变化近似等于因水平流场辐合（辐散）造成的行星涡度（稀释）。但在式（4.19）中，绝对涡度（稀释）造成了随着运动的绝对涡度的变化。

式（4.19）中涡度方程的形式也能够说明为什么气旋性扰动比反气旋性扰动强得多。对于固定大小的辐合，当相对涡度增大时，因子 $(\zeta + f)$ 会变得更大，从而导致更高的相对涡度增长率。对于固定大小的辐散，尽管相对涡度会减小，但当 $\zeta \to -f$ 时，式（4.19）右端的散度项接近于 0，不过无论辐散多强，相对涡度都不会变得"更负"（在 3.2.5 节关于梯度风近似的内容中，讨论了这种气旋与反气旋之间的潜在强度差别）。

在锋区附近，式（4.18）和式（4.19）的近似形式不再成立。锋区中水平变化的尺度 $\sim 100\ \mathrm{km}$，垂直速度尺度 $\sim 10\ \mathrm{cm\ s^{-1}}$。对于这样的尺度，垂直平流项、倾斜项和力管项的量级可能都会变得与散度项一样大。

# 4.4 位涡

本节再回到环流，下面来证明，开尔文定理也适用于对特定完整环线进行斜压动力学分析，这对于动力气象学有非常重要的意义。不同于任意闭合流体环线，本节要将其限定为位温为常数的等熵面上的闭合环线。要证明对于这种环线而言，力管项精确地等于 0。

利用理想气体实验定律式（1.25），位温的定义式（2.44）可以用等 $\theta$ 面上密度与气压之间的关系改写为

$$\rho = p^{c_v/c_p}(R\theta)^{-1}(p_s)^{R/c_p}$$

可见，在等熵面上密度仅是气压的函数，并且环流定理式（4.3）中的力管项会消失，即

$$\oint \frac{\mathrm{d}p}{\rho} \propto \oint \mathrm{d}p^{(1-c_v/c_p)} = 0$$

那么，对于绝热无摩擦流体而言，在等 $\theta$ 面上计算闭合流体环线的环流就简化成与正

压流体相同的形式，也就是说即使流体是斜压的，也满足开尔文环流定理。

根据斯托克斯定理，可以利用与等值面垂直的涡度分量来替代环流，即

$$C_a = \oint U_a \cdot dl = \iint_A \omega_a \cdot n dA \tag{4.20}$$

式中，$n$ 为与等值面垂直的单位矢量。下面，用保守量来替代 $n$ 和 $dA$。假设有无限小气柱（见图4.8），位于两个等位温面之间。对于绝热流体而言，气柱内的位温和空气质量 $dm$ 都是守恒的。整个气柱内的低阶泰勒近似可写为 $d\theta \approx |\nabla \theta| dh$，其中 $dh$ 为气柱的"高度"。气柱内的空气质量为 $dm = \rho dA dh$，因此有

$$dA = \frac{dm}{\rho} \frac{|\nabla \theta|}{d\theta} \tag{4.21}$$

假设所分析的气柱足够小，使得垂直于等值面的方向上涡度近似为常数，因此

$$\frac{dC_a}{dt} \approx \frac{d}{dt}[\omega_a \cdot n dA] = 0 \tag{4.22}$$

其中

$$n = \frac{\nabla \theta}{|\nabla \theta|} \tag{4.23}$$

将式（4.21）和式（4.23）代入式（4.22），并且随着运动的 $dm$ 和 $d\theta$ 是守恒的，因此有

$$\frac{d}{dt}\left[\frac{\omega_a \cdot \nabla \theta}{\rho}\right] = 0 \tag{4.24}$$

这就是著名的 Ertel 位涡方程，它是动力气象学领域最重要的理论成果之一。上式说明，随着运动的位涡（PV）是守恒的，其中位涡写为

$$\Pi = \frac{\omega_a \cdot \nabla \theta}{\rho} \tag{4.25}$$

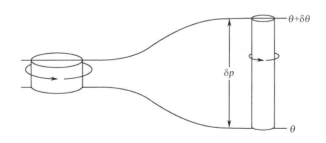

图4.8　绝热运动气柱的位涡是守恒的

这个结果之所以令人印象深刻，是因为它将所有的基本物理守恒定律联系在了一起，并集中于一个表达式。尽管在分析流体时，可能会出现动量场扰动与热力学场无关的情况，但位涡为这种扰动提供了强有力的约束：它们在演变过程中必须保证随着运动的位涡不变。例如，对于无水平分量的绝对涡度，其位涡为

$$\frac{1}{\rho}\left(\frac{\partial v}{\partial x}-\frac{\partial u}{\partial y}+f\right)\frac{\partial \theta}{\partial z} \tag{4.26}$$

可以看出，在这种情况下位涡是绝对涡度与静力稳定度的乘积，因此，如果其中某一项增大，另一项必然减小。从图 4.8 中可以看出，当气块移到右侧时，静力稳定度减小，为了保持位涡不变，涡度必然增大；与角动量守恒，以及与涡旋拉伸之间的联系也非常清楚。

式（4.25）中位涡的垂直方向贡献的尺度为 $\frac{U\theta^*}{\rho HL}+\frac{f\theta^*}{H}$。其中，$\theta^*$ 和 $\rho^*$ 分别是典型位温和密度尺度值；第二项表示地球旋转的贡献。将式（4.25）展开后可以看出水平方向贡献的尺度为 $\frac{U\theta^*}{\rho^* HL}$（略去了来自 $w$ 的很小的贡献），因此，垂直方向和水平方向的贡献之比为

$$1+R_o^{-1} \tag{4.27}$$

在天气尺度和大尺度中，罗斯贝数很小（约为 0.1），这个分析说明对位涡的贡献主要来自垂直方向。这就可以解释为什么在动力气象学中我们主要关注涡度的垂直分量：尽管涡度矢量主要投影在水平方向上，但位温的梯度主要在垂直方向上，这提高了涡度垂直分量的重要性。位涡的低阶近似为

$$\Pi \approx \frac{f}{\rho}\frac{\partial \theta}{\partial z} \tag{4.28}$$

在对流层中取典型值，就可以估算得到位涡的特征值为

$$\Pi_{\text{trop}} \cong \left(\frac{10^{-4}\,\text{s}^{-1}}{1\,\text{kg m}^{-3}}\right)(5\,\text{K km}^{-1}) \tag{4.29}$$
$$= 0.5\times10^{-6}\,\text{K m}^2\,\text{s}^{-1}\,\text{kg}^{-1} \equiv 0.5\,\text{PVU}$$

式中，"PVU" 是一种常用的度量方法，称为"位涡单位"（$1\,\text{PVU}=10^{-6}\,\text{K m}^2\,\text{s}^{-1}\,\text{kg}^{-1}$）。在平流层下层，$\partial \theta/\partial z$ 相对大一个量级，所以位涡的特征值也比较大。

因为在对流层中存在位涡的快速跳变，所以位涡为确定交界面提供了有用的动力学判据。实际上，在绝热无摩擦条件下，当位涡和位温均守恒时，"动力学"对流层顶（定义为某个等位涡面）上的位温分布可为温带天气系统提供特别有用的分析资料，这是因为等位温线仅受到对流层顶风场平流的影响。此外，与等位温面上的等位涡线相比，一张图就足以描述对流层顶的状态。

图 4.9 所示为动力学对流层顶结构与日常 500 hPa 位势高度场的比较。500 hPa 位势高度场中耳熟能详的特征包括脊位于北美西部、槽位于北美大陆中部的长波波形，以及纽约附近和阿拉斯加半岛靠近太平洋沿岸的短波槽。除了波状特征，还有位于加利福尼亚西南部、哈得逊湾上空和巴芬岛附近的气旋性涡旋。

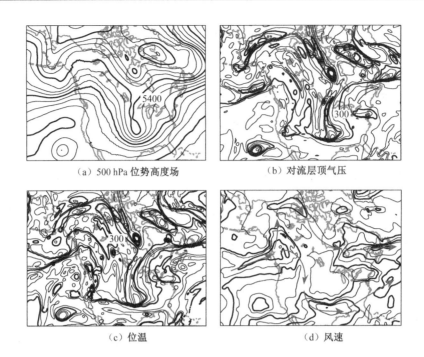

(a) 500 hPa 位势高度场　　　　　　(b) 对流层顶气压

(c) 位温　　　　　　　　　　　(d) 风速

图 4.9　2012 年 1 月 12 日 500 hPa 位势高度场、对流层顶气压、位温和风速分布图的比较。等值线间隔：
　　位势高度为 60 m，位温为 5 K、气压为 50 hPa，风速为 10 m s⁻¹；除风速为每隔两条等值线绘制
　　一条粗线外，其他均为每隔 4 条等值线绘制一条粗线；(d) 中灰色箭头表示急流主要分支的路径

对流层顶气压［见图 4.9（b）］的分布表明，所谓槽区指的是对流层顶向着较低高度下降的区域；实际上，在若干槽和涡旋所在区域，对流层顶低于 500 hPa。可见槽是与平流层位涡大值相关的，而这种大值在局地已下降到了通常考虑对流层位涡时所在的高度。在脊区和副热带地区，对流层顶有所抬升，气压可达 200～250 hPa，可见位涡相对于周围环境而言是异常偏低的。

由对流层顶位温的分布［见图 4.9（c）］可见，500 hPa 图上出现的大多数槽实际上在其中心附近都是旋转的。可以通过闭合等位温线的出现推断出这一特征，因为如果位温和位涡是守恒的，那么空气就会被限制在对流层顶的闭合等位温线内。正是由于这个原因，这些特征有时候被称为物质涡旋，要使这些扰动发生移动的唯一方法是让它所包含的物质发生位移。这与波动形成了鲜明对比，后者在传播信息的同时不会有介质的净输送。除扰动以外，还要注意的是，对流层顶位温水平梯度所在的带状区域会集中到锋，其周围是被小尺度噪声混合并填充的区域。沿着某些这样的锋，如美国中部槽的底部，气压场的分布说明对流层顶实际上是垂直的。

另外，由于急流位于对流层顶附近，所以这种视角比在等压面上要有用得多，在等压面上需要几张天气图才能描述位于不同高度上的急流。可以看出，中纬度急流在到达加拿大西岸之后分成了南北两支，其中南支与副热带地区有联系，在该地区的南缘附近表现最明显［见图 4.9（d）］。

完整起见，还应该注意 Ertel 位涡方程的另一种形式。这种形式可以通过加入摩擦耗

散这样的动量源 $\mathcal{F}$ ，以及潜热加热这样的熵源 $\mathcal{H}$ 来导出，结果为

$$\frac{\mathrm{d}\,\Pi}{\mathrm{d}\,t} = \frac{\boldsymbol{\omega}_a}{\rho} \cdot \nabla \mathcal{H} + \frac{\nabla \theta}{\rho} \cdot \left( \nabla \times \frac{\mathcal{F}}{\rho} \right) \tag{4.30}$$

式中，$\Pi$ 为式（4.25）定义的 Ertel 位涡。上式右端第一项在涡度矢量指向熵源中局地最大值方向时为正。这种情况通常发生在温带气旋附近，那里的云和降水都出现在对流层下层和中层［见图 4.10（a）］。

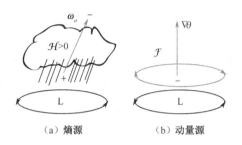

（a）熵源　　　　　　（b）动量源

图 4.10　熵源和动量源在位涡变化中的作用示意。（a）地面低压上方的降水云，其中涡度矢量 $\boldsymbol{\omega}_a$ 指向右上方，潜热加热在云中达到最大值，在云下（上）产生了正（负）的位涡倾向；（b）地面摩擦（与地表环流方向相反的灰色箭头）的作用，其中地面摩擦的旋度指向涡度矢量的反方向，产生了负的位涡倾向

在这种情况下，在地面附近，涡度垂直分量向上指向因凝结而释放的潜热的最大值方向；在潜热加热最大值以上，位涡减小，这是因为涡度矢量与加热梯度指向相反的方向。式（4.30）右端第二项在摩擦力的旋度与熵梯度的方向相同的地方为正。再回到温带气旋，假定地表摩擦作用于与运动方向相反的方向上，那么摩擦力的旋度就是指向熵梯度反方向的矢量，这样熵梯度会产生负的 Ertel 位涡倾向［见图 4.10（b）］。

# 4.5　浅水方程

在均质不可压缩流体中，位涡守恒的形式会更简单一些。为此，首先来推导浅水方程，它为我们在后面的章节中分析大气动力学的本质提供了非常有用的简化。除了密度为常数，浅水近似还意味着流体的深度相对其水平尺度是很小的。正因为这种小比值特征，我们可以使用如下流体静力学近似：

$$\frac{\partial p}{\partial z} = -\rho_0 g \tag{4.31}$$

式中，$\rho_0$ 为定常密度。将静力学方程从流体顶 $h(x, y)$ 积分到高度 $z$ 处，可得

$$p(z) = \rho_0 g(h - z) + p(h) \tag{4.32}$$

式中，$p(h)$ 为浅水模型顶受到的压力，由其上的气层造成，这里取为常数。利用式（4.32）替换动量方程中的气压，可得

$$\frac{\mathrm{d}_h V}{\mathrm{d}t} = -g\nabla_h h - f\mathbf{k} \times V \tag{4.33}$$

假定初始时 $V$ 仅仅是 $(x, y)$ 的函数，且由于 $h$ 是 $(x, y)$ 的函数，根据式（4.33），$V$ 在所有时刻都是二维的。

定常密度流体的质量守恒表达式可简单地写为

$$\nabla \cdot (u, v, w) = 0 \tag{4.34}$$

流体不可压缩的性质也可以简化热力学第一定律，因为流体不再做功。那么，如果没有增加热量，随着运动的温度也是不变的 [见式（2.41）]。水中的压力是密度和温度的函数，即 $p = f(T, \rho)$，但随着运动，不可压缩性意味着 $\mathrm{d}p = \frac{\partial f}{\partial T}\mathrm{d}T + \frac{\partial f}{\partial \rho}\mathrm{d}\rho = 0$，因此有

$$\frac{\mathrm{d}p}{\mathrm{d}t} = 0 \tag{4.35}$$

将式（4.35）代入式（4.32），可得

$$\frac{\mathrm{d}_h h}{\mathrm{d}t} = w(h) \tag{4.36}$$

其中垂直速度 $w = \mathrm{d}z / \mathrm{d}t$ 是 $(x, y, z)$ 的函数。将式（4.34）在整个深度 $h$ 内积分，可得 $w(h) = -h\nabla_h \cdot V$。利用该式在式（4.36）中消去 $w$ 后可得

$$\frac{\mathrm{d}_h h}{\mathrm{d}t} = -h\nabla_h \cdot V \tag{4.37}$$

浅水方程包括式（4.33）和式（4.37），描述的是 3 个未知量 $(u, v, h)$ 的演变。类似于4.3.1 节中的推导，由式（4.33）可推出浅水涡度方程为

$$\frac{\mathrm{d}_h}{\mathrm{d}t}(\zeta + f) = -(\zeta + f)\left(\frac{\partial u}{\partial x} + \frac{\partial v}{\partial y}\right) \tag{4.38}$$

在浅水系统中，由于涡旋的拉伸，绝对涡度会随着运动增大。

利用式（4.37）替换式（4.38）右端的散度，就可以得到如下浅水位涡守恒的表达式：

$$\frac{\mathrm{d}_h}{\mathrm{d}t}\left[\frac{\zeta + f}{h}\right] = 0 \tag{4.39}$$

可见，浅水位涡 $(\zeta + f)/h$ 等于绝对涡度除以流体深度。随着运动，如果绝对涡度增大，那么流体深度必然也会增大。有人提出，可以类似于静力稳定度，根据流体的顶部和底部是两个等熵面这一性质，在浅水系统中反演流体深度。当流体深度 $h$ 变小时，等熵面会靠得更近。

由于位涡依赖于 $x$ 和 $y$，所以式（4.39）对 Ertel 位涡进行了非常大的简化，这对于深入理解大尺度动力学是很有用的。例如，图 4.11 所示是西风气流遇到无限长地形障碍的情况。假定山脉上游是均匀纬向气流，因此 $\zeta = 0$。当气柱通过地形障碍时，每个气柱的

厚度 $h$ 一直会被限制在等熵面 $\theta_0$ 和 $\theta_0 + \delta\theta$ 之间。之前翻越山脉的气流会使山脉附近上下游地区的气流上界面有所抬升，具体原因将在第 5 章讨论。

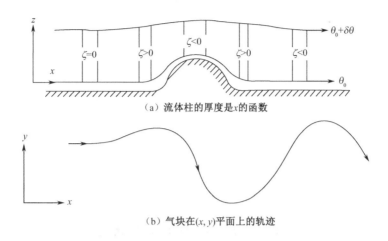

（a）流体柱的厚度是 $x$ 的函数

（b）气块在 $(x, y)$ 平面上的轨迹

图 4.11　西风气流翻越地形障碍示意

当气流靠近地形障碍时，会在垂直方向上拉，为了保持位涡 $(\zeta + f)/h$ 守恒，必然会造成 $\zeta$ 增大。正的气旋性涡度与气流的气旋性弯曲有关，会造成气流的向极偏转，从而使 $f$ 也随之增大。为了保持位涡守恒，又会反过来使 $\zeta$ 的变化减小。当气柱开始翻越地形障碍时，其厚度减小，相对涡度必然变为负值。因此，气柱就需要有反气旋性涡度，并向南移动。

当气柱翻过地形障碍并回到初始厚度时，其位于初始纬度以南，因此，$f$ 较小且相对涡度必然为正。此时，气流轨迹必然具有气旋性弯曲，气柱会产生向极偏转。当气块回到其初始纬度时，仍然会有向极的速度分量使其继续向极运动，这就需要反气旋性弯曲来平衡，直到再次出现反方向的运动。气块继续向下游运动，通过水平面上类似波动的运动轨迹来保持位涡守恒。由此可见，稳定的西风气流在通过大尺度山脊时，会在山脊上方形成反气旋性气流，在山脊以东形成气旋性气流，并以波列形式向下游传播。

东风气流翻越山脉障碍的情况则完全不同，如图 4.12 所示。上游的拉伸会造成气流的气旋性旋转，从而产生向赤道的运动分量。当气柱向西向赤道移动翻越地形障碍时，其厚度会减小，为了保持位涡守恒，相应的绝对涡度也会减小。这种绝对涡度的减小是由反气旋性相对涡度的增大和向赤道运动导致的 $f$ 减小共同造成的。反气旋性相对涡度逐渐使气柱转向，导致气柱到达山顶时转向向西运动。当气柱继续向西下山时，由于位涡守恒，其变化过程与上山过程中的变化过程正好相反，最终的结果是在山脉下游的一定距离内，气柱会回到初始纬度并继续向西运动。

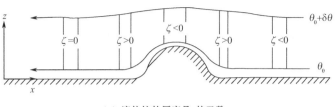

（a）流体柱的厚度是$x$的函数

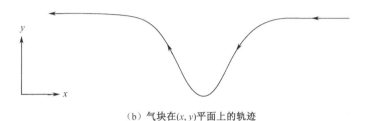

（b）气块在$(x, y)$平面上的轨迹

图 4.12　东风气流翻越地形障碍的情况

综上所述，科氏参数随纬度的变化导致向西和向东的气流在翻越大尺度地形障碍时会产生截然不同的结果。在西风气流的情况下，地形障碍可以在流场中产生波状扰动并一直延续到下游很远的地方；但在东风气流的情况下，流场中的扰动在离开地形障碍后很快就会被阻尼。

## 正压位涡

通过正压假设，相对于浅水方程，有可能对位涡做进一步简化。我们知道，正压流体定义为压力只与密度有关的流体。对于浅水而言，式（4.32）意味着在这种情况下 $h$ 和 $z$ 均为常数，因此 $w = 0$，并且流体是水平无辐散的，即

$$\frac{\partial u}{\partial x} + \frac{\partial v}{\partial y} = 0 \tag{4.40}$$

因此，位涡守恒简化为

$$\frac{\mathrm{d}_h}{\mathrm{d}t}(\zeta + f) = 0 \tag{4.41}$$

上式说明，随着运动的绝对涡度是守恒的。式（4.41）常被称为正压位涡方程，并广泛用于大尺度动力气象学的理论研究。

对于无辐散水平运动而言，流场可用流函数 $\psi(x, y)$ 表示。此时，速度分量就可定义为 $u = -\partial\psi/\partial y$，$v = +\partial\psi/\partial x$。因此，涡度写为

$$\zeta = \frac{\partial v}{\partial x} - \frac{\partial u}{\partial y} = \frac{\partial^2\psi}{\partial x^2} + \frac{\partial^2\psi}{\partial y^2} \equiv \nabla^2\psi$$

这样速度场和涡度场都可以用单个标量场 $\psi(x, y)$ 的变化来表示，并且式（4.41）也可写为涡度的预报方程形式：

$$\frac{\partial}{\partial t}\nabla^2\psi = -V_\psi \cdot \nabla(\nabla^2\psi + f) \tag{4.42}$$

式中，$V_\psi \equiv k \times \nabla\psi$ 为无辐散水平风。式（4.42）说明，相对涡度的局地倾向是由绝对涡度平流造成的。可以通过数值方法求解式（4.12）来预报流函数的演变，进而得到涡度场和风场的演变。由于对流层中层流场在天气尺度上通常接近于无辐散，因此式（4.42）为天气尺度的 500 hPa 流场短期预报提供了一个非常好的模式。

随着运动的绝对涡度守恒为气流提供了强有力的约束，可以再次通过体现东风气流与西风气流之间非对称性的简单例子对此进行说明。假设在某个特定点 $(x_0, y_0)$，流体是纬向运动的，且相对涡度为 0，因此有 $\eta(x_0, y_0) = f_0$。接下来，如果绝对涡度守恒，那么对经过点 $(x_0, y_0)$ 的气块轨迹而言，其上任意一点的运动都满足 $\zeta + f = f_0$。由于向北运动时 $f$ 增大，因此，在下游方向上，向北弯曲的轨迹必然有 $\zeta = f_0 - f < 0$，而向南弯曲的轨迹则有 $\zeta = f_0 - f > 0$。但是，如图 4.13 所示，如果是西风气流，那么下游向北的弯曲就说明 $\zeta > 0$，而向南的弯曲则说明 $\zeta < 0$。如果随着运动的绝对涡度守恒，那么纬向西风必然保持纯粹的纬向运动状态；而东风的情况正好相反，向南的弯曲和向北的弯曲分别与负的相对涡度和正的相对涡度对应。所以，东风气流既可以向北弯曲也可以向南弯曲，同时仍然能够保持绝对涡度守恒。

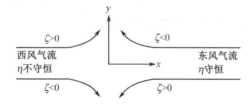

图 4.13 流体弯曲轨迹中的绝对涡度守恒

# 4.6 等熵坐标系中的 Ertel 位涡

本节要对等熵坐标系中的 Ertel 位涡进行更深入的分析，包括动量源和熵源导致的非保守效应。本节首先介绍等熵坐标系中的基本守恒定律。

### 4.6.1 等熵坐标系中的运动方程组

如果大气是稳定层结的，那么位温 $\theta$ 就是高度的单调增函数，因此，可以将 $\theta$ 作为独立的垂直坐标。这个坐标系中的垂直"速度"为 $\dot{\theta} = d\theta/dt$。因此，从等熵坐标系来看，绝热运动是二维的。在等熵坐标系中截面积为 $\delta A$，垂直高度为 $\delta\theta$ 的无限小体积元的质量为

$$\delta M = \rho\delta A\delta z = \delta A\left(-\frac{\delta p}{g}\right) = \frac{\delta A}{g}\left(-\frac{\partial p}{\partial \theta}\right)\delta\theta = \sigma\delta A\delta\theta \tag{4.43}$$

这里，空间 $(x, y, \theta)$ 中的"密度"定义为

$$\sigma \equiv -g^{-1}\frac{\partial p}{\partial \theta} \tag{4.44}$$

在 $p$ 坐标系中的水平动量方程式（4.15）可以转换到等熵坐标系，其形式为

$$\frac{\partial V}{\partial t} + \nabla_\theta\left(\frac{V \cdot V}{2} + \Psi\right) + (\zeta_\theta + f)\mathbf{k} \times V = -\dot{\theta}\frac{\partial V}{\partial \theta} + F_r \tag{4.45}$$

其中，$\nabla_\theta$ 是等熵面上的梯度，$\zeta_\theta \equiv \mathbf{k} \cdot \nabla_\theta \times V$ 是等熵相对涡度，$\Psi \equiv c_p T + \Phi$ 是蒙哥马利（Montgomery）流函数（参见第 2 章习题 2.10）。式（4.45）右端已经包含了摩擦项 $F_r$ 和非绝热垂直平流项。类似于 3.1.2 节在 $p$ 坐标系中使用的方法，可以利用式（4.43）导出连续方程，其形式为

$$\frac{\partial \sigma}{\partial t} + \nabla_\theta \cdot (\sigma V) = -\frac{\partial}{\partial \theta}(\sigma\dot{\theta}) \tag{4.46}$$

$\Psi$ 场和 $\sigma$ 场是利用静力学方程通过气压场联系起来的。静力学方程在等熵坐标系中的形式为

$$\frac{\partial \Psi}{\partial \theta} = \Pi(p) \equiv c_p\left(\frac{p}{p_s}\right)^{R/c_p} = c_p\frac{T}{\theta} \tag{4.47}$$

式中，$\Pi$ 被称为 Exner 函数。只要 $\dot{\theta}$ 和 $F_r$ 已知，那么式（4.44）～式（4.47）就组成了一个关于 $V$、$\sigma$、$\Psi$ 和 $p$ 的闭合预报方程组。

## 4.6.2 位涡方程

如果计算 $\mathbf{k} \cdot \nabla_\theta \times$ 式（4.45），并将得到的结果整理，就可以得到如下等熵涡度方程：

$$\frac{\tilde{\mathrm{d}}}{\mathrm{d}t}(\zeta_\theta + f) + (\zeta_\theta + f)\nabla_\theta \cdot V = \mathbf{k} \cdot \nabla_\theta \times \left(F_r - \dot{\theta}\frac{\partial V}{\partial \theta}\right) \tag{4.48}$$

其中

$$\frac{\tilde{\mathrm{d}}}{\mathrm{d}t} = \frac{\partial}{\partial t} + V \cdot \nabla_\theta$$

是等熵面上随着水平运动的全导数。

注意到 $\sigma^{-2}\partial\sigma/\partial t = -\partial\sigma^{-1}/\partial t$，可将式（4.46）改写为

$$\frac{\tilde{\mathrm{d}}}{\mathrm{d}t}(\sigma^{-1}) - (\sigma^{-1})\nabla_\theta \cdot V = \sigma^{-2}\frac{\partial}{\partial \theta}(\sigma\dot{\theta}) \tag{4.49}$$

式（4.48）中每项乘以 $\sigma^{-1}$，式（4.49）中每项乘以 $(\zeta_\theta + f)$，再将结果相加，就可以得到要导出的守恒定律：

$$\frac{\tilde{\mathrm{d}}\Pi}{\mathrm{d}t} = \frac{\partial \Pi}{\partial t} + V \cdot \nabla_\theta \Pi = \frac{\Pi}{\sigma}\frac{\partial}{\partial \theta}(\sigma\dot{\theta}) + \sigma^{-1}\mathbf{k} \cdot \nabla_\theta \times \left(F_r - \dot{\theta}\frac{\partial V}{\partial \theta}\right) \tag{4.50}$$

式中，$\Pi \equiv (\zeta_\theta + f)/\sigma$ 是 Ertel 位涡。如果式（4.50）右端的非绝热加热项和摩擦项可以求得，那么就有可能确定等熵面上随着水平运动的 $\Pi$ 的演变。当非绝热加热项和摩擦项

较小时，等熵面上随着运动的位涡是近似守恒的。

具有大梯度动力场的天气扰动（如急流、锋）与较大的 Ertel 位涡异常有关。在对流层上部近似绝热的条件下，这种异常会被快速平流。因此，在等熵面上，位涡异常模态在物质上是守恒的。这种物质守恒属性使得位涡异常在识别和追踪天气扰动方面特别有用。

### 4.6.3　等熵涡度的积分约束

等熵涡度方程式（4.48）可写为

$$\frac{\partial \zeta_\theta}{\partial t} = -\nabla_\theta \cdot [(\zeta_\theta + f)V] + \boldsymbol{k} \cdot \nabla_\theta \times \left( \boldsymbol{F}_r - \dot{\theta}\frac{\partial V}{\partial \theta} \right) \tag{4.51}$$

已知任意矢量 $A$ 都满足如下表达式：

$$\boldsymbol{k} \cdot (\nabla_\theta \times \boldsymbol{A}) = \nabla_\theta \cdot (\boldsymbol{A} \times \boldsymbol{k})$$

利用上式，可将式（4.51）写为

$$\frac{\partial \zeta_\theta}{\partial t} = -\nabla_\theta \cdot \left[ (\zeta_\theta + f)V - \left( \boldsymbol{F}_r - \dot{\theta}\frac{\partial V}{\partial \theta} \right) \times \boldsymbol{k} \right] \tag{4.52}$$

值得注意的是，等熵涡度只会被式（4.52）右端括号中水平通量的辐合或辐散所改变，等熵涡度不能被穿过等熵面的垂直输送所改变。此外，将式（4.52）在等熵面上进行面积分，并利用散度定理（见附录 C.2）就可以证明，在与地表不相交的等熵面上，$\zeta_\theta$ 的全球平均值是常数。此外，对 $\zeta_\theta$ 在整个球面上积分，可以证明全球平均 $\zeta_\theta$ 正好等于 0。在等熵线上的涡度既不会产生也不会消失，只会沿着等熵线通过水平通量集聚或稀释。

## 推荐参考文献

Acheson 著作的 *Elementary Fluid Dynamics*（《初等流体动力学》），对涡度有很好的介绍，适用于研究生。

Hoskins 等对 Ertel 位涡及其在天气尺度扰动诊断和预报上的应用进行了深入的讨论。

Pedlosky 著作的 *Geophysical Fluid Dynamics*（《地球物理流体力学》），在第 2 章对环流、涡度和位涡进行了全面的分析处理。

Vallis 著作的 *Atmospheric and Oceanic Fluid Dynamics*（《大气与海洋流体动力学》），在第 4 章讨论了涡度和位涡。

Williams 和 Elder 著作的 *Fluid Physics for Oceanographers and Physicists*（《给海洋学家和物理学家的流体物理学》），对涡旋动力学有基础性的介绍，对流体动力学也有非常好的一般性介绍。

习题

4.1 已知在边长为 1000 km 的正方形区域内均为东风，但以 $10\ \mathrm{m\ s^{-1}}/500\ \mathrm{km}$ 的速率向北减小，请计算围绕该区域的环流，以及该区域内的平均相对涡度。

4.2 假设 $30°\mathrm{N}$ 有一个直径为 100 km 的圆柱形气柱，初始时气柱内的空气保持静止，试问当该气柱的直径膨胀到原来的 2 倍后，其侧边界上的切向速度是多少？

4.3 已知 $30°\mathrm{N}$ 的气块在北移过程中保持绝对涡度守恒，如果其初始相对涡度为 $5\times10^{-5}\ \mathrm{s^{-1}}$，那么它到达 $90°\mathrm{N}$ 时的相对涡度是多少？

4.4 已知 $60°\mathrm{N}$ 初始涡度 $\zeta=0$ 的气柱一直从地面伸展到 10 km 高的固定对流层顶，假设气流满足正压位涡方程，当该气柱移动并翻越 $45°\mathrm{N}$、2.5 km 高的山脉时，它翻越山顶时的绝对涡度和相对涡度各是多少？

4.5 假定有一筒状圆柱，内径为 200 km，外径为 400 km，旋转的切向速度分布为 $V=A/r$，其中 $A=10^{6}\ \mathrm{m^{2}\ s^{-1}}$，$r$ 的单位是 m，请计算圆筒 200 km 内径以内的平均涡度。

4.6 证明 3.2.5 节讨论的异常梯度风在北半球均具有负的绝对环流，同时也具有负的绝对涡度。

4.7 已知 $(x,y)$ 平面上有一个正方形区域，其 4 个角的坐标是 $(0,0)$、$(0,L)$、$(L,L)$ 和 $(L,0)$。如果在该区域内温度沿着向东方向以 $1℃/200\ \mathrm{km}$ 的速率增大，气压沿着向北方向以 $1\ \mathrm{hPa}/200\ \mathrm{km}$ 的速率增大。令 $L=1000\ \mathrm{km}$，并且点 $(0,0)$ 处的气压为 1000 hPa，计算围绕该正方形的环流变化率。

4.8 将矢量在笛卡儿坐标系中展开，证明式（4.14）。

4.9 已知有一个盛满不可压缩流体、下边界平坦、上边界为自由面的圆柱形水槽做刚体旋转运动，试推导水槽中流体深度与半径的关系。其中，$H$ 为水槽中心的深度，$\Omega$ 为水槽旋转的角速度，$a$ 为水槽的直径。

4.10 假设水槽的旋转速度为 20 圈/分钟，中心处流体深度为 10 cm，初始时流体处于刚体旋转状态。当旋转流体柱从水槽的中央移动到距离中心 50 cm 处时，其相对涡度会发生怎样的变化？

4.11 一个气旋性涡旋处于旋衡运动状态，其切向速度廓线的表达式为 $V=V_{0}(r/r_{0})^{n}$，其中 $V_{0}$ 是距离涡旋中心 $r_{0}$ 处的切向速度分量。计算围绕半径 $r$ 处的流线所对应的环流，以及半径 $r$ 处的涡度和气压（令 $p_{0}$ 为 $r_{0}$ 处的气压，并假设密度为常数）。

4.12 已知纬度 $45°$ 处有纬向西风气流因受到南北向山脉的阻挡而绝热上升。在遇到山脉之前，西风以 $10\ \mathrm{m\ s^{-1}}/1000\ \mathrm{km}$ 的变化率向南线性增大。已知该山脉的山顶位于 800 hPa

处，位于 300 hPa 处的对流层顶不会发生扰动。请问气流的初始相对涡度是多少？如果在上升过程中向南偏移 5°，那么气流到达山顶时的相对涡度是多少？如果气流在上升过程中保持定常速度 20 m s$^{-1}$，那么山顶处流线的曲率半径是多少？

4.13 已知半径为 $a$、深度为 $H$ 的柱状容器以角速度 $\Omega$ 围绕着其垂直对称轴旋转，其中充满了均质不可压缩流体，初始时流体相对于圆柱是静止的。当体积为 $V$ 的流体通过容器底部中心的小孔流出时，就会形成涡旋。略去摩擦力，假设运动与深度无关，并且 $V \ll \pi a^2 H$，请推导出相对角速度（在随水槽旋转的坐标中的速度）与半径的函数关系，并计算相对涡度和相对环流。

4.14 （a）在纬度为 60°、高度为 100 km 处，初始时相对于地表处于静止状态的纬向环状气流，需要在经向方向上位移多少，才能得到相对于地表 10 m s$^{-1}$ 的东风分量？

（b）假设大气无摩擦，如果要得到同样的速度，需要在垂直方向上移动多少高度？

4.15 有一内径为 10 cm、外径为 20 cm、深度为 10 cm 的筒状圆环，筒内流体的水平运动与高度和方向无关，可用表达式 $u = 7 - 0.2r$，$v = 40 + 2r$ 来表示。其中，$u$ 和 $v$ 分别是径向和切向速度分量，单位为 cm s$^{-1}$，向外为正，顺时针方向为正；$r$ 是流体与圆环中心的距离，单位为 cm。假定流体不可压缩，请计算：

（a）围绕圆环的环流；

（b）圆环内的平均涡度；

（c）圆环内的平均散度；

（d）当圆环底部的流体速度为 0 时，圆环顶部的平均垂直速度。

4.16 根据式（4.52），首先证明与地表不相交的等熵面上的全球平均等熵涡度必然为 0，然后证明对于等压面上的等压涡度，也有同样的结果。

# MATLAB 练习题

M4.1 式（4.41）表明，对于无辐散水平运动，可用流函数 $\psi(x,y)$ 来表示，并且涡度可表示为 $\zeta = \partial^2 \psi / \partial x^2 + \partial^2 \psi / \partial y^2 \equiv \nabla^2 \psi$。因此，如果用关于 $x$ 和 $y$ 的单个正弦波来表示涡度，相应流函数与涡度的空间分布完全相同，但是符号相反。这很容易通过正弦函数的二阶导数正比于负的同一正弦函数这一性质得到验证，具体可参见 MATLAB 脚本 vorticity_1.m。但是，当涡度分布在空间上是局地化的时，流函数和涡度的空间尺度就会完全不同，这种情况可参见 MATLAB 脚本 vorticity_demo.m，它给出的是 $(x, y) = (0, 0)$ 处的点涡源所对应的流函数。对这一问题，必须首先修改脚本 vorticity_1.m 的代码，令 $\zeta(x,y) = \exp[-b(x^2 + y^2)]$（$b$ 为常数）；然后令 $b$ 在 $1 \times 10^{-4}$ km$^{-2}$ 和 $4 \times 10^{-7}$ km$^{-2}$ 之间取若干个值，并运行此脚本；最后用表格或者图形，给出涡度和流函数衰减到其最大值一半时水平尺度间的比值与参数 $b$ 的函数关系。注意：对于地转运动（其中科氏参数为常数），这里定义的流函数正比于位势高度。另外，请说明，通过这个练习可以看出 500 hPa 高度场和涡度场天气图之间有哪些异同之处。

M4.2 MATLAB 脚本 geowinds_1.m（适用于有地图工具箱的情况）和 geowinds_2.m（适用于无地图工具箱的情况）可用于绘制 1998 年 11 月 10 日北美地区 500 hPa 位势高度场和水平风场等值线图，同时还可给出叠加了等高线的 500 hPa 风场量级填色图。利用中央差分公式（见 13.2.1 节），计算地转风分量、地转风量级、相对涡度、地转风涡度，以及涡度与地转风涡度之差。根据图 4.1 和图 4.2 所示的模型，将这些场叠加到 500 hPa 位势高度场上，根据第 3 章讨论的力的平衡，解释涡度与地转风涡度差别较大区域其分布和符号。

# 第 5 章

## 大气波动——线性扰动理论

· · · · · · · · · ·

如果想得到未来某时刻大气环流的准确预报，那么基于原始方程组，以及包含了诸如潜热加热、辐射传输和边界层拖曳等过程的数值模式应当能够得到最佳预报结果。但是，这种模式的内在复杂性已经排除了对产生预报环流的物理过程进行简单解释的可能性。使用略去特定物理过程的简化模式，并将其结果与更完备模式的结果进行比较，有助于我们深入了解大气运动基本性质的物理内涵。很难仅通过对数值积分的研究，来分析很多天气扰动中观测到的、产生波状特征的过程。因此，对大气的理想化过程进行分析处理是很有价值的，这也是本章的主题。

本章首先讨论微扰动方法，它是对大气波动进行定量分析的简单技术；然后利用这种方法来分析大气中几种类型的波动。本书第 6 章和第 7 章还将利用微扰动方法分别推导准地转方程组和分析天气波扰动的发展。

## 5.1 微扰动方法

在微扰动方法中，所有的场变量都分为基本态和扰动量两个部分，前者通常假定与时间和经度无关，后者则是相对于基本态的局地偏差场。例如，如果 $\bar{u}$ 表示经过时间平均和经圈平均后得到的纬向风，$u'$ 表示相对于平均值的偏差，那么完整的纬向风速度场为 $u(x, t) = \bar{u} + u'(x, t)$。此时，惯性加速度 $u \partial u / \partial x$ 可写为

$$u \frac{\partial u}{\partial x} = (\bar{u} + u') \frac{\partial}{\partial x} (\bar{u} + u') = \bar{u} \frac{\partial u'}{\partial x} + u' \frac{\partial u'}{\partial x}$$

微扰动方法的基本假设是，当扰动为 0 时，变量基本态必须满足原方程，并且扰动量必须足够小，以确保原方程中涉及扰动量乘积的项都可以略去。当扰动量减小 1/2 时，那些与扰动量线性相关的项也会减小 1/2，但是扰动量的二次乘积项则会减小 1/4。可见，非

线性项的减小比线性项快得多，并且在小振幅限制条件下非线性项可被略去。如果 $|u'/\bar{u}| \ll 1$，那么有

$$\left| \bar{u} \frac{\partial u'}{\partial x} \right| \gg \left| u' \frac{\partial u'}{\partial x} \right|$$

如果扰动量的乘积项可以略去，那么非线性控制方程组就可以简化为关于扰动量的线性微分方程，而基本态变量则是其系数。使用标准方法求解这些线性微分方程，就可以确定用已知基本状态量表示的扰动量的特征和结构。对于常系数方程而言，其解具有正弦或指数特征。扰动方程的解决定了如传播速度、垂直结构及波动增长或衰减条件等特征。微扰动方法特别适用于研究叠加于基本气流上的小扰动的稳定性。这方面的应用是第 7 章的主要内容。

# 5.2 波动的属性

所谓波动，指的是场变量（如速度、气压）的振荡在时间和空间上的传播。本章关心的是线性正弦波动，这种波动的很多特征同时也是常见的线性谐振子系统的特征。谐振子一个很重要的性质是其周期（完成单次振荡所需的时间）与振荡振幅无关。对于大多数的自然振动系统而言，这个条件只有在振荡振幅足够小时才会成立。这种系统的典型例子就是单摆（见图 5.1），用长为 $l$ 的无质量绳子系着质量为 $M$ 的物体，使其围绕平衡位置 $\theta = 0$ 做小幅自由振荡，那么平行于运动方向的重力分量为 $-Mg\sin\theta$。因此，对于质量为 $M$ 的物体，其运动方程为

$$Ml \frac{\mathrm{d}^2\theta}{\mathrm{d}t^2} = -Mg\sin\theta$$

对于小的位移，有 $\sin\theta \approx \theta$，因此控制方程可改写为

$$\frac{\mathrm{d}^2\theta}{\mathrm{d}t^2} + v^2\theta = 0 \qquad (5.1)$$

式中，$v^2 \equiv g/l$。简谐振荡控制方程式（5.1）的通解为

$$\theta = \theta_1 \cos vt + \theta_2 \sin vt = \theta_0 \cos(vt - \alpha)$$

式中，$\theta_1$、$\theta_2$、$\theta_0$ 和 $\alpha$ 为常数，是由初值条件决定的（参见习题 5.1）；$v$ 是振荡频率。式（5.1）的完整解可以用振幅 $\theta_0$ 和位相 $\phi(t) = vt - \alpha$ 来表示。位相是随时间线性变化的，每个波动周期为 $2\pi$ 弧度。

传播中的波动也可以用其振幅和位相来描述。但在行进波中，位相不仅依赖于时间，也依赖于一个或多个空间变量。因此，对于沿着 $x$ 方向传播的一维波动，$\phi(x, t) = kx - vt - \alpha$，这里的波数 $k$ 定义为 $2\pi$ 除以波长。对

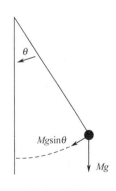

图 5.1 单摆

以相速度 $c \equiv v / k$ 移动的观测者而言，行进波的位相是常数。这可以通过观测位相是否随着运动保持不变来确定，即

$$\frac{\mathrm{d}\phi}{\mathrm{d}t} = \frac{\mathrm{d}}{\mathrm{d}t}(kx - vt - \alpha) = k\frac{\mathrm{d}x}{\mathrm{d}t} - v = 0$$

因此，对于位相等于常数的情况，有 $\mathrm{d}x / \mathrm{d}t = c = v / k$。对 $v > 0$ 且 $k > 0$ 的情况，有 $c > 0$。在这种情况下，如果 $\alpha = 0$，那么有 $\phi = k(x - ct)$，可见为了使 $\phi$ 保持不变，$x$ 必须随着 $t$ 的增加而增大。图 5.2 中的正弦波位相就是沿着正向传播的。

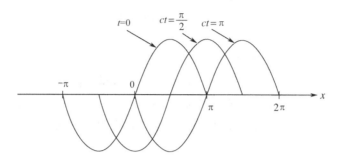

图 5.2  以速度 $c$ 沿着 $x$ 正向行进的正弦波（这里假定波数为 1）

## 5.2.1  傅里叶级数

由于大气中的扰动并不是单纯的正弦波，所以用简单的正弦波来表示扰动显然是过于简单的。但是可以证明，任何合理的经度的函数都可以表示为纬向平均量加正弦分量的傅里叶级数形式，即

$$f(x) = \sum_{s=1}^{\infty}(A_s \sin k_s x + B_s \cos k_s x) \tag{5.2}$$

式中，$k_s = 2\pi s / L$ 为纬向波数（单位：$\mathrm{m}^{-1}$）；$L$ 为纬圈长度；$s$ 则是行星波数，为整数，表示沿着整个纬圈的波动数目。系数 $A_s$ 可以通过式（5.2）两端乘以 $\sin(2\pi n x / L)$（其中 $n$ 为整数）并沿着整个纬圈积分求得。利用如下正交关系：

$$\int_0^L \sin\frac{2\pi s x}{L} \sin\frac{2\pi n x}{L} \mathrm{d}x = \begin{cases} 0, & s \neq n \\ L/2, & s = n \end{cases}$$

可以得到

$$A_s = \frac{2}{L}\int_0^L f(x)\sin\frac{2\pi s x}{L}\mathrm{d}x$$

通过类似的方法，式（5.2）两端同时乘以 $\cos(2\pi n x / L)$ 并积分，就可以得到

$$B_s = \frac{2}{L}\int_0^L f(x)\cos\frac{2\pi s x}{L}\mathrm{d}x$$

$A_s$ 和 $B_s$ 被称为傅里叶系数，并且有

$$f_s(x) = A_s \sin k_s x + B_s \cos k_s x \tag{5.3}$$

它被称为 $f(x)$ 的 $s$ 阶傅里叶分量或 $s$ 阶调和函数。如果计算（观测）位势扰动经向变化的傅里叶系数，那么得到的最大振幅傅里叶分量所对应的 $s$ 值应当接近于整个纬圈内观测到的槽脊数量。当只需要定性分析结果时，通常将分析限定在单个典型傅里叶分量，并假定实际场的情况与这个分量类似就足够了。可以利用复指数幂的形式，将傅里叶分量的表达式写成更加简洁的形式。根据欧拉公式

$$\exp(i\phi) = \cos\phi + i\sin\phi$$

式中，$i \equiv (-1)^{1/2}$ 为虚数单位，可以得到

$$\begin{aligned} f_s(x) &= \text{Re}[C_s \exp(ik_s x)] \\ &= \text{Re}[C_s \cos k_s x + iC_s \sin k_s x] \end{aligned} \tag{5.4}$$

式中，Re[ ] 表示"实部"，$C_s$ 则是复系数。比较式（5.3）和式（5.4）可以看出，只要

$$B_s = \text{Re}[C_s], \qquad A_s = -\text{Im}[C_s]$$

那么，这两个关于 $f_s(x)$ 的表达式就是等价的，其中 Im[ ] 表示"虚部"。这种指数形式的表达式常用于接下来的微扰动理论应用，第 7 章中也会用到。

## 5.2.2 频散与群速度

线性振子的一个基本属性是振荡频率 $\nu$ 仅依赖于振子的物理属性，而不是运动本身。但对于行进波而言，$\nu$ 通常依赖于扰动的波数及介质的物理属性。由于 $c = \nu/k$，因此除了 $\nu \propto k$ 这种特殊情况，实际上相速度总是依赖于波数的。对于相速度随 $k$ 变化的波动，刚开始位于同一特定位置的各个扰动正弦波分量，经过一定时间后会出现在不同位置上，也就是说它们是频散的。这种波动就被称为频散波，而 $\nu$ 和 $k$ 之间的关系式则被称为频散关系。某些类型的波动（如声波）相速度与波数无关。在这种非频散波中，包含一系列傅里叶波动分量的空间局地扰动（波群），当波群以相速度在空间传播时，依然会保持其形状不变。

但对于频散波而言，波群在传播时其形状会发生变化。因为对于波群中各傅里叶分量而言，根据其相对位相，它们相互之间是彼此增强或者抵消的，所以波群的能量会集中在有限区域内，如图 5.3 所示。此外，波群通常最终会变宽，也就是说能量是频散的。

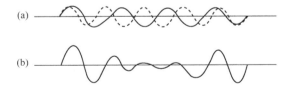

图 5.3　由两个波长相差很小的正弦波组成的波群。对于非频散波，(b) 所示的波动在传播过程中不会改变其形状；而对于频散波，其形状则会随着时间改变

当波动频散时，波群的速度一般不等于各傅里叶分量的平均相速度。因此，沿着波群传播的方向，各波动分量可能比波群快，也可能比波群慢，如图 5.4 所示。由于频散的作

用，深水中的表面波（如轮船尾流）会表现出各波峰的移动速度 2 倍于波群的特征。但在天气尺度扰动中，群速度大于相速度，因此会在其下游发展出的新扰动。本部分将在后面详细讨论。

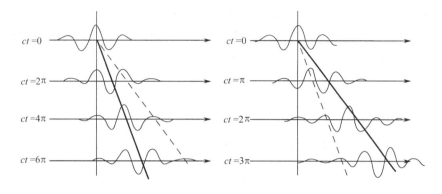

（a）群速度小于相速度　　　　　　　（b）群速度大于相速度

图 5.4　波群传播示意；粗实线表示群速度，细实线表示相速度

群速度反映的是扰动（及其能量）传播的速度，其表达式可通过如下方法导出：假定有两个水平传播的波动，振幅相等但波长有细微差别，两者波数与频率的差分别记为 $2\delta k$ 和 $2\delta\nu$。将这两个波动叠加，那么总扰动为

$$\Psi(x,t) = \exp\{i[(k+\delta k)x - (\nu+\delta\nu)t]\} + \exp\{i[(k-\delta k)x - (\nu-\delta\nu)t]\}$$

简便起见，已略去了式（5.4）中的符号 Re[ ]，并且认为式右端只有实部是有物理意义的。对式（5.4）进行整理并利用欧拉公式，可得

$$\begin{aligned}\Psi &= [e^{i(\delta kx - \delta\nu t)} + e^{-i(\delta kx - \delta\nu t)}]e^{i(kx-\nu t)}\\ &= 2\cos(\delta kx - \delta\nu t)e^{i(kx-\nu t)}\end{aligned} \tag{5.5}$$

式（5.5）中扰动是波长为 $2\pi/k$、相速度为 $\nu/k$（两个傅里叶分量平均值）的高频载波与波长为 $2\pi/\delta k$、行进速度为 $\delta\nu/\delta k$ 的低频包络的乘积。因此，对 $\delta k\to 0$ 取极限，就可以得到包络的水平速度（群速度），为

$$c_{gx} = \partial\nu/\partial k$$

由此可见，波动的能量是以群速度传播的。只要波群的波长 $2\pi/\delta k$ 相对于主分量的波长 $2\pi/k$ 很大，就可以将这一结果应用到任意波包络。

## 5.2.3　二维和三维波动的属性

对二维和三维波动的性质进行全面的理解，对于学习本章剩余内容及后面章节的某些方面是极为重要的，因此有必要对波动属性的矢量进行描述。为了便于叙述，这里只讨论二维波动的情况，但相关符号也可以推广到三维波动，并且能将其属性描述清楚。

在标量场中的二维平面波 $f$ 可写为

$$f(x, y, t) = \mathrm{Re}\{A e^{i(kx+ly-vt)}\} = \mathrm{Re}\{A e^{i\phi}\} \tag{5.6}$$

式中，自变量 $(x, y)$ 和 $t$ 分别表示空间和时间，$k$ 和 $l$ 则是 $x$ 和 $y$ 方向上的波数（$\mathrm{m}^{-1}$），$v$ 是频率（$\mathrm{s}^{-1}$）。波动是由振幅 $A$（与 $f$ 的单位相同）和位相角 $\phi$ 决定的。需要注意的是，$\phi$ 是自变量的线性函数，并且已经证明单独考虑 $\phi$ 的时间和空间属性是很有用的。

在任一瞬间，有 $\phi = kx + ly + C$，其中 $C$ 为常数，因此 $\phi$ 是沿着等 $kx + ly$ 线的。这就意味着，当 $\phi$ 为常数时，有 $\mathrm{d}\phi = \dfrac{\partial \phi}{\partial x}\delta x + \dfrac{\partial \phi}{\partial y}\delta y = 0$。由此可见，这些等值线的坡度为 $(\delta y / \delta x)|_\phi = -k/l$。另外，有

$$e^{i\phi} = e^{i(\phi+2\pi n)} \tag{5.7}$$

$e^{i\phi}$ 是定常值（$n$ 为整数），定义为等位相线，如图 5.5 中的高压（H）和低压（L）。波矢量定义为

$$\boldsymbol{K} = \nabla\phi \tag{5.8}$$

$\mathcal{K} = |\boldsymbol{K}|$ 是全波数，因此 $\lambda = 2\pi / \mathcal{K}$ 是波长，也就是等位相线之间的距离。

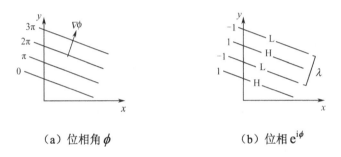

（a）位相角 $\phi$        （b）位相 $e^{i\phi}$

图 5.5　固定时刻的二维平面波其 $\lambda$ 表示波长。需要注意的是，如果 $v > 0$，则波动的行进方向就是波矢量 $\nabla\phi$ 的方向

在空间上的任意固定点，都有 $\phi = C - vt$，其中 $C$ 为常数，可见 $\phi$ 是时间的线性函数。所以，频率定义为

$$v = -\frac{\partial \phi}{\partial t} \tag{5.9}$$

$v$ 表示等位相线经过空间固定点的速率。波动周期为 $2\pi/|v|$ 则表示等位相点间的时长（单位：s）。波动相速度（单位：$\mathrm{m\,s}^{-1}$）是由等位相线沿着波矢量的移动快慢决定的，即

$$c = \frac{v}{\mathcal{K}} = -\frac{1}{|\nabla\phi|}\frac{\partial \phi}{\partial t} \tag{5.10}$$

这个定义是对一维情况下相速度的推广。特别地，对于二维和三维的情况，相速度不是 $c_x = v/k$ 和 $c_y = v/l$，后者分别表示等位相线沿着 $x$ 坐标轴和 $y$ 坐标轴移动的速度。此外，$c$、$c_x$ 和 $c_y$ 也不满足矢量的加法法则，即 $c^2 \neq c_x^2 + c_y^2$。

还要注意，在一般情况下 $\phi$ 和 $A$ 可能为复数。如果 $\phi$ 有虚部，即 $\phi = \phi_r + i\phi_i$，那么就

有 $e^{i\phi} = e^{i(\phi_r + i\phi_i)} = e^{i\phi_r} e^{-\phi_i} \equiv A^* e^{i\phi_r}$。其中，$\phi_r$ 就是前面所述的波动位相角，$A^* = Ae^{-\phi_i}$ 则是修正后的振幅，与时间和（或）空间有关。例如，如果频率 $\nu$ 有虚部，那么波动就有与时间有关的振幅，即振幅会随时间增大或衰减。这种波动被称为不稳定波动，区别于具有固定振幅 $A$ 的中性波动。第 7 章会寻找随着时间增大的波动，并进一步研究有助于出现虚数频率的条件。

接下来回到群速度，它提供了当观测者随着特定波长和频率的波动移动时，所必需的速度和方向。与存在于整个空间的纯平面波不同，将式（5.6）中的位相角 $\phi$ 取为关于空间和时间的慢变函数，由变量 $\nu$ 和 $\boldsymbol{K}$ 决定。即使波矢量和频率随时间和空间变化，也可以用式（5.8）和式（5.9）分别定义这些量。根据式（5.8）和式（5.9），有

$$\frac{\partial \boldsymbol{K}}{\partial t} + \nabla \nu = 0 \qquad (5.11)$$

频率是由频散关系定义的，故 $\nu$ 是 $\boldsymbol{K}$ 的函数。正因为如此，$\nabla \nu$ 可以通过链式法则求得，即

$$\nabla \nu = (\nabla_k \nu \cdot \nabla) \boldsymbol{K} \qquad (5.12)$$

式中，$\nabla_k \nu = (\partial \nu / \partial k, \partial \nu / \partial l)$ 为群速度 $\boldsymbol{C}_g$。这样，式（5.11）就可改写为

$$\frac{\partial \boldsymbol{K}}{\partial t} + (\boldsymbol{C}_g \cdot \nabla) \boldsymbol{K} = 0 \qquad (5.13)$$

由此可见，在以群速度移动的坐标框架下，波矢量是守恒的。也就是说，观察者跟随的是具有固定波长和频率的一群波动。

## 5.2.4　波动求解方法

通常可以使用完整大气动力学控制方程组的近似形式求解波动运动。即使每种情况各有不同，但求解这些问题的基本方法可以概括为如下几种。

（1）选择基本态：基本态是对大气的简化描述。除了那些与所关心运动的本质相关的部分，我们希望消除其他所有复杂的内容。例如，在本章中，经常会利用处于静止或者静力平衡的基本态。基本态好像一件乐器，我们希望知道其自然发出的声响。

（2）线性化处理控制方程组：在给定基本态后，可以利用 5.1 节给出的微扰动方法对控制方程组进行线性化处理。

（3）假定如式（5.6）的波动形式解：如果线性化方程组的系数与自变量无关，那么只要自变量是周期性的，则与自变量有关的函数就可以如式（5.6）所示将波动表示为 $e^{i\phi}$。例如，如果所分析的区域在 $y$ 方向上不是周期性的，或者基本态在 $y$ 方向上有变化，那么就不能假定在这个方向上有波动解。相反，必须在这个方向上假定为一般函数，如 $F(y)e^{i(kx - \nu t)}$，这样通常就可以得到一个常微分方程来求解结构函数 $F(y)$。

（4）求解频散关系和极化关系：将波动形式解代入线性化控制方程组后，通常就可以得到更简单的闭合代数方程组，或者在有非定常系数的情况下得到一个常微分方程组。一般将波数取为自变量，频率是波数的函数，这样就可以得到频散关系。波动振幅是无约束

的，但是必须确定变量之间的关系及极化关系。如果变量有相同的形式和符号（如 $\sin x$），那么它们就是同相的；反之，如果变量有相同的形式但符号相反（如 $\sin x$ 和 $-\sin x$），那么它们就是异相的。如果变量之间是 90° 异相，那么它们就是正交的（如 $\sin x$ 和 $\cos x$）。

## 5.3　简单波动类型

流体中的波动是由于流体微团受到使其偏离平衡位置的回复力而产生的。这种回复力可能是由可压缩性、重力、旋转或者电磁效应引起的。本节将讨论流体中两种最简单的线性波动：声波和浅水重力波。

### 5.3.1　声波

声波属于纵波，即波动的传播方向与微团的振动方向平行。声音的传播依靠的是介质的交替绝热压缩和膨胀。图 5.6 给出的是声波在左端有柔软薄膜的通道中的传播示意。如果薄膜出现振动，随着薄膜向内和向外位移，与其相邻的空气就会交替出现压缩和膨胀，由此产生的振荡气压梯度力就会被相邻区域气块的振荡加速所平衡，进一步在通道中产生气压振荡。如图 5.6 所示，通过交替压缩和膨胀，这种气压连续绝热增大和减小导致的结果是在通道中形成向右传播的气压和速度扰动的正弦波形。但是，各气块并不会有净向右位移；当气压波形以声速向右传播时，它们只会在原地往返振荡。

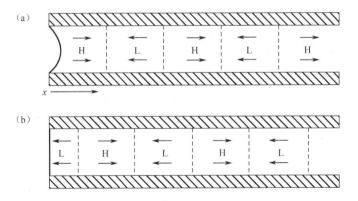

图 5.6　声波在左端有柔软薄膜的通道中的传播示意。符号 H 和 L 表示扰动造成的高低压中心，箭头表示速度扰动，声波沿着 $x$ 轴的正向传播，（b）图比（a）图晚 1/4 周期

为了引入微扰动方法，我们来分析在与 $x$ 轴平行的直管中传播的一维声波。为了消除出现横波（气块的振荡方向与位相传播方向垂直）的可能性，假定在开始时有 $v=w=0$。此外，通过假定 $u=u(x,t)$，消除所有与 $y$ 和 $z$ 的关系。根据这些约束条件，动量方程、连续方程及绝热运动的热力学方程分别为

$$\frac{\mathrm{d}u}{\mathrm{d}t} + \frac{1}{\rho}\frac{\partial p}{\partial x} = 0 \tag{5.14}$$

$$\frac{\mathrm{d}\rho}{\mathrm{d}t} + \rho\frac{\partial u}{\partial x} = 0 \tag{5.15}$$

$$\frac{\mathrm{d}\ln\theta}{\mathrm{d}t} = 0 \tag{5.16}$$

其中，$\mathrm{d}/\mathrm{d}t = \partial/\partial t + u\partial/\partial x$。根据式（2.44）和理想气体实验定律，位温的表达式可写为

$$\theta = \left(\frac{p}{\rho R}\right)\left(\frac{p_s}{p}\right)^{R/c_p}$$

其中 $p_s = 1000\ \mathrm{hPa}$。这样就可以在式（5.16）中消去 $\theta$，得

$$\frac{1}{\gamma}\frac{\mathrm{d}\ln p}{\mathrm{d}t} - \frac{\mathrm{d}\ln\rho}{\mathrm{d}t} = 0 \tag{5.17}$$

其中 $\gamma = c_p/c_v$。在式（5.15）和式（5.17）中消去 $\rho$，可得

$$\frac{1}{\gamma}\frac{\mathrm{d}\ln p}{\mathrm{d}t} + \frac{\partial u}{\partial x} = 0 \tag{5.18}$$

接下来，将自变量分解为定常基本状态部分（用上横线表示）和扰动部分（用撇号表示）：

$$u(x,\ t) = \bar{u} + u'(x,\ t)$$
$$p(x,\ t) = \bar{p} + p'(x,\ t) \tag{5.19}$$
$$\rho(x,\ t) = \bar{\rho} + \rho'(x,\ t)$$

将式（5.19）代入式（5.14）和式（5.18），可得

$$\frac{\partial}{\partial t}(\bar{u} + u') + (\bar{u} + u')\frac{\partial}{\partial x}(\bar{u} + u') + \frac{1}{(\bar{\rho} + \rho')}\frac{\partial}{\partial x}(\bar{p} + p') = 0$$

$$\frac{\partial}{\partial t}(\bar{p} + p') + (\bar{u} + u')\frac{\partial}{\partial x}(\bar{p} + p') + \gamma(\bar{p} + p')\frac{\partial}{\partial x}(\bar{u} + u') = 0$$

还可以看出，只要 $|\rho'/\bar{\rho}| \ll 1$，就可以利用二项式展开将密度项近似表示为

$$\frac{1}{(\bar{\rho} + \rho')} = \frac{1}{\bar{\rho}}\left(1 + \frac{\rho'}{\bar{\rho}}\right)^{-1} \approx \frac{1}{\bar{\rho}}\left(1 - \frac{\rho'}{\bar{\rho}}\right)$$

略去扰动量的乘积项，注意到基本量为常数，就可以得到线性扰动方程组为[1]：

$$\left(\frac{\partial}{\partial t} + \bar{u}\frac{\partial}{\partial x}\right)u' + \frac{1}{\bar{\rho}}\frac{\partial p'}{\partial x} = 0 \tag{5.20}$$

$$\left(\frac{\partial}{\partial t} + \bar{u}\frac{\partial}{\partial x}\right)p' + \gamma\bar{p}\frac{\partial u'}{\partial x} = 0 \tag{5.21}$$

---

[1] 要使线性化处理成立，不一定需要扰动速度相对于平均速度足够小，只要扰动量的二次乘积项相对于式（5.20）和式（5.21）中的主要线性项足够小就可以了。

对式（5.21）进行 $(\partial/\partial t + \overline{u}\,\partial/\partial x)$ 的计算，并代入式（5.20），消去 $u'$ 后可得[2]

$$\left(\frac{\partial}{\partial t}+\overline{u}\frac{\partial}{\partial x}\right)^2 p'-\frac{\gamma\overline{p}}{\overline{\rho}}\frac{\partial^2 p'}{\partial x^2}=0 \tag{5.22}$$

式（5.22）是标准的波动方程，常出现在电磁理论中。表示沿 $x$ 方向传播的平面正弦波动的简单解可写为

$$p'=A\exp[ik(x-ct)] \tag{5.23}$$

式中，略去了符号 Re{ }，但需要注意式（5.23）中只有实部才有物理意义。将假设解式（5.23）代入式（5.22），可求得相速度 $c$ 满足

$$(-ikc+ik\overline{u})^2-(\gamma\overline{p}/\overline{\rho})(ik)^2=0$$

这里已经消去了两项中都有的因子 $A\exp[ik(x-ct)]$。根据上式，可求得 $c$ 为

$$c=\overline{u}\pm(\gamma\overline{p}/\overline{\rho})^{1/2}=\overline{u}\pm(\gamma R\overline{T})^{1/2} \tag{5.24}$$

只要相速度满足式（5.24），式（5.23）就是式（5.22）的解。根据式（5.24），相对于纬向气流的波动传播速度为 $c-\overline{u}=\pm c_s$，其中 $c_s\equiv(\gamma R\overline{T})^{1/2}$ 被称为绝热声速。

这里的纬向气流平均传播速度对声波起着多普勒频移的作用，因此，对于给定的波数 $k$，声波相对于地面的频率为

$$\nu=kc=k(\overline{u}\pm c_s)$$

可见，在有风的情况下，固定观测者听到的频率依赖于其相对于声源的位置。如果 $\overline{u}>0$，声源以东（下游，$c=\overline{u}+c_s$）观测者听到的静止声源频率高于声源以西（上游，$c=\overline{u}-c_s$）观测者听到的静止声源频率。

### 5.3.2 浅水波

这里讨论的第二个纯波动运动是被称为浅水波的水平传播振荡。本分析能够清晰地介绍温带地区主要的波动运动：罗斯贝波和重力波。

对于深度为 $\overline{h}$、旋转速度为定常科氏参数 $f$ 的浅水系统，在静止基本态下，对浅水方程进行线性化处理（参见 4.5 节的推导）。经过线性化处理后的动量方程式（4.33）和质量连续方程式（4.37）为

$$\frac{\partial u'}{\partial t}=-g\frac{\partial h'}{\partial x}+fv'$$

$$\frac{\partial v'}{\partial t}=-g\frac{\partial h'}{\partial y}-fu' \tag{5.25}$$

$$\frac{\partial h'}{\partial t}=-\overline{h}\left(\frac{\partial u'}{\partial x}+\frac{\partial v'}{\partial y}\right)$$

式中，撇号表示扰动值，即相对于静止态的偏差。式（5.25）是关于未知量 $u'$、$v'$ 和 $h'$ 的 3 个一阶偏微分方程组成的闭合方程组。求解这个方程组的一种办法是通过变形求

---

[2] 注意：式（5.22）中左端第一项微分算子的平方通常展开为 $\left(\dfrac{\partial}{\partial t}+\overline{u}\dfrac{\partial}{\partial x}\right)^2=\dfrac{\partial^2}{\partial t^2}+2\overline{u}\dfrac{\partial^2}{\partial t\partial x}+\overline{u}^2\dfrac{\partial^2}{\partial x^2}$ 。

解一个三阶偏微分方程。首先，对式（5.25）中第三个方程求 $\partial/\partial t$，可得

$$\frac{\partial^2 h'}{\partial t^2} = \bar{h}\left(\frac{\partial^2 u'}{\partial t \partial x} + \frac{\partial^2 v'}{\partial t \partial y}\right) \tag{5.26}$$

式（5.26）右端的项可以用式（5.25）中的前两个方程来替换，结果可得

$$\frac{\partial^2 h'}{\partial t^2} = \bar{h}(g\nabla_h^2 h' - f\zeta') \tag{5.27}$$

对式（5.27）再求 $\partial/\partial t$，即可得到如下三阶方程：

$$\frac{\partial^3 h'}{\partial t^3} = (f^2 - g\bar{h}\nabla_h^2)\frac{\partial h'}{\partial t} = 0 \tag{5.28}$$

式中，$\partial\zeta'/\partial t$ 被式（4.38）的线性化表达式所代替（注意这里 $f$ 取为常数），即

$$\frac{\partial \zeta'}{\partial t} = -f\left(\frac{\partial u'}{\partial x} + \frac{\partial v'}{\partial y}\right) \tag{5.29}$$

假定侧边界是周期性的，并且由于系数 $f$ 和 $g\bar{h}$ 为常数，可将形式解假设为

$$h' = \text{Re}\{Ae^{i(kx+ly-vt)}\} \tag{5.30}$$

将式（5.30）代入式（5.28）就可以得到如下关于频率的三次代数方程：

$$v^3 - v[f^2 + g\bar{h}(k^2 + l^2)] = 0 \tag{5.31}$$

这就是浅水波的频散关系。显然，$v=0$ 是其中一个解，并且当 $v \neq 0$ 时，有

$$v^2 = f^2 + g\bar{h}(k^2 + l^2) \tag{5.32}$$

对于熟悉线性代数的读者，还可以用另一种方法来求解上述问题。对 $u'$、$v'$ 和 $h'$ 取如式（5.30）的形式解后，直接代入式（5.25），就可以将偏微分方程组转化为代数方程组

$$Ax = 0 \tag{5.33}$$

其中，$x$ 是未知量 $[u' \quad v' \quad h']^{\text{T}}$ 的列矢量，并且有

$$A = \begin{bmatrix} -iv & -f & ikg \\ f & -iv & ilg \\ \bar{h}k & -\bar{h}l & -v \end{bmatrix} \tag{5.34}$$

如果 $A$ 是不可逆矩阵，就可以得到式（5.33）的非零解。具体可令 $A$ 的行列式为 0，求得式（5.31）。

再回到对波动结构的讨论，首先分析 $v=0$ 的情况。根据式（5.25）可以看出，波动是静止的，所以左端为 0。显然，这些波动依赖于旋转，这是因为当 $f=0$ 时，波动振幅 $A$ 也必然为 0。当 $f \neq 0$ 时，根据式（5.25），有

$$v' = \frac{g}{f}\frac{\partial h}{\partial x}$$
$$u' = -\frac{g}{f}\frac{\partial h}{\partial y} \tag{5.35}$$

可见，驻波是处于地转平衡状态的，是在科氏参数为常数的限制条件下的**罗斯贝波**。非定常科氏参数对应的行进罗斯贝波会在 5.7 节讨论。

当 $v \neq 0$ 时，式（5.25）所对应的解被称为重力惯性波，这是因为微团的振荡依赖于

重力和惯性力。惯性力部分会在 5.7 节讨论，这里主要关注重力部分。在 $f=0$ 的极限情况下，就可以得到简单的重力波，根据式（5.32），重力波的波速为

$$c = \sqrt{g\overline{h}} \tag{5.36}$$

由于波动都按相同的速度运动，所以它们是非频散的。对于深度 $\overline{h}=4\,\mathrm{km}$ 的流体，浅水重力波的波速约为 $200\,\mathrm{m\,s^{-1}}$。可见，海洋表面长波的行进速度非常快。需要再次强调的是，这一理论仅适用于波长远大于 $\overline{h}$ 的波动。这些长波可能是由诸如地震这样非常大尺度的扰动产生的[3]。

为了进一步揭示波动结构和运动特征，我们通过旋转坐标系，使 $y$ 轴的方向沿着等位相线，如图 5.7 所示。由于这样得到的结果与 $l=0$ 时完全一样，所以这里略去 $x$ 方向上和 $y$ 方向上的撇号。在这种情况下，垂直于等位相线的气流和沿着等位相线的气流的表达式分别为

$$u' = \frac{vkg}{v^2 - f^2}h'$$
$$v' = \frac{-\mathrm{i}kgf}{v^2 - f^2}h' \tag{5.37}$$

根据式（4.34）及式（5.25）中的第三个方程，有

$$\frac{\partial w'}{\partial z} = -\frac{\partial u'}{\partial x} = \frac{1}{\overline{h}}\frac{\partial h'}{\partial t} \tag{5.38}$$

对 $z$ 积分后可得 $w'$ 场为

$$w'(z) = \frac{1}{\overline{h}}\frac{\partial h'}{\partial t}\int_0^z \mathrm{d}z' = \frac{-\mathrm{i}kcz}{\overline{h}}h' \tag{5.39}$$

取 $w'$ 的实部后可得

$$\mathrm{Re}\{w'\} = -\frac{kcz}{\overline{h}}\mathrm{Re}\{\mathrm{i}h'\} = \frac{kczA}{\overline{h}}\sin(\phi) \tag{5.40}$$

这就证明 $w'$ 与 $h'$ 是正交的，因此，如果波动向右（向左）运动，那么 $w'$ 就会比 $h'$ 超前（滞后）$90°$。

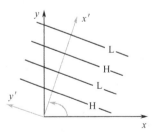

图 5.7　通过旋转坐标系，使 $y$ 轴的方向沿着等位相线，使 $l=0$

在式（5.37）和式（5.39）中令 $v=c=0$，可以看出在定常罗斯贝波的地转气流中满

---

[3] 由海底地震或火山爆发激发的长波被称为海啸。

足：$u'=0$（在垂直于等位相线的方向上无气流），$v'=-\mathrm{i}kg/f$，$w'=0$。对于重力惯性波（$\nu\neq0$），在没有旋转环境场的情况下，沿着等位相线的气流为 0。在这种情况下，波动传播的物理过程是非常清楚的。由式（5.32）可见，$\nu^2-f^2$ 严格为正，且在旋转坐标系中有 $u'=c/\overline{h}$。这就证明：根据 $c$ 的符号不同，$u'$ 场与 $h'$ 场可能同相，也可能异相。图 5.8 给出的就是向右运动（$c>0$）的波动。$u$ 场的辐合和辐散分别使流体的高度升高和降低，从而导致图 5.8 中波动向右运动。正是由于质量守恒，$w$ 场在辐合区表现为上升运动，而辐合是从下边界处的 0 开始的并随高度上升线性增大的。$c$ 的符号改变不会对 $h'$ 产生影响，但会使 $u$ 场和 $w$ 场反号，从而使波动向左运动。

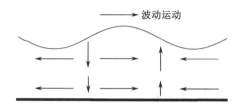

图 5.8  坐标旋转成如图 5.7 所示的情况后，浅水重力波对应的高度场和速度场示意

最后，分析在旋转坐标系中波动的涡度和位涡（PV）。由于在 $y$ 方向上没有变化，所以相对涡度可简单写为

$$\zeta'=\frac{\partial v'}{\partial x}=\frac{k^2gf}{\nu^2-f^2}h' \tag{5.41}$$

根据式（5.29）及式（5.25）中的第三个方程，可以得到浅水位涡方程式（4.39）的线性化形式：

$$\frac{\partial}{\partial t}\left[\zeta'-\frac{f}{\overline{h}}h'\right]=0 \tag{5.42}$$

线性化过程消去了位涡守恒方程中所有的平流项，因此式（5.42）说明，对于如下线性化位涡：

$$Q'=\zeta'-\frac{f}{\overline{h}}h' \tag{5.43}$$

在空间中每个点都是局地守恒的。这对于在 5.6 节求解式（5.25）的初值问题时涉及的线性动力学分析是极为有力的约束。

对浅水罗斯贝波而言，在旋转坐标系中的涡度为

$$\zeta'_{\mathrm{RW}}=-\frac{k^2g}{f}h' \tag{5.44}$$

它与高度场是异相的，并且波长越短其值越大。罗斯贝波的位涡等于 $\zeta-\frac{f}{\overline{h}}h'$；除在不符合实际的长波中以外，它都与 $\zeta$ 同号。

对于浅水重力惯性波而言，在旋转坐标系中的涡度为

$$\zeta'_{\mathrm{GW}}=\frac{f}{\overline{h}}h' \tag{5.45}$$

它与高度场同相，并且只要存在旋转环境场，它就不等于 0。根据式（5.45）和式（5.43），显然重力惯性波的位涡是等于 0 的。

在旋转坐标系浅水中罗斯贝波与重力惯性波的本质区别如下。

- 当 $f$ 为常数时罗斯贝波是静止的，而重力惯性波的移动非常快。
- 重力惯性波只有很小的相对涡度，但有很强的散度；罗斯贝波则散度为 0，但相对涡度很大。
- 重力惯性波的位涡为 0，而罗斯贝波通常位涡不等于 0。

这些性质可以推广到接下来两节将要讨论的层结大气中的波动。这些性质提供了一个从完整非线性方程组中滤去重力惯性波，进而得到准地转方程组有用框架的论据。在第 6 章和第 7 章讨论温带天气系统的动力学过程时，就要用到准地转方程组。

# 5.4　重力惯性（浮力）波

本节分析在没有旋转环境场的情况下，层结大气中重力波传播的性质。大气中的重力波只能当大气处于层结稳定时存在，即气块在垂直方向上处于浮力振荡状态（参见 2.7.3 节）。因为浮力是重力波的回复力，因此，对于这种波动而言，浮力波实际上是最适合的名称。但在本书中，一般使用传统名称，即重力波。

在诸如海洋这样上下均受限的流体中，重力波主要在水平面上传播，因为在垂直方向上传播的波动会被边界反射形成驻波。但是，在没有上边界的流体（如大气）中，重力波既可以在水平方向上传播，也可以在垂直方向上传播。在垂直传播的波动中，位相是高度的函数，这种波动被称为内波。尽管在一般情况下重力内波对天气尺度预报而言并不重要，并且在准地转过滤模式中也不存在，但重力内波在中尺度运动中是很重要的。例如，重力内波是山脉背风波发生的原因。重力内波也是将能量和动量传输进入中层大气的重要机制，并且常与晴空湍流（CAT）的形成有关。

## 纯重力惯性波

简单起见，本节略去科氏力，并讨论限定在 $(x, z)$ 平面上的二维重力内波。这种波动的频率公式可以通过修改 2.7.3 节的气块理论得到。

重力内波是横波，如图 5.9 所示，气块的振荡方向与波动等位相线方向平行。当气块沿图 5.9 中与垂直方向成 $\alpha$ 角的直线移动 $\delta s$ 距离时，在垂直方向上的位移为 $\delta z = \delta s \cos \alpha$。根据式（2.52），单位质量气块受到的垂直浮力为 $-N^2 \delta z$。因此，平行于倾斜路径、沿着气块振荡方向的浮力分量为

$$-N^2 \delta z \cos \alpha = -N^2 (\delta s \cos \alpha) \cos \alpha = -(N \cos \alpha)^2 \delta s$$

气块振荡的动量方程为

$$\frac{\mathrm{d}^2(\delta s)}{\mathrm{d}t^2} = -(N\cos\alpha)^2\,\delta s \tag{5.46}$$

其通解为 $\delta s = \exp[\pm\mathrm{i}(N\cos\alpha)t]$。由此可见，气块做的是频率 $\nu = N\cos\alpha$ 的简谐振荡。这个频率仅与静力稳定性（用浮力振荡频率 $N$ 来表示）及等位相线与垂直方向的夹角有关。

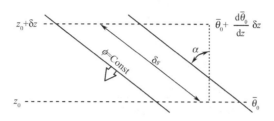

图 5.9　等位相线与垂直方向成 $\alpha$ 角的纯重力波的气块振荡路径（粗箭头所示）

上述启发性的推导可以通过分析二维重力内波的线性化方程组得到验证。简单起见，使用 2.8 节的布辛涅斯克近似，也就是说，除在垂直动量方程的浮力项中与重力相结合的地方外，密度均被视为常数。可见，在这种近似中，大气被视为不可压缩流体，并且将局地密度变化假定为定常密度基本态场的小扰动。因为除与重力相结合的部分外，密度基本态的垂直变化均被略去，所以布辛涅斯克近似只适用于垂直尺度小于大气标高 $H(\approx 8\,\mathrm{km})$ 的运动。

不考虑旋转的影响，不可压缩大气的二维运动基本方程组可写为

$$\frac{\partial u}{\partial t} + u\frac{\partial u}{\partial x} + w\frac{\partial u}{\partial z} + \frac{1}{\rho}\frac{\partial p}{\partial x} = 0 \tag{5.47}$$

$$\frac{\partial w}{\partial t} + u\frac{\partial w}{\partial x} + w\frac{\partial w}{\partial z} + \frac{1}{\rho}\frac{\partial p}{\partial z} + g = 0 \tag{5.48}$$

$$\frac{\partial u}{\partial x} + \frac{\partial w}{\partial z} = 0 \tag{5.49}$$

$$\frac{\partial \theta}{\partial t} + u\frac{\partial \theta}{\partial x} + w\frac{\partial \theta}{\partial z} = 0 \tag{5.50}$$

其中，位温 $\theta$ 将气压和密度联系在了一起，关系式为

$$\theta = \frac{p}{\rho R}\left(\frac{p_s}{p}\right)^{\kappa}$$

对上式两端求对数后可得

$$\ln\theta = \gamma^{-1}\ln p - \ln\rho + \mathrm{Const} \tag{5.51}$$

下面对式（5.47）～式（5.51）进行线性化处理。令

$$\begin{aligned}
\rho &= \rho_0 + \rho' & u &= \bar{u} + u' \\
p &= \bar{p}(z) + p' & w &= w' \\
\theta &= \bar{\theta}(z) + \theta'
\end{aligned} \tag{5.52}$$

其中纬向基本气流 $\bar{u}$ 和密度 $\rho_0$ 均被假定为常数。密度场基本态必须满足静力学方程：

$$\frac{\mathrm{d}\bar{p}}{\mathrm{d}z} = -\rho_0 g \tag{5.53}$$

而位温的基本状态必须满足式（5.51），因此有

$$\ln\bar{\theta} = \gamma^{-1}\ln\bar{p} - \ln\rho_0 + \mathrm{Const} \tag{5.54}$$

将式（5.52）代入式（5.47）～式（5.51），并略去扰动量的乘积项，就可以得到线性化方程组。例如，式（5.48）的后两项可近似为

$$\frac{1}{\rho}\frac{\partial p}{\partial z} + g = \frac{1}{\rho_0 + \rho'}\left(\frac{\mathrm{d}\bar{p}}{\mathrm{d}z} + \frac{\partial p'}{\partial z}\right) + g$$

$$\approx \frac{1}{\rho_0}\frac{\mathrm{d}\bar{p}}{\mathrm{d}z}\left(1 - \frac{\rho'}{\rho_0}\right) + \frac{1}{\rho_0}\frac{\partial p'}{\partial z} + g = \frac{1}{\rho_0}\frac{\partial p'}{\partial z} + \frac{\rho}{\rho_0}g \tag{5.55}$$

式（5.55）中在消去 $\bar{p}$ 时用到了式（5.53）。利用下式，可以得到式（5.51）的扰动形式：

$$\ln\left[\bar{\theta}\left(1 + \frac{\theta'}{\bar{\theta}}\right)\right] = \gamma^{-1}\ln\left[\bar{p}\left(1 + \frac{p'}{\bar{p}}\right)\right] - \ln\left[\rho_0\left(1 + \frac{\rho'}{\rho_0}\right)\right] + \mathrm{Const} \tag{5.56}$$

注意到 $\ln(ab) = \ln(a) + \ln(b)$，并且对任意的 $\varepsilon \ll 1$ 有 $\ln(1+\varepsilon) \approx \varepsilon$，因此利用式（5.54）可将式（5.56）近似写为

$$\frac{\theta'}{\bar{\theta}} \approx \frac{1}{\gamma}\frac{p'}{\bar{p}} - \frac{\rho'}{\rho_0}$$

求解 $\rho'$ 可得

$$\rho' \approx -\rho_0\frac{\theta'}{\bar{\theta}} + \frac{p'}{c_s^2} \tag{5.57}$$

式中，$c_s^2 \equiv \bar{p}\gamma/\rho_0$ 为声速的平方。对于浮力波运动，有 $|\rho_0\theta'/\bar{\theta}| \gg |p'/c_s^2|$，这说明气压变化引起的密度扰动比温度变化引起的密度扰动小。因此，作为第一近似，有

$$\theta'/\bar{\theta} = -\rho'/\rho_0 \tag{5.58}$$

利用式（5.55）和式（5.58），式（5.47）～式（5.50）的线性化形式可写为

$$\left(\frac{\partial}{\partial t} + \bar{u}\frac{\partial}{\partial x}\right)u' + \frac{1}{\rho_0}\frac{\partial p'}{\partial x} = 0 \tag{5.59}$$

$$\left(\frac{\partial}{\partial t} + \bar{u}\frac{\partial}{\partial x}\right)w' + \frac{1}{\rho_0}\frac{\partial p'}{\partial z} - \frac{\theta'}{\bar{\theta}}g = 0 \tag{5.60}$$

$$\frac{\partial u'}{\partial x} + \frac{\partial w'}{\partial z} = 0 \tag{5.61}$$

$$\left(\frac{\partial}{\partial t} + \bar{u}\frac{\partial}{\partial x}\right)\theta' + w'\frac{\mathrm{d}\bar{\theta}}{\mathrm{d}z} = 0 \tag{5.62}$$

对式（5.59）求 $\partial/\partial z$，并减去对式（5.60）求 $\partial/\partial x$，再消去 $p'$ 后可得

$$\left(\frac{\partial}{\partial t} + \bar{u}\frac{\partial}{\partial x}\right)\left(\frac{\partial w'}{\partial x} - \frac{\partial u'}{\partial z}\right) - \frac{g}{\bar{\theta}}\frac{\partial\theta'}{\partial x} = 0 \tag{5.63}$$

它正好是涡度方程的 $y$ 方向分量。利用式（5.61）和式（5.62），在式（5.63）中消去 $u'$ 和 $\theta'$，就可以得到关于 $w'$ 的方程：

$$\left(\frac{\partial}{\partial t}+\overline{u}\frac{\partial}{\partial x}\right)^2\left(\frac{\partial^2 w'}{\partial x^2}+\frac{\partial^2 w'}{\partial z^2}\right)+N^2\frac{\partial^2 w'}{\partial x^2}=0 \tag{5.64}$$

式中，$N^2\equiv g\,\mathrm{d}\ln\overline{\theta}/\mathrm{d}z$ 是浮力振荡频率的平方，这里假定为常数[4]。

假设式（5.64）的谐波解形式为

$$w'=\mathrm{Re}[\hat{w}\exp(\mathrm{i}\phi)]=w_r\cos\phi-w_i\sin\phi \tag{5.65}$$

式中，$\hat{w}=w_r+\mathrm{i}w_i$ 为复振幅，$w_r$ 是实部，$w_i$ 是虚部；$\phi=kx+mz-\nu t$ 为位相，假定与 $z$、$x$ 和 $t$ 有线性关系。另外，水平波数 $k$ 为实数，因为其解通常是关于 $x$ 的正弦函数；但在垂直方向上的波数 $m=m_r+\mathrm{i}m_i$ 有可能为复数，此时 $m_r$ 表示在 $z$ 方向上的正弦变化，而 $m_i$ 根据其值为正或为负，对应在 $z$ 方向上的衰减或增长。当 $m$ 为实数时，全波数可被视为矢量 $\kappa\equiv(k,m)$，其方向垂直于等位相线，指向位相增大的方向，其分量 $k=2\pi/L_x$ 和 $m=2\pi/L_z$ 分别与水平波数和垂直波数成反比。将假设解代入式（5.64），就可以得到如下频散关系：

$$(\nu-\overline{u}k)^2(k^2+m^2)-N^2k^2=0$$

因此有

$$\hat{\nu}\equiv\nu-\overline{u}k=\pm Nk/(k^2+m^2)^{1/2}=\pm Nk/|\kappa| \tag{5.66}$$

其中，$\hat{\nu}$ 为固有频率，是相对于平均风的频率。这里相对于平均风向东的位相传播取正号，向西的位相传播取负号。

如果令 $k>0$ 且 $m<0$，如图 5.10 所示，随着高度的增大，等位相线是向东倾斜的（随着 $x$ 增大，要使 $\phi=kx+mz$ 保持不变，那么当 $k>0$ 且 $m<0$ 时，$z$ 也必须增大）。式（5.66）中的正根对应着相对于平均风向东、向下的位相传播，其相对于平均风的水平相速度和垂直相速度分别为 $c_x=\hat{\nu}/k$ 和 $c_z=\hat{\nu}/m$ [5]，而群速度分量 $c_{gx}$ 和 $c_{gz}$ 分别为

$$c_{gx}=\frac{\partial\nu}{\partial k}=\overline{u}\pm\frac{Nm^2}{(k^2+m^2)^{3/2}} \tag{5.67}$$

$$c_{gz}=\frac{\partial\nu}{\partial m}=\pm\frac{(-Nkm)}{(k^2+m^2)^{3/2}} \tag{5.68}$$

上述两式中符号的取法与式（5.66）相同。可见，群速度垂直分量的符号与相对于平均风的垂直相速度相反（向下的位相传播意味着向上的能量传播）。此外，很容易根据式（5.45）证明，群速度矢量平行于等位相线。重力内波的一个重要特征是群速度与位相传播方向垂直。因为能量以群速度传播，就意味着能量的传播平行于波峰和波谷，而不像声波或浅水重力波一样垂直于波峰和波谷。在大气中，尽管个别气块的振荡可能会被限制在垂直方向上小于 1 km 的范围内，但由积云对流、气流过山或其他过程激发产生的对流层重力内波仍然有可能向上传播若干个标高，进入中层大气。

---

[4] 严格来讲，如果 $\rho_0$ 为常数，$N^2$ 就不完全是常数。但是，对于浅水扰动而言，$N^2$ 随高度的变化是不重要的。

[5] 注意：相速度不是矢量。与等位相线（见图 5.10 中的钝角箭头）垂直的方向上的相速度为 $\nu/(k^2+m^2)^{1/2}$，不等于 $(c_x^2+c_z^2)^{1/2}$。

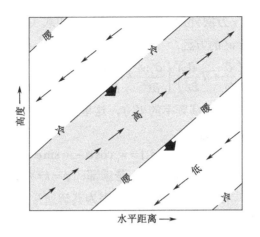

图 5.10　重力内波的理想化剖面示意，其中给出了气压、温度和速度扰动量的位相。细箭头表示扰动速度场，粗箭头表示相速度，阴影表示上升区

再回到图 5.10，显然等位相线与局地垂直方向的夹角可表示为

$$\cos\alpha = L_z / (L_x^2 + L_z^2)^{1/2} = \pm k / (k^2 + m^2)^{1/2} = \pm k / |\kappa|$$

可见，$\hat{v} = \pm N \cos\alpha$（重力波频率必须小于浮力振荡频率）的结果与气块振荡的动量方程式（5.46）一致。重力内波等位相线的倾斜仅依赖于固有波动频率与浮力振荡频率的比值，而与波长无关。

# 5.5　旋转层结大气中的线性波动

当我们将分析拓展到层结大气中的线性波动时，就要考虑旋转的作用。与 5.3.2 节中对浅水的分析相同，在旋转条件下允许存在定常罗斯贝波。水平尺度大于几百千米、周期大于几小时的重力波都是静力的，但是会受到科氏效应的影响，并且其特征为气块振荡路径是椭圆形的，而不是像纯重力波那样的直线。注意到：科氏效应会抵抗旋转流体中的水平气块位移，但在方式上又与静态稳定大气中浮力抵抗垂直气块位移有所不同。基于此，我们就可以对这种椭圆极化有定性的理解。在上述后一种情况下，回复力与气块位移方向相反；而在前一种情况下，回复力则在气块水平速度的垂直方向上。

## 5.5.1　纯惯性振荡

3.2.3 节已经指出，当气块在具有定常科氏参数的静止大气中做水平运动时，其轨迹是反气旋性的圆形。类似于 2.7.3 节中对气块浮力振荡的分析，可以将这种类型的惯性运动在具有纬向平均地转气流的情况下进行推导。

如果假定基本气流是纬向地转风 $u_g$，并且假设气块的位移不会对气压场产生扰动，

那么近似的运动方程可写为

$$\frac{\mathrm{d}u}{\mathrm{d}t} = fv = f\frac{\mathrm{d}y}{\mathrm{d}t} \tag{5.69}$$

$$\frac{\mathrm{d}v}{\mathrm{d}t} = f(u_g - u) \tag{5.70}$$

假定气块在 $y = y_0$ 处以地转基本态运动。如果该气块穿越流线位移了 $\delta y$，那么对式（5.49）积分就可以得到新的纬向速度为

$$u(y_0 + \delta y) = u_g(y_0) + f\delta y \tag{5.71}$$

在 $y_0 + \delta y$ 处的地转风可近似写为

$$u_g(y_0 + \delta y) = u_g(y_0) + \frac{\partial u_g}{\partial y}\delta y \tag{5.72}$$

利用式（5.71）和式（5.72），在 $y_0 + \delta y$ 处对式（5.50）分析后可得

$$\frac{\mathrm{d}v}{\mathrm{d}t} = \frac{\mathrm{d}^2(\delta y)}{\mathrm{d}t^2} = -f\left(f - \frac{\partial u_g}{\partial y}\right)\delta y = -f\frac{\partial M}{\partial y}\delta y \tag{5.73}$$

其中，定义 $M \equiv fy - u_g$ 为绝对动量。

式（5.73）在数学上与式（2.52）有相同的形式，不过后者描述的是层结大气中气块在垂直方向上的位移。根据式（5.73）右端系数符号的不同，气块要么受迫回到其初始位置，要么加速远离原位置。因此，这个系数决定了惯性不稳定性的条件，即

$$f\frac{\partial M}{\partial y} = f\left(f - \frac{\partial u_g}{\partial y}\right)\begin{cases} > 0 & 稳定 \\ = 0 & 中性 \\ < 0 & 不稳定 \end{cases} \tag{5.74}$$

从惯性参考系看，不稳定性是由轴对称涡旋中气块径向移动引起的气压梯度力和惯性力不平衡造成的。在北半球，$f$ 为正，因此，只要基本气流的绝对涡度 $\partial M / \partial y$ 为正，气流就是惯性稳定的；在南半球，惯性稳定性则要求绝对涡度为负。观测表明，对于温带天气尺度系统，尽管在上层大气急流区的反气旋性切变一侧常常会出现接近中性的状态，但气流通常都是惯性稳定的。大面积惯性不稳定的发生很快就会触发惯性不稳定运动。就像对流会使流体发生垂直方向混合一样，这种运动会使流体发生侧向混合，从而使切变减小，直到绝对涡度与 $f$ 的乘积再次为正。这也就解释了为什么反气旋性切变不能发展到任意大。

## 5.5.2  罗斯贝波和重力惯性波

当流体满足惯性稳定和重力稳定时，气块的位移就会同时受到旋转和浮力的约束。在这种情况下的振荡被称为重力惯性波。这种波动的频散关系可以通过分析 5.4 节气块方法的变异形式得到。已知气块的振荡沿着如图 5.11 所示的 $(y, z)$ 平面上的倾斜路径。当气块在垂直方向上的位移为 $\delta z$ 时，平行于气块振荡倾斜面的浮力为 $-N^2 \delta z \cos\alpha$，而对于经向位移 $\delta y$，平行于气块路径倾斜面的科氏（惯性）力分量为 $-f^2 \delta y \sin\alpha$，这里已假设地转

基本气流不随纬度变化。因此，气块的简谐振子方程式（5.46）可改写为

$$\frac{d^2 \delta s}{dt^2} = -(f \sin \alpha)^2 \delta s - (N \cos \alpha)^2 \delta s \tag{5.75}$$

式中，$\delta s$ 是指扰动气块的位移。

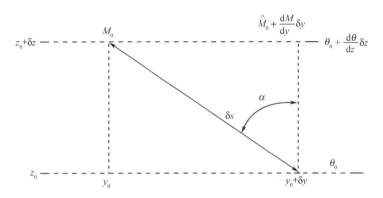

图 5.11　重力惯性波中气块在子午面上的振荡路径

此时，频率满足如下频散关系：

$$v^2 = N^2 \cos^2 \alpha + f^2 \sin^2 \alpha \tag{5.76}$$

因为一般都有 $N^2 > f^2$，所以式（5.76）说明重力惯性波的频率必须在 $f \leqslant |v| \leqslant N$ 范围内。当轨迹的倾斜面接近于垂直时，频率接近于 $N$；当轨迹的倾斜面接近于水平时，频率接近于 $f$。对于典型的中纬度对流层条件，重力惯性波的周期为 12 分钟~15 小时。但只有当式（5.76）中的第二项与第一项量级相当时，旋转的作用才会变得重要。这就需要 $\tan^2 \alpha \sim N^2 / f^2 = 10^4$，那么根据式（5.76），显然有 $v \ll N$。由此可见，只有低频重力波才会被地球旋转效应明显改变，并且其气块轨迹的倾斜非常小。

可以利用线性化动力学方程组再次对这种气块方法推导进行验证。但在这种情况下，有必要包含旋转。在因旋转明显改变的相对长周期波动中，小的气块轨迹倾斜意味着这些波动的水平尺度远大于垂直尺度，因此可以假设运动是满足静力平衡的。此外，如果假设基本态静止，那么线性化方程组式（5.59）~式（5.62）就可以用如下方程组代替：

$$\frac{\partial u'}{\partial t} - fv' + \frac{1}{\rho_0} \frac{\partial p'}{\partial x} = 0 \tag{5.77}$$

$$\frac{\partial v'}{\partial t} + fu' + \frac{1}{\rho_0} \frac{\partial p'}{\partial y} = 0 \tag{5.78}$$

$$\frac{1}{\rho_0} \frac{\partial p'}{\partial z} - \frac{\theta'}{\overline{\theta}} g = 0 \tag{5.79}$$

$$\frac{\partial u'}{\partial x} + \frac{\partial v'}{\partial y} + \frac{\partial w'}{\partial z} = 0 \tag{5.80}$$

$$\frac{\partial \theta'}{\partial t} + w' \frac{d\overline{\theta}}{dz} = 0 \tag{5.81}$$

利用式（5.79）的静力学关系，在式（5.81）中消去 $\theta'$，可得

$$\frac{\partial}{\partial t}\left(\frac{1}{\rho_0}\frac{\partial p'}{\partial z}\right) + N^2 w' = 0 \tag{5.82}$$

令

$$u' = \text{Re}[\hat{u}\exp\mathrm{i}(kx + ly + mz - \nu t)]$$
$$v' = \text{Re}[\hat{v}\exp\mathrm{i}(kx + ly + mz - \nu t)]$$
$$w' = \text{Re}[\hat{w}\exp\mathrm{i}(kx + ly + mz - \nu t)]$$
$$p'/\rho_0 = \text{Re}[\hat{p}\exp\mathrm{i}(kx + ly + mz - \nu t)]$$

并代入式（5.77）、式（5.78）和式（5.82），可得

$$\hat{u} = (\nu^2 - f^2)^{-1}(\nu k + \mathrm{i}lf)\hat{p} \tag{5.83}$$
$$\hat{v} = (\nu^2 - f^2)^{-1}(\nu l - \mathrm{i}kf)\hat{p} \tag{5.84}$$
$$\hat{w} = -(\nu m / N^2)\hat{p} \tag{5.85}$$

再利用式（5.80），可以得到频散关系为

$$m^2\nu^3 - [N^2(k^2 + l^2) + f^2 m^2]\nu = 0 \tag{5.86}$$

与浅水中的频散关系式（5.31）一样，这里也有一个零根，对应着定常罗斯贝波。根据其与时间无关的性质，可以由式（5.77）和式（5.78）得到地转气流，由式（5.81）可以得到 $w' = 0$。

对于 $\nu \ne 0$，可以得到流体静力重力惯性波的经典频散关系为

$$\nu^2 = f^2 + N^2(k^2 + l^2)m^{-2} \tag{5.87}$$

因为流体静力学波动必须满足 $(k^2 + l^2)/m^2 \ll 1$，所以式（5.87）说明，要垂直传播（$m$ 为实数）成为可能，频率必须满足不等式 $|f| < |\nu| \ll N$。令

$$\sin^2\alpha \to 1, \quad \cos^2\alpha = (k^2 + l^2)/m^2$$

式（5.87）正好是式（5.76）的极限，这与流体静力学近似是一致的。还要注意到，如果将流体深度取为"等效深度" $\bar{h} = N^2/(gm^2)$，那么式（5.87）完全可以精确地用浅水频散关系式（5.32）来近似表示。

如果选择坐标轴使 $l = 0$（见图 5.7），那么可以证明（见习题 5.14）群速度垂直分量和水平分量的比值为

$$|c_{gz}/c_{gx}| = |k/m| = (\nu^2 - f^2)^{1/2}/N \tag{5.88}$$

可见，对于固定的 $\nu$，重力惯性波的传播比纯重力内波更接近于水平。但是，在后一种情况下，群速度矢量还是平行于等位相线的。

对于 $l = 0$ 的情况，在式（5.83）和式（5.84）中消去 $\hat{p}$，就可以得到 $\hat{v} = -\mathrm{i}f\hat{u}/\nu$。根据这个表达式很容易可以证明，如果 $\hat{u}$ 为实数，那么水平扰动运动满足如下关系式：

$$u' = \hat{u}\cos(kx + mz - \nu t), \quad v' = \hat{u}(f/\nu)\sin(kx + mz - \nu t) \tag{5.89}$$

可以看出，水平速度矢量会随时间反气旋性旋转（北半球为顺时针方向）。因此，气块会在与波数矢量正交的平面上沿着椭圆轨迹运动。式（5.89）还说明，对于能量向上传播的波动（$m < 0$ 和 $\nu < 0$ 的波动），水平速度矢量随着高度上升反气旋转向。这些特征

可在图 5.12 所示的垂直剖面中看出。水平风随高度和时间的反气旋性转向是识别气象资料中重力惯性振荡的首要方法。

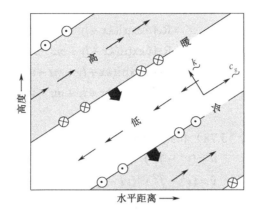

图 5.12　平面上包含波矢量 $k$ 的垂直剖面，其中给出了 $m<0$、$v>0$ 和 $f>0$（北半球）的向上传播重力惯性波中速度、位势、温度扰动的位相关系。细斜线表示等位相面（垂直于波矢量），粗箭头表示位相传播的方向，细箭头表示纬向和垂直扰动风场，扰动经向风场则用指向纸面内（向北）和纸面外（向南）的圈表示。注意：扰动风矢量随着高度上升顺时针方向转向（反气旋性）（引自 Andrews et al., 1987）

对式（5.78）求 $\partial/\partial x$ 减去对式（5.77）求 $\partial/\partial y$，就可以得到线性化涡度方程

$$\frac{\partial \zeta'}{\partial t} = -f\left(\frac{\partial u'}{\partial x} + \frac{\partial v'}{\partial y}\right) = f\frac{\partial w'}{\partial z} \qquad (5.90)$$

根据式（5.81），在式（5.90）中消去 $\partial w'/\partial z$，就可以得到线性化位涡方程

$$\frac{\partial \Pi'}{\partial t} = 0 \qquad (5.91)$$

这就说明，与线性浅水波的情况相同，线性化位涡为

$$\Pi' = \zeta' + f\frac{\partial}{\partial z}\left(\frac{\theta'}{\mathrm{d}\overline{\theta}/\mathrm{d}z}\right) \qquad (5.92)$$

线性化位涡在空间中的每个点上都是守恒的。对于 $l=0$ 的情况，可利用极化关系式（5.83）和式（5.84）证明，对于罗斯贝波有

$$\zeta' = -\frac{k^2}{f}\hat{p} \qquad (5.93)$$

对于重力惯性波有

$$\zeta' = \frac{fm^2}{N^2}\hat{p} \qquad (5.94)$$

利用这一结果可以证明，如果浮力振荡频率 $N$ 为常数，那么重力惯性波的线性化位涡 [见式（5.92）] 为 0（见习题 5.16）。因此，与线性化浅水方程相同，线性化位涡方程式（5.91）可以有效地从动力学系统中过滤重力波。我们将在下一节对此进行分析，届时需要证明任意初始状态经过长时间变化后都会出现地转平衡。这个结果也被用于第 6 章中

准地转方程的推导，其实质是对式（5.91）的推广，在其中包含了线性化位涡方程式（5.92）的非线性平流。

# 5.6 地转适应

本节讨论从非平衡初始状态得到地转平衡状态的过程，即适应过程。简单起见，本节利用的是 5.3.2 节中的线性化浅水方程组。实际上，类似的分析也适用于连续层结大气。这里所针对的问题是，从任意初始状态出发，经过长时间变化后，完整线性化方程组式（5.25）的解。

求解这个问题的关键是线性化浅水位涡方程式（5.42），即

$$\frac{\partial Q'}{\partial t} = 0 \tag{5.95}$$

式中，$Q'$ 表示扰动位涡。上式说明存在如下守恒关系：

$$Q'(x, y, t) = \zeta'/f_0 - h'/\overline{h} = \text{Const} \tag{5.96}$$

由此可见，如果已知初始时刻 $Q'$ 的分布，就可以知道所有时刻的 $Q'$：

$$Q'(x, y, t) = Q'(x, y, 0)$$

并且无须求解与时间有关的问题就可以确定最终适应后的状态。需要注意的是，在一般情况下，$u'$、$v'$ 和 $h'$ 均随时间演变，但 $Q'$ 仅以这种方式在空间中每个点上保持不变。

罗斯贝在 20 世纪 30 年代首先解决了这个问题，因此该问题常被称为罗斯贝适应问题。作为一个简化的、理想的适应过程的例子，本节来分析在旋转平面上理想化的浅水系统，取其初始条件为

$$u', v' = 0, \quad h' = -h_0 \text{sgn}(x) \tag{5.97}$$

式中，当 $x > 0$ 时 $\text{sgn}(x) = 1$，当 $x < 0$ 时 $\text{sgn}(x) = -1$，对应静止流体在 $x = 0$ 处关于 $h'$ 的初始阶梯函数。因此，根据式（5.96）可得

$$(\zeta'/f_0) - (h'/\overline{h}) = (h_0/\overline{h})\text{sgn}(x) \tag{5.98}$$

利用式（5.98），在式（5.27）中消去 $\zeta'$ 后有

$$\frac{\partial^2 h'}{\partial t^2} + c^2 \left( \frac{\partial^2 h'}{\partial x^2} + \frac{\partial^2 h'}{\partial y^2} \right) + f^2 h' = -f^2 h_0 \text{sgn}(x) \tag{5.99}$$

式中，$c^2 = g\overline{h}$。

因为在初始状态时 $h'$ 与 $y$ 无关，所以它会在所有时刻保持这种状态。在最终的稳定态，式（5.99）改写为

$$-c^2 \frac{\mathrm{d}^2 h'}{\mathrm{d}x^2} + f^2 h' = -f^2 h_0 \text{sgn}(x) \tag{5.100}$$

其解为

$$\frac{h'}{h_0} = \begin{cases} -1 + \exp(-x/\lambda_R), & x > 0 \\ -1 - \exp(+x/\lambda_R), & x < 0 \end{cases} \tag{5.101}$$

式中，$\lambda_R \equiv f_0^{-1}\sqrt{gH}$ 被称为罗斯贝变形半径，可将其解释为高度场在回到地转平衡状态过程中所需要调整的水平长度尺度。对于 $|x| \gg \lambda_R$ 的情况，初始的 $h'$ 保持不变。将式（5.101）代入式（5.25）可以看出，定态速度场是地转且无辐散的，即

$$u' = 0, \quad v' = \frac{g}{f}\frac{\partial h'}{\partial x} = -\frac{gh_0}{f\lambda_R}\exp(-|x|/\lambda_R) \tag{5.102}$$

定态解式（5.102）如图 5.13 所示。

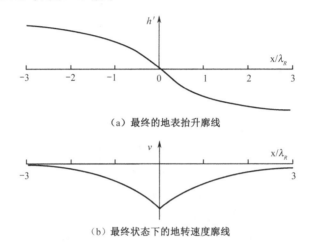

（a）最终的地表抬升廓线

（b）最终状态下的地转速度廓线

图 5.13　式（5.97）中的初始状态经过适应过程后得到的地转平衡解（引自 Gill，1982）

需要注意的是，不能仅在式（5.25）中令 $\partial / \partial t = 0$ 推导得到式（5.102）。该式最终会产生地转平衡，并且 $h'$ 的任何分布都满足如下方程组：

$$f_0 u' = -g\frac{\partial h'}{\partial y}, \quad f_0 v' = g\frac{\partial h'}{\partial x}, \quad \frac{\partial u'}{\partial x} + \frac{\partial v'}{\partial y} = 0$$

只有将式（5.25）中各方程合并后得到位涡方程，并要求气流在所有中间时刻均满足位涡守恒，才能消除最终状态的地转退化。换言之，尽管任何高度场都可以满足式（5.25）的稳态形式，但只有一个高度场与给定的初始状态一致；而这个高度场可以很容易地从守恒位涡的分布中求得。

尽管在计算最终状态时并不需要求解与时间有关的方程，但是如果适应过程的演变有要求，就有必要在式（5.97）的初始条件下求解式（5.99），但这已经超出了本书的讨论范围。不过，我们可以计算适应过程中重力波频散的能量，此时只需要计算初始状态和最终状态能量的变化即可。

单位水平面积上气柱的位能可写为

$$\int_0^{h'} \rho gz\mathrm{d}z = \rho gh'^2 / 2$$

因此，在适应过程中，$y$ 方向单位距离释放的位能为

$$\int_{-\infty}^{+\infty} \frac{\rho g h_0^2}{2} \mathrm{d}x - \int_{-\infty}^{+\infty} \frac{\rho g h'^2}{2} \mathrm{d}x$$

$$= 2 \int_0^{+\infty} \frac{\rho g h_0^2}{2} [1 - (1 - \mathrm{e}^{-x/\lambda_R})^2] \mathrm{d}x \tag{5.103}$$

$$= \frac{3}{2} \rho g h_0^2 \lambda_R$$

在无旋转的情况（$\lambda_R \to \infty$）下，初始状态具有的所有位能都会被释放（转化为动能），因此有无限的能量可供释放（位能以重力波的形式辐射出去，在 $t \to \infty$ 时剩下的就是 $|x| \to \infty$ 的平坦自由面）。

在有旋转的情况下，式（5.103）中只有有限的位能可以转换为动能，并且这些动能只有部分会被辐射出去，其余动能仍会保留在稳定地转环流中。单位长度稳定态中的动能为

$$2 \int_0^{+\infty} \rho \bar{h} \frac{v'^2}{2} \mathrm{d}x = \rho \bar{h} \left( \frac{g h_0}{f \lambda_R} \right)^2 \int_0^{+\infty} \mathrm{e}^{-2x/\lambda_R} \mathrm{d}x = \frac{1}{2} \rho g h_0^2 \lambda_R \tag{5.104}$$

可见，在有旋转的情况下，只有有限的位能会被释放，释放的位能中只有 1/3 进入稳定地转环流，其余 2/3 会以重力惯性波的形式辐射出去。通过这里的简单分析，可以得出如下几点：

- 很难将位能从旋转流体中提取出来。尽管本例中有无限的位能存储（由于当 $|x| \to \infty$ 时，$h'$ 是有限的），但在达到地转平衡前只有有限的位能会被转换。
- 位涡守恒使我们在不进行时间积分的情况下，就可以计算得到稳定态地转适应速度场和高度场。
- 稳态解的长度尺度是罗斯贝变形半径 $\lambda_R$。

## 5.7 罗斯贝波

对于大尺度大气过程而言，最重要的波动类型是罗斯贝波或行星波。在定常深度的无黏正压流体（水平速度的散度必然为 0）中，罗斯贝波是绝对涡度守恒的运动，其存在可归因于科氏参数随纬度的变化。一般来说，在斜压大气中，罗斯贝波是位涡守恒的运动，其存在可归因于位涡的梯度。

科氏参数随纬度的变化，可以通过将纬度的函数 $f$ 进行关于参考纬度 $\phi_0$ 的泰勒展开，并只保留前两项近似得到，其形式为

$$f = f_0 + \beta y \tag{5.105}$$

式中，$\beta \equiv (\mathrm{d}f / \mathrm{d}y)_{\phi_0} = 2\Omega \cos \phi_0 / a$，并且在 $\phi_0$ 处 $y = 0$。这种近似通常被称为中纬度 $\beta$ 平面近似。通过分析初始状态时沿着整个纬圈的闭合气块链，就可以定性理解罗斯贝波的传播。已知绝对涡度 $\eta$ 可表示为 $\eta = \zeta + f$，其中，$\zeta$ 为相对涡度，$f$ 为科氏参数。假定在 $t_0$ 时刻有 $\zeta = 0$，$t_1$ 时刻气块相对于其初始纬度的经向位移为 $\delta y$。那么在 $t_1$ 时刻有

$$(\zeta + f)_{t_1} = f_{t_0}$$

或

$$\zeta_{t_1} = f_{t_0} - f_{t_1} = -\beta\delta y \tag{5.106}$$

式中，$\beta \equiv \mathrm{d}f / \mathrm{d}y$ 是初始纬度上的行星涡度梯度。

根据式（5.106），显然如果气块链在绝对涡度守恒条件下有正弦经向位移，那么向南的位移扰动涡度为正，向北的位移扰动涡度为负。

如图 5.14 所示，这种扰动涡度场会诱发经向速度场，使涡度最大值西侧的气块链向南平流，使涡度最小值西侧的气块链向北平流。这样，气块就会围绕其平衡纬度往返振荡，并且涡度最大值和最小值的模态会传播到西部。这种向西传播的涡度场中包含一个罗斯贝波。就像正的位温垂直梯度会反抗流体垂直位移，并为重力波提供回复力；绝对涡度的经向梯度会反抗经向位移，为罗斯贝波提供回复机制。

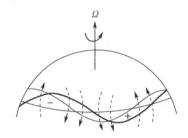

图 5.14　经向位移气块链的扰动涡度场及其诱发的速度场（虚线箭头）。粗波状线表示初始扰动位置，细波状线表示由诱发的速度场导致的平流引起的波形西移

波动西传速度 $c$ 可以用下面这个简单的例子来计算。令 $\delta y = a\sin[k(x - ct)]$，其中 $a$ 为最大向北位移，可得 $v = \mathrm{d}(\delta y)/\mathrm{d}t = -kca\cos[k(x - ct)]$，并且有

$$\zeta = \partial v / \partial x = k^2 ca\sin[k(x - ct)]$$

将 $\delta y$ 和 $\zeta$ 的表达式代入式（5.106），可得

$$k^2 ca\sin[k(x - ct)] = -\beta a\sin[k(x - ct)]$$

或

$$c = -\beta / k^2 \tag{5.107}$$

可见，相速度相对于平均气流向西，并且与纬向波数的平方成反比。

### 5.7.1　自由正压罗斯贝波

可以通过求解线性化正压涡度方程的波动解得到正压罗斯贝波的频散关系。根据正压涡度方程式（4.41），随着水平运动的绝对涡度垂直分量是守恒的。在中纬度 $\beta$ 平面上，这个方程可写为

$$\left(\frac{\partial}{\partial t}+u\frac{\partial}{\partial x}+v\frac{\partial}{\partial y}\right)\zeta+\beta v=0 \tag{5.108}$$

假定运动由定常纬向平均基本速度和小水平扰动组成，即

$$u=\bar{u}+u',\quad v=v',\quad \zeta=\partial v'/\partial x-\partial u'/\partial y=\zeta'$$

可以定义如下扰动流函数 $\psi'$，使得

$$u'=-\partial\psi'/\partial y,\quad v'=\partial\psi'/\partial x$$

这样就有 $\zeta'=\nabla^2\psi'$。此时，式（5.108）的扰动形式为

$$\left(\frac{\partial}{\partial t}+\bar{u}\frac{\partial}{\partial x}\right)\nabla^2\psi'+\beta\frac{\partial\psi'}{\partial x}=0 \tag{5.109}$$

其中按照惯例略去了扰动量的乘积项。假定该方程的形式解为

$$\psi'=\mathrm{Re}[\psi\exp(i\phi)]$$

式中，$\phi=kx+ly-\nu t$，这里的 $k$ 和 $l$ 分别是纬向和经向上的波数。将 $\psi'$ 代入式（5.109），可得

$$(-\nu+k\bar{u})(-k^2-l^2)+k\beta=0$$

这样马上就可以求得 $\nu$ 为

$$\nu=\bar{u}k-\beta k/K^2 \tag{5.110}$$

式中，$K^2\equiv k^2+l^2$ 是水平全波数的平方。

根据 $c=\nu/k$，可知相对于平均风的纬向相速度为

$$c-\bar{u}=-\beta/K^2 \tag{5.111}$$

当平均风为 0 且 $l\to 0$，上式就会简化为式（5.107），可见罗斯贝波的纬向传播相对于纬向平均气流通常是向西的。此外，罗斯贝波相速度反比于水平波数的平方。可见，罗斯贝波是频散波，其相速度会随着波长的增大而快速增大。

对于典型的中纬度天气尺度扰动，如果其经向和纬向尺度相当（$l\approx k$），并且纬向波长的量级为 6000 km，那么根据式（5.111）求得的相对于纬向平均气流的罗斯贝波波速约为 $-8\ \mathrm{ms}^{-1}$。因为纬向平均风一般是西风，并且风速大于 $8\ \mathrm{ms}^{-1}$，所以天气尺度罗斯贝波通常是东移的，但相对于地面的相速度略小于纬向平均风速。对于更长的波长，向西的罗斯贝波的相速度可能会大到足以平衡纬向平均风造成的向东平流，因此得到的扰动相对于地面是静止的。根据式（5.111），要使自由罗斯贝波解处于静止，显然需要满足

$$K^2=\beta/\bar{u}\equiv K_s^2 \tag{5.112}$$

这个条件的重要性将会在 5.7.2 节讨论。

与通常相对于平均气流向西的相速度不同，相对于平均气流的罗斯贝波纬向群速度可能向东，也可能向西，这与纬向波数和经向波数之比有关（参见习题 5.20）。静止罗斯贝波（$c=0$）的纬向群速度是相对于地面向东的。天气尺度罗斯贝波通常也具有相对于地面向东的纬向群速度。对于天气尺度波动，平均纬向风的平流一般是大于罗斯贝波的相速度的，因此，罗斯贝波的相速度也是相对于地面向东的，但是小于纬向群速度。正如图 5.4（b）所示，这意味着新的扰动通常会在已有扰动的下游发展，这对于天气预报来说是很重要的。

我们完全有可能利用完整原始方程的扰动形式对自由行星波进行限制更小的分析。在这种情况下，自由罗斯贝波的结构强烈地依赖于地表和上边界的边界条件。这个分析结果在数学上是很复杂的，但可以定性地得到类似于浅水模式中水平频散特征的波动。结果证明，静力稳定、重力稳定的大气中包含稍微受到地球旋转影响的向东和向西移动的重力波，以及稍微受到重力稳定性影响的向西移动的罗斯贝波。这些自由振荡是大气振荡的标准振荡方式，是由作用于大气的各种力持续激发的。尽管行星尺度自由振荡可以通过观测研究探测到，但振幅一般都相当小。这可能是因为在大多数这种波动的大相速度特征下，强迫是很弱的。一种例外的情况是周期 16 天、纬向波数 1 的自然振荡，它在冬季平流层非常强。

## 5.7.2  地形受迫罗斯贝波

尽管大气中激发出的自由传播罗斯贝波是相当弱的，但对于理解行星尺度环流模态来说，受迫定常罗斯贝波是极度重要的。这种波动是由经向分布的非绝热加热模态或者气流翻越地形强迫产生的。对于北半球热带外环流而言，当气流翻越落基山脉和喜马拉雅山脉时强迫产生的定常罗斯贝波是特别重要的。4.3 节中定性讨论的当位涡守恒气流翻越山脉时的流线偏转实际上就是地形罗斯贝波。

作为最简单的地形罗斯贝波动力学模型，可以利用浅水位涡方程式（4.39）的变形形式。假定上边界位于固定高度 $H$ 处，下边界为可变高度 $h_T(x,y)$，其中 $|h_T| \ll H$。同时，还可将 $\zeta$ 近似取为地转涡度 $\zeta_g$，并假定 $|\zeta_g| \ll f_0$。这样就可以将式（4.39）近似写为

$$H\left(\frac{\partial}{\partial t} + \boldsymbol{V} \cdot \nabla\right)(\zeta_g + f) = -f_0 \frac{dh_T}{dt} \qquad (5.113)$$

对上式进行线性化处理，并使用中纬度 $\beta$ 平面近似，可得

$$\left(\frac{\partial}{\partial t} + \bar{u}\frac{\partial}{\partial x}\right)\zeta_g' + \beta v_g' = -\frac{f_0}{H}\bar{u}\frac{\partial h_T}{\partial x} \qquad (5.114)$$

接下来，求解在正弦下边界这种特殊情况下式（5.114）的解。假定地形满足：

$$h_T(x,y) = \mathrm{Re}[h_0 \exp(ikx)]\cos ly \qquad (5.115)$$

用扰动流函数表示地转风和涡度，有

$$\psi(x,y) = \mathrm{Re}[\psi_0 \exp(ikx)]\cos ly \qquad (5.116)$$

这样，式（5.114）的复振幅稳态解为

$$\psi_0 = f_0 h_0 / [H(K^2 - K_s^2)] \qquad (5.117)$$

根据 $K^2 - K_s^2$ 的符号，地形与流函数要么完全同相（山脉上有脊），要么完全异相（山脉上有槽）。对于长波（$K < K_s$），式（5.114）中的地形涡度源主要会被行星涡度的经向平流（$\beta$ 效应）所平衡；而对于短波（$K > K_s$），地形涡度源主要被相对涡度的纬向平流所平衡。

地形波动解式（5.117）具有不符合实际的特征，当波数正好等于临界波数 $K_s$ 时，地形波的振幅会变成无限大。根据式（5.112），显然这种奇异性发生在自由罗斯贝波处于静止时的纬向风速条件下，因此可将其视为正压系统的共振响应。

Charney 和 Eliassen（1949）利用地形罗斯贝波模型，解释了北半球中纬度地区冬季 500 hPa 高度场的平均经向分布。他们通过考虑埃克曼抽吸形式的边界层拖曳消除了共振奇异性，对于正压涡度方程来说就是很简单的相对涡度线性阻尼（参见 8.3.4 节）。此时对应的涡度方程为

$$\left(\frac{\partial}{\partial t} + \bar{u}\frac{\partial}{\partial x}\right)\zeta'_g + \beta v'_g + r\zeta' = -\frac{f_0}{H}\bar{u}\frac{\partial h_T}{\partial x} \tag{5.118}$$

其中，$r \equiv \tau_e^{-1}$ 是式（8.37）定义的减弱时间的倒数。

对于稳定气流，式（5.118）的复振幅解为

$$\psi_0 = f_0 h_0 /[H(K^2 - K_s^2 - \mathrm{i}\varepsilon)] \tag{5.119}$$

其中，$\varepsilon \equiv rK^2(k\bar{u})^{-1}$。可见，边界层拖曳会改变共振响应的位相，并消除共振中的奇异性，但振幅仍然在 $K = K_s$ 处取最大值，并且流函数中的槽出现在山脉顶峰以东 1/4 周期的地方，近似与观测结果一致。

利用傅里叶展开，可以针对地形实际分布来求解式（5.118）。假设使用的地形是 45°N 只与 $x$ 有关的平滑地形 $h_T$，经向波数对应经度 35° 的经向半波长，并取 $\tau_e = 5$ 天、$\bar{u} = 17\ \mathrm{m\ s}^{-1}$、$f_0 = 10^{-4}\ \mathrm{s}^{-1}$ 和 $H = 8\ \mathrm{km}$，得到的结果如图 5.15 所示。尽管有简化，但 Charney–Eliassen 模式仍然在重现北半球中纬度地区 500 hPa 定常波观测结果方面有出色的表现。

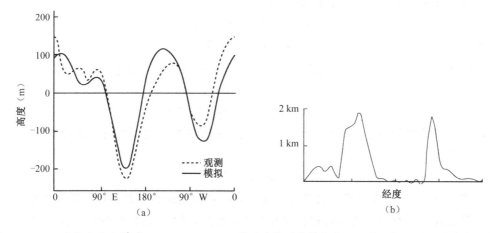

图 5.15　（a）当取文中参数时，Charney-Eliassen 模式中扰动位势高度（$\equiv f_0\Psi/g$）的经向变化（实线）与观测到的 45°N 处 500 hPa 扰动高度场（虚线）；（b）在计算中使用的 45°N 平滑地形廓线（引自 Held, 1983）

## 推荐参考文献

Chapman 和 Lindzen 著作的 *Atmospheric Tides: Thermal and Gravitational*（《大气潮汐：

热力与重力》），是关于大气中潮汐运动观测和理论的经典参考书，其中特别成功地应用了线性扰动方法。

Gill 著作的 *Atmosphere–Ocean Dynamics*（《大气与海洋动力学》），对重力波、重力惯性波和罗斯贝波有非常完整的数学处理，并特别强调了在海洋中观测到的振荡。

Hildebrand 著作的 *Advanced Calculus for Applications*（《应用高等微积分》），是众多讨论本章所使用数学方法的教科书之一，包括傅里叶级数中函数的表示，以及波动方程的一般特征。

Nappo 著作的 *An Introduction to Atmospheric Gravity Waves*（《大气重力波引论》），对大气中重力波的观测和理论有非常好的介绍。

Scorer 著作的 *Natural Aerodynamics*（《自然空气动力学》），对因地形障碍产生的波动（如背风波）的各个方面有非常好的定性讨论。

 习题

5.1 证明傅里叶分量 $F(x) = \mathrm{Re}[C\exp(imx)]$ 可写为
$$F(x) = |C|\cos m(x + x_0)$$
其中，$x_0 = m^{-1}\sin^{-1}(C_i/|C|)$，并且 $C_i$ 是 $C$ 的虚部。

5.2 在研究大气波动的过程中，通常有必要考虑波动增长或衰减的可能性。在这种情况下，可以将解的形式假设为
$$\psi = A\cos(kx - vt - kx_0)\exp(\alpha t)$$
其中，$A$ 为初始振幅，$\alpha$ 为放大因子，$x_0$ 为初始位相。请证明这个表达式可以更精确地写为
$$\psi = \mathrm{Re}[Be^{ik(x-ct)}]$$
其中，$B$ 和 $c$ 均为复常数。请用 $A$、$\alpha$、$k$、$v$ 和 $x_0$ 来表示 $B$ 和 $c$ 的实部和虚部。

5.3 本章讨论的各种类型波动的控制方程都可以推广到如下波动方程的一般形式：
$$\frac{\partial^2 \psi}{\partial t^2} = c^2 \frac{\partial^2 \psi}{\partial x^2}$$
可证明这个方程的解对应于任意形式的波动，并且该波动以波速 $c$ 沿着 $x$ 的正、负方向传播。假设有任意的初始波动 $\psi$，且在 $t = 0$ 时刻有 $\psi = f(x)$。如果波动在 $x$ 正向上以速度 $c$ 运动变化且不变形，那么就有 $\psi = f(x')$，其中 $x'$ 是以速度 $c$ 移动的坐标，因此有 $x = x' + ct$。可见，对于固定的坐标 $x$，可以用 $\psi = f(x - ct)$ 来表示沿着 $x$ 正向以速度 $c$ 运动且不变形的波动。请证明 $\psi = f(x - ct)$ 是任意连续波动 $f(x - ct)$ 的解。提示：令 $x - ct = x'$，并利用链式法则对 $f$ 求微分。

5.4　假定在一维声波中的气压扰动如式（5.23）所示，请计算纬向风扰动和密度扰动的对应解，并用 $p'$ 的振幅和位相表示 $u'$ 和 $\rho'$ 的振幅和位相。

5.5　证明：对于等温运动（$dT/dt = 0$），声波波速为 $(gH)^{1/2}$，其中 $H = RT/g$ 为标高。

5.6　在 5.3.1 节，声波的线性化方程组针对的是水平管道中一维传播的特殊情况。尽管这种情况不能直接适用于大气，但有一种特殊的、被称为兰姆波的大气波动，它是一种无垂直速度扰动（$w' = 0$）的水平传播声波。这种波动可以在火山喷发和大气核实验等这类强烈爆炸后观测到。假定下边界（$z = 0$）处的气压扰动形式如式（5.23）所示，利用式（5.20）、式（5.21）、静力学方程的线性化形式，以及连续方程式（5.15），请推导出在等温基本态大气中兰姆波的扰动场与高度的函数关系，并确定单位水平面积上这种波动的垂直积分动能密度。

5.7　如果浅水重力波中的表面高度扰动为

$$h' = \mathrm{Re}[Ae^{ik(x-ct)}]$$

请计算相应的速度扰动 $u'(x,t)$，并绘制向东传播的波动中 $h'$ 和 $u'$ 间的位相关系图。

5.8　假设二维重力内波的垂直速度扰动如式（5.65）所示，请计算 $u'$ 场、$p'$ 场和 $\theta'$ 场的相应解，并利用这些结果验证式（5.58）中使用的如下近似表达式：

$$|\rho_0\theta'/\overline{\theta}| \gg |p'/c_s^2|$$

5.9　对于习题 5.8 中的情况，用垂直速度扰动的振幅 $A$ 表示水平动量的垂直通量 $\rho_0\overline{u'w'}$，请证明对于相速度向东向下传播的波动，动量通量为正。

5.10　请证明，如果用流体静力学方程（略去了 $w'$ 中的项）代替式（5.60），那么得到的重力内波频率方程正好是 $|k| \ll |m|$ 的波动所对应的式（5.66）的渐近极限。

5.11　(a) 证明二维重力内波的固有群速度矢量平行于等位相线；
　　　(b) 证明在长波界限（$|k| \ll |m|$）内，群速度纬向分量的量级等于纬向相速度的量级，因此能量在每个波动周期内传播一个波长。

5.12　请确定当气流翻越正弦变化地形时，受迫产生的定常重力波的扰动水平速度场和垂直速度场。计算时假定地形高度 $h = h_0\cos kx$，其中，$h_0 = 50$ m 为常数，$N = 2\times10^{-2}$ s$^{-1}$，$\overline{u} = 5$ ms$^{-1}$，$k = 3\times10^{-3}$ m$^{-1}$。提示：对于小振幅地形（$h_0k \ll 1$），可将下边界条件近似写为：在 $z = 0$ 处，有

$$w' = dh/dt = \overline{u}\,\partial h/\partial x$$

5.13　证明重力惯性波的群速度关系式是式（5.88）。

5.14　证明：当 $\overline{u} = 0$ 时，重力惯性内波的波数矢量 $\boldsymbol{\kappa}$ 垂直于群速度矢量。

5.15　请推导频散关系式（5.110）对应的正压罗斯贝波的群速度表达式，并证明对于驻波群速度通常具有相对于地面向东的纬向分量，因此罗斯贝波能量的传播必然是向着地形源下游的。

5.16　证明在浮力振荡频率 $N$ 取常数的情况下，5.5.2 节中重力内波的线性化位涡为 0。

## MATLAB 练习题

M5.1　(a) MATLAB 脚本 phase_demo.m 证明，傅里叶级数 $F(x) = A\sin(kx) + B\cos(kx)$

和 $F(x) = \text{Re}[C\exp(ikx)]$ 是等价的，其中，$A$ 和 $B$ 为实系数，$C$ 为复系数。修改 MATLAB 脚本，证明 $F(x) = |C|\cos k(x + x_0) = |C|\cos(kx + \alpha)$ 表示同样的傅里叶级数，其中 $kx_0 \equiv \alpha = \sin^{-1}(C_i/|C|)$，$C_i$ 为 $C$ 的虚部，$\alpha$ 是脚本中定义的"位相"。请将结果绘制在脚本的第三个子图内。

（b）输入不同的位相角（如 $0°$、$30°$、$60°$ 和 $90°$）后运行脚本，确定 $\alpha$ 与 $F(x)$ 的最大值位置之间的关系。

M5.2 这里要分析一组频散波组合形成的波包，使用的例子是群速度为相速度一半的深水波。MATLAB 脚本 grp_vel_3.m 给出的就是由多个不同波数、频率的波动组成的一组波在 4 个不同时刻的波动高度场。分析代码，并确定载波的周期和波长。将其中的波动数量从 4 变到 32，多次运行脚本，确定 $t = 0$ 时刻波包的半宽度与波群中波分量数的函数关系。这里的半宽度定义为最大振幅点（$x = 0$）与沿着波包、振幅为最大振幅一半的点之间距离的 2 倍。可以利用 ginput 命令从图形中估算得到这个距离值。另外，利用 MATLAB 绘制半宽度与波分量数之间的关系曲线。

M5.3 MATLAB 脚本 geost_adjust_1.m 与函数 yprim_adj_1.m 给出的是，正弦变化初始高度场对应的正压模式中速度场的一维地转适应。使用的方程组是在与 $y$ 无关的情况下式（5.25）的简化形式。初始时刻取 $u' = v' = 0$、$\phi' \equiv gh' = 9.8\cos(kx)$，那么最终得到的平衡风仅具有经向分量。将时间值取为至少 10 天，针对纬度为 $30°$ 和 $60°$ 两种情况，运行脚本 geost_adjust_1.m。在每种情况下，再分别选择波长为 2000 km、4000 km、6000 km 和 8000 km，这样总共需要运行 8 次。请列表给出 $u'$、$v'$ 和 $\phi'$ 的初始值和最终值，以及最终能量与初始能量的比值。可以使用 ginput 命令从 MATLAB 图形中读取数值，或者为了更准确，可在 MATLAB 代码中添加若干行，打印出需要的值。修改 MATLAB 脚本，在单位质量物质的终态能量中区分动能（$v'^2/2$）和位能 $[\phi'^2/(2gH)]$，计算在 8 种情况下最终动能与位能的比值并列表。

M5.4 MATLAB 脚本 geost_adjust_2.m 与函数 yprim_adj_2.m 是对习题 M5.3 的进一步拓展，使用傅里叶展开分析孤立初始高度扰动 $h_0(x) = -h_m/[1 + (x/L)^2]$ 所对应的地转适应。这里给出的版本使用了 64 个傅里叶分量，并列入快速傅里叶变换（FFT）方法。这样 FFT 中就有 128 个分量，但只有一半的分量可以提供真实的信息。在这种情况下，可以将模型的积分时间取为 5 天（因为练习题 M5.3 所示的例子所需的计算量多）。将扰动的初始纬向尺度取为 500 km，选择纬度分别为 $15°$、$30°$、$45°$、$60°$、$75°$ 和 $75°$，分 6 次运行模型，并分析在每种情况下的动画。需要注意的是，纬向气流完全处于向着远离初始扰动方向传播的重力波中；经向气流不仅具有传播中的重力波分量，而且具有地转部分（气旋性气流）。利用 ginput 命令，通过度量扰动中心西部负速度最大值与东部正速度最大值之间的距离，来估算最终地转气流（$v$ 分量）的纬向尺度。绘制曲线图给出纬向尺度与纬度的函数关系，并将这一尺度与文中定义的罗斯贝变形半径进行比较（注意：这里 $gH = 400\ \text{m}^2\ \text{s}^{-2}$）。

M5.5 本练习题分析的是当纬向波长变化时罗斯贝波相速度的变化情况。将纬向波长分别设定为 5000 km、10000 km 和 20000 km，运行 MATLAB 脚本 rossby_1.m。在每种情况下尝试对平均纬向风取不同的值，直到得到罗斯贝波近似处于静止时的平均风。

M5.6 MATLAB 脚本 rossby_2.m 给出的是，初始时刻位于分析区域中心的涡度扰动激发产生的罗斯贝波的动画。运行这个脚本，并注意被激发产生的波动具有向西的相速度，但扰动在初始扰动的东侧发展。通过分析这些扰动的发展，粗略估算当 $t = 7.5$ 天时，出现在初始扰动以东的波动群速度和波长特征(波长可以通过使用 ginput 命令度量两个相邻脊之间的距离得到)。将估算得到的结果与根据式 (5.108) 计算得到的群速度进行比较，并说明为何两者会有不同。

M5.7 MATLAB 脚本 rossby_3.m 给出的是，气流经过孤立山脊时激发的地形罗斯贝波的表面高度和经向速度扰动。程序中使用傅里叶级数来逼近其解。为了将波动从上游传播进入山脉的影响降到最低 (但并不能完全避免)，其中考虑了抽吸时间为 2 天的埃克曼抽吸。平均纬向风风速为 10～100 m/s，间隔 10 m/s 取值后分别运行脚本。在每次运行脚本时，通过 ginput 度量经向速度最大值和最小值之间的纬向距离，估算背风槽的尺度 (近似等于主要扰动的半波长)。将在每种情况下得到的结果与式 (5.112) 给出的共振纬向波长进行比较，从而确定共振波长 $L_x = 2\pi/k$，其中，$K^2 = k^2 + l^2$，$l = \pi/8 \times 10^6$，单位为 $m^{-1}$。注意：两者不可能完全一致，因为真实的扰动对应的是若干独立纬向波长之和。

# 第 6 章

# 准地转分析

• • • • • • • •

动力气象学的首要目标是利用控制大气运动的物理定律来解释观测到的大尺度大气运动的结构。这些描述动量、质量和能量守恒的物理定律完全决定了气压、温度和速度场之间的关系。如第 2 章所述，即使使用在所有大尺度天气系统中均成立的流体静力学近似，这些控制方程仍然是非常复杂的。但对于中纬度地区天气尺度运动而言，水平速度近似满足地转关系（参见 2.4 节）。这种运动常被称为准地转运动，对它们进行分析通常要比热带扰动和行星尺度扰动简单。它们是传统短期天气预报关注的主要系统，也是进行动力学分析的合理出发点。

除观测发现中纬度地区天气系统接近于地转平衡和静力平衡外，在第 5 章的线性波动分析中还发现，罗斯贝波的性质类似于这些天气系统，而重力惯性波的性质则不是这样。具体而言，罗斯贝波具有相对较小的相速度、位涡非零；而重力惯性波的相速度很大，并且位涡极小或为零。为了将完整的方程组简化为比较简单的准地转（QG）方程组，本章重点分析这些性质。在推导方程之前，对中纬度天气系统和作为背景的平均环流的观测结构进行简要总结是很有用的。为了有助于理解，本章利用位涡和位温，并将其置于同一框架（"位涡思想"）下，推导准地转方程组。另外，本章也对第二种动力学框架（"w 思想"，通过"ω 方程"基于对垂直速度的诊断）进行深入探讨。

## 6.1 中纬度地区大气环流的观测结构

天气图上描述的大气环流系统很少与第 3 章讨论的简单圆形涡旋类似；相反，它们一般在形式上都是高度非对称的。当最强的风、最大的温度梯度集中于狭窄的带状区域时，就称该系统为锋面。此外，这种系统一般都是高度斜压的，位势和速度扰动的振幅和位相都会随高度发生变化。造成这种复杂性的部分原因是这些天气系统不是叠加在均匀的平均气流上的，而是叠加在慢变且高度斜压的行星尺度气流上的。此外，这种行星尺度气流受到了地形（如大尺度地形变化）和海陆热力差异的影响，因此高度依赖于经度的变化。由此可见，尽管将天气尺度系统视为叠加在仅随纬度和高度变化的纬向气流上的扰动，是在理论分析过程中（如第 7 章）很有用的第一近似，但更完整的描述还需要考虑观测结果的纬向非对称性。

纬向平均剖面能提供天气尺度涡旋叠加行星尺度环流后大致结构的有用信息。图 6.1 给出的就是冬季［DJF，12 月—次年 2 月，见图 6.1（a）］和夏季［JJA，6—8 月，见图 6.1（b）］沿纬圈平均的纬向风和温度的经向剖面。这些剖面一直从海平面附近（1000 hPa）伸展到约 32 km（10 hPa）高度处，包含了对流层和平流层下部。本章主要关注的是对流层中风场和温度场的结构，平流层的情况将在第 12 章讨论。

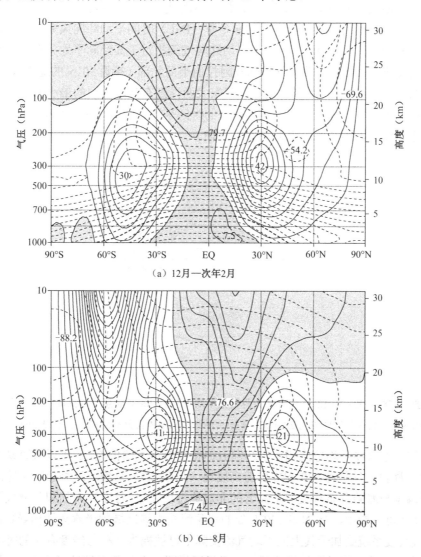

图 6.1　12 月—次年 2 月和 6—8 月沿纬圈和时间平均的纬向风（实线，间隔为 5 ms$^{-1}$）和温度（虚线，间隔为 5 K）的经向剖面。阴影区为东风，粗虚线为 0 ℃等温线；图中用数值表示的风速最大值单位为 ms$^{-1}$，温度最小值单位为℃（基于 NCEP/NCAR 再分析资料；引自 Wallace，2003）

北半球对流层冬季极地与赤道之间的平均温度梯度远大于夏季，而南半球冬季和夏季温度分布的差异则小得多。这主要是因为海洋有比较大的热惯性，而南半球海洋所占的面积更大。因为平均纬向风场和温度场满足热成风关系，并且具有相当高的精度，所以纬向风速的季节循环类似于经向温度梯度的季节循环。在北半球，冬季的最大纬向风速是夏季的2倍；而在南半球，冬季和夏季纬向风最大值的差别小得多。此外，冬季和夏季最大纬向风速的中心（称为平均急流轴）均位于对流层顶（对流层和平流层的交界面）下方，是整个对流层内热成风最大的纬度。在南半球和北半球，急流轴在冬季均位于约纬度30°，但在夏季则会向极移动到约45°处。

图 6.1 所示的纬向平均风场经向剖面并不能代表所有经度上的平均风场结构（见图 6.2）。图 6.2 给出的是北半球 200 hPa 冬季（DJF）时间平均纬向风分量分布，从图中可以清楚地看出，在某些经度上，时间平均纬向气流相对于其经向平均分布有非常大的偏差。特别是在亚洲大陆和北美大陆东部及阿拉伯半岛北部（接近30°N的地方），都有很强的纬向风极大值（急流），而在东太平洋和东大西洋则有截然不同的最小值。天气尺度扰动更容易在与西太平洋和西大西洋急流相关的时间平均纬向风最大区发展，并且会沿着风暴路径向下游传播，而该路径近似沿着急流轴。

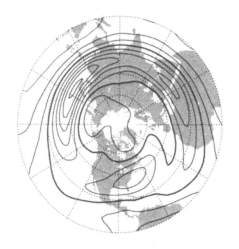

图 6.2　根据 1958—1997 年 12 月—次年 2 月数据平均得到的 200 hPa 层平均纬向风场，等值线间隔为 10 m s$^{-1}$，粗等值线间隔为 20 m s$^{-1}$（基于 NCEP/NCAR 再分析资料；引自 Wallace，2003）

北半球冬季气候平均急流相对于纬向对称特征有很大的偏差，这可以很容易地通过分析北半球 1 月和 7 月平均 500 hPa 位势高度场（见图 6.3）得到。这种相对于纬向对称特征的显著偏差与海陆分布有关。最显著的非对称特征是 1 月亚洲大陆和美洲大陆东部的槽。由图 6.2 可以看出，35°N 和 140°E 处的强急流是由该区域的半永久性槽导致的。由此可见，天气尺度系统叠加于其上的平均气流实际上可被视为一种与经度有关的时间平均气流。在北半球夏季，相对于热带地区，由于极区增暖，会使得高纬地区 500 hPa 位势高度的增大很多。这样导致的结果是，夏季极地和赤道之间的温差小于冬季，位势高度差和急流较弱，并且急流位于较高纬度。

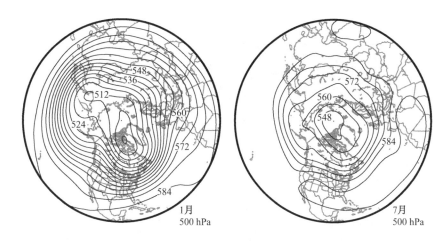

图 6.3　北半球 1 月（左图）和 7 月（右图）的月平均 500 hPa 位势高度场（30 年平均），位势高度等值
　　　线间隔为 60 m（引自 NOAA/ESRL, http://www.esrl.noaa.gov/psd）

　　除与经度相关外，由于与瞬变天气尺度扰动的相互作用，行星尺度气流还存在逐日变化。实际上，观测表明瞬变行星尺度气流的振幅与时间平均气流的振幅相当。由于急流的强度和位置一直在发生变化，因此在月平均天气图上会把瞬时急流的真实结构平滑掉。所以，在任何时刻急流区行星尺度气流的斜压性都远大于时间平均天气图上表现的斜压性。这点可以从图 6.4 所示的北美地区某个急流观测结果的纬度—高度剖面看出，其中，图 6.4（a）是纬向风和位温，图 6.4（b）是位温与 Ertel 位涡。位涡的 2 PVU 等值线近似给出了对流层顶的位置。如图 6.4（a）所示，急流轴一般位于被称为极锋区的强位温梯度狭窄倾斜区的上方，这里通常也是将极地冷空气与热带暖空气分离开来的区域。当然，强急流中心出现在这个位温梯度量级很大的区域的上方，并不是简单的位置重合，而是热成风平衡的结果。

　　图 6.4 中的位温等值线说明在平流层中有强的静力稳定性；同时还可以看出，等熵面（等 $\theta$ 面）穿过急流附近的对流层顶。因此，在没有绝热加热和冷却的情况下，气块可以在对流层和平流层之间移动；但对流层顶强的 Ertel 位涡梯度会对沿着等熵面穿越对流层顶的气流产生很强的阻力。需要注意的是，锋区的等位涡面大致是向下移动的，因此，锋区的特征是强的位涡正异常，并伴随着急流向极一侧的强相对涡度，以及锋区冷空气一侧的强静力稳定性。

　　在流体动力学中经常可以观测到，具有强速度切变的急流通常是关于小扰动不稳定的。任何进入不稳定急流的小扰动都会被放大，并在增长过程中从急流中得到能量。中纬度地区天气尺度系统的主要不稳定性是斜压不稳定性，因为它依赖于经向温度梯度，或依赖于垂直风切变（根据热成风平衡可知）。尽管水平温度切变在锋区达到最大，但斜压不稳定性不能等同于锋面不稳定性，因为大多数的斜压不稳定性模型只能描述地转尺度运动，而强锋区附近的扰动却是高度非地转的。如第 7 章所述，斜压扰动本身就起着强化已存在的温度梯度并产生锋区的作用。

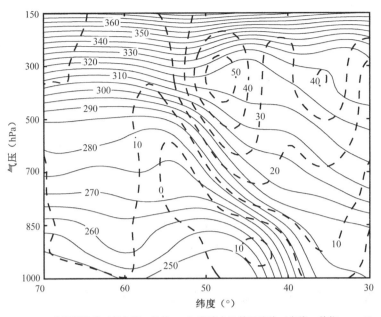

（a）位温等值线（细实线，单位：K）和纬向风等风速线（虚线，单位：m s⁻¹）

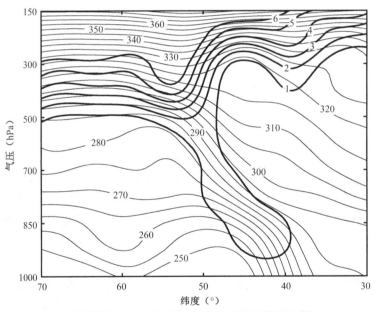

（b）位温等值线（细实线，单位K）和Ertel位涡（粗实线，单位：PVU）

图 6.4　1999 年 1 月 14 日 2000UTC 位于 80°W 的一次冷锋的纬度—高度剖面

注：$1\,\mathrm{PVU} = 10^{-6}\,\mathrm{K\,kg^{-1}\,m^2\,s^{-1}}$。

    中纬度风暴路径中扰动的形式是斜压波及更小尺度的涡旋。对经向风的统计分析表明，斜压波的主波长约为 4000 km，并以 $10\sim15\,\mathrm{m\,s^{-1}}$ 的速度向东传播（见图 6.5）。由该波动的垂直结构可以看出，其位势高度场随高度向西倾斜，温度场随高度向东倾斜，这与静力平衡是一致的（见图 6.6）。垂直运动的峰值位于对流层中层，在槽和脊之间有上升运动，在槽以西有下沉运动。这些有组织的垂直运动在很大程度上决定了中纬度地区的云和降水，而本章的一个主要任务就是理解这些环流的动力来源。对于一个理想化的发展中斜压系统而言，关键在于捕捉到如图 6.7 所示的垂直剖面。在整个对流层，槽线和脊线都是随着高度向西（向上游）倾斜的[1]，但可以看到最冷空气和最暖空气的轴线是朝着相反方向倾斜的。正如后面将要证明的，为了使平均气流将位能转换给发展中的波动，槽线和脊线向西倾斜是非常必要的。在成熟阶段（图 6.7 未给出），500 hPa 层和 1000 hPa 层的槽线接近同相，因此热平流和能量转换是非常弱的。

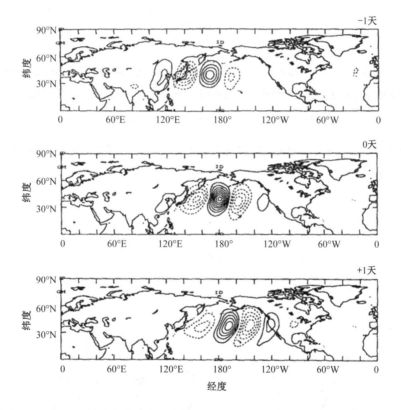

图 6.5　相对于 (40°N, 80°W) 基准点的经向风线性回归。图中等值线间隔为 $2\,\mathrm{m\,s^{-1}}$，负值用虚线表示；
　　　　自上到下 3 张图分别对应相对于基准点滞后 −1 天、0 天和 +1 天，可见斜压波的运动穿越了北太
　　　　平洋（引自 Chang，1993，美国气象学会版权所有，许可复制）

---

[1] 如图 6.6 所示，在实际情况下，位相倾斜集中于 700 hPa 层以下。

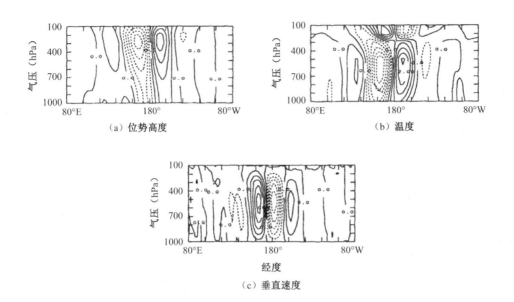

（a）位势高度 （b）温度

（c）垂直速度

图 6.6 位势高度、温度和垂直速度相对于基准点 (40°N, 80°W) 在 300 hPa 的经向风线性回归。位势高度等值线间隔为 20 m，温度等值线间隔为 0.5 K，垂直速度等值线间隔为 0.02 Pa s$^{-1}$，负值用虚线表示（引自 Chang，1993，美国气象学会版权所有，许可复制）

注：由斜压波的垂直结构可见，位势高度随着高度向西倾斜，温度随着高度向东倾斜，位势高度槽线以东是上升运动

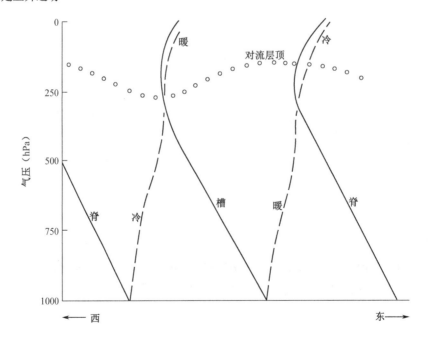

图 6.7 发展中斜压波的东西向剖面。实线为槽线和脊线，虚线为温度极值轴，空心圆圈表示对流层顶

在以温带气旋为具体表现形式的实际天气扰动中，斜压波的统计特征是显而易见的。

图 6.8 所示就是一次典型温带气旋各发展阶段的示意。在快速发展阶段，在大气中存在高层和地面气流之间的协同相互作用，在地面槽的西部有强的冷平流，在其东部有较弱的暖平流。这种热力平流模态是 500 hPa 等压面上的槽滞后于地面槽（位于其西）的直接结果，这使得 1000 hPa 与 500 hPa 之间的平均地转风穿过这两层之间的等厚度线，其方向指向地面槽西部厚度较大的区域和东部厚度较小的区域。

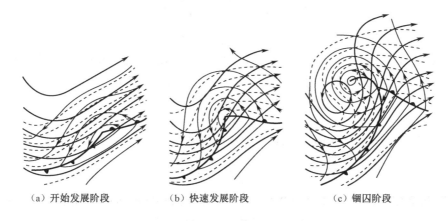

（a）开始发展阶段　　　　（b）快速发展阶段　　　　（c）锢囚阶段

图 6.8　温带气旋 3 个发展阶段的 500 hPa 等高线（粗实线）、1000 hPa 等高线（细实线）和 500~1000 hPa 等厚度线（虚线）示意（引自 Palmén 和 Newton，1969）

# 6.2　准地转方程组的推导

　　本章的主要目的是说明如何通过在动力学方程组约束下的天气尺度运动来解释中纬度天气尺度系统的观测结构。具体而言，我们要证明对于接近静力平衡和地转平衡的运动而言，三维流场近似是由气压场决定的。考虑到垂直运动在这些尺度上的量级较小，因此这是个非常好的结果。这里用高度 $z$ 作为垂直坐标，并取布辛涅斯克近似，即除在浮力项中外，密度在其他任何地方均被视为常数。这种方法相对于使用 $p$ 坐标系来说具有简单、明了的优点，因为 $p$ 坐标系是左手坐标系，并且垂直运动的符号相反（上升为负）。尽管如此，大多数天气和气候数据都是基于 $p$ 坐标系的，因此我们在 6.7 节给出了方程组在 $p$ 坐标系中的形式。为了完整起见，在 $p$ 坐标系中的方程组考虑到了科氏参数的线性变化（$\beta$ 平面近似），而在本章的其余内容中，都使用的是 $f$ 平面近似（$f$ 为常数）。这种方式一方面可以简化分析，另一方面又在中纬度地区有很好的近似，因为急流附近的环境位涡梯度远大于 $f$ 的变化。

## 预备知识

　　地转风 $V_g = (u_g, v_g)$ 可写为

$$V_g = \frac{1}{\rho_0 f} \mathbf{k} \times \nabla_h p = \frac{1}{\rho_0 f}\left(-\frac{\partial p}{\partial y}, \frac{\partial p}{\partial x}\right) \tag{6.1}$$

因为分别采用了布辛涅斯克近似和 $f$ 平面近似，所以这里 $\rho_0$ 和 $f$ 均为常数，$\nabla_h$ 则为水平梯度算子 $(\partial / \partial x, \partial / \partial y)$。地转相对涡度 $\zeta_g$ 度量的是地转风关于其垂直轴的旋转分量：

$$\zeta_g = \frac{\partial v_g}{\partial x} - \frac{\partial u_g}{\partial y} = \frac{1}{\rho_0 f} \nabla_h^2 p \tag{6.2}$$

式（6.2）是利用式（6.1）导出的，可见地转相对涡度完全是由气压场决定的。

我们还要假设，除在方程组的某个平流项中外，风场均被近似取为地转风。这个假设是基于如下尺度分析的。欧拉时间倾向项和水平平流项的尺度为

$$\frac{\partial}{\partial t} + u\frac{\partial}{\partial x} + v\frac{\partial}{\partial y} \sim \frac{U}{L} \tag{6.3}$$

另外，对于 $w \sim R_o(H/L)U$，垂直平流项的尺度为

$$w\frac{\partial}{\partial z} \sim \frac{U}{L}R_o \tag{6.4}$$

式中，$R_o$ 是 2.4.2 节讨论的罗斯贝数 $U/fL$。如果平流物理量的垂直梯度与 $R_o^{-1}$ 不是一个量级，或者比它大，那么对于小的罗斯贝数，垂直平流项就可以略去。此外，由于水平动量的拉格朗日倾向项的尺度与罗斯贝数相当，所以非地转风也与之相当［参见式（2.24）和式（2.25）］。因此，与地转风相比，非地转风是比较小的。由此可见，对于小的罗斯贝数，如下替代表达式是很好的近似：

$$\frac{\mathrm{d}}{\mathrm{d}t} \rightarrow \frac{\mathrm{d}}{\mathrm{d}t_g} = \frac{\partial}{\partial t} + V_g \cdot \nabla_h = \frac{\partial}{\partial t} + u_g\frac{\partial}{\partial x} + v_g\frac{\partial}{\partial y} \tag{6.5}$$

上式可简单理解为随着地转风的物质导数。

除了接近地转的水平风（"准地转"），还假设气压的垂直分布是接近于静力平衡的（"准静力平衡"）。还要注意，尽管没有关于 $w$ 的预报方程，但并不意味着 $w = 0$；相反，必须从其他变量出发通过诊断方法推导出其值。如 2.4.3 节所示，假定参考大气（这里用"－"表示）处于静止和精确的静力平衡：

$$\frac{\partial \bar{p}}{\partial z} = -\bar{\rho}g$$

相对于参考状态的扰动也满足静力平衡：

$$\frac{\partial p}{\partial z} = \frac{\rho_0}{\bar{\theta}}\theta_g \tag{6.6}$$

式中，$p$ 和 $\theta$ 分别为扰动气压和扰动位温，$\rho_0$ 为定常密度（取布辛涅斯克近似的结果），$\bar{\theta}$ 仅为 $z$ 的函数。位温的完整值用 $\theta_{\mathrm{tot}}$ 来表示。

总之，根据地转平衡和静力平衡的假设，热成风关系（参见 3.4 节）可写为

$$V_T = \frac{\partial V_g}{\partial z} = \frac{g}{f\bar{\theta}}\mathbf{k} \times \nabla_h \theta \tag{6.7}$$

我们注意到，这里扰动位温所起的作用与气压对地转风所起的作用相同，即风沿着等

值线吹，并且在梯度最大的地方其值最大。

根据式（2.54），在没有强的非绝热加热且罗斯贝数较小的情况下，热力学第一定律可写为

$$\frac{\mathrm{d}\theta}{\mathrm{d}t_g} = -w\frac{\mathrm{d}\overline{\theta}}{\mathrm{d}z} \tag{6.8}$$

式（6.8）就是准地转热力学方程。式（6.8）表明，由于参考位温的垂直平流作用，随着地转运动的扰动位温会发生变化。需要注意的是，式（6.8）中垂直平流的出现说明参考大气有很大的静力稳定性（量级为$1/R_0$）。为了简化接下来的讨论，我们将静力稳定度取为常数，这是对流层中很合理的零级近似。这就意味着，浮力振荡频率（参见 2.7.3 节）为

$$N = \left[\frac{g}{\overline{\theta}}\frac{\mathrm{d}\overline{\theta}}{\mathrm{d}z}\right]^{1/2} \tag{6.9}$$

可见浮力振荡频率也是常数。

另外，由于得到的这些结果都与标量场的梯度算子和拉普拉斯算子有关，所以这里对这些项及其物理解释进行简要回顾。假定有二维标量场$\phi$，那么$\phi$的梯度$\nabla_h\phi$为矢量，指向较大的值，并且与等$\phi$线正交（见图 6.9）。拉普拉斯则是$\phi$的梯度的散度，即$\nabla_h^2\phi = \nabla_h \cdot (\nabla_h\phi)$，它是标量。如果梯度指向较大的值，则拉普拉斯为正，并在$\phi$的局地最小值附近有个局地最大值；相反，如果梯度指向较小的值，则拉普拉斯为负，并在$\phi$的局地最大值附近有个局地最小值。

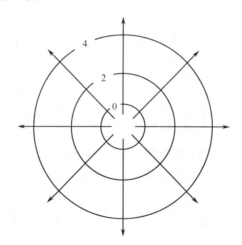

图 6.9 标量函数$\phi$的梯度算子示意。$\phi$的梯度为矢量场，图中用箭头来表示，指向较大的值，并且与等$\phi$线正交。拉普拉斯为$\phi$的梯度的散度，在$\phi$的局地最小值附近有个局地最大值

# 6.3 准地转方程组的位涡推导

下面来分析位涡守恒，它是准地转动力学某些观点的基础。在 5.3.2 节和 5.5.2 节已经

发现，快速移动的重力波的位涡为 0。中纬度天气系统动力学与罗斯贝波的关系更为密切，而后者满足地转平衡且位涡非零，因此将重力波从控制方程组中过滤掉是很有用的。这可以通过线性化位涡方程式（5.91）完成，但线性动力学在理解天气系统的众多方面均存在偏差，其中包括这些系统与急流之间的相互作用。这些相互作用来自位涡方程中的平流项，但式（5.91）中并没有这些项，必须重新引入。事实证明这是很容易完成的。首先，利用 5.1 节的微扰动方法对 Ertel 位涡做关于 6.2.1 节提出的参考大气的线性化处理，但保留其中的非线性平流项；接下来，根据式（6.5）的推论，在位涡和平流项中均使用地转风来代替实际风。

在布辛涅斯克近似条件下，Ertel 位涡守恒定律式（4.24）可写为

$$\frac{\mathrm{d}\varPi}{\mathrm{d}t} = \frac{\mathrm{d}}{\mathrm{d}t}\left[\frac{\boldsymbol{\omega}_a \cdot \nabla\theta_{\mathrm{tot}}}{\rho_0}\right] = 0 \tag{6.10}$$

其中

$$\boldsymbol{\omega}_a = (\eta,\ \xi,\ \zeta + f) \tag{6.11}$$

$\boldsymbol{\omega}_a$ 为三维矢量。由于 $\nabla\theta_{\mathrm{tot}} = \left(\dfrac{\partial\theta}{\partial x},\ \dfrac{\partial\theta}{\partial y},\ \dfrac{\partial\theta}{\partial z} + \dfrac{\mathrm{d}\bar\theta}{\mathrm{d}z}\right)$，因此，马上可以注意到，$x$ 方向和 $y$ 方向对式（6.10）中点乘的贡献涉及非线性项[2]，必须舍去，故有

$$\frac{\mathrm{d}}{\mathrm{d}t}\left[\frac{1}{\rho_0}(\zeta + f)\frac{\partial\theta_{\mathrm{tot}}}{\partial z}\right] = 0 \tag{6.12}$$

将 $\theta_{\mathrm{tot}} = \bar\theta + \theta$ 代入后再次略去非线性项，可得

$$\frac{\mathrm{d}}{\mathrm{d}t}\frac{1}{\rho_0}\left[(\zeta + f)\frac{\mathrm{d}\bar\theta}{\mathrm{d}z} + f\frac{\partial\theta}{\partial z}\right] = 0 \tag{6.13}$$

再引入常数因子 $\mathrm{d}\bar\theta/\mathrm{d}z$，则有

$$\frac{\mathrm{d}}{\mathrm{d}t}\frac{1}{\rho_0}\frac{\mathrm{d}\bar\theta}{\mathrm{d}z}\left[\zeta + f + f\frac{\partial}{\partial z}\left(\frac{\mathrm{d}\bar\theta}{\mathrm{d}z}^{-1}\theta\right)\right] = 0 \tag{6.14}$$

尽管已将 $\mathrm{d}\bar\theta/\mathrm{d}z$ 假定为常数，但仍然在垂直导数中引入它，这是因为即使对于 $\mathrm{d}\bar\theta/\mathrm{d}z$ 是 $z$ 的函数的情况，这个一般形式也是成立的。最后，对式（6.14）近似取地转风后可得

$$\frac{\mathrm{d}}{\mathrm{d}t}\frac{1}{\rho_0}\frac{\mathrm{d}\bar\theta}{\mathrm{d}z}\left[\zeta_g + f + f\frac{\partial}{\partial z}\left(\frac{\mathrm{d}\bar\theta}{\mathrm{d}z}^{-1}\theta\right)\right] = 0 \tag{6.15}$$

或者

$$\frac{\mathrm{d}}{\mathrm{d}t}\frac{1}{\rho_0}\frac{\mathrm{d}\bar\theta}{\mathrm{d}z}q = 0 \tag{6.16}$$

其中

$$q = \zeta_g + f + f\frac{\partial}{\partial z}\left(\frac{\mathrm{d}\bar\theta}{\mathrm{d}z}^{-1}\theta\right) \tag{6.17}$$

---

[2] 自变量的函数的乘积；具体到本例，指的是扰动涡度和扰动温度的乘积。

这就是准地转位涡（QG PV）。

式（6.16）说明，随着地转运动的准地转位涡守恒，这类似于随着实际气流的 Ertel 位涡守恒。另外，第一个因子 $\rho_0^{-1}\mathrm{d}\bar{\theta}/\mathrm{d}z$ 与时间无关，与准地转位涡仅相差一个关于 $z$ 的常函数。这个因子通常是被舍去的；但如果这样做，其单位就会变成了涡度的单位（$\mathrm{s}^{-1}$）。尽管作为线性化的结果，与 Ertel 位涡的乘积相比，准地转位涡涉及涡度与静力稳定度之和，但两者在随气块运动的动力学解释上是定性相似的：为了保持位涡守恒，位涡的增加必然伴随着静力稳定度的减小。

对准地转热力学方程式（6.8）取垂直导数，并利用得到的结果替换式（6.15）中的静力稳定性项，可得

$$\frac{\mathrm{d}}{\mathrm{d}t_g}(\zeta_g + f) = f\frac{\partial w}{\partial z} \tag{6.18}$$

这就是准地转涡度方程。随着地转运动，由垂直运动造成的行星旋转拉伸会使地转绝对涡度 $\zeta_g + f$ 发生变化。相对涡度拉伸没有贡献的事实说明，只有当相对涡度相对于 $f$ 较小时，准地转近似才会成立。这与小罗斯贝数近似是一致的，因为涡度尺度 $U/L$ 与 $f$ 的比值就是 $U/(fL)$。尽管有这个约束条件，但事实证明准地转方程组对于扰动振幅的观测结果而言仍然是定性适用的。将准地转涡度方程中的垂直运动与水平运动联系起来的是准地转质量连续方程：

$$\frac{\partial u_a}{\partial x} + \frac{\partial v_a}{\partial y} + \frac{\partial w}{\partial z} = 0 \tag{6.19}$$

式中，$V_a = (u_a, v_a)$ 为非地转风。这个结果是直接从布辛涅斯克近似［参见式（2.60）］及 $f$ 平面上地转风满足水平无辐散的性质导出的。

接着来讨论在准地转近似条件下的动量守恒问题。如果在动量方程组［诸如式（2.24）和式（2.25）］中从地转角度对动量取近似，就可得到稳态表达式，并且不存在动力学关系。因此，在动量方程中必然要出现非地转效应（故称准地转），这也是为什么不能从动量守恒条件出发进行分析的原因之一。近似取地转物质导数后，通常可将动量方程写为

$$\frac{\mathrm{d}V_g}{\mathrm{d}t_g} = -\frac{1}{\rho_0}\nabla_h(p_g + p_a) - f\mathbf{k}\times(V_g + V_a) \tag{6.20}$$

上式在气压场和风场中均考虑了非地转效应。与第 4 章相同，对关于 $v_g$ 的动量方程求 $\partial/\partial x$，以及对关于 $u_g$ 的动量方程求 $\partial/\partial y$ 后，两式相减就可以得到涡度方程：

$$\frac{\mathrm{d}\zeta_g}{\mathrm{d}t_g} = -f\left(\frac{\partial u_a}{\partial x} + \frac{\partial v_a}{\partial y}\right) = f\frac{\partial w}{\partial z} \tag{6.21}$$

式（6.21）的推导用到了准地转质量连续方程。需要注意的是，由于 $f$ 为常数，可以加一项关于它的物质导数，这样就可以得到准地转涡度方程式（6.18）。这就证明式（6.20）与之前推导得到的方程一致，但式（6.20）中个别项的意义并不明确。

动量方程式（6.20）中的意义含糊之处包括两个方面：第一，由于梯度的旋度为 0，所以给式（6.20）中的 $p_a$ 加一个任意场 $\tilde{P}_a$，就可以得到与式（6.18）完全相同的涡度方程；

第二，可以给动量方程中的非地转风叠加一个任意矢量场 $\tilde{V}_a$，只要保证 $\nabla_h \cdot \tilde{V}_a = 0$ 即可，这样就可以得到同样的涡度方程。由此可见，尽管 $\tilde{P}_a$ 和 $\tilde{V}_a$ 是任意场，但它们仍然可以通过如下准地转散度方程联系起来：

$$\nabla_h^2 p_a = \rho_0 f \zeta_a + 2J(u_g, v_g) \tag{6.22}$$

对式（6.20）中关于 $u_g$ 的动量方程求 $\partial / \partial x$，然后减去对关于 $v_g$ 的动量方程求 $\partial / \partial y$ 后的结果，就可以得到上述方程。这里 $J(u_g, v_g) = \dfrac{\partial u_g}{\partial x}\dfrac{\partial v_g}{\partial y} - \dfrac{\partial v_g}{\partial x}\dfrac{\partial u_g}{\partial y}$，是一个雅克比行列式，$\zeta_a = \dfrac{\partial v_a}{\partial x} - \dfrac{\partial u_a}{\partial y}$ 则是非地转垂直涡度。尽管式（6.22）给出了非地转气压和非地转风的旋转部分与地转风之间的诊断关系，但还缺乏额外的信息，所以必须消去其中某个非地转量才能使方程组闭合。这里可以随意选择，因此式（6.20）右端的项也可以这样选择。最常用的方法是令 $p_a = 0$，将所有的非地转效应都归结到 $V_a$，此时的准地转动量方程为

$$\frac{\mathrm{d}V_g}{\mathrm{d}t_g} = f\boldsymbol{k} \times V_a \tag{6.23}$$

需要强调的是，这种随意选择对涡度或位涡的动力学特征没有任何影响。非地转风的辐合、辐散部分通过连续方程受到了很好的约束，并且在"$w$ 思想"中发挥着重要作用。接下来分析准地转动力学的"位涡思想"，在这种情况下非地转运动是没有作用的。

---

**本节要点**

- 准地转方程组是在小罗斯贝数条件下定义的，所对应的参考大气具有强的层结。
- 准地转位涡是 Ertel 位涡的线性化形式，包括涡度垂直分量与扰动静力稳定度的贡献之和。
- 随着地转运动，由于环境行星旋转的拉伸，准地转位涡会发生变化。
- 忽略气压的非地转效应，随着地转运动，由于非地转风受科氏力作用而转向，从而使地转动量发生变化。辐合、辐散的非地转风通过质量连续方程与垂直运动联系在一起；旋转非地转风则根据准地转散度方程中的地转风近似求得。

---

# 6.4　位涡思想

位涡守恒将所有基本物理守恒定律用一个方程来表示，这为非常有力、简单地解释天气系统的动力学特征提供了基础。在回顾包含"位涡思想"的两个基本要素（反演和守恒）之前，我们来分析准地转位涡的尺度特征。

利用地转平衡和静力平衡关系替换准地转位涡表达式（6.17）中的涡度和位温，并注意到 $N$ 为浮力振荡频率，那么有

$$q - f = \frac{1}{\rho_0 f} \nabla_h^2 p + \frac{1}{\rho_0} \frac{\partial}{\partial z} \frac{f}{N^2} \frac{\partial p}{\partial z} \tag{6.24}$$

可见准地转位涡完全是由气压场决定的。这一显著特点使我们可以在仅知道初始时刻气压场的情况下进行预报，并能理解系统如何演变及为什么演变。将水平方向和垂直方向上的长度尺度分别取为 $L$ 和 $H$，气压场取为地转尺度[3]，即 $p \sim \rho_0 U f L$，对式（6.24）进行无量纲化处理可得

$$q - f \sim \frac{U}{L} \left( \hat{\nabla}_h^2 \hat{p} + \frac{1}{B^2} \frac{\partial^2 \hat{p}}{\partial \hat{z}^2} \right) \tag{6.25}$$

其中，假设浮力振荡频率 $N$ 为常数，"∧"表示量级为 1 的无量纲变量，$B$ 为无量纲博格（Burger）数。类似于涡度，可将 $q - f$ 视为"相对"准地转位涡，可以看出这个变量的尺度与垂直涡度的尺度 $U / L$ 相同。在式（6.16）中使用尺度因子，就可以得到准地转位涡的尺度为 $\dfrac{U}{\rho_0 L} \dfrac{\mathrm{d}\bar{\theta}}{\mathrm{d}z}$，其单位与 Ertel 位涡相同。

博格数是定量反映层结相对于旋转的重要性的基本手段，它至少可以用如下 4 种形式表示，即

$$B = \frac{NH}{fL} = \frac{L_R}{L} = \frac{H}{H_R} = \frac{R_o}{F_r} \tag{6.26}$$

第二个等式说明，博格数是罗斯贝变形半径 $L_R = NH / f$ 与运动长度尺度 $L$ 的比值。大小与罗斯贝变形半径相当的扰动具有较小的博格数，这也提升了涡旋伸展的重要性。第三个等式说明博格数还是深度尺度 $H$ 与罗斯贝深度 $H_R = fL / N$ 的比值，其中罗斯贝深度度量的是扰动的垂直影响，它的增大对应着扰动长度尺度和旋转的增大，或者静力稳定性的减小。另外，博格数也是罗斯贝数 $R_o = U / fL$ 与弗劳德数 $F_r = U / NH$ 的比值，两者都是无量纲的。罗斯贝数度量的是扰动的涡度 $U / L$ 相对于环境涡度 $f$ 的重要性，弗劳德数[4]则度量的是扰动垂直切变 $U / H$ 与浮力振荡频率 $N$ 的相对重要性。在推导准地转方程组的过程中，已假定有强的环境旋转（$\zeta \ll f$）和层结（$\mathrm{d}\bar{\theta} / \mathrm{d}z$ 较大），因此 $R_o$ 和 $F_r$ 都比较小（远小于 1），这就说明博格数接近于 1，这两项在准地转位涡中同等重要。这反过来又说明扰动的长度尺度和深度尺度满足 $L \sim L_R$ 和 $H \sim H_R$，这为开展天气系统的动力学讨论提供了有用的指导。

---

**本节要点**

* 准地转位涡完全由气压场决定。
* 涡度和静力稳定度对准地转位涡的相对重要性可用博格数来度量。

---

[3] 无量纲地转风可以用无量纲气压表示为 $\hat{V}_g = -\hat{k} \times \hat{p}$。

[4] 根据热成风关系，地转风的垂直切变正比于水平温度梯度，所以弗劳德数实际上度量的是等熵面的坡度。

### 6.4.1 位涡反演、诱生流和分段位涡反演

位涡反演是一种从位涡场推导出其他场的运动学诊断方法。当 $B=1$ 时，式（6.25）可写为

$$\hat{q} - R_o^{-1} = \hat{\nabla}^2 \hat{p} \qquad (6.27)$$

常数 $R_o^{-1}$ 与环境旋转和层结有关，尽管其值很大，但并没有动力学作用，这是因为它仅会改变所有位置上的位涡。因此，在无量纲准地转位涡 $\hat{q}$ 中，我们感兴趣的特征是由无量纲气压场的拉普拉斯决定的。气压相对较低（高）的区域与大（小）的准地转位涡有关。关于从准地转位涡求得气压场的准地转位涡反演可通过求解下式完成：

$$\hat{p} = \hat{\nabla}^{-2} \hat{q} \qquad (6.28)$$

由于 $\hat{\nabla}^2$ 涉及求导数，所以，预期 $\hat{\nabla}^{-2}$ 会涉及求反导数，也就是通过积分由准地转位涡得到气压场。

再回到准地转位涡的完整量纲形式，式（6.24）乘以 $f$ 后可得

$$f(q-f) = \frac{1}{\rho_0}\nabla_h^2 p + \frac{1}{\rho_0}\frac{\partial}{\partial z}\frac{f^2}{N^2}\frac{\partial p}{\partial z} = \mathrm{L}p \qquad (6.29)$$

其中

$$\mathrm{L} = \frac{1}{\rho_0}\nabla_h^2 + \frac{1}{\rho_0}\frac{\partial}{\partial z}\frac{f^2}{N^2}\frac{\partial}{\partial z} \qquad (6.30)$$

L 是一个算子，可近似视为一个三维拉普拉斯，但在 $z$ 方向上相对于 $x$ 方向和 $y$ 方向"拉伸"了 $f^2/N^2$ 倍；式（6.28）讨论的无量纲形式消去了这种拉伸。乘积 $fq$ 是一个很有用的组合，只要对位涡思想给出"半球中性"的解释，那么对于北半球和南半球的气旋（反气旋）而言，其值为正（负）[5]。因为 L 的作用类似于拉普拉斯，所以，在 $p$ 取极小值的地方，$f(q-f)$ 取极大值。对于气旋而言，这就意味着在北半球有 $q>0$，而在南半球有 $q<0$；反气旋则正好相反。

因为针对的是无量纲的情况，所以可以象征性地用 L 的逆算子将准地转位涡反演定义为

$$p = \mathrm{L}^{-1}(fq) \qquad (6.31)$$

它表示从准地转位涡场得到气压场（将根据 $\mathrm{L}^{-1}f^2$ 得到的常数取为 0）。给定气压场，可以分别根据式（6.1）和式（6.6）得到地转风和扰动位涡。从这一点来看，风场和位温场是"诱生的"，或者说是由准地转位涡造成的。

在进行位涡反演时必须给定边界条件。假定在水平方向上取周期边界条件，那么在诸如地表这样的水平边界上，其对边界条件有一定的要求，包括关于气压的狄利克雷条件、关于气压垂直导数的纽曼条件或者关于气压及其垂直导数线性组成的罗宾条件；"自由空间"解则适用于没有边界条件的情况。根据静力学方程式（6.6），纽曼条件需要确定边界上的位温场。假定地面位温场与位涡无关，这为大气动力学提供了一个很有用的方法，这

---

[5] 这种关系是从相对涡度推导出的，因此气旋与局地行星旋转 $f$ 同号。

是因为准地转位涡和 $\theta$ 都是随着运动守恒的。由于地面位温的守恒定律 [在式（6.8）中取 $w=0$] 类似于准地转位涡的守恒定律 [见式（6.16）]，所以可将地表位温视为地表的准地转位涡。从数学角度看，只要 $z=0$ 处有与地表 $\theta$ 成正比的"剧增"贡献可使准地转位涡增强，那么通过使用均一纽曼边界条件（在 $z=0$ 处令 $\theta=0$）来代替非均一纽曼边界条件，就可以准确地建立这种联系。这种 PV—$\theta$（位涡—位温）观点特别有用，它有助于理解对流层中的位涡异常（例如，与对流层顶波动有关的异常）是如何与地面特征（如地面气旋）相互作用的。

为了说明与位涡反演有关的概念，本章具体分析两种典型扰动。第一种扰动模拟的是"短波"槽，它是出现在对流层上层天气图中的孤立低压槽（等压面上的位势高度低值区）。这种扰动与气旋性准地转位涡的局地化气团有关，令其位于对流层中层且具有高斯结构和最大值 2 PVU，如图 6.10 所示。由位涡气团诱生的气流在扰动的"边缘"附近达到最大，并且随着距离变远而衰减 [见图 6.10（a）]，这就说明了反演所具有的重要非局地特征：在距离具有准地转位涡的区域 1000 km 以外的地方，风场仍然是非零的。这就产生了"超距作用"的概念，即动力学过程可能依赖于远处位涡异常诱生的气流。

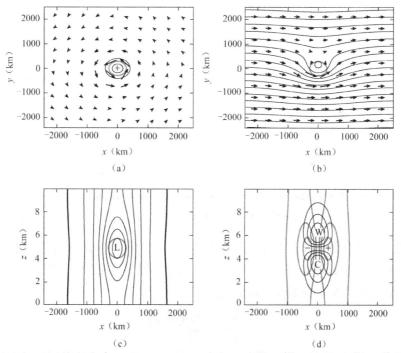

图 6.10　理想化局地准地转位涡气团的反演。该气团量级为 2 PVU，叠加于随高度线性增大的西风急流上。（a）5 km 高度处的等位涡线（间隔为 0.5 PVU），位涡异常诱生的风场用箭头表示，最大风速为 22 m s$^{-1}$；（b）间隔 42 hPa 的等压线（相当于在等压面上间隔 60 m 的等高线）和全风速矢量（位涡异常引起的风场，加上西风急流），最大风速为 36 m s$^{-1}$；（c）间隔为 21 hPa 的异常气压场（相当于 30 m 间隔的等高线），其中零值等值线加粗；（d）间隔为 6 m s$^{-1}$ 的经向风和间隔为 2 K 的位温异常（"W"和"C"分别表示暖中心和冷中心）。在图 6.10（a）～图 6.10（c）中，1 PVU 的准地转位涡等值线用浅灰色的实线表示

图 6.10 中的扰动叠加在可能存在的最简单的急流上，其中纬向风在 $x$ 方向和 $y$ 方向上均为常数，并假定纬向风自地面向上从 0 开始线性增大。尽管非常简单，但由图 6.10（b）明显可以看出，这种配置对于西风急流中的短波槽而言，是一种非常好的模型。在垂直剖面图中，"拉伸过的"拉普拉斯解是很明显的，这就说明非局地影响伸展到了地面，会由上方的准地转位涡产生一个低压区［见图 6.10（c）］。最后，从图 6.10（d）可以看出，位涡气团与气旋性涡度的局地最大值、围绕位涡气团的气旋性风场、静力稳定度的最大值，以及位涡气团上方的"暖"空气和下方的"冷"空气有关。

如前所述，地表位温对位涡是有作用的。地面上的暖（冷）空气与低（高）压，以及因热成风原理导致的自地面向上到对流层内衰减的气旋性环流有关，如图 6.11 所示。可以通过流体静力学方程，以及当准地转位涡为 0 时拉普拉斯问题的解在边界上取极值这一事实来理解上述现象。对流层顶的零级近似类似于地表的刚性边界，在这种情况下，冷（暖）空气与低（高）压，以及自对流层顶向下衰减的气旋性（反气旋性）环流有关。

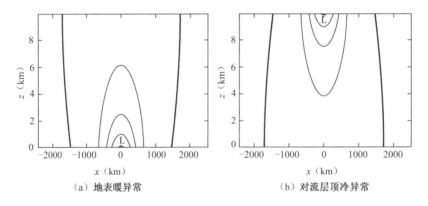

（a）地表暖异常　　　　　　　　　（b）对流层顶冷异常

图 6.11　与地表暖异常和对流层顶冷异常有关的等压线。等压线间隔为 21 hPa（相当于间隔为 30 m 的等高线），粗线为 0 线。位温异常的幅度为 10 K，并且其水平结构与图 6.10 中的位涡异常相同

在考虑大气的离散部分及其相互作用（如动力学作用）时，诱生流的概念是最有力的。由于准地转位涡算子 L 是线性的，所以大气可以分为若干组成部分，其和就是完整场。这种"分段位涡反演"框架在数学上可表述为

$$p = \sum_{i=1}^{N} p_i = \sum_{i=1}^{N} L^{-1}(fq_i) \tag{6.32}$$

对每部分位涡 $q_i$ 而言，都关联着一个气压场 $p_i$，据此就可以得到风场和温度场；再针对每个变量将每个分段相加就可以得到完整场（因为地转平衡和静力平衡也是线性运算的）。

为了说明分段位涡反演的概念，引入第二种典型扰动：叠加于西风急流之上的局地风速最大值（称为"急流轴"，见图 6.12）。这里用椭圆偶极子来模拟急流轴，在反气旋性准地转位涡异常的向极方向上伴随着气旋性准地转位涡异常。由这种偶极子诱生的气流会在它们之间产生强急流［见图 6.12（a）］。与前面的例子相同，将其叠加在简单的线性西风

急流上，就可以看到在较宽的西风带内爆发空间局地化的更强风场［见图 6.12（b）］。接着来分析仅由正的和负的椭圆形准地转位涡诱生的气流，可以看到此时急流出现在涡旋之间，这是因为每个椭圆的贡献强化了在这个位置上其他椭圆的贡献。此外，来自每个椭圆的气流会以对称的形式伸展到其他涡旋［见图 6.12（c）、图 6.12（d）］。这个系统的动力学特征可以用来自每个椭圆的气流分量对准地转位涡的平流来简单理解，这就说明：①每个椭圆的"自"平流之间几乎没有动力学联系；②动力学特征集中于由相反的椭圆造成的准地转位涡的平流，它将椭圆对称地向下游平流（系统沿直线运动），其速度远小于急流轴中的风场本身。

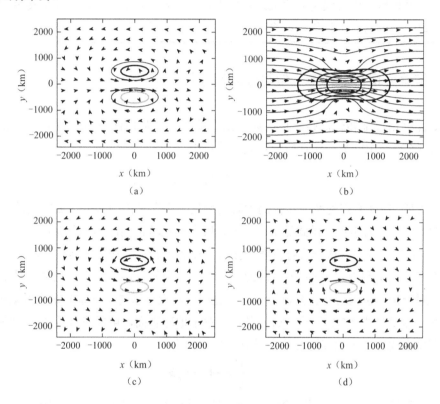

图 6.12 叠加于随高度线性增大的西风急流之上，量极为 2 PVU 的准地转位涡偶极子所对应的"急流轴"理想化模型。（a）5 km 高度处的等位涡线，间隔为 0.5 PVU，位涡异常诱生的风场用箭头表示，其中最大风速为 22 m s$^{-1}$；（b）5 km 高度处的等压线，间隔 42 hPa（相当于等压面上间隔为 60 m 的等位势高度线）、全风速矢量（位涡偶极子造成的风场和西风急流叠加而成）和用粗实线表示的等风速线（20 m s$^{-1}$、30 m s$^{-1}$ 和 40 m s$^{-1}$）；（c）正位涡异常诱生的风场；（d）负位涡异常诱生的风场。在图 6.12（c）和图 6.12（d）中，−1 PVU 和 1 PVU 等位涡线分别用灰色粗线和黑色粗线表示

**本节要点**

- 气压场完全是通过反演关系由准地转位涡决定的。通过地转关系和静力学关系，地转风和位温场也可以由准地转位涡得到。

- 地面上的暖空气类似于气旋性准地转位涡；对流层顶的冷空气也类似于气旋性准地转位涡。

- 准地转位涡反演是用类似拉普拉斯的算子定义的，因此气旋性准地转位涡中的局地最大值会在气压场上产生局地最小值。

- 分段准地转位涡反演需要将准地转位涡场分为若干部分，并通过准地转位涡反演将每个部分与一个气压场联系起来；这些部分的总和就等于总气压场。

## 6.4.2  位涡守恒与准地转"位势倾向方程"

假如能够由准地转位涡得到地转风，那么就有可能从位涡思想的角度进行准地转预报。将式（6.16）中的准地转物质导数展开后可得

$$\frac{\partial q}{\partial t} = -V_g \cdot \nabla_h q \tag{6.33}$$

上式说明，空间某点处准地转位涡的时间变化率完全是由地转风造成的准地转位涡平流决定的。这为动力学预报模式提供了基础。假定准地转位涡的初始分布已知，那么就可以利用式（6.31）针对气压场进行反演，接着再得到地转风。在准地转位涡和地转风的有关理论中考虑到了利用式（6.33）对准地转位涡的未来配置进行预报。在未来时刻，可以针对风场对准地转位涡进行反演，并且这个过程可以无限重复，一直向未来时刻推进。

为此，需要对式（6.33）给定边界条件。对于地球表面，可以将其近似视为刚性水平面，没有垂直速度，因此准地转热力学方程的形式为

$$\frac{\partial \theta}{\partial t} = -V_g \cdot \nabla_h \theta \tag{6.34}$$

需要注意的是，这个方程等价于式（6.33），其中 $\theta$ 的作用相当于 $q$。因此，除可以通过式（6.33）预报 $q$ 外，还可以通过式（6.34）预报 $\theta$，后者为未来时刻的准地转位涡反演提供了边界条件。对于上边界而言，可以使用另一种刚壁水平边界来表示对流层顶的粗略近似或者平流层中更高的层次。

这种方法对于中纬度天气系统的演变而言是极为有用的近似。相对于在完整系统 $(u, v, w, p, \theta)$ 中求解关于 5 个变量的复杂方程组，这里只需要分析一个变量的水平平流即可预测未来。尽管如此，我们并不会直接去度量准地转位涡，因为对气压的预报通常更直观。注意到 $\frac{\partial}{\partial t} f(q - f) = \frac{\partial}{\partial t}(fq) = \mathrm{L}\frac{\partial p}{\partial t}$，因此有可能由式（6.33）得到一个气压预报方程

$$\mathrm{L}\frac{\partial p}{\partial t} = -V_g \cdot \nabla_h (fq) \tag{6.35}$$

这里的 L 就是式（6.30）给出的准拉普拉斯算子。因此，为了得到气压倾向 $\partial p / \partial t$，需要将反演算子 $L^{-1}$ 应用于准地转位涡平流项。我们预期，在准地转位涡平流的局地最大值附近（例如，准地转位涡最大值的下风向），气压倾向会达到局地最小值（也就是说气压会下降）。

将静力学方程式（6.6）应用于式（6.34），就可以得到气压倾向的边界条件：

$$\frac{\partial}{\partial z}\frac{\partial p}{\partial t}=\frac{\rho_0 g}{\theta}(-V_g \cdot \nabla_h \theta) \tag{6.36}$$

地表处的暖空气平流意味着自地面向上气压倾向是增大的，因此，如果倾向为负（气压降低），那么就在地面达到负的最大值。

利用式（6.17）替换式（6.35）右端的 $q$，可得

$$L\frac{\partial p}{\partial t}=-V_g \cdot \nabla_h \zeta_g -V_g \cdot \nabla_h \left( f\frac{\partial}{\partial z}\frac{\mathrm{d}\overline{\theta}^{-1}}{\mathrm{d}z}\theta \right) \tag{6.37}$$

再将热成风方程式（6.7）应用于上式右端最后一项，则有

$$L\frac{\partial p}{\partial t}=-V_g \cdot \nabla_h (f\zeta_g) -f^2\frac{\partial}{\partial z}\left( \frac{\mathrm{d}\overline{\theta}^{-1}}{\mathrm{d}z}(-V_g \cdot \nabla_h \theta) \right) \tag{6.38}$$

上式称为准地转气压倾向方程或位势高度倾向方程（因为在 $p$ 坐标系中，位势高度的作用相当于气压，参见 6.7 节）。根据经验，L 会使其作用的物理量变号，因此可以看出，在地转风造成气旋性地转涡度平流，以及位温的地转平流向上增大的位置，气压会随时间减小。第一种情况的例子就发生在上层槽的下风地带，这是因为气旋性涡度在槽上具有局地最大值。第二种情况的例子则出现在对流层下层冷空气平流随高度上升而减小的时候，如地面冷锋的后方。需要注意的是，如果大气非常稳定（$\mathrm{d}\overline{\theta}/\mathrm{d}z$ 很大），那么气压倾向就会被涡度平流所主导，而且根据式（6.30），在垂直方向上的响应是局地的，所以说动力学过程就会演变为接近水平的非耦合层的集合。

对于在西风切变中的位涡气团（见图 6.10），正如所预期的，气压倾向方程的解证明气压在位涡气团的下风地带降低［见图 6.13（a）］。在垂直方向上，在上层特征场下风地带的整个深层大气（包括地表），气压都是降低的［见图 6.13（b）］。由于边界条件式（6.36），这种响应在垂直方向上是非对称的：位涡气团右方的暖空气平流说明在边界上 $\partial p / \partial t$ 向上增大，因此气压的降低量在地表达到局地最小值。从位涡的角度看，要注意的是，地面上暖空气的作用类似于气旋性准地转位涡，而对流层顶暖空气的作用则类似于反气旋性位涡。因此，地表上的温度平流会加强由位涡气团导致的倾向，而在对流层顶则有抵消作用。

分析涡度平流和位温平流的个别贡献后可以看出，由于西风气流随高度上升而增大，所以，涡度平流造成的气压倾向的量级在位涡气旋的上方达到最大值；部分因为之前所述的边界条件的作用，位温平流造成的气压倾向会改变地面和对流层顶之间的符号［见

图 6.13（c）和图 6.13（d）]。

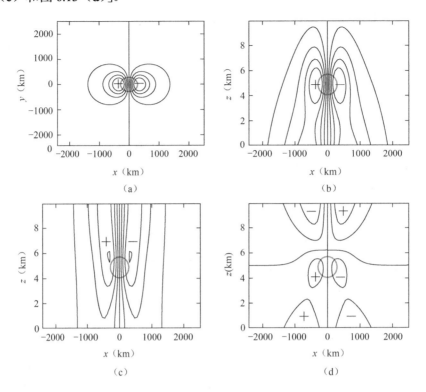

图 6.13 在如图 6.10 所示的垂直切变条件下，与位涡气团有关的气压倾向。气压倾向：（a）5 km 高度处的水平视图；（b）沿着 $y=0$ 的剖面图；（c）涡度平流贡献沿着 $y=0$ 的剖面图；（d）温度平流贡献沿着 $y=0$ 的剖面图。（c）和（d）的和等于（b）。气压倾向等值线的间隔为 5 hPa/天；图中灰色粗线为 1 PVU 准地转位涡等值线

---

**本节要点**

- 在气旋性准地转位涡平流的局地最大值附近，气压会下降。
- 在气旋性地转涡度位涡平流的局地最大值附近，气压会下降。
- 在位温的地转平流随高度升高而增大（冷空气平流随高度升高减小，或暖空气平流随高度升高增大）的位置附近，气压会下降。
- 在地面上，位温的地转平流决定着气压倾向的垂直梯度的符号（暖空气平流意味着气压倾向随高度升高增大）。

---

## 6.5　垂直运动思想

垂直运动在位涡思想中没有任何作用，这是因为位涡平流完全是由地转风决定的。尽管在准地转位涡的物质守恒中温度和动量的调整是隐式的，但是显式地考虑这些变化对于理解天气系统动力学通常还是很有帮助的。在这个框架下，可将准地转动力学用热力学方程和涡度方程分别写为

$$\frac{\partial \theta}{\partial t} = -\boldsymbol{V}_g \cdot \nabla_h \theta - w \frac{\mathrm{d}\overline{\theta}}{\mathrm{d}z} \tag{6.39}$$

$$\frac{\partial}{\partial t}(\zeta_g + f) = -\boldsymbol{V}_g \cdot \nabla_h (\zeta + f) + f \frac{\partial w}{\partial z} \tag{6.40}$$

垂直运动控制着 $\theta$ 和 $\zeta_g$ 的演变。因此，需要一个关于 $w$ 的方程，这个方程不仅能在数学上使这个动力学框架闭合，而且能够提供云形成的位置和条件不稳定性可能释放的位置等有用信息。

为了得到关于 $w$ 的方程，需要在式（6.39）和式（6.40）中消去时间导数。首先，根据式（6.2）和式（6.6），用气压将涡度和位温表示为

$$\frac{\partial \theta}{\partial t} = \frac{\overline{\theta}}{\rho_0 g} \frac{\partial}{\partial z} \frac{\partial p}{\partial t}, \qquad \frac{\partial \zeta}{\partial t} = \frac{1}{\rho_0 f} \nabla_h^2 \frac{\partial p}{\partial t} \tag{6.41}$$

通过计算 $\dfrac{g}{f\overline{\theta}} \nabla^2 \dfrac{\partial \theta}{\partial t}$ 和 $\dfrac{\partial}{\partial z} \dfrac{\partial \zeta}{\partial t}$，消去气压的时间倾向，然后将得到的方程相减就可以得到

$$\nabla_h^2 w + \frac{f^2}{N^2} \frac{\partial^2 w}{\partial z^2} = \frac{g}{\overline{\theta} N^2} \nabla_h^2 (-\boldsymbol{V}_g \cdot \nabla_h \theta) - \frac{f}{N^2} \frac{\partial}{\partial z}(-\boldsymbol{V}_g \cdot \nabla_h \zeta) \tag{6.42}$$

这个方程通常被称为准地转垂直运动方程的"传统形式"（或称 $\omega$ 方程，其中 $\omega$ 为在 $p$ 坐标系中垂直速度的符号）。方程左端再次涉及准拉普拉斯算子

$$\tilde{\mathrm{L}} = \nabla_h^2 + \frac{f^2}{N^2} \frac{\partial^2}{\partial z^2} \tag{6.43}$$

其解释类似于准地转位涡反演的式（6.30）中对 L 的解释。具体而言，对于给定的强迫，当 $f^2 / N^2$ 很小（对应小的行星旋转和大的静力稳定度）时，对 $w$ 的响应主要在水平方向上。

由式（6.42）可以看出，上升运动（$w > 0$）与暖空气平流的局地最大值，以及地转风造成的地转涡度平流向上的增大有关。在这两种情况下，式（6.42）右端的项均为负，当考虑准拉普拉斯算子 $\tilde{\mathrm{L}}$ 后则会"变号"，成为正。

$\omega$ 方程传统形式的一个问题是方程右端的两项存在明显的抵消现象。为揭示这种抵消作用，并发展两种不同形式的 $\omega$ 方程，需要将式（6.42）的右端展开。这就涉及对矢量的

乘积求梯度，此时矢量符号不再适用。正如当我们觉得使用标量形式比较烦琐时通过引入矢量符号来简化数学运算，当矢量符号不再适用时，我们常常会在这种情况下谨慎地选择使用指标符号。指标符号在很多方面都比矢量符号更为简单、明确。这里只引入分析所需的基本要素。

指标符号使用下标来表示矢量的分量。例如，用矢量符号表示的风速 $\boldsymbol{U} = (u, v, w)$ 可写为 $u_i$，其中在指标符号下 $u_1 = u$、$u_2 = v$、$u_3 = w$。类似地，矢量坐标方向 $(x, y, z)$ 也可简写为 $x_i$。指标符号的关键简化在于重复下标表示求和。例如，在二维情况下 $a_i b_i = a_1 b_1 + a_2 b_2$。求和之后剩下的下标称为哑指标。如果一直重复这样的运算，那么可以自由地改变它。两个矢量的点乘一般可以写为

$$c = \boldsymbol{a} \cdot \boldsymbol{b} = a_i b_j \delta_{ij} = a_i b_i = a_j b_j \tag{6.44}$$

其中，$\delta_{ij}$ 为克罗内克函数，它在 $i = j$ 时取 1，在其他情况下取 0。这样得到的结果就是我们熟悉的矢量分量的乘积之和。可见，当表示点乘的时候，对受影响变量的下标进行匹配是很方便的，这就排除了使用 $\delta_{ij}$ 的需要。矢量符号中的梯度算子（$\nabla$）在指标符号体系中的形式为 $\boldsymbol{e}_i \partial / \partial x_i$，其中 $\boldsymbol{e}_i$ 为单位矢量。事实证明，这对于我们的目标是很有用的，因为所有传统的微积分法则（如乘积和链式法则）还能够照常适用。例如，平流是梯度算子和点乘的组合，所以其在指标符号中的形式为

$$\boldsymbol{U} \cdot \nabla \theta = u_i \frac{\partial \theta}{\partial x_i} \tag{6.45}$$

这样，就可以利用指标符号将 $\omega$ 方程的传统形式写为

$$\tilde{L}w = \frac{g}{\overline{\theta} N^2} \frac{\partial}{\partial x_i} \frac{\partial}{\partial x_i} \left( -v_j \frac{\partial \theta}{\partial x_j} \right) - \frac{f}{N^2} \frac{\partial}{\partial x_3} \left( -v_j \frac{\partial \zeta}{\partial x_j} \right) \tag{6.46}$$

式中已略去了风速和涡度的下标 $g$，下标 $i$ 和 $j$ 分别取值 1 和 2（表示 $x$ 方向和 $y$ 方向）。进一步求导后可得

$$\tilde{L}w = \frac{g}{\overline{\theta} N^2} \frac{\partial}{\partial x_i} \left( -\frac{\partial v_j}{\partial x_i} \frac{\partial \theta}{\partial x_j} - v_j \frac{\partial^2 \theta}{\partial x_i \partial x_j} \right) - \frac{f}{N^2} \left( -\frac{\partial v_j}{\partial x_3} \frac{\partial \zeta}{\partial x_j} - v_j \frac{\partial}{\partial x_j} \frac{\partial \zeta}{\partial x_3} \right) \tag{6.47}$$

根据涡度的定义，$\zeta_g = \frac{1}{\rho_0 f} \frac{\partial^2 p}{\partial x_i^2}$，以及静力平衡关系 $\frac{1}{\rho_0} \frac{\partial p}{\partial x_3} = \frac{g}{\overline{\theta}} \theta$，可以求得 $\frac{\partial \zeta}{\partial x_3} = \frac{g}{f \overline{\theta}} \frac{\partial^2 \theta}{\partial x_i^2}$。在式（6.47）中使用这个等式，并对右端第一项进一步求导，可得

$$\tilde{L}w = \frac{g}{\overline{\theta} N^2} \left( -\frac{\partial^2 v_j}{\partial x_i^2} \frac{\partial \theta}{\partial x_j} - 2\frac{\partial v_j}{\partial x_i} \frac{\partial^2 \theta}{\partial x_i \partial x_j} - v_j \frac{\partial}{\partial x_j} \frac{\partial^2 \theta}{\partial x_i^2} \right) +$$
$$\frac{f}{N^2} \left( \frac{\partial v_j}{\partial x_3} \frac{\partial \zeta}{\partial x_j} + v_j \frac{\partial}{\partial x_j} \frac{g}{f \overline{\theta}} \frac{\partial^2 \theta}{\partial x_i^2} \right) \tag{6.48}$$

显然，式（6.48）右端括号中的最后一项是相互抵消的。此外，还可以证明（参见习

题 6.3）：

$$\frac{g}{\overline{\theta}N^2}\frac{\partial^2 v_j}{\partial x_i^2}\frac{\partial \theta}{\partial x_j} = \frac{f}{N^2}\frac{\partial v_j}{\partial x_3}\frac{\partial \zeta}{\partial x_j} \tag{6.49}$$

至此，马上就可以得到 $\omega$ 方程的另外两种形式。利用式（6.49）替换式（6.48）中涉及涡度的项，就可以得到如下紧凑形式：

$$\tilde{L}w = -2\frac{g}{N^2\overline{\theta}}\frac{\partial}{\partial x_i}\left(\frac{\partial v_j}{\partial x_i}\frac{\partial \theta}{\partial x_j}\right) \tag{6.50}$$

用矢量符号可写为

$$\tilde{L}w = -2\nabla_h \cdot \boldsymbol{Q} \tag{6.51}$$

式中，$\boldsymbol{Q} \equiv -\dfrac{g}{N^2\overline{\theta}}\dfrac{\partial v_j}{\partial x_i}\dfrac{\partial \theta}{\partial x_j}$，称为 $\boldsymbol{Q}$ 矢量，其分量形式为

$$\boldsymbol{Q} = -\frac{g}{N^2\overline{\theta}}(Q_1,\ Q_2)$$
$$= -\frac{g}{N^2\overline{\theta}}\left(\frac{\partial u_g}{\partial x}\frac{\partial \theta}{\partial x} + \frac{\partial v_g}{\partial x}\frac{\partial \theta}{\partial y},\ \frac{\partial u_g}{\partial y}\frac{\partial \theta}{\partial x} + \frac{\partial v_g}{\partial y}\frac{\partial \theta}{\partial y}\right) \tag{6.52}$$

可以看出，垂直运动与水平风梯度和水平位温梯度的乘积有关。这些作用涉及水平位温梯度的变化（将在第 9 章对此进行更具体的分析）。在 $\boldsymbol{Q}$ 矢量辐合的区域有上升气流，因此式（6.51）的右端为负，且 $\tilde{L}$ 变号。

天气图给定位置上 $\boldsymbol{Q}$ 矢量的方向和量级可以通过如下方法来估算。首先，$\boldsymbol{Q}$ 矢量可写为

$$\boldsymbol{Q} = -\frac{g}{N^2\overline{\theta}}\left(\frac{\partial \boldsymbol{V}_g}{\partial x}\cdot\nabla_h\theta,\ \frac{\partial \boldsymbol{V}_g}{\partial y}\cdot\nabla_h\theta\right) \tag{6.53}$$

运动以笛卡儿坐标系作为参考系，取 $x$ 轴平行于局地等温线且冷空气位于其左侧，那么式（6.53）可简化为

$$\boldsymbol{Q} = -\frac{g}{N^2\overline{\theta}}\left|\frac{\partial \theta}{\partial y}\right|\boldsymbol{k}\times\frac{\partial \boldsymbol{V}_g}{\partial x} \tag{6.54}$$

基于这一特定坐标系，其中已用到 $\partial u_g / \partial x = -\partial v_g / \partial y$ 和 $\partial \theta / \partial y < 0$。因此，通过分析 $\boldsymbol{V}_g$ 沿着等温线（冷空气位于其左侧）的矢量变化，再将变化后的矢量顺时针旋转 $90°$，最后再用得到的矢量乘以 $\dfrac{g}{N^2\overline{\theta}}\left|\dfrac{\partial \theta}{\partial y}\right|$，就可以得到 $\boldsymbol{Q}$ 矢量。图 6.14 所示的例子就是稍微受到扰动的热成西风中气旋和反气旋的理想化模态。在低压中心附近，当气流沿着等温线向东移动时，地转风的变化是自南向北的。因此，地转风变化矢量是指向北的，顺时针旋转 $90°$ 后就可以得到平行于热成风的 $\boldsymbol{Q}$ 矢量。在高压处，由于相同的原因，$\boldsymbol{Q}$ 矢量反向平行于热成风。这样，$\nabla\cdot\boldsymbol{Q}$ 就会在槽以西的冷空气平流区产生下降运动，在槽以东的暖空气平流区产生上升运动。

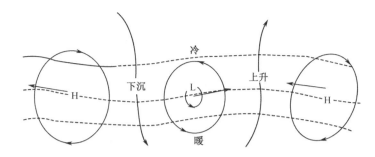

图 6.14 一组气旋和反气旋的等压线（实线）和等温线（虚线）构成的理想化模态所对应的 $\boldsymbol{Q}$ 矢量（粗箭头）（引自 Sanders 和 Hoskins，1990）

利用式（6.49）替换式（6.48）中的第一项，就可以得到 $\omega$ 方程的另外一种形式：

$$\tilde{L}w = 2\frac{f}{N^2}\frac{\partial v_i}{\partial x_3}\frac{\partial \zeta}{\partial x_i} + D \tag{6.55}$$

其中， $D = -2\dfrac{g}{\theta N^2}\dfrac{\partial v_j}{\partial x_i}\dfrac{\partial^2 \theta}{\partial x_i \partial x_j}$ 为"变形项"。注意到 $\partial v_i / \partial x_3$ 是热成风 $\boldsymbol{V}_T$，那么在矢量符号下，式（6.55）可以进一步变形，使变形项成为 $\boldsymbol{Q}$ 矢量散度中的两项之一。在矢量符号下，有

$$\tilde{L}w = -\frac{2}{N^2}[-\boldsymbol{V}_T \cdot \nabla_h(f\zeta_g)] + D \tag{6.56}$$

这个方程被称为准地转 $\omega$ 方程的萨克利夫（Sutcliffe）形式。略去变形项后可以看出，上升气流位于热成风造成的气旋性涡度平流区域附近。尽管这种近似从变形项中略去了潜在的垂直运动来源，但热成风造成的涡度平流还是可以很容易地在高层天气图上绘制出来的。

在西风切变中位涡气团对应的垂直运动场如图 6.15 所示。需要注意的是，$\boldsymbol{Q}$ 矢量在位涡气团下风地带（上风地带）的上升（下沉）运动区辐合（辐散）。通过位涡气团的东西向剖面图可以看出，非地转环流通过质量连续性将上升运动和下沉运动联系在了一起。下面来分析在准地转位涡最大层次上位温的局地时间倾向。由于这个层次上的扰动位温为 0，所以这个变量不存在平流 [见图 6.10（d）]，但基本态位温梯度（沿 $y$ 方向线性递减）的扰动平流则意味着位涡气团右方（左方）的值增大（减小）。地转平衡和静力平衡会被这种地转平流模态"破坏"，但它们又会被非地转环流"重建"。需要注意的是，垂直运动模态会冷却（加热）上升（下沉）区的大气，这会对之前讨论的地转平流造成的倾向产生反作用。此外，水平非地转风的科氏转向起着增大（减小）位涡气团上方（下方）风场 $v_g$ 分量的作用，这样就会恢复热成风平衡，达到新的位温分布状态。在准地转方程组中，这种适应"过程"是瞬时的，因此大气通常处于准地转和准静力平衡状态。再回到位涡动力学的观点，可以认为如果随着地转运动的准地转位涡是守恒的，那么维持地转平衡和静力平衡的非地转环流是必须的。

需要注意的是，在没有 $\boldsymbol{Q}$ 矢量的情况下，仍然可以利用准地转 $\omega$ 方程的萨克利夫形式很容易地估算垂直运动模态。由西风切变急流主导的热成风主要指向 $x$ 轴的正向，因此由热成风造成的地转涡度平流在位涡气团的右方（左方）为正（负）。综上可知，预期会

在气团的右方（左方）出现上升（下沉）运动。这种技术对于快速估算天气图上的上升气流区和下沉气流区是特别有用的。

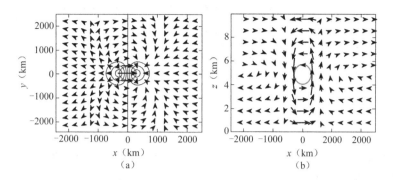

图 6.15　与如图 6.10 所示的在垂直切变中的位涡气团相关联的垂直运动。（a）$Q$ 矢量和 $w$ 的等值线（间隔 $2\,\mathrm{cm\,s^{-1}}$），在 $Q$ 矢量辐合的地方有上升气流；（b）非地转环流 $(u_a,\ w)$ 沿着 $y=0$ 的垂直剖面。
图中灰色粗线为准地转位涡的 1 PVU 等值线

对于急流的例子，垂直运动的 4 个单体模态是很明显的，其中上升运动发生在急流的"右入口区"和"左出口区"，如图 6.16 所示。根据穿过急流入口区［见图 6.17（a）］和出口区［见图 6.17（b）］的剖面可以看出，横向（穿越气流的）非地转环流增加（减小）了上层大气中的纬向动量。这些环流模态会使风场加速（减速）进入（离开）急流，也会使急流入口（出口）区纬向风的垂直切变增大（减小）。需要注意的是，在急流入口区，相对较暖的空气会上升，而相对较冷的空气会下沉，这样就会把位能转换为急流中较强风场的动能；横向环流则发生在急流出口区。

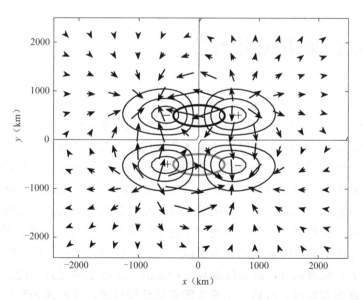

图 6.16　与如图 6.12 所示的急流相关联的垂直运动。等值线是 5 km 高度处的垂直运动 $w$（间隔为 $1\,\mathrm{cm\,s^{-1}}$）；箭头为非地转辐散风；灰色粗线和黑色粗线分别为准地转位涡的 $-1$ PVU 和 1 PVU 等值线

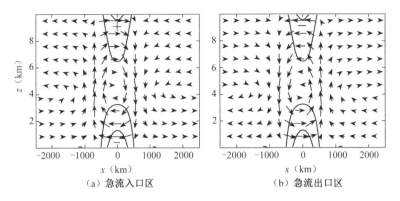

（a）急流入口区　　　　　　　　　　（b）急流出口区

图 6.17　急流入口区（$x = -700\,\text{km}$）和急流出口区（$x = 700\,\text{km}$）附近非地转环流（$u_a$, $w$）的垂直剖面。等值线为地转纬向风的加速度项 $\text{d}u/\text{d}t$（间隔为每小时 $5\,\text{m}\,\text{s}^{-1}$）

---

**本节要点**

- 在准地转方程组中包括一个关于垂直运动的诊断方程。
- 气流在暖空气平流的局地最大值附近及地转风造成的地转涡度平流向上增大的位置附近上升。
- 气流在 **$Q$** 矢量辐合的局地最大值附近上升。
- 气流在热成风造成的气旋性涡度平流的局地最大值附近上升。

---

# 6.6　斜压扰动的理想化模型

为了解释准地转动力学，我们已经提出了两个在动力学上一致的理论框架。这里应用这些理论框架来理解增强中的温带气旋，对应的过程被称为气旋生成（见图 6.7、图 6.8 及相应正文）。图 6.18 给出了涉及这个发展过程的主要要素。几乎所有的发展中气旋前面都有由对流层顶下传的波动造成的上层扰动。这种下传波动与异常气旋性位涡气团有关，后者在图 6.18 中用 "+" 表示。结合图 6.10 所示的讨论，这种位涡气团是与低压、气旋性风场和气团上（下）方的暖（冷）空气联系在一起的。在地面上，发展中的气旋会在位涡气团的顺风切变处以地面上相对较暖空气区域的形式出现。结合图 6.11 所示的讨论，地面上异常暖空气的行为类似于气旋性位涡，是与低压和向上减弱的气旋性风场相关联的。综合而言，这些位涡异常产生的气压场随高度升高向西倾斜，而位温场则随高度升高向东倾斜。最后一个重要因素是环境气流，其形式为西风，并且风速随高度升高不断增大直至在对流层顶达到最大值。

从位涡—$\theta$（运动学）的角度看，低压在上层位涡气团的东侧发展，这是因为气团导致的诱生气流会通过暖空气平流［见图 6.18（b），粗虚线］使地面暖异常的振幅增大。需要注意的是，这种机制要求环境位温场向极减小，并且正如前面假设的，由于热成风的作用，西风有向上的增大。类似地，鉴于上层位涡气团所在层次上的位涡向极增大，那么异常的振幅将会增大，这是由地表暖异常［见图 6.18（b），细实线］诱生的气流所导致的位涡向赤道平流造成的。

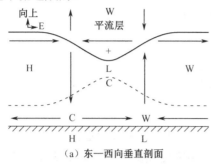
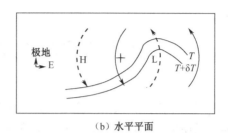

（a）东—西向垂直剖面　　　　　　　（b）水平平面

图 6.18　适用于温带气旋发展的准地转归因示意。（a）东—西向垂直剖面，其中给出了对流层顶（粗实线）、地表（剖面阴影线）、对流层低层等熵面（虚线），以及对于自地面到对流层顶西风增大的典型个例而言，位涡保持守恒所需的大气环流。大气相对较暖的区域和较冷的区域分别用"W"和"C"表示，气压相对较高的区域和较低的区域分别用"H"和"L"表示；（b）水平平面，其中给出了地表等温线（实线）、与上层位涡扰动有关的地面风（带箭头的粗虚线）、与地面气旋有关的地面风（带箭头的细实线）。在图 6.18（a）和图 6.18（b）中，"+"均表示由于较低的对流层顶导致的位涡扰动的位置（引自 Hakim，2002）

从高度倾向（动力学）的角度看，由图 6.13 可知，上层位涡气团东部的气压降低，这是由环境西风切变引起的气旋性准地转位涡平流导致的。此外，在发展中的地面低压以西处，冷空气平流的向上减弱导致了上层低压的增强。这样就可以理解，正是由于类似的原因，地面高压的发展是由位涡气团造成的逆风切变导致的。

从 $w$ 的角度看，低层涡度在上层位涡气团东部增大，其成因是这个位置上空对流层中与上升大气有关的位涡拉伸［图 6.18（a），箭头］。根据图 6.15，我们知道在西风切变中的位涡气团会产生与这种上升气流有关的非地转环流，并在地表附近辐合，而后者会使涡度增大。根据热力学方程，上升气流会使气柱冷却，从而部分抵消由暖空气平流导致的增暖。由于厚度的原因，地面低压上空的增暖与等压面间的距离增大有关，因此，如果位于对流层中的上边界保持固定，那么厚度的增大就意味着地面气压的下降。同理，可以将地面高压的发展理解为是由与下沉大气相关的涡旋挤压引起的位涡气团逆风切变造成的。

接下来，可以将云和降水的贡献添加到这种对锋生干过程的描述中。在上升运动区，我们预期会因潜热释放而形成云。从 $w$ 的角度看，这种添加的热量有助于通过加热气柱使发展中的气旋增强。从位涡—$\theta$ 的角度看，必须认识到潜热加热就意味着随着气块的位涡并不是守恒的，并且根据 4.4 节的分析可知，会在最大加热层下方产生气旋性位涡［见图 6.10（a）］。这种"新的"位涡位于地面气旋的上方，因此会造成气压的减小和气旋性环流的增加，而后者是由位涡反演和叠加造成的。

最后，需要注意的是，当环境静力稳定度减弱时，锋生过程会加速。可以从位涡—$\theta$ 的角度通过罗斯贝深度的增加来理解，这种深度的增加加大了地面上由上层位涡气团诱生的气流。从 $w$ 的角度看，较弱的静力稳定度也与较强和较深的非地转环流有关。反过来，对于增强的环境静力稳定度而言，锋生过程是减慢的。这是温带气旋的主要风暴路径出现在大西洋和太平洋西边界的原因之一；上层海洋较高的热容量可使冬季相对较暖的海水加热其上方的低层大气，从而使对流层的静力稳定度减弱。

# 6.7　$p$ 坐标系中的准地转方程组

格点气象数据和天气图通常在等压面上，而不在等高面和地面上。除历史原因之外，还因为当使用气压作为垂直坐标时控制方程组中密度项就会变成隐式表示的量。尽管如此，使用气压作为垂直坐标会产生一个左手坐标系，因为气压是向下增大的，而不是向上增大的，这会导致在解释方程组时变得更加麻烦。在 $p$ 坐标系中，向上的垂直运动为负（垂直速度 $\omega = \mathrm{d}p/\mathrm{d}t$）。接下来在不经证明的情况下直接总结给出在 $p$ 坐标系中的准地转方程组。除了因考虑 $\beta$ 效应（科氏参数随纬度线性变化）而额外出现的项，对这个方程组的解释与前面章节在高度坐标系中的对应部分完全相同。这些额外出现的项虽然量级比较小，但为了完整起见，这里将其考虑其中。

静力平衡关系可写为

$$\frac{\partial \Phi}{\partial p} = -\alpha = -\frac{RT}{p} \tag{6.57}$$

地转风定义为

$$V_g \equiv f_0^{-1} \boldsymbol{k} \times \nabla_h \Phi \tag{6.58}$$

式中，$\Phi$ 为位势。将 $\beta$ 平面近似应用于科氏参数，有

$$f = f_0 + \beta y \tag{6.59}$$

式中，$f_0$ 为常数，$\beta \equiv (\mathrm{d}f/\mathrm{d}y)_{\phi_0} = 2\Omega \cos\phi_0/a$，并且在 $\phi_0$ 处 $y = 0$。

准地转动量方程的形式为

$$\frac{\mathrm{d}_g V_g}{\mathrm{d}t} = -f_0 \boldsymbol{k} \times V_a - \beta y \boldsymbol{k} \times V_g \tag{6.60}$$

准地转质量连续方程为

$$\frac{\partial u_a}{\partial x} + \frac{\partial v_a}{\partial y} + \frac{\partial \omega}{\partial p} = 0 \tag{6.61}$$

绝热准地转热力学方程为

$$\left(\frac{\partial}{\partial t} + V_g \cdot \nabla_h\right)T - \left(\frac{\sigma p}{R}\right)\omega = 0 \tag{6.62}$$

式中，$\sigma \equiv -RT_0 p^{-1} \mathrm{d}\ln\theta_0/\mathrm{d}p$ 表示参考大气的静力稳定度。

准地转涡度方程除 $\beta$ 项之外都没有变化，其形式为

$$\frac{\mathrm{d}_g \zeta_g}{\mathrm{d}t} = -f_0\left(\frac{\partial u_a}{\partial x} + \frac{\partial v_a}{\partial y}\right) - \beta v_g \tag{6.63}$$

准地转位势倾向（$\chi \equiv \partial \Phi / \partial t$）方程的涡度—温度平流形式为

$$\left[\nabla^2 + \frac{\partial}{\partial p}\left(\frac{f_0^2}{\sigma}\frac{\partial}{\partial p}\right)\right]\chi = -f_0 V_g \cdot \nabla_h\left(\frac{1}{f_0}\nabla^2\Phi + f\right) -$$
$$\frac{\partial}{\partial p}\left[-\frac{f_0^2}{\sigma}V_g \cdot \nabla_h\left(-\frac{\partial \Phi}{\partial p}\right)\right] \tag{6.64}$$

上式中已包含了行星涡度的平流，准地转位涡方程也是如此，有

$$\left(\frac{\partial}{\partial t} + V_g \cdot \nabla_h\right)q = \frac{\mathrm{d}_g q}{\mathrm{d}t} = 0 \tag{6.65}$$

其中准地转位涡为

$$q \equiv \frac{1}{f_0}\nabla^2\Phi + f + \frac{\partial}{\partial p}\left(\frac{f_0}{\sigma}\frac{\partial \Phi}{\partial p}\right) \tag{6.66}$$

准地转 $\omega$（垂直运动）方程的萨克利夫形式也包含了行星涡度的平流，即

$$\left(\nabla^2 + \frac{f_0^2}{\sigma}\frac{\partial^2}{\partial p^2}\right)\omega \approx \frac{f_0}{\sigma}\left[\frac{\partial V_g}{\partial p} \cdot \nabla_h\left(\frac{1}{f_0}\nabla^2\Phi + f\right)\right] \tag{6.67}$$

准地转 $\omega$（垂直运动）方程的 $Q$ 矢量形式为

$$\sigma\nabla^2\omega + f_0^2\frac{\partial^2\omega}{\partial p^2} = -2\nabla \cdot Q + f_0\beta\frac{\partial v_g}{\partial p} \tag{6.68}$$

其中 $Q$ 矢量可写为

$$Q \equiv (Q_1,\ Q_2) = \left(-\frac{R}{p}\frac{\partial V_g}{\partial x} \cdot \nabla T,\ -\frac{R}{p}\frac{\partial V_g}{\partial y} \cdot \nabla T\right) \tag{6.69}$$

## 推荐参考文献

Blackburn 著作的 *Interpretation of Ageostrophic Winds and Implications for Jetstream Maintenance*（《非地转风解析及其在急流维持过程中的作用》），讨论了变化 $f$（VF）与定常 $f$（CF）非地转运动之间的差别。

Bluestein 著作的 *Synoptic Dynamic Meteorology in Midlatitudes, Vol. II*（《中纬度天气动力学（第二卷）》），对中纬度天气尺度扰动做了全面的分析，适用于研究生阶段。

Cunningham 和 Keyser（2006）给出了从位涡角度理解急流的理论基础。

Durran 和 Snellman（1987）在对观测场的垂直运动进行诊断分析时同时应用了 $\omega$ 方程的传统形式和 $Q$ 矢量形式。

Hakim 撰写的 *Encyclopedia of Atmospheric Sciences*（《大气科学百科全书》）中介绍了

气旋生成的定义。

Lackmann 著作的 *Midlatitude Synoptic Meteorology: Dynamics, Analysis, and Forecasting*（《中纬度天气学：动力、分析与预报》）将准地转方程组应用于天气分析与预报问题。

Martin 著作的 *Mid-Latitude Atmospheric Dynamics: A First Course*（《中纬度大气动力学入门》）涉及的内容与本章相似，但重点在温带气旋的发展。

Pedlosky 著作的 *Geophysical Fluid Dynamics, 2nd Edition*（《地球物理流体力学（第二版）》），详细给出了可应用于大气和海洋的准地转系统的方程组推导。

Vallis 著作的 *Atmospheric and Oceanic Fluid Dynamics: Fundamentals and Large-Scale Circulation*（《大气和海洋流体力学：基础与大尺度环流》）对大气和海洋动力学进行了全面的分析，其中包括准地转方程组。

Wallace 和 Hobbs 著作的 *Atmospheric Science: An Introductory Survey*（《大气科学导论》），对中纬度天气尺度扰动的观测结构和演变有非常好的介绍。

 习题

6.1 证明对于具有线性切变特征的基本态 $\overline{U} = \lambda z$（其中 $\lambda$ 为常数），基本态的准地转位涡仅与 $z$ 有关，并且扰动准地转位涡满足

$$\left(\frac{\partial}{\partial t} + \overline{U}\frac{\partial}{\partial x}\right)q' = 0$$

6.2 证明布辛涅斯克连续方程

$$\frac{\partial u}{\partial x} + \frac{\partial v}{\partial y} + \frac{\partial w}{\partial z} = 0$$

可写为

$$\frac{\partial u_a}{\partial x} + \frac{\partial v_a}{\partial y} + \frac{\partial w}{\partial z} = 0$$

其中下标 $a$ 表示非地转风。

6.3 证明式（6.49）成立。

6.4 本习题将要推导非地转次级环流的准地转流函数方程。在推导时需要假设 $f$ 和 $\mathrm{d}\overline{\theta}/\mathrm{d}z$ 为常数，并且地转气流是二维的（$y$-$z$）；具体而言，仅有 $u_g = u_g(z, t)$ 和 $v_g = v_g(y, t)$。

（a）根据如下地转平衡和静力平衡关系：

$$V_g = \frac{1}{\rho_0 f}\boldsymbol{k} \times \nabla_h p, \quad \frac{\partial p}{\partial z} = \frac{\rho_0 g}{\overline{\theta}}\theta$$

证明热成风平衡的维持需要满足

$$\frac{\mathrm{d}}{\mathrm{d}t_g}\frac{\partial u_g}{\partial z}=-\frac{g}{\overline{\theta}\,f}\frac{\mathrm{d}}{\mathrm{d}t_g}\frac{\partial\theta}{\partial y}$$

(b) 根据关于 $u_g$ 的动量方程：

$$\frac{\mathrm{d}u_g}{\mathrm{d}t_g}=fv_a$$

确定 (a) 中结果的左端，并从物理上解释得到的结果。

(c) 根据热力学方程确定 (a) 中结果的右端，并从物理上解释得到的结果。

(d) 将 (b) 和 (c) 中得到的结果应用于 (a)，并利用非地转风的流函数：$v_a=\partial\psi/\partial z$ 和 $u_a=-\partial\psi/\partial z$，将得到方程的左端都用流函数来表示。

(e) 假定 (d) 中得到的结果的右端在对流层中层达到局地最小值，那么请在 $(y,z)$ 剖面图上绘制非地转环流的流线，并用箭头标注 $v_a$ 和 $w$。

6.5　假设有两个球形气旋性准地转位涡异常，其中一个异常位于原点且半径为单位半径，另一个异常位于 $(x,y,z)=(2,0,0)$，并且其半径和振幅为另一个异常相应值的一半。请绘制 $(x,y)$ 平面上的草图，估算这两个异常在形状保持不变的情况下的运动轨迹，然后绘制异常上方的层次上的 $w$ 场。

6.6　(a) 推导 $\beta$ 平面上三维准地转罗斯贝波的频散关系。在分析时假定波动是不考虑平均气流和边界的平面波。(扰动位涡) 控制方程被一个额外项修正为

$$\frac{\mathrm{d}q}{\mathrm{d}t_g}+v\beta=0$$

(b) 推导群速度矢量，并解释得到的结果。

6.7　从准地转动量方程

$$\frac{\mathrm{d}V_g}{\mathrm{d}t_g}=-f\boldsymbol{k}\times\vec{V}_a$$

出发，推导准地转动能方程

$$\frac{\partial K}{\partial t_g}+\nabla\cdot\vec{S}=\frac{g}{\theta_0}w\theta$$

6.8　我们已经分析了与点和球有关的简单位涡分布，这里分析一个极端复杂的位涡结构，它完全被包含在一个边长为 $L$ 的立方体中。在不知道位涡详细结构的情况下，推导描述立方体侧面的环流、顶部和底部的平均 $\theta$ 与立方体中平均位涡之间的关系式(提示：首先证明准地转位涡可以表示为矢量场的散度)

# MATLAB 练习题

M6.1　利用理想化准地转位涡反演程序 QG_PV_inversion.m，分析扰动水平尺度的影

响。首先使用振幅为 2 PVU 的平行六面初始条件（ipv=1），绘图说明扰动的最低气压是如何随着扰动尺度的大小（受程序 QG_PV_inversion.m 中参数 iw 的控制）而变化的。利用狄利克雷条件（地面气压为 0；令 idn=-1）重复进行分析，并将得到的结果与纽曼条件的情况进行比较。将边界移动到非常远的地方（在 grid_setup.m 中令 ZH 接近于 10）后再次进行分析，比较位涡异常下方固定远的距离（如位涡下方 5.5 km 处）上利用 3 种求解方法得到的气压。根据在纽曼条件和狄利克雷条件两种情况下的结果，关于对边界条件的敏感性，可以得到什么结论？

M6.2　在理想化准地转位涡反演程序 QG_PV_inversion.m 中，令扰动为急流（ipv=5），其振幅为 2 PVU。计算风速，并绘制风速和风矢量图（使用 quiver）。通过改变准地转位涡振幅变量 pvmag 的符号，使偶极子模态翻转，制造一个阻塞模态。绘制风速和风矢量图，其中包括定常纬向风，从而使涡旋之间总的纬向风速为 0。针对处于孤立状态的气旋性涡旋和反气旋性涡旋，在考虑定常纬向风的条件下，进行分段准地转反演，并利用位涡思想解释为什么阻塞模态不会移动。

M6.3　代码 QG_model.m 是位涡—$\theta$ 形式的准地转方程组的数值求解程序。假定有处于简单线性切变急流（ijet=1）中的位涡气团（ipv=4），对模式进行初始化处理。将模式积分 96 小时，利用绘图代码 plot_QG_model.m 绘制各时刻解的图形。利用 QG_diagnostics.m 对解进行诊断，根据高度倾向方程的解，描述地面气压场的演变。根据诊断得到的垂直运动场，诊断分析涡度方程中的涡旋拉伸项，并利用得到的结果描述地面地转涡度场的演变。另外，预期位涡气团会在线性切变中倾斜，请检查这种情况是否会发生，并解释所得到的结果。

M6.4　对于练习题 M6.3 的解，求解当 $p_a=0$ 时由式（6.22）定义的旋转非地转风。由于风场的这种分量没有辐合、辐散，所以可以用流函数表示为

$$V_a = k \times \nabla \psi_a \tag{6.70}$$

由式（6.70）推导可用于式（6.22）的非地转涡度表达式。在气团所在的层次上沿着气压场，利用 quiver 命令绘制旋转非地转风场。地转风与总的非地转风之和（旋转加辐散）就给出了对梯度风的准地转估计。与基于 3.2.5 节的预期结果相比，这里得到的结果如何？

M6.5　对练习题 M6.2 所描述的位涡，用阻塞配置（高位涡和低位涡组成的偶极子）对 QG_model.m 进行初始化处理。利用 QG_diagnostics.m 确定出现云和降水的有利位置。与急流相比，$w$ 的模态是怎样的？利用参数 Unot 给线性切变增加一个定常风场，并要注意所取的值是利用了尺度分析参数 $U$ 的无量纲量。选定一个 Unot 值使得阻塞保持定常。接下来，对最后几个输出时刻的准地转位涡和边界位温场求平均，将得到的结果再作为初始条件进行新的实验，其中 Unot 值仍要能使模态保持定常。那么，这里得到的结果与第一个实验有什么不同？在初始条件中增加小振幅随机场后重复实验。对于阻塞过程在大气中具有如此持续性的原因，这些实验的结果可以告诉我们什么？

# 第 7 章

# 斜压发展

●●●●●●●●●

第 6 章指出，可以利用准地转方程组定性讨论中纬度天气尺度系统中涡度、温度和垂直速度场观测结果之间的关系。所使用的诊断方法是很有用的，可以给出天气尺度系统结构的内涵，同时也可以揭示位涡在动力学分析中的关键性作用；但并没有给出关于这些扰动的来源、增长率和传播速度的定量信息。本章将给出如何利用第 5 章的线性微扰分析方法，从准地转方程组中获得这些信息。

天气尺度扰动的发展通常被称为锋生，它强调的是相对涡度在天气尺度系统发展过程中的作用。本章将分析导致锋生的过程。具体而言，我们讨论的是在考虑天气尺度扰动增长的过程中平均气流的动力学不稳定性所起的作用。此外，即使在没有这种不稳定性的情况下，我们也要证明，如果有恰当的配置，斜压扰动仍然会在有限时间内增强。由此可见，尽管如 9.2 节所讨论的，在对锋和次天气尺度风暴进行模拟时必须考虑非地转效应，但实际上准地转方程组仍然可以为理解天气尺度风暴的发展提供合理的理论基础。

## 7.1 静力不稳定性

如果进入纬向平均流场的小扰动能够自发增长，并从平均流场中吸收能量，那么就说明这个流场是流体动力学不稳定的。将流体不稳定性划分为气块不稳定性和波动不稳定性两类是很有用的。关于气块不稳定性的最简单例子就是在静力不稳定流体中当气块垂直位移时发生的对流翻转（参见 2.7.3 节）。另一个例子是惯性不稳定性，在北半球具有负绝对涡度或者在南半球具有正绝对涡度的对称涡旋中，当气块出现径向位移时就会发生这种情况（参见 5.5.1 节）。另一种更普遍的气块不稳定性类型被称为对称不稳定性，它在天气扰动中也是很显著的；我们将在 9.3 节对此进行讨论。

但气象学中大多数重要的不稳定性都与波动传播有关。对天气尺度气象学很重要的波动不稳定性，通常以相对于纬向对称基本流场的纬向非对称扰动的形式发生。在一般情况下，基本气流是急流，它具有水平方向和垂直方向上的平均气流切变。正压不稳定性是一种与急流中的水平切变有关的波动不稳定性，它通过从基本气流中获取动能来得到发展；而斜压不稳定性则与平均气流的垂直切变有关，它通过转换位能得到发展。这种位能与平均水平温度梯度有关，并且这种梯度是必须存在的，因为它要为平均基本气流的垂直切变提供热成风平衡。在这些不稳定性类型中，都不会像气块方法一样，给出一个令人满意的稳定性判据，而需要用一种更严谨的方法，通过对控制方程线性化形式的分析，来确定系统中各种波动的结构和放大率。

如第 5 章习题 5.2，不稳定性分析的传统方法是假定在基本气流中引入一个包含形如 $\exp[ik(x-ct)]$ 的单一傅里叶波动，并确定相速度 $c$ 具有虚部的条件。这种方法被称为正交模方法，将用于 7.2 节对斜压气流不稳定性的分析。

不稳定性分析的另一个替代方法是初值方法。在一般情况下，能使风暴发展的扰动不能用单一的正交模扰动来描述，而可能有更复杂的结构。正是基于这一认识，本节提出了这种初值值方法。这种扰动的初始增长可能强烈依赖于初始扰动中的位涡分布。在 1～2 天的时间尺度上，尽管在没有非线性相互作用的情况下，最快增长的正交模扰动最终必然占据主导地位，但这种增长与类似尺度的正交模增长是截然不同的。

当大振幅的上层位涡异常通过平流方式进入地表处已存在经向温度梯度的区域时，锋生就会与初始条件有很强的相关性。在这种情况下，如图 7.1 所示，上层异常（如 6.6 节所讨论的，它是向下伸展的）诱生的环流会导致地表的温度平流，从而使近地面出现位涡异常，而这又会反过来加强上层异常。在某些条件下，地表和上层的位涡异常会出现锁相的情况，这会使诱生的环流产生异常模态的快速增大。关于初始值方法对锋生过程的详细讨论已超出了本书的范围，这里主要介绍最简单的正交模不稳定性模型。

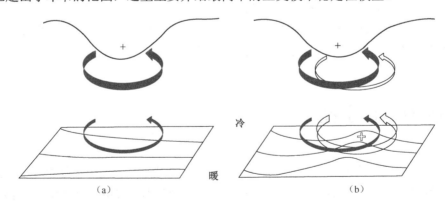

图 7.1　与下层斜压区上方的位涡扰动的出现有关的锋生示意。(a)上层位涡异常诱生的下层气旋性涡度。上层位涡异常诱生的环流用实心箭头表示，位温等值线标注在下边界上。诱生的下层气旋性环流引起的位涡平流会在上层涡度异常区略偏东的位置导致暖异常；这又会反过来诱生一个（b）图中用空心箭头表示的气旋性环流。诱生的上层环流会加强初始时的上层位涡异常，并导致扰动被放大（引自 Hoskins et al., 1985）

## 7.2　正交模斜压不稳定性：两层模式

即使对于高度理想化的平均气流廓线，在连续层结大气中斜压不稳定性的数学处理也是相当复杂的。在分析这个模式之前，首先来讨论包含斜压过程的最简单模型。如图 7.2 所示，将大气用两个离散的层次来表示，其交界面分别用 0、2 和 4 来表示，一般分别对应 0、500 hPa 和 1000 hPa 等压面。将中纬度 $\beta$ 平面准地转涡度方程应用于 250 hPa 层和 500 hPa 层（图 7.2 中分别用 1 和 3 表示），热力学方程则应用于 500 hPa 层（图 7.2 中用 2 来表示）。

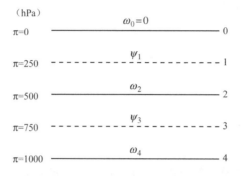

图 7.2　在两层斜压模式中变量在垂直方向上的分布

在给出两层模式的方程组之前，为便于处理，对于在 $p$ 坐标系中的准地转方程组，特定义地转流函数 $\psi \equiv \Phi/f_0$。此时，地转风和地转涡度可分别写为

$$V_\psi = k \times \nabla\psi, \quad \zeta_g = \nabla^2\psi \tag{7.1}$$

那么，准地转涡度方程和流体静力学条件下的热力学方程可用 $\psi$ 和 $\omega$ 表示为

$$\frac{\partial}{\partial t}\nabla^2\psi + V_\psi \cdot \nabla(\nabla^2\psi) + \beta\frac{\partial\psi}{\partial x} = f_0\frac{\partial\omega}{\partial p} \tag{7.2}$$

$$\frac{\partial}{\partial t}\left(\frac{\partial\psi}{\partial p}\right) = -V_\psi \cdot \nabla\left(\frac{\partial\psi}{\partial p}\right) - \frac{\sigma}{f_0}\omega \tag{7.3}$$

接下来，将涡度方程式（7.2）应用于每层大气的中间，即编号为 1 和 3 的层次。为此，必须将有限差分近似方法应用于垂直导数，来估算这些层次上的散度项 $\partial\omega/\partial p$：

$$\left(\frac{\partial\omega}{\partial p}\right)_1 \approx \frac{\omega_2 - \omega_0}{\delta p}, \quad \left(\frac{\partial\omega}{\partial p}\right)_3 \approx \frac{\omega_4 - \omega_2}{\delta p} \tag{7.4}$$

式中，$\delta p = 500$ hPa，表示层 0～2 和层 2～4 的气压差，下标表示每个自变量所在的垂直层次。这样最终得到涡度方程为

$$\frac{\partial}{\partial t}\nabla^2\psi_1 + V_1 \cdot \nabla(\nabla^2\psi_1) + \beta\frac{\partial\psi_1}{\partial x} = \frac{f_0}{\delta p}\omega_2 \tag{7.5}$$

$$\frac{\partial}{\partial t}\nabla^2\psi_3 + V_3 \cdot \nabla(\nabla^2\psi_3) + \beta\frac{\partial\psi_3}{\partial x} = -\frac{f_0}{\delta p}\omega_2 \tag{7.6}$$

上式中已取大气顶处 $\omega_0 = 0$，并假设在下边界处近似满足 $\omega_4 = 0$。

接下来，将热力学方程式（7.3）写在层 2。其中，必须利用差分公式将 $\partial \psi / \partial p$ 改写为

$$(\partial \psi / \partial p)_2 \approx (\psi_3 - \psi_1)/\delta p$$

最终可得

$$\frac{\partial}{\partial t}(\psi_1 - \psi_3) = -V_2 \cdot \nabla(\psi_1 - \psi_3) + \frac{\sigma \delta p}{f_0} \omega_2 \tag{7.7}$$

式（7.7）右端第一项表示由 500 hPa 层的风引起的 250 hPa 层和 750 hPa 层之间的厚度平流。但是，500 hPa 层上的流函数 $\psi_2$ 并不是这个模式的预报场，因此 $\psi_2$ 必须通过 250 hPa 层和 750 hPa 层的线性插值得到

$$\psi_2 = \frac{\psi_1 + \psi_3}{2}$$

如果使用这个插值公式，那么式（7.5）～式（7.7）就组成了关于变量 $\psi_1$、$\psi_3$ 和 $\omega_2$ 的闭合预报方程组。

### 7.2.1 线性扰动分析

为了使分析尽可能简单，假定流函数 $\psi_1$ 和 $\psi_3$ 均由沿着 $y$ 方向线性变化的基本态和仅依赖于 $x$ 和 $t$ 的扰动部分叠加而成。因此有

$$\begin{aligned} \psi_1 &= -U_1 y + \psi_1'(x, t) \\ \psi_3 &= -U_3 y + \psi_3'(x, t) \\ \omega_2 &= \omega_2'(x, t) \end{aligned} \tag{7.8}$$

层 1 和层 3 的纬向速度分别是常数 $U_1$ 和 $U_3$。因此，扰动场仅有经向速度分量和垂直速度分量。

将式（7.8）代入式（7.5）～式（7.7），并进行线性化处理，就可得到如下扰动方程组：

$$\left(\frac{\partial}{\partial t} + U_1 \frac{\partial}{\partial x}\right)\frac{\partial^2 \psi_1'}{\partial x^2} + \beta \frac{\partial \psi_1'}{\partial x} = \frac{f_0}{\delta p} \omega_2' \tag{7.9}$$

$$\left(\frac{\partial}{\partial t} + U_3 \frac{\partial}{\partial x}\right)\frac{\partial^2 \psi_3'}{\partial x^2} + \beta \frac{\partial \psi_3'}{\partial x} = -\frac{f_0}{\delta p} \omega_2' \tag{7.10}$$

$$\left(\frac{\partial}{\partial t} + U_m \frac{\partial}{\partial x}\right)(\psi_1' - \psi_3') - U_T \frac{\partial}{\partial x}(\psi_1' + \psi_3') = \frac{\sigma \delta p}{f_0} \omega_2' \tag{7.11}$$

其中，已用 $\psi_1$ 和 $\psi_3$ 对 $V_2$ 进行了线性插值，并定义

$$U_m \equiv \frac{U_1 + U_3}{2}, \quad U_T \equiv \frac{U_1 - U_3}{2}$$

可见，$U_m$ 和 $U_T$ 分别是平均纬向风和平均热成风的垂直平均。

联立式（7.9）～式（7.11），消去 $\omega_2'$ 后就可以更清楚地描述这个系统的动力学属性。

首先，注意到式（7.9）和式（7.10）可改写为

$$\left[\frac{\partial}{\partial t}+(U_m+U_T)\frac{\partial}{\partial x}\right]\frac{\partial^2\psi_1'}{\partial x^2}+\beta\frac{\partial\psi_1'}{\partial x}=\frac{f_0}{\delta p}\omega_2' \tag{7.12}$$

$$\left[\frac{\partial}{\partial t}+(U_m-U_T)\frac{\partial}{\partial x}\right]\frac{\partial^2\psi_3'}{\partial x^2}+\beta\frac{\partial\psi_3'}{\partial x}=-\frac{f_0}{\delta p}\omega_2' \tag{7.13}$$

接下来，将正压扰动和斜压扰动分别定义为

$$\psi_m\equiv\frac{\psi_1'+\psi_3'}{2},\quad \psi_T\equiv\frac{\psi_1'-\psi_3'}{2} \tag{7.14}$$

式（7.12）和式（7.13）相加，并利用式（7.14）的定义，可得

$$\left[\frac{\partial}{\partial t}+U_m\frac{\partial}{\partial x}\right]\frac{\partial^2\psi_m}{\partial x^2}+\beta\frac{\partial\psi_m}{\partial x}+U_T\frac{\partial}{\partial x}\left(\frac{\partial^2\psi_T}{\partial x^2}\right)=0 \tag{7.15}$$

而式（7.12）减去式（7.13），并与式（7.11）联立消去 $\omega_2'$ 后可得

$$\left[\frac{\partial}{\partial t}+U_m\frac{\partial}{\partial x}\right]\left(\frac{\partial^2\psi_T}{\partial x^2}-2\lambda^2\psi_T\right)+\beta\frac{\partial\psi_T}{\partial x}+U_T\frac{\partial}{\partial x}\left(\frac{\partial^2\psi_m}{\partial x^2}+2\lambda^2\psi_m\right)=0 \tag{7.16}$$

式中，$\lambda^2\equiv f_0^2/[\sigma(\delta p)^2]$。式（7.15）和式（7.16）分别控制着正压（垂直平均）扰动涡度和斜压（热力）扰动涡度。

与第 5 章一样，假定有如下形式的波动解：

$$\psi_m=A\mathrm{e}^{ik(x-ct)},\quad \psi_T=B\mathrm{e}^{ik(x-ct)} \tag{7.17}$$

将这些假设解代入式（7.15）和式（7.16），并除以指数公因子，就可以得到如下关于系数 $A$ 和 $B$ 的联立线性代数方程组：

$$ik[(c-U_m)k^2+\beta]A-ik^3U_TB=0 \tag{7.18}$$

$$ik[(c-U_m)(k^2+2\lambda^2)+\beta]B-ikU_T(k^2-2\lambda^2)A=0 \tag{7.19}$$

因为这个方程组是齐次的，所以只有当关于系数 $A$ 和 $B$ 的行列式等于 0 时才会存在非零解。因此，相速度 $c$ 必然满足

$$\begin{vmatrix}(c-U_m)k^2+\beta & -k^2U_T\\ -U_T(k^2-2\lambda^2) & (c-U_m)(k^2+2\lambda^2)+\beta\end{vmatrix}=0$$

对应如下关于 $c$ 的二次频散方程：

$$(c-U_m)^2(k^2+2\lambda^2)+2(c-U_m)\beta(k^2+\lambda^2)+[\beta^2+U_T^2k^2(2\lambda^2-k^2)]=0 \tag{7.20}$$

这个方程类似于第 5 章给出的线性波动频散方程。式（7.20）的频散关系对应的相速度为

$$c=U_m-\frac{\beta(k^2+\lambda^2)}{k^2(k^2+2\lambda^2)}\pm\delta^{1/2} \tag{7.21}$$

其中

$$\delta\equiv\frac{\beta^2\lambda^4}{k^4(k^2+2\lambda^2)^2}-\frac{U_T^2(2\lambda^2-k^2)}{(k^2+2\lambda^2)}$$

已经证明，只有当相速度满足式（7.21）时，式（7.17）才是式（7.15）和式（7.16）

组成的系统的解。尽管式（7.21）看上去相当复杂，但显然可以看出，如果 $\delta < 0$，那么相速度的值就会存在虚部，扰动就会成指数放大。在讨论这种指数增长的一般物理条件之前，先分析两种特殊情况是非常必要的。

在第一种情况下，令 $U_T = 0$，说明不存在基本态热成风，平均气流是正压的。此时的相速度为

$$c_1 = U_m - \frac{\beta}{k^2} \qquad (7.22)$$

$$c_2 = U_m - \frac{\beta}{k^2 + 2\lambda^2} \qquad (7.23)$$

这些实数值对应着正压基本气流在两层模式中的自由（正交模）振荡。相速度 $c_1$ 实际上就是与 $y$ 无关的正压罗斯贝波的频散关系（参见 5.7 节）。将式（7.22）中 $c$ 的表达式代入式（7.18）和式（7.19）后可以看出，在这种情况下 $B = 0$，说明扰动在结构上是正压的。但式（7.23）可以解释为大气内部斜压罗斯贝波的相速度。需要注意的是，$c_2$ 对应的频散关系类似于习题 7.16 中具有自由面的均质海洋中的罗斯贝波的波速。但在两层模式的分母中出现的是因子 $2\lambda^2$，而在海洋中则是 $f_0^2 / gH$。

上述每种情况，都存在与罗斯贝波有关的垂直运动，可见是静力稳定性修正了波速。这里需要留给读者证明的问题是，如果将 $c_2$ 代入式（7.18）和式（7.19），那么得到的 $\psi_1$ 场和 $\psi_3$ 场的位相相差180°，因此，尽管基本气流是正压的，扰动也是斜压的。此外，$\omega_2'$ 场与 250 hPa 位势高度场相差 1/4 周期，最大上升运动发生在 250 hPa 槽的西侧。

如果 $c_2 - U_m < 0$，即扰动波相对于平均气流是向西移动的，那么就可以理解这种垂直运动模态。从随着平均风移动的坐标系来看，涡度的变化仅是因为行星涡度平流和散度项，而厚度的变化则只能由垂直运动导致的绝热加热或冷却造成。因此，为了产生使天气系统向西运动所需的厚度变化，必然会在 250 hPa 槽以西出现上升运动。

比较式（7.22）和式（7.23）可以看出，斜压波的相速度通常远小于正压波的相速度，这是因为在中纬度对流层平均状况下有 $\lambda^2 \approx 2 \times 10^{-12}$ m$^{-2}$，近似等于[1]纬向波长为 4300 km 时的 $k^2$。

第二种特殊情况假定 $\beta = 0$，这就相当于在实验室中将流体限制在旋转圆盘的上下两个水平面之间，因此重力和旋转矢量在任何地方都是平行的。在这种情况下，有

$$c = U_m \pm U_T \left( \frac{k^2 - 2\lambda^2}{k^2 + 2\lambda^2} \right)^{1/2} \qquad (7.24)$$

对于纬向波数满足 $k^2 < 2\lambda^2$ 的波动，式（7.24）存在虚部。因此所有大于临界波长 $L_c = \sqrt{2}\pi / \lambda$ 的波动都会被放大。根据 $\lambda$ 的定义可知

$$L_c = (\delta p)\pi(2\sigma)^{1/2} / f_0$$

---

[1] 实际上，可以将大气内部自由罗斯贝波的出现视为两层模式的弱点。Lindzen et al.（1968）已经证明，这种波动并不对应于真实大气中的任何一种自由振荡；相反，它是一种由于在上边界 $p = 0$ 处使用了边界条件 $\omega = 0$（相当于在大气顶上盖了一个盖子）而导致的虚假波动。

在热带对流层，有 $(2\sigma)^{1/2} \approx 2\times10^{-3}\ \text{N}^{-1}\ \text{m}^3\ \text{s}^{-1}$。因此，当 $\delta p = 500\ \text{hPa}$，$f_0 = 10^{-4}\ \text{s}^{-1}$ 时，可求得 $L_c \approx 3000\ \text{km}$。根据这个公式很容易看出，斜压不稳定的临界波长是随着静力稳定度的增大而增大的。静力稳定度对较短波动所发挥的稳定作用可以通过如下方式定性理解：对于正弦波扰动，相对涡度及涵差涡度平流都随着波数的平方的增大而增大。但正如第 6 章所述，在存在涵差涡度平流的情况下，要维持静力学温度变化和地转涡度变化，就需要有一个垂直次级环流。因此，对于固定振幅的位势扰动而言，所伴随的垂直环流的相对强度必然随着扰动波长的减小而增大。因为静力稳定性倾向于反抗垂直位移，所以最短波长的波动会变得稳定。

有趣的是，当 $\beta = 0$ 时，不稳定的临界波长与基本态热成风 $U_T$ 的量级无关，但其增长率却与 $U_T$ 有关。根据式（7.17），扰动解与时间的关系可写为 $\exp(-ikct)$。可见，指数增长率为 $\alpha = kc_i$，其中 $c_i$ 表示相速度的虚部。在这种情况下

$$\alpha = kU_T \left( \frac{2\lambda^2 - k^2}{2\lambda^2 + k^2} \right)^{1/2} \tag{7.25}$$

可以看出，临界波长的增长率是随着平均热成风线性增大的。

再回到式（7.21）中所有项均保留的一般情况，此时理解稳定性判据的最简单办法是计算中性曲线，就是将当 $\delta = 0$ 时 $U_T$ 和 $k$ 的所有值关联起来，此处的气流是边缘稳定的。根据式（7.21），$\delta = 0$ 的条件可写为

$$\frac{\beta^2 \lambda^4}{k^4(2\lambda^2 + k^2)} = U_T^2(2\lambda^2 - k^2) \tag{7.26}$$

$U_T$ 和 $k$ 之间这种复杂的关系可以通过在式（7.26）中求解 $k^4/(2\lambda^4)$ 表示出来，其结果为

$$k^4/(2\lambda^4) = 1 \pm [1 - \beta^2/(4\lambda^4 U_T^2)]^{1/2}$$

图 7.3 以正比于纬向波数的平方的无量纲量 $k^2/(2\lambda^2)$ 为横坐标轴，以正比于热成风的无量纲参数 $2\lambda^2 U_T/\beta$ 为纵轴。在该图中，中性曲线将 $U_T$，$k$ 平面上的不稳定区域与稳定区域区分开来。显然，考虑 $\beta$ 效应是为了使气流变得稳定，因为只有当 $|U_T| > \beta/(2\lambda^2)$ 时才会存在不稳定的根。此外，不稳定增长所需的 $U_T$ 最小值强烈依赖于波数 $k$。所以说，$\beta$ 效应能够使波谱末端（$k \to 0$）的长波变得稳定。另外，波长小于临界波长 $L_c = \sqrt{2}\pi/\lambda$ 的波动通常都是稳定的。

这种与 $\beta$ 效应有关的长波稳定化特征是由长波的快速西传（如罗斯贝波的传播）造成的，仅发生在模式中包含 $\beta$ 效应的情况下。可以证明，斜压不稳定波动的传播速度通常在平均纬向风速的最大值和最小值之间。因此，对于通常在中纬度地区使用的 $U_1 > U_3 > 0$ 的两层模式，不稳定波动相速度的实部满足不等式 $U_3 < c_r < U_1$。在连续大气中，这意味着必然存在着一个 $U = c_r$ 的层次。理论研究者将这一层称为关键层，而预报员则称之为引导层。对于长波和弱的基本气流风切变，式（7.21）的解满足 $c_r < U_3$，说明如果没有引导层，就不会有不稳定增长发生。

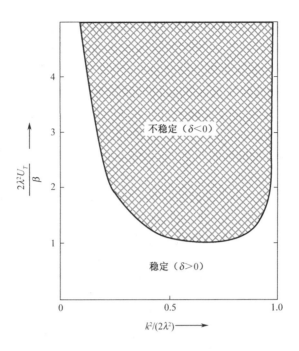

图 7.3　两层斜压模式的中性稳定曲线

对式（7.26）求关于 $k$ 的微分，并令 $\mathrm{d}U_T / \mathrm{d}k = 0$，就可以得到在 $k^2 = \sqrt{2}\lambda^2$ 的条件下，当出现不稳定波动时 $U_T$ 的最小值。这个波数对应着不稳定性最大的波动。波动波数的观测结果应当接近于最大不稳定所对应的波数。这是因为如果 $U_T$ 从 0 逐渐增大，那么对于波数 $k = 2^{1/4}\lambda$ 的扰动，气流首先变得不稳定，接下来这些扰动会被放大，并在此过程中从平均热成风中得到能量，从而使 $U_T$ 减弱，并使气流变得稳定。

在静力稳定的正常条件下，最大不稳定性的波长约为 4000 km，接近于中纬度天气尺度系统的平均波长。此外，在这个波长上达到边缘稳定性所需的热成风仅约为 $U_T \approx 4\ \mathrm{ms}^{-1}$，这就说明 250 hPa 和 750 hPa 之间有 $8\ \mathrm{ms}^{-1}$ 的风切变。对于纬向平均气流而言，大于这个值的风切变在中纬度地区是相当普遍的。因此，中纬度天气系统行为的观测结果与这种系统源自斜压不稳定基本气流的无限小扰动这个假设是一致的。当然，在真实大气中还有许多其他因子会影响天气系统的发展，如急流中的侧向切变、有限振幅扰动的非线性相互作用，以及降水系统中的潜热释放等。但是，观测研究、实验室模拟和数值模式研究结果都表明，斜压不稳定是中纬度地区天气尺度波动发展的首要机制。

### 7.2.2　斜压波中的垂直运动

因为两层模式是准地转系统的特殊情况，所以强迫产生垂直运动的物理机制实际上就是 6.5 节所讨论的物理机制。可见，垂直运动的强迫可以用热平流（在层 2 分析）与涵差涡度平流（用层 1 和层 3 的涡度平流差分析）造成的强迫之和来表示。换言之，垂直运动

的强迫可以用 $\boldsymbol{Q}$ 矢量的散度来表示。

在两层模式中 $\omega$ 方程的 $\boldsymbol{Q}$ 矢量形式可以很容易地由式（6.68）导出。首先通过关于 $p$ 的有限差分来估算左端第二项。利用式（7.4），并再次令 $\omega_0 = \omega_4 = 0$，可得

$$\frac{\partial^2 \omega}{\partial p^2} \approx \frac{(\partial \omega / \partial p)_3 - (\partial \omega / \partial p)_1}{\delta p} \approx -\frac{2\omega_2}{(\delta p)^2}$$

并注意到在两层模式中的温度可以表示为

$$\frac{RT}{p} = -\frac{\partial \Phi}{\partial p} \approx \frac{f_0}{\delta p}(\psi_1 - \psi_3)$$

所以式（6.68）可改写为

$$\sigma(\nabla_h^2 - 2\lambda^2)\omega_2 = -2\nabla_h \cdot \boldsymbol{Q} \tag{7.27}$$

其中

$$\boldsymbol{Q} = \frac{f_0}{\delta p}\left[-\frac{\partial \boldsymbol{V}_2}{\partial x} \cdot \nabla(\psi_1 - \psi_3),\ -\frac{\partial \boldsymbol{V}_2}{\partial y} \cdot \nabla(\psi_1 - \psi_3)\right]$$

为了分析在斜压不稳定波动中垂直运动的强迫，定义与式（7.8）中相同的基本态和扰动量，对式（7.27）进行线性化处理。对于这种平均纬向风和扰动流函数均与 $y$ 无关的情况，$\boldsymbol{Q}$ 矢量仅有 $x$ 方向上的分量，即

$$Q_1 = \frac{f_0}{\delta p}\left(\frac{\partial^2 \psi_2'}{\partial x^2}(U_1 - U_3)\right) = \frac{2f_0}{\delta p}U_T \zeta_2' \pi$$

$\boldsymbol{Q}$ 矢量在这种情况下的模态类似于图 6.14，指向东的 $\boldsymbol{Q}$ 矢量中心位于槽上，指向西的 $\boldsymbol{Q}$ 矢量中心位于脊上。这与 $\boldsymbol{Q}$ 矢量表示仅由地转运动强迫产生的温度梯度变化这一事实一致。在这个简单模式中，温度梯度完全是由平均纬向风的垂直切变（$U_T \propto -\partial T / \partial y$）引起的，并且扰动经向速度的切变倾向于将暖空气向极平流到 500 hPa 槽东部，将冷空气向赤道平流到 500 hPa 槽西部，进而倾向于在槽区产生指向东的温度梯度分量。

根据式（7.27），在线性化模式中由 $\boldsymbol{Q}$ 矢量强迫产生的垂直运动为

$$\left(\frac{\partial^2}{\partial x^2} - 2\lambda^2\right)\omega_2' = -\frac{4f_0}{\sigma \delta p}U_T \frac{\partial \zeta_2'}{\partial x} \tag{7.28}$$

注意到

$$\left(\frac{\partial^2}{\partial x^2} - 2\lambda^2\right)\omega_2' \propto -\omega_2'$$

因此，可以将式（7.28）从物理上解释为

$$w_2' \propto -\omega_2' \propto -U_T \frac{\partial \zeta_2'}{\partial x} \propto -v_2' \frac{\partial \overline{T}}{\partial y}$$

由此可见，下沉运动是由基本态的热成风的负扰动涡度平流（或者说，扰动经向风的热力学基本态冷平流）强迫产生的，而上升运动则是由相反符号的平流强迫产生的。

至此，我们已得到了描绘在两层模式中斜压不稳定扰动结构所需的信息。图 7.4 下半

部分给出的是，在 $U_T > 0$ 的中纬度地区位势场与辐合、辐散二级运动场之间的位相关系。在层与层之间采用了线性插值，因此槽线和脊线是随高度上升向西倾斜的直线。在这个例子中，$\psi_1$ 场在位相上滞后 $\psi_3$ 场约 $65°$，因此 250 hPa 场上槽的位相比 750 hPa 场上槽的位相偏西 $65°$。如图 7.4 上半部所示，在 500 hPa 等压面上，扰动厚度场滞后于位势场 1/4 个波长，而厚度场和垂直速度场则同相。另外，扰动经向风引起的温度平流与 500 hPa 厚度场同相，因此由扰动风导致的温度基本态平流起着加强扰动厚度场的作用。这种趋势同样可以从图 7.4 中 500 hPa 等压面上指向纬圈方向的 $\boldsymbol{Q}$ 矢量看出来。

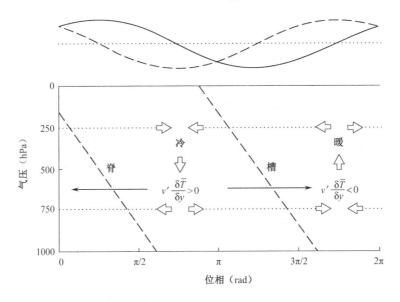

图 7.4　在两层模式中不稳定斜压波的结构。上部分为 500 hPa 扰动位势场（实线）和温度场（虚线）的相对位相；下部分为在两层模式中不稳定斜压波的位势、经向温度平流、非地转环流（空心箭头）、$\boldsymbol{Q}$ 矢量（实心箭头）和温度场的垂直剖面

　　如图 7.4 所示，由 $\boldsymbol{Q}$ 矢量的辐合、辐散强迫产生的垂直速度模态，与辐合、辐散模态有关，而这种模态有助于在 250 hPa 槽附近产生正涡度倾向，在 750 hPa 脊附近产生负涡度倾向，并且在 250 hPa 脊和 750 hPa 槽上的趋势相反。在所有的情况下，这些涡度倾向都有助于增加槽上和脊上的涡度极值，因此这种次级环流系统起着增大扰动强度的作用。

　　当然，每层的总涡度变化是由涡度平流与辐合、辐散环流造成的涡旋伸展之和决定的。这些过程的相对贡献分别如图 7.5 和图 7.6 所示。由图 7.5 可知，涡度平流领先于涡度场 1/4 个波长。在这种情况下风场基本态随高度增大，因此 250 hPa 的涡度平流大于 750 hPa 的涡度平流。如果没有其他过程影响涡度场，这种涵差涡度平流就会使高层槽和脊的东移速度比低层快。因此向西倾斜的槽脊模态很快就会被破坏。之所以还能在有涵差涡度平流的情况下维持这种倾斜，是因为与辐合、辐射次级环流有关的涡旋伸展会使涡度增大。

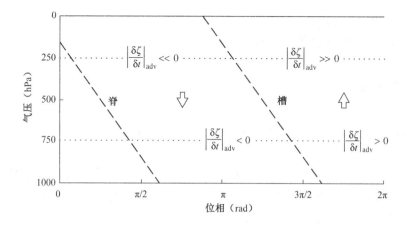

图 7.5 对两层模式中的斜压不稳定波而言，因涡度平流导致的涡度变化位相的垂直剖面

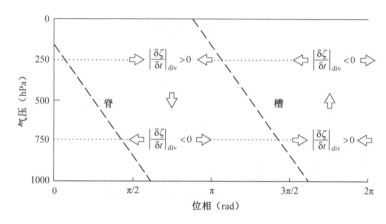

图 7.6 对两层模式中的斜压不稳定波而言，因辐合、辐散导致的涡度变化位相的垂直剖面

由图 7.6 可以看出，因辐合、辐散效应造成的涡度增大会在 250 hPa 等压面上滞后于涡度场约 65°，在 750 hPa 等压面上则超前于涡度场约 65°。这样导致的结果是，涡度最大值和最小值前方的净涡度倾向均小于上层的平流倾向，并大于下层的平流倾向，即

$$\left|\frac{\partial \zeta_1'}{\partial t}\right| < \left|\frac{\partial \zeta_1'}{\partial t}\right|_{adv}, \quad \left|\frac{\partial \zeta_3'}{\partial t}\right| > \left|\frac{\partial \zeta_3'}{\partial t}\right|_{adv}$$

此外，辐合、辐散作用造成的涡度增加有利于放大 250 hPa 等压面和 750 hPa 等压面上槽和脊的涡度扰动，这也是一个增长中的扰动所需要的。

## 7.3 斜压波能量学

前面的章节已经证明，在适当的条件下，对于水平波长在日常天气尺度系统范围内的小的波状扰动而言，垂直切变的地转平衡基本气流是不稳定的。这种斜压不稳定扰动会通过从平均气流中吸取能量而成指数增大。本节重点分析线性化斜压扰动的能量学问题，并证明平均气流的位能是斜压不稳定扰动的能量来源。

### 7.3.1 有效位能

在讨论斜压波能量学之前，有必要从更广的角度来分析大气中的能量。实际上，大气的总能量是内能、重力位能与动能之和。但是，我们并没有必要将内能和重力位能的变化分开考虑，因为在满足流体静力学条件的大气中，这两种能量形式是成正比的，可以合并为一，称之为全位能。内能和位能这种成正比的性质可以通过分析从地面伸展到大气顶的单位截面积气柱中的这两种能量形式得到解释。

如果用 $\mathrm{d}E_I$ 表示厚度为 $\mathrm{d}z$ 的垂直气柱的内能，那么根据内能的定义（参见 2.6 节），有

$$\mathrm{d}E_I = \rho c_v T \mathrm{d}z$$

因此，整个气柱的内能为

$$E_I = c_v \int_0^\infty \rho T \mathrm{d}z \tag{7.29}$$

高度 $z$ 处厚度为 $\mathrm{d}z$ 的气柱的重力位能为

$$\mathrm{d}E_P = \rho g z \mathrm{d}z$$

因此，整个气柱的重力位能为

$$E_P = \int_0^\infty \rho g z \mathrm{d}z = -\int_{p_0}^0 z \mathrm{d}p \tag{7.30}$$

在上式最后一个积分表达式的推导过程中使用了静力平衡方程。对式（7.30）进行分部积分，并利用理想气体实验定律，可得

$$E_P = \int_0^\infty p \mathrm{d}z = R \int_0^\infty \rho T \mathrm{d}z \tag{7.31}$$

比较式（7.29）和式（7.30）可以看出，$c_v E_P = R E_I$。因此全位能的表达式为

$$E_P + E_I = (c_p / c_v) E_I = (c_p / R) E_P \tag{7.32}$$

由此可见，在满足流体静力学条件的大气中，全位能可以通过单独计算 $E_I$ 或 $E_P$ 得到。

全位能并不是一种非常有用的大气能量度量参数，因为在风暴系统中只有一小部分全位能可以有效地转换为动能。为了定性分析为什么绝大部分全位能是无效的，我们来分析一个简单的大气模型。如图 7.7 所示，该大气在初始时由两个等质量的干空气块组成，有隔板将它们从垂直方向上分开。这两个空气块内分别有均一的位温 $\theta_1$ 和 $\theta_2$，并且 $\theta_1 < \theta_2$。隔板两侧的地面气压均取为 1000 hPa。我们要计算的是，当隔板去掉以后，在总体积不变的情况下气块经绝热调整后获得的最大动能。

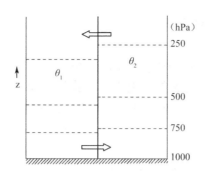

图 7.7　用垂直隔板分开的、位温有差别的两个气块。虚线表示等压面，箭头表示去掉隔板后

　　　流体的运动方向

对于绝热过程而言，总能量是守恒的，即

$$E_K + E_P + E_I = \text{Const}$$

式中，$E_K$ 为动能。如果气块在初始时是静止的，那么 $E_K = 0$。若用带撇号的量表示最终状态，则有

$$E_K' + E_P' + E_I' = E_P + E_I$$

因此，利用式（7.32）可知，去掉隔板后气块的动能为

$$E_K' = (c_p / c_v)(E_I - E_I')$$

由于对于绝热过程而言 $\theta$ 是守恒的，因此两个气团无法混合。显然，当气块调整时，$E_I'$ 就会达到最小值（记为 $E_I''$），因此，当两个气块经过翻转后，会上下水平分布，交界面位于 500 hPa，位温为 $\theta_1$ 的气块完全处于位温为 $\theta_2$ 的气块的下方。在这种情况下，全位能 $(c_p / c_v)E_I''$ 不能够转换为动能，因为没有绝热过程可以使 $E_I''$ 进一步减小。

因此，可以将有效位能（APE）定义为闭合系统的全位能与该系统经过绝热调整后的最小全位能之差。对于前面给出的理想模型，用符号 $P$ 表示的有效位能可写为

$$P = (c_p / c_v)(E_I - E_I'') \qquad (7.33)$$

它等于通过绝热过程能够获得的最大动能。

Lorenz（1960）已证明，通过对等压面上的位温方差在整个大气中进行体积分，可以近似求得有效位能。因此，令 $\bar{\theta}$ 为特定等压面上的平均位温，令 $\theta'$ 为相对于平均值的局地偏差，那么单位体积气块的平均有效位能满足如下比例关系：

$$\bar{P} \propto V^{-1} \int (\overline{\theta'^2} / \bar{\theta}^2) \mathrm{d}V$$

式中，$V$ 为总体积。正如 7.3.2 节所述，对于准地转模型而言，这个比例关系是对有效位能的准确度量。

观测表明，对于整个大气而言，有

$$\bar{P} / [(c_p / c_v)\bar{E}_I] \sim 5 \times 10^{-3}, \quad \bar{K} / \bar{P} \sim 10^{-1}$$

可见大气中只约 0.5% 的全位能是有效的，而在有效的全位能中又只有约 10% 可以真正转换为动能。从这点来看，大气是一个相当低效的热机。

### 7.3.2　两层模式中的能量方程

在 7.2 节的两层模式中，扰动位温场正比于 250 hPa 等压面和 750 hPa 等压面的厚度 $\psi_1' - \psi_3'$。因此，从 7.3.1 节讨论的角度来看，我们预期在这种情况下有效位能正比于 $(\psi_1' - \psi_3')^2$。为了证明事实的确如此，需要用如下方式来推导该系统的能量方程。首先，式（7.9）乘以 $-\psi_1$，式（7.10）乘以 $-\psi_3$，式（7.11）乘以 $(\psi_1' - \psi_3')$；其次，将得到的方程组沿着纬向积分一个扰动波长。

与第 5 章相同，积分得到的纬向平均[2]项用"‾"来表示，即

$$\overline{(\ \ )} = L^{-1} \int_0^L (\ \ ) \mathrm{d}x$$

式中，$L$ 为扰动波长。可见，对于式（7.9）的第一项，乘以 $-\psi_1$ 后，再通过平均和分部微分运算，可得

$$-\overline{\psi_1' \frac{\partial}{\partial t}\left(\frac{\partial^2 \psi_1'}{\partial x^2}\right)} = -\frac{\partial}{\partial x}\overline{\left[\psi_1' \frac{\partial}{\partial x}\left(\frac{\partial \psi_1'}{\partial t}\right)\right]} + \overline{\frac{\partial \psi_1'}{\partial x}\frac{\partial}{\partial t}\left(\frac{\partial \psi_1'}{\partial x}\right)}$$

上式右端第一项为 0，因为它是关于 $x$ 的全微分沿着闭合环线的积分；上式右端第二项可改写为如下形式：

$$\frac{1}{2}\frac{\partial}{\partial t}\overline{\left(\frac{\partial \psi_1'}{\partial x}\right)^2}$$

它正好是单位质量气块在一个波长内扰动动能平均值的变化率。类似地，$-\psi_1'$ 乘以式（7.9）左端的平流项，并在 $x$ 方向上积分后可写为

$$-U_1 \overline{\psi_1' \frac{\partial^2}{\partial x^2}\left(\frac{\partial^2 \psi_1'}{\partial x^2}\right)} = -U_1 \frac{\partial}{\partial x}\overline{\left[\psi_1' \frac{\partial}{\partial x}\left(\frac{\partial \psi_1'}{\partial t}\right)\right]} + U_1 \overline{\frac{\partial \psi_1'}{\partial x}\frac{\partial^2 \psi_1'}{\partial x^2}}$$

$$= \frac{U_1}{2}\frac{\partial}{\partial x}\overline{\left(\frac{\partial \psi_1'}{\partial x}\right)^2} = 0$$

可以看出，当对整个波长积分时，动能的平流为 0。式（7.10）和式（7.11）分别乘以 $-\psi_3'$ 和 $(\psi_1' - \psi_3')$ 后，用相同的方式分析各项，就可以得到如下扰动能量方程组：

$$\frac{1}{2}\frac{\partial}{\partial t}\overline{\left(\frac{\partial \psi_1'}{\partial x}\right)^2} = -\frac{f_0}{\delta p}\overline{\omega_2' \psi_1'} \tag{7.34}$$

$$\frac{1}{2}\frac{\partial}{\partial t}\overline{\left(\frac{\partial \psi_3'}{\partial x}\right)^2} = +\frac{f_0}{\delta p}\overline{\omega_2' \psi_3'} \tag{7.35}$$

$$\frac{1}{2}\frac{\partial}{\partial t}\overline{(\psi_1' - \psi_3')^2} = U_T \overline{(\psi_1' - \psi_3')\frac{\partial}{\partial x}(\psi_1' + \psi_3')} + \frac{\sigma \delta p}{f_0}\overline{\omega_2'(\psi_1' - \psi_3')} \tag{7.36}$$

与前面一样，这里 $U_T \equiv (U_1 - U_3)/2$。

---

[2] 纬向平均通常是指沿着整个纬圈的平均。但是，对于只包含波数为 $k = m/(a\cos\phi)$（$m$ 为整数）的单一正弦波的扰动，对整个波长的平均就等同于纬向平均。

将扰动动能定义为 250 hPa 等压面和 750 hPa 等压面的动能之和，即

$$K' \equiv \frac{1}{2}\left[\overline{\left(\frac{\partial \psi'_1}{\partial x}\right)^2} + \overline{\left(\frac{\partial \psi'_3}{\partial x}\right)^2}\right]$$

式（7.34）和式（7.35）相加后可得

$$\frac{\mathrm{d}K'}{\mathrm{d}t} = -\frac{f_0}{\delta p}\overline{\omega'_2(\psi'_1 - \psi'_3)} = -2\frac{f_0}{\delta p}\overline{\omega'_2 \psi_T} \tag{7.37}$$

可见，扰动动能的变化率正比于扰动厚度和垂直运动之间的相关关系。

如果定义扰动有效位能为

$$P' \equiv \lambda^2 \frac{\overline{(\psi'_1 - \psi'_3)^2}}{2}$$

根据式（7.36）可得

$$\begin{aligned}
\frac{\mathrm{d}P'}{\mathrm{d}t} &= \lambda^2 U_T \overline{(\psi'_1 - \psi'_3)\frac{\partial}{\partial x}(\psi'_1 + \psi'_3)} + \frac{f_0}{\delta p}\overline{\omega'_2(\psi'_1 - \psi'_3)} \\
&= 4\lambda^2 U_T \overline{\psi_T \frac{\partial \psi_m}{\partial x}} + 2\frac{f_0}{\delta p}\overline{\omega'_2 \psi_T}
\end{aligned} \tag{7.38}$$

式（7.38）的最后一项正好与式（7.37）的动力源项大小相等、符号相反。显然这一项表示的是位能与动能之间的转换。平均而言，在厚度大于平均值（$\psi'_1 - \psi'_3 > 0$）的地方，垂直运动是正的（$\omega'_2 < 0$）；而在厚度小于平均值的地方，垂直运动是负的。因此有

$$\overline{\omega'_2(\psi'_1 - \psi'_3)} = 2\overline{\omega'_2 \psi_T} < 0$$

另外，扰动位能是向动能转换的。从物理上来看，这种相关关系表示的是上方的冷空气被下方的暖空气代替的翻转过程，显然这是一种使气块重心下降从而导致扰动位能减小的情况。但是，只要由式（7.38）中的第一项造成的位能产生率超过位能向动能的转换率，那么扰动场的有效位能和动能仍然能够同时增长。

式（7.38）中的位能产生项依赖于扰动厚度 $\psi_T$ 和 500 hPa 等压面经向速度 $\partial \psi_m / \partial x$ 的相关性。为了理解这一项的作用，有必要分析一个特定正弦波扰动。假设扰动场的正压和斜压部分可分别写为

$$\psi_m = A_m \cos k(x - ct), \quad \psi_T = A_T \cos k(x + x_0 - ct) \tag{7.39}$$

式中，$x_0$ 表示位相差。因为 $\psi_m$ 正比于 500hPa 等压面的位势，$\psi_T$ 正比于 500 hPa 等压面的温度（或 250 hPa 等压面和 750 hPa 等压面之间的厚度），那么位相角 $kx_0$ 就可以表示 500 hPa 等压面上位势场和温度场之间的位相差。此外，$A_m$ 和 $A_T$ 分别表示 500 hPa 等压面上扰动位势场和厚度场的振幅。利用式（7.39）中的表达式，可得

$$\begin{aligned}
\overline{\psi_T \frac{\partial \psi_m}{\partial x}} &= -\frac{k}{L}\int_0^L A_T A_m \cos k(x + x_0 - ct)\sin k(x - ct)\mathrm{d}x \\
&= \frac{kA_T A_m \sin kx_0}{L}\int_0^L [\sin k(x - ct)]^2 \mathrm{d}x \\
&= \frac{A_T A_m k \sin kx_0}{2}
\end{aligned} \tag{7.40}$$

将式（7.40）代入式（7.38）就可以看出，对于常见的中纬度地区为热成西风（$U_T > 0$）的情况，如果扰动位能要增大，式（7.40）中的相关关系必然为正。因此，$kx_0$ 必然满足不等式 $0 < kx_0 < \pi$。此外，当 $kx_0 = \pi/2$ 时，这种相关关系达到正的最大值，此时 500 hPa 等压面上温度波动的位相滞后于位势波动的位相 $90°$。

这种情况的示意如图 7.4 所示。显然，当温度波动滞后于位势波动 1/4 个波长时，由 500 hPa 槽东部地转风造成的暖空气向北平流，以及 500 hPa 槽西部的冷空气向南平流都会达到最大。由此导致的结果是，250 hPa 槽下方的冷平流很强，250 hPa 脊下方的暖平流很强。正如 6.4.2 节所讨论的，在这种情况下上层的扰动会加强。这里还需要注意的是，如果温度波动滞后于位势波动，那么槽线和脊线就会随着高度上升向西倾斜，如 6.1 节所述，这也是增强中的中纬度天气系统的观测结果。

另外，根据图 7.4，并参考用 $\omega$ 方程式（7.28）表示的垂直运动模态，可以看出式（7.38）右端两项的符号不可能相同。在图 7.4 向西倾斜的扰动中，500 hPa 槽后冷空气的垂直运动必然是向下的。因此，在这种情况下温度和垂直速度的相关关系为正，即

$$\overline{\omega_2' \psi_T} < 0$$

由此可见，对于准地转扰动而言，扰动随高度上升向西倾斜不仅意味着水平温度平流会使扰动有效位能增大，而且说明垂直环流会将扰动有效位能转换为扰动动能。反过来，随高度上升向东倾斜的系统会使式（7.38）右端的两项都变号。

对于发展中的斜压波动而言，尽管式（7.38）中的位能产生项和位能转换项的符号通常是相反的，但只有位能产生率才能确定扰动总能量 $P' + K'$ 的增长率。将式（7.37）和式（7.38）相加就可以证明这一点，其中的具体变化率为

$$\frac{d(P' + K')}{dt} = 4\lambda^2 U_T \overline{\psi_T \frac{\partial \psi_m}{\partial x}}$$

如果经向速度和温度的相关关系为正，并且 $U_T > 0$，那么扰动的总能量就会增长。需要注意的是，垂直环流只会使扰动能量在有效位能和动能之间转换，而不会影响扰动的总能量。

扰动总能量的增长率依赖于基本气流热成风 $U_T$ 的量级。当然，它也正比于纬向平均的经向温度梯度。因为扰动能量的生成需要有系统性的暖空气向极输送和冷空气向赤道输送，所以，斜压不稳定扰动显然倾向于减小经向温度梯度，并使平均气流的有效位能也随之减小。后一个过程不能用线性化方程组来进行数学描述，但根据图 7.8 可以定性看出：当气块向极向上运动的坡度小于纬向平均等位温面的坡度时，该气块就会变得比周围环境更暖；对于向赤道向下运动的气块而言，情况则正好相反。

对这种气块而言，要满足斜压不稳定扰动的要求，扰动经向速度和温度之间，以及扰动垂直速度和温度之间的相关关系，都应当是正的。但是，对于轨迹坡度大于平均位温坡度的气块而言，这两个相关关系是负的。这种气块必然会将扰动动能转换为扰动有效位能，接下来再转换为纬向平均有效位能。为了使扰动能够从平均气流中得到位能，子午面上扰动气块轨迹的坡度必然小于等位温面的坡度，再加上有净的热量传输，因此必然会发生气块位置的永久性调整。

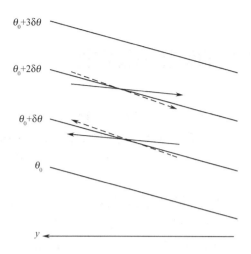

图 7.8 对于斜压不稳定扰动（实线箭头）和斜压稳定扰动（虚线箭头）而言，相对于纬向平均等位温面的气块轨迹的坡度

从前面我们已经看出，向极运动的气块必然会上升，向赤道运动的气块必然会下沉，所以，对于等位温面的经向坡度相对较大的大气而言，能量的产生率也较大。我们也可以更清楚地看出为什么斜压不稳定具有短波截断的特征。如前所述，随着波长的减小，垂直环流的强度必然会增大。因此，气块轨迹的坡度必然会随着波长的减小而增大；而且在某些临界波长上，轨迹的坡度会变得大于等位温面的坡度。不同于大多数最快速增强均发生在最小可能尺度上的对流不稳定性，斜压不稳定对于中间尺度是最有效的。

图 7.9 总结给出了准地转扰动的能量转换框架。其中，每个框表示一种特定类型能量的存储，箭头表示能量转换的方向。完整的能量循环无法利用线性扰动理论分析得到，但我们会在第 10 章进一步展开定性讨论。

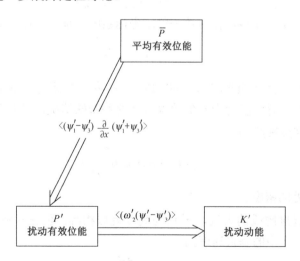

图 7.9 增强中的斜压波动中的准地转扰动的能量转换

# 7.4 连续层结大气的斜压不稳定性

在前面两节中，利用简单的两层模式对斜压不稳定性的某些基本特征进行了分析，明确给出了增长率与垂直切变的关系，以及短波截断的存在。但两层模式有严重的局限性，即假定在垂直方向上仅有两个自由度（例如，250 hPa 等压面和 750 hPa 等压面上的流函数）就足以表示大尺度系统对高度的依赖性。观测表明，尽管大多数中纬度天气尺度系统的垂直尺度与对流层的厚度相当，但垂直结构仍然有很大的差别。集中于近地面或者对流层顶附近的扰动几乎不可能在两层模式中精确表示。

对真实纬向平均风廓线下的斜压波动结构进行分析是相当复杂的，实际上只能通过数值方法来求解。尽管得不到具体的正交模波解，但仍然有可能通过瑞利首先提出的积分定理，得到正压或斜压不稳定的必要条件。这一定理还揭示了斜压不稳定是如何与位涡平均经向梯度和地表平均经向温度梯度直接联系在一起的（将在 7.4.2 节讨论）。

如果采用一系列的简化假设，就有可能引出连续层结大气中的稳定性问题，并在得到关于垂直结构的二阶微分方程后，通过标准方法来求解。英国气象学家 Eady（1949）首次对这个问题进行了研究。这个问题尽管在数学上与两层模式类似，但可以得到更多的内涵。我们将在 7.4.3 节对其进行讨论。

## 7.4.1 对数—气压坐标系

如果将标准的 $p$ 坐标系转换为对数—气压坐标系，那么就可以很容易地推导出瑞利定理和伊迪（Eady）稳定性模型。在对数—气压坐标系中，垂直坐标定义为

$$z^* \equiv -H \ln\left(\frac{p}{p_s}\right) \tag{7.41}$$

式中，$p_s$ 为标准参考气压（通常取为 1000 hPa），$H$ 为标准标高，并且 $H \equiv RT_s/g$，这里的 $T_s$ 为全球平均温度。对于温度为 $T_s$ 的等温大气这种特殊情况，$z^*$ 与几何高度完全相等，用参考密度表示的密度廓线为

$$\rho_0(z^*) = \rho_s \exp\left(\frac{z^*}{H}\right)$$

式中，$\rho_s$ 为 $z^* = 0$ 处的密度。

对于具有真实温度廓线的大气，$z^*$ 仅与高度近似相等，但在对流层这种差别通常是非常小的。这种坐标系中的垂直速度为

$$w^* \equiv \frac{\mathrm{d}z^*}{\mathrm{d}t}$$

在对数—气压坐标系中的水平动量方程与在 $p$ 坐标系中相同，也为

$$\frac{\mathrm{d}\boldsymbol{V}}{\mathrm{d}t} + f\boldsymbol{k} \times \boldsymbol{V} = -\nabla_h \Phi \tag{7.42}$$

但此时算子 $\mathrm{d}/\mathrm{d}t$ 定义为

$$\frac{\mathrm{d}}{\mathrm{d}t} = \frac{\partial}{\partial t} + \boldsymbol{V} \cdot \nabla_h + w^* \frac{\partial}{\partial z^*}$$

流体静力学方程 $\partial \Phi / \partial p = -\alpha$ 乘以 $p$，并利用理想气体实验定律，可将其转换到对数—气压坐标系，其形式为

$$\frac{\partial \Phi}{\partial \ln p} = -RT$$

上式两端除以 $-H$，并利用式（7.41），可得

$$\frac{\partial \Phi}{\partial z^*} = \frac{RT}{H} \tag{7.43}$$

根据在 $p$ 坐标系中的连续方程式（3.5），就可以得到该方程的对数—气压形式。注意到

$$w^* \equiv -\frac{H}{p}\frac{\mathrm{d}p}{\mathrm{d}t} = -\frac{H\omega}{p}$$

故有

$$\frac{\partial \omega}{\partial p} = -\frac{\partial}{\partial p}\left(\frac{pw^*}{H}\right) = \frac{\partial w^*}{\partial z^*} - \frac{w^*}{H} = \frac{1}{\rho_0}\frac{\partial(\rho_0 w^*)}{\partial z^*}$$

所以，在对数—气压坐标系中的连续方程可写为

$$\frac{\partial u}{\partial x} + \frac{\partial v}{\partial y} + \frac{1}{\rho_0}\frac{\partial(\rho_0 w^*)}{\partial z^*} = 0 \tag{7.44}$$

这里将热力学方程式（3.6）的对数—气压形式留给读者证明。该方程的形式为

$$\left(\frac{\partial}{\partial t} + \boldsymbol{V} \cdot \nabla_h\right)\frac{\partial \Phi}{\partial z^*} + w^* N^2 = \frac{\kappa J}{H} \tag{7.45}$$

其中

$$N^2 \equiv \left(\frac{R}{H}\right)\left(\frac{\partial T}{\partial z^*} + \frac{\kappa T}{H}\right)$$

$N^2$ 是浮力振荡频率的平方（参见 2.7.3 节），并且 $\kappa \equiv R/c_p$。不同于在 $p$ 坐标系中热力学方程式（3.6）中的静力稳定性参数 $S_p$，参数 $N^2$ 在对流层中仅随高度有很弱的变化，即使将其假设为常数，也不会出现严重的错误。这是对数—气压形式的最主要优势。

准地转位涡方程的形式与在 $p$ 坐标系中的形式相同，但 $q$ 定义为

$$q \equiv \nabla_h^2 \psi + f + \frac{1}{\rho_0}\frac{\partial}{\partial z^*}\left(\varepsilon\rho_0\frac{\partial \psi}{\partial z^*}\right) \tag{7.46}$$

式中，$\varepsilon \equiv f_0^2 / N^2$。

## 7.4.2 斜压不稳定性：瑞利定理

下面分析中纬度 $\beta$ 平面上稳定层结大气中的稳定性问题。准地转位涡方程的线性化形

式在对数—气压坐标系中可写为

$$\left(\frac{\partial}{\partial t}+\bar{u}\frac{\partial}{\partial x}\right)q'+\frac{\partial\overline{q}}{\partial y}\frac{\partial\psi'}{\partial x}=0 \tag{7.47}$$

其中

$$q'\equiv\nabla^2\psi'+\frac{1}{\rho_0}\frac{\partial}{\partial z^*}\left(\varepsilon\rho_0\frac{\partial\psi'}{\partial z^*}\right) \tag{7.48}$$

并且有

$$\frac{\partial\overline{q}}{\partial y}=\beta-\frac{\partial^2\bar{u}}{\partial y^2}-\frac{1}{\rho_0}\frac{\partial}{\partial z^*}\left(\varepsilon\rho_0\frac{\partial\bar{u}}{\partial z^*}\right) \tag{7.49}$$

与在两层模式中一样，这里还需要上、下等压面上的边界条件。假定气流是绝热的，并且在上、下边界处的垂直速度 $w^*$ 为 0，那么热力学方程式（7.45）的线性化形式在水平边界面上可写为

$$\left(\frac{\partial}{\partial t}+\bar{u}\frac{\partial}{\partial x}\right)\frac{\partial\psi'}{\partial z^*}-\frac{\partial\psi'}{\partial x}\frac{\partial\bar{u}}{\partial z^*}=0 \tag{7.50}$$

侧边界条件为

$$\frac{\partial\psi'}{\partial x}=0 \tag{7.51}$$

故在 $y=\pm L$ 处有 $\psi'=0$。

接下来，假设扰动量中包含一个沿着 $x$ 方向的纬向傅里叶分量：

$$\psi'(x,y,z,t)=\text{Re}\{\Psi(y,z)\exp[ik(x-ct)]\} \tag{7.52}$$

式中，$\Psi(y,z)=\Psi_r+i\Psi_i$ 为复振幅，$k$ 为纬向波数，$c=c_r+ic_i$ 是复相速度。需要注意的是，式（7.52）可改写为

$$\psi'(x,y,z,t)=e^{kc_i t}[\Psi_r\cos k(x-c_r t)-\Psi_i\sin k(x-c_r t)]$$

可见，$\Psi_r$ 和 $\Psi_i$ 的相对大小就决定了关于任意 $y$ 和 $z^*$ 的波动位相。

将式（7.52）代入式（7.47）和式（7.50），可得

$$(\bar{u}-c)\left[\frac{\partial^2\Psi}{\partial y^2}-k^2\Psi+\frac{1}{\rho_0}\frac{\partial}{\partial z^*}\left(\varepsilon\rho_0\frac{\partial\Psi}{\partial z^*}\right)\right]+\frac{\partial\overline{q}}{\partial y}\Psi=0 \tag{7.53}$$

$$(\bar{u}-c)\frac{\partial\Psi}{\partial z^*}-\frac{\partial\bar{u}}{\partial z^*}\Psi=0,\quad 当 z^*=0时 \tag{7.54}$$

正如某些理论研究所述，如果将上边界取为处于有限高度上的刚盖，那么式（7.54）的条件同样适用于这个边界。换言之，上边界条件可以确定为在 $z^*\to\infty$ 处 $\Psi$ 仍保持有限。

式（7.53）及其边界条件就组成一个关于 $\Psi(y,z^*)$ 的线性边值问题。对于真实的平均纬向风廓线而言，求解式（7.53）通常也是不容易的。尽管如此，通过分析系统的能量特征，仍然能够得到一些关于该系统稳定性特征的有用信息。

式（7.53）除以 $(\bar{u}-c)$，并将得到的方程分为实部和虚部两个部分，可得

$$\frac{\partial^2 \Psi_r}{\partial y^2} + \frac{1}{\rho_0} \frac{\partial}{\partial z^*}\left(\varepsilon\rho_0 \frac{\partial \Psi_r}{\partial z^*}\right) - \left(k^2 - \delta_r \frac{\partial \overline{q}}{\partial y}\right)\Psi_r - \delta_i \frac{\partial \overline{q}}{\partial y}\Psi_i = 0 \tag{7.55}$$

$$\frac{\partial^2 \Psi_i}{\partial y^2} + \frac{1}{\rho_0} \frac{\partial}{\partial z^*}\left(\varepsilon\rho_0 \frac{\partial \Psi_i}{\partial z^*}\right) - \left(k^2 - \delta_r \frac{\partial \overline{q}}{\partial y}\right)\Psi_i + \delta_i \frac{\partial \overline{q}}{\partial y}\Psi_r = 0 \tag{7.56}$$

其中

$$\delta_r = \frac{\overline{u} - c_r}{(\overline{u} - c_r)^2 + c_i^2}, \quad \delta_i = \frac{c_i}{(\overline{u} - c_r)^2 + c_i^2}$$

类似地，对于 $z^* = 0$ 处的边界条件，式（7.54）除以 $(\overline{u} - c)$，并将得到的方程分为实部和虚部，可得

$$\frac{\partial \Psi_r}{\partial z^*} + \frac{\partial \overline{u}}{\partial z^*}(\delta_i \Psi_i - \delta_r \Psi_r) = 0$$
$$\frac{\partial \Psi_i}{\partial z^*} - \frac{\partial \overline{u}}{\partial z^*}(\delta_r \Psi_i + \delta_i \Psi_r) = 0 \tag{7.57}$$

式（7.55）乘以 $\Psi_i$，式（7.56）乘以 $\Psi_r$，后者减去前者，可得

$$\rho_0\left[\Psi_i \frac{\partial^2 \Psi_r}{\partial y^2} - \Psi_r \frac{\partial^2 \Psi_i}{\partial y^2}\right] + \left[\Psi_i \frac{\partial}{\partial z^*}\left(\varepsilon\rho_0 \frac{\partial \Psi_r}{\partial z^*}\right) - \Psi_r \frac{\partial}{\partial z^*}\left(\varepsilon\rho_0 \frac{\partial \Psi_i}{\partial z^*}\right)\right] - \rho_0 \delta_i\left(\frac{\partial \overline{q}}{\partial y}\right)(\Psi_i^2 + \Psi_r^2) = 0 \tag{7.58}$$

利用微分的链式法则，式（7.58）可改写为

$$\rho_0 \frac{\partial}{\partial y}\left[\Psi_i \frac{\partial \Psi_r}{\partial y} - \Psi_r \frac{\partial \Psi_i}{\partial y}\right] + \frac{\partial}{\partial z^*}\left[\varepsilon\rho_0\left(\Psi_i \frac{\partial \Psi_r}{\partial z^*} - \Psi_r \frac{\partial \Psi_i}{\partial z^*}\right)\right] - \rho_0 \delta_i\left(\frac{\partial \overline{q}}{\partial y}\right)(\Psi_i^2 + \Psi_r^2) = 0 \tag{7.59}$$

式（7.59）括号中的第一项是关于 $y$ 的全微分，第二项是关于 $z^*$ 的全微分。因此，如果对式（7.59）在整个 $y$、$z^*$ 的定义域内积分，得到的结果可写为

$$\int_0^\infty \left[\Psi_i \frac{\partial \Psi_r}{\partial y} - \Psi_r \frac{\partial \Psi_i}{\partial y}\right]_{-L}^{+L} \rho_g \mathrm{d}z^* + \int_{-L}^{+L}\left[\varepsilon\rho_0\left(\Psi_i \frac{\partial \Psi_r}{\partial z^*} - \Psi_r \frac{\partial \Psi_i}{\partial z^*}\right)\right]_0^\infty \mathrm{d}y$$
$$= \int_{-L}^{+L}\int_0^\infty \rho_0 \delta_i \frac{\partial \overline{q}}{\partial y}(\Psi_i^2 + \Psi_r^2)\mathrm{d}y\mathrm{d}z^* \tag{7.60}$$

但根据式（7.51），在 $y = \pm L$ 处 $\Psi_i = \Psi_r = 0$，因此，式（7.60）的第一个积分为 0。此外，如果当 $z^* \to \infty$ 时，$\Psi$ 保持有界，那么上边界处式（7.60）中第二个积分的贡献也为 0。接下来，利用式（7.57）消去这一项在下边界处的垂直导数，则式（7.60）可改写为

$$c_i\left[\int_{-L}^{+L}\int_0^\infty \frac{\partial \overline{q}}{\partial y}\frac{\rho_0 |\Psi|^2}{|\overline{u} - c|^2}\mathrm{d}y\mathrm{d}z^* - \int_{-L}^{+L}\varepsilon\frac{\partial \overline{u}}{\partial z^*}\frac{\rho_0 |\Psi|^2}{|\overline{u} - c|^2}\bigg|_{z^*=0}\mathrm{d}y\right] = 0 \tag{7.61}$$

式中，$|\varPsi|^2 = \varPsi_r^2 + \varPsi_i^2$ 是扰动振幅的平方。

式（7.61）对于准地转扰动的稳定性而言有很重要的意义。对于不稳定波动，$c_i$ 必须不等于 0，因此式（7.61）中方括号中的量必然为 0。因为 $|\varPsi|^2 / |\bar{u} - c|^2$ 非负，所以，只有当下边界处的 $\partial\bar{u}/\partial z^*$ 和整个区域内的 $\partial\bar{q}/\partial y$ 满足特定约束条件时，才有可能出现不稳定。这些条件如下。

（1）如果在 $z^* = 0$ 处有 $\partial\bar{u}/\partial z^* = 0$（根据热成风平衡，这说明边界上的经向温度梯度为 0），那么式（7.61）中的第二个积分为 0。因此，当发生不稳定时，第一个积分也必须为 0。这种情况只有当 $\partial\bar{q}/\partial y$ 在区域内变号（在某处有 $\partial\bar{q}/\partial y = 0$）时才会发生。它被称为瑞利必要条件，同时也是对位涡基本作用的另一种展示。因为 $\partial\bar{q}/\partial y$ 通常是正的，显然在下边界处不存在温度梯度的情况下，必须在分析区域内有一个负的经向位涡梯度区，这样才有可能出现不稳定。

（2）如果在任何位置都有 $\partial\bar{q}/\partial y \geqslant 0$，那么对于 $c_i > 0$ 的情况，就有必要在下边界某些位置有 $\partial\bar{u}/\partial z^* > 0$。

（3）如果在 $z^* = 0$ 的任何位置都有 $\partial\bar{u}/\partial z^* < 0$，那么要使不稳定发生，就有必要在某些位置使 $\partial\bar{q}/\partial y < 0$。由此可见，在下边界处存在西风切变和东风切变的非对称特征，而前者对于斜压不稳定性而言更有利。

式（7.49）中的基本态位涡梯度可写为

$$\frac{\partial\bar{q}}{\partial y} = \beta - \frac{\partial^2\bar{u}}{\partial y^2} + \frac{\varepsilon}{H}\frac{\partial\bar{u}}{\partial z^*} - \varepsilon\frac{\partial^2\bar{u}}{\partial z^{*2}} - \frac{\partial\varepsilon}{\partial z^*}\frac{\partial\bar{u}}{\partial z^*}$$

由于 $\beta$ 在任何位置均为正，那么，如果 $\varepsilon$ 为常数，只有当存在强的正平均气流曲率（$\partial^2\bar{u}/\partial y^2 > 0$ 或 $\partial^2\bar{u}/\partial z^{*2} \gg 0$）或强的负垂直切变（$\partial\bar{u}/\partial z^* \ll 0$）时，才会出现负的基本态位涡梯度。强的正经向曲率可能出现在东风急流的中心或者西风急流的侧面。与这种水平曲率有关的不稳定性被称为正压不稳定性。中纬度地区正常的正压不稳定都与地面处 $\partial\bar{q}/\partial y > 0$ 和 $\partial\bar{u}/\partial z^* > 0$ 的平均气流有关。由此可见，对于这种不稳定性的存在而言，地面处的平均经向温度梯度是必不可少的。如果有足够强的平均东风切变，能够导致平均位涡梯度出现局地逆转，那么就会因 $\varepsilon$ 快速减小，而在对流层顶激发出斜压不稳定。

### 7.4.3 伊迪稳定性问题

本节是在 7.4.2 节的连续大气基础上，分析在满足不稳定性必要条件的最简化模式中不稳定波动的结构（特征函数）和增长率（特征值）。简单起见，有如下假设：

- 密度基本态为常数（布辛涅斯克近似）；
- $f$ 平面近似（$\beta = 0$）；
- $\partial\bar{u}/\partial z^* = \varLambda = \text{Const}$；

- 　在 $z^* = 0$ 和 $z^* = H$ 处为刚壁。

这些条件描述的仅是一个很粗糙的大气模式，但它提供了研究垂直结构与水平尺度和稳定性之间关系的一级近似。尽管在分析区域内的平均位涡为 0，但伊迪稳定性模型仍然满足 7.4.2 节讨论的不稳定性必要条件，这是因为上边界处基本气流平均态的垂直切变在式（7.61）中给出了一个附加项，该项与下边界积分的大小相等、符号相反。

利用上述近似，准地转位涡方程可写为

$$\left( \frac{\partial}{\partial t} + \bar{u} \frac{\partial}{\partial x} \right) q' = 0 \tag{7.62}$$

其中扰动位涡为

$$q' = \nabla_h \psi' + \varepsilon \frac{\partial^2 \psi'}{\partial z^{*2}} \tag{7.63}$$

而 $\varepsilon \equiv f_0^2 / N^2$。水平边界（$z^* = 0, H$）处的热力学方程为

$$\left( \frac{\partial}{\partial t} + \bar{u} \frac{\partial}{\partial x} \right) T' = 0 \tag{7.64}$$

令

$$\psi'(x, y, z^*, t) = \Psi(z^*) \cos ly \exp[ik(x - ct)]$$
$$\bar{u}(z^*) = \Lambda z^* \tag{7.65}$$

与 7.4.2 节相同，这里的 $\Psi(z^*)$ 为复振幅，$c$ 为复相速度。将式（7.65）代入式（7.62）后可得

$$(\bar{u} - c)q' = 0 \tag{7.66}$$

根据式（7.66）可以看出，$q' = 0$ 或 $\bar{u} - c = 0$。由于 $\bar{u} = \Lambda z^*$，所以，对于非零的 $q'$，只有在波速与气流流速相等的层次上才满足 $\bar{u} - c = 0$。此外，因为 $\bar{u}$ 必须为实数，所以，在这种情况下的波速必然也是实数，对应的特解描述的是奇异中性波动（波动引导层上的位涡峰值）。这种波动对于描述伊迪稳定性模型中位涡扰动的演变是非常有用的，但不能用于描述不稳定性。由此可见，不稳定波动必然满足 $q' = 0$，根据式（7.63），垂直结构可由如下标准二阶微分方程的解给出，即

$$\frac{\mathrm{d}^2 \Psi}{\mathrm{d}z^{*2}} - \alpha^2 \Psi = 0 \tag{7.67}$$

式中，$\alpha^2 = (k^2 + l^2)/\varepsilon$。类似地，代入式（7.64）后可得如下边界条件：

$$(\Lambda z^* - c) \frac{\mathrm{d}\Psi}{\mathrm{d}z^*} - \Psi \Lambda = 0, \qquad z^* = 0, H \tag{7.68}$$

这个条件对地表（$z^* = 0$）和对流层顶（$z^* = H$）处的刚性水平边界（$w^* = 0$）都是成立的。

式（7.67）的通解可写为

$$\Psi(z^*) = A \sinh \alpha z^* + B \cosh \alpha z^* \tag{7.69}$$

将式（7.69）代入 $z^* = 0$ 和 $z^* = H$ 处的边界条件式（7.68），就可以得到由两个方程组成的及关于振幅系数 $A$ 和 $B$ 的线性齐次方程组：

$$-c\alpha A - BA = 0$$

$$\alpha(\Lambda H - c)(A\cosh\alpha H + B\sinh\alpha H) - \Lambda(A\sinh\alpha H + B\cosh\alpha H) = 0$$

与在两层模式中一样，只有当关于系数 $A$ 和 $B$ 的行列式为 0 时，才会存在非平凡解。这样还是可以得到一个关于相速度 $c$ 的二次方程，其解（参见习题 7.12）的形式为

$$c = \frac{\Lambda H}{2} \pm \frac{\Lambda H}{2}\left[1 - \frac{4\cosh\alpha H}{\alpha H\sinh\alpha H} + \frac{4}{\alpha^2 H^2}\right]^{1/2} \tag{7.70}$$

因此有

$$\text{当 } 1 - \frac{4\cosh\alpha H}{\alpha H\sinh\alpha H} + \frac{4}{\alpha^2 H^2} < 0 \text{ 时，} c_i \neq 0$$

此时，气流是斜压不稳定的。当式（7.70）方括号中的量等于 0 时，就认为气流是中性稳定的。假设当 $\alpha = \alpha_c$ 时这个条件成立，那么就满足

$$\frac{\alpha_c^2 H^2}{4} - \alpha_c H(\tanh\alpha_c H)^{-1} + 1 = 0 \tag{7.71}$$

利用如下等式

$$\tanh\alpha_c H = 2\tanh\left(\frac{\alpha_c H}{2}\right)\bigg/\left[1 + \tanh^2\left(\frac{\alpha_c H}{2}\right)\right]$$

可将式（7.71）分解为

$$\left[\frac{\alpha_c H}{2} - \tanh\left(\frac{\alpha_c H}{2}\right)\right]\left[\frac{\alpha_c H}{2} - \coth\left(\frac{\alpha_c H}{2}\right)\right] = 0 \tag{7.72}$$

这样可以得到 $\alpha$ 的临界值为 $\alpha_c H/2 = \coth(\alpha_c H/2)$，说明 $\alpha_c H \cong 2.4$。因此，不稳定性要求满足 $\alpha < \alpha_c$ 或

$$(k^2 + l^2) < (\alpha_c^2 f_0^2/N^2) \approx 5.76/L_R^2$$

式中，$L_R \equiv NH/f_0 \approx 1000\ \text{km}$ 为连续层结流体中的罗斯贝变形半径［与式（7.16）定义的 $\lambda^{-1}$ 相当］。对于纬向波数和经向波数相等（$k = l$）的波动，最大增长率所对应的波长为

$$L_m = 2\sqrt{2}\pi\frac{L_R}{H\alpha_m} \approx 5500\ \text{km}$$

式中，$\alpha_m$ 是 $kc_i$ 取最大值时的 $\alpha$。

将这个 $\alpha$ 值代入流函数垂直结构解式（7.69），并根据下边界条件用系数 $A$ 来表示系数 $B$，这样就可以确定最不稳定波动的垂直结构。如图 7.10 所示，槽线和脊线随着高度上升向西倾斜，这与从平均气流中获取有效位能的要求一致。但是，最冷空气和最暖空气的轴线是随高度上升向东倾斜的，这个结果无法使用只在单一层次上给出温度的两层模式来确定。此外，图 7.10（a）和图 7.10（b）还表明，在上层槽线以东，也就是扰动经向速度为正的区域，垂直速度也是正的。可见，气块的运动在 $\theta' > 0$ 的区域是向极向上的；相反，在上层槽线以西，气块的运动在 $\theta' < 0$ 的区域是向赤道向下的。这两种情况都与图 7.8

中能量转换时气块轨迹的倾斜一致。

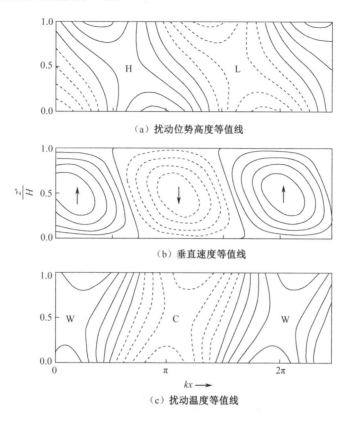

图 7.10  最不稳定伊迪波动的属性。（a）扰动位势高度等值线，H 和 L 分别表示脊线和槽线；（b）垂直速度等值线，向上和向下的箭头分别表示最大上升运动和最大下沉运动的轴线；（c）扰动温度等值线，W 和 C 分别表示温度最暖和最冷的轴线。为明晰起见，所有图中均给出了 $1\frac{1}{4}$ 波长

　　尽管可以通过伊迪稳定性模型得到不稳定解，并且该解类似于主导中纬度涡旋场统计结果的不稳定波动，但单个气旋事件还是高度局地化的，其发展速度比模型描述的最不稳定波动增长率还要快。通过分析地面气旋发展之前的观测结果，如有限振幅、局地化、上层初始扰动等初值问题，就可以解决上述两个难题。图 7.11 就是地面气旋自局地化初始扰动开始的发展过程。需要注意的是，经过 48 h 之后，完整的非线性解类似于成熟的温带气旋，围绕着低压区，暖空气向极移动，冷空气向赤道移动。仅由不稳定增长波动所对应的线性解近似于完整的非线性解，并且可证明其发展能够用初始扰动仅在不稳定波动上的投影来解释。根据地面和高层位涡异常的相互作用，以及地面冷锋和暖锋的发展细节，可知非线性作用与地面气旋的向极偏转有关。尽管不稳定波动足以解释地面气旋的发展，但事实证明即使所有的波动都是中性的，瞬时发展仍有可能发生。

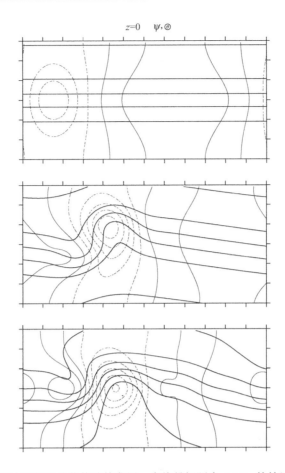

图 7.11　在理想西风急流中空间局地化扰动的发展。虚线是间隔为 4 hPa 的等压线，实线是间隔为 5 K 的等位温线。与上层位涡异常相关的初始地面扰动（上图）经过 48 h 后演变为发展良好的温带气旋（中图），仅将初始扰动投影到不稳定波动后得到的线性解（下图）捕捉到了完整非线性解所描述的绝大多数发展结果（引自 Hakim, 2000；美国气象学会版权所有，许可复制）

# 7.5　中性波的增长和传播

如前所述，即使不存在斜压不稳定，斜压波扰动在特定的有利初始条件下也有可能快速增长。尽管导致快速瞬时增长的最优初始扰动理论已经超出了本书的讨论范围，但仍然可以从数学上揭示其主要思想，并通过在两层模式中的实例来说明它。

增长的核心概念涉及一个用来度量扰动振幅的度量标准，称其为范数。我们比较熟悉的例子是标量 $z$ 的大小 $|z|$，实际上就是实数 $z$ 的绝对值。对于复数 $z = a + ib$，其大小就是复平面上矢量的长度，定义为 $|z| = (z^*z)^{1/2} = (a^2 + b^2)^{1/2}$，其中星号表示复共轭。对于函数，采用这个定义的自然延伸，即

$$|f| = [\langle f, f \rangle]^{1/2} \tag{7.73}$$

对关于单自变量 $x$ 的函数而言，有

$$\langle f, g \rangle = \int f^* g \mathrm{d}x \tag{7.74}$$

其结果为内积，是一个标量。特别地，对于 $g = f$，由式（7.74）可知，$|f|^2$ 就是 $f^* f$ 的积分。对前面讨论的复数而言，它类似于其分量平方和的连续形式。将一段时间内的放大率定义为 $t$ 时刻与初始时刻 $t_0$ 的范数之比，即

$$A = \frac{|f|_t}{|f|_{t_0}} \tag{7.75}$$

下面来分析伊迪稳定性模型的正交模，其形式（略去撇号）为

$$\psi = \Psi(z^*) \mathrm{e}^{\mathrm{i}\phi} \mathrm{e}^{kc_i t} \tag{7.76}$$

式中，$\phi = k(x - c_r t)$，并且 $c_r$ 和 $c_i$ 分别为相速度的实部和虚部。根据式（7.75）的定义，对于 $t_0 = 0$，单一正交模的放大率为

$$\left[ \frac{\iint \Psi^* \mathrm{e}^{-\mathrm{i}\phi} \mathrm{e}^{kc_i t} \Psi \mathrm{e}^{\mathrm{i}\phi} \mathrm{e}^{kc_i t} \mathrm{d}x\mathrm{d}z}{\iint \Psi^* \mathrm{e}^{-\mathrm{i}kx} \Psi \mathrm{e}^{\mathrm{i}kx} \mathrm{d}x\mathrm{d}z} \right]^{1/2} = \left[ \mathrm{e}^{2kc_i t} \frac{\iint \Psi^* \Psi \mathrm{d}x\mathrm{d}z}{\iint \Psi \Psi^* \mathrm{d}x\mathrm{d}z} \right]^{1/2} = \mathrm{e}^{kc_i t} \tag{7.77}$$

对于中性波动，有 $c_i = 0$ 和 $A = 1$；否则，振幅会根据 $c_i$ 的符号不同而成指数增长或衰减。需要注意的是，因为在式（7.76）中时间和空间是分离的，所以关于正交模空间结构的任意函数（如位涡）的放大率都与式（7.77）相同。这就意味着，对于单一波动而言，式（7.77）中得到的指数增长是与范数无关的。

接下来，再来考虑两个中性模之和。在这种情况下，放大率为

$$\left[ \frac{\langle \psi_1 + \psi_2, \psi_1 + \psi_2 \rangle_t}{\langle \psi_1 + \psi_2, \psi_1 + \psi_2 \rangle_{t_0}} \right]^{1/2} = \left[ \frac{\langle \psi_1, \psi_1 \rangle_t + \langle \psi_2, \psi_2 \rangle_t + 2\langle \psi_1, \psi_2 \rangle_t}{\langle \psi_1, \psi_1 \rangle_{t_0} + \langle \psi_2, \psi_2 \rangle_{t_0} + 2\langle \psi_1, \psi_2 \rangle_{t_0}} \right]^{1/2} \tag{7.78}$$

其中用到了 $\langle f, g \rangle = \langle g, f \rangle^*$ 这个性质。由于波动是中性的，所以 $\langle \psi_1, \psi_1 \rangle$ 和 $\langle \psi_2, \psi_2 \rangle$ 均为常数，并且放大率计算式为

$$\langle \psi_1, \psi_2 \rangle_t = \mathrm{e}^{\mathrm{i}k(c_1 - c_2)t} \iint \psi_1^* \psi_2 \mathrm{d}x\mathrm{d}z \tag{7.79}$$

这就说明，如果这些波动在选定的范数下正交，也就是说

$$\iint \Psi_1^* \Psi_2 \mathrm{d}x\mathrm{d}z = 0 \tag{7.80}$$

那么说明不存在放大。另外，如果这些波动不是正交的，那么振幅的周期变化就正比于这些波动的相速度之差。其物理解释是，因为这些波动是彼此相对运动的，所以有时候会出现中性模之和产生逆风切变倾斜扰动[3]且其振幅增大的情况。如果这个关系发生变化，则波动发生顺风切变倾斜，并使中性模之和的振幅减小。由此可见，放大效应是瞬时的，冰且依赖于所选择的范数。相反，不稳定正交模在所有时刻均成指数增长，并且对放大率的度量不依赖于范数。

---

[3] 如 7.3.2 节，这个解释基于能量正比于 $\psi^2$ 这个结论。

### 7.5.1 中性波的瞬时增长

下面分析 7.2 节两层模式的一个具体实例。如果略去 $\beta$ 效应，令 $U_m = 0$，并假定 $k^2 > 2\lambda^2$，那么两层模式就会有两个如式（7.24）所示的反向传播中性波解，其纬向相速度为

$$c_1 = U_T\mu, \quad c_2 = -U_T\mu \tag{7.81}$$

式中，

$$\mu = \left[\frac{k^2 - 2\lambda^2}{k^2 + 2\lambda^2}\right]^{1/2}$$

那么根据式（7.17），扰动所包含的两个波动可表示为

$$\psi_m = A_1 \exp[ik(x - c_1 t)] + A_2 \exp[ik(x - c_2 t)] \tag{7.82a}$$

$$\psi_T = B_1 \exp[ik(x - c_1 t)] + B_2 \exp[ik(x - c_2 t)] \tag{7.82b}$$

但根据式（7.18），有

$$c_1 A_1 - U_T B_1 = 0, \quad c_2 A_2 - U_T B_2 = 0$$

因此，利用式（7.81）可得

$$B_1 = \mu A_1, \quad B_2 = -\mu A_2 \tag{7.83}$$

对于完全被限制在上层的初始扰动，很容易可以证明 $\psi_m = \psi_T$（满足 $\psi_1 = 2\psi_m$ 和 $\psi_3 = 0$）。因此，初始时有 $A_1 + A_2 = B_1 + B_2$，将式（7.83）代入可得

$$A_2 = -A_1 \frac{1-\mu}{1+\mu}$$

由此可见，如果 $A_1$ 是实数，那么式（7.82a）和式（7.82b）的流函数可写为

$$\psi_m(x,\ t) = A_1\left[\cos[k(x - \mu U_T t)] - \frac{(1-\mu)}{(1+\mu)}\cos[k(x + \mu U_T t)]\right] \tag{7.84a}$$

$$= \frac{2\mu A_1}{(1+\mu)}\left[\cos kx \cos(k\mu U_T t) + \frac{1}{\mu}\sin kx \sin(k\mu U_T t)\right]$$

$$\psi_T(x,\ t) = \mu A_1\left[\cos[k(x - \mu U_T t)] - \frac{(1-\mu)}{(1+\mu)}\cos[k(x + \mu U_T t)]\right] \tag{7.84b}$$

$$= \frac{2\mu A_1}{(1+\mu)}[\cos kx \cos(k\mu U_T t) + \mu\sin kx \sin(k\mu U_T t)]$$

式（7.84a）和式（7.84b）右端第一项说明，对于小的 $\mu$，正压波在初始时刻包含两个振幅近似相等但位相相差180°的波动，因此它们会近似相互抵消；而斜压波在初始时刻包含两个非常弱的同位相波动。

随着时间的推移，这两个反向传播的正压波开始彼此加强，并于 $t_m = \pi/(2k\mu U_T)$ 时刻在初始时刻槽的位置以东90°处形成一个最大振幅槽。根据式（7.84a）和式（7.84b），$t_m$ 时刻的正压波和斜压波为

$$(\psi_m)_{\max} = 2A_1(1+\mu)^{-1}\sin kx$$
$$(\psi_T)_{\max} = 2A_1\mu^2(1+\mu)^{-1}\sin kx \tag{7.85}$$

根据上述表达式很容易可以证明

$$(\psi_1)_{\max} = 2A_1(1+\mu^2)(1+\mu)^{-1}\sin kx$$
$$(\psi_3)_{\max} = 2A_1(1-\mu)\sin kx$$

因此，对于小的 $\mu$，最终得到的扰动是近似正压的。由此可见，初始扰动不仅会放大，而且会在垂直方向上扩展。增长到最大振幅的时间与基本态热成风成反比；但是最大振幅仅依赖于初始振幅和参数 $\mu$。

图 7.12 所示是当 $f_0 = 10^{-4}\ \mathrm{s}^{-1}$，$\sigma = 2\times10^{-6}\ \mathrm{m^2\ Pa^{-2}\ s^{-1}}$，$U_T = 35\ \mathrm{ms}^{-1}$，纬向波数为 3000 km 时，正压流函数和斜压流函数的初始振幅和最大振幅。在这种情况下，正压扰动振幅在约 48 h 内增大了 8 倍。尽管在不到 1 d 的时间内，大多数不稳定正交模在这些条件下也增大了类似的倍数，但如果初始时上层中性扰动有几米每秒的速度振幅，那么它在几天时间内就可能从非常小的初始扰动指数增长到可能主导正交模不稳定性。

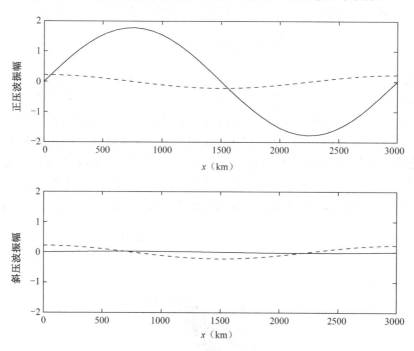

图 7.12 在两层模式中初始时刻完全被限制在上层的瞬变中性扰动振幅的纬向分布。虚线表示正压波和斜压波的初始分布，实线表示在最大放大时刻正压波和斜压波的分布

与正交模斜压不稳定性一样，对于中性波动的瞬时放大而言，其能量来源是平均气流的有效位能，它会向因经向温度平流导致的扰动位能转换，紧接着再向因垂直次级环流导致的扰动动能转换。次级环流有一个滞后于上层流函数场 90° 位相的垂直速度场。因此，最大向上运动和下层辐合出现在初始时刻高层脊的西部，最大下沉运动和下层辐散则出现在初始时刻高层槽的西部。与这种辐合、辐散模态有关的涡度倾向部分平衡了上层的向东涡度平流，同时也起着在初始时刻高空槽以东产生低空槽，并在初始时刻高空脊以东产生

低空脊的作用。由此导致的结果是，在初始槽、脊位置以东90°发展出接近正压的槽、脊模态。不同于正交模不稳定性，在这种情况下的增长不会无限持续。相反，对于给定的 $\mu$ 值，最大增长发生在 $t_m = \pi/(2kU_T\mu)$ 时刻。当纬向波数接近于短波不稳定性截断时，总的增大量会变大，放大时间也会增加。

## 7.5.2 下游发展

7.2.2 节中需要注意的是，在某些情况下，纬向群速度可能会超过纬向相速度，因此波群能量的传播会快于个别波动。习题 5.15 给出的就是正压罗斯贝波的频散作用。但对于天气尺度上发生在初始波动下游的新扰动的发展而言，$\beta$ 效应不是必要的。可以使用将科氏参数取为常数的两层通道模式，来简单描述中性波动的频散和下游发展过程。

利用波动频率，可将式（7.24）的频散关系表示为

$$\nu = kU_m \pm k\mu U_T \tag{7.86}$$

其中 $\mu$ 的表达式可参见紧接着式（7.81）的公式。此时，相应的群速度为

$$c_{gx} = \frac{\partial \nu}{\partial k} = U_m \pm U_T\mu\left(1 + \frac{4k^2\lambda^2}{k^4 - 4\lambda^4}\right) \tag{7.87}$$

比较式（7.87）与式（7.81）可以看出，相对于纬向平均气流，对于向东和向西的中性波动而言，群速度超过相速度的值就是式（7.87）右端括号中的因子。例如，如果 $k^2 = 2\lambda^2(1+\sqrt{2})$，群速度就等于相速度的 2 倍，图 7.4 给出的就是这种情况。

根据中纬度风暴路径中斜压波的观测结果可以很清楚地看到，波动能量向下游发展。例如，在北太平洋上空，斜压波的相速度约为 $10\ \mathrm{ms^{-1}}$，而群速度约为 $30\ \mathrm{ms^{-1}}$（见图 7.13）。因此，尽管在亚洲海岸线附近开始发展的温带气旋的初始扰动可能需要 5 d，当其处于衰减阶段时，才刚刚到达太平洋中部，但温带气旋本身会在 3 d 内影响到北美西海岸。

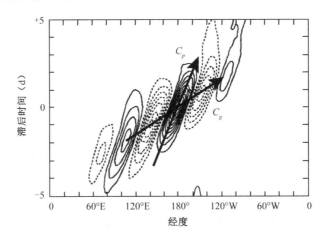

图 7.13　经度和时间滞后的经向风时间序列相关系数。相关系数是相对于180°参考时间序列的，其值（−1～1 的无单位数）在图中的间隔为 0.1 个单位。图中结果是基于冬季30°～60°N 的平均值（引自 Chang，1993；美国气象学会版权所有，许可复制）

# 推荐参考文献

Charney（1947）是关于斜压不稳定的经典文献。尽管对数学知识的要求很高，但是该文对主要结论有很好的定性讨论，可读性很高。

Hoskins, McIntyre, and Robertson（1985）从位涡的角度讨论了锋生和斜压不稳定性。

Pedlosky 著作的 *Geophysical Fluid Dynamics, 2nd Edition*（《地球物理流体力学（第二版）》），包含对正交模斜压不稳定性的精确处理，对数学知识的要求很高。

Pierrehumbert and Swanson（1995）总结了关于斜压不稳定性的诸多方面，包括时空发展。

Vallis 著作的 *Atmospheric and Oceanic Fluid Dynamics: Fundamentals and Large-Scale Circulation*（《大气与海洋流体力学：基本原理与大尺度环流》），包含了关于斜压不稳定性的内容，与这里讨论的相似。

# 习题

7.1　利用式（7.25），证明当 $\beta = 0$ 时，取

$$k^2 = 2\lambda^2(\sqrt{2}-1)$$

就会出现斜压不稳定性的最大增长率。如果取 $\lambda^2 = 2\times10^{-12}$ $m^{-1}$，$U_T = 20$ $ms^{-1}$，那么需要多久才能将最快增长波动放大 $e^1$ 倍？

7.2　对相速度满足式（7.23）的斜压罗斯贝波，在已知 $\psi_1'$ 的条件下求解 $\psi_3'$ 和 $\omega_2'$。根据准地转理论，解释 $\psi_1'$、$\psi_3'$ 和 $\omega_2'$ 之间的位相关系（注意：在这种情况下 $U_T = 0$）。

7.3　对于 $U_1 = -U_3$ 和 $k^2 = \lambda^2$ 的情况，针对边缘稳定波动［在式（7.21）中取 $\delta = 0$］，在已知 $\psi_1'$ 的情况下求解 $\psi_3'$ 和 $\omega_2'$。

7.4　对于 $\beta = 0$，$k^2 = \lambda^2$ 和 $U_m = U_T$ 的情况，在已知 $\psi_1'$ 的条件下求解 $\psi_3'$ 和 $\omega_2'$。对于放大中的波动，用准地转波动的能量学理论来解释 $\omega_2'$、$\psi_1'$ 和 $\psi_3'$ 之间的位相关系。

7.5　假定斜压流体处于旋转水槽的两个水平刚盖之间，有 $\beta = 0$，但摩擦力用与速度成正比的线性拖曳来表示，即 $\boldsymbol{F}_r = -\mu\boldsymbol{V}$。证明在笛卡儿坐标系中两层模式的扰动涡度方程组可写为

$$\left(\frac{\partial}{\partial t} + U_1\frac{\partial}{\partial x} + \mu\right)\frac{\partial^2\psi_1'}{\partial x^2} - \frac{f}{\delta p}\omega_2' = 0$$

$$\left(\frac{\partial}{\partial t} + U_3\frac{\partial}{\partial x} + \mu\right)\frac{\partial^2\psi_3'}{\partial x^2} + \frac{f}{\delta p}\omega_2' = 0$$

其中扰动量假定为式（7.8）中的形式。假设有形如式（7.17）的解，请证明相速度满

足式（7.21），但其中所有的 $\beta$ 均被 $i\mu k$ 所代替；同时请证明相应的斜压不稳定的条件可改写为

$$U_T > \mu(2\lambda^2 - k^2)^{-1/2}$$

7.6 对于 $\beta = 0$ 的情况，针对最不稳定斜压波（参见习题 7.1），请确定 250 hPa 和 750 hPa 位势高度场之间的位相差，并证明 500 hPa 位势高度场（$\psi_m$）和厚度场（$\psi_T$）之间的位相相差 90°。

7.7 对于习题 7.6 的条件，如果 $\psi_m$ 的振幅 $A = 10^7 \text{ m}^2 \text{ s}^{-1}$，令 $\lambda^2 = 2.0 \times 10^{-12} \text{ m}^{-2}$，$U_T = 15 \text{ ms}^{-1}$，通过式（7.18）和式（7.19）组成的方程组求解 $B$；再利用得到的结果求 $\psi'_1$ 和 $\psi'_3$ 的表达式。

7.8 对习题 7.7 的情况，利用式（7.28）计算 $\omega'_2$。

7.9 已知地面气压 $p = 10^5 \text{ Pa}$，地面温度为 300 K，在具有干绝热递减率的大气中，计算单位截面积气柱的全位能。

7.10 如图 7.7 所示，已知用垂直隔板分开的两个气块的位温分别为 $\theta_1 = 320 \text{ K}$ 和 $\theta_2 = 340 \text{ K}$，气块的水平面积均为 $10^4 \text{ m}^2$，垂直方向从地面（$p_0 = 10^5 \text{ Pa}$）一直伸展到大气顶，这个系统的有效位能是多少？在这种情况下，有多大比例的全位能是有效的？

7.11 对于满足习题 7.7 和习题 7.8 条件的不稳定斜压波，计算式（7.37）和式（7.38）中的能量转换项，并求得扰动动能和扰动有效位能的瞬时变化率。

7.12 从式（7.62）和式（7.64）出发，推导式（7.70）中伊迪波的相速度 $c$。

7.13 不稳定斜压波动在全球能量收支中起着向极地输送能量的重要作用。对于伊迪波的解，一个波长内的平均向极热通量为

$$\overline{v'T'} = \frac{1}{L}\int_0^L v'T'\mathrm{d}x$$

请证明上述通量与高度无关，并且对于增长的波动是正的。如果平均风切变加倍，那么在给定瞬时变化情况下，热通量的量级会如何变化？

7.14 假设式（7.69）中的系数 $A$ 为实数，在伊迪稳定性模型中针对 $k = l$ 的情况，求解最不稳定波动所对应地转流函数 $\psi'(x, y, z^*, t)$ 的表达式，并利用得到的结果推导出用 $A$ 表示的对应垂直速度 $w^*$ 的表达式。

7.15 针对由式（7.85a）和式（7.58b）描述的两层模式中的中性斜压波扰动，推导对应的 $\omega'_2$ 场，并描述与这种次级环流有关的辐合、辐散场是如何影响扰动演变的。

7.16 针对习题 7.15 中的情况，推导纬向有效位能向涡动有效位能转换，以及涡动有效位能向涡动动能转换的表达式。

# MATLAB 练习题

M7.1 在 MATLAB 脚本 twolayer_model_1A.m 中，通过改变输入的纬向波长，寻找

当两层模式处于斜压不稳定时的最小纬向波长，以及当基本态热成风风速为 $15\,\mathrm{ms^{-1}}$ 时处于最大斜压不稳定性（最快增长率）的波长。这里给出的例子对应 7.2.1 节的情况。twolayer_model_1B.m 的不同之处仅在于假定了经向波数 $m=\pi/3000\,\mathrm{km^{-1}}$ 的有限经向宽度。比较在上述两种情况下当取短波截断和最大增长率时的纬向波长。

　　M7.2　利用 MATLAB 脚本 twolayer_model_2A.m，分析与初始时刻被限制在 250 hPa 等压面的扰动有关的瞬时增长。令基本态热成风风速为 $25\,\mathrm{m\,s^{-1}}$，通过分析比习题 M7.1 中确定的不稳定性截断更短的纬向波长，求当出现扰动放大最大时的纬向波长。利用考虑了波数 $m=\pi/3000\,\mathrm{km^{-1}}$ 经向变化的脚本 twolayer_model_2B.m，重复上述分析过程。在分析过程中需要注意的是，如果选择的波长大到出现斜压不稳定，就会出现程序中断。请讨论瞬时增长稳定波动的垂直结构，并说明这种方案粗糙的模型对应真实大气中的哪种情况？

　　M7.3　MATLAB 脚本 twolayer_model_3B.m 描述的是在两层模式中由 9 个向东传播的中性波动之和组成的波包的传播。这些波动的波数为 $0.6\sim1.6\,k$，其中，$k=2\pi/L$，$L=1850\,\mathrm{km}$。运行这个脚本，根据动画估算当 $U_T=15\,\mathrm{m\,s^{-1}}$ 和 $U_T=30\,\mathrm{m\,s^{-1}}$ 时的特征相速度和特征群速度。

　　M7.4　假设在两层模式的涡动场中考虑了经向变化特征，因此式（7.17）可改写为
$$\psi_m=A\cos(my)\mathrm{e}^{ik(x-ct)},\quad \psi_T=B\cos(my)\mathrm{e}^{ik(x-ct)}$$
　　其中，$m=2\pi/L_y$，$L_y=3000\,\mathrm{km}$，请确定最不稳定波动的纬向波长，然后再以 MATLAB 脚本 contour_sample.m 为模板，计算 $\psi_m$ 场、$\psi_T$ 场和 $\omega_2'$ 场，并绘制这些场的 $(x,y)$ 剖面图。提示：在这种情况下的解类似习题 7.6 和习题 7.8 的解，但每个地方的 $k^2$ 都被 $k^2+m^2$ 代替。

　　M7.5　MATLAB 脚本 eady_model_1.m 给出的是 $t=0$ 时刻最不稳定波动在伊迪稳定性模型（7.4.3 节）中解的垂直剖面和经向剖面。修改这个脚本，绘制式（7.71）的中性稳定条件所对应的伊迪波解，并利用准地转理论来解释在这种情况下的垂直结构。

# 第8章

# 行星边界层

∘ ∘ ∘ ∘ ∘ ∘ ∘ ∘ ∘

　　行星边界层是大气层的一部分，其流场直接受到与地面相互作用的强烈影响。归根结底，这种相互作用依赖于分子黏性力。但是，也只有在近地面几毫米的地方垂直切变才特别强，分子扩散项与动量方程中的其他项相当。在这个黏性次表层的上面，尽管分子扩散对于小尺度湍流涡旋而言仍然很重要，但在边界层平均风方程中已不再重要。黏性仍然起着重要的间接作用，它会使地面上的风速为0。由于这种无滑移边界条件，即使相当弱的风也会在近地面造成很大的速度切变，进而引起湍流涡旋的发展。

　　这些湍流运动的时间和空间变化在尺度上比气象观测网所能分辨的尺度要小得多。这些切变诱生的涡旋和地面加热引起的对流涡旋，都可以非常有效地将动量传输到地面并将热量（感热和潜热）从地面传上来，并且传输速度比分子过程快好几个量级。这种湍流输送产生的行星边界层的厚度，在静力稳定性很强的地方可以薄到 30 m，也可以在强对流条件下厚到 3000 m。在中纬度平均条件下，行星边界层可以伸展到大气层最下部的几千米，其中包含了大约10%的大气质量。因为气块的垂直位移不太大，所以在接下来的分析中会使用2.8节的布辛涅斯克近似。

　　在行星边界层中大气的动力学结构并不是由黏性直接产生的。相反，它在很大程度上是由大气的湍流决定的。当在自由大气（行星边界层以上）中近似处理天气尺度运动时，除了在急流、锋面和对流云团附近，这种湍流都可以被略去。但是，在边界层中，前面章节给出的动力学方程组必须通过修正才能恰当地表示湍流的作用。

## 8.1　大气湍流

　　湍流中包含着大量的不规则准随机运动，而且这些运动组成了连续的时间尺度谱和空间尺度谱。这种涡旋会使其周围的气块漂移分离，进而使动量、位温等属性在整个边界层内混合。不同于前面章节讨论的垂直厚度远小于水平尺度的大尺度旋转流体，在行星边界层中关注的湍流涡旋在水平方向和垂直方向上的尺度相当。因此，最大的涡旋长度尺度就被限定为边界层的厚度，约 $10^3$ m；最小的涡旋长度尺度（$10^{-3}$ m）则是最小涡旋的尺度，存在于分子摩擦造成的扩散中。

即使观测的时间间隔和空间间隔都非常小，湍流流体仍然经常具有无法解析的尺度，这是因为它们的频率大于观测频率，它们的空间尺度小于观测的空间间隔尺度。在边界层外的自由大气中，对于天气尺度及大尺度环流的诊断和预报而言，运动尺度无法解析的问题通常不是一个很严重的问题（当然，在第 9 章讨论的中尺度环流中运动尺度的解析仍然是很关键的）。在自由大气中具有大量能量的涡旋可以被天气观测网所识别。但是在边界层中，这种无法解析的湍流涡旋是非常重要的。湍流涡旋通过自地表向上的热量和水汽输送来维持地表能量平衡，同时通过将动量输送到地表来维持动量平衡。后面这种过程显著地改变了边界层中大尺度气流的动量平衡，从而使地转平衡不再能近似地描述大尺度风场。对动力气象学而言，边界层动力学的这个方面是最为重要的。

## 雷诺平均

在湍流流场中，当各种尺度的涡旋经过其中某点时，通常会在该点观测到场变量（如速度）随时间的快速扰动。为了使观测结果能够真实地表示大尺度气流，有必要选择一定的时间间隔对观测结果进行平均。这个时间间隔一方面要足够长，能平滑掉小尺度的涡旋脉动；另一方面又要足够短，以便保留大尺度流场的总体趋势。为此，假定可将场变量分解为慢变平均场和快变湍流分量。根据雷诺（Reynolds）引入的方案，假定对于任何场变量（$w$ 和 $\theta$），相应的平均值用"－"来表示，脉动量则用"′"来表示，因此有 $w = \bar{w} + w'$，$\theta = \bar{\theta} + \theta'$。

根据定义，脉动量的平均值为 0；脉动量与平均值相乘后再求时间平均的结果也为 0，因此有

$$\overline{w'\bar{\theta}} = \overline{w'}\bar{\theta} = 0$$

这里用到了平均时段内的平均量为常数这一结果。脉动量乘积的平均值（称为协方差）一般不为 0。例如，在位温距平为正的地方，湍流平均垂直速度向上，在位温距平为负的地方，湍流平均垂直速度向下，那么乘积 $\overline{w'\theta'}$ 为正就说明变量之间是正相关的。

这些平均法则说明，两个变量乘积的平均值就等于平均值的乘积再加上距平乘积的平均值，即

$$\overline{w\theta} = \overline{(\bar{w} + w')(\bar{\theta} + \theta')} = \bar{w}\bar{\theta} + \overline{w'\theta'}$$

在将雷诺分解方法应用于布辛涅斯克方程组式（2.56）～式（2.59）之前，可以先将每个方程中的全导数写成通量形式。例如，式（2.56）左端的项可以利用连续方程式（2.60）和微分的链式法则处理为

$$\begin{aligned}
\frac{\mathrm{d}u}{\mathrm{d}t} &= \frac{\partial u}{\partial t} + u\frac{\partial u}{\partial x} + v\frac{\partial u}{\partial y} + w\frac{\partial u}{\partial z} + u\left(\frac{\partial u}{\partial x} + \frac{\partial v}{\partial y} + \frac{\partial w}{\partial z}\right) \\
&= \frac{\partial u}{\partial t} + \frac{\partial u^2}{\partial x} + \frac{\partial uv}{\partial y} + \frac{\partial uw}{\partial z}
\end{aligned} \tag{8.1}$$

将每个自变量分解为平均值和脉动量，代入式（8.1）后求平均，可得

$$\frac{\overline{du}}{dt} = \frac{\partial \overline{u}}{\partial t} + \frac{\partial}{\partial x}(\overline{u}\ \overline{u} + \overline{u'u'}) + \frac{\partial}{\partial x}(\overline{u}\ \overline{v} + \overline{u'v'}) + \frac{\partial}{\partial x}(\overline{u}\ \overline{w} + \overline{u'w'}) \tag{8.2}$$

注意到平均速度场满足连续方程式（2.60），可将式（8.2）改写为

$$\frac{\overline{du}}{dt} = \frac{d\overline{u}}{\partial t} + \frac{\partial}{\partial x}(\overline{u'u'}) + \frac{\partial}{\partial y}(\overline{u'v'}) + \frac{\partial}{\partial z}(\overline{u'w'}) \tag{8.3}$$

其中

$$\frac{\overline{d}}{\partial t} = \frac{\partial}{\partial t} + \overline{u}\frac{\partial}{\partial x} + \overline{v}\frac{\partial}{\partial y} + \overline{w}\frac{\partial}{\partial z}$$

$\overline{d}/dt$ 表示随着平均运动的变化率。因此平均方程组的形式为

$$\frac{\overline{du}}{dt} = -\frac{1}{\rho_0}\frac{\partial \overline{p}}{\partial x} + f\overline{v} - \left[\frac{\partial \overline{u'u'}}{\partial x} + \frac{\partial \overline{u'v'}}{\partial y} + \frac{\partial \overline{u'w'}}{\partial z}\right] + \overline{F}_{rx} \tag{8.4}$$

$$\frac{\overline{dv}}{dt} = -\frac{1}{\rho_0}\frac{\partial \overline{p}}{\partial y} - f\overline{u} - \left[\frac{\partial \overline{u'v'}}{\partial x} + \frac{\partial \overline{v'v'}}{\partial y} + \frac{\partial \overline{v'w'}}{\partial z}\right] + \overline{F}_{ry} \tag{8.5}$$

$$\frac{\overline{dw}}{dt} = -\frac{1}{\rho_0}\frac{\partial \overline{p}}{\partial z} + g\frac{\overline{\theta}}{\theta_0} - \left[\frac{\partial \overline{u'w'}}{\partial x} + \frac{\partial \overline{v'w'}}{\partial y} + \frac{\partial \overline{w'w'}}{\partial z}\right] + \overline{F}_{rz} \tag{8.6}$$

$$\frac{\overline{d\theta}}{dt} = -\overline{w}\frac{d\theta_0}{dz} - \left[\frac{\partial \overline{u'\theta'}}{\partial x} + \frac{\partial \overline{v'\theta'}}{\partial y} + \frac{\partial \overline{w'\theta'}}{\partial z}\right] \tag{8.7}$$

$$\frac{\partial \overline{u}}{\partial x} + \frac{\partial \overline{v}}{\partial y} + \frac{\partial \overline{w}}{\partial z} = 0 \tag{8.8}$$

式（8.4）～式（8.7）方括号中的各协方差项表示湍流通量。例如，$\overline{w'\theta'}$ 是运动学形式的垂直湍流热通量；类似地，$\overline{w'u'} = \overline{u'w'}$ 是纬向动量的垂直湍流通量。在一些边界层中，湍流通量散度项的量级与式（8.4）～式（8.7）中的其他项量级相等。在这些情况下，即使只关心平均气流也不可能略去湍流通量项。在边界层外，湍流通量通常是非常弱的，因此，式（8.4）～式（8.7）方括号中的各项均可以在大尺度气流分析过程中被略去。第3章、第4章的分析讨论就隐含了这个假设。

不同于式（2.56）～式（2.60）的总气流运动方程组，以及第3章、第4章的近似方程组，式（8.4）～式（8.8）关于平均气流的完整方程组并不是闭合方程组，因为除5个未知平均量 $\overline{u}$、$\overline{v}$、$\overline{w}$、$\overline{\theta}$ 和 $\overline{p}$ 外，还有未知的湍流通量。为了求解这个方程组，必须使用闭合假设，用这5个已知的平均状态变量来近似表示未知的通量。在远离水平非均匀性特征显著的区域（如海岸线、村镇和森林边缘），只要假设湍流通量是水平均匀的，就可以对方程组进行简化。此时，与和垂直微分有关的项相比，就有可能略去方括号中的水平导数项。

## 8.2  湍流动能

与湍流涡旋有关的涡旋伸展与扭转经常会使涡动能量向更小尺度的气流输送，并最终通过黏性扩散耗散掉。因此，如果湍流动能保持统计稳定，那么必然有连续的湍流产生。

边界层湍流的来源主要依赖于近地面风场和温度场廓线的结构。如果递减率不稳定，那么边界层湍流就会通过对流产生；如果递减率稳定，则与风切变有关的不稳定性就会在边界层中产生湍流。通过分析湍流动能的收支，可以很好地理解这些过程的相对作用。

为了分析湍流的产生，我们用非平均方程组式（2.56）～式（2.59）减去对应的平均动量分量方程组式（8.4）～式（8.6）；再用得到的结果分别乘以 $u'$、$v'$ 和 $w'$；接着将得到的 3 个方程相加并求平均，就可以得到湍流动能方程。对这个方程的完整分析是非常复杂的，但其本质可用符号表示为

$$\frac{\overline{\mathrm{d}}(\mathrm{TKE})}{\mathrm{d}t} = \mathrm{MP} + \mathrm{BPL} + \mathrm{TR} - \varepsilon \tag{8.9}$$

式中，$\mathrm{TKE} \equiv (\overline{u'^2} + \overline{v'^2} + \overline{w'^2})/2$ 为单位质量流体的湍流动能；MP 为运动造成的能量生成；BPL 是浮力造成的能量生成和消耗；TR 表示压力和传输造成的能量重新分布；$\varepsilon$ 通常为正，表示分子黏性力造成的最小尺度湍流的耗散。

式（8.9）中的浮力生成项表示流体的平均位能与涡动动能之间的转换。使大气质心降低的运动对应正值，使大气质心抬升的运动对应负值。浮力生成项的形式[1]为

$$\mathrm{BPL} \equiv \overline{w'\theta'}(g/\theta_0)$$

当存在地面加热时，浮力生成项为正，因此，不稳定温度递减率（参见 2.7.2 节）会在近地面发展，并伴随着自发的对流翻转。如图 8.1 所示，对流涡旋与垂直速度和位温脉动具有正相关关系，因此，对流涡旋是涡动动能和正的热通量的源。这是对流不稳定边界层最主要的源。对于静力稳定大气而言，BPL 为负，这说明湍流是减弱或者消失的。

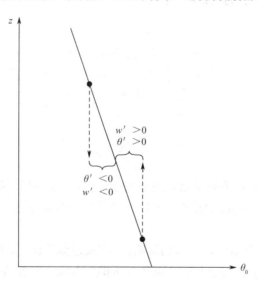

图 8.1　在平均位温 $\theta_0(z)$ 随高度升高而减小的情况下，对向上或向下的气块位移而言，垂直速度与位温扰动之间的相关关系

---

[1] 在实际情况下，密度显著小于干空气的水气会改变边界层中的浮力。为了考虑这种作用，需要在式（8.9）中用虚位温来代替位温（可参见 Curry 和 Webster（1999），p.67）

对于静力稳定和不稳定的边界层，通过风切变造成的动力学不稳定都可以产生湍流。这个过程用式（8.9）中的运动生成项来表示，反映的是平均气流与湍流脉动之间的能量转换。这个项正比于平均气流中的切变，其形式为

$$MP \equiv -\overline{u'w'}\frac{\partial \overline{u}}{\partial z} - \overline{v'w'}\frac{\partial \overline{v}}{\partial z} \qquad (8.10)$$

当动量通量指向平均动量梯度向下的方向时，MP 为正。因此，如果近地面的平均垂直切变向西（$\partial \overline{u}/\partial z > 0$），那么当 MP > 0 时就有 $\overline{u'w'} < 0$。

在静力稳定的边界层中，只有当运动生成大到足以超过稳定性和黏性耗散的阻尼效应时，才会存在湍流。这个条件可以用所谓的通量理查孙数来度量，其定义式为

$$R_{\mathrm{f}} \equiv -\frac{BPL}{MP}$$

如果边界层是静力不稳定的，那么有 $R_{\mathrm{f}} < 0$，并且湍流是靠对流维持的；在边界层稳定条件下，$R_{\mathrm{f}} > 0$。观测表明，只有当 $R_{\mathrm{f}}$ 小于约 0.25（运动生成超过浮力阻尼的 4 倍）时，运动生成的强度才足以在稳定层中维持湍流。由于 MP 依赖于切变，所以在特别靠近地表的地方通常会变大。但随着静力稳定性的增加，边界层中有湍流的净产出，故其厚度会减小。因此，当存在诸如夜间辐射冷却导致的强逆温时，边界层的厚度可能仅有数十米，垂直混合作用会受到强烈抑制。

# 8.3　行星边界层动量方程组

对位于黏性次表层上方的水平均匀湍流这种特殊情况，分子黏性和水平湍流动量通量散度项可以被略去。那么平均气流的水平动量方程式（8.4）和式（8.5）变为

$$\frac{\overline{\mathrm{d}\overline{u}}}{\mathrm{d}t} = -\frac{1}{\rho_0}\frac{\partial \overline{p}}{\partial x} + f\overline{v} - \frac{\partial \overline{u'w'}}{\partial z} \qquad (8.11)$$

$$\frac{\overline{\mathrm{d}\overline{v}}}{\mathrm{d}t} = -\frac{1}{\rho_0}\frac{\partial \overline{p}}{\partial y} - f\overline{u} - \frac{\partial \overline{v'w'}}{\partial z} \qquad (8.12)$$

在一般情况下，如果湍流动量通量的垂直分布已知，就可以根据式（8.11）和式（8.12）求得 $\overline{u}$ 和 $\overline{v}$。由于依赖于湍流的结构，所以上式是不可能求得通解的。相反，需要使用一系列半经验近似方法。

对于中纬度天气尺度运动，2.4 节已证明，在零级近似条件下，惯性加速度项 [式（8.11）和式（8.12）左端的项] 相对于科氏力项和气压梯度力项可以被略去。在边界层外，相应的近似结果就是很简单的地转平衡；而在边界层中，惯性项相对于科氏力项和压力梯度力项仍然是小项，但必须考虑湍流通量项。因此，作为零级近似，行星边界层方程组表示的是科氏力、压力梯度力和湍流动量通量散度三者之间的平衡：

$$f(\overline{v} - \overline{v}_g) - \frac{\partial \overline{u'w'}}{\partial z} = 0 \qquad (8.13)$$

$$-f(\bar{u}-\bar{u}_g)-\frac{\partial \overline{v'w'}}{\partial z}=0 \tag{8.14}$$

上式已根据式（2.23）用地转风风速来表示气压梯度力。

### 8.3.1　完全混合边界层

如果对流边界层上方为稳定层，那么就会因湍流混合作用形成完全混合边界层。这种边界层通常出现在白天的陆地上，此时地面加热强盛；也可出现在海洋上，此时接近洋面的空气温度比海表温度低。热带海洋上常常出现这种类型的边界层。

如图 8.2 所示，在完全混合边界层中，风速与位温几乎与高度无关；并且作为第一近似，完全有可能将该层视为速度和位温廓线均不随高度变化、湍流动量通量随高度线性变化的水平层次。简单起见，再假定边界层顶的湍流为 0。观测表明，地表动量通量可以用整体空气动力学公式[2]表示为

$$(\overline{u'w'})_s=-C_d\,|\bar{V}|\,\bar{u}, \quad (\overline{v'w'})_s=-C_d\,|\bar{V}|\,\bar{v}$$

式中，$C_d$ 为无量纲拖曳系数，$|\bar{V}|=(\bar{u}^2+\bar{v}^2)^{1/2}$，下标 $s$ 表示地表值（取标准风速计高度）。观测表明，$C_d$ 在海洋上的值约为 $1.5\times10^{-3}$，而在粗糙地面上的值可能比这个值大若干倍。

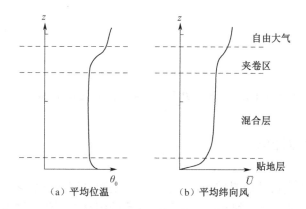

（a）平均位温　　　　　　（b）平均纬向风

图 8.2　在完全混合边界层中平均位温 $\theta_0$ 和平均纬向风 $U$ 的廓线（引自 Stull，1988）

将行星边界层近似方程组式（8.13）和式（8.14）从地表积分到边界层顶 $z=h$ 处，可得

$$f(\bar{v}-\bar{v}_g)=-(\overline{u'w'})_s/h=C_d\,|\bar{V}|\,\bar{u}/h \tag{8.15}$$

$$-f(\bar{u}-\bar{u}_g)=-(\overline{v'w'})_s/h=C_d\,|\bar{V}|\,\bar{v}/h \tag{8.16}$$

不失一般性，选择 $\bar{v}_g=0$ 的方向为坐标轴，那么式（8.15）和式（8.16）可改写为

$$\bar{v}=\kappa_s\,|\bar{V}|\,\bar{u}, \quad \bar{u}=\bar{u}_g-\kappa_s\,|\bar{V}|\,\bar{v} \tag{8.17}$$

---

[2] 根据定义，湍流动量通量通常用"涡动应力"来表示，如 $\tau_{gx}=\rho_0\overline{u'w'}$。但为了避免与分子摩擦出现混淆，一般避免使用这种说法。

式中，$\kappa_s \equiv C_d/(fh)$。可以看出，在混合层中的风速是小于地转风风速的，存在一个大小与 $\kappa_s$ 有关，指向低压（在北半球地转风的左侧，在南半球地转风的右侧）的运动分量。例如，如果 $\bar{u}_g = 10\text{ ms}^{-1}$，$\kappa_s = 0.05\text{ ms}^{-1}$，那么在这个理想化水平混合层的所有高度上都有 $\bar{u} = 8.28\text{ ms}^{-1}$，$\bar{v} = 3.77\text{ ms}^{-1}$，$|\bar{V}| = 9.10\text{ ms}^{-1}$。

流向低压的气流所做的功平衡了地表的摩擦耗散。因为边界层湍流倾向于使风速减弱，因此湍流动量通量项常常被称为边界层摩擦力。但需要注意的是，与此有关的力是由湍流造成的，而不是由分子黏性造成的。

在边界层中穿越等压线的气流可以定性地理解为气压梯度力、科氏力和湍流拖曳三者平衡的直接结果，即

$$f\boldsymbol{k} \times \bar{V} = -\frac{1}{\rho_0}\nabla\bar{p} - \frac{C_d}{h}|\bar{V}|\bar{V} \tag{8.18}$$

这种平衡如图 8.3 所示。因为科氏力总是与速度方向垂直的，而湍流拖曳是阻力，所以只有当风指向低压时两者之和才能与气压梯度力平衡。此外，很容易可以看出，随着湍流拖曳的主导作用增大，穿越等压线的夹角也必然变大。

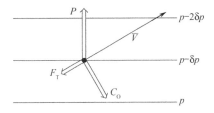

图 8.3　在充分混合边界层中力的平衡，$P$ 表示气压梯度力，$C_o$ 表示科氏力，$F_T$ 表示湍流拖曳

## 8.3.2　通量—梯度理论

在中性层结或稳定层结边界层中，风速和风向是随高度上升显著变化的，因此简单的水平模型已经不再适用。为了得到关于边界层变量的闭合方程组，需要一些新的方法来确定用平均量表示的湍流动量通量散度的垂直变化。对于这种闭合问题，传统的方法是假设湍流涡旋的行为类似于分子扩散，因此某个场的通量正比于其平均量的局地梯度。在这种情况下，式（8.13）和式（8.14）中的湍流动量通量项写为

$$\overline{u'w'} = -K_m\left(\frac{\partial\bar{u}}{\partial z}\right), \quad \overline{v'w'} = -K_m\left(\frac{\partial\bar{v}}{\partial z}\right)$$

位温通量写为

$$\overline{\theta'w'} = -K_h\left(\frac{\partial\bar{\theta}}{\partial z}\right)$$

式中，$K_m$（单位：$\text{m}^2\text{s}^{-1}$）为涡动黏性系数，$K_h$ 是热量的涡动扩散。这种闭合方案通常称为 $K$ 理论。

$K$ 理论有很多限制。不同于分子黏性系数，涡动黏性系数与流体运动有关，但与流

体的物理属性无关,在每种情况下都必须根据经验来确定。最简单的模型是假设整个流体中的涡动交换系数均为常数。这种近似足以用来估算在自由大气中被动示踪物的小尺度扩散,但是在边界层中,因为典型湍流涡动的尺度和强度强烈地依赖于其与地表的距离,以及静力稳定性,所以这种近似效果很差。此外,在很多情况下,能量最强的湍流涡动可以达到与边界层厚度相当的尺度,并且动量通量和热通量都不会与平均量的局地梯度成正比。例如,在大部分混合层中,即使平均层结可能非常接近于中性,但热通量仍然是正的。

### 8.3.3 混合长假设

确定在边界层中湍流扩散系数的最简单方法,是基于著名流体动力学家 L. Prandtl 提出的混合长假设。该假设认为,气块会携带其原始位置的平均属性在垂直方向上移动特征长度为 $\xi'$ 的距离,然后再与其周围环境混合;类似于在平均状况下分子在与其他分子碰撞并交换动量前会移动一个平均自由程的距离。进一步与分子动力学进行类比,这种位移假定制造了一个湍流脉动,其量级依赖于 $\xi'$ 和平均属性的梯度,如

$$\theta' = -\xi'\frac{\partial \overline{\theta}}{\partial z}, \quad u' = -\xi'\frac{\partial \overline{u}}{\partial z}, \quad v' = -\xi'\frac{\partial \overline{v}}{\partial z}$$

其中必须理解的是,$\xi' > 0$ 对应气块的向上位移,$\xi' < 0$ 对应气块的向下位移。对于保守量(如位温)来说,只要湍流的尺度相对于平均气流很小,或者平均梯度随高度不变,那么这种假设就是合理的。但这种假设对速度来说是不太合理的,因为在湍流位移过程中气压梯度力会导致速度发生大幅度变化。

尽管如此,如果使用混合长假设,那么可将纬向动量的垂直脉动通量写为

$$-\overline{u'w'} = \overline{w'\xi'}\frac{\partial \overline{u}}{\partial z} \tag{8.19}$$

在经向方向上的动量通量及位温通量的表达式也与式(8.19)类似。为了估算用平均场表示的 $w'$,假定大气的垂直稳定度近似于中性,因此浮力效应很小。这样,湍流的水平尺度就与垂直尺度相当,即 $|w'| \sim |V'|$,故可以令

$$w' \approx \xi'\left|\frac{\partial \overline{V}}{\partial z}\right|$$

式中,$V'$ 和 $\overline{V}$ 分别是水平速度场的脉动部分和平均部分。这里还需要给出平均速度梯度的绝对值,因为如果 $\xi' > 0$,那么 $w > 0$(向上的气块位移与向上的脉动速度有关)。由此可见,动量通量可写为

$$-\overline{u'w'} = \overline{\xi'^2}\left|\frac{\partial \overline{V}}{\partial z}\right|\frac{\partial \overline{u}}{\partial z} = K_m\frac{\partial \overline{u}}{\partial z} \tag{8.20}$$

其中的湍流黏性力可定义为 $K_m = \overline{\xi'^2}\,|\partial \overline{V}/\partial z| = \overline{\ell^2}\,|\partial \overline{V}/\partial z|$,而混合长可写为

$$\ell \equiv \left(\overline{\xi'^2}\right)^{1/2}$$

它是用气块位移的均方根来表示的,是对平均脉动尺度的度量。这个结果表明,较大的脉动和较强的切变都会导致更强的湍流混合。

### 8.3.4 埃克曼层

如果用通量—梯度近似来表示式（8.13）和式（8.14）中的湍流动量通量辐散项，并将 $K_m$ 取为常数，那么经典的埃克曼层方程组可写为

$$K_m \frac{\partial^2 u}{\partial z^2} + f(v - v_g) = 0 \tag{8.21}$$

$$K_m \frac{\partial^2 v}{\partial z^2} - f(u - u_g) = 0 \tag{8.22}$$

因为所有的场都已经经过了雷诺平均处理，所以这里略去了符号上方的"-"。

求解埃克曼层方程组式（8.21）和式（8.22），就可以确定在边界层中相对于地转风的偏差风场随高度的变化。为了使分析尽可能简单，假定这个方程组适用于整个边界层，那么 $u$ 和 $v$ 的边界条件就是它们在地面上的水平分量为 0，而在远离地面的地方则为地转风的值：

$$\begin{aligned} z = 0: \quad & u = 0, \quad v = 0 \\ z \to \infty: \quad & u \to u_g, \quad v \to v_g \end{aligned} \tag{8.23}$$

为了求解式（8.21）和式（8.22），将式（8.22）乘以 $i = (-1)^{1/2}$ 后，再与式（8.21）相加，就可以将其合并为一个关于复速度 $(u + iv)$ 的二阶微分方程，即

$$K_m \frac{\partial^2 (u + iv)}{\partial z^2} - if(u + iv) = -if(u_g + iv_g) \tag{8.24}$$

简单起见，我们假定地转风与高度无关，并且气流是向东的，因此地转风沿着纬圈方向，即 $v_g = 0$。这样，可求得式（8.24）的通解为

$$(u + iv) = A \exp[(if / K_m)^{1/2} z] + B \exp[-(if / K_m)^{1/2} z] + u_g \tag{8.25}$$

可以证明 $\sqrt{i} = (1 + i) / \sqrt{2}$。使用这个关系式，并利用式（8.23）的边界条件，可以求得在北半球（$f > 0$）有 $A = 0$，$B = -u_g$，所以有

$$u + iv = -u_g \exp[-\gamma(1 + i)z] + u_g$$

式中，$\gamma = (f / 2K_m)^{1/2}$。

利用欧拉公式 $\exp(-i\theta) = \cos\theta - i\sin\theta$，并将实部和虚部分离，就可以得到北半球的风速为

$$u = u_g \left[ 1 - e^{-\gamma z} \cos(\gamma z) \right], \quad v = u_g e^{-\gamma z} \sin(\gamma z) \tag{8.26}$$

这个解就是著名的埃克曼螺线，是用瑞典海洋学家 V. W. 埃克曼（Vagn Walfrid Ekman）的名字命名的，他首次在海表风驱动的洋流中导出了类似的解。式（8.62）解的结构可以用如图 8.4 所示的矢端曲线来描述，其中风速的纬向分量和经向分量是高度的函数。图 8.4 中的粗实线是当将式（8.26）中高度值 $\gamma z$ 从初始位置单向增加时，$u$ 和 $v$ 对应的点连起来后构成的螺线，箭头则表示不同高度 $\gamma z$ 上的风速矢量。当 $z = \pi / \gamma$ 时，实际风与地转风平行，并且近似风速相等。通常将这一层视为埃克曼层顶，所以该层厚度可定义

为 $D_e \equiv \pi / \gamma$ 。

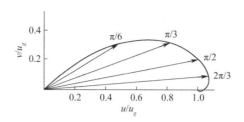

图 8.4　在埃克曼螺线中风场分量的矢端曲线。箭头表示埃克曼层内若干层次上的风速矢量，螺线则表示速度随高度的变化轨迹，螺线上的数值为 $\gamma z$ ，表示高度

观测表明，在距地面约 1 km 的地方，实际风风速接近于地转风风速。令 $D_e = 1$ km，$f = 10^{-4}$ s$^{-1}$，根据 $\gamma$ 的定义，有 $K_m \approx 5$ m$^2$s$^{-1}$。根据式（8.20）可以看出，对于特征边界层，速度切变 $|\delta V / \delta z| \sim 5 \times 10^{-3}$ s$^{-1}$，根据这个值得到的 $K_m$ 所对应的混合长约为 30 m，这个值相对于边界层厚度而言是很小的。如果要使用混合长的概念，就应该用这个数值。

定性而言，埃克曼层解最明显的特征在于，类似于 8.3.1 节的混合层解，有一个边界层风分量指向低压。与在混合层中的情况一样，这也是气压梯度力、科氏力和湍流拖曳三者平衡的直接结果。

这里讨论的理想埃克曼层的情况在真实的大气边界层中是很少观测到的。部分原因是湍流动量通量通常并不是简单地正比于平均动量的梯度。但是，即使通量—梯度模型是正确的，假设湍流黏性系数定常也是不恰当的，因为在实际情况下近地面的 $K_m$ 必须快速随高度变化。因此，埃克曼层解不适用于近地面的所有情况。

## 8.3.5　近地面层

如果将近地面层从行星边界层的剩余部分中区分开来，就可以弥补埃克曼层模型的某些不足。近地面层的厚度依赖于其稳定性，但通常不超过边界层总厚度的10%。近地面层完全是靠湍流涡旋输送的垂直动量来维持的，并不直接依赖于科氏力或气压梯度力。为了便于分析，假定接近地面处的风的方向与 $x$ 轴平行。运动学湍流动量通量可以用摩擦速度 $u_*$ 来表示，它定义为[3]

$$u_*^2 \equiv \left| \overline{(u'w')_s} \right|$$

观测表明，地表动量通量的量级约 0.1 m$^2$s$^{-2}$，因此摩擦速度的典型量级为 0.3 ms$^{-1}$。

根据 2.4 节的尺度分析，式（8.11）中科氏力项和气压梯度力项在中纬度地区的量级约为 $10^{-3}$ ms$^{-2}$。在近地面层中动量通量散度不能超过这个量级，否则就无法平衡。因此，必须有

---

[3] 近地面湍流应力等于 $\rho_0 u_*^2$ 。

$$\frac{\delta(u_*^2)}{\delta z} \leqslant 10^{-3} \ \mathrm{m\,s^{-2}}$$

当 $\delta z = 10 \ \mathrm{m}$ 时，有 $\delta(u_*^2) \leqslant 10^{-2} \ \mathrm{m^2\,s^{-2}}$，可见在大气最下层 $10 \ \mathrm{m}$ 内垂直动量通量的变化小于地表动量通量的 $10\%$。

作为一级近似，可以假设在大气层最下面的几米内，湍流动量通量保持不变，与其在地面上的值相同，因此根据式（8.20），有

$$K_m \frac{\partial \overline{u}}{\partial z} = u_*^2 \tag{8.27}$$

这里已使用湍流黏性系数对近地面动量通量进行了参数化处理。当在埃克曼层解中使用 $K_m$ 时，假定其在整个边界层中均为常数。但是，在贴近地面的地方，垂直湍流尺度受到其与地面距离的限制。所以，对混合长而言，比较符合逻辑的选择是 $\ell = kz$，其中 $k$ 为常数。在这种情况下，有 $K_m = (kz)^2 \, |\partial \overline{u}/\partial z|$。将这个表达式代入式（8.27）后开方可得

$$\frac{\partial \overline{u}}{\partial z} = \frac{u_*}{kz} \tag{8.28}$$

上式对 $z$ 积分就可以得到对数风廓线

$$\overline{u} = \frac{u_*}{k} \ln \frac{z}{z_0} \tag{8.29}$$

式中，$z_0$ 称为粗糙度，是积分常数，在 $z = z_0$ 处有 $\overline{u} = 0$；常数 $k$ 为普适常数，称为冯卡门常数，根据实验结果确定 $k \approx 0.4$。粗糙度 $z_0$ 根据地表物理特征的不同会有很大的变化，其在草地上的典型值是 $1 \sim 4 \ \mathrm{cm}$。尽管在式（8.29）的推导中使用了一系列的假设，但很多实验结果都证明，对数风廓线与近地面层实际观测得到的风廓线还是非常吻合的。

### 8.3.6 修正的埃克曼层

如前所述，埃克曼层解并不适用于近地面层。更好地表示行星边界层的方法是将近地面层对数风廓线与埃克曼螺线结合起来。在这种方法中，湍流黏性系数再次被视为常数，但式（8.24）只适用于近地面层以上的区域，并且埃克曼层底部的速度和切变与近地面层顶相吻合。修正后的埃克曼螺线与经典埃克曼螺线相比，能更好地拟合观测结果。但是，观测到的行星边界层的风与埃克曼螺线有本质的差别，瞬时和斜压（如在边界层中地转风的垂直切变）作用会引起前者与埃克曼解的偏差。但是，即使在接近中性层结稳定性的稳态正压条件下，埃克曼螺线也是极少观测到的。

可以证明，对于中性浮力大气而言，埃克曼层的风廓线通常是不稳定的。这种不稳定导致的环流在水平方向和垂直方向上的尺度与边界层的厚度相当。因此，不可能用简单的通量—梯度关系对它们进行参数化处理。但一般来说，这些环流确实在垂直方向上输送了可观的动量。其净效果通常是，相对于埃克曼螺线的特征，减小了在边界层中的风与地转风之间的夹角。图 8.5 所示就是一个典型的风矢端曲线观测结果。尽管细节结构与埃克曼螺线完全不同，但在边界层中垂直方向上整体的水平物质输送仍然指向低压。如 8.4 节所述，这一事实对于天气尺度和大尺度运动而言都是极端重要的。

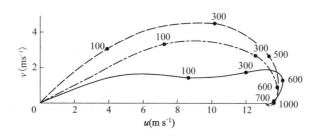

图 8.5　1968 年 4 月 4 日在佛罗里达州杰克逊维尔（$\cong 30°N$）观测到的平均风矢端曲线（实线）及埃克
曼螺线（虚线），以及当 $D_e \cong 1200\,m$ 时修正的埃克曼螺线（点虚线）的比较，其中高度单位为 m
（引自 Brown，1970；美国气象学会版权所有，许可引用复制）

## 8.4　二级环流与旋转减弱

　　混合层解式（8.17）和埃克曼层解式（8.26）都说明，在行星边界层中的水平风总有
一个指向低压的分量。如图 8.6 所示，这就意味着存在气旋性环流中的质量辐合与反气
旋性环流中的质量辐散，并且根据质量连续性要求，分别存在从边界层向外和进入边界
层的垂直运动。为了估算这种垂直运动的大小，我们注意到如果 $v_g = 0$，那么在边界层
的任何层次上，单位面积内穿越等压线的物质输送量为 $\rho_0 v$。单位水平截面积内整个边界
层的净质量通量可以简单地写为 $\rho_0 v$ 的垂直积分。对于混合层，这个垂直积分为 $\rho_o v h$
（单位：$kg\,m^{-1}\,s^{-1}$），其中 $h$ 为该层厚度。对于埃克曼螺线，其结果为

$$M = \int_0^{D_e} \rho_0 v\,dz = \int_0^{D_e} \rho_0 u_g \exp(-\pi z/D_e)\sin(\pi z/D_e)\,dz \qquad (8.30)$$

式中，$D_e = \pi/\gamma$ 是 8.3.4 节定义的埃克曼层厚度。

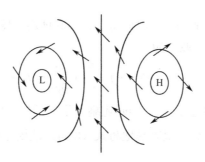

图 8.6　与北半球高、低压中心有关的地表风场（箭头）分布示意，细实线为等压线，H 和 L 分别表示高
压中心和低压中心（引自 Stull, 1988）

　　对平均连续方程式（8.8）在整个边界层厚度内积分，可得

$$w(D_e) = -\int_0^{D_e} \left(\frac{\partial u}{\partial x} + \frac{\partial v}{\partial y}\right) dz \qquad (8.31)$$

其中已经假定 $w(0)=0$。再次假定 $v_g=0$，使 $u_g$ 与 $x$ 无关，然后将式（8.26）代入式（8.31），并与式（8.30）比较，就可以得到埃克曼层顶的质量输送量为

$$\rho_0 w(D_e) = -\frac{\partial M}{\partial y} \tag{8.32}$$

可见，边界层向外输送的质量通量等于该层内穿越等压线的物质输送的辐合量。注意到 $-\partial u_g / \partial y = \zeta_g$，正好是在这种情况下的地转涡度。对式（8.30）积分并代入式（8.32）后可得[4]

$$w(D_e) = \zeta_g \left(\frac{1}{2\gamma}\right) = \zeta_g \left|\frac{K_m}{2f}\right|^{1/2} \left(\frac{f}{|f|}\right) \tag{8.33}$$

式中已经略去了边界层中密度随高度的变化，并假设 $1+e^{-\pi} \approx 1$。这样，可以得到一个很重要的结果，即边界层顶的垂直速度正比于地转涡度。通过这种方式，边界层通量的作用就可以通过受迫产生的、在湍流混合中占主导作用的二级环流直接与自由大气联系起来。这种过程通常称为边界层抽吸，并只发生在旋转流体中，也是旋转流体和非旋转流体的基本区别之一。对于 $\zeta_g \sim 10^{-5}\,\text{s}^{-1}$，$f \sim 10^{-4}\,\text{s}^{-1}$ 和 $D_e \sim 1\,\text{km}$ 的典型天气系统，根据式（8.33）求得的垂直速度量级约为几毫米每秒。

搅拌一杯茶水时出现的环流减弱，与边界层抽吸类似。在远离茶杯底部和侧壁的地方，径向压力梯度力和旋转流体的离心力之间是近似平衡的。但是在杯底附近，黏性力会使运动减速，离心力则不足以平衡径向压力梯度力（注意：因为水是不可压缩流体，所以径向压力梯度力与深度无关）。因此，在接近杯底的地方，会有流体的径向流入。当搅拌茶水的时候，由于流体的径向流入，可以观察到茶叶通常集中在茶杯底部中央。根据质量连续性原理，底部边界层中流体的径向流入就需要产生向上的运动，并且在茶杯的其余部分，有缓慢的径向向外补偿流。这种缓慢的径向向外补偿流近似保持角动量守恒，并且其通过低角动量流体代替高角动量流体的方式，使茶杯中的涡度旋转减弱，其作用远比纯粹的扩散快得多。

二级环流使大气旋转减弱的特征时间可以很容易地用正压大气的例子来说明。对于天气尺度运动，式（4.38）可近似写为

$$\frac{\mathrm{d}\zeta_g}{\mathrm{d}t} = -f\left(\frac{\partial u}{\partial x} + \frac{\partial v}{\partial y}\right) = f\frac{\partial w}{\partial z} \tag{8.34}$$

式中在散度项中相对于 $f$ 略去了 $\zeta_g$，同时还略去了 $f$ 随纬度的变化。因为在正压大气中地转涡度与高度无关，所以可以很容易地将式（8.34）从埃克曼层顶（$z=D_e$）积分到对流层顶（$z=H$），结果为

$$\frac{\mathrm{d}\zeta_g}{\mathrm{d}t} = +f\left[\frac{w(H)-w(D_e)}{(H-D_e)}\right] \tag{8.35}$$

---

[4] 这里考虑了科氏参数与其绝对值的比值，因此本式在南半球和北半球都适用。

将式（8.33）代入 $w(D_e)$，并假定 $w(H) = 0$ 且 $H \gg D_e$，那么式（8.35）可写为

$$\frac{\mathrm{d}\zeta_g}{\mathrm{d}t} = -\left|\frac{fK_m}{2H^2}\right|^{1/2} \zeta_g \tag{8.36}$$

将式（8.36）对时间积分后可得

$$\zeta_g(t) = \zeta_g(0)\exp(-t/\tau_e) \tag{8.37}$$

式中，$\zeta_g(0)$ 是 $t = 0$ 时刻的地转涡度，$\tau_e \equiv H\,|\,2/(fK_m)\,|^{1/2}$ 是涡度减小到其初始值 $\mathrm{e}^{-1}$ 所需的时间。

这里的 e 折时间就是正压旋转减弱时间。各参数分别取如下典型值：$H \equiv 10\ \mathrm{km}$，$f = 10^{-4}\ \mathrm{s}^{-1}$ 和 $K_m = 10\ \mathrm{m^2s^{-1}}$，可求得 $\tau_e \approx 4\ \mathrm{d}$。由此可见，对于在正压大气中的中纬度天气尺度扰动，其特征旋转减弱时间是几天。这种衰减时间尺度应当与普通黏性扩散的时间尺度进行比较。对于黏性扩散，其时间尺度可以通过对扩散方程进行尺度分析估算得到。已知扩散方程可写为

$$\frac{\partial u}{\partial t} = K_m\frac{\partial^2 u}{\partial z^2} \tag{8.38}$$

如果 $\tau_d$ 为扩散时间尺度，$H$ 为扩散特征垂直尺度，那么根据扩散方程有

$$\frac{U}{\tau_d}\sim K_m\frac{U}{H^2}$$

因此，有 $\tau_d\sim H^2/K_m$。还是取前述 $H$ 和 $K_m$ 的值，可求得扩散时间尺度大约为 100 d。由此可见，在没有对流云的情况下，相对于湍流扩散，旋转减弱过程是旋转大气中一种非常有效的涡度消耗机制。积雨云对流可以在整个对流层内快速产生热量和动量湍流输送。对于诸如飓风这样的强系统，这种情况应该与边界层抽吸一起加以考虑。

从物理上来看，大气中的旋转减弱过程类似于前面所描述的茶杯，只不过在天气尺度系统中，在远离边界的地方，用来平衡气压梯度力的主要是科氏力，而不是离心力。另外，由边界层拖曳产生的力所导致的二级环流，在边界层上方提供了叠加在涡旋切向环流上的低速径向流。在气旋中，二级环流的方向是指向外的，因此流体微团组成的任意闭合环线所包围的水平面积都是逐渐增大的。由于环流是保守的，所以距涡旋中心任意距离处的切向速度必然随时间减小；或者从另一个角度看，作用于外流流体上的科氏力是指向顺时针方向的，因此该力所起的作用是在涡旋的环流方向上施加一个反向力矩。图 8.7 给出的就是这种二级环流流线的定性示意。

至此，二级环流的意义应当已经非常明确了。简单来讲，它指的是受系统物理约束的、叠加在初级环流（这里是涡旋的切向环流）之上的环流。对于边界层来说，是黏性造成了二级环流的出现。但如后所述，其他诸如温度平流和绝热加热等过程也会导致出现二级环流。

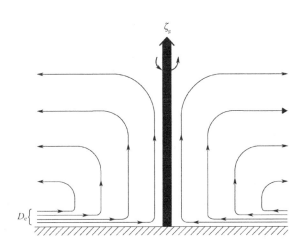

图 8.7　对于在正压大气中的气旋性涡旋，在行星边界层中由摩擦辐合强迫产生的二级环流流线，其中环流伸展到了涡旋的整个深度

上述讨论只针对中性层结正压大气的情况。对更接近于真实情况的稳定层结斜压大气而言，其分析要复杂得多，但是层结的定性作用还是很容易理解的。浮力（见 2.7.3 节）会抑制垂直运动，这是因为在稳定环境中气块的垂直抬升会使其密度比环境空气大。这样导致的结果是，其内部的二级环流会随着高度上升以正比于静力稳定度的速度减小。

如图 8.8 所示，垂直变化的二级环流会使埃克曼层顶的涡度快速减弱，并且不会明显影响到更高层次。当边界层顶的地转涡度减小到 0 时，作用于埃克曼层的抽吸作用就会消失。其结果是形成一个具有切向速度垂直切变的斜压涡旋，并且其切向速度的大小正好能使边界层顶的 $\zeta_g$ 减小到 0。这种地转风的垂直切变需要有径向温度梯度，而这种温度梯度实际上是在旋转减弱阶段由受迫流出到埃克曼层外的空气的非绝热冷却产生的。由此可见，在斜压大气中的二级环流有两个作用：①通过科氏力的作用，改变涡旋的切向速度场；②改变温度分布，维持切向速度垂直切变与径向温度梯度之间的热成风平衡。

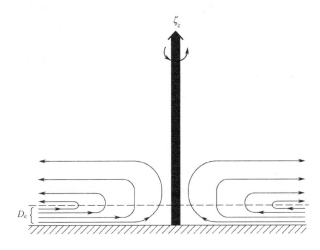

图 8.8　对于在稳定层结斜压大气中的气旋性涡旋，在行星边界层中由摩擦辐合强迫产生的二级环流流线。在其内部，环流随着高度上升而减弱

# 推荐参考文献

Arya 著作的 *Introduction to Micrometeorology*（《微气象学导论》），对边界层动力学和湍流有非常好的介绍，适用于本科生。

Garratt 著作的 *The Atmospheric Boundary Layer*（《大气行星边界层》），对大气行星边界层的物理属性做了非常好的介绍，适用于研究生。

Stull 著作的 *An Introduction to Boundary Layer Meteorology*（《边界层气象学导论》），直观、全面地分析了边界层的所有方面，适用于研究生。

# 习题

8.1 使用直接代入法证明埃克曼螺线表达式（8.26）实际上是边界层方程组式（8.21）和式（8.22）在 $v_g = 0$ 时的解。

8.2 假设地转风有 $x$ 方向和 $y$ 方向上的分量，分别为 $u_g$ 和 $v_g$，并且与高度无关，推导在更一般情况下的埃克曼螺线解。

8.3 令科氏参数和密度为常数，证明对于习题 8.2 中在更一般情况下的埃克曼螺线解，式（8.33）是正确的。

8.4 对于充满水的旋转柱状容器中的层流（分子运动黏性 $\gamma = 0.01\,\mathrm{cm^2\ s^{-1}}$），如果流体深度为 30 cm，水槽的旋转速度是 10 圈/分钟，请计算埃克曼层的深度和旋转减弱时间。为了使相对于筒壁的黏性扩散时间尺度与旋转减弱时间尺度相当，水槽的半径最小应该取多少？

8.5 假设 43°N 有 $15\,\mathrm{ms^{-1}}$ 的地转西风，请利用混合层解式（8.17）和埃克曼层解式（8.26），计算在边界层中穿越等压线的净输送量。在计算过程中，在式（8.17）中令 $|V| = u_g$，并取 $h = D_e = 1\,\mathrm{km}$，$\kappa_s = 0.05\,\mathrm{m^{-1}\ s}$ 和 $\rho = 1\,\mathrm{kg\ m^{-3}}$。

8.6 试推导在海洋中由风驱动的海表埃克曼层的表达式。计算时假设风应力 $\tau_w$ 是沿着 $x$ 轴的常数。在海气交界面（$z = 0$）湍流动量通量的连续性特征要求风应力除以大气密度的结果必须等于在 $z = 0$ 处的海洋湍流动量通量，因此，如果使用通量—梯度理论，海洋表面的边界条件可写为

$$\text{在} z = 0 \text{ 处} \qquad \rho_0 K \frac{\partial u}{\partial z} = \tau_w, \quad \rho_0 K \frac{\partial v}{\partial z} = 0$$

式中，$K$ 为海洋中的涡动黏性（假定为常数）。对于下边界条件，则假设当 $z \to -\infty$ 时有 $u, v \to 0$。此外，请计算若 $K = 10^{-3}\,\mathrm{m^2\ s^{-1}}$，43°N 海表埃克曼层的深度是多少？

8.7 证明在北半球由风驱动的海表埃克曼层中，垂直方向上的整体质量输送指向海表风应力右方 $90°$，并从物理上对这个结果进行解释。

8.8 在深度 $H=3\text{km}$ 的均质正压海洋中有一个纬向对称地转急流，其廓线的表达式为

$$u_g = U\exp[-(y/L)^2]$$

其中，$U=1\,\text{m}\,\text{s}^{-1}$，$L=200\,\text{km}$，并均为常数。请计算因海洋底部埃克曼层中的辐合引起的垂直速度，并证明由内部强迫产生的穿越流线的二级环流的经向廓线与 $u_g$ 的经向廓线相同。如果有 $K=10^{-3}\,\text{m}^2\,\text{s}^{-1}$ 和 $f=10^{-4}\,\text{s}^{-1}$，并假设海表的 $w$ 和涡动应力为 0，那么在海洋内部 $\bar{v}$ 和 $\bar{w}$ 的最大值是多少？

8.9 利用近似的纬向平均动量方程

$$\frac{\partial \bar{u}}{\partial t} \cong f\bar{v}$$

计算习题 8.8 中纬向急流的旋转减弱时间。

8.10 利用混合层表达式（8.17），推导行星边界层顶的垂直速度公式。假设 $|\bar{V}|=5\,\text{ms}^{-1}$，并且与 $x$ 和 $y$ 无关，同时又有 $\bar{u}_g = \bar{u}_g(y)$；如果 $h=1\,\text{km}$，$\kappa_s=0.05$，那么要使得到的结果与根据 $43°\text{N}$ 处 $D_e=1\,\text{km}$ 的埃克曼层解得到的垂直速度一致，$K_m$ 的值必须取为多少？

8.11 证明在近地面层有 $K_m = kzu_*$。

# MATLAB 练习题

M8.1 MATLAB 脚本 mixed_layer_wind1.m 利用一个简单的迭代算法，在 $v_g=0$ 和 $\kappa_s=0.05\,\text{m}^{-1}\,\text{s}$ 的情况下，令 $u_g$ 为 $1\sim20\,\text{m}\,\text{s}^{-1}$，求解式（8.17）中的 $u$ 和 $v$。如果运行这个脚本，就会发现当 $u_g>19\,\text{m}\,\text{s}^{-1}$ 时，迭代算法会失败。还有一种方法适用于更大范围内的地转风，其中利用了 3.2.1 节引入的自然坐标系。

（a）证明在自然坐标系下的混合层模型（见图 8.3）中，在与速度矢量平行和垂直的方向上，力的平衡关系可分别表示为

$$f\kappa_s V^2 = fu_g\cos\beta,\ fV = fu_g\sin\beta$$

其中假定气压梯度力的方向是指向北的，因此有 $fu_g = |\rho_0^{-1}\nabla p|$；$\beta$ 则表示气压梯度力和混合层速度 $V$ 之间的夹角；其他符号与 8.3.1 节相同。

（b）$u_g$ 为 $1\sim50\,\text{m}\,\text{s}^{-1}$，利用 MATLAB 求解 $V$ 和 $\beta$，并绘制 $V$ 和 $\beta$ 与 $u_g$ 的关系图。提示：利用（a）的两个方程求解 $V$，并针对 $u_g$ 的每个值调整 $\beta$ 的值，直到关于 $V$ 的两个解一致。

M8.2 假设混合层顶的位势分布可表示为 $\Phi(x,y) = \Phi_0 - f_0 U_0 y + A\sin(kx)\sin(ly)$，其

中，$\Phi_0 = 9800 \text{ m}^2 \text{ s}^{-2}$，$f_0 = 10^{-4} \text{ s}^{-1}$，$U_0 = 5 \text{ m s}^{-1}$，$A = 1500 \text{ m}^2 \text{ s}^{-2}$，$k = \pi L^{-1}$，$l = \pi L^{-1}$，这里取 $L = 6000 \text{ km}$。

（a）利用演示脚本 mixed_layer_wind1.m 给出的方法，确定在上述情况下当 $\kappa_s = 0.05 \text{ m}^{-1} \text{ s}$ 时，在混合层中风场的分布。

（b）利用习题 8.10 得到的公式，计算当混合层厚度为 1 km 时，在上述位势分布条件下，混合层顶的垂直速度分布（在 MATLAB 脚本 mixed_layer_wind2.m 中有可用于绘制垂直速度场和涡度场等值线的模板）。

**M8.3**　针对习题 M8.2 给出的位势分布，利用埃克曼层理论推导边界层顶的垂直速度分布。假定 $K_m = 10 \text{ m}^2 \text{ s}^{-1}$，再次使用 MATLAB 来绘制涡度场和垂直速度场等值线。解释为什么在这种情况下用混合层理论和埃克曼理论得到的垂直速度分布不同？

# 第 9 章

# 中尺度环流

前面几章主要讨论的是天气尺度环流和行星尺度环流的动力学理论。这种大尺度运动受到地球旋转的强烈影响，因此，在赤道外地区科氏力占主导，其作用远大于惯性力（罗斯贝数很小）。作为第一近似，如第 6 章所述，大尺度运动可以通过准地转理论来建模。

长期以来，对准地转理论的研究一直都是动力气象学的核心主题，但并不是所有的重要环流都属于准地转范畴。有些环流具有单位罗斯贝数，而有些则根本不受地球旋转的影响。后面这种环流包括各种各样的现象，它们都具有水平尺度小于天气尺度（大尺度运动）但大于单个晴空积云（小尺度运动）的特征。因此，为方便起见，可将其归为中尺度环流。大多数恶劣天气都与中尺度系统有关，因此理解中尺度环流对于科学研究和实际应用是很重要的。

## 9.1 中尺度环流的能量来源

中尺度动力学通常研究的是水平尺度为 10～1000 km 的运动系统，对应的环流从尺度最小的雷暴和重力内波，到尺度最大的锋和飓风。考虑到中尺度系统各种各样的特征，所以在中尺度动力学中没有像准地转理论那样的单一理论框架来提供统一的模型，也就不足为奇了。实际上，根据所涉及中尺度环流系统的不同，其对应的主要动力学过程也有很大的变化。

中尺度扰动的可能来源包括发生在中尺度系统内部、由中尺度热源或地形强迫产生的不稳定，也包括来自大尺度或小尺度运动能量的非线性转换，以及云物理和动力过程的相互作用。

尽管与大气中平均速度或热力学结构有关的不稳定性是大气扰动的丰富来源，但大多数不稳定性在大尺度（斜压和大多数正压不稳定性）或小尺度（对流和开尔文—亥姆霍兹不稳定性）上均有最大增长率。只有对称斜压不稳定性（将在 9.3 节讨论）看起来是内在的中尺度不稳定性。

气流在翻越单个山峰时产生的山脉波一般都是小尺度现象。但气流在翻越大地形时则能产生尺度为 10~100 km 的中尺度地形扰动，其特征与平均风、静力稳定性廓线及地形尺度有关。当平均气流和静力稳定性满足某些条件时，气流在翻越如科罗拉多州落基山脉的弗兰特山脉这样的地形时，可以产生强的下坡风暴。

从小尺度向中尺度的能量转换是中尺度对流系统的首要能量来源。这些系统可以从单一的对流单体开始发展，逐渐增长合并形成雷暴或对流复合体（如飑线、中尺度气旋，甚至飓风）。反之，与天气尺度环流中温度和涡度平流有关的大尺度环流则为锋面环流的发展提供了能量。

# 9.2 锋和锋生

在第 7 章分析斜压不稳定性时，将平均热成风 $U_T$ 取为与 $y$ 无关的常数。要得到既保留基本的不稳定性机理，又在数学上比较简单的模型，这样的假设是很有必要的。但 6.1 节已经指出，大气中斜压性的分布并不是均匀的。相反，水平温度梯度倾向于向与对流层急流有关的斜压区集中。毫无疑问，斜压波的发展也集中于这个区域。

第 7 章已经证明，根据斜压波能量学，斜压波可使平均气流中的有效位能减小。因此，平均而言斜压波的发展会使经向温度梯度减弱（平均热成风减弱）。极地与赤道间的平均温度梯度会通过不均匀太阳辐射加热得到持续恢复，而这种加热可以维持时间平均温度梯度模态。此外，大气中还存在瞬变动力学过程，它们能够在单个斜压涡旋内产生温度梯度显著提升的区域。这些区域在地表上特别强烈，称为锋。

产生锋的过程被称为锋生。锋生的发生通常与斜压波的发展有关，而后者反过来集中于与时间平均急流有关的风暴轴上。因此，尽管平均来说斜压扰动通过传输热量使平均温度梯度减小，并使极地和热带地区的温差减小，但就局地而言，与斜压扰动有关的气流实际上增强了温度梯度。

## 9.2.1 锋生运动学

对锋生动力学的完整讨论已经超出了本书的范围。但是，通过将在特定水平流场中的温度视为被动示踪物，并分析其温度梯度的演变，就可以对锋生进行定性描述。这种方法被称为运动学方法，它考虑的是平流对场变量的作用，而不考虑其中的基本力或平流示踪物对流场的任何影响。

纯地转气流对温度梯度的影响可以用式（6.51）中的 $\boldsymbol{Q}$ 矢量来表示。为了简单起见，本节重点针对经向温度梯度进行分析，因此在式（6.46）中略去非地转作用和非绝热加热作用可得

$$\frac{\mathrm{d}_g}{\mathrm{d}t}\left(\frac{\partial T}{\partial y}\right) = -\left[\frac{\partial u_g}{\partial y}\frac{\partial T}{\partial x} - \frac{\partial u_g}{\partial x}\frac{\partial T}{\partial y}\right] \tag{9.1}$$

式中用到了地转风的无辐散性质，即有 $\partial v_g / \partial y = -\partial u_g / \partial x$。式（9.1）右端括号中的两项可分别解释为由水平切变变形和拉伸变形造成的经向温度梯度的强迫。

水平切变对气块有两种作用：一种会使气块旋转（由于切变涡度）；另一种会使气块通过平行于切变矢量［见图 9.1（a）中沿着 $x$ 轴］的拉伸，或沿着垂直于切变矢量的水平方向上的收缩而出现变形。由此可见，图 9.1（a）中 $x$ 方向的温度梯度在转向正的 $y$ 方向时，还会被切变加强。水平切变对于冷锋和暖锋来说都是重要的锋生机制。例如，在图 9.2 所示的地面气压示意中，地转风在 $B$ 点以西有北风分量，在 $B$ 点以东有南风分量。由此导致的气旋性切变会使得等温线旋转，并使其向着通过 $B$ 点的切变最大的曲线集中（注意：在 $B$ 点西北方向上的强冷平流和东南方向上的弱暖平流）。

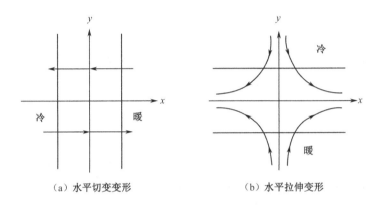

（a）水平切变变形                （b）水平拉伸变形

图 9.1　锋生气流的配置

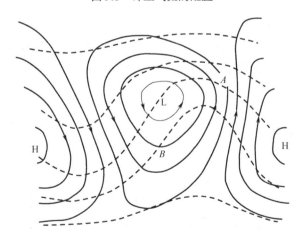

图 9.2　斜压波扰动对应的地表等压线（实线）和等温线（虚线）示意。图中箭头表示地转风的方向，水平拉伸变形加强了 $A$ 点的温度梯度，水平切变变形加强了 $B$ 点的温度梯度（引自 Hoskins 和 Bretherton，1972；美国气象学会版权所有，特许复制）

假如初始温度场有沿着收缩轴［见图 9.1（b）中的 $y$ 轴］的有限梯度，那么水平拉伸变形就会产生温度平流，从而使等温线向膨胀轴集中 [见图 9.1（b）中的 $x$ 轴]。这种作用可以用式（9.1）右端的第二项表示，可以通过参考图 9.1（b）并取 $\partial T / \partial y < 0$ 和 $\partial u_g / \partial x > 0$ 得到验证。

图 9.1（b）给出的速度场是一个纯拉伸变形场。纯拉伸变形场是无旋、无辐散的。因此，受到纯拉伸变形场平流作用的气块只会随时间发生形变，而不会有任何旋转或水平面积的变化。图 9.1（b）的变形场用流函数表示为 $\psi = -Kxy$，其中 $K$ 为常数。这个场可以用平流改变水平面元的速率来表示。此处可以通过边长为 $\delta x$ 和 $\delta y$ 的矩形面元来进行分析。这个形状可以用比值 $\delta x / \delta y$ 来表示。此时，形状变化率可表示为

$$\frac{1}{(\delta x / \delta y)} \frac{\mathrm{d}(\delta x / \delta y)}{\mathrm{d}t} = \frac{1}{\delta x} \frac{\mathrm{d}\delta x}{\mathrm{d}t} - \frac{1}{\delta y} \frac{\mathrm{d}\delta y}{\mathrm{d}t} = \frac{\delta u}{\delta x} - \frac{\delta v}{\delta y} \approx \frac{\partial u}{\partial x} - \frac{\partial v}{\partial y}$$

很容易可以证明，对于图 9.1（b）中的速度场，$\delta x / \delta y$ 的变化率等于 $2K$。因此，各边与 $x$ 轴和 $y$ 轴平行的正方形方块会随时间以定常速率变形成矩形，它与 $x$ 轴平行的边会拉伸，与 $y$ 轴平行的边会收缩。

低层的水平变形是冷锋和暖锋发展的重要机制。在图 9.2 的例子中，$A$ 点附近的气流满足 $\partial u / \partial x > 0$ 和 $\partial v / \partial y < 0$，因此就会出现一个拉伸变形场，其收缩轴近似与等温线正交。这种拉伸变形场就会在 $A$ 点南侧产生强的暖平流，在 $A$ 点北侧产生弱的暖平流。

如图 9.2 所示，尽管发展中暖锋附近的下层气流看上去像纯变形场，但因为有强的平均西风，所以在对流层上层斜压扰动中的总气流基本不会看上去像纯变形场；相反，平均气流与水平拉伸变形叠加的总效果是产生如图 9.3 所示的汇合气流。随着气块向下游运动，这种汇合会使横穿气流的温度梯度更加集中。辐合区通常出现在对流层急流中，这是因为准定常行星尺度波动对急流位置和强度的影响。实际上，甚至在月平均 500 hPa 高空图上（见图 6.3），亚洲和北美大陆以东也有两个大尺度辐合区。观测表明，这两个区域也是强斜压波发展和锋生的区域。

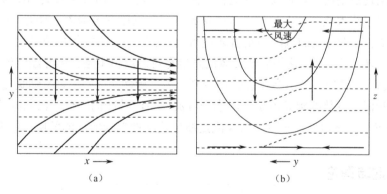

图 9.3　（a）锋生辐合中的水平流线、等温线和 $\boldsymbol{Q}$ 矢量；（b）沿着辐合线的垂直剖面，图中给出了等风速线（实线）、等温线（虚线）及垂直运动和横向运动（箭头）（引自 Sawyer，1956；皇家学会版权所有，特许复制）

上面讨论的水平切变和水平拉伸变形的机制起着将极地—赤道温度梯度集中到天气

尺度（～1000 km）的作用。这些过程的时间尺度可以利用式（9.1）估算得到。假设地转风中包含一个纯变形场，因此有 $u_g = Kx$ 和 $v_g = -Ky$，并令 $T$ 仅为 $y$ 的函数。那么式（9.1）可简化为

$$\frac{\mathrm{d}_g}{\mathrm{d}t}\left(\frac{\partial T}{\partial y}\right) = K\frac{\partial T}{\partial y}$$

那么，随着地转运动，有

$$\frac{\partial T}{\partial y} = \mathrm{e}^{Kt}\left(\frac{\partial T}{\partial y}\right)_{t=0}$$

一般情况下 $K \sim 10^{-5}\ \mathrm{s}^{-1}$，这说明温度梯度会在约 3 天内放大 10 倍，明显小于观测到的大气锋生速率。

由此可见，仅靠地转变形场并不能导致中纬度地区经常观测到的快速锋生。这种锋生可以在不到 1 天内将温度梯度集中到约 50 km 宽的区域内。这种尺度的快速减小主要是由准地转天气尺度气流驱动的次级环流的锋生特征造成的（快速锋生过程中湿过程可能也是比较重要的）。

次级环流的性质可以通过如图 9.3（a）所示的 **Q** 矢量的模态推导出来。正如 6.5 节所讨论的，**Q** 矢量的散度会强迫出一个二级非地转环流。对于图 9.3（b）的情况，这种环流在穿越锋面的平面上。这种非地转环流导致的温度平流倾向于使急流轴暖侧的地表水平温度梯度增大，而上层次级环流导致的温度平流则倾向于使急流轴冷侧的地表水平温度梯度更加集中。这样导致的结果是锋区会随着高度上升向冷空气一侧倾斜。由于绝热温度变化（锋面较冷一侧的绝热加热和锋面较暖一侧的绝热冷却），与非地转环流有关的垂直运动会使对流层中层的锋减弱。正是因为这个原因，对流层低层和接近对流层顶的锋最强。

对于沿着锋面的气流与穿越锋面的温度梯度之间的热成风平衡，在可能破坏这种平衡的平流过程出现的情况下，若要维持这种平衡，就需要存在与锋生有关的次级环流。水平平流导致的等温线聚集会使上层大气中穿越气流的气压梯度增大，因此，为了维持热成风平衡，就要求沿着急流的气流的垂直切变增大。上层急流所需的加速是通过科氏力由穿越急流的非地转风产生的，这种非地转风的发展是对急流核中增大的穿越气流的气压梯度的响应。当急流加速时，必然会在急流轴冷侧产生气旋性涡度，在急流轴暖侧产生反气旋性涡度。这些涡度变化要求急流层中的水平气流在急流轴冷侧辐合，在急流轴暖侧辐散。图 9.3（b）给出了最终得到的垂直环流及满足质量连续性要求所需的低层二级非地转运动。

## 9.2.2 半地转理论

为了分析 9.2.1 节讨论的锋生运动场的动力学原理，可以使用 2.8 节提出的布辛涅斯克近似，即除了在浮力项中，其他项均使用定常参考值 $\rho_0$ 来表示密度。这种近似可以在不影响结果主要特征的前提下简化运动方程组。此外，使用气压场和密度场相对于大气标准值的偏差来代替其自身，这也是很有用的。因此，令 $\Phi(x, y, z, t) = (p - p_0)/\rho_0$ 表示气压偏差相对于密度的均一化值，$\Theta = \theta - \theta_0$ 则表示位温偏差，其中 $p_0(z)$ 和 $\theta_0(z)$ 分别是大

气中随高度变化的气压和位温标准值。

根据上述定义，水平动量方程、热力学方程、流体静力学近似和连续方程可写为

$$\frac{\mathrm{d}u}{\mathrm{d}t} - fv + \frac{\partial \Phi}{\partial x} = 0 \tag{9.2}$$

$$\frac{\mathrm{d}v}{\mathrm{d}t} + fu + \frac{\partial \Phi}{\partial y} = 0 \tag{9.3}$$

$$\frac{\mathrm{d}\Theta}{\mathrm{d}t} + w\frac{\mathrm{d}\theta_0}{\mathrm{d}z} = 0 \tag{9.4}$$

$$b \equiv \frac{g\Theta}{\theta_{00}} = \frac{\partial \Phi}{\partial z} \tag{9.5}$$

$$\frac{\partial u}{\partial x} + \frac{\partial v}{\partial y} + \frac{\partial w}{\partial z} = 0 \tag{9.6}$$

式中，$b$ 为浮力，$\theta_{00}$ 是位温的定常参考值，并且有

$$\frac{\mathrm{d}}{\mathrm{d}t} \equiv \frac{\partial}{\partial t} + u\frac{\partial}{\partial x} + v\frac{\partial}{\partial y} + w\frac{\partial}{\partial z}$$

根据 9.2.1 节的讨论，显然平行于锋面的变化量的水平尺度远大于穿越锋面的变化量的尺度。这种尺度差别说明，作为一级近似，可以将锋面模拟为二维结构。方便起见，选择一个坐标系，锋面在这个坐标系上是静止的，穿越锋面的方向平行于 $y$ 轴。因此有 $L_x \gg L_y$，其中 $L_x$ 和 $L_y$ 分别表示沿着锋面和穿越锋面的长度尺度。类似地，有 $U \gg V$，其中 $U$ 和 $V$ 分别为沿着锋面和穿越锋面的速度尺度。图 9.4 给出的就是这些量相对于锋面的尺度。

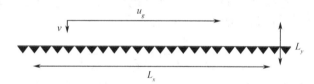

图 9.4 对于平行于 $x$ 轴的锋面，相对于该锋面的速度尺度和长度尺度

令 $U \sim 10\,\mathrm{m\,s^{-1}}$，$V \sim 1\,\mathrm{m\,s^{-1}}$，$L_x \sim 1000\,\mathrm{km}$，$L_y \sim 100\,\mathrm{km}$，发现完全有可能利用沿着锋面和穿越锋面的运动的不同尺度来简化动力学过程。假定 $\mathrm{d}/\mathrm{d}t \sim V/L_y$（穿越锋面的平流时间尺度），并定义罗斯贝数 $R_0 \equiv V/fL_y \ll 1$，那么在动量方程的 $x$ 方向和 $y$ 方向分量中，惯性力项和科氏力项比值的量级可写为

$$\frac{|\mathrm{d}u/\mathrm{d}t|}{|fv|} \sim \frac{UV/L_y}{fV} \sim R_0\left(\frac{U}{V}\right) \sim 1$$

$$\frac{|\mathrm{d}v/\mathrm{d}t|}{|fu|} \sim \frac{V^2/L_y}{fU} \sim R_0\left(\frac{V}{U}\right) \sim 10^{-2}$$

沿着锋面的速度处于地转平衡状态，相应地，穿越锋面的气压梯度的误差量级为 1%；但是，穿越锋面的速度连近似的地转状态都不会满足。因此，如果将地转风分量写为

$$fu_g = -\frac{\partial \Phi}{\partial y}, \quad fv_g = \frac{\partial \Phi}{\partial x}$$

并将水平速度场分离为地转风和非地转风两部分，那么近似有 $u = u_g$，但 $v = v_g + v_a$，其中 $v_g$ 和 $v_a$ 的量级相同。

对于锋面尺度分析而言，水平动量方程的 $x$ 方向上的分量方程式（9.2）、热力学方程式（9.4）和连续方程式（9.6）可写为

$$\frac{\mathrm{d}u_g}{\mathrm{d}t} - fv_a = 0 \qquad (9.7)$$

$$\frac{\mathrm{d}b}{\mathrm{d}t} + wN^2 = 0 \qquad (9.8)$$

$$\frac{\partial v_a}{\partial y} + \frac{\partial w}{\partial z} = 0 \qquad (9.9)$$

利用式（9.5），将式（9.4）中的 $\Theta$ 用 $b$ 代替，就可以得到式（9.8），其中 $N$ 为浮力振荡频率，利用位温可将其定义为

$$N^2 \equiv \frac{g}{\theta_{00}} \frac{\partial \theta_0}{\partial z}$$

因为沿着锋面的速度满足地转平衡，所以 $u_g$ 和 $b$ 的关系可以用如下热成风公式表示，即

$$f\frac{\partial u_g}{\partial z} = -\frac{\partial b}{\partial y} \qquad (9.10)$$

需要注意的是，式（9.7）和式（9.8）不同于与它们类似的准地转形式；尽管纬向动量仍然是近似地转的，与锋面平行的平流仍然是地转的，但穿越锋面的动量和温度平流不仅是因为地转风，而且是因为非地转 $(v_a, w)$ 的环流：

$$\frac{\mathrm{d}}{\mathrm{d}t} = \frac{\mathrm{d}_g}{\mathrm{d}t} + \left( v_a \frac{\partial}{\partial y} + w \frac{\partial}{\partial z} \right)$$

其中 $\mathrm{d}_g/\mathrm{d}t$ 的定义可参见式（6.5）。在式（9.7）中，用动量的地转值来代替其自身，被称为地转动量近似，而得到的预报方程组则被称为**半地转方程组**[1]。

### 9.2.3　横穿锋区的环流

式（9.7）～式（9.10）组成了一个可用纬向风或温度的分布来确定穿锋（穿越锋区）非地转环流的闭合方程组。假设大尺度地转风的作用是通过如图 9.3 所示的变形来加强南北向温度梯度，那么随着温度梯度增大，为了维持地转平衡，纬向风的垂直切变必然也会增大。这就要求对流层上层的 $u_g$ 增大，而它必须由与穿锋非地转环流相关的科氏力产生 [见式（9.7）]。类似于 6.5 节讨论的 $\omega$ 方程，可以通过一个方程来计算这种次级环流的结构。

---

[1] 有些作者将这个名字保留，用于命名在地转坐标系中的一种变形方程组（如 Hoskins，1975）。

首先，将式（9.8）对 $y$ 求导，并利用链式法则，可以得到如下表达式：

$$\frac{\mathrm{d}}{\mathrm{d}t}\left(\frac{\partial b}{\partial y}\right) = Q_2 - \frac{\partial v_a}{\partial y}\frac{\partial b}{\partial y} - \frac{\partial w}{\partial y}\left(N^2 + \frac{\partial b}{\partial z}\right) \tag{9.11}$$

其中

$$Q_2 = -\frac{\partial u_g}{\partial y}\frac{\partial b}{\partial x} - \frac{\partial v_g}{\partial y}\frac{\partial b}{\partial y} \tag{9.12}$$

式（9.11）正好是 6.5 节讨论的 $\boldsymbol{Q}$ 矢量的 $y$ 方向上的分量，但这里是用布辛涅斯克近似来表述的。

接下来，对式（9.7）求关于 $z$ 的微分后，再次利用链式法则进行整理，并在式右端根据热成风方程［见式（9.10）］用 $\partial b/\partial y$ 来代替 $\partial u_g/\partial z$，可得

$$\frac{\mathrm{d}}{\mathrm{d}t}\left(f\frac{\partial u_g}{\partial z}\right) = Q_2 + \frac{\partial v_a}{\partial z}f\left(f - \frac{\partial u_g}{\partial y}\right) + \frac{\partial w}{\partial z}\frac{\partial b}{\partial y} \tag{9.13}$$

正如 6.5 节给出的，地转强迫（用 $Q_2$ 表示）倾向于以相等、反向的方式通过改变热成风方程中的温度梯度和垂直切变部分来破坏热成风平衡。这种通过地转平流来破坏地转平衡的趋势会被穿锋次级环流所抵消。

在这种情况下，次级环流是 $(y, z)$ 平面上的二维横向环流，因此可用经向流函数 $\psi_M$ 表示为

$$v_a = -\frac{\partial \psi_M}{\partial z}, \quad w = \frac{\partial \psi_M}{\partial y} \tag{9.14}$$

式（9.14）是完全满足连续方程式（9.9）的。将式（9.11）与式（9.13）相加，并利用热成风平衡关系式（9.10）消去时间导数，利用式（9.14）消去 $v_a$ 和 $w$，就可以得到沙艾（Sawyer-Eliassen）方程：

$$N_s^2 \frac{\partial^2 \psi_M}{\partial y^2} + F^2 \frac{\partial^2 \psi_M}{\partial z^2} + 2S^2 \frac{\partial^2 \psi_M}{\partial y \partial z} = 2Q_2 \tag{9.15}$$

其中

$$N_s^2 \equiv N^2 + \frac{\partial b}{\partial z}, \quad F^2 \equiv f\left(f - \frac{\partial u_g}{\partial y}\right) = f\frac{\partial M}{\partial y}, \quad S^2 \equiv -\frac{\partial b}{\partial y} \tag{9.16}$$

式 $M$ 为绝对动量，定义为

$$M = fy - u_g$$

略去式（9.7）和式（9.8）中因非地转环流造成的平流，就可以得到式（9.15）的准地转形式：

$$N^2 \frac{\partial^2 \psi_M}{\partial y^2} + f^2 \frac{\partial^2 \psi_M}{\partial z^2} = 2Q_2 \tag{9.17}$$

式（9.17）与式（9.15）相比可以看出：在准地转情况下，微分算子左侧的系数仅依赖于标准大气静力稳定度 $N$ 和行星涡度 $f$；而对于半地转的情况，它们则依赖于位温相对于其标准廓线的偏差（用 $N_s$ 项和 $S$ 项表示）和绝对涡度（用 $F$ 项表示）。

对于形如式（9.17）的方程，其左端导数的系数为正，故被称为椭圆边值问题。它的解 $\phi_M$ 由 $Q_2$ 和边界条件唯一确定。对如图 9.1（b）所示的情况，当 $\partial v_g / \partial y$ 和 $\partial b / \partial y$ 均为负时，强迫项 $Q_2$ 在锋区也为负。此时的流函数描述的是关于 $y$ 轴对称的，在暖侧上升、冷侧下沉的环流。假如满足 $N_s^2 F^2 - S^4 > 0$，那么式（9.15）所对应的半地转情况也是一个椭圆边值问题。可以证明（参见习题 9.1），这个条件要求 Ertel 位涡在北半球为正，在南半球为负。实际上，中纬度地区不饱和大气几乎都是这种情况。

如图 9.5 所示，式（9.16）中系数的空间变化及交叉导数的出现，使次级环流产生了扭曲。锋区随着高度增高向冷空气一侧倾斜；在锋面暖空气一侧的绝对涡度大值区，近地面穿锋气流增强，环流会随高度上升倾斜。

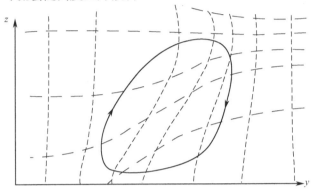

图 9.5　二维锋生中的非地转环流（带箭头的实线）与位温场（长虚线）、绝对动量场（短虚线）之间的关系。冷空气在右，暖空气在左。注意：环流向冷空气一侧倾斜，并且锋区内绝对动量场和位温场的梯度有所增强

另外，可以通过比较准地转锋生过程和半地转锋生的过程，给出非地转环流对锋生时间尺度的影响。与准地转环流相比，半地转环流存在一个正反馈，这可以极大地减小锋生时间尺度。当温差增大时，$Q_2$ 也增大，次级环流必然也会增大，因此 $|\partial T / \partial y|$ 的放大率会随 $|\partial T / \partial y|$ 增大，而不是像准地转环流那样保持不变。在不考虑摩擦力的情况下，由于这种反馈，半地转模式可以在不到半天内在近地面产生无限温度梯度。

# 9.3　对称斜压不稳定

观测表明，中尺度云带和降水带的发生通常与天气尺度系统有关。它们通常沿着锋面排列，但却是独立的个体。与锋面相同，这种特征通常与强的斜压性相关，并且平行于平均风切变的长度尺度远大于穿越风切变的长度尺度。这些特征的可信来源之一就是被称为对称不稳定（或倾斜对流）的斜压不稳定性的二维形式。

在典型大气条件下，浮力倾向于使气块反抗垂直位移，并保持稳定，而旋转则倾向于使气块相对于水平位移保持稳定。关于垂直位移的不稳定性被称为流体静力不稳定性（或

简称为静力不稳定性，参见 2.7.3 节）。对于不饱和大气而言，静力稳定性要求局地浮力振荡频率的平方为正，即 $N_s^2 > 0$。关于水平位移的不稳定性则被称为惯性不稳定性（参见 5.5.1 节）。惯性稳定性条件的表达式（5.74）要求由式（9.16）定义的 $F^2$ 为正。

如果气块的位移沿着倾斜路径，而不是沿着垂直或者水平路径，那么即使分别满足一般的静力稳定性条件和惯性稳定性条件，在某些特定条件下，位移仍然有可能是不稳定的。这种不稳定只有在出现平均水平风的垂直切变时才会发生，因此可被视为斜压不稳定性的特殊形式，此时的扰动与平行于平均气流的坐标无关。换言之，对称不稳定可被视为等熵惯性不稳定。

为了便于推导对称不稳定性的条件，利用 2.8 节的布辛涅斯克方程组，并假设气流与 $x$ 无关。令平均气流的方向沿着 $x$ 轴，并且处于热成风平衡，相应的经向温度梯度为

$$f \frac{\partial u_g}{\partial z} = -\frac{\partial b}{\partial y} = -\left(\frac{g}{\theta_{00}}\right) \frac{\partial \Theta}{\partial y} \tag{9.18}$$

式中 $\theta_{00}$ 是位温的定常参考值。

根据 2.7.3 节和 5.5.1 节，可以通过总位温 $\theta = \theta_0 + \Theta$ 的分布来计算关于垂直位移的稳定性，还可以通过绝对纬向动量 $M \equiv fy - u_g$（其中 $\partial M / \partial y = f - \partial u_g / \partial y$ 为纬向平均绝对涡度）的分布来计算关于水平位移的稳定性。

对正压流体而言，等位温面是水平的，而等绝对动量面则是在子午面上垂直的。但是，当平均气流为西风且随高度上升增大时，等位温面和等绝对动量面都是朝着极地向上倾斜的。在中纬度对流层中垂直回复力和水平回复力的相对大小可以用比值 $N_s^2 /(f \partial M / \partial y)$ 来表示。对于典型的对流层条件，这一比值 $\sim 10^4$。可见，相对于等绝对动量面，气块在垂直于平均气流所在平面上的运动更接近于等位温面，因此可以采用等熵坐标系来分析气块的位移。只要在 $\theta$ 取常数处求关于 $y$ 的导数，就仍然可以利用 5.5.1 节的分析。由此可见，这种运动的稳定性依赖于等位温面和等绝对动量面之间的相对坡度。通常，等绝对动量面的坡度比等位温面大（见图 9.5），气块的位移是稳定的。但是，当等位温面的坡度大于等绝对动量面时，就有

$$f \left(\frac{\partial M}{\partial y}\right)_\theta < 0 \tag{9.19}$$

此时气流沿着等位温面的位移是不稳定的。这种情况可能发生在具有极强水平温度梯度和弱垂直稳定性的区域。除了对 $M$ 求导是沿着倾斜等位温面的，式（9.19）中的条件与式（5.74）给出的惯性不稳定性判据类似。

如果式（9.19）乘以 $-g(\partial \theta / \partial p)$，那么对称不稳定性判据可用 Ertel 位涡［参见式（4.26）］的分布可表示为

$$f \bar{P} < 0 \tag{9.20}$$

式中，$\bar{P}$ 为基本态地转气流的位涡。可以看出，如果北半球的初始状态位涡处处为正，那么对称不稳定就不会通过绝热运动得到发展，这是因为随着运动的位涡是守恒的，会一直保持为正。

为了说明式（9.19）是对称不稳定性条件，我们来分析图 9.6 中标记为 1 和 2 的流管

在交换过程中所需的平均动能变化（这些流管分别位于 $y_1$ 和 $y_2 = y_1 + \delta y$ 处，并且假设沿着 $x$ 轴伸展到无限远处，因此这是一个二维问题）。由于这些流管位于同一个等位温面上，因此具有相同的有效位能。如果交换后纬向气流的动能减去之前的动能，即 $\delta(KE)$ 为负，那么就有可能存在气块的自发交换；否则，就需要某些外部能量源来为经向运动和垂直运动提供交换所需的动能。

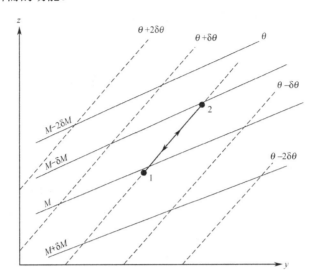

图 9.6　对称不稳定基本状态对应的等绝对动量面和等位温面的剖面。当绝对动量沿着标记为 1 和 2 的点之间的等熵路径减小时，运动是不稳定的

在初始状态下，流管的运动平行于 $x$ 轴，并且处于地转平衡，因此两个流管的绝对动量为

$$
\begin{aligned}
M_1 &= fy_1 - u_1 = fy_1 - u_g(y_1, z) \\
M_2 &= fy_2 - u_2 = fy_1 + f\delta y - u_g(y_1 + \delta y, z + \delta z)
\end{aligned}
\tag{9.21}
$$

对于流管而言，绝对动量是守恒的，因此经过交换后的纬向扰动速度为

$$
\begin{aligned}
M_1' &= fy_1 + f\delta y - u_1' = M_1 \\
M_2' &= fy_1 - u_2' = M_2
\end{aligned}
\tag{9.22}
$$

在式（9.21）和式（9.22）中消去 $M_1$ 和 $M_2$，并求解扰动纬向风，可得

$$
\begin{aligned}
u_1' &= f\delta y + u_1 \\
u_2' &= -f\delta y + u_2
\end{aligned}
$$

最终状态与初始状态间的纬向动能之差为

$$
\begin{aligned}
\delta(KE) &= \frac{1}{2}(u_1'^2 + u_2'^2) - \frac{1}{2}(u_1^2 + u_2^2) \\
&= f\delta y(u_1 - u_2 + f\delta y) = f\delta y(M_2 - M_1)
\end{aligned}
\tag{9.23}
$$

可见，只要 $f(M_2 - M_1) < 0$，则 $\delta(KE)$ 为负，并且有可能会发生非强迫经向运动。当流管沿着同一等位温面时，这就等价于式（9.19）的条件。

为了估算满足对称不稳定性条件的可能性，可以利用平均气流的理查孙数来表示稳定

性判据。等绝对动量面的坡度可以通过估算得到。具体地，在等绝对动量面上有

$$\delta M = \frac{\partial M}{\partial y}\delta y + \frac{\partial M}{\partial z}\delta z = 0$$

因此，在绝对动量 $M$ 保持不变的情况下，$\delta z$ 与 $\delta y$ 的比值为

$$\left(\frac{\delta z}{\delta y}\right)_M = \left(-\frac{\partial M}{\partial y}\right)\bigg/\left(\frac{\partial M}{\partial z}\right) = \left(f - \frac{\partial u_g}{\partial y}\right)\bigg/\left(\frac{\partial u_g}{\partial z}\right) \quad (9.24)$$

类似地，等位温面的坡度为

$$\left(\frac{\delta z}{\delta y}\right)_\theta = \left(-\frac{\partial \theta}{\partial y}\right)\bigg/\left(\frac{\partial \theta}{\partial z}\right) = \left(f\frac{\partial u_g}{\partial z}\right)\bigg/\left(\frac{g}{\theta_{00}}\frac{\partial \theta}{\partial z}\right) \quad (9.25)$$

式中已根据热成风关系用纬向风的垂直切变来表示经向温度梯度。式（9.24）与式（9.25）的比值为

$$\left(\frac{\delta z}{\delta y}\right)_M\bigg/\left(\frac{\delta z}{\delta y}\right)_\theta = f\left(f - \frac{\partial u_g}{\partial y}\right)\left(\frac{g}{\theta_{00}}\frac{\partial \theta}{\partial z}\right)\bigg/\left[f^2\left(\frac{\partial u_g}{\partial z}\right)^2\right] = \frac{F^2 N_s^2}{S^4}$$

式中最后一项中各符号的含义可参见式（9.16）。

由于对称不稳定性要求等位温面的坡度大于等绝对动量面的坡度，因此平行于 $x$ 轴的地转气流不稳定的必要条件为

$$\left(\frac{\delta z}{\delta y}\right)_M\bigg/\left(\frac{\delta z}{\delta y}\right)_\theta = f\left(f - \frac{\partial u_g}{\partial y}\right)\frac{R_i}{f^2} = \frac{F^2 N_s^2}{S^4} < 1 \quad (9.26)$$

其中平均气流的理查孙数 $R_i$ 定义为

$$R_i \equiv \left(\frac{g}{\theta_{00}}\frac{\partial \theta}{\partial z}\right)\bigg/\left(\frac{\partial u_g}{\partial z}\right)^2$$

由此可见，如果平均气流的相对涡度为 0（$\partial u_g / \partial y = 0$），那么 $R_i < 1$ 就是不稳定性需要满足的条件。

对于对称不稳定性，当式（9.26）满足 $F^2 N_s^2 - S^4 < 0$ 时，就可以将其和式（9.20）联系起来。正如习题 9.1 所证明的，有

$$F^2 N_s^2 - S^4 = \left(\frac{\rho f g}{\theta_{00}}\right)\overline{P} \quad (9.27)$$

因为大尺度位涡 $\overline{P}$ 通常在北半球为正，在南半球为负，所以式（9.27）一般在两个半球均为正，由此可见对称不稳定性的条件是很难满足的。但如果大气是饱和的，那么相关的静力稳定性条件就涉及相当位温的递减率，而且很容易满足对称不稳定性的中性条件（参见 9.5 节）。

值得注意的是，对称位移的稳定性条件 $F^2 N_s^2 - S^4 > 0$，与沙艾方程式（9.15）作为椭圆边值问题的条件相同。因此，当气流关于对称斜压扰动稳定时，如果存在非零强迫 $Q_2$［参见式（9.12）］，那么就会有由式（9.15）控制的非零受迫横向环流。但是，自由横向振荡可以发生在没有强迫的情况下。这些都要求在动量方程的 $y$ 方向分量方程中包含水平加速项。据此得到的横向环流方程（参见附录 F）为

$$\frac{\partial^2}{\partial t^2}\left(\frac{\partial^2 \psi_M}{\partial z^2}\right) + N_s^2 \frac{\partial^2 \psi_M}{\partial y^2} + F^2 \frac{\partial^2 \psi_M}{\partial z^2} + 2S^2 \frac{\partial^2 \psi_M}{\partial y \partial z} = 0 \tag{9.28}$$

上式应当与式（9.15）进行比较。当 $F^2 N_s^2 - S^4 > 0$ 时，式（9.28）的解对应稳定振荡；当 $F^2 N_s^2 - S^4 < 0$ 时，式（9.28）的解会成指数增长，对应着对称斜压不稳定。

# 9.4 地形波

当稳定层结大气受迫越过起伏地形时，就会出现浮力振荡。本节首先分析在定常风和层结稳定条件下翻越正弦变化地形的情况，接着来研究局地化地形障碍、静力稳定性的垂直变化及风场。

### 9.4.1 正弦地形上方的波动

如图 9.7 所示，在层结稳定条件下，当平均速度为 $\bar{u}$ 的气流翻越正弦地形的山脊时，气块就会离开平衡位置，发生向上、向下的交替运动，从而产生浮力振荡。在这种情况下，存在着相对于地表静止的波动解。对于这种定常波，$w'$ 仅依赖 $x$ 和 $z$，并且对应的运动方程式（5.64）可简化为

$$\left(\frac{\partial^2 w'}{\partial x^2} + \frac{\partial^2 w'}{\partial z^2}\right) + \frac{N^2}{\bar{u}^2} w' = 0 \tag{9.29}$$

假设有波动解

$$w' = \mathrm{Re}[\hat{w}\exp^{\mathrm{i}(kx+mz)}] \tag{9.30}$$

将其代入式（9.29）可得

$$m^2 = \frac{N^2}{\bar{u}^2} - k^2 \tag{9.31}$$

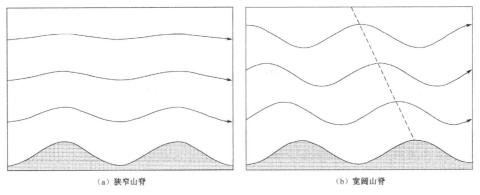

（a）狭窄山脊　　　　　　　　　　　　　　（b）宽阔山脊

图 9.7　当稳定气流经过无限个正弦地形的山脊时的流线，（a）为狭窄山脊的情况，（b）为宽阔山脊的情况，（b）中的虚线表示最大向上位移的位相（引自 Durran，1990；美国气象学会版权所有，特许复制）

如果 $N$、$k$ 和 $\bar{u}$ 的值已知，就可以通过式（9.31）确定波动的垂直结构。如果 $|\bar{u}| < N/k$，式（9.31）就说明 $m^2 > 0$（$m$ 必然为实数），并且式（9.29）的解中具有垂直传播的波动。当 $m^2 < 0$ 时，$m = im_i$ 为虚数，并且式（9.29）的解具有垂直截陷的波动，其形式为

$$w' = \hat{w}\exp(ikx)\exp(-im_i z)$$

可见，只有当相对于平均气流的频率的量级 $|\bar{u}k|$ 小于浮力振荡频率时，才有可能出现垂直传播的波动。

稳定层结、宽阔山脊和相对较弱的基本气流都是形成垂直传播地形波的有利条件（$m$ 为实数）。因为这些波动的能量都来自地面，所以必须把能量向上传输，那么相对于纬向平均气流的相速度必然有向下的分量。由此可见，如果 $\bar{u} > 0$，那么等位相线必然是随着高度上升向西倾斜的。但当 $m$ 为虚数时，式（9.30）的解在垂直方向上成指数变化，其随高度的衰减率是 $\mu^{-1}$，其中 $\mu = |m|$。$z \to \infty$ 的有界性要求我们选择的解应当随着远离下边界而成指数衰减。

为了比较 $m$ 为实数和虚数对应的解的特征，这里考虑一个具体的实例。假设有平均西风气流翻越地形，则该地形的垂直廓线可表示为

$$h(x) = h_M \cos(kx)$$

式中，$h_M$ 为地形的振幅。此时，由于下边界处的气流与边界平行，所以边界处的扰动速度可以用随着运动的边界高度变化率表示为

$$w'(x,\,0) = \left(\frac{\mathrm{d}h}{\mathrm{d}t}\right)_{z=0} \approx \bar{u}\frac{\partial h}{\partial x} = -\bar{u}kh_M \sin(kx)$$

另外，式（9.29）的解满足的条件可以写为

$$w(x,\,z) = \begin{cases} -\bar{u}h_M k e^{-\mu z}\sin(kx), & \bar{u}k > N \\ -\bar{u}h_M k\sin(kx + mz), & \bar{u}k < N \end{cases} \tag{9.32}$$

对于固定的平均风和浮力振荡频率，解的特征仅依赖于地形的水平尺度。式（9.32）的两种情况分别对应狭窄山脊和宽阔山脊的情况，这是因为对于给定的 $\bar{u}$ 和 $N$，解的特征是由纬向波数 $k$ 决定的。在这两种情况下对应的流线形态如图 9.7 所示。对于狭窄山脊，[见图 9.7（a）]，最大向上位移发生在山顶，扰动振幅随着高度上升衰减；而对于宽阔山脊 [见图 9.7（b）]，最大向上位移线是向西倾斜的（$m > 0$），并且振幅与高度无关，这与相对于平均气流向西传播的重力内波是一致的。

换言之，对于固定的纬向波数和浮力振荡频率，其解仅依赖于纬向平均气流的速度。如式（9.32）所示，只有当纬向平均气流的量级小于临界值 $N/k$ 时，才会出现垂直波动的传播。

式（9.29）是在定常基本气流条件下得到的。在实际情况中，纬向风风速 $\bar{u}$ 和稳定性参数 $N$ 一般都是随高度变化的；山脊通常都是孤立的，而不是周期性的。根据地形、风和稳定性廓线的不同，有可能出现各种各样的响应。在特定条件下，可以形成大振幅波动，从而产生强的下坡地面风和强的晴空湍流区。这些环流将在 9.4.4 节进一步讨论。

### 9.4.2 翻越独立山脊的气流

正如翻越正弦周期山脊的气流可用单个正弦函数（或单个傅里叶谐波）来表示，翻越单个山脊的气流也可以用一组傅里叶分量之和来近似表示（参见 5.2.1 节）。因此，任何纬向变化的地形都可以表示成如下傅里叶级数的形式：

$$h_M(x) = \sum_{s=1}^{\infty} \text{Re}[h_s \exp(\mathrm{i}k_s x)] \tag{9.33}$$

式中，$h_s$ 是第 $s$ 个地形傅里叶分量的振幅。接下来就可以将波动方程式（9.29）的解表示为如下傅里叶分量之和，即

$$w(x, z) = \sum_{s=1}^{\infty} \text{Re}\{W_s \exp[\mathrm{i}(k_s x + m_s z)]\} \tag{9.34}$$

式中，$W_s = \mathrm{i}k_s \bar{u} h_s$，$m_s^2 = N^2/\bar{u}^2 - k_s^2$。

根据 $m_s$ 是实数还是虚数，单个傅里叶分量会对式（9.34）的全解产生垂直传播或垂直衰减的贡献；这反过来又取决于 $k_s^2$ 是小于还是大于 $N^2/\bar{u}^2$。由此可见，每个傅里叶分量的行为与正弦周期地形的解式（9.30）相同。对狭窄山脊而言，波数大于 $N/\bar{u}$ 的傅里叶分量在式（9.33）中占主导，得到的扰动随高度上升衰减；对于宽阔山脊，波数小于 $N/\bar{u}$ 的傅里叶分量占主导，扰动垂直传播。在 $m_s^2 \approx N^2/\bar{u}^2$ 的宽广山顶，如图 9.8 所示，气流在垂直方向上周期变化，并且垂直波长为 $2\pi m_s^{-1}$，等位相线随高度上升向上游倾斜。

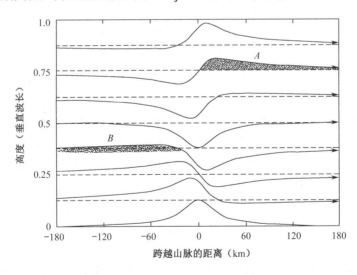

图 9.8 当气流翻越单个宽阔山脊时的流线，其具有随高度上升位相向上游倾斜的特征。波动随高度周期变化，图中给出了一个垂直波长。如果有足够的水分，就会在山脊的上游或下游，即流线偏离平衡位置的地方（图中阴影区域）形成地形云（引自 Durran，1990；美国气象学会版权所有，特许复制）

气流翻越宽阔地形所产生的垂直传播重力波，会根据湿度随高度的变化特征在地形上游或下游形成地形云。在图 9.8 所示的例子中，$A$ 和 $B$ 标注的位置分别是在山脊上游和下

游流线发生位移的区域。如果有足够的水分，就会在这些区域形成地形云。

### 9.4.3　背风波

如果 $\bar{u}$ 和 $N$ 可随高度变化，那么式（9.29）就必须被替换为

$$\left(\frac{\partial^2 w'}{\partial x^2}+\frac{\partial^2 w'}{\partial z^2}\right)+l^2 w'=0 \tag{9.35}$$

式中，Scorer 参数 $l$ 被定义为

$$l^2=\frac{N^2}{\bar{u}^2}-\bar{u}^{-1}\frac{\mathrm{d}^2\bar{u}}{\mathrm{d}z^2}$$

并且垂直传播的条件变为 $k_s^2 < l^2$。

如果翻越山脉的平均风的风速随高度上升明显增大，或者存在一个低层稳定层使得 $N$ 随高度上升明显减小，那么就会在近地面存在一个可以使波动垂直传播的层次，在其上方又有一个使扰动在垂直方向上衰减的层次。在这种情况下，当下层的垂直传播波动到达上层时，就会被反射。在某些情况下，波动可能会被上层和山脉下游的地面重复反射，形成如图 9.9 所示的一系列"截陷"背风波。

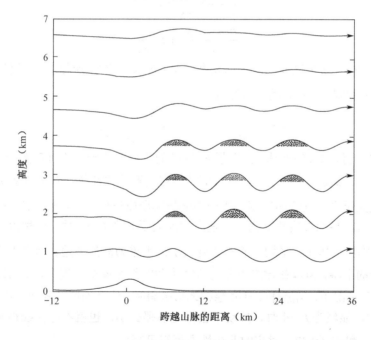

图 9.9　伴随着 Scorer 参数的垂直变化，由翻越地形气流产生的"截陷"背风波的流线，图中阴影表示可能形成背风波云的位置（引自 Durran，1990；美国气象学会版权所有，特许复制）

Scorer 参数的垂直变化也能改变波动的振幅，使之长到足以使垂直传播穿越整个对流层。如果存在平均气流趋向于 0（$l \rightarrow \infty$）的临界层，那么就会因振幅增大导致波动破碎和湍流混合。

### 9.4.4 下坡风暴

经常会在沿着山脉背风坡的地方观测到强的下坡地面风。尽管在某些条件下，垂直传播线性重力波的部分反射会产生增强的地面风，但显然在考虑与稳定气流翻越地形有关的风暴观测结果时，非线性过程是必不可少的。

为了描述非线性过程所起的作用，假定对流层具有无扰动深度为 $h$ 的稳定低层，其上则是弱稳定层，并假定稳定低层的行为与自由面为 $h(x, t)$ 的正压流体相同。此外，还假设扰动的纬向波长远大于该层深度。这样，低层流体的运动可以用 4.5 节的浅水方程组来描述，但下边界条件需要替换为

$$w(x,\ h_M) = \frac{\mathrm{d}h_M}{\mathrm{d}t} = u\frac{\partial h_M}{\partial x}$$

式中，$h_M$ 表示地形高度。

通过分析翻越小坡度地形的稳定气流，可以讨论这一模型的线性行为。略去环境旋转，在稳定状态下的线性化浅水方程组可写为

$$\overline{u}\frac{\partial u'}{\partial x} + g\frac{\partial h'}{\partial x} = 0 \tag{9.36}$$

$$\overline{u}\frac{\partial(h' - h_M)}{\partial x} + H\frac{\partial u'}{\partial x} = 0 \tag{9.37}$$

式中，$h' = h - H$，$H$ 是交界面的平均高度，$h' - h_M$ 是相对于层厚度 $H$ 的偏差。

式（9.36）和式（9.37）的解可写为

$$h' = -\frac{h_M(\overline{u}^2/c^2)}{(1 - \overline{u}^2/c^2)}, \quad u' = \frac{h_M}{H}\left(\frac{\overline{u}}{1 - \overline{u}^2/c^2}\right) \tag{9.38}$$

式中，$c^2 \equiv gH$ 为浅水波的波速。扰动场 $h'$ 和 $u'$ 的特征取决于平均气流弗劳德数（定义为 $F_r^2 = \overline{u}^2/c^2$）的量级。当 $F_r < 1$ 时，这种流体被称为亚临界流体。在亚临界流体中，浅水重力波的波速大于平均气流的速度，扰动高度与风场成反位相。如图 9.10（a）所示，在经过地形障碍时，界面高度扰动为负，速度扰动为正。当 $F_r > 1$ 时，这种流体被称为超临界流体。在超临界流体中，平均气流的速度大于浅水重力波的波速。因为平均气流将重力波吹到了山脊的下游，所以在建立高度与速度扰动的稳态调整过程中，重力波并不会起什么作用。在这种情况下，当流体爬升并翻越地形障碍时，就会加厚并降速［见图 9.10（b）］。根据式（9.38），显然当 $F_r \sim 1$ 时，扰动不会像之前那么小，也就不存在线性解了。

式（9.36）和式（9.37）对应的非线性方程组可写为

$$u\frac{\partial u}{\partial x} + g\frac{\partial h}{\partial x} = 0 \tag{9.39}$$

$$\frac{\partial}{\partial x}[u(h - h_M)] = 0 \tag{9.40}$$

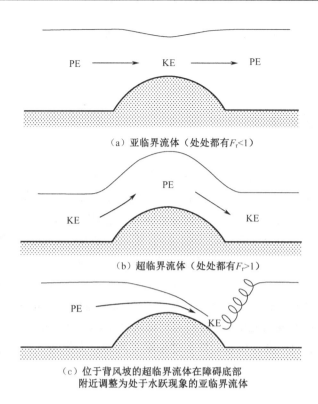

（a）亚临界流体（处处都有 $F_r < 1$）

（b）超临界流体（处处都有 $F_r > 1$）

（c）位于背风坡的超临界流体在障碍底部
附近调整为处于水跃现象的亚临界流体

图 9.10　具有自由面的正压流体翻越障碍物时的气流（引自 Durran，1990；美国气象学会版权所有，特
　　　　许复制）

对式（9.39）积分后即可证明，随运动（气流）的动能与位能之和 $u^2/2 + gh$ 为常数。可见，要使能量守恒，就要求当 $u$ 增大时 $h$ 必须减小；反之亦然。此外，式（9.40）还说明质量通量 $u(h - h_M)$ 必然保持守恒。当流体翻越山脊时，动能和位能的能量交换方向由式（9.39）和式（9.40）均满足的必要条件决定。

式（9.39）乘以 $u$，并利用式（9.40）消去 $\partial h/\partial x$ 后可得

$$(1 - F_r^2)\frac{\partial u}{\partial x} = \frac{ug}{c^2}\frac{\partial h_M}{\partial x} \tag{9.41}$$

其中浅水波的波速 $c$ 和弗劳德数可用流体的局地厚度和速度定义为

$$c^2 \equiv g(h - h_M), \quad F_r^2 \equiv \frac{u^2}{c^2}$$

根据式（9.40），如果 $F_r < 1$，那么气流就会在山脊的上坡一侧加速（在 $\partial h_M/\partial x > 0$ 处有 $\partial u/\partial x > 0$）；如果 $F_r > 1$，则气流就会减速。

当亚临界流体在地形障碍的上坡一侧上升时，$F_r$ 会随着 $u$ 的增大和 $c$ 的减小而增大。如果在山顶处有 $F_r = 1$，那么根据式（9.41），如图 9.10（c）所示，当气流在背风坡下沉时，会变成超临界流体，并继续加速，直到它调整为处于湍流水跃情况下的亚临界流体。在这种情况下，在流体柱越过障碍的整个过程中，随着位能转化为动能，气流沿着背风坡会出现非常高的速度。尽管在连续层结大气中的条件明显比在浅水水力学模型中复杂，但

数值模拟表明，对于发生在下坡风暴中的主要过程，浅水水力学模型是一种更合理的概念模型。

# 9.5 积云对流

在气象学重要的中尺度环流中，与积云对流有关的中尺度风暴代表了其中很大一部分。在讨论这种系统之前，有必要分析单个积云的若干基本热力学和动力学特征。对积云对流进行理论分析是非常复杂的工作，大多数困难来自积云复杂的内部结构。积云通常是由若干个生命期很短的单个上升塔状云组成的，而这些塔状云则是由被称为上升热气团的上浮气块产生的。上升热气团会夹卷环境大气，进而通过混合来改变云中大气。

上升热气团是非静力、非平稳、高度湍流的。单个上升热气团所受到的浮力（其自身密度与环境密度之差）依赖于多个因素，包括环境温度递减率、夹卷作用造成的稀释率、云滴中液态水的重量造成的拖曳等。对热力对流的详细动力学分析已超出了本书的讨论范围。本节将利用简单的一维云模式，集中讨论湿对流的热力学特征。对流风暴动力学将在9.6 节讨论。

## 9.5.1 对流有效位能

对流风暴的发展依靠的是有利于深对流发生的环境条件。目前已发展了多个指标来度量特定温度和湿度廓线对深对流发生的敏感性，其中一种特别有用的度量方法是对流有效位能（CAPS）。假定在气块上升过程中其与环境无混合，并且可瞬时调整到局地环境气压，那么对流有效位能就可以度量静力不稳定气块可获得的最大可能动能（略去水汽和凝结水对浮力的影响）。

气块的动量方程为式（2.51）。随着气块的垂直运动，该式可改写为

$$\frac{\mathrm{d}w}{\mathrm{d}t} = \frac{\mathrm{d}z}{\mathrm{d}t}\frac{\mathrm{d}w}{\mathrm{d}z} = w\frac{\mathrm{d}w}{\mathrm{d}z} = b' \tag{9.42}$$

其中 $b'$ 仍然是浮力，可写为

$$b' = g\frac{\rho_{\mathrm{env}} - \rho_{\mathrm{parcel}}}{\rho_{\mathrm{parcel}}} = g\frac{T_{\mathrm{parcel}} - T_{\mathrm{env}}}{T_{\mathrm{env}}} \tag{9.43}$$

式中，$T_{\mathrm{env}}$ 表示环境温度。如果将式（9.42）在垂直方向上从自由对流高度 $z_{\mathrm{LFC}}$ 积分到中性浮力高度 $z_{\mathrm{LNB}}$，那么随着气块运动，其结果为

$$\frac{w_{\mathrm{max}}^2}{2} = \int_{z_{\mathrm{LFC}}}^{z_{\mathrm{LNB}}} g\left(\frac{T_{\mathrm{parcel}} - T_{\mathrm{env}}}{T_{\mathrm{env}}}\right)\mathrm{d}z \equiv B \tag{9.44}$$

式中，$B$ 为单位质量气块的最大动能，可以通过将处于静止状态的气块从自由对流高度抬升到接近对流层顶的中性浮力层求得（见图 2.8）。不过这会高估无夹卷气块得到的实

际动能，因为液态水的负浮力贡献减小了有效浮力，这种情况在热带地区尤为明显。

在典型的热带海洋探空中，气块温度偏高 1～2 K 可能发生在 10～12 km 上空，那么 CAPE 的典型值 $B \approx 500 \ m^2 \ s^{-2}$。但在北美中西部的强风暴条件下，气块温度偏高可以达 7～10 K（见图 2.8）且 $B \approx 2000～3000 \ m^2 \ s^{-2}$。在后一种情况下观测到的上升流（速度可达 50 m s⁻¹）明显强于前一种情况（速度为 5～10 m s⁻¹）。在平均热带环境中，小的 CAPS 值是热带积雨云中观测到的上升速度远小于中纬度雷暴中观测到的上升速度的主要原因。

## 9.5.2　夹卷

在 9.5.1 节中，已假设对流单体在上升时不会混合环境空气，因此它们在上升过程中会维持 $\theta_e$ 不变。但在实际情况下，对一些相对较干的环境大气的夹卷或混合过程分析发现，上升中的饱和气块可能会被稀释。如果环境大气未饱和，则当其被夹卷时，上升气块中的部分液态水必然会蒸发，用于维持对流单体中的饱和状态。夹卷过程造成的蒸发冷却会减小对流气块的浮力（降低其 $\theta_e$ 值）。所以夹卷对流单体中的相当位温不会保持不变，而是随着高度升高减小的。类似的分析对于环境值与云中值不同的其他保守量[2]也成立；夹卷过程会改变云中的垂直廓线。

用 A 来表示单位质量大气中任意保守量的大小，那么作为第一估计，可以将夹卷对流单体建模为如图 9.11 所示的稳态急流，然后来估算夹卷对流单体中 A 的垂直变化。已知质量为 m 的饱和云团携带的任意变量为 $mA_{cld}$，而质量为 $\delta m$ 的被夹卷环境大气所携带的任意变量为 $\delta m A_{env}$，当两者在时间步长 $\delta t$ 内混合后，那么云团中 A 值的变化量 $\delta A_{cld}$ 可根据质量守恒关系写为

$$(m + \delta m)(A_{cld} + \delta A_{cld}) = mA_{cld} + \delta m A_{env} + \left(\frac{dA_{cld}}{dt}\right)_S m\delta t \qquad (9.45)$$

式中，$(dA_{cld} / dt)_S$ 是与夹卷无关的源和汇造成的 $A_{cld}$ 变化率。式（9.45）中各项除以 $\delta t$ 后，略去二阶项并整理，可得

$$\frac{\delta A_{cld}}{\delta t} = \left(\frac{dA_{cld}}{dt}\right)_S - \frac{1}{m}\frac{\delta m}{\delta t}(A_{cld} - A_{env}) \qquad (9.46)$$

在时间步长 $\delta t$ 内，上升气块的移动距离为 $\delta z = w\delta t$，其中 w 为气块上升速度，因此，可以在式（9.46）中消去 $\delta t$，这样就可以得到连续夹卷对流单体中 $A_{cld}$ 的垂直变化方程：

$$w\frac{dA_{cld}}{dz} = \left(\frac{dA_{cld}}{dt}\right)_S - w\lambda(A_{cld} - A_{env}) \qquad (9.47)$$

式中已定义夹卷率 $\lambda \equiv d\ln m / dz$。

---

[2] 保守量指的是在没有源和汇的情况下随着运动保持不变的量（如化学示踪成分）。

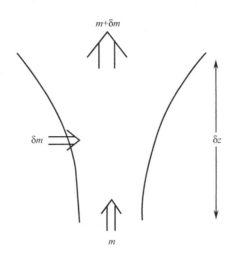

图 9.11　积云对流的夹卷急流模型

令 $A_{cld} = \ln \theta_e$，并注意到在没有夹卷的情况下 $\theta_e$ 保持不变，因此由式（9.47）可得

$$\left(\frac{\mathrm{d}\ln\theta_e}{\mathrm{d}z}\right)_{cld} = -\lambda[(\ln\theta_e)_{cld} - (\ln\theta_e)_{env}]$$

$$\approx -\lambda\left[\frac{L_c}{c_p T}(q_s - q_{env}) + \ln\left(\frac{T_{cld}}{T_{env}}\right)\right] \tag{9.48}$$

式中右端后面一种形式的推导用到了式（2.70）。可以看出，夹卷对流单体受到的浮力小于无夹卷对流单体。在式（9.47）中令 $A_{cld}=w$，再利用式（9.42），并略去气压对浮力的贡献，就可以得到单位质量大气中动能随高度的变化：

$$\frac{\mathrm{d}}{\mathrm{d}t}\left(\frac{w^2}{2}\right) = g\left(\frac{T_{cld} - T_{env}}{T_{env}}\right) - \lambda w^2 \tag{9.49}$$

夹卷对流单体所经历的加速小于无夹卷对流单体，这不仅是因为浮力的减小，而且是因为质量夹卷所施加的拖曳作用。

利用式（9.48）和式（9.49），并结合云湿度参数的适当关系，就可以用来确定云参数的垂直廓线。这种一维云模式在过去是非常流行的。遗憾的是，这种类型的模式在预报诸如云的最大厚度和云水浓度等云属性观测结果方面，并不令人满意。在实际情况下，由对流单体产生的气压扰动在动量收支中是很重要的，而且夹卷过程不会瞬时发生，但是会有部分对流单体以零星的方式上升穿越大部分对流层，并带来非常小的稀释作用。尽管有更为成熟的一维模式可以部分克服这些偏差，但在雷暴动力学中某些最重要的特征（如环境风垂直切变的影响）还是只能包含在多维模式中。

# 9.6 对流风暴

对流风暴有多种多样的形式，其尺度范围从包含单一对流云团（或单体）的孤立雷暴到多单体雷暴群组成的中尺度对流复合体不等。这里将其分为三种主要类型，分别为单一单体、多单体和超级单体风暴。如 9.5 节所述，对流有效位能（CAPE）度量的是热力学条件是否有利于积云对流的发展，因此，它可以反映对流强度，但不会对中尺度有组织对流最有可能类型的认识有任何帮助。如前所述，事实上风暴类型还依赖于对流层低层环境大气的垂直切变。

当垂直切变较弱（在 4 km 以下 $<10\,\mathrm{m\,s^{-1}}$）时，会出现单一单体风暴，它们的生命史很短（约 30 分钟），在大气最低层 8 km 以内随着平均风移动；当存在中等强度的垂直切变（在 4 km 以下为 $10\sim20\,\mathrm{m\,s^{-1}}$）时，会出现多单体风暴，其中单个单体的生命史约 30 分钟，但整个风暴的生命史可达若干小时。在多单体风暴中，因雨水蒸发诱生的下沉气流会在地面形成由外流大气组成的冷空气堆。新的单体会沿着飑锋发展，而该处的外流冷空气则会将条件不稳定的地面大气抬升。当垂直切变较大（在 4 km 以下 $>20\,\mathrm{m\,s^{-1}}$）时，即使处于热力学条件非常有利的环境，对流单体的强烈倾斜仍然会推迟风暴的发展，从而使单体从生成到完全发展起来需要一小时或更长时间，并且有可能会进一步发展、分裂为两个风暴，分别转向平均风的左侧和右侧。如下节所述，通常左转风暴会迅速消亡，而右转风暴则会缓慢演变为具有单一上升核心和下沉尾流的旋转环流。这种超级单体风暴常常会产生强降水、冰雹和破坏性的龙卷风。多单体或超级单体风暴的集合常常会有组织地沿着一条线排列，将其称为飑线，其移动方向可能与单个雷暴不同。

## 9.6.1 超级单体风暴中旋转的发展

从动力学角度看，人们对超级单体风暴更感兴趣，因为它具有从初始无旋环境发展到旋转中尺度气旋的倾向。气旋性旋转在这样的系统中占主导地位，这可能说明科氏力在超级单体动力学中起着重要作用。但是，很容易可以证明，地球的旋转与超级单体风暴中旋转的发展没有关联。

尽管对超级单体动力学的定量处理要求考虑大气的密度层结，但为了理解在这些系统中导致旋转发展和右转单体占主导的过程，使用布辛涅斯克近似就足够了。此时的欧拉动量方程和连续方程可写为

$$\frac{\mathrm{d}\boldsymbol{U}}{\mathrm{d}t}=\frac{\partial \boldsymbol{U}}{\partial t}+(\boldsymbol{U}\cdot\nabla)\boldsymbol{U}=-\frac{1}{\rho_0}\nabla p+b\boldsymbol{k}$$

$$\nabla \cdot \boldsymbol{U} = 0$$

式中，$\boldsymbol{U} \equiv \boldsymbol{V} + \boldsymbol{k}w$ 为三维速度，$\nabla$ 为三维向量微分算子，$\rho_0$ 为基本态定常密度，$p$ 为气压相对于其水平平均值的偏差，$b \equiv -g\rho'/\rho_0$ 为总浮力。

利用矢量恒等式

$$(\boldsymbol{U} \cdot \nabla)\boldsymbol{U} = \nabla\left(\frac{\boldsymbol{U} \cdot \boldsymbol{U}}{2}\right) - \boldsymbol{U} \times (\nabla \times \boldsymbol{U})$$

很容易就可以将动量方程改写为

$$\frac{\partial \boldsymbol{U}}{\partial t} = -\nabla\left(\frac{p}{\rho_0} + \frac{\boldsymbol{U} \cdot \boldsymbol{U}}{2}\right) + \boldsymbol{U} \times \boldsymbol{\omega} + b\boldsymbol{k} \tag{9.50}$$

计算 $\nabla \times$ 式（9.50），并注意到梯度的旋度为 0，可以得到如下三维涡度方程：

$$\frac{\partial \boldsymbol{\omega}}{\partial t} = \nabla \times (\boldsymbol{U} \times \boldsymbol{\omega}) + \nabla \times (b\boldsymbol{k}) \tag{9.51}$$

令 $\zeta = \boldsymbol{k} \cdot \boldsymbol{\omega}$ 为涡度的垂直分量，并计算 $\boldsymbol{k} \cdot$ 式（9.51），就可以得到在无旋参考系中的 $\zeta$ 倾向方程：

$$\frac{\partial \zeta}{\partial t} = \boldsymbol{k} \cdot \nabla \times (\boldsymbol{U} \times \boldsymbol{\omega}) \tag{9.52}$$

可以看出，浮力仅会影响水平涡度分量。

我们来分析单个对流上升气流叠加在仅与 $z$ 有关的西风基本气流上的情况。相对于这一基本态对方程进行线性化处理，令

$$\boldsymbol{\omega} = \boldsymbol{j}\frac{\mathrm{d}\bar{u}}{\mathrm{d}z} + \boldsymbol{\omega}'(x, y, z, t), \quad \boldsymbol{U} = \boldsymbol{i}\bar{u} + \boldsymbol{U}'(x, y, z, t)$$

注意到式（9.52）右端的线性化形式为

$$\boldsymbol{k} \cdot \nabla \times (\boldsymbol{U} \times \boldsymbol{\omega}) = -\boldsymbol{k} \cdot \nabla \times \left(\boldsymbol{i}w'\frac{\mathrm{d}\bar{u}}{\mathrm{d}z} + \boldsymbol{j}\bar{u}\zeta'\right)$$

因此，线性化的涡度倾向为

$$\frac{\partial \zeta'}{\partial t} = -\bar{u}\frac{\partial \zeta'}{\partial x} + \frac{\partial w'}{\partial y}\frac{\mathrm{d}\bar{u}}{\mathrm{d}z} \tag{9.53}$$

式（9.53）右端第一项仅是基本气流造成的平流，第二项则表示垂直运动导致的水平切变涡度向垂直切变涡度的倾斜。

因为 $\mathrm{d}\bar{u}/\mathrm{d}z$ 为正，所以，由这种倾斜导致的涡度倾向在上升核心以南为正，在上升核心以北为负。这样导致的结果如图 9.12（a）所示，会形成相对旋转涡旋对，在初始上升气流北侧为反气旋性旋转，南侧为气旋性旋转。最终，由降水造成的负浮力发展会在上升气流的初始位置产生上层下沉气流，并造成风暴的分裂，在相对旋转涡旋对的中央建立新的上升气流核心，如图 9.12（b）所示。

（a）初始阶段：环境切变涡度在进入上升气流时会倾斜并被拉伸到垂直方向

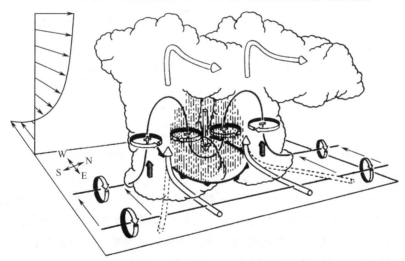

（b）分裂阶段：在新的上升气流单体之间有下沉气流形成

图 9.12 平均西风切变（用每幅图左上角的箭头来表示）条件下超级单体风暴的旋转发展与分裂。柱状箭头表示云相对于气流的方向，粗实线为涡旋线，其上的环状箭头表示对应的旋转，正负号表示涡管倾斜造成的气旋性旋转和反气旋性旋转，阴影箭头表示上升气流和下沉气流的增长，垂直虚线表示降水区；（b）中下部地面上带三角的刺状线表示地面上的下沉外流大气（引自 Klemp，1987；Annual Reviews 许可使用）

为了理解风暴侧面涡旋中上升气流的产生，可以进一步分析扰动气压场。计算 $\nabla\cdot$ 式（9.50），就可以得到如下关于扰动气压的诊断方程：

$$\nabla^2\left(\frac{p}{\rho_0}\right) = -\nabla^2\left(\frac{\boldsymbol{U}\cdot\boldsymbol{U}}{2}\right) + \nabla\cdot(\boldsymbol{U}\times\boldsymbol{\omega}) + \frac{\partial b}{\partial z} \tag{9.54}$$

式（9.54）右端前两项表示动力学强迫，后一项则表示浮力强迫。观测和数值模拟分析表明，式（9.54）中的浮力强迫会产生气压扰动，进而部分抵消垂直动量方程中的浮力。但是，动力学强迫产生的气压扰动可能会产生可观的垂直加速。

为了计算左侧涡旋和右侧涡旋对扰动气压梯度力的动力学贡献，利用中心位于任一涡旋旋转轴的柱坐标 $(r, \lambda, z)$，并假设作为第一近似，角速度 $v_\lambda$（气旋性气流为正）与 $\lambda$ 无关。在这个坐标系中，风暴相对水平运动和涡度的垂直分量可近似写为

$$U' \approx j_\lambda v_\lambda, \quad k \cdot \omega' = \zeta' \approx r^{-1} \frac{\partial}{\partial r}(r v_\lambda)$$

式中，$j_\lambda$ 是切向方向上的单位矢量（逆时针方向为正），$r$ 是相对于涡旋旋转轴的距离。令 $i_\lambda$ 为径向方向的单位矢量，那么可得

$$U \times \omega \approx i_\lambda \frac{v_\lambda}{r} \frac{\partial}{\partial r}(r v_\lambda)$$

假定垂直尺度远大于径向尺度，则在柱坐标系中的拉普拉斯算子可近似写为

$$\nabla^2 \approx \frac{1}{r} \frac{\partial}{\partial r} \left( r \frac{\partial}{\partial r} \right)$$

那么根据式（9.54）可知，涡旋中气压扰动的动力学分量（用 $p_{dyn}$ 表示）可写为

$$\frac{1}{r} \frac{\partial}{\partial r} \left( \frac{r}{\rho_0} \frac{\partial p_{dyn}}{\partial r} \right) \approx -\frac{1}{r} \frac{\partial}{\partial r} \left[ r \frac{\partial (v_\lambda^2 / 2)}{\partial r} \right] + \frac{1}{r} \frac{\partial}{\partial r} \left[ v_\lambda \frac{\partial (r v_\lambda)}{\partial r} \right] = \frac{1}{r} \frac{\partial v_\lambda^2}{\partial r} \tag{9.55}$$

将式（9.55）对 $r$ 积分，就可得到旋衡运动方程（见 3.2.4 节）：

$$\rho_0^{-1} \frac{\partial p_{dyn}}{\partial r} \approx \frac{v_\lambda^2}{r} \tag{9.56}$$

由此可见，无论是气旋性旋转还是反气旋性旋转，在涡旋中心均存在一个气压极小值。涡管扭转和拉伸诱生的强对流层中层旋转会产生"离心泵"效应，会在对流层中层形成中心位于涡旋的负动力气压扰动。负动力气压扰动又会反过来对气压梯度力的垂直分量产生向上的动力学贡献，从而造成向上的加速，在相对旋转涡旋的中心产生上升气流（见图9.12）。这些上升气流会被下沉气流分离，从而造成风暴分裂，并发展出两个新的对流中心，分别向着原来风暴的左侧和右侧移动［见图9.12（b）］。

正如本节所讨论的，与基本风场垂直切变有关的水平涡度倾斜和拉伸能够解释中尺度旋转超级单体的发展。但这个过程好像并不能产生那种通常有超级单体雷暴伴随的龙卷风中观测到的大涡度。数值模拟表明，这些往往涉及特别强的水平涡度的倾斜和拉伸，它们是由近地面处沿着飑锋的浮力水平梯度产生的，而飑锋则出现在下沉气流产生的负浮力向外气流与边界层暖湿大气相遇的地方。

## 9.6.2 右转风暴

正如前面所讨论的情况［见图9.13（a）］，当环境风切变为单向时，反气旋性（左转）上升气流核心和气旋性（右转）上升气流核心是同等重要的。但对于发生在美国中部的大

多数强风暴而言，平均风随高度上升是反气旋性转动的；在这种环境大气中的方向切变有
利于右转风暴中心，而不利于左转风暴中心，所以观测到的右转风暴比左转风暴多得多。

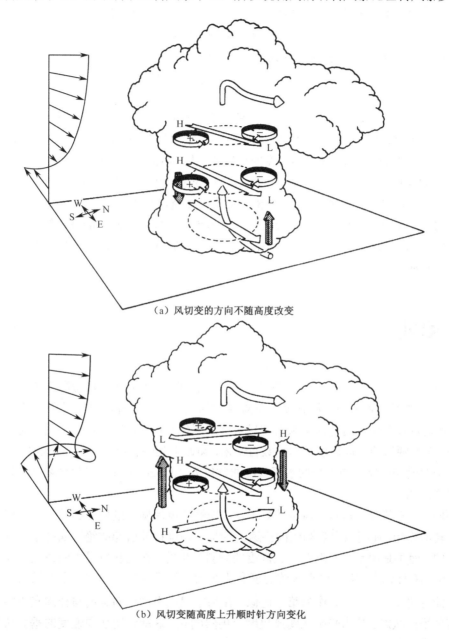

（a）风切变的方向不随高度改变

（b）风切变随高度上升顺时针方向变化

图 9.13　超级单体风暴中上升气流与环境风切变相互作用后产生的气压和垂直涡度扰动。空心宽箭头表
　　　　示切变矢量，H 和 L 分别表示动力高压和低压扰动，阴影箭头表示产生的扰动垂直气压梯度（引
　　　　自 Klemp，1987；Annual Reviews 许可使用）

可以用动力气压扰动来定性理解右转风暴占优势的现象。定义基本态风切变矢量为
$\overline{\boldsymbol{S}} \equiv \partial \overline{\boldsymbol{V}} / \partial z$，假定其随高度顺时针转动。在这种情况下，基本态水平涡度为

$$\bar{\boldsymbol{\omega}} = \boldsymbol{k} \times \bar{\boldsymbol{S}} = -\boldsymbol{i}\frac{\partial \bar{v}}{\partial z} + \boldsymbol{j}\frac{\partial \bar{u}}{\partial z}$$

可以看出，式（9.54）中存在对动力气压的贡献，其形式为

$$\nabla \cdot (\boldsymbol{U}' \times \bar{\boldsymbol{\omega}}) \approx -\nabla \cdot (w'\bar{\boldsymbol{S}})$$

根据式（9.54），由这种作用导致的气压扰动的符号可由下式来确定，即

$$\nabla^2 p_{\text{dyn}} \sim -p_{\text{dyn}} \sim -\frac{\partial}{\partial x}(w'S_x) - \frac{\partial}{\partial y}(w'S_y) \qquad (9.57)$$

上式说明，在单体的逆风切变处有正的动力气压扰动，在顺风切变处有负的动力气压扰动（类似于障碍物上风处正的气压扰动和下风处负的气压扰动），由此产生的动力气压扰动模态如图 9.13 所示。在单向切变的情况［见图 9.13（a）］下，诱生的动力气压扰动模态有助于风暴前缘上升气流的增长；但是当切变矢量随高度上升顺时针旋转［见图 9.13（b）］时，由式（9.57）可知，此时会诱生动力气压扰动模态，从而在气旋性旋转单体侧翼出现向上的垂直气压梯度力，在反气旋性旋转单体侧翼出现向下的垂直气压梯度力。因此，当存在顺时针旋转的环境切变时，较强的上升气流有利于初始上升气流南侧右转气旋性涡旋的发展。

## 9.7　飓风

飓风在全球某些区域也被称为热带气旋或者台风，它指的是在热带海洋的暖水区上方发展形成的强烈涡旋风暴。尽管飓风中观测到的风和对流云并不真正关于涡旋中心轴对称，但还是可以利用轴对称涡旋来对飓风进行理想化建模，并进一步分析飓风动力学的基本特征。典型飓风的径向尺度可达到数百千米，类似于某些中尺度天气系统的尺度。但是，飓风中强对流和强风区域半径的水平尺度通常仅为 100 km 左右，因此将飓风视为中尺度系统是合理的。

不同于 9.6 节对旋转对流风暴的处理，在理解飓风涡旋的过程中必须考虑涡度平衡中地球旋转的作用。在飓风中观测到的快速旋转是由涡旋拉伸引起的绝对涡度垂直分量的集中产生的，而不是由水平涡度向垂直涡度的倾斜产生的。在这些风暴中的最大切向风速通常为 $50 \sim 100\,\text{m s}^{-1}$。对于这么大的速度和相对较小的尺度而言，相对于科氏力项，离心力项不能忽略不计。因此，作为第一近似，在稳定飓风中的切向速度与径向气压梯度力处于梯度风平衡状态。静力平衡在飓风尺度上仍然成立，这就说明切向速度的垂直切变是径向温度梯度的函数。

飓风一级环流由围绕着低压中心的气旋性气流构成，其最大风速出现在距离中心 $15 \sim 50$ km、高度 $1 \sim 1.5$ km，并接近边界层顶的位置，如图 9.14 所示。飓风次级环流在低层径向流入后，会在保持相当位温不变的情况下沿着眼壁上升，接着会在上层沿着径向离开风暴，最后逐渐在环境大气中下沉。这种次级环流是由眼壁中潜热的径向梯度和边界层中动量耗散的垂直梯度驱动的。在式（9.15）中引入这些作用，并对其进行推广，有助

于我们对飓风的理解。在眼壁内，等位温面和等角动量面是重合的，所以眼壁内气块的上升相对于条件对称不稳定是中性的，因此不需要外强迫。眼壁围绕在半径为15～50 km的台风眼周围，而在台风眼处有下沉气流，导致出现相对温暖的空气，因此在边界层以上是没有云的。

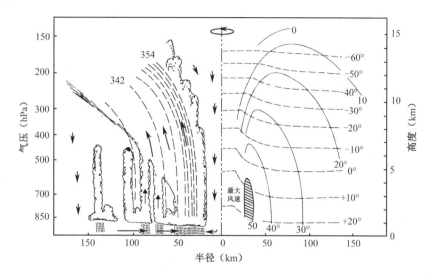

图 9.14　飓风结构示意。细实线表示切向风速，其峰值位于对流层低层；以水平为主的虚线是温度场，反映了对流层中温度随高度上升而减小；以垂直为主的细虚线是相当位温，在眼壁处是完全混合的；箭头表示次级环流，在下层径向流入，在眼壁处上升，在环境大气和台风眼中下沉（引自 Wallace 和 Hobbs，2006）

## 9.7.1　成熟飓风动力学

因为热带气旋主要是轴对称的，而且具有界限清楚的中心，所以角动量是度量风暴强度的最佳手段。关于垂直轴的角动量可定义为

$$m = rv + fr^2 \tag{9.58}$$

在 $p$ 坐标系中的切向梯度风 $V$ 根据下式确定：

$$\frac{\partial \Phi}{\partial r} = \frac{V^2}{r} + fV \tag{9.59}$$

而关于比容 $\alpha$ 的静力学平衡关系为

$$\frac{\partial \Phi}{\partial p} = -\alpha \tag{9.60}$$

对式（9.59）求 $\partial / \partial p$，对式（9.60）求 $\partial / \partial r$，并令其相等，就可以得到热成风方程为

$$-\frac{\partial \alpha}{\partial r} = \frac{2m}{r^3} \frac{\partial m}{\partial p} \tag{9.61}$$

尽管这里得到的热成风方程与第 3 章得到的不同，但基本的解释是相似的，也就

是将密度的径向梯度与角动量的垂直梯度联系在了一起。利用麦克斯韦关系式[3]，可以在式（9.61）中消去比容，并用熵来代替

$$
\left.\frac{\partial \alpha}{\partial r}\right|_p = \frac{\partial \alpha}{\partial s}\frac{\partial s}{\partial r}
$$

$$
\left.\frac{\partial \alpha}{\partial s}\right|_p = \left.\frac{\partial T}{\partial p}\right|_s \tag{9.62}
$$

由于等熵线和等角动量线在眼壁处有非常高的近似重叠关系，所以将熵仅取为角动量的函数。这就说明，径向熵梯度正比于径向角动量梯度，即

$$
\left.\frac{\partial s}{\partial r}\right|_p = \frac{\partial s}{\partial m}\frac{\partial m}{\partial r} \tag{9.63}
$$

因此，式（9.63）变为

$$
\frac{2m}{r^3}\frac{\partial m}{\partial p} = -\left.\frac{\partial T}{\partial p}\right|_s \frac{\partial s}{\partial m}\frac{\partial m}{\partial r} \tag{9.64}
$$

或者，注意到

$$
\frac{\partial m/\partial p}{\partial m/\partial r} = -\left.\frac{\partial r}{\partial p}\right|_m \tag{9.65}
$$

可用等角动量面和等熵面的坡度将热成风表示为

$$
\left.\frac{2m}{r^3}\frac{\partial r}{\partial p}\right|_m = -\left.\frac{\partial T}{\partial p}\right|_s \frac{\partial s}{\partial m} \tag{9.66}
$$

尽管式（9.66）适用于眼壁中的每层，但已证明最有用的是沿着等角动量面对热成风方程进行积分。这个面从边界层上方的最大风速点 $b$ 一直伸展到外流气流中的点 $t$（见图9.15），积分后得到的结果为

$$
\frac{1}{r_b^2} - \frac{1}{r_t^2} = \frac{1}{m}\frac{\partial s}{\partial m}(T_t - T_b) \tag{9.67}
$$

假定外流大气的半径远大于最大风速的半径，那么式（9.67）左端第二项可以略去，这就说明正如式（9.58）所预期的，角动量依赖于最大风速半径 $r_b$、最大风速点与外流气流点之间的温差，以及熵与角动量之间的关系。最后一种关系是由边界层闭合方案确定的。如果边界层中熵和角动量方程的主要平衡关系是径向平流与湍流混合之间的关系，那么有

$$
-u\frac{\partial m}{\partial r} \approx \frac{\partial \tau_m}{\partial z}
$$

$$
-u\frac{\partial s}{\partial r} \approx \frac{\partial \tau_s}{\partial z} \tag{9.68}
$$

式中 $\tau_m$ 和 $\tau_s$ 分别为角动量和熵的垂直湍流通量（参见8.3节）。上述两式相除后可得

$$
\left.\frac{\partial s}{\partial m}\right|_r = \left.\frac{\partial \tau_s}{\partial \tau_m}\right|_z \tag{9.69}
$$

---

[3] 维基百科对热力学变量间的关系有非常好的描述，这些关系是根据热力学第一定律中的约束关系和偏导数的变换得到的。

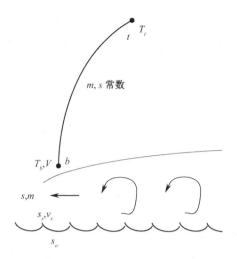

图 9.15　潜在强度理论的基本要素。终点标记为 $b$ 和 $t$ 的粗曲线表示热成风方程积分时沿着的等熵面和
等角动量面；该曲线从对流层顶（图中用倾斜灰色曲线表示）出发。在边界层内，用黑体粗箭
头表示（角动量为正，熵为负）的熵和角动量的径向平流与湍流造成的垂直通量散度（曲线箭
头）保持平衡；在海表，大气中熵值 $s_s$ 与海洋中熵值 $s_o$ 之间存在差异。表面风速用 $v_s$ 表示

这就说明湍流动量之间的关系控制着熵和角动量之间的关系。现在，假定这些湍流通
量与边界层中的流体深度无关，因此它们可以由地表通量来确定，而地表通量用空气动力
学公式（参见 8.3.1 节）表示为

$$\tau_{s0} = C_S |V|_0 (s_s - s_o)$$
$$\tau_{m0} = C_D |V|_0 (m_s - m_o) = C_D |V|_0 \, r v_s \tag{9.70}$$

式中，$|V|_0$ 为地面风速，$C_S$ 和 $C_D$ 分别为熵和角动量的表面交换系数。对大气而言，
熵（角动量）的地表值记为 $s_s (m_s)$；类似地，对海表而言，则记为 $s_o$ 和 $m_o$。在角动量通
量的最后一个等式中，与大气中的值 $v_s$ 相比，假定海洋上的切向速度相对较小。需要注意
的是，并没有对边界层中的切向风做任何假设；特别地，不会假设风场满足梯度风平衡。
合并式（9.70）中的方程后可得

$$\tau_{s0} = \left[ \frac{C_S(s_s - s_o)}{C_D r v_s} \right] \tau_{m0} \tag{9.71}$$

再根据式（9.69）可以得到

$$\left. \frac{\partial s}{\partial m} \right|_r = \frac{C_S(s_s - s_o)}{C_D r v_s} \tag{9.72}$$

利用已知的熵与角动量之间的关系，再回到式（9.67），并在假定 $r_t$ 较大的情况下利用
式（9.72），可得

$$\frac{m v_s}{r_b} = \frac{C_S}{C_D} (s_o - s_s)(T_b - T_t) \tag{9.73}$$

利用式（9.58）可知，式（9.73）的左端等于

$$V v_s + 0.5 f r_b v_s \tag{9.74}$$

对于典型飓风参数，当误差保持在约 5% 以内时，第二项可以略去。另外，利用"地

面风折减系数"将最大风速点的梯度风 $V$ 与海表的风速（非梯度风）联系起来，有 $v_s = aV$；观测表明，$a$ 的值通常为 0.8～0.9。通过这些代换，就可以得到稳态风暴的"潜在强度"公式（Emanuel，1988）

$$V^2 = a^{-1}\frac{C_S}{C_D}(s_o - s_s)(T_b - T_t) \tag{9.75}$$

可以看出，除了具有约 5% 作用的因子 $a$，稳态飓风的强度还依赖于表面交换系数比值的方差、海洋和大气之间表面熵的差异，以及边界层顶和外流气流之间的温差。表面交换系数的比值无法准确求得，但估计其值为 0.7。表面熵的差异是由湿度和热力作用叠加的结果，这会造成这两种物理量有从海洋到大气的净通量。因此，尽管看上去有点反常，但式（9.75）表明：当大气比较干冷时，在稳定状态下的潜在强度较高；其物理原因在于这种情况促进了较大的熵径向梯度的发展。尽管 $T_b$ 适用于边界层顶，但通常是用海表温度来近似表示的，这样就可以估算得到在这些区域形成的风暴的潜在强度全球分布。

因为式（9.75）估算的是稳态强度，所以并不适用于短期强度波动。鉴于此，即使所有的假设条件完全满足，仍然可以找到偶尔超过式（9.75）估算强度的风暴；尽管如此，这些瞬变周期的时间平均仍然受式（9.75）的限制。当然，如果式（9.75）的假设条件不成立，那么估算结果也不成立。可以预期，这种情况频繁发生在最大风速点的梯度风假设条件下。具体而言，边界层中切向动量的垂直平流在动量方程中引入了额外的一项，而这一项是梯度风平衡没有考虑的。在最大风速层以下，这项的贡献与气压梯度力同号（见图 9.16）。在稳定状态下，平衡这些作用所需的离心力和科氏力要大于无垂直平流时的情况。因此，切向风往往在边界层顶附近处于超梯度状态，并且如果垂直平流很大时这种作用也会变大（这种情况一般发生在径向风的径向梯度较大时）。当气块靠近最大风速层时，垂直平流接近于 0，导致的结果是有向外的净合力，使得气块减速。因此，气流往往在边界层以上就快速向外流，特别是当超梯度作用较大时。

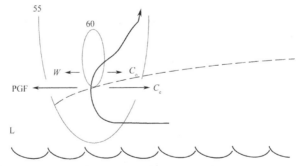

图 9.16　最大风速半径（切向风速的等风速线用灰色等值线表示，单位为 m s$^{-1}$）附近，对随着气块自边界层进入自由大气（粗箭头表示）的切向风的非平衡贡献示意。较大的气压梯度力向内指向风眼中的低压（"L"）。如果垂直运动较小，那么水平切向动量的垂直平流（"$W$"）就可以略去，这会导致气压梯度力（PGF）与科氏力（"$C_o$"）和离心力（"$C_e$"）之和达到平衡，也就是达到梯度风平衡。如果垂直平流较大，那么就需要较大的切向风才能达到平衡，由此产生的风场比在梯度平衡下产生的风场要大。在这种情况下，当气块接近最大风速层时，垂直平流接近于 0，从而产生向外的净合力，使风速减小

## 9.7.2　飓风的发展

关于热带气旋起源的研究仍然是很活跃的。尽管每年都会有很多热带扰动，但只有极少数能够发展为飓风。可见，飓风的发展必然需要相当特殊的条件。如第 7 章所述，对于温带斜压扰动的发展而言，线性稳定性理论是非常适用的。因此，该理论为飓风发展的理论分析提供了合理的出发点，也就是寻找初始扰动的不稳定增长发生的条件。

但是，在热带地区，唯一有充分依据的线性不稳定性是条件不稳定性。条件不稳定性在单个积云尺度上具有最大增长率，因此不能解释天气尺度的有组织运动。此外，观测结果还表明，平均热带大气是非饱和的，即使在边界层也是如此。因此，气块在达到自由对流高度并变成正的浮力之前，必然要经历相当长的受迫上升。这种气块受迫上升只能由边界层中如湍流烟羽等小尺度运动造成。边界层湍流在将气块抬升到自由对流高度过程中的有效性显然依赖于边界层环境大气的温度和湿度。在热带地区，很难对深对流进行初始化，除非边界层趋向于饱和和不稳定状态，而这种情况仅在边界层中有大尺度（或中尺度）上升时才会出现。由此可见，对流倾向于集中在大尺度低层辐合区。但实际上这种集中是不会出现的，这是因为大尺度辐合会直接"强迫"对流，而不是将环境大气作为先决条件使气块上升到自由对流高度。

积云对流与大尺度环境大气的运动通常可被视作是相互作用的。从这个角度看，由积云释放的潜热造成的非绝热加热会产生大尺度（或中尺度）气旋性扰动；这种扰动又反过来通过边界层抽吸，驱动低层水汽辐合，这对于维持有利于积云对流发展的环境是很有必要的。已经有人尝试将这种思想量化并引入线性稳定性理论。这种新的理论常被称为第二类条件不稳定（CISK），它将飓风的增长归结于积云尺度与大尺度水汽辐合之间的有组织相互作用。这种相互作用的过程如图 9.17（a）所示。关于飓风发展的 CISK 理论目前还不够成功，因为几乎没有证据表明这种相互作用会使增长率最大值达到飓风中观测到的量级。

关于热带大气稳定性的另一种观点被称为风生表面热量交换（WISHE），它是基于海气相互作用的。根据 WISHE 理论，如图 9.17（b）所示，飓风的位能来自大气与下方海洋之间的热力不平衡，可以用式（9.75）中的熵差来定量表示。在提供位能用于平衡摩擦耗散的过程中，海气相互作用的有效性依赖于海洋向大气的潜热转换率。这是表面风的作用结果，强的表面风会导致出现比较粗糙的海洋表面，从而极大增加海洋的蒸发率。由此可见，诸如赤道波动这样的有限振幅初始扰动的出现会增强飓风的发展，提供产生强蒸发所需的风力。给定适当的初始扰动，就有可能发生反馈过程，即当下垫面向内螺旋风场增大时，来自海洋的水分转化率也会增大，导致对流强度增大，从而使次级环流进一步增强。然而似乎观测到的热带气旋生成个例都需要有限振幅的初始扰动，其原因可能是这种扰动需要较短的时间周期达到成熟状态。当初值扰动振幅减小时，热带气旋达到成熟期所需的时间会增大，破坏发展过程的不利环境因素出现的可能性也会增大。

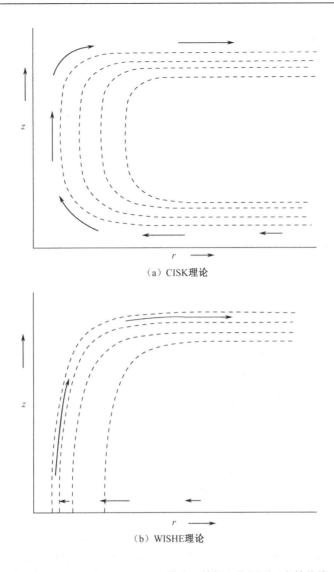

（a）CISK理论

（b）WISHE理论

图 9.17　在有关飓风发展的 CISK 理论和 WISHE 理论中，等饱和位温面（虚等值线，其值随 $r$ 的增大而减小）与经向环流（箭头）之间相互作用的经向剖面示意。在 CISK 理论中，摩擦引起的边界层辐合会使环境大气变湿，并通过整层抬升使之变得不稳定。这就可以使小尺度对流很容易到达其自由对流高度，并产生积雨云，由此产生的降水所导致的非绝热加热又会驱动大尺度环流，从而维持大尺度辐合。在 WISHE 理论中，饱和位温是与边界层的位温联系在一起的，因为增强的表面潜热通量会使该处的位温增大，所以会出现暖心结构

　　很多环境因素会减慢或阻碍热带气旋的发展过程，但最重要的是垂直风切变和干空气。垂直切变会使对流"倾斜"，从而使加热不会在垂直方向上保持一致。此外，切变会产生关于初始扰动的垂直运动偶极子，而它会通过扰动使环流不再保持轴对称特征，并在对流层中层风暴中风的逆切变一侧产生干空气。干空气可能会被夹卷进入对流，导致出现强的下沉气流，从而将低熵大气输送到地面，使条件不稳定性减弱。由此可见，如果将干

空气持续输送到对流层中层，也就是正在发展的风暴上方，那么就会使其发展受到极大的抑制。所以说，具有深厚层次，并且在随着扰动移动的坐标系内有闭合流线发展的系统是最有利的。因为大气会被截陷在扰动内，并且对流会通过逸出过程使对流层变得湿润，而不会被较干的环境大气所代替。

## 推荐参考文献

Eliassen（1990）讨论了锋区内的次级环流。

Emanuel 所著的 *Atmospheric Convection*（《大气对流》）是关于对流的教科书，适用于研究生，其中详细讨论了对称不稳定性。

Emanuel（2000）对飓风发展的 WISHE 理论进行了定性解释。

Keppert and Wang（2001）讨论了在热带气旋边界层中生成超梯度风时垂直平流的重要性。

Hoskins（1982）讨论了锋生的半地转理论，并总结了由数值模式得到的结果。

Houze 所著的 *Cloud Dynamics*（《云动力学》）讨论了对流风暴，适用于研究生。

Klemp（1987）描述了龙卷风雷暴动力学。

## 习题

9.1　通过将 $\theta$ 坐标转换为高度坐标，证明式（9.27）中 Ertel 位涡 $P$ 正比于 $F^2 N_s^2 - S^4$。

9.2　假设纬向基本气流是高度的函数，从线性化布辛涅斯克方程组出发，推导式（9.35），并验证其在给定 Scorer 参数时的形式。

9.3　在宽阔山脊（$k_s \ll m_s$）条件下，证明当定常气流翻越孤立山脊时，群速度矢量向上，因此能量不能向山脊的上游或者下游传播。

9.4　温度为 20 ℃ 的气块在 920 hPa 处达到饱和状态（混合比为 16 g kg$^{-1}$），请计算该气块的位温 $\theta_e$。

9.5　假定在夹卷积云上升气流中气块的质量随高度上升成指数增大，满足 $m = m_0 e^{z/H}$，其中 $H = 8$ km，$m_0$ 为参考面上的质量。如果上升气流在 2 km 高度处的速度为 3 m s$^{-1}$，假设此时其受到的净浮力为 0，那么它在 8 km 高度处的速度是多少？

9.6　根据式（2.71），计算湿静力能与位温 $\theta_e$ 之间的近似关系。

9.7 观测表明，某些飓风中的切向速度分量与半径有关。当相对于飓风中心的距离 $r \geqslant r_0$ 时，这种关系可写为 $v_\lambda = V_0(r_0/r)^2$。令 $V_0 = 50\,\text{m s}^{-1}$，$r_0 = 50\,\text{km}$，并假定满足梯度风平衡，$f_0 = 5 \times 10^{-5}\,\text{s}^{-1}$，请计算无限远处（$r \to \infty$）和 $r = r_0$ 处总位势的差异，并计算在相对于中心多远的地方科氏力与离心力相等？

9.8 从式（9.59）出发，针对式（9.61）给出的轴对称涡旋，推导梯度风平衡的角动量形式。

## MATLAB 练习题

**M9.1** MATLAB 脚本 surface_front_1.m 描述的是由所施加的变形场造成的初始温度梯度的集中。初始温度场随 $y$ 线性减小，即 $T(y) = 300 - 10^{-2}y$，其中 $y$ 的单位为 km；水平风场用流函数表示为 $\psi(x, y) = -15k^{-1}\sin(kx)\sin(my)$，其中 $k = 2\pi/3 \times 10^6$，$m = \pi/3 \times 10^6$。分析并绘制这一流函数对应的变形场等值线图，其中变形定义为 $\partial u/\partial x - \partial v/\partial y$；运行这个模型，观察温度梯度增大的位置；修改代码，绘制最大温度梯度随时间的变化；说明梯度需要多长时间才会近似成指数增大，初始温度梯度增长的 e 折时间是多少。

**M9.2** MATLAB 脚本 profile_1.m 和函数 Tmoist.m 利用文件 sounding.dat 中的气压、温度和湿度数据来计算并绘制温度、露点，以及从探空最下层抬升上来的气块从抬升凝结高度假绝热上升时所对应温度的垂直廓线；修改脚本，绘制位温、相当位温和饱和位温的垂直廓线。

提示：饱和温度可以通过反演饱和水汽压公式得到，具体而言，通过对式（D.4）积分后可得

$$e_s = e_{s,\,\text{tr}} \exp\left[\frac{L_v}{R_v}\left(\frac{1}{T_{\text{tr}}} - \frac{1}{T}\right)\right]$$

式中，$e_{s,\,\text{tr}} = 6.11\,\text{hPa}$，$T_{\text{tr}} = 273.16\,\text{K}$，$L_v = 2.5 \times 10^6\,\text{J kg}^{-1}$，分别为三相温度处的饱和水汽压、三相温度、汽化潜热。

**M9.3** 对于练习题 M9.2 给出的热力学探空，在没有夹卷的条件下，计算从最低层抬升上来的气块的对流有效位能（CAPE）和垂直速度廓线；求气块的最大垂直速度，以及气块超过其中性浮力层的距离。

**M9.4** MATLAB 脚本 lee_wave_1.m 利用傅里叶级数方法，在取常数 $N$ 和定常纬向平均气流的条件下，求解气流翻越孤立山脊的问题。对于 $\bar{u} = 50\,\text{m s}^{-1}$ 的情况，选择不同的山脊宽度，通过运行脚本，确定出现显著垂直传播的宽度是多少？也就是计算山脊宽度为多少时垂直速度的等位相线开始随高度倾斜？

**M9.5** 脚本 lee_wave_2.m 用于绘制当气流翻越具有宽阔山脊的山脉时的近似解析解。地形高度廓线为

$$h(x) = \frac{h_0 L^2}{(L^2 + x^2)}$$

式中，$L$ 为山脊的宽度尺度，$h_0$ 为山脊高度。当山脊高度固定为 2 km 时，改变输入的平均纬向风，并去掉对波形解的依赖部分（注意：如图 9.7 所示，垂直尺度是用垂直波长来表示的）；修改脚本，改变山脊高度，确定为了发生波动破碎，垂直波长与山脊高度之间所需的比值关系（当流线变得垂直时，就会发生波动破碎）。

M9.6　已知有气流翻越正弦波形下边界时受迫产生的定常重力波，对于静力稳定度在大约 6 km 高度处随高度上升快速减小的情况，可以看出浮力振荡频率是与高度有关的，并且式（9.32）的简单解析解也不再适用。MATLAB 脚本 linear_grav_wave_1.m 给出的就是在这种情况下高度精确的数值解。

（a）描述当纬向波长为 10～100 km 时波动行为的定性变化。在分析时一定要去掉动量通量和垂直速度。

（b）尽可能准确地确定在研究区域上部（6 km 高度层以上）出现垂直传播时的最小纬向波长。

（c）确定当纬向波长从 20 km 增大到 100 km 时，在 $z = 6$ km 处的动量通量和动量通量散度是如何变化的；选择不同的波长运行脚本，就可以绘制出动量通量和纬向力与正弦波形下边界的波长之间的关系。请利用 MATLAB 绘制这两个图形。

# 第10章

# 大气环流

从广义的角度看，通常都将大气环流视为全球尺度大气运动的总和。特别地，对大气环流的研究一般关注的是气候动力学，也就是温度、湿度、降水及其他气象要素场的时间平均结构。因此，在对大气环流进行时间平均时，其时间间隔一方面要足够长，以保证能消除与个别天气系统有关的随机变化；另一方面又要足够短，以保留月尺度和季节尺度变化。

过去对大气环流的观测和理论研究均集中于纬向平均环流的动力学特征。但实际上时间平均环流是高度依赖于经度的，这是因为存在地形和海陆热力差异造成的经向非对称强迫。大气环流的经向分量可以分为几乎不随时间变化的准定常环流、随季节翻转的季风环流，以及其他统称为低频变化的各种年际和季节内分量。对大气环流物理基础的完整理解，不仅要对纬向平均环流进行解释，而且要对经向和时间变化分量进行解释。

尽管如此，为了引入对大气环流的研究，证明可以将维持纬向平均气流（气流沿着纬圈求平均）的过程分离开来是非常有用的。这种方法是从前面章节中的线性波动研究中发展而来的，在分析时流场会被分解为纬向平均分量和经向涡旋分量。在本章中，不仅要关注涡旋的发展和运动，而且要关注涡旋对纬向平均环流结构的影响。集中分析纬向平均气流可以帮我们把那些与海陆分布无关的环流特征分离出来，进而得到所有热驱动旋转流体系统的共同特征。特别地，还要讨论纬向平均环流的角动量和能量收支，并证明平均经圈环流（包含纬向平均垂直速度分量和经向平均速度分量的环流）满足类似于6.5节垂直运动方程的诊断方程，但考虑了由非绝热加热、涡动热量和动量通量的分布决定的强迫。

在讨论了纬向平均环流之后，还要分析经向变化的时间平均环流。本章主要强调环流在中纬度地区的特征，这些都可以在准地转理论框架下进行分析。热带地区大气环流将在第11章讨论。

# 10.1　问题的本质

对大气环流本质的理论思考已经有相当长的历史。早期关于这一问题最重要的研究可能是由英国人乔治·哈德莱（George Hadley）在 18 世纪完成的。哈德莱在分析信风环流成因时发现，这种环流是由赤道和极地之间接收太阳辐射的差异导致的一种热力对流。他还绘制了包含纬向对称翻转的大气环流图形，这种翻转指的是被加热大气在赤道上升，并向极流动，然后在极地冷却下沉，最后流回赤道。同时，科氏力会使上层向极流动的空气向东偏转，使近地面向赤道流动的空气向西偏转。后者与信风区地面风的观测结果一致，北半球为东北风，南半球为东南风。这种环流被称为哈德莱环流。

尽管从数学上来讲，包含哈德莱环流的环流系统完全有可能在每个半球上从赤道一直伸展到极地，而且也不会违反任何物理定律，但实际观测到的哈德莱环流被限制在热带地区。一系列研究结果表明，对于地球大气中存在的条件，对称的半球尺度哈德莱环流应当是斜压不稳定的。如果通过某种机制建立这样一个环流，它会很快在热带外地区被破坏，因为斜压涡旋会通过其热量和动量通量来发展和改变纬向平均环流。

所以，大气环流的观测结果不能仅通过纬向对称过程来解释；相反，还可以通过对辐射和动力过程之间三维相互作用的发展来进行定量分析。平均而言，地表和大气吸收的净太阳辐射必须等于地球反射回宇宙空间的红外辐射量。但是，年平均太阳辐射加热强烈地依赖于纬度，在赤道最大，在极地最小；而向外红外辐射则对纬度的依赖很小。因此，在赤道地区有净辐射盈余，在极地地区则有净辐射亏损。

这种加热差异会使赤道地区大气相对于高纬度地区更暖，从而形成了极地—赤道温度梯度，产生了源源不断的纬向平均有效位能。在某个时候，热成西风（在存在极地—赤道温度梯度的情况下，如果运动要保持地转平衡，那么它必然会发展）会变得斜压不稳定。如第 8 章所述，得到的斜压波会将热量向极地输送。这些波动会逐渐增强，直到它们的热量输送（与行星波和洋流的热量输送一起）足以平衡极区的辐射偏差，使极地—赤道温度梯度停止增长为止。同时，这些扰动会将位能转化为动能，从而维持大气中的动能，用于反抗摩擦耗散的作用。

从热力学的角度看，大气可被视为一部"热机"，它在气温相对较高的热带地区吸收净热量（以海表蒸发造成的潜热形式为主），在气温相对较低的中纬度地区释放热量。通过这种方式，净辐射会产生有效位能，其中部分再转化为动能，用于应对摩擦耗散维持环流。实际上，只有很小一部分太阳入射辐射会转化为动能。因此，从工程师的角度来看，大气是一部相当低效的"热机"。但如果考虑大气运动中的很多约束，从动力学角度看大气实际上是在尽可能高效地产生动能。

上述定性讨论说明，热带外地区大气环流的总体特征可以在准地转理论的基础上进行理解，因为在准地转框架内包含了斜压不稳定。鉴于这一事实，为了使方程组尽可能简单，本书对中纬度地区大气环流纬向平均和经向变化分量的讨论，将主要集中在可以用中纬度

$\beta$ 平面上准地转方程组定性描述的方面。

还应当认识到，准地转模型不能提供完整的大气环流理论，因为在准地转理论中，已经通过一系列的假设提前将解的可能类型限定在所关心的运动尺度内。对大气环流的定量模拟要求使用基于球坐标系中原始方程组的复杂数值模式。这些模拟的最终目的是通过忠实地模拟大气环流，尽可能准确地预测外部参数（如大气中的二氧化碳浓度）的任何变化导致的气候学结果。当前的模式已能够相当准确地模拟目前的气候状态，并合理地预测气候系统对外部条件变化的响应。但是，对一系列物理过程，特别是云和降水物理过程，描述的不确定性限制了基于这些模式进行定量气候变化预测的可信度。

# 10.2　纬向平均环流

图 6.1 所示是冬季和夏季纬向风沿子午面平均值的全球分布观测结果。尽管有重要的半球际差异，但大气在两个半球的共同特征是西风急流，其最大纬向风风速位于纬度 $30° \sim 35°$ 的对流层顶附近。这种西风是随经度变化的，特别是在北半球（见图 6.2），但仍然有显著的纬向对称分量，我们称之为平均纬向风。

尽管相对于纬向对称的时间平均环流的偏差是大气环流中很重要的一个方面，特别是在北半球，但在分析三维时间平均环流之前，首先加深对纬向对称分量动力学特征的理解还是很有用的。本节将使用第 7 章引入的准地转理论和对数—压力坐标系来分析纬向对称运动的动力学特征，并证明与轴对称涡旋有关的经向环流在动力学上与斜压波中的次级辐散环流类似。

在对数—压力坐标系中，动量方程的 $x$ 方向分量、$y$ 方向分量、静力平衡方程、连续方程和热力学方程可写为

$$\frac{\mathrm{d}u}{\mathrm{d}t} - fv + \frac{\partial \Phi}{\partial x} = X \tag{10.1}$$

$$\frac{\mathrm{d}v}{\mathrm{d}t} + fu + \frac{\partial \Phi}{\partial y} = Y \tag{10.2}$$

$$\frac{\partial \Phi}{\partial z} = \frac{RT}{H} \tag{10.3}$$

$$\frac{\partial u}{\partial x} + \frac{\partial v}{\partial y} + \frac{1}{\rho_0} \frac{\partial (\rho_0 w)}{\partial z} = 0 \tag{10.4}$$

$$\frac{\mathrm{d}T}{\mathrm{d}t} + \frac{\kappa T}{H} w = \frac{J}{c_p} \tag{10.5}$$

其中，

$$\frac{\mathrm{d}}{\mathrm{d}t} \equiv \frac{\partial}{\partial t} + u\frac{\partial}{\partial x} + v\frac{\partial}{\partial y} + w\frac{\partial}{\partial z}$$

式中，$x$ 和 $y$ 表示由小尺度湍流造成的拖曳的纬向分量和经向分量。

为了便于这里和后面章节的分析, 本章在讨论过程中均略去了第 7 章中用于区分对数—压力坐标和几何高度的星号（*）。因此, 这里的 $z$ 表示 7.4.1 节定义的对数—压力变量。

对纬向平均环流的分析, 涉及对经向变化扰动（涡旋, 用带 "′" 的变量表示）与经向平均气流（平均气流, 用 "‾" 表示）之间相互作用的研究。因此, 任意变量 $A$ 均可展开为 $A = \overline{A} + A'$。这种平均是欧拉平均, 是在固定纬度、高度和时间进行分析的。可以通过对式（10.1）～式（10.5）求纬向平均得到欧拉平均方程组。这种平均便于利用式（10.4）将任意变量 $A$ 的物质导数展开为如下通量形式:

$$\rho_0 \frac{\mathrm{d}A}{\mathrm{d}t} = \rho_0 \left( \frac{\partial}{\partial t} + V \cdot \nabla + w \frac{\partial}{\partial z} \right) A + A \left[ \nabla \cdot (\rho_0 V) + \frac{\partial}{\partial z}(\rho_0 w) \right]$$
$$= \frac{\partial}{\partial t}(\rho_0 A) + \frac{\partial}{\partial x}(\rho_0 A u) + \frac{\partial}{\partial y}(\rho_0 A v) + \frac{\partial}{\partial z}(\rho_0 A w) \tag{10.6}$$

式中 $\rho_0 = \rho_0(z)$。

利用纬向平均算子后可得

$$\rho_0 \overline{\frac{\mathrm{d}A}{\mathrm{d}t}} = \frac{\partial}{\partial t}(\rho_0 \overline{A}) + \frac{\partial}{\partial y}[\rho_0(\overline{A}\,\overline{v} + \overline{A'v'})] + \frac{\partial}{\partial z}[\rho_0(\overline{A}\,\overline{w} + \overline{A'w'})] \tag{10.7}$$

这里已经利用了 $\partial(\ \overline{\ }\ )/\partial x = 0$ 这个性质, 因为带 "‾" 的变量与 $x$ 无关; 同时还利用了关于任意变量 $a$ 和 $b$ 的如下关系:

$$\overline{ab} = \overline{(\overline{a} + a')(\overline{b} + b')} = \overline{\overline{a}\,\overline{b}} + \overline{\overline{a}b'} + \overline{a'\overline{b}} + \overline{a'b'} = \overline{a}\,\overline{b} + \overline{a'b'}$$

式中, $\overline{a}$ 和 $\overline{b}$ 均与 $x$ 无关; 此外还有 $\overline{a'} = \overline{b'} = 0$, 故有 $\overline{\overline{a}b'} = \overline{a}\overline{b'} = 0$。

利用式（10.4）的纬向平均, 式（10.7）右端涉及 $(\overline{v}, \overline{w})$ 的项可改写为平流形式:

$$\frac{\partial \overline{v}}{\partial y} + \frac{1}{\rho_0} \frac{\partial(\rho_0 \overline{w})}{\partial z} = 0 \tag{10.8}$$

将微分的链式法则应用于式（10.7）右端的平均项, 并代入式（10.8）, 可将式（10.7）改写为

$$\rho_0 \overline{\frac{\mathrm{d}A}{\mathrm{d}t}} = \rho_0 \frac{\overline{\mathrm{d}}}{\mathrm{d}t} \overline{A} + \frac{\partial}{\partial y}[\rho_0(\overline{A'v'})] + \frac{\partial}{\partial z}[\rho_0(\overline{A'w'})] \tag{10.9}$$

式中,

$$\frac{\overline{\mathrm{d}}}{\mathrm{d}t} \equiv \frac{\partial}{\partial t} + \overline{v}\frac{\partial}{\partial y} + \overline{w}\frac{\partial}{\partial z} \tag{10.10}$$

$\overline{\mathrm{d}}/\mathrm{d}t$ 表示随着平均经向运动 $(\overline{v}, \overline{w})$ 的变化率。

## 10.2.1  传统欧拉平均

将式（10.9）的平均方案应用于式（10.1）和式（10.5）, 就可以得到在中纬度 $\beta$ 平面上准地转运动的纬向平均动量方程和热力学方程:

$$\frac{\partial \overline{u}}{\partial t} - f_0 \overline{v} = -\frac{\partial \overline{u'v'}}{\partial y} + \overline{X} \tag{10.11}$$

$$\frac{\partial \overline{T}}{\partial t} + \frac{N^2 H \overline{w}}{R} = -\frac{\partial \overline{v'T'}}{\partial y} + \frac{\overline{J}}{c_p} \tag{10.12}$$

式中，$N$ 为浮力振荡频率，定义为

$$N^2 \equiv \frac{R}{H}\left(\frac{\kappa T_0}{H} + \frac{\mathrm{d}T_0}{\mathrm{d}z}\right)$$

在式（10.11）和式（10.12）中，与准地转尺度分析一致，已经通过非地转平均经圈环流和垂直涡动通量散度，略去了平流项。很容易可以确定，对于准地转尺度而言，这些项相对于其他项都是比较小的（参见习题 10.4）。我们已经在式（10.11）中包含了纬向平均湍流拖曳，因为由无法解析的涡旋（如重力波）造成的应力不仅对边界层大气是很重要的，对中层大气和对流层上层大气也是很重要的。

类似的尺度分析表明，经向动量方程式（10.2）的纬向平均可以很准确地用如下地转平衡关系来近似表示：

$$f_0 \overline{u} = -\frac{\partial \overline{\Phi}}{\partial y}$$

这个关系式与式（10.3）的流体静力学近似相结合，就可以得到如下热成风关系：

$$f_0 \frac{\partial \overline{u}}{\partial z} + \frac{R}{H}\frac{\partial \overline{T}}{\partial y} = 0 \tag{10.13}$$

这种纬向平均风与位温分布之间的关系给非地转平均经圈环流 $(\overline{v}, \overline{w})$ 加上了一个很强的约束。在不存在平均经向环流的情况下，式（10.11）中的涡动动量通量散度和式（10.12）中的涡动热通量散度分别倾向于改变平均纬向风场和温度场，从而破坏热成风平衡。但是，由平均纬向风相对于地转平衡的任意小偏差导致的气压梯度力会驱动一个平均经圈环流，通过调整平均纬向风场和温度场，可以使式（10.13）保持成立。在很多情况下，这种补偿机制使在有大的涡动热量和涡动动量通量的情况下，平均纬向风仍然能够保持不变。可见，平均经圈环流在纬向平均环流中的作用，与次级辐合辐散环流在准地转天气尺度系统中的作用完全相同。实际上，在定常平均气流条件下，非地转平均经圈环流 $(\overline{v}, \overline{w})$ 必然正好能够平衡涡动强迫与绝热加热之和，因此式（10.11）和式（10.12）中的平衡可写为

科氏力（$f_0 \overline{v}$）» 涡动动量通量散度

绝热冷却 ≈ 非绝热加热 + 涡动热通量辐合

对观测结果的分析表明，在热带外地区，这些平衡在边界层以上是近似成立的。因此，在纬向平均气流中的变化是由强迫项与平均经圈环流之间小的不平衡引起的。

欧拉平均经圈环流根据与 6.4 节 $\omega$ 方程中的强迫类似的项来确定。在推导这个方程之前，需要注意到平均经向质量环流在子午面上是无辐散的，因此可以用满足连续方程式（10.8）的经向质量输送流函数来表示。

首先，令

$$\rho_0 \overline{v} = -\frac{\partial \overline{\chi}}{\partial z}, \quad \rho_0 \overline{w} = \frac{\partial \overline{\chi}}{\partial y} \tag{10.14}$$

图 10.1 给出的就是流函数 $\overline{\chi}$ 的符号与平均经圈环流之间的关系示意。

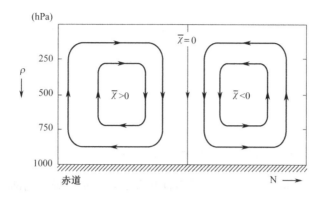

图 10.1　欧拉平均经向流函数与垂直运动、经向运动的关系

为了推导 $\overline{\chi}$ 的诊断方程，进行如下计算：

$$f_0 \frac{\partial}{\partial z}[\text{式 (10.11)}] + \frac{R}{H} \frac{\partial}{\partial y}[\text{式 (10.12)}]$$

接下来，利用式（10.13）消去时间导数，并根据式（10.14）用 $\overline{\chi}$ 来表示平均经圈环流，这样就可以得到如下椭圆方程：

$$\frac{\partial^2 \overline{\chi}}{\partial y^2} + \frac{f_0^2}{N^2} \frac{\partial}{\partial z}\left(\frac{1}{\rho_0} \frac{\partial \overline{\chi}}{\partial z}\right)$$

$$= \frac{\rho_0}{N^2}\left[\frac{\partial}{\partial y}\left(\frac{\kappa \overline{J}}{H} - \frac{R}{H} \frac{\partial}{\partial y}(\overline{v'T'})\right) - f_0\left(\frac{\partial^2}{\partial z \partial y}(\overline{u'v'}) - \frac{\partial \overline{X}}{\partial z}\right)\right] \tag{10.15}$$

式（10.15）可用于定性诊断平均经圈环流。因为 $\overline{\chi}$ 在边界上必然为 0，所以可以用关于 $y$ 和 $z$ 的双傅里叶级数来表示。此外，式（10.15）左端的椭圆算子近似正比于 $-\overline{\chi}$，那么式（10.15）可定性表示为

$$\overline{\chi} \propto -\frac{\partial}{\partial y}(\text{非绝热加热}) + \frac{\partial^2}{\partial y^2}(\text{大尺度涡旋热通量}) +$$

$$\frac{\partial^2}{\partial y \partial z}(\text{大尺度涡旋动量通量}) + \frac{\partial}{\partial z}(\text{纬向拖曳力})$$

北半球的非绝热加热是随着 $y$ 的增大而减小的，因此上式右端第一项为正，这会强迫产生一个平均经圈环流，并且满足 $\overline{\chi} > 0$。因为暖空气上升、冷空气下沉，所以它被称为热力直接环流。如图 10.2 所示，这个过程正是形成热带哈德莱环流的首要原因。对于不考虑涡动源的理想哈德莱环流，不均匀非绝热加热只会被赤道附近的绝热冷却和较高纬度

地区的绝热加热所平衡。

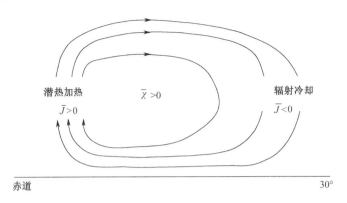

图 10.2　用热力直接哈德莱环流的流函数表示的欧拉平均经圈环流示意

在北半球中纬度地区，由瞬变天气尺度涡旋和定常行星波导致的向极涡动热通量倾向于将热量向极地输送，如图 10.3 所示，这会在对流层低层约 $50°N$ 处产生最大向极热通量 $\overline{v'T'}$。因为 $\overline{\chi}$ 正比于 $\overline{v'T'}$ 的二阶导数，即在 $\partial^2 \overline{v'T'}/\partial y^2 > 0$ 处，其值为负，所以这一项倾向于产生一个 $\overline{\chi} < 0$ 的平均经圈环流，其中心位于中纬度地区的对流层低层。由此可见，涡动热通量会驱动非直接经圈环流。

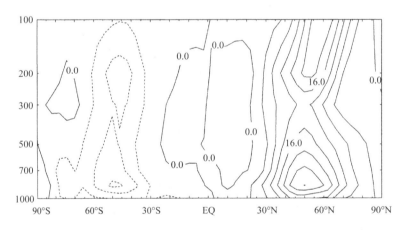

图 10.3　北半球冬季向北涡动热通量分布观测结果（单位：$℃\,m\,s^{-1}$，引自 Schubert et al.，1990）

可以将非直接经圈环流的存在理解为维持地转平衡和静力平衡的需要。在 $\overline{v'T'}$ 达到最大值的纬度北侧，存在涡动热通量的辐合，而在该纬度的向赤道方向则存在涡动热通量的辐散。因此涡动热量输送倾向于减小极地—赤道的平均温度梯度。如果平均纬向气流保持地转状态，那么热成风必然也会减小。在没有涡动动量输送的情况下，如图 10.4 所示，这种热成风的减小只能由平均经圈环流导致的科氏力力矩造成。同时，为满足连续性要求而出现的垂直平均运动会抵消温度倾向，这种温度倾向与涡动热通量辐散区的绝热加热及辐合区的绝热冷却有关。

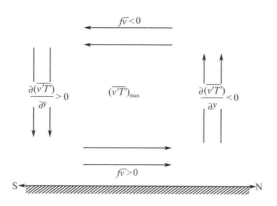

图 10.4　向极涡动热通量强迫产生欧拉平均经圈环流示意

式（10.15）最后的强迫项的前一项正比于水平涡动动量通量散度的垂直梯度，但是可以证明（见习题 10.5）：

$$-\frac{\partial^2}{\partial z \partial y}(\overline{u'v'}) = +\frac{\partial}{\partial z}(\overline{v'\zeta'})$$

可见这个项正比于经向涡度通量的垂直导数。为了从物理上解释这种涡动强迫，如图 10.5 所示，假定涡度动量通量散度（或涡度通量）为正，并且随高度增大。这种情况存在于北半球对流层的急流核向极方向，如图 10.6 所示，因为 $\overline{u'v'}$ 倾向于向极，并且在纬度约 30° 的对流层顶（平均急流核位置）达到最大。对于涡度动量通量的这种配置，在中纬度对流层中有 $\partial^2 \overline{u'v'}/\partial y \partial z < 0$，这又会驱动产生一个平均经圈环流，并有 $\overline{\chi} < 0$。根据式（10.11），显然需要诱生平均经圈环流所对应的科氏力来平衡因涡度动量通量散度所导致的加速，否则这种散度会使平均纬向风的垂直切变增大，并破坏热成风平衡。

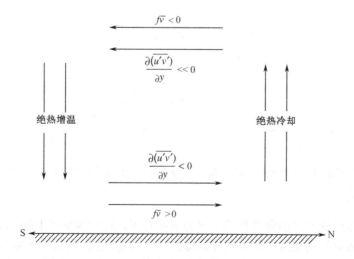

图 10.5　涡动动量通量散度中的垂直梯度强迫产生欧拉平均经圈环流示意

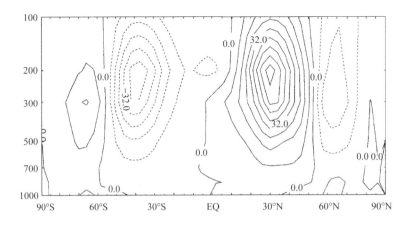

图 10.6　北半球冬季向北涡动动量通量（单位：$m^2 s^{-2}$）分布的观测结果（引自 Schubert et al., 1990）

可见，将涡动热通量和涡动动量通量的分布相结合，就可以在每个半球上驱动平均经圈环流在 45° 的向极方向上升，在 45° 的向赤道方向下沉。这种涡动强迫不仅会弥补中纬度地区的直接非绝热驱动环流，而且是形成热力间接费雷尔环流观测结果的原因。

图 10.7 所示是合成的欧拉平均经圈环流气候观测结果，其中主要包括由非绝热加热驱动的热带哈德莱环流和由涡动驱动的中纬度费雷尔环流。此外，在极地还有一些小的热力直接环流。冬季的平均经圈环流远强于夏季，特别是在北半球。这都反映了式（10.15）中非绝热强迫项和涡旋通量强迫项的季节变化。

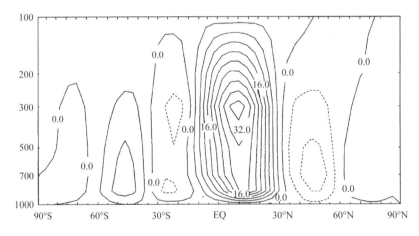

图 10.7　北半球冬季欧拉平均经圈环流流函数（单位：$10^2 \, kg \, m^{-1} \, s^{-1}$）的观测结果（数据来自 Schubert et al., 1990）

由单个斜压涡旋产生的垂直环流是热力直接环流，对应暖空气上升、冷空气下沉，但这些环流平均后得到的欧拉平均经圈环流却是热力间接环流，所以费雷尔环流给我们出了一道难题。这道难题可以通过分析等熵坐标系中的经向环流（见图 10.8）得到解决。图 10.8 中给出了哈德莱环流和温带地区的热力直接环流。这就证明费雷尔环流是欧拉平均过程中人为产生的，并且熵的涡动通量比平均环流的涡动通量大。

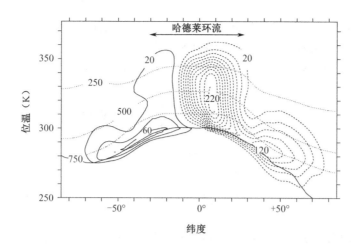

图 10.8　根据 ERA-40 再分析资料（1980—2001 年）计算得到的 1 月的月平均、纬向平均等熵质量通量流函数。流函数等值线间隔为 $20 \times 10^9$ kg s$^{-1}$，围绕负值的是顺时针环流；点线表示等压面；下部实线为平均等位温面（引自 Schneider，2006；Annual Reviews 特许使用）

在热带和中纬度环流中对流层上层的纬向动量守恒是科氏力（由平均经向偏移造成）与涡动动量通量散度之间的平衡来维持的。通过能够平衡热带地区非绝热加热的上升运动（绝热冷却）和高纬度地区的涡动热通量辐合，以及能够平衡亚热带地区涡动热通量辐散的下沉运动（绝热加热），就可以维持热量平衡。

因为在平均动量方程和热力学方程中出现了涡动通量项，并且涡动与平均气流过程之间近似抵消，所以利用经典欧拉平均来诊断平均气流的净涡动强迫是很低效的。可以证明，在长寿命示踪物的欧拉平均连续方程中也会出现类似的涡动与平均气流相互抵消的情况，所以使用这个公式进行示踪物输送计算也是很低效的。

## 10.2.2　变换欧拉平均

另一种纬向平均环流分析方法是由 Andrews 和 McIntyre（1976）提出的变换欧拉平均（TEM）方法。这种方法可以更清楚地对涡动强迫进行诊断，并可以更直接地观察子午面上的输送过程。这种变换考虑了式（10.12）中涡动热通量辐合与绝热冷却之间很强的抵消作用，以及非绝热加热项是小的余项。平均而言，当气块的位温受到非绝热加热而增加时，它就会上升到更高的平衡高度，这就是与非绝热过程相关的剩余经圈环流，而这种非绝热过程是与平均经圈环流直接相关的。

为了从式（10.11）和式（10.12）得到 TEM 方程组，需要将剩余经圈环流 $(\overline{v}^*, \overline{w}^*)$ 定义为

$$\overline{v}^* = \overline{v} - \frac{R}{\rho_0 H} \frac{\partial (\rho_0 \overline{v'T'} / N^2)}{\partial z} \tag{10.16a}$$

$$\overline{w}^* = \overline{w} + \frac{R}{H} \frac{\partial (\overline{v'T'} / N^2)}{\partial y} \tag{10.16b}$$

显然，使用这种方式定义的剩余垂直速度表示的是平均垂直速度的一部分，是其对绝热温度变化的贡献中未被涡动热通量散度抵消的部分。

将式（10.16a）代入式（10.11）和式（10.12），消去 $(\bar{v}, \bar{w})$ 后就可以得到如下 TEM 方程组：

$$\frac{\partial \bar{u}}{\partial t} - f_0 \bar{v}^* = +\frac{1}{\rho_0} \nabla \cdot \boldsymbol{F} + \bar{X} \equiv \bar{G} \tag{10.17}$$

$$\frac{\partial \bar{T}}{\partial t} + \frac{N^2 H}{R} \bar{w}^* = \frac{\bar{J}}{c_p} \tag{10.18}$$

$$\frac{\partial \bar{v}^*}{\partial y} + \frac{1}{\rho_0} \frac{\partial(\rho_0 \bar{w}^*)}{\partial z} = 0 \tag{10.19}$$

式中，$\boldsymbol{F} \equiv \boldsymbol{j} F_y + \boldsymbol{k} F_z$ 被称为 Eliassen-Palm 通量（EP 通量），是子午面 $(y, z)$ 上的矢量。对于大尺度准地转涡旋而言，其分量为

$$F_y = -\rho_0 \overline{u'v'}, \quad F_z = \rho_0 f_0 R \frac{\overline{v'T'}}{N^2 H} \tag{10.20}$$

另外，式（10.17）中的 $\bar{G}$ 表示由大尺度涡旋和小尺度涡旋造成的纬向力之和。

TEM 方程组清楚地表明，涡动热量和涡动动量通量不会单独驱动纬向平均环流中的变化，而只有在结合起来以后，才能以 EP 通量散度的形式发挥作用。因此，涡旋的基本作用是施加一个纬向力。这种纬向平均气流的涡动强迫可以很方便地用 $\boldsymbol{F}$ 及其散度的等值线分布来表示。在利用密度基本态进行适当缩放后，这些等值线就可以给出准地转涡旋施加在单位质量大气上的纬向力。图 10.9 给出的就是北半球冬季的全球平均 EP 通量散度分布。需要注意的是，在中纬度对流层的大部分区域，EP 通量是辐合的，因此涡旋会给大气施加一个向西的纬向力。在季节尺度上，由式（10.17）中 EP 通量散度造成的纬向力会近似与剩余平均纬圈环流受到的向东的科氏力保持平衡。这种平衡关系的条件将在 10.2.3 节讨论。

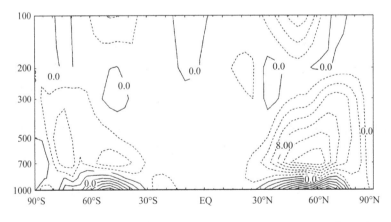

图 10.9　EP 通量散度除以北半球冬季标准密度 $\rho_0$ 后的全球分布（单位：$10^2 \, \text{m} \, \text{s}^{-1} \, \text{day}^{-1}$；数据来自 Schubert et al.，1990）

剩余平均经圈环流的结构可以通过定义如下剩余流函数来确定：

$$\overline{\chi}^{\,*} \equiv \overline{\chi} + \rho_0 \frac{R}{H} \frac{\overline{v'T'}}{N^2}$$

将其直接代入式（10.14）和式（10.15）后可以证明

$$\rho_0 \overline{v}^{\,*} = -\frac{\partial \overline{\chi}^{\,*}}{\partial z}, \quad \rho_0 \overline{w}^{\,*} = \frac{\partial \overline{\chi}^{\,*}}{\partial y}$$

并且有

$$\frac{\partial^2 \overline{\chi}^{\,*}}{\partial y^2} + \rho \frac{f_0^2}{N^2} \frac{\partial}{\partial z} \left( \frac{1}{\rho_0} \frac{\partial \overline{\chi}^{\,*}}{\partial z} \right) = \frac{\rho_0}{N^2} \left[ \frac{\partial}{\partial y} \left( \frac{\kappa \overline{J}}{H} \right) + f_0 \frac{\partial \overline{G}}{\partial z} \right] \tag{10.21}$$

冬半球非绝热和 EP 通量对式（10.21）右端源项的贡献通常大于夏半球。在北半球对流层，源项通常为负，而在南半球通常为正。这就意味着 $\overline{\chi}^{\,*}$ 本身在北半球为正，在南半球为负。因此，剩余平均经圈环流在每个半球都存在一个热力直接翻转，并且最强环流位于冬半球，如图 10.10 所示。

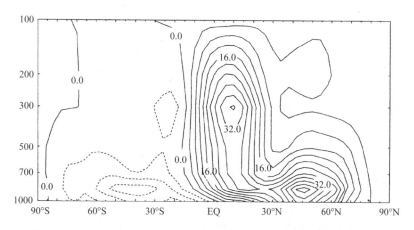

图 10.10　北半球冬季的剩余平均经圈环流流函数（单位：$10^2\,\mathrm{kg\,m^{-1}\,s^{-1}}$，数据来自 Schubert et al.，1990）

不同于传统欧拉平均，时间平均条件下的剩余平均垂直运动与非绝热加热率成正比，它近似表示子午面上的非绝热环流。也就是说，这种环流描述的是，为了使气块的位温向局地环境调整，气块受到非绝热加热而上升、受到非绝热冷却而下沉的情形。因此，时间平均剩余平均经圈环流近似等于气块的平均运动，而且不同于传统的欧拉平均，它提供了一种示踪物平均平流输送的近似表示形式。

### 10.2.3　纬向平均位涡方程

要对中纬度地区纬向平均环流的性质进行进一步的分析，就需要对准地转位涡方程进行纬向平均，其结果为

$$\frac{\partial \overline{q}}{\partial t} = -\frac{\partial \overline{q'v'}}{\partial y} \tag{10.22}$$

其中，纬向平均位涡为

$$\overline{q} = f_0 + \beta y + \frac{1}{f_0}\frac{\partial^2 \overline{\Phi}}{\partial y^2} + \frac{f_0}{\rho_0}\frac{\partial}{\partial z}\left(\frac{\rho_0}{N^2}\frac{\partial \overline{\Phi}}{\partial z}\right) \qquad (10.23)$$

扰动位涡为

$$q' = \frac{1}{f_0}\left(\frac{\partial^2 \Phi'}{\partial x^2} + \frac{\partial^2 \Phi'}{\partial y^2}\right) + \frac{f_0}{\rho_0}\frac{\partial}{\partial z}\left(\frac{\rho_0}{N^2}\frac{\partial \Phi'}{\partial z}\right) \qquad (10.24)$$

式（10.22）右端的 $\overline{q'v'}$ 是位涡经向通量散度。根据式（10.22），对绝热准地转气流而言，只有当存在非零位涡通量时，位涡的平均分布才会被改变。根据纬向平均位涡，以及关于 $\overline{\Phi}$ 的适当边界条件，就可以完全确定纬向平均位势的分布，进而得到纬向平均地转风和温度的分布。由此可见，要使涡动驱动的平均气流加速，就需要有非零位涡通量。

可以证明，位涡通量与涡动通量和涡动热通量有关。注意到，对准地转运动而言，通量项中的扰动水平速度是地转的，即

$$f_0 v' = \frac{\partial \Phi'}{\partial x}, \qquad f_0 u' = -\frac{\partial \Phi'}{\partial y}$$

因此

$$\overline{v'\frac{\partial^2 \Phi'}{\partial x^2}} = \frac{1}{f_0}\overline{\frac{\partial \Phi'}{\partial x}\frac{\partial^2 \Phi'}{\partial x^2}} = \frac{1}{2f_0}\overline{\frac{\partial}{\partial x}\left(\frac{\partial \Phi}{\partial x}\right)^2} = 0$$

其中用到了当求纬向平均时，关于 $x$ 的全微分为 0 这个性质。因此有

$$\overline{q'v'} = \overline{\frac{v'}{f}\frac{\partial^2 \Phi'}{\partial y^2}} + \frac{f_0}{\rho_0}\overline{v'\frac{\partial}{\partial z}\left(\frac{\rho_0}{N^2}\frac{\partial \Phi'}{\partial z}\right)}$$

可以利用微分的链式法则将上式的右端改写为

$$\overline{\frac{v'}{f_0}\frac{\partial^2 \Phi'}{\partial y^2}} = \frac{1}{f_0^2}\overline{\left(\frac{\partial \Phi'}{\partial x}\frac{\partial^2 \Phi'}{\partial y^2}\right)} = \frac{1}{f_0^2}\left[\overline{\frac{\partial}{\partial y}\left(\frac{\partial \Phi'}{\partial x}\frac{\partial \Phi'}{\partial y}\right)} - \frac{1}{2}\overline{\frac{\partial}{\partial x}\left(\frac{\partial \Phi'}{\partial y}\right)^2}\right] = -\frac{\partial}{\partial y}(\overline{u'v'})$$

$$\frac{f_0}{\rho_0}\overline{v'\frac{\partial}{\partial z}\left(\frac{\rho_0}{N^2}\frac{\partial \Phi'}{\partial z}\right)} = \frac{1}{\rho_0}\left[\overline{\frac{\partial}{\partial z}\left(\frac{\rho_0}{N^2}\frac{\partial \Phi'}{\partial x}\frac{\partial \Phi'}{\partial z}\right)} - \frac{\rho}{2N^2}\overline{\frac{\partial}{\partial x}\left(\frac{\partial \Phi'}{\partial z}\right)^2}\right] = \frac{f_0}{\rho_0}\frac{\partial}{\partial z}\left(\frac{\rho_0}{N^2}\overline{v'\frac{\partial \Phi'}{\partial z}}\right)$$

所以有

$$\overline{q'v'} = -\frac{\partial \overline{u'v'}}{\partial y} + \frac{f_0}{\rho_0}\frac{\partial}{\partial z}\left(\frac{\rho_0}{N^2}\overline{v'\frac{\partial \Phi'}{\partial z}}\right) \qquad (10.25)$$

由此可见，平均气流分布中的净变化并不是单纯由动量通量 $\overline{u'v'}$ 或热通量 $\overline{v'\partial \Phi'/\partial z}$ 导致的，而是由两者相结合后以位涡通量的形式导致的。在某些情况下，涡动动量通量和涡动热通量自身很大，但实际上两者在式（10.25）中的和为 0。对于涡动对平均气流的强迫分析而言，这种抵消作用使得传统欧拉平均方法成为一种很差的分析框架。

比较式（10.25）和式（10.20）可以看出，位涡通量正比于 EP 通量矢量的散度，即

$$\overline{q'v'} = \frac{1}{\rho_0}\nabla \cdot \boldsymbol{F} \qquad (10.26)$$

因此，式（10.17）中大尺度运动对纬向力的贡献等于准地转位涡的经向通量。如果

运动是绝热的，并且位涡通量不为 0，那么式（10.22）就说明平均气流必然会随时间改变。正是因为这个原因，式（10.17）中的科氏力矩项与纬向力项并不能完全抵消。

## 10.3　角动量收支

上一节利用纬向平均方程组的准地转形式，证明大尺度涡旋在维持中纬度地区纬向平均环流的过程中起着重要作用。特别地，我们对比了使用传统欧拉平均方法和 TEM 方法表示的平均气流强迫。本节将通过分析大气和地球自身总的角动量守恒，进一步讨论动量收支情况。因此，不仅要简单分析大气中特定纬度和高度的动量平衡，还必须考虑地球与大气之间的角动量转换，以及大气中的角动量传输。

我们完全可以利用完整的 TEM 方程组在球坐标系的形式来进行分析，但主要关注的是某个纬度带内从地面到大气顶的角动量守恒。对于这种情况，已证明使用传统欧拉平均方法会相对比较简单。还可以证明，以地表为坐标平面，使用被称为 $\sigma$ 坐标系的特殊垂直坐标系也是比较方便的。

因为地球的平均旋转速率接近于常数，所以平均而言大气的角动量是保守的。大气从近地面风为东风的热带地区地表获得角动量（该处的大气角动量小于地球角动量），在近地面风为西风的中纬度地区失去角动量。因此，在大气中必然存在净的向极角动量输送，否则地面摩擦力矩就会使东风和西风同时减速。此外，如果全球大气角动量保持不变，那么东风带上地球对大气施加的角动量必然正好平衡西风带上地球失去的角动量。

在赤道地区，向极角动量输送被分为轴对称哈德莱环流中向极气流造成的绝对角动量平流度及涡旋造成角动量的输送；但在中纬度地区，向极角动量输送主要通过涡旋运动来实现。地气系统的平均角动量收支情况的定性特征如图 10.11 所示。

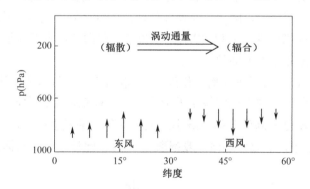

图 10.11　地气系统的平均角动量收支情况的定性特征

在纬度约 30° 处存在最大向极角动量通量，在纬度约 45° 处存在最大水平通量辐合。这种通量辐合的最大值反映的是上层西风中强烈的能量转换，同时也说明在中纬度地区尽管大气相对于地面失去了角动量，但仍能够维持正的纬向风。

利用绝对角动量可以很方便地对动量收支进行分析。单位质量大气的绝对角动量可写为

$$M = (\Omega a \cos\phi + u) a \cos\phi$$

式中，$a$ 为地球半径。在 $M$ 保持不变的情况下，通过分析当赤道上保持静止的大气纬带向极移动时所出现的平均纬度速度，就可以看出纬向涡动拖曳在维持平均纬向风的经向剖面观测结果时所发挥的关键作用。在这种情况下，$u(\phi) = \Omega a \sin^2\phi / \cos\phi$，可见在角动量守恒的哈德莱环流中，纬度 30° 处的 $u \approx 130\,\mathrm{m\,s}^{-1}$，远大于观测值。

显然，在哈德莱环流中，当气块向极流动时，绝对角动量必然会减小。单个气块的绝对角动量只能被纬向气压梯度力和涡动应力造成的力矩所改变。因此，在 $p$ 坐标系中，牛顿第二定律的角动量形式为

$$\frac{\mathrm{d}M}{\mathrm{d}t} = -a\cos\phi \left[ \frac{\partial\Phi}{\partial x} + g\frac{\partial\tau_E^x}{\partial p} \right] \tag{10.27}$$

式中，$\tau_E^x$ 为垂直涡动应力的纬向分量。这里已假定相对于垂直涡动应力，水平涡动应力可以忽略不计。

### 10.3.1　$\sigma$ 坐标系

无论是 $p$ 坐标系还是对数—压力坐标系，都无法使下边界面与坐标面完全保持一致。在分析研究中，通常都可以将下边界近似假定为定常等压面，并利用如下近似条件作为下边界条件：

$$\omega(p_s) \approx -\rho_0 g w(z_0)$$

这里已假定地面高度 $z_0$ 与等压面 $p_s$ 一致（$p_s$ 常被取为 1000 hPa）。当然，即使地面是水平的，这些假设也不是严格成立的。地面上的气压确实是变化的，但更重要的是，地面高度通常也是逐渐变化的，因此，即使任何地点的气压倾向为 0，下边界条件也不能取为常数 $p_s$。相反，应当令 $p_s = p_s(x, y)$。但就数学处理而言，将应用于地表的边界条件取为水平变量的函数是非常不方便的。

相对于地面气压，对气压进行均一化处理，并取与均一化气压成正比的量为垂直坐标，就可以克服这个问题。这种坐标的最常见形式是 $\sigma$ 坐标系，定义为 $\sigma \equiv p / p_s$，其中 $p_s$ 为地面气压。可见，$\sigma$ 是随高度升高而减小的无量纲独立垂直坐标，地面处 $\sigma = 1$，大气顶 $\sigma = 0$。在 $\sigma$ 坐标系中，下边界条件一般都取为 $\sigma = 1$。此外，在 $\sigma$ 坐标系中的垂直速度定义为

$$\dot\sigma = \frac{\mathrm{d}\sigma}{\mathrm{d}t}$$

即使在有倾斜地形的情况下，它在地面的值依然为 0。因此，在 $\sigma$ 坐标系中的下边界表示为

$$\text{在 } \sigma = 1 \text{ 处，} \dot\sigma = 0$$

为了将动力学方程组从 $p$ 坐标系转换到 $\sigma$ 坐标系，首先需要用类似 1.4.3 节给出的方

法对气压梯度力进行转换。利用式（1.36），并用 $\Phi$ 代替 $p$，用 $\sigma$ 代替 $s$，用 $p$ 代替 $z$，就可以得到

$$\left(\frac{\partial \Phi}{\partial x}\right)_\sigma = \left(\frac{\partial \Phi}{\partial x}\right)_p + \sigma\left(\frac{\partial \ln p_s}{\partial x}\right)\left(\frac{\partial \Phi}{\partial \sigma}\right) \tag{10.28}$$

因为其他任何变量均可用类似的方法进行转换，因此可写出如下通用转换表达式：

$$\nabla_p(\ ) = \nabla_\sigma(\ ) - \sigma\nabla \ln p_s \frac{\partial(\ )}{\partial \sigma} \tag{10.29}$$

将式（10.29）应用于动量方程式（3.2），可得

$$\frac{\mathrm{d}V}{\mathrm{d}t} + f\boldsymbol{k} \times V = -\nabla\Phi + \sigma\nabla \ln p_s \frac{\partial \Phi}{\partial \sigma} \tag{10.30}$$

其中在应用 $\nabla$ 算子时 $\sigma$ 保持不变，并且全微分为

$$\frac{\mathrm{d}}{\mathrm{d}t} = \frac{\partial}{\partial t} + V \cdot \nabla + \dot{\sigma}\frac{\partial}{\partial \sigma} \tag{10.31}$$

要将连续方程转换到 $\sigma$ 坐标系，需要利用式（10.29）将水平风散度改写为

$$\nabla_p \cdot V = \nabla_\sigma \cdot V - \sigma(\nabla \ln p_s) \cdot \frac{\partial V}{\partial \sigma} \tag{10.32}$$

在转换 $\partial\omega/\partial p$ 项时，注意到，因为 $p_s$ 不依赖于 $\sigma$，所以有

$$\frac{\partial}{\partial p} = \frac{\partial}{\partial(\sigma p_s)} = \frac{1}{p_s}\frac{\partial}{\partial \sigma}$$

可见，连续方程式（3.5）可改写为

$$p_s(\nabla \cdot V) + \frac{\partial \omega}{\partial \sigma} = 0 \tag{10.33}$$

这样，在 $\sigma$ 坐标系中的垂直速度可改写为

$$\dot{\sigma} = \left(\frac{\partial \sigma}{\partial t} + V \cdot \nabla \sigma\right)_p + \omega\frac{\partial \sigma}{\partial p} = -\frac{\sigma}{p_s}\left(\frac{\partial p_s}{\partial t} + V \cdot \nabla p_s\right) + \frac{\omega}{p_s}$$

上式对 $\sigma$ 求微分，并利用式（10.33）消去 $\partial\omega/\partial\sigma$，整理后就可以得到转换后的连续方程为

$$\frac{\partial p_s}{\partial t} + \nabla \cdot (p_s V) + p_s\frac{\partial \dot{\sigma}}{\partial \sigma} = 0 \tag{10.34}$$

利用状态方程和式（2.44）所示的泊松方程，在 $\sigma$ 坐标系中的流体静力学近似可改写为

$$\frac{\partial \Phi}{\partial \sigma} = -\frac{RT}{\sigma} = -\frac{R\theta}{\sigma}\left(\frac{p}{p_0}\right)^\kappa \tag{10.35}$$

式中，$p_0 = 1000\ \mathrm{hPa}$。

将式（2.46）中的全导数展开，就可以写出如下在 $\sigma$ 坐标系中的热力学方程：

$$\frac{\partial \theta}{\partial t} + V \cdot \nabla\theta + \dot{\sigma}\frac{\partial \theta}{\partial \sigma} = \frac{J}{c_p}\frac{\theta}{T} \tag{10.36}$$

### 10.3.2 纬向平均角动量

另外，利用式（10.28）和式（10.35），将角动量方程式（10.27）转换到 $\sigma$ 坐标系，其结果为

$$\left(\frac{\partial}{\partial t}+V\cdot\nabla+\dot{\sigma}\frac{\partial}{\partial\sigma}\right)M=-a\cos\phi\left(\frac{\partial\Phi}{\partial x}+\frac{RT}{p_s}\frac{\partial p_s}{\partial x}+\frac{g}{p_s}\frac{\partial\tau_E^x}{\partial\sigma}\right) \tag{10.37}$$

连续方程式（10.34）乘以 $M$，再加上式（10.37）乘以 $p_s$，就可以得到角动量方程的通量形式[1]：

$$\frac{\partial(p_sM)}{\partial t}=-\nabla\cdot(p_sMV)-\frac{\partial(p_sM\dot{\sigma})}{\partial\sigma}-a\cos\phi\left(p_s\frac{\partial\Phi}{\partial x}+RT\frac{\partial p_s}{\partial x}\right)-ga\cos\phi\frac{\partial\tau_E^x}{\partial\sigma} \tag{10.38}$$

为了得到纬向平均角动量收支情况，式（10.38）必须对经度求平均。利用附录 C 给出的水平散度的球坐标展开，可得

$$\nabla\cdot(p_sMV)=\frac{1}{a\cos\phi}\left[\frac{\partial(p_sMu)}{\partial\lambda}+\frac{\partial(p_sMv\cos\phi)}{\partial\phi}\right] \tag{10.39}$$

同时还可以看出，式（10.38）右端括号中的项可改写为

$$\left[p_s\frac{\partial}{\partial x}(\Phi-RT)+\frac{\partial}{\partial x}(p_sRT)\right] \tag{10.40}$$

利用流体静力学方程式（10.35），有

$$(\Phi-RT)=\Phi+\sigma\frac{\partial\Phi}{\partial\sigma}=\frac{\partial(\sigma\Phi)}{\partial\sigma}$$

注意到 $p_s$ 与 $\sigma$ 无关，因此可得

$$\left[p_s\frac{\partial\Phi}{\partial x}+RT\frac{\partial p_s}{\partial x}\right]=\left[\frac{\partial}{\partial\sigma}\left(p_s\sigma\frac{\partial\Phi}{\partial x}\right)+\frac{\partial}{\partial x}(p_sRT)\right] \tag{10.41}$$

将式（10.39）和式（10.41）代入式（10.38），并求纬向平均后可得

$$\frac{\partial(\overline{p_sM})}{\partial t}=-\frac{1}{\cos\phi}\frac{\partial}{\partial y}(\overline{p_sMv\cos\phi})-$$
$$\frac{\partial}{\partial\sigma}\left[\overline{p_sM\dot{\sigma}}+ga\cos\phi(\overline{\tau_E^x})+(a\cos\phi)\overline{\sigma p_s\frac{\partial\Phi}{\partial x}}\right] \tag{10.42}$$

式（10.42）右端的项分别表示角动量水平通量的辐合，以及角动量垂直通量的辐合。

对式（10.42）进行垂直积分，从地球表面（$\sigma=1$）一直积分到大气顶（$\sigma=0$），并利用 $\sigma=0$ 和 $\sigma=1$ 处 $\dot{\sigma}=0$ 的性质，可得

$$\int_0^1\frac{1}{g}\frac{\partial}{\partial t}\overline{p_sM}\mathrm{d}\sigma=-\frac{1}{g\cos\phi}\int_0^1\frac{\partial}{\partial y}(\overline{p_sMv\cos\phi})\mathrm{d}\sigma-a\cos\phi\left[(\overline{\tau_E^x})_{\sigma=1}+\overline{p_s\frac{\partial h}{\partial x}}\right] \tag{10.43}$$

---

[1] 可以证明（参见习题 10.2），在 $\sigma$ 坐标系中质量元 $\rho_0\delta x\delta y\delta z$ 的形式为 $-g^{-1}p_s\delta x\delta y\delta\sigma$，因此在 $\sigma$ 空间中 $p_s$ 的作用类似于在物理空间中的密度。

式中，$h(x, y) = g^{-1}\Phi(x, y, 1)$，表示下边界（$\sigma = 1$）的高度，同时已假设 $\sigma = 0$ 处的应力为 0。

式（10.43）表示从地面伸展到大气顶的、经向为单位宽度的大气环状纬度带内的角动量收支。对于长期平均而言，式右端三项必然是平衡的，它们分别表示角动量经向通量辐合、地面上小尺度湍流通量造成的力矩、地面气压力矩。地面气压力矩在 $\sigma$ 坐标系中的形式特别简单，为 $-\overline{p_s \partial h / \partial x}$。可见，假如地面气压与地形坡度（$\partial h / \partial x$）之间成正相关，那么气压力矩就起着将角动量从大气传输到地面的作用。观测表明，这是中纬度地区的常见情况，因为在该地区存在山脉西侧的地面气压略高于东侧地面气压的倾向（见图 4.11）。在北半球中纬度地区，整个地气动量交换中有将近一半是由地面气压力矩提供的，而在南半球，这种交换则是由湍流涡动应力主导的。

为了更好地阐述涡动在提供平衡地面角动量汇所需的经向角动量输送过程中所起的作用，可将气流分为纬向平均和涡动分量两部分，即

$$M = \overline{M} + M' = (\Omega a \cos\phi + \overline{u} + u') a \cos\phi$$

$$p_s v = \overline{(p_s v)} + (p_s v)'$$

其中 " ' " 表示相对于纬向平均的偏差。这样，经向通量表示为

$$\overline{(p_s M v)} = [\Omega a \cos\phi \overline{p_s v} + \overline{u}\,\overline{p_s v} + \overline{u'(p_s v)'}] a \cos\phi \qquad (10.44)$$

上式右端的三个经向通量项分别为经向 $\Omega$ 动量通量、经向漂移动量通量、经向涡动动量通量。

经向漂移动量通量在热带地区是很重要的，但在中纬度地区，它相对于涡动通量是个小值，在近似处理时可忽略不计。此外，经向 $\Omega$ 动量通量对垂直积分的通量没有贡献。对连续方程式（10.34）求纬向平均后，在垂直方向上积分可得

$$\overline{\frac{\partial p_s}{\partial t}} = -\frac{1}{\cos\phi} \frac{\partial}{\partial y} \int_0^1 \overline{p_s v} \cos\phi \, \mathrm{d}\sigma \qquad (10.45)$$

可见，对于时间平均气流 [方程式（10.45）的左端为 0] 而言，不存在穿越纬圈的净质量输送。所以，垂直积分的经向角动量输送可近似写为

$$\int_0^1 \overline{p_s M v} \mathrm{d}\sigma \approx \int_0^1 \overline{u'(p_s v)'} a \cos\phi \mathrm{d}\sigma \approx \int_0^1 a \cos\phi \overline{p_s} \overline{u'v'} \mathrm{d}\sigma \qquad (10.46)$$

其中已假设 $p_s$ 的微小变化相对于 $v'$ 的变化是很小的，故有 $(p_s v)' \approx \overline{p_s} v'$。因此，角动量通量正比于式（10.20）给出的负的 EP 通量的经向分量。

如图 10.6 所示，在北半球中纬度地区，涡动动量通量为正，并且其值在纬度 30° 向极方向逐渐减小。对于准地转气流，要使涡动动量通量为正，如图 10.12 所示，就要求水平面上的涡动是非对称的，槽线、脊线出现倾斜。平均而言，当槽和脊成东北—西南倾斜位相时，纬向平均气流在具有经向向极气流的地方（$v' > 0$）是大于平均值的（$u' > 0$），而在有经向向赤道气流的地方（$v' < 0$）是小于平均值的（$u' < 0$），因此有 $\overline{u'v'} > 0$，并且涡动会系统性地向极输送正的纬向动量。

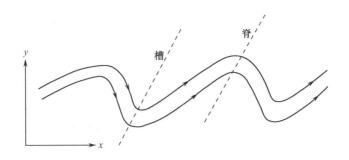

图 10.12　在正的涡动动量通量条件下的流线示意

如式（10.42）所示，总的垂直动量通量包含大尺度运动引起的通量 $\overline{p_s M \dot{\sigma}} \approx \Omega a \cos \phi \overline{p_s \dot{\sigma}}$、气压力矩引起的通量 $(a \cos \phi) \overline{\sigma p_s \partial \Phi / \partial x}$、小尺度湍流应力引起的通量 $ga \cos \phi \overline{\tau_E^x}$。如前所述，后两项主要负责热带地区地球向大气，以及中纬度地区大气向地球的动量输送。但是，在行星边界层以外，对流层中的垂直动量输送主要是由垂直 $\Omega$ 动量通量 $\Omega a \cos \phi \overline{p_s \dot{\sigma}}$ 造成的。

图 10.13 所示是纬向平均地表总力矩年平均值的估算结果。地表总力矩必然会被大气中的角动量向极通量所平衡。除了赤道两侧 $10°$ 以内的纬度带，几乎所有的向极通量都是由式（10.46）右端的涡动通量项造成的。因此，动量收支与能量循环均强烈依赖于涡动输送。

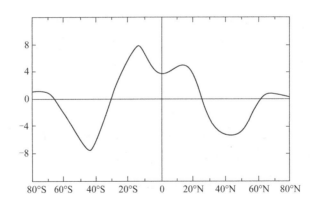

图 10.13　施加于大气的纬向平均地表总力矩（地表摩擦减去山脉力矩）年平均值的经向廓线（单位：$10^{18}\ \mathrm{m^2\ kg\ s^{-2}}$，引自 Oort 和 Peixoto，1983）

# 10.4　洛伦兹能量循环

10.3 节根据角动量守恒，讨论了纬向平均气流与经向变化涡动运动之间的相互作用。此外，对涡动运动与平均气流之间能量交换的分析也是很有用的。与 10.2 节相同，我们将分析对象限定为中纬度 $\beta$ 平面上的准地转气流。此时，在对数—压力坐标系中的欧拉平

均方程可写为

$$\frac{\partial \bar{u}}{\partial t} - f_0 \bar{v} = -\frac{\partial (\overline{u'v'})}{\partial y} + \bar{X} \qquad (10.47)$$

$$f_0 \bar{u} = -\frac{\partial \bar{\Phi}}{\partial y} \qquad (10.48)$$

$$\frac{\partial}{\partial t}\left(\frac{\partial \bar{\Phi}}{\partial z}\right) + \bar{w} N^2 = \frac{\kappa}{H} \bar{J} - \frac{\partial}{\partial y}\left(\overline{v'\frac{\partial \Phi'}{\partial z}}\right) \qquad (10.49)$$

$$\frac{\partial \bar{v}}{\partial y} + \frac{1}{\rho_0}\frac{\partial (\rho_0 \bar{w})}{\partial z} = 0 \qquad (10.50)$$

这里已利用式（10.3）的静力平衡方程，根据涵差位势厚度来近似表示式（10.49）中的温度，同时再次略去了由式（10.47）和式（10.49）中的平均经圈环流造成的垂直涡动通量和平流。但是，又在式（10.47）中考虑了湍流拖曳力 $\bar{X}$，因为无法解析的湍流涡动导致的耗散是能量平衡中的必要元素。

为了分析平均气流与涡动运动之间的能量交换，还需要一个类似的但针对涡动运动的动力学方程组。简洁起见，假定涡动运动满足如下线性化方程组[2]：

$$\left(\frac{\partial}{\partial t} + \bar{u}\frac{\partial}{\partial x}\right)u' - \left(f_0 - \frac{\partial \bar{u}}{\partial y}\right)v' = -\frac{\partial \Phi'}{\partial x} + X' \qquad (10.51)$$

$$\left(\frac{\partial}{\partial t} + \bar{u}\frac{\partial}{\partial x}\right)v' + f_0 u' = -\frac{\partial \Phi'}{\partial y} + Y' \qquad (10.52)$$

$$\left(\frac{\partial}{\partial t} + \bar{u}\frac{\partial}{\partial x}\right)\frac{\partial \Phi'}{\partial z} + v'\frac{\partial}{\partial y}\left(\frac{\partial \bar{\Phi}}{\partial z}\right) + N^2 w' = \frac{\kappa J'}{H} \qquad (10.53)$$

$$\frac{\partial u'}{\partial x} + \frac{\partial v'}{\partial y} + \frac{1}{\rho_0}\frac{\partial (\rho_0 w')}{\partial z} = 0 \qquad (10.54)$$

式中，$X'$ 和 $Y'$ 是无法解析的湍流运动导致的拖曳的纬向变化分量。

另外，定义如下全球平均符号：

$$\langle \ \rangle \equiv \frac{1}{A}\int_0^\infty \int_0^D \int_0^L (\quad) \mathrm{d}x \mathrm{d}y \mathrm{d}z$$

式中，$L$ 为纬圈长度，$D$ 为中纬度 $\beta$ 平面的经向伸展宽度，$A$ 表示 $\beta$ 平面的总水平面积。那么，对于任意物理量 $\Psi$，有

$$\langle \partial \Psi / \partial x \rangle = 0$$

$$\langle \partial \Psi / \partial y \rangle = 0 \quad 若 y = \pm D 处 \Psi = 0$$

$$\langle \partial \Psi / \partial z \rangle = 0 \quad 若 z = 0 和 z \to \infty 处 \Psi = 0$$

式（10.47）乘以 $\rho_0 \bar{u}$，再加上式（10.48）乘以 $\rho_0 \bar{v}$，就可以得到平均气流动能的变化方程：

---

[2] 对非线性的情况也可以做类似的分析。

$$\rho_0 \frac{\partial}{\partial t}\left(\frac{\bar{u}^2}{2}\right) = -\rho_0 \bar{v}\frac{\partial \bar{\Phi}}{\partial y} - \rho_0 \bar{u}\frac{\partial}{\partial y}(\overline{u'v'}) + \rho_0 \bar{u}\bar{X}$$

$$= -\frac{\partial}{\partial y}(\rho_0 \bar{v}\bar{\Phi}) + \rho_0 \bar{\Phi}\frac{\partial \bar{v}}{\partial y} - \frac{\partial}{\partial y}(\rho_0 \bar{u}\overline{u'v'}) + \rho_0 \overline{u'v'}\frac{\partial \bar{u}}{\partial y} + \rho \bar{u}\bar{X}$$

对整个体积积分后可得

$$\frac{\mathrm{d}}{\mathrm{d}t}\left\langle \frac{\rho_0 \bar{u}^2}{2}\right\rangle = +\left\langle \rho_0 \bar{\Phi}\frac{\partial \bar{v}}{\partial y}\right\rangle + \left\langle \rho_0 \overline{u'v'}\frac{\partial \bar{u}}{\partial y}\right\rangle + \langle \rho_0 \bar{u}\bar{X}\rangle \qquad (10.55)$$

其中已假定在 $y=\pm D$ 处 $\bar{v}=0$，$\overline{u'v'}=0$。式（10.55）右端的项可解释为纬向平均气压所做的功、涡动动能向纬向平均动能的转换、纬向平均涡动应力造成的耗散。或者，式（10.55）右端第一项可利用连续方程改写为

$$\left\langle \rho_0 \bar{\Phi}\frac{\partial \bar{v}}{\partial y}\right\rangle = -\left\langle \bar{\Phi}\frac{\partial \rho_0 \bar{w}}{\partial z}\right\rangle = \left\langle \rho_0 \bar{w}\frac{\partial \bar{\Phi}}{\partial z}\right\rangle = \frac{R}{H}\langle \rho_0 \bar{w}\bar{T}\rangle$$

其中已假定在 $z=0$ 和 $z\to\infty$ 处 $\rho_0 \bar{w}=0$。由此可见，经过区域平均后，气压做功项正比于纬向平均垂直质量通量 $\rho_0 \bar{w}$ 和纬向平均温度（或厚度）之间的相关。如果平均而言，暖空气上升，冷空气下沉，也就是说如果存在位能向动能的转换，那么该项就为正。

7.3.1 节已指出，在准地转系统中，有效位能正比于相对于标准大气的温度偏差与静力稳定度之比的平方。利用微分厚度，可将纬向平均有效位能定义为

$$\bar{P} \equiv \frac{1}{2}\left\langle \frac{\rho_0}{N^2}\left(\frac{\partial \bar{\Phi}}{\partial z}\right)^2\right\rangle$$

式（10.49）乘以 $\rho_0(\partial \bar{\Phi}/\partial z)/N^2$ 后，再对整个空间求平均，可得

$$\frac{\mathrm{d}}{\mathrm{d}t}\left\langle \frac{\rho_0}{2N^2}\left(\frac{\partial \bar{\Phi}}{\partial z}\right)^2\right\rangle = -\left\langle \rho_0 \bar{w}\frac{\partial \bar{\Phi}}{\partial z}\right\rangle + \left\langle \frac{\rho_0 \kappa}{N^2}\frac{\bar{J}}{H}\left(\frac{\partial \bar{\Phi}}{\partial z}\right)\right\rangle - \left\langle \frac{\rho_0}{N^2}\frac{\partial \bar{\Phi}}{\partial z}\frac{\partial}{\partial y}\left(\overline{v'\frac{\partial \Phi'}{\partial z}}\right)\right\rangle \quad (10.56)$$

式（10.56）右端第一项正好与式（10.55）右端第一项大小、相等符号反号，说明该项表示的是纬向平均动能与位能的转换；第二项表示温度与非绝热加热之间的相关，反映的是由非绝热过程产生的纬向平均位能；最后一项表示经向涡动热通量，反映的是纬向平均位能与涡动位能之间的转换。

对涡动方程组式（10.51）～式（10.53）进行类似的运算，就可以得到如下涡动动能方程和涡动有效位能方程：

$$\frac{\mathrm{d}}{\mathrm{d}t}\left\langle \rho_0 \frac{\overline{u'^2}+\overline{v'^2}}{2}\right\rangle = +\left\langle \rho_0 \overline{\Phi'\left(\frac{\partial u'}{\partial x}+\frac{\partial v'}{\partial y}\right)}\right\rangle - \left\langle \rho_0 \overline{u'v'}\frac{\partial \bar{u}}{\partial y}\right\rangle + \left\langle \rho_0 (\overline{u'X'}+\overline{v'Y'})\right\rangle \quad (10.57)$$

$$\frac{\mathrm{d}}{\mathrm{d}t}\left\langle \frac{\rho_0}{2N^2}\overline{\left(\frac{\partial \Phi'}{\partial z}\right)^2}\right\rangle = -\left\langle \rho_0 \overline{w'\frac{\partial \Phi'}{\partial z}}\right\rangle + \left\langle \frac{\rho_0 \kappa \overline{J'\partial \Phi'/\partial z}}{N^2 H}\right\rangle - \left\langle \frac{\rho_0}{N^2}\left(\frac{\partial^2 \bar{\Phi}}{\partial z\partial y}\right)\left(\overline{v'\frac{\partial \Phi'}{\partial z}}\right)\right\rangle \quad (10.58)$$

这就可以证明式（10.55）右端第二项与式（10.56）最后一项均表示纬向平均能量与涡动能量之间的转换。如果令 $z=0$ 处 $w'=0$，那么式（10.57）右端第一项就可以利用连续方程式（10.54）改写为

$$\left\langle \rho_0 \overline{\Phi'\left(\frac{\partial u'}{\partial x}+\frac{\partial v'}{\partial y}\right)}\right\rangle = -\left\langle \overline{\Phi'\frac{\partial(\rho_0 w')}{\partial z}}\right\rangle = \left\langle \rho_0 \overline{w'\left(\frac{\partial \Phi'}{\partial z}\right)}\right\rangle$$

上式等于负的式（10.58）右端第一项。可见该项反映的是欧拉平均框架下涡动动能与涡动位能之间的转换。类似地，式（10.58）最后一项等于负的式（10.56）最后一项，表示涡动有效位能与纬向平均有效位能之间的转换。

为了用更简洁的形式表示洛伦兹能量循环，可将纬向平均动能、涡动动能、纬向平均有效位能和涡动有效位能定义为

$$\bar{K} \equiv \left\langle \rho_0 \frac{\bar{u}^2}{2}\right\rangle, \qquad K' \equiv \left\langle \rho_0 \frac{\overline{u'^2+v'^2}}{2}\right\rangle$$

$$\bar{P} \equiv \frac{1}{2}\left\langle \frac{\rho_0}{N^2}\left(\frac{\partial \bar{\Phi}}{\partial z}\right)^2\right\rangle, \quad P' \equiv \frac{1}{2}\left\langle \frac{\rho_0}{N^2}\overline{\left(\frac{\partial \Phi'}{\partial z}\right)^2}\right\rangle$$

能量转换定义为

$$[\bar{P}\cdot\bar{K}] \equiv \left\langle \rho_0 \bar{w}\frac{\partial \bar{\Phi}}{\partial z}\right\rangle, \qquad [P'\cdot K'] \equiv \left\langle \rho_0 \overline{w'\frac{\partial \Phi'}{\partial z}}\right\rangle$$

$$[K'\cdot\bar{K}] \equiv \left\langle \rho_0 \overline{u'v'}\frac{\partial \bar{u}}{\partial y}\right\rangle, \quad [P'\cdot\bar{P}] \equiv \left\langle \frac{\rho_0}{N^2}\overline{v'\frac{\partial \Phi'}{\partial z}}\frac{\partial^2 \bar{\Phi}}{\partial y\partial z}\right\rangle$$

能量的源和汇定义为

$$\bar{R} \equiv \left\langle \frac{\rho_0}{N^2}\frac{\kappa \bar{J}}{H}\frac{\partial \bar{\Phi}}{\partial z}\right\rangle, \quad R' \equiv \left\langle \frac{\rho_0}{N^2}\overline{\frac{\kappa J'}{H}\frac{\partial \Phi'}{\partial z}}\right\rangle$$

$$\bar{\varepsilon} \equiv \langle \rho_0 \overline{u}\bar{X}\rangle, \qquad \varepsilon' \equiv \langle \rho_0 \overline{(u'X'+v'Y')}\rangle$$

那么式（10.55）～式（10.58）就可以写为如下更简单的形式：

$$\frac{\mathrm{d}\bar{K}}{\mathrm{d}t} = [\bar{P}\cdot\bar{K}]+[K'\cdot\bar{K}]+\bar{\varepsilon} \qquad (10.59)$$

$$\frac{\mathrm{d}\bar{P}}{\mathrm{d}t} = -[\bar{P}\cdot\bar{K}]+[P'\cdot\bar{P}]+\bar{R} \qquad (10.60)$$

$$\frac{\mathrm{d}K'}{\mathrm{d}t} = [P'\cdot K']-[K'\cdot\bar{K}]+\varepsilon' \qquad (10.61)$$

$$\frac{\mathrm{d}P'}{\mathrm{d}t} = -[P'\cdot K']-[P'\cdot\bar{P}]+R' \qquad (10.62)$$

这里的 $[A\cdot B]$ 表示能量形式 $A$ 向能量形式 $B$ 的转换。

将式（10.59）～式（10.62）相加，就可以得到总能量（动能与有效位能之和）的变化率方程：

$$\frac{\mathrm{d}}{\mathrm{d}t}(\bar{K}+K'+\bar{P}+P') = \bar{R}+R'+\bar{\varepsilon}+\varepsilon' \qquad (10.63)$$

对于绝热无黏流体，上式右端为 0，总能量 $\bar{K} + K' + \bar{P} + P'$ 守恒。在这样一个系统中，纬向平均动能不包括平均经向气流的贡献，这是因为纬向平均的经向动量方程已经被地转近似所代替（同样，使用静力平衡就意味着总动能既不包括平均垂直运动，也不包括涡动垂直运动）。由此可见，包含在总能量中的物理量依赖于所使用的特定模型。对任何模型而言，能量的定义必须与所使用的近似一致。

在长期平均条件下，式（10.63）左端必须为 0，这就说明由纬向平均过程和涡动非绝热过程产生的有效位能必然与平均动能耗散和涡动动能耗散之和平衡，即

$$\bar{R} + R' = -\bar{\varepsilon} - \varepsilon' \tag{10.64}$$

因为太阳辐射加热在热带地区达到最大值，对应的温度也是最高的，所以，纬向平均加热造成的纬向平均位能产生值 $\bar{R}$ 显然为正。对涡动非绝热过程受限于辐射和扩散 $R'$ 的干空气而言，因为大气向宇宙空间释放的热辐射随着温度的升高而增大，并且倾向于减小大气中的水平温差，所以涡动有效位能的非绝热产生值为负。但是，对于地球大气而言，云和降水的出现极大地改变了 $R'$ 的分布。目前的估算（见图 10.14）表明，北半球的 $R'$ 为正且其大小接近 $\bar{R}$ 的 1/2。由此可见，非绝热加热会同时产生纬向平均有效位能和涡动有效位能。

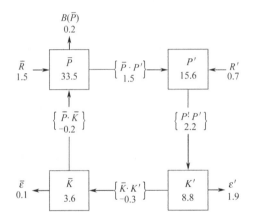

图 10.14　北半球平均能量循环的观测结果。方框中的数字表示能量值（单位：$10^5\,\mathrm{J\,m^{-2}}$）；箭头旁边的数字表示能量转换率（单位：$\mathrm{W\,m^{-2}}$）；$B(\bar{p})$ 表示从南半球进入的净能量通量；其他符号的定义见正文（引自 Oort 和 Peixoto，1974；美国地球物理学会版权所有，特许复制）

式（10.59）～式（10.62）从传统欧拉平均的角度对准地转能量循环给出了完整描述。这些公式的内涵可以用如图 10.14 所示的四框能量图来总结表示。在该图中，方框表示能量的存储，箭头表示能量的源、汇和转换，这里反映的是北半球对流层年平均能量转换方向的观测结果。需要强调的是，各能量转换方向不能仅依靠能量方程从理论上推导出来。同时，这里给出的转换项是使用特定纬向平均模型得到的结果。TEM 方程组对应的类似能量方程组具有完全不同的转换项。由此可见，这里所分析的能量转换不应当被视为大气的基本属性，而应当看作欧拉平均系统的性质。

尽管如此，因为常将传统欧拉平均模型作为分析斜压波的基础，所以，在分析天气扰动在大气环流维持过程中所起的作用时，这里给出的四框能量图确实可以提供有用的框

架。根据图 10.14 总结的能量循环观测结果，可以得到如下定性结论：

（1）纬向平均非绝热加热通过在热带地区的净加热和在极地地区的净冷却，产生纬向平均有效位能；

（2）斜压涡旋将暖空气向极输送，将冷空气向赤道输送，并将平均有效位能转化为涡动有效位能；

（3）涡动有效位能通过涡旋中的垂直运动转化为涡动动能；

（4）纬向运动动能的维持主要依靠由相关 $\overline{u'v'}$ 产生的涡旋运动动能，将在 10.5 节对此做进一步讨论；

（5）能量通过地面及涡旋和平均气流内部的摩擦被耗散。

综上所述，在欧拉平均框架下的大气能量循环观测结果与斜压不稳定涡旋是引起中纬度地区能量交换的主要扰动这一观点是一致的。正是通过涡旋运动，替代了通过湍流应力造成的动能减小。另外，涡旋是热量向极输送并平衡极区辐射偏差的主要原因。除了瞬变斜压涡旋，受迫产生的定常地形波和自由罗斯贝波也可能对向极热通量有实质性的贡献。但是，对称翻转过程造成的平均有效位能向平均动能的直接转换，在中纬度地区是很小或者负的，但在热带地区是正的，它对平均哈德莱环流的维持有着重要作用。

# 10.5　时间平均气流的纬向变化

到目前为止，本章集中讨论了大气环流的纬向平均分量。对于具有纬向均匀地形的行星而言，季节平均流场完全可以用大气环流的纬向平均分量来表示，这是因为对于这样一个假想的行星，其纬向非对称瞬变涡旋（天气扰动）的统计结果应当与经度无关。但是在地球上，大尺度地形和海陆热力差异对纬向非对称行星尺度时间平均运动有很强的强迫。这种被称为定常波的运动在北半球冬季特别强。

观测表明，对流层定常波通常倾向于具有相当正压结构，也就是说波动振幅随着高度的上升而增大，但等位相线呈现垂直状态。尽管非线性过程在定常波的形成和维持过程中非常显著，但作为第一近似，气候定常波还是可以用受迫正压罗斯贝波来表示的。当与纬向平均环流叠加后，这些波动会产生时间平均西风局地增强和减弱的区域，强烈地影响着瞬变天气扰动的发展和传播。因此，它们表示的是气流的基本气候特征。

## 10.5.1　定常罗斯贝波

时间平均纬向非对称流的最显著特征是当气流翻越喜马拉雅山脉和落基山脉时在北半球激发的定常行星波。如 5.7.2 节所述，当平均西风遇到大尺度地形时，作为受迫波动响应的第一近似，就会沿着 45° 纬圈产生准定常波动。更详细的分析表明，纬向非对称热源对气候定常波的强迫也有贡献。但是，关于加热和地形在强迫产生定常波过程中的相对重要性，仍然有许多争论。因为非绝热加热的模态受到地形的影响，因此这两个过程是很难区分的。

5.7.2 节对地形罗斯贝波的讨论利用了 $\beta$ 平面通道模型，其中假设波动的传播是沿着纬圈的。但是，在实际情况下，大尺度地形特征和热源与纬度和经度均有关系，并且由这种强迫所激发的定常波会在纬向和经向上同时传播能量。如果要对正压罗斯贝波响应局地源的情况进行定量精确分析，就有必要使用在球坐标系中的正压涡度方程，并考虑平均纬向风的经向变化。对这种情况的数学分析已经超出了本书的讨论范围。但我们仍然有可能通过进一步拓展 5.7 节的 $\beta$ 平面分析，对在这种情况下的波动传播性质进行定性的描述。因此，不同于之前将波动的传播限制在给定宽度的通道内，这里假定 $\beta$ 平面在经向方向上被扩展到了正负无穷大，并且罗斯贝波可在不被虚拟边界反射的情况下向北、向南传播。

自由正压罗斯贝波具有形如式（5.109）的形式解，并且满足式（5.110）的频散关系，其中 $l$ 为经向波数（在这里是可变的）。根据式（5.112），显然对于特定的纬向波数 $k$，当 $l$ 满足如下表达式时，自由波解是定常的，即

$$l^2 = \frac{\beta}{\bar{u}} - k^2 \tag{10.65}$$

由此可见，翻越孤立山脉的西风气流主要会在给定波数 $k$ 上激发一个响应，它会产生正负纬向波数为 $l$ 且满足式（10.65）的定常波。正如 5.7.1 节所讨论的，尽管罗斯贝波的位相传播相对于平均风通常是向西的，但对于群速度而言却并非如此。根据式（5.110），很容易就可以求得群速度在 $x$ 方向和 $y$ 方向的分量为

$$c_{gx} = \frac{\partial \nu}{\partial k} = \bar{u} + \beta \frac{(k^2 - l^2)}{(k^2 + l^2)^2} \tag{10.66}$$

$$c_{gy} = \frac{\partial \nu}{\partial l} = \beta \frac{2kl}{(k^2 + l^2)^2} \tag{10.67}$$

对于定常波而言，利用式（10.65），式（10.66）和式（10.67）可改写为

$$c_{gx} = \frac{2\bar{u}k^2}{k^2 + l^2}, \quad c_{gy} = \frac{2\bar{u}kl}{k^2 + l^2} \tag{10.68}$$

定常罗斯贝波的群速度矢量垂直于波峰，通常具有向东的纬向分量，并且根据 $l$ 的正负有向南或向北的经向分量。其值为（参见习题 10.9）

$$|c_g| = 2\bar{u}\cos\alpha \tag{10.69}$$

如图 10.15 所示，对于 $l$ 为正的情况，$\alpha$ 是等位相线与 $y$ 轴之间的夹角。

因为能量以群速度传播，所以式（10.68）说明响应局地地形特征而产生的定常波会包含两个波列。其中，一个波列 $l > 0$，向东向北传播；另一个波列 $l < 0$，向东向南传播。图 10.16 所示是一个利用球面几何学计算得到的例子。对于定常波而言，尽管各槽、脊的位置保持不变，但这个例子中的波列并不会随着时间衰减，因为耗散作用被来自波源处以罗斯贝波群速度传播的能量所抵消。

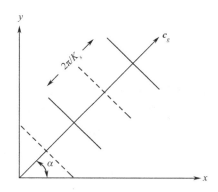

图 10.15　在西风气流中的定常平面罗斯贝波。其中，槽（实线）和脊（虚线）与 $y$ 轴的夹角为 $\alpha$；相对于地面的群速度 $c_g$ 与 $x$ 轴的夹角也为 $\alpha$；波长为 $2\pi/K_s$（引自 Hoskins，1983）

图 10.16　当定常角速度西风气流遇到中心位于（30°N，45°W）的圆形强迫时，在球面上生成的涡度模态。从左至右依次是强迫开始后 2 天、4 天和 6 天的响应。5 个等值线间隔对应在没有波动传播时强迫发生 1 天内的最大涡度响应；粗实线为 0 线；波动模态被绘制在从无穷远处观测的球面投影上（引自 Hoskins，1983）

　　大气中的气候定常波，可由多个遍布全球的地形和热力源激发产生。因此，要追踪波动传播的不同路径是很不容易的。尽管如此，利用球面几何学的详细计算表明，二维正压罗斯贝波的传播为中纬度地区时间平均气流相对于纬向对称气流的偏差的观测结果，提供了合理的第一近似。

　　由孤立地形激发的罗斯贝波在动量收支过程中也扮演着重要角色。在式（5.109）中令振幅系数 $\Psi$ 为实数，那么经向通量可写为

$$\overline{u'v'} = -\overline{\left(\frac{\partial \psi'}{\partial x}\right)\left(\frac{\partial \psi'}{\partial y}\right)} = -\Psi^2 \frac{kl}{2}$$

根据式（10.68），很容易可以证明，如果 $\bar{u} > 0$，有

$$c_{gy} > 0 \ \text{表示} \ \overline{u'v'} < 0$$
$$c_{gy} < 0 \ \text{表示} \ \overline{u'v'} > 0$$

可见，西风动量会辐合进入波动源区（该处的能量通量是辐散的）。通过 10.3 节讨论的气压力矩机制，这种涡动动量通量辐合对于平衡地表失去的动量来说是很有必要的。

## 10.5.2 急流和风暴轴

当与定常波有关的纬向非对称位势异常叠加在纬向平均位势场上时，在时间平均的合成风场中包含几个经向位势梯度增强的区域，在北半球表现为亚洲和北美地区的急流。这两支急流的存在可以从图 6.3 所示的 1 月平均 500 hPa 位势高度场中推断出来。要注意的是，高度经向梯度较大与中心位于亚洲大陆和北美大陆东岸的槽有关（尽管强度有所减弱，但在年平均图上也可以看到同样的特征）。图 6.2 所示是与这种半永久性槽有关的纬向气流。除了位于西太平洋和西大西洋的两个强急流核，还有第三个较弱的急流，其中心位于北非和中东。图 6.2 所示就是急流结构中相对于纬向对称的大偏差示意。在中纬度地区，亚洲急流核与北美西部低风速区之间的纬向风风速可能相差 3 倍。

正如前面所讨论的，尽管叠加了亚洲和北美地区急流的气候定常波分布显然主要受到了地形强迫的影响，但急流的结构也显然受到了海陆热力差异的影响。因此，亚洲和北美地区急流中的强垂直切变反映的是与超强经向温度梯度一致的热成风平衡。这种温度梯度发生在冬季亚洲和北美大陆的东部边缘附近，是由其东南方的暖水与西北方的冷陆之间的温差造成的。要比较令人满意地描述急流，不仅需要考虑其热力结构，还要考虑气块在进入急流时的西风加速和离开急流核时的西风减速。

为了理解急流中的准地转动量收支，以及它与天气分布观测结果之间的关系，我们来分析动量方程的纬向分量。不考虑 $\beta$ 效应，该方程可写为

$$\frac{\mathrm{d}_g u_g}{\mathrm{d}t} = f_0(v - v_g) \equiv f_0 v_a \qquad (10.70)$$

式中，$v_a$ 为非地转风的经向分量。这个方程说明，在气块进入急流时所经历的西风加速（$\mathrm{d}u_g / \mathrm{d}t > 0$）只能由向极非地转风分量（$v_a > 0$）提供；反过来，在气块离开急流时所经历的东风加速则需要有向赤道的非地转运动。图 10.17 给出了这种经向气流，以及与之伴随的垂直环流。要注意的是，这种次级环流是热力直接驱动的急流核上游。$v_a$ 为 2~3 m s$^{-1}$ 是根据纬向风加速的观测结果得到的，它比中纬度地区盛行的纬向平均间接环流（费雷尔环流）要大一个量级。然而，在急流核下游，次级环流虽然是热力非直接环流，但比纬向平均费雷尔环流强得多。有趣的是，急流向极（气旋性切变）一侧的垂直运动模态类似于与深厚瞬变斜压涡旋有关的垂直运动模态，即在与急流相关的定常槽西部下沉，在定常槽东部上升，如图 6.18 所示。

因为斜压不稳定天气尺度扰动的增长率与基本态热成风的强度成正比，所以太平洋和大西洋急流是风暴发展的重要源区这一事实也就不足为奇了。一般而言，瞬变斜压波在急流入口处发展，在向下游平流过程中增长，在急流出口区衰减。这些瞬变涡旋在维持急流结构的过程中所起的作用是相当复杂的。很强并且在风暴轴上向极输送的瞬变涡动热通量，似乎起着减弱气候平均急流的作用。但是，在对流层上层的瞬变涡动涡度通量则似乎起着维持急流结构的作用。在这两种情况下，为了维持平均热量和动量平衡，与急流有关的次级非地转环流倾向于部分平衡瞬变涡动涡度通量的影响。

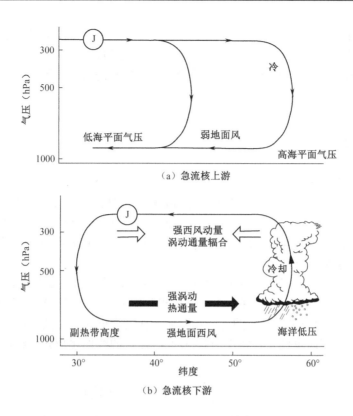

（a）急流核上游

（b）急流核下游

图 10.17　描述时间平均次级经圈环流（带箭头的细线）与急流核上游和下游处急流（用符号 J 表示）之间关系的经向剖面（引自 Blackmon et al.，1977；美国气象学会版权所有，许可复制）

# 10.6　低频变化

　　对大气环流的理解，不仅要考虑纬向平均分量和定常波分量及其年循环的变化，同时还要考虑时间尺度大于单个瞬变涡旋的不规则变率，低频变化通常用于描述这种大气环流分量。观测到的低频变化谱从仅维持 7～10 天的天气异常到长达数年的年际变率不等（参见 11.1.6 节）。

　　造成大气低频变化的一种可能原因是海表温度（SST）异常造成的强迫，而 SST 异常的形成则是由内在的海气相互作用引起的。由于海洋表面混合层具有巨大的热惯性，所以，这种异常的时间尺度远大于与大气中次季节变率相关异常的时间尺度，并且认为它们与季节和年际时间尺度的关系最显著。

　　但我们相信，尽管 SST 异常有利于出现特定类型的变化，但在没有 SST 异常强迫的情况下，由于大气内部的非线性动力学作用，还是会在中纬度地区出现很大的次季节尺度变率。高频瞬变波的位涡通量对大尺度异常的强迫就是大气内部生成低频变化的实例。这一过程对于大振幅准定常波扰动（阻塞系统）的维持是很重要的。某些类型的阻塞系统可能也与被称为孤立波的特殊非线性波动有关，此时由罗斯贝波频散造成的阻尼会被非线性平流造成的增强所平衡。尽管大多数内部过程都具有非线性特征，但也有证据表明，纬向变化的时间平均气流对于线性正压正交模可能是不稳定的，而这种线性正压正交模在空间上是定常的，在时间上是低频振荡的。这种全球尺度的模态可能是形成某些遥相关型观测结果的原因。

### 10.6.1　气候型

我们很早就注意到，中纬度地区大气环流一直在所谓的"高指数"状态和"低指数"状态之间转换。前者指的是纬向气流强、波动振幅小的环流，后者则是指纬向气流弱、波动振幅大的环流。这种情况说明一种特定外强迫对应着不止一种气候型，并且气候观测结果是以混沌的形式在各气候型之间来回转换的。高指数状态和低指数状态是否对应不同的准稳定气候型，还是一个有争议的问题。

气候型的概念也可以用 Charney 和 DeVore（1979）发展的高度简化大气模式来描述。他们分析了地形阻尼罗斯贝波与纬向平均气流相互作用时产生的平衡平均状态。该大气模式是对 5.7.2 节地形罗斯贝波分析的进一步拓展。在这个模式中，波动扰动由式（5.118）控制，它是叠加了弱阻尼的正压涡度方程式（5.113）的线性化形式。纬向平均气流受如下正压动量方程的控制：

$$\frac{\partial \overline{u}}{\partial t} = -D(\overline{u}) - \kappa(\overline{u} - U_e) \tag{10.71}$$

式中，右端第一项表示波动与平均气流相互作用造成的强迫，第二项表示向着外部确定性基本态气流 $U_e$ 的线性张弛。

从式（5.113）出发，将平均气流分为纬向平均和涡动两部分，并求纬向平均后可得

$$\frac{\partial}{\partial t}\left(-\frac{\partial \overline{u}}{\partial y}\right) = -\frac{\partial}{\partial y}\left(\overline{v_g' \zeta_g'}\right) - \frac{f_0}{H}\frac{\partial}{\partial y}\left(\overline{v_g' h_T}\right)$$

上式对 $y$ 积分，再加上外部强迫项后，就可以得到纬向平均方程式（10.71），并且有

$$D(\overline{u}) = -\overline{v_g' \zeta_g'} - \left(\frac{f_0}{H}\right)\overline{v_g' h_T} \tag{10.72}$$

如习题 10.5 所述，扰动涡度通量，即式（10.72）右端第一项，与涡动动量通量的散度成正比；第二项有时也被称为地形阻力，它在正压模式中的作用相当于角动量平衡方程式（10.43）中的地表气压力矩项。

如果假定 $h_T$ 和涡动地转流函数分别由式（5.115）和式（5.116）给出的 $x$ 方向和 $y$ 方向的单一谐波分量构成，那么其涡度通量为 0，并且利用式（5.119），可将地形阻力写为

$$D(\overline{u}) = -\left(\frac{f_0}{H}\right)\overline{v_g' h_T} = \left(\frac{rK^2 f_0^2}{2\overline{u}H^2}\right)\frac{h_0^2 \cos^2 ly}{\left[(K^2 - K_s^2)^2 + \varepsilon^2\right]} \tag{10.73}$$

式中，$r$ 为边界层耗散造成的旋转减弱速率，$\varepsilon$ 由式（5.119）定义，$K_s$ 是式（5.112）定义的共振定常罗斯贝波数。

如图 10.18 所示，根据式（10.73）显然可知，当 $\overline{u} = \beta / K^2$ 时，地形阻力具有最大值。但当 $\overline{u}$ 增大时，式（10.71）的最后一项会线性减小。因此，当取适当参数时，存在 3 个 $\overline{u}$ 值

（图 10.18 中用点 A、B、C 表示），对应着当波动阻力与外强迫平衡时可能存在的 3 个定态解。在点 A、B、C 附近对定态解进行扰动，很容易可以证明点 B 对应的是不稳定平衡态，而点 A 和点 C 对应的是稳定平衡态（参见习题 10.12）。点 A 对应低指数平衡态，即类似于阻塞型的大振幅波动；点 C 对应高指数平衡态，即强的西风气流和弱的波动。由此可见，对于这个高度简化的大气模式而言，相同的强迫对应着两种可能的气候态。

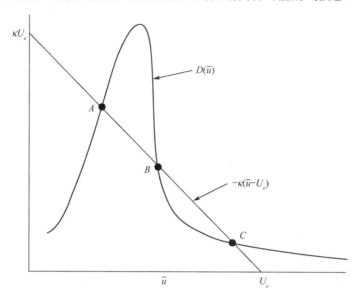

图 10.18　Charney-DeVore 模式的定态解示意（引自 Held，1983）

　　Charney-DeVore 模式是一个高度简化的大气模式。包含更多自由度的模式一般不会有多个定态解，相反却存在（不稳定）解向特定气候型集中的趋势，并且气候型之间的转换是不可预测的。这种行为是各种非线性动力学系统的特征，常被称为混沌（参见 13.7 节）。

## 10.6.2　环状模

　　如果将次级经向模态叠加到 Chaney-DeVore 模式（见练习题 M10.2），就可以得到振荡解，并且与南、北半球中纬度大气环流变率主导模态的观测结果定性相似。这些观测模态被称为环状模，其特征表现为极地和中纬度地区反号的位势异常，以及对应的 45°N 附近向极和向赤道方向反号的平均纬向风异常，如图 10.19 所示。环状模在对流层常年存在，但在冬季最强，会伸展进入平流层，特别是在北半球。与环状模有关的纬向对称平均气流异常显然是靠异常的涡动动量通量来维持的，而后者又受到了纬向对称气流异常的影响。

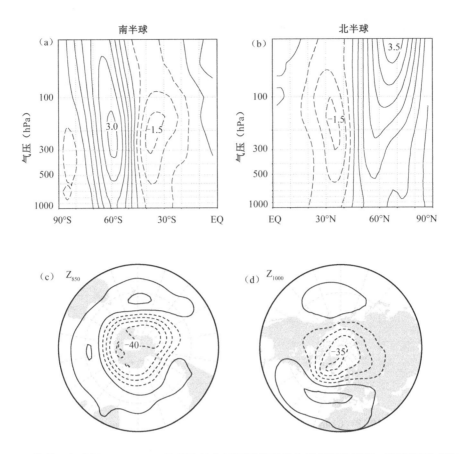

图 10.19　环状模回归分析。(a)、(b) 为平均纬向风环状模异常典型振幅的纬度—高度剖面（纵坐标为气压，单位：hPa；等值线间隔 0.5 m s$^{-1}$）；(c)、(d) 为对流层下层位势高度场（等值线间隔 10 m）。左图为南半球；右图为北半球。图中给出的位相对应高指数状态（强极涡），低指数状态是具有相反符号的异常（引自 Thompson 和 Wallance，2000；美国气象学会版权所有，特许复制）

对于冬季环状模向下游传播的研究表明，平流层环流的变化可能超前于对流层环状模的变化。对流层与平流层的动力学联系将在第 12 章进一步讨论。

## 10.6.3　海表温度异常

海表温度异常会通过改变海洋释放的潜热和感热通量，进而提供不规则的加热形态来影响大气。海表温度异常在激发全球尺度响应方面的效果依赖于其产生罗斯贝波的能力。只有通过对涡度场的扰动，才能使热量异常场产生罗斯贝波响应。这就要求热量异常产生一个异常垂直运动场，再反过来产生异常的涡管拉伸。

对于低频扰动，热力学方程式（10.5）可近似写为

$$V \cdot \nabla T + \frac{wN^2H}{R} \approx \frac{J}{c_p} \qquad (10.74)$$

可以看出，非绝热加热会被水平温度平流或由垂直运动造成的绝热冷却平衡。海表温度异常导致的绝热加热产生罗斯贝波的能力取决于哪些过程占主导。在中纬度地区，海表温度异常主要产生低层加热，而这种加热主要由水平温度平流来平衡。在热带地区，正的海表温度异常与增强的对流有关，其导致的非绝热加热则被绝热冷却平衡。热带异常在西太平洋的作用最大，该地区的平均海表温度非常高，由于饱和水汽压随温度升高成指数增大，因此，即使很小的正海表温度异常也会产生很大的蒸发增长。根据质量连续性原理，在积云对流中的上升运动需要在对流层下层辐合、上层辐散。

低层辐合使环境变得湿润和不稳定，起着维持对流的作用，而上层辐散则会产生涡度异常。如果平均气流在上层辐散区为西风，那么受迫产生的涡度异常就会形成定常罗斯贝波。图 10.20 就是在北半球冬季对流层上层观测到的涡度异常有关的高度异常。这可以很好地说明，如正压罗斯贝波理论（参见 10.5.1 节）所预测的，定常罗斯贝波从赤道源区出发，沿着大圆路径传播。通过这种方式，热带海表温度异常就可能会在中纬度地区产生低频变化。海表温度异常和内部变率的作用可能并不是完全独立的。特别地，相对于没有海表温度异常的情况，大气更有可能倾向于优先停留在异常气流与如图 10.20 所示的高度场异常型相关的气候型上。

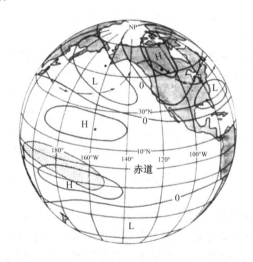

图 10.20　在北半球冬季热带太平洋地区一次 ENSO 事件期间，对流层中高层处的高度场异常型。阴影为热带降水增强的区域；箭头为异常条件下 200 hPa 层的流线；H 和 L 分别表示异常高压和异常低压。如正压罗斯贝波理论所预测的，高度场异常型以群速度的向东分量沿着大圆路径传播（引自 Horel 和 Wallace，1981；美国气象学会版权所有，许可复制）

# 10.7 大气环流的数值模拟

要定量模拟目前的气候，或者要预测人类有意或无意介入对气候的可能改变，唯一可能的方式是借助计算机进行数值模拟。大气环流模式（AGCM）与大尺度数值天气预报模式（参见第 13 章）的类似之处在于它们都试图精确地模拟天气尺度扰动。但是，数值天气预报是初值问题，要求从特定初始状态出发来计算大气的演变；而大气环流模拟则是边值问题，平均环流是在特定外强迫条件下计算的。

在很多大气环流模式中，海表温度被视为一种强迫。当然，在实际情况下，大气与海洋间有强烈的相互作用，即风驱动洋流，影响海表温度分布，后者再反过来影响大气。这种相互作用可以使用被称为地球系统模式（ESM）的耦合气候模式来模拟，它包含了通量耦合器，可以将大气与海洋、陆面、生物圈和冰雪圈等气候系统中的其他分量联系起来。AGCM 的动力学内核涉及动力气象学方程组的数值解，完全有可能与已知的球面上的非线性分析解进行比较，但与 AGCM 不同，全耦合模式的解是未知的。因此，对于地球系统模式而言，其检验通常包括模拟统计结果与仪器观测结果的比较。

大气模式比较计划（AMIP）设计了一系列标准化的实验，通过使模拟的很多方面保持固定来方便地比较不同模式的性能。在实验中，配置了指定的海表温度和海冰边界条件，以及臭氧、二氧化碳等对辐射而言很重要的气体的浓度和分布。类似地，耦合模式比较计划（CMIP）则提供了一套标准化方案来比较地球系统模式。AMIP 和 CMIP 所收集的数据为开展气候研究和模式比较提供了有用的样本信息，而且这些数据是在网络上免费提供的。

人们发展 AGCM 和 ESM 的兴趣不仅来自对基础研究的追求，同时也来自预报未来气候的社会需求。政府间气候变化专门委员会（IPCC）定期发布的报告对这些模式计划的结果进行了全面总结，并详细回顾了在气候研究领域的最新成果。这些报告中的预测一致指出，由于假想的二氧化碳倍增，相对于工业革命前，全球地表平均温度上升了 $2.0\sim 4.5\,^{\circ}\mathrm{C}$。这些实验还表明，有很小但非比寻常的概率全球地表平均温度上升幅度可能更大。10.8 节对气候敏感性分析的介绍，可以为我们理解这种令人不安的大范围不确定性的来源提供定量基础。

由于大气环流模拟非常复杂，并且有很多重要的应用，因此它已成为高度专业化的工作，不可能用很短的篇幅涵盖足够多的内容。这里只能给出对基本物理过程的总结，以及一个气候模拟的应用实例。对数值天气预报模式在技术方面的简要讨论将在第 13 章给出。

## 10.7.1 动力学框架

大多数大气环流模式都基于 10.3.1 节引入的在 $\sigma$ 坐标系下的原始方程组。$\sigma$ 坐标系既尽可能地保留了 $p$ 坐标系的动力学优势，又简化了对地表边界条件的描述。

在 $\sigma$ 坐标系中最简单的 GCM 预报方程组包括水平动量方程式（10.30）、质量连续方程式（10.34）、热力学方程式（10.36），以及如下水汽连续方程：

$$\frac{\mathrm{d}}{\mathrm{d}t}(q_v) = P_v \tag{10.75}$$

式中，$q_v$ 为水汽混合比，$P_v$ 为所有源、汇之和。此外，还需要静力学方程式（10.35）来提供位势高度场与温度场之间的诊断关系。最后，还需要一个表达式来确定地表气压 $p_s(x, y, t)$ 的演变，这可以通过对式（10.34）在垂直方向上积分，并利用 $\sigma = 0$ 和 $\sigma = 1$ 处 $\dot{\sigma} = 0$ 的边界条件得到，其具体形式为

$$\frac{\partial p_s}{\partial t} = -\int_0^1 \nabla \cdot (p_s \boldsymbol{V}) \mathrm{d}\sigma \qquad （10.76）$$

将大气分为若干层，并利用有限差分网格，通常就可以表示其垂直变化。AGCM 的预报层通常从地表伸展到 30 km 高度，间隔取为 1～3 km。但有些模式可能会有更多层次，可以一直伸展到中间层顶。全球模式的水平分辨率变化特别大，有效网格尺度从数百千米到小于 100 km 不等。

## 10.7.2  物理过程和参数化

图 10.21 所示是在典型大气环流模式中各种类型的地表和大气过程及其相互作用的示意。在物理过程中最重要的类型包括辐射、云和降水、湍流混合和交换。

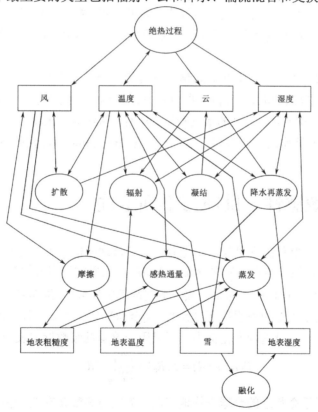

图 10.21  在大气环流模式中通常包含的物理过程及其相互作用示意。箭头的粗细粗略地表示物理过程间相互作用的重要性（引自 Simmons 和 Bengtsson，1984；剑桥大学出版社版权所有，许可使用）

正如 10.1 节所指出的，驱动大气环流的基本过程是不均匀辐射加热，这会导致相对于高纬地区，在低纬地区有热量的净收入。大气环流和海洋环流提供了能量平衡所需的经

向和垂直热量传输。

在地表吸收的太阳辐射中有一半用于蒸发水分，从而使大气变得湿润。太阳辐射加热在大气中的主要表现形式是与对流云有关的潜热释放。蒸发的全球分布明显依赖于海表温度，而海表温度本身又依赖于海洋环流，以及与大气的相互作用。这就是为什么为了深入理解大尺度海气相互作用对气候的影响，重要的是要运行将海表温度作为预报量的海气耦合 GCM。但是到目前为止，大多数 AGCM 使用的仍然是给定的月平均或季平均海表温度。在陆地上，地表温度通过迅速调整来改变太阳辐射通量和红外辐射的通量，并且地表温度是由地表能量平衡方程确定的。

太阳辐射造成的大气辐射加热，以及长波辐射引起的加热和冷却都可以利用不同复杂程度的辐射传输模式来计算。在这些模式中经常会用到诸如二氧化碳、臭氧甚至云量等对辐射而言很重要成分的纬向平均分布，但更完备的模式还会在其辐射代码中用到模式预报的纬向变化和时间变化的云量。

在大多数 AGCM 中，动量、热量和水分的边界层通量都是利用整体空气动力学公式（参见 8.3.1 节）来进行参数化处理的。在通常情况下，将通量取为正比于最低层大气水平速度和边界处场变量值与其在最低层大气值之差的乘积。在某些模式中，边界层是通过在最下面 2 km 内确定若干预报层，并在湍流通量参数化方案中利用模式预报的边界层静力稳定性来显式求解的。

水分循环通常用参数化方案和显式预报方案相结合的方法来表示。水汽混合比一般是显式预报场之一。层状云和大尺度降水的分布是通过预报得到的湿度分布来确定的，即当湿度预报结果超过 100% 时，多余的水汽凝结，从而使水汽混合比减小，使空气达到饱和或接近饱和。对流云和降水的分布必须使用关于平均态热力和湿度结构的参数化过程来表示。

# 10.8  气候敏感性、反馈与不确定性

如前所述，在二氧化碳含量相对于工业革命前倍增的情景下，ESM 的预报结果指出，全球会增暖约 3℃，但是预报的概率分布是倾斜的，向着大得多的增暖方向伸展。为了理解这种不确定性的来源，我们来简要回顾一下气候敏感性分析。通常将气候敏感性定义为，因改变地球系统热量收支的外强迫所导致的、使全球平均温度从一种平衡状态调整到另一种平衡状态的变化。假设这种变化很小，可以用一阶泰勒级数近似表示为

$$T(R_0 + \delta R) = T(R_0) + \left.\frac{\partial T}{\partial R}\right|_{R_0} \delta R \tag{10.77}$$

这里假定处于平衡状态的全球平均地表温度 $T$ 仅与参数 $R$ 有关，并且可将这个参数取为地表的净辐射加热，$R_0$ 则是其无扰动气候值。将辐射加热扰动 $\delta R$ 后的线性响应可写为

$$\delta T = \left.\frac{\partial T}{\partial R}\right|_{R_0} \delta R = \lambda \delta R \tag{10.78}$$

式中，$\lambda$ 为气候敏感性参数，它决定着在给定强迫条件下温度的变化量。有一种常见的实

验可以利用气候模式确定 $\lambda$。这种实验通过瞬时浓度倍增来扰动二氧化碳场，然后对模式积分使其到达新的平衡态（全球平均地面温度达到新的时间平均值）。结果表明，强的温室强迫，会导致初始时出现相对较快的响应，在大约 50 年内出现一半的增温，接下来则通过相对较慢的渐进过程达到新的平衡值，这一过程需要 1000 年。

朝着新平衡状态的演变涉及地球系统中多个方面的相互作用，包括后面将要讨论的反馈过程。在不考虑反馈的情况下，在上述实验中由于大约 $4\ \mathrm{W\ m^{-2}}$ 的 $\delta R_0$ 会产生 $\delta T_0 \approx 1.2\ ℃$ 的增暖，从而得到 $0.3\ \mathrm{K\ (W\ m^{-2})^{-1}}$ 的"控制"气候敏感性。通过反馈过程按照"输出结果" $\delta T$ 以一定比例增大或减小这个控制值。这样，$\delta T$ 可写为

$$\delta T = \delta T_0 + f\delta T \qquad (10.79)$$

式中"反馈因子" $f$ 控制着放大的程度。反馈过程是由依赖于温度的物理过程（例如，会影响辐射强迫的云）造成的。因此，取 $R(\alpha_i(T))$，其中 $\alpha_i$ 代表物理过程，在式（10.78）中利用链式法则，则有

$$\delta T = \lambda\delta R_0 + \lambda\sum_i \frac{\partial R}{\partial \alpha_i}\frac{\partial \alpha_i}{\partial T}\delta T \qquad (10.80)$$

如果反馈因子满足

$$f = \lambda\sum_i \frac{\partial R}{\partial \alpha_i}\frac{\partial \alpha_i}{\partial T} \qquad (10.81)$$

则式（10.80）与式（10.79）相同。在式（10.79）中求解 $\delta T$，则有

$$\delta T = \frac{\delta T_0}{1-f} \qquad (10.82)$$

如果反馈因子为正，反馈过程就会将控制响应放大到给定的强迫；$f \geqslant 1$ 表示非物理解。需要注意的是，由于 $1/(1-f)$ 是非线性函数[3]，$f$ 很小的改变就会导致 $\delta T$ 出现很大的变化。这一事实如图 10.22 所示，它说明了在气候预测中不确定性的本质。气候模式是自然系统的近似，有很多不确定性的来源，这就意味着反馈因子也存在着不确定性（在图 10.22 中将其假定为高斯分布）。这种反馈因子的不确定性会投影成关于 $\delta T$ 的非高斯分布，相对于该分布的平均值（3℃）有一个大幅增暖（8~12℃）的"长尾巴"。要缩短这个"长尾巴"，就需要使反馈因子的分布变窄。由于总的反馈因子是若干反馈过程之和 [见式（10.80）]，这就给复杂地球系统模式提出了一个艰巨的任务，但这种情况在经过适当调校的较简单地球系统模式中更加容易处理。

在 ESM 的诸多反馈过程中，下面几种是目前认为最为重要的。

（1）水汽反馈是根据克拉珀龙—克劳修斯方程中水蒸气的饱和水汽压随着温度的升高而增大的事实得到的。水汽是地球大气中最重要的温室气体。假设相对湿度不变，当诸如 $CO_2$ 强迫这样的过程导致温度升高时，由于大气中的水汽含量也是增大的，所以就会产生进一步的增暖，从而出现正反馈过程。反之，产生冷却的强迫会使饱和水汽压减小，从而导致进一步的冷却。

---

[3] 当对小的反馈因子取极限时，有 $1/(1-f) \approx 1+f$。此时表示线性反馈，与式（10.79）中当反馈过程与控制值成正比（$\delta T = \delta T_0 + f\delta T_0$）时一致，也与式（10.80）中当物理过程 $\alpha_i$ 与温度无关时一致。

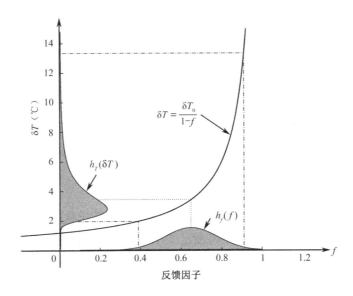

图 10.22　式（10.82）（实线）是如何将反馈因子 $f$（横坐标）中的不确定性投影到温度平衡变化 $\delta T$（纵坐标）中的不确定性的。灰色阴影表示概率密度函数，为了描述方便，这里将反馈因子假定为高斯分布；控制平衡温度变化取为 3℃；点线（虚线）表示反馈因子的平均值（95%置信区间）（引自 Roe 和 Baker，2007；许可改编）

　　（2）冰—反照率反馈是由于冰能够强烈反射太阳辐射，而冰量的减少会导致行星反照率减小，从而使温度升高，导致冰量进一步减少；反过来，冰量的增加会导致行星反照率增大，从而使温度降低，导致冰量进一步增加。

　　（3）云反馈有各种各样的形式，但其中特别简单的一种涉及低云的覆盖区域。低云在接近地表温度时会释放辐射，因此它们对向外长波辐射几乎没有影响，但因为它们具有很高的反射能力，所以可以减小净入射太阳辐射。因此，如果增暖导致低云显著减小，那么由于行星反照率减小，会触发正反馈过程，导致进一步增暖。反过来，如果增暖导致低云进一步增加，则会出现负反馈过程。

　　（4）递减率反馈是由递减率倾向于沿着饱和绝热曲线这一事实产生的，特别是在热带地区。因为随着温度的升高，饱和绝热曲线会变得不再那么陡峭（对被抬升的气块而言，会有更多的潜热来抵消绝热冷却），又因为较小的递减率会导致较小的加热，所以会出现负反馈过程。反过来，当温度减小时会增大递减率，从而导致进一步冷却。

# 推荐参考文献

　　James 著作的 *Introduction to Circulating Atmospheres*（《大气环流导论》），对全球大气环流的观测和理论有非常好的介绍。

Lorenz 著作的 *The Nature and Theory of the General Circulation of the Atmosphere*（《大气环流的性质和理论》），尽管出版时间较早，但对相关内容在观测和理论方面都有非常好的概括。

Randall 等编写的 *General Circulation Model Development*（《大气环流模式的发展》），其中的论文涵盖了大气环流模拟的所有方面。

Schieider（2006）对现代大气环流研究做了回顾。

Washington 和 Parkinson 著作的 *An Introduction to Three-Dimensional Climate Modeling*（《三维气候模拟引论》），内容涵盖了大气环流模拟的物理基础和计算问题。

 # 习题

10.1　根据在 $p$ 坐标系中的热力学方程式（2.42），推导该方程在对数压力坐标系中的形式，即式（10.5）。

10.2　证明在 $\sigma$ 坐标系中，质量元 $\rho_0\delta x\delta y\delta z$ 在形式上还可写为 $-g^{-1}p_s\delta x\delta y\delta\sigma$。

10.3　假设赤道上 200 hPa 高度处的平均纬向风 $\bar{u}=0$，并且绝对角动量与纬度无关，请计算 30°N 处的 $\bar{u}$，并说明对涡动运动的作用而言，这一结果有什么意义。

10.4　通过尺度分析，证明对于准地转运动而言，在纬向平均方程式（10.11）和式（10.12）中可以略去平均经圈环流引起的平流。

10.5　证明对于准地转涡旋而言，式（10.15）右端方括号中按顺序展开后的倒数第二项正比于涡动经向相对涡度通量的垂直导数。

10.6　从式（10.16）～式（10.19）出发，推导剩余流函数式（10.21）的控制方程。

10.7　利用图 10.13 给出的观测数据，计算经过每种可能的能量转换或损失，恢复或耗尽能量储备观测值所需的时间（1W=1 J s$^{-1}$）。

10.8　已知有如下地面气压和地形高度分布：

$$p_s = p_0 + \hat{p}\sin kx, \quad h = \hat{h}\sin(kx-\gamma)$$

其中，$p_0 = 1000\ \text{hPa}$，$\hat{p}=10\ \text{hPa}$，$\hat{h}=2.5\times10^3\ \text{m}$，$\gamma=\pi/6\ \text{rad}$，$k=1/(a\cos\phi)$，这里 $\phi=\pi/4$ 为纬度，$a$ 为地球半径。计算地形施加于单位水平面积大气的表面力矩（单位取为 kg s$^{-2}$）。

10.9　从式（10.66）和式（10.67）出发，证明定常罗斯贝波相对于地表的群速度垂直于波峰，并且其值由式（10.69）给出。

10.10　已知在内径为 0.8 m、外径为 1.0 m、深为 0.1 m 的旋转圆筒中盛满热力层结流体，其下边界温度为常数 $T_0$。假定流体满足式（10.76）的状态方程，其中，$\rho_0=10^3\ \text{kg m}^{-3}$，$\varepsilon=2\times10^{-4}\ \text{K}^{-1}$。如果温度沿着外径边界以 1℃ cm$^{-1}$ 的速度随高度升高线性增大，而在内径边界上随高度升高保持定常，请计算当旋转速度 $\Omega=1\ \text{rad s}^{-1}$ 时，上边界处的地转速度（假设温度与每层的半径有线性关系）。

10.11  针对图 10.18 中关于平衡点的小扰动，通过分析 $\partial \bar{u} / \partial t$，证明点 $B$ 为不稳定平衡点，而点 $A$ 和点 $C$ 是稳定的。

# MATLAB 练习题

　　M10.1  MATLAB 脚本 topo_wave_1.m 利用有限差分方法，假定有定常平均纬向风，并且在受到环状山脉强迫的条件下，求解在中纬度 $\beta$ 平面上的线性化涡度方程（5.118）。这里取山脉高度 $h_T(x, y) = h_0 L^2 (L^2 + x^2 + y^2)^{-1}$，其中 $h_0$ 和 $L$ 分别是表示山脉高度尺度和水平尺度的常数。分别取纬向风为 $5\,\mathrm{m\,s^{-1}}$、$10\,\mathrm{m\,s^{-1}}$、$15\,\mathrm{m\,s^{-1}}$ 和 $20\,\mathrm{m\,s^{-1}}$，运行脚本，然后估算在每种情况下山脉背风坡形成的向北和向南罗斯贝波波列的水平波长和群速度，并将得到的结果与 10.5.1 节的对应表达式进行比较。

　　M10.2  MATLAB 脚本 C_D_model.m 是 10.6.1 节 Charney 和 Devore（1979）建立模式的双经向模态版本。根据第一模态纬向平均流函数［在脚本中用 zf（1）表示］的强迫及该模态的初始振幅［在脚本中用 zinit（1）表示］，这个模式的解可以是稳定态、时间周期解、不规则变化解。分别取强迫值 zf（1）=0.1、0.2、0.3、0.4 和 0.5，并在每种情况下，分别取初始条件为 zinit（1）=zf（1）和 zinit（1）=0.1，运行两次脚本。请分别说明上述 10 次实验得到的解是稳定的、周期的，还是不规则的；计算在上述每种情况下，当无量纲时间间隔 $2000 < t < 3000$ 时平均纬向风的时间平均值；这里得到的结果与图 10.18 所示的结果一致吗？在分析时要注意，在每种情况下流函数倾向于与地形同相还是反相，以及得到的结果是否与 5.7.2 节的地形罗斯贝波解定性一致。

　　M10.3  MATLAB 脚本 baroclinic_1.m 简单展示了斜压涡旋对平均气流的影响。通过计算与不稳定斜压波有关的经向涡度通量和热量通量造成的纬向平均气流分量 $U_m$ 和 $U_T$ 的演变，该脚本对 7.2 节讨论的两层斜压不稳定性模式进行了进一步拓展。这里的计算是在中纬度 $\beta$ 平面上进行的，同时还考虑了弱的埃克曼层阻尼。涡旋受 7.2 节线性化模型的控制（取 6000 km 的固定纬向波长），但纬向平均气流受涡旋—平均气流相互作用的影响，并且其演变是涡旋热量通量和动量通量作用的结果。在这个模式中，平均热成风朝着斜压不稳定辐射平衡状态（在代码中用 U0rad 表示）松弛，而这种状态是在经向方向上的正弦分布；此外，还假定在南北边界上的平均风分量 $U_m$ 和 $U_T$ 为 0。分别取 U0rad=$10\,\mathrm{m\,s^{-1}}$、$20\,\mathrm{m\,s^{-1}}$、$30\,\mathrm{m\,s^{-1}}$ 和 $40\,\mathrm{m\,s^{-1}}$，运行该模式。在每种情况下，模式都需要运行足够长的时间，以确保涡动动能达到平衡。请列表给出在每种情况下 $U_m$ 和 $U_T$ 的最大值，并利用 7.2 节的斜压不稳定性理论解释得到的结果。

# 第11章

# 热带大气动力学

●●●●●●●●

在本书前面的所有章节中，我们都强调的是中纬度地区的环流系统（例如，纬度大于 $30°$ 左右的区域）。这种强调并不意味着我们对热带地区的大气运动系统缺乏兴趣，而是因为热带大气环流动力学相对比较复杂。没有一种类似于准地转理论的简单理论框架可以使我们对热带大尺度运动有全面的理解。

在热带地区之外，天气尺度扰动的首要能量来源是与经向温度梯度有关的纬向有效位能。观测表明，潜热释放和辐射加热通常是中纬度地区天气尺度系统能量的次要来源。但是在热带地区，由于热带大气的温度梯度非常小，因此其存储的有效位能是很少的；潜热释放才是其首要的能量来源，至少对赤道地区内生成的扰动是这样的。尽管热带地区的大部分降水都来自对流云系层状云的中尺度区域，并且这些云系本身通常是叠加在大尺度环流之上的，但大多数潜热释放的发生还是与对流云系有关。

与热带降水有关的绝热加热不仅会引起大气环流的局地响应，而且会通过激发赤道波产生远程响应。由此可见，积云对流、中尺度环流和大尺度环流之间存在很强的相互作用，这对于理解热带运动系统是极端重要的。此外，海表温度（SST）变化对热带地区非绝热加热分布的影响非常大；反过来，大气运动也会强烈影响 SST 的变化。

对热带大气环流的理解需要考虑赤道波动动力学、积云对流和中尺度环流与大尺度运动的相互作用，以及海气相互作用。对这些问题的详细讨论已超出了介绍性内容的范畴。尽管如此，因为热带地区在大气环流中起着基础性作用，而且热带地区与中纬度地区间的耦合是在中纬度地区延伸期预报中需要重点考虑的问题，所以在以中纬度地区为重点的讨论中也需要涉及有关热带地区的某些问题。

当然，不可能总是很清楚地将热带系统和中纬度系统区分开来。根据所在季节和所处地理位置的不同，可以同时在副热带地区（纬度约 $30°$ 处）的环流系统中观测到热带和中纬度环流系统所具有的特征。为了使本章的讨论尽可能简单，我们将分析的范围集中于南北纬 $30°$ 以内。在这个区域内，中纬度环流系统的影响可以最小。

# 11.1 大尺度热带环流的观测结构

由于能量来源的性质，以及比较小的科氏参数，赤道大尺度运动系统具有若干与中纬度大尺度系统截然不同的独特结构特征。这些特征中的大部分可以用 11.3 节提出的赤道波动理论来理解。但在讨论赤道波动理论之前，有必要对热带大气环流的某些主要观测结果进行总结。

## 11.1.1 热带辐合带

一般来讲，热带大气环流是由热力直接哈德莱环流构成的。南、北半球对流层低层的大气会朝着赤道方向的热带辐合带（ITCZ）运动；根据连续性原理，大气在该处受迫上升后，会向着极地运动，从而将热量通过对流层上层从赤道输送到两个半球。但是，这种简单的大尺度翻转模型与相当位温（$\theta_e$）垂直廓线的观测结果并不一致。如图 11.1 所示，平均而言，热带大气在约 600 hPa 以上是条件稳定的。由此可见，要使大尺度上升气流存在，就需要使对流层上层 $\theta_e$ 的梯度增大，并使 ITCZ 所在区域的对流层上层冷却。这种环流不能产生位能，因此也就不能满足赤道地区热量平衡的要求。

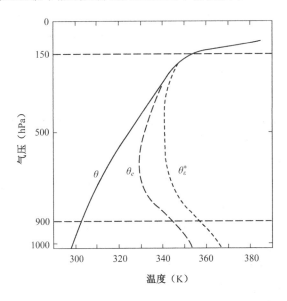

图 11.1　典型的热带大气探空曲线。图中给出了位温 $\theta$、相当位温 $\theta_e$，以及每层上在相同温度条件下假定饱和大气的相当位温 $\theta_e^*$。本图应当与图 2.8 进行比较，后者给出的是中纬度飑线探空的类似廓线（引自 Ooyama，1969；美国气象学会版权所有，许可复制）

可以看出，在 ITCZ 中，能将热量从地面有效输送到对流层上层的唯一方法是通过大规模积雨云核中的假绝热上升（常被称为"热塔现象"）。对于这种运动，云团会使 $\theta_e$ 近似保持不变，因此它们会携带着适度偏高的温度到达对流层上层。如果将在 ITCZ 中的垂直运动主要局限为个别对流单体的上升气流，那么至少可以定性计算赤道地区的热量平衡。Riehl 和 Malkus（1958）的估算表明，全球只需要同时存在 1500～5000 个独立热塔，就可以满足在 ITCZ 中所需的垂直热量输送。

可将 ITCZ 视为由强烈积云对流组成的狭窄纬向带状分布区域。这一观点已经得到了观测结果，特别是卫星云图的确认。图 11.2 就是其中的一个例子，它给出的是 1983 年 8 月 14 日至 11 月 17 日热带地区红外辐射亮温。低亮温表示出现了对流风暴的深厚砧状云特征。ITCZ 表现为 5°～10°N 横贯大西洋和太平洋的深对流云带。

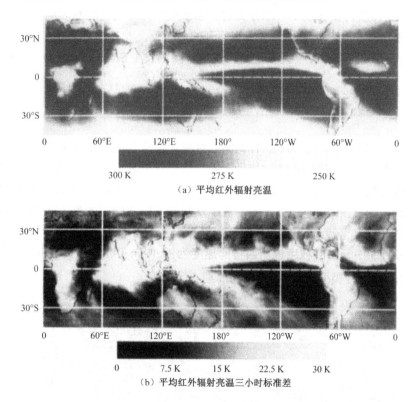

（a）平均红外辐射亮温

（b）平均红外辐射亮温三小时标准差

图 11.2　1983 年 8 月 14 日至 11 月 17 日的时间平均红外辐射亮温及相应的三小时标准差。低亮温表示高层有冷的砧状云出现（引自 Salby et al.，1991；美国气象学会版权所有，许可复制）

观测表明，ITCZ 内的降水远远超过下方海表蒸发提供的水分。因此，维持 ITCZ 中对流所需的大多数水汽必然是由对流层低层的信风辐合提供的。通过这种方式，大尺度气流提供维持对流所需的潜热。对流加热反过来又会在对流层中层产生大尺度温度扰动，并在地表和上层大气中产生气压扰动（通过流体静力调整），以维持低层的气流流入。

上述对 ITCZ 的描述实际上是过于简单的。在实际情况下，海洋上的 ITCZ 几乎不会是很长的连续强对流云带，也不会正好出现在赤道上；相反，它通常由很多尺度为数百千米的不同云团组成，云团之间则是相对比较晴朗的天空。ITCZ 的强度在时间上和空间上都是十分多变的。它特别具有持续性且界限非常分明，通常位于 $5°\sim10°N$ 的太平洋和大西洋上（见图 11.2），偶尔也会出现在 $5°\sim10°S$ 的西太平洋上。

图 11.2 表明，不仅与 ITCZ 有关的平均深对流出现在 $5°\sim10°N$ 的纬度带，而且深对流标准差的最大值也出现在这个位置。这与 ITCZ 不仅是发生稳态降水和平均抬升的区域，而且是出现瞬变云团的位置的观点一致。图 11.2 中海洋上沿着赤道的干燥区也是一个特别显著的特征。

上述讨论表明，与 ITCZ 有关的垂直质量通量具有重要的区域变化。尽管如此，它仍然存在显著的纬向平均分量，组成了平均哈德莱环流的向上质量通量。如图 10.7 所示，这种哈德莱环流由南、北半球低纬度地区的翻转热力直接环流构成。哈德莱环流的中心位于 ITCZ 的平均纬度，并且其冬半球分支明显强于夏半球分支。观测表明，关于赤道对称的两个哈德莱环流在春、秋季是几乎观测不到的。相反，北半球环流在 11 月至次年 3 月占主导，南半球环流则在 5—9 月占主导，快速转换则发生在 4 月和 10 月（Oort，1983）。

## 11.1.2　赤道波扰动

如图 11.2（b）所示，与 ITCZ 有关的云量变化通常是由瞬时降水区造成的，这种降水区又与沿着 ITCZ 西传的弱赤道波扰动有关。从逐日卫星云图切割成纬向窄条后拼接而成的时间—经向剖面上很容易可以看出，这种西传扰动确实存在，并且是形成 ITCZ 中大部分云的原因。图 11.3 就是一个例子，图中从左到右向下倾斜的整齐云带就可以将云团的位置定义为时间和经度的函数。显然，太平洋上 $5°\sim10°N$ 纬带内的大多数云都与西传扰动有关。图 11.3 中云带的坡度说明西传的速度为 $8\sim10\ \mathrm{m\ s^{-1}}$。云带的经向间距为 $3000\sim4000\ \mathrm{km}$，对应着这种类型波动 $4\sim5$ 天的周期。

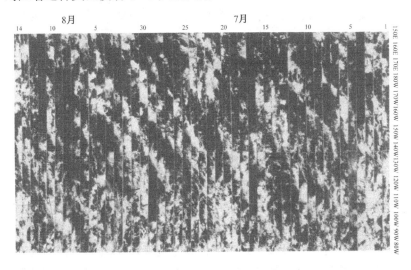

图 11.3　1967 年 7 月 1 日至 8 月 14 日，太平洋地区 $5°\sim10°S$ 纬度带内卫星图像的时间—经向剖面。云团的西传特征可以从图中从左到右向下倾斜的整齐云带看出（引自 Chang，1970；美国气象学会版权所有，许可复制）

诊断分析表明，这些西传扰动通常是由与其相伴的对流降水区的潜热释放驱动的。图 11.4 给出的是典型赤道波扰动的垂直结构示意。在这种扰动中的垂直运动正比于非绝热加热率，因此最大垂直速度会出现在对流区。根据质量连续性原理，在对流区必然存在低层辐合和高层辐散。因此，如果绝对涡度与 $f$ 同号，那么在涡度方程中的散度项就会在对流层低层诱生气旋性涡度倾向，在对流层高层诱生反气旋性涡度倾向。接下来，质量场与速度场之间的适应过程就会产生低层槽和高层脊[1]。由此可见，对流区的厚度（或层平均温度）必然大于周围环境大气厚度（或温度）。

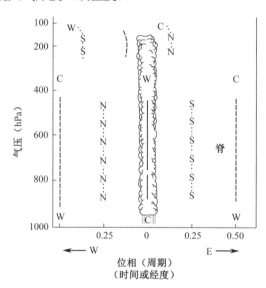

图 11.4 典型赤道波扰动的垂直结构示意。图中给出了槽线（实线）、脊线（虚线）及南北风分量的轴线（点线）；冷、暖空气所在区域分别用 W 和 C 表示；N 和 S 分别表示北风分量和南风分量的轴线（引自 Wallace，1971；美国地球物理学会版权所有，许可使用）

在赤道波的对流活跃区，存在净的向上运动，并且对流层中层的温度高于平均值（尽管通常只有不到1℃）。因此，温度与垂直运动之间的相关，以及温度与非绝热加热之间的相关均为正，并且由非绝热加热产生的位能立即会被转化为动能，即 $P' \cdot K'$ 转换平衡了式（10.62）中的 $R'$。在这种近似情况下，不存在有效位能形式的能量存储。由此可见，这些扰动的能量循环明显区别于中纬度斜压系统，后者的有效位能远大于动能。

对于积雨云释放的潜热而言，它是大尺度扰动的实际能量来源，因此，如 9.7.2 节所述，必然存在对流尺度与大尺度之间的相互作用。在这样的相互作用中，低层的大尺度辐合会使环境大气变湿并变得不稳定，从而使小尺度上升暖气流可以很容易到达自由对流高度，并产生深积云对流。反过来，这些积云单体共同提供了大尺度热源，从而驱动了造成下层辐合的次级环流。

图 11.5 所示是西太平洋天气尺度赤道波扰动降水区内散度的典型垂直廓线。辐合运

---

[1] 热带气象学家所使用的术语"槽"和"脊"，其意义与中纬度地区相同，分别表示气压的最小值和最大值。但在北半球热带东风带，纬向平均气压随纬度增加而增大，因此描述热带槽的等压线就会类似于中纬度地区与脊相关的模态（存在等压线的向极偏转）。

动不仅局限于行星边界层中的低层摩擦流入，而且会向上伸展到 400 hPa 附近，这也是热塔达到其最大浮力的高度。这种深厚辐合意味着必然有大量的对流层中层大气夹卷进入对流单体。因为对流层中层大气相对比较干，所以这种夹卷过程需要相当可观的液态水蒸发才能使得云和环境大气的混合物达到饱和。这样就会减小云气的浮力，如果有足够的蒸发冷却，甚至有可能会产生负浮力对流下沉气流。但是，对于在赤道波动中出现的大规模积雨云而言，核心区的上升气流会受到周围云气的保护而免受夹卷作用的影响，因此会在没有被环境大气稀释的情况下到达对流层顶附近。这些未经稀释的核心组成了 11.1.1 节所谓的热塔。因为热塔是造成在 ITCZ 中边界层以上大部分垂直热量和质量输送的原因，并且在波动扰动中包含了大部分沿着 ITCZ 的活跃对流降水区，所以赤道波动在大气环流中显然起着重要作用。

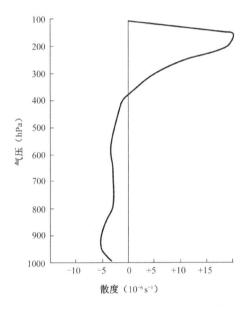

图 11.5　基于多个赤道波扰动合成结果的 4° × 4° 降水区内平均散度的垂直廓线（引自 William，1971，许可改编）

### 11.1.3　非洲波扰动

11.1.2 节的分析对于热带大洋上大多数区域的 ITCZ 扰动都是成立的。但是，在北非地区，由于地表条件引起的局地效应会产生一种独特的状况，需要单独进行讨论。在北半球夏季，撒哈拉地区强烈的地面加热会在赤道和约 25°N 之间的对流层低层产生很强的正经向温度梯度，由此产生的热成东风如图 11.6 所示，它是以 16°N 为中心的 650 hPa 附近存在强东风急流核的原因。观测表明，天气尺度扰动会在该急流核以南的气旋性切变区形成并向西传播。

有时候，这些扰动是西大西洋热带风暴和飓风的前身。观测到的非洲波扰动的平均波长约为 2500 km，向西传播的速度约为 8 ms$^{-1}$，这就意味着其周期约为 3.5 天。如图 11.7

所示，波动具有水平速度扰动，其振幅在 650 hPa 层达到最大。尽管存在大量与这些波动有关的有组织对流，但它们似乎并不是主要由潜热释放驱动的，而是依赖于东风急流能量的正压和斜压转换。

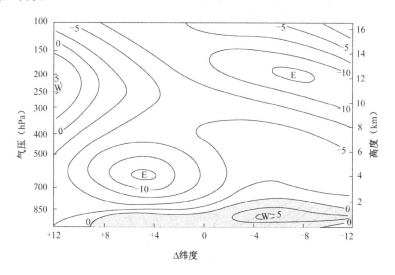

图 11.6　1974 年 8 月 23 日至 9 月 19 日，北非地区（30°W ～10°E）的平均纬向风分布。图中纬度是相对于 700 hPa 处最大扰动振幅所在的纬度（约 12°N）；等值线间隔为 2.5 m s$^{-1}$（引自 Reed et al.，1977；美国气象学会特许复制）

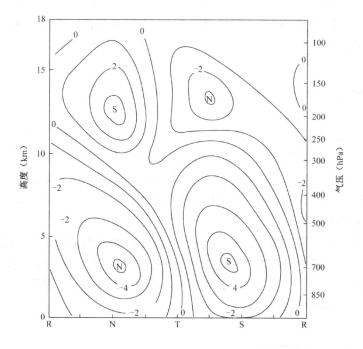

图 11.7　沿着图 11.6 中参考纬度的扰动经向速度（单位：m s$^{-1}$）垂直剖面，图中的 R、N、T、S 分别表示波动的脊、背风分量、槽、南风分量（引自 Reed et al.，1977；美国气象学会版权所有，许可复制）

图 11.8 绘制的是图 11.6 中非洲东风急流的绝对涡度廓线，阴影区表示涡度梯度为负的区域。明显可以看出，非洲东风急流满足 7.4.2 节讨论的正压不稳定性的必要条件[2]。由对流层下层中强东风切变引起的斜压不稳定在这些扰动中似乎也起着重要作用。所以说，来自平均气流能量的正压和斜压转换对于非洲波扰动的生成而言都是很重要的。

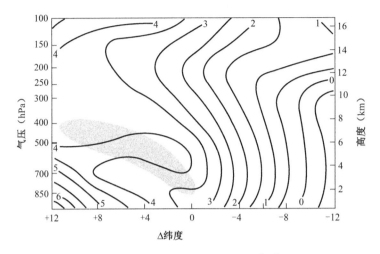

图 11.8　与图 11.6 的非洲东风急流对应的绝对涡度廓线（单位：$10^{-5}\ \mathrm{s}^{-1}$）。图中的阴影区表示 $\beta - \partial^2 \overline{u} / \partial y^2$ 为负的区域（引自 Reed et al.，1977；美国气象学会版权所有，许可复制）

因为这些非洲扰动向西传播进入大西洋后，在没有强平均风切变的情况下仍然能够继续存在，所以正压和斜压不稳定不可能仍然是它们继续维持的首要能量来源；相反，对流降水系统造成的非绝热加热才是这类波动在海洋上的主要能量来源。

## 11.1.4　热带季风

"季风"一词普遍用于表示广义的任何季节性反转的环流系统。季风环流的基本驱动力来自陆地和海表热力属性的差异。因为响应地面温度季节变化的土壤薄层的热容量比类似响应时间尺度上海洋上层的热容量小，所以吸收太阳辐射后导致的陆地升温远快于海洋。相对于海洋，陆地的增暖就会导致积云对流的增强，并引起潜热释放，从而在整个对流层产生比较高的温度。

大部分热带地区受季风影响。目前范围最广的季风环流是亚洲季风，它完全主导着印度次大陆的气候，形成了暖湿的夏季和干冷的冬季。图 11.9 所示是亚洲夏季风结构的理想化模型。由图可见，陆地上 1000～200 hPa 的厚度大于海洋上的厚度，因此在大气上层存在由陆地指向海洋的气压梯度力。

---

[2] 这里需要注意的是，图 11.6 中的廓线并非纬向平均的；相反，它是有限纬向区域内的时间平均。只要这个时间平均纬向气流变化的纬向尺度相对于扰动的尺度而言比较大，那么对于线性稳定性计算而言，就可将时间平均气流视为局地有效的基本态。

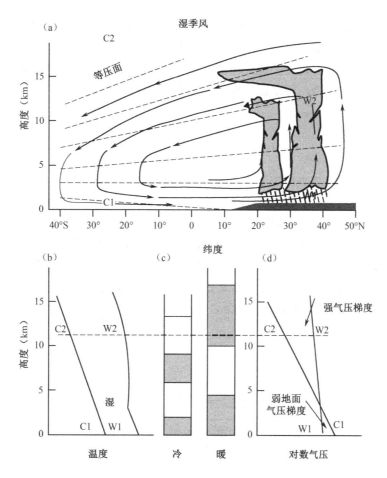

图 11.9　亚洲季风湿位相示意。（a）箭头表示经向环流，虚线表示等压线；（b）分别是 C1～C2 和 W1～ W2 气柱的温度廓线；（c）冷、暖部分的质量分布示意；（d）水平气压差随高度的变化（引自 Webster 和 Fasullo，2003）

　　为响应这种气压梯度产生的辐散风（图中用箭头表示）会造成陆地上空的气柱外有净质量输送，从而在陆地上产生地面低压（常被称为热低压），并低层发展形成补偿辐合风。这种低层气流会产生湿度的辐合，然后通过增加边界层相当位温使得环境大气更有利于积云对流的发展，而后者正是季风环流的主要能量来源。

　　陆地上空低层辐合、高层辐散的特征，构成了在低层产生气旋性涡度、高层产生反气旋性涡度的次级环流。因此，涡度会朝着地转平衡状态调整。根据图 11.9，显然垂直运动与温度场之间存在正相关。所以，与中纬度斜压涡旋相同，季风环流将涡动位能转化为涡动动能。

　　但与斜压涡旋不同的是，季风的主要能量循环不涉及纬向平均位能或动能。相反，涡动位能是由非绝热加热（潜热加热和辐射加热）直接产生的；涡动位能通过热力直接次级环流转化为涡动动能；涡动动能再被摩擦耗散（部分涡动动能可能会转化为纬向运动动能）。在干燥大气中，季风环流仍然存在，但是由于非绝热加热只限于地面附近的浅层，所以它们会比观测到的季风弱得多。积云对流的出现，以及伴随的潜热释放显著放大了涡动位能的产生，并使得夏季风成为全球大气环流最重要的特征。

冬季，海陆热力差异反转，因此环流也会与图 11.9 给出的情况正好相反，这样导致的结果是陆地上变得干冷，降水则出现在相对较暖的海洋上。

## 11.1.5 沃克环流

赤道地区的非绝热加热模态表现出强烈的相对于纬向对称的偏差。这种情况主要是由风驱动洋流造成的海表温度纬向变化导致的。这种海表温度变化会产生纬向非对称大气环流，它在某些区域甚至比哈德莱环流还要占优势。如图 11.10 所示，沿着赤道的东西方向气流翻转具有特别重要的意义。图中给出的若干翻转环流与赤道非洲、中美和南美，以及海洋大陆（如印度尼西亚地区）上空的非绝热加热有关。但就纬向尺度和振幅而言，占主导的环流位于赤道太平洋地区。这个环流被称为沃克环流，是用首次记录与此相关的地面气压模态的科学家 G. T. Walker 的名字命名的。

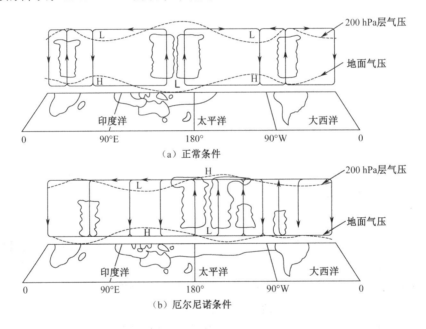

图 11.10　在正常条件和厄尔尼诺条件下沿着赤道的沃克环流示意（引自 Webster，1983；Webster 和 Chang，1988；美国气象学会版权所有，许可复制）

如图 11.10 所示，这个气压模态包括西太平洋地区的地面低压和东太平洋地区的地面高压。由此产生的向西气压梯度力会在赤道太平洋上驱动产生明显强于纬向平均地面东风的（局地）平均地面东风。此外，在西太平洋地区，除海表温度较高造成的高蒸发率外，该力还能通过水平水汽输送为该地区的对流提供水汽来源。

由太平洋上时间平均赤道地面东风造成的风应力对海洋表层的热平衡有强烈影响，它会使表层暖水平流进入西太平洋，进而在海洋埃克曼层产生向极漂移，根据连续性原理，这会驱动赤道涌升流。这种涌升流是造成沿赤道冷舌的原因，而后者则是形成如图 11.2 所示的赤道干旱区的主要原因。

## 11.1.6　厄尔尼诺与南方涛动

与沃克环流有关的东西向气压梯度存在着不规则的年际变化。这种全球尺度的气压变化"跷跷板"，以及与之有关的风、温度和降水的变化模态被沃克命名为南方涛动。通过比较赤道太平洋东西两端地面气压异常（相对于长期平均的偏差）的时间序列，就可以很清楚地看到这种振荡。如图 11.11 上半部所示，澳大利亚塔希提站和达尔文站之间的地面气压异常成负相关，并且有周期为 2～5 年的强烈变化。在这两个站之间的气压差比较大的时期，沃克环流异常强大，并且具有与其时间平均模态相同的一般结构；而在气压差比较小的时期，沃克环流减弱，最大降水区域东移，如图 11.10（b）所示。

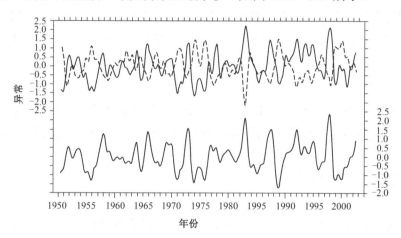

图 11.11　东太平洋海表温度异常（℃）时间序列（下方曲线），以及塔希提站（上方实线）和达尔文站
　　　　　（上方虚线）的海平面气压异常。数据经过平滑，已滤去了周期小于 1 年的扰动（感谢华盛顿
　　　　　大学 Todd Mitchell 博士供图）

在达尔文站和塔希提站之间气压差较小的时期，信风的减弱会使风驱动的海洋涌升流减小，从而使东太平洋的海洋斜温层加深。如图 11.11 下半部所示，反过来的情况会导致海表温度升高，被称为厄尔尼诺（El Niño，西班牙语意为"圣婴"）。这个术语最初用于表示每年圣诞节前后出现在秘鲁和厄瓜多尔沿岸的海水增暖现象（所以厄尔尼诺被称为上帝之子），但现在则具有更广泛的含义，表示与南方涛动弱的风场位相有关的大尺度海洋异常。在相反位相下，与达尔文站和塔希提站之间气压差较大有关的信风增强会使海洋涌升流增强，海洋斜温层变浅，从而导致赤道太平洋海表温度的降低，这种情况被称为拉尼娜（La Niña）。

与信风减弱有关的海洋异常可能开始于近海岸，但在几个月的时间内，它就会沿着赤道向西扩展，直到在赤道太平洋的大部分区域内产生大尺度的正海表温度异常。这种海表温度异常反过来会使信风进一步减弱。这种海洋和大气的复杂变化被统称为 ENSO（厄尔尼诺与南方涛动），它是与海气耦合有关的年际气候变率的典型例子。

关于 ENSO 的主要理论模型是延迟振子模型。在这个模型中，东太平洋海表温度异常 $T$ 满足如下方程：

$$\frac{\mathrm{d}T}{\mathrm{d}t} = bT(t) - cT(t-\tau)$$

式中，$b$ 和 $c$ 为正的常数，$\tau$ 是由赤道大洋适应时间决定的时间滞后。右端第一项表示与达尔文站和塔希提站间气压差变化有关的正反馈，它反映的是海气耦合过程，即初始时的风力减弱导致海表温度升高，进而使风力进一步减弱，从而导致海表温度进一步升高；右端第二项为负反馈过程，描述的是海洋中因海表温度变化激发的赤道波动（参见 11.4 节）传播所导致的斜温层深度（及对应海表温度）调整。在负反馈项中的时间滞后指的是赤道东太平洋通过海气相互作用激发的波动能量传播到大洋西边界，然后经过反射再传播回原区域所需的时间。取实际大气中的参数，延迟振子模型可以产生周期为 3～4 年的 ENSO 振荡。这种高度简化的模型定性考虑了 ENSO 循环的平均特征，但没有考虑 ENSO 不规则变化的观测结果。

除在赤道地区有巨大影响外，ENSO 还与中纬度地区许多年际气候异常现象有关。模式的发展已经使其具备了提前几个月预测 ENSO 的能力，这具有相当重要的实际意义。

## 11.1.7  赤道季节内振荡

除了与厄尔尼诺有关的年际变率，赤道环流还具有重要的季节内振荡特征，其时间尺度为 30～60 天。为了纪念首次发现该现象的气象学家，这种振荡被称为 Madden-Julian 振荡（MJO）。图 11.12 所示是赤道季节内振荡的结构示意。该图以沿着赤道的经度-时间剖面的形式给出了季节内振荡的时间演变，从上到下每个小图的时间间隔约为 10 天，其中的环流是相对于时间平均赤道环流的异常。

振荡最初是随着印度洋地面低压异常的发展而产生的，同时伴随着边界层湿度辐合增强、对流增强、对流层增暖及对流层顶升高。这种异常模态以约 $5\ \mathrm{m\ s^{-1}}$ 的速度向东移动，在到达西太平洋上空时强度达到最大。当异常模态移动经过中太平洋的冷水上空时，尽管环流扰动还在继续向东传播，有时候甚至传遍全球，但异常对流仍然是逐渐减弱的。我们知道，季节内振荡的观测结果与赤道罗斯贝波和开尔文波有关（参见 11.4 节），但目前还没有发展出一种令人完全满意的理论来解释这种现象。

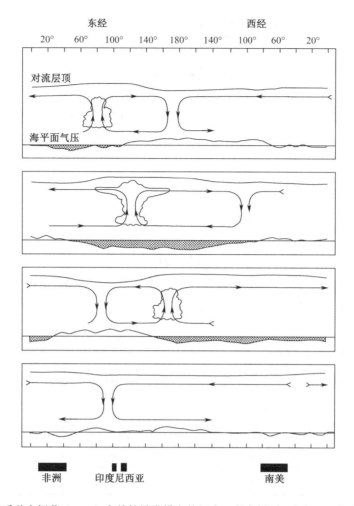

图 11.12　与热带季节内振荡（MJO）有关的异常模态的经度—高度剖面。自上而下的小图对应间隔约为
　　　　　10 天的时间序列。流线表示东西向环流；顶部波浪线表示对流层顶高度；底部曲线表示地面
　　　　　气压，阴影表示低于地面气压平均值（引自 Madden，2003；改编自 Madden 和 Julian，1972）

## 11.2　大尺度热带运动的尺度分析

尽管在对流尺度与天气尺度的相互作用中涉及不确定性，但热带地区天气尺度运动特征的某些信息还是可以通过尺度分析方法得到的。如果将基本方程组写在 7.4.1 节引入的对数—压力坐标系中，那么就可以非常方便地进行尺度分析。此时的基本方程组如下：

$$\left(\frac{\partial}{\partial t}+\boldsymbol{V}\cdot\nabla+w^{*}\frac{\partial}{\partial z^{*}}\right)\boldsymbol{V}+f\boldsymbol{k}\times\boldsymbol{V}=-\nabla\Phi \tag{11.1}$$

$$\frac{\partial\Phi}{\partial z^{*}}=\frac{RT}{H} \tag{11.2}$$

$$\frac{\partial u}{\partial x} + \frac{\partial v}{\partial y} + \frac{\partial w^*}{\partial z^*} - \frac{w^*}{H} = 0 \tag{11.3}$$

$$\left(\frac{\partial}{\partial t} + \mathbf{V} \cdot \nabla\right)T + w^* \frac{N^2 H}{R} = \frac{J}{c_p} \tag{11.4}$$

我们要做的是比较在热带天气尺度运动条件下式（11.1）～式（11.4）中各项的量级。为此，首先需要注意的是，垂直速度尺度 $W$ 的上限是由连续方程式（11.3）决定的。因此，根据 4.5 节的讨论，有

$$\frac{\partial u}{\partial x} + \frac{\partial v}{\partial y} \leqslant \frac{U}{L}$$

但对于垂直速度尺度与密度标高 $H$ 相当的运动，有

$$\frac{\partial w^*}{\partial z^*} - \frac{w^*}{H} \sim \frac{W}{H}$$

因此，如果在连续方程中的水平散度项要与垂直伸展项平衡，那么垂直速度尺度应当满足 $W \leqslant HU/L$ 的约束条件。接下来，定义如表 11.1 所示的场变量特征尺度。

**表 11.1　场变量特征尺度**

| | |
|---|---|
| $H \sim 10^4 \text{ m}$ | 垂直高度尺度 |
| $L \sim 10^6 \text{ m}$ | 水平长度尺度 |
| $U \sim 10 \text{ m s}^{-1}$ | 水平速度尺度 |
| $W \leqslant HU/L$ | 垂直速度尺度 |
| $\delta \Phi$ | 位势扰动尺度 |
| $L/U \sim 10^5 \text{ s}$ | 平流时间尺度 |

这里为水平长度和水平速度选择的尺度是热带地区和中纬度地区天气尺度系统的典型观测值。现在需要分析的是，垂直速度和位势扰动所对应的尺度是如何被质量守恒、动量守恒和能量守恒所施加的动力学约束条件所限制的。

可以通过对动量方程式（11.1）中各项的尺度分析来估算位势扰动 $\delta \Phi$ 的量级。为此，相对方便的方法是比较水平惯性加速

$$(\mathbf{V} \cdot \nabla)\mathbf{V} \sim \frac{U^2}{L}$$

与式（11.1）中其他项的量级：

$$\frac{|\partial \mathbf{V}/\partial t|}{|(\mathbf{V} \cdot \nabla)\mathbf{V}|} \sim 1 \tag{11.5}$$

$$\frac{|w^* \partial \mathbf{V}/\partial z^*|}{|(\mathbf{V} \cdot \nabla)\mathbf{V}|} \sim \frac{WL}{UH} \leqslant 1 \tag{11.6}$$

$$\frac{|f\boldsymbol{k}\times\boldsymbol{V}|}{|(\boldsymbol{V}\cdot\nabla)\boldsymbol{V}|}\sim\frac{fL}{U}=R_\mathrm{o}^{-1}\leqslant 1 \tag{11.7}$$

$$\frac{|\nabla\boldsymbol{\Phi}|}{|(\boldsymbol{V}\cdot\nabla)\boldsymbol{V}|}\sim\frac{\delta\boldsymbol{\Phi}}{U^2} \tag{11.8}$$

前面已经证明，在 $f\sim 10^{-4}\ \mathrm{s}^{-1}$ 的中纬度地区，罗斯贝数 $R_\mathrm{o}$ 是比较小的，因此，作为零级近似，科氏力与气压梯度力平衡。在这种情况下，$\delta\boldsymbol{\Phi}\sim fUL$。但在赤道地区，$f\leqslant 10^{-5}\ \mathrm{s}^{-1}$，并且罗斯贝数大于或等于 1，因此假定科氏力与气压梯度力平衡是不恰当的。实际上，式（11.5）～式（11.8）表明，如果要在式（11.1）中平衡气压梯度力，位势扰动的尺度必须满足 $\delta\boldsymbol{\Phi}\sim U^2\sim 100\ \mathrm{m}^2\ \mathrm{s}^{-2}$，并且与赤道天气尺度扰动有关的位势扰动会比类似尺度的中纬度系统的扰动小 1 个量级。

这种对热带地区位势扰动振幅的约束深刻影响着热带地区天气尺度系统的结构。将尺度分析参数应用于热力学方程就可以很容易地理解这种影响。前提是，必须求出温度扰动的估算值。流体静力学近似式（11.2）表明，对于垂直尺度与标高相当的系统而言，有

$$T=\frac{H}{R}\frac{\partial\boldsymbol{\Phi}}{\partial z^{*}}\sim\frac{\delta\boldsymbol{\Phi}}{R}\sim\frac{U^2}{R}\sim 0.3\ \mathrm{K} \tag{11.9}$$

由此可见，热带深对流系统的特征是几乎可以忽略不计的天气尺度温度扰动。根据热力学方程，对于这样的系统有

$$\left(\frac{\partial}{\partial t}+\boldsymbol{V}\cdot\nabla\right)T\sim 0.3\ \mathrm{K\ d}^{-1}$$

在没有降水的情况下，非绝热加热主要是由长波辐射的释放造成的，它会使对流层以 $J/c_p\sim 1\ \mathrm{K\ d}^{-1}$ 的速度降温。由于实际的温度扰动很小，所以这种辐射冷却必然会被下沉造成的绝热增温近似平衡。因此，作为第一近似，式（11.4）就变成了如下关于 $w^{*}$ 的诊断关系：

$$w^{*}\frac{N^2H}{R}=\frac{J}{c_p} \tag{11.10}$$

在热带对流层，有 $N^2H/R\sim 3\ \mathrm{K\ km}^{-1}$，因此垂直运动尺度在式（11.06）中必然满足 $W\sim 0.3\ \mathrm{cm\ s}^{-1}$ 和 $WL/UH\sim 0.03$。由此可见，在没有降水的情况下，垂直运动会受到限制，甚至会小于类似尺度的中纬度地区天气系统的垂直运动。在式（11.1）中略去平流项，则根据连续方程式（11.3），水平风的散度 $\sim 3\times 10^{-7}\ \mathrm{s}^{-1}$，可见气流是近似于无辐散的。

在没有热带地区对流扰动的情况下，气流的准无辐散特征使得在这种情况下简化控制方程成为可能。根据亥姆霍兹定理[3]，任何速度场都可以分解为无辐散部分 $\boldsymbol{V}_{\psi}$ 和无旋部分 $\boldsymbol{V}_e$ 之和，即

$$\boldsymbol{V}=\boldsymbol{V}_{\psi}+\boldsymbol{V}_e$$

式中，$\nabla\cdot\boldsymbol{V}_{\psi}=0$，$\nabla\times\boldsymbol{V}_e=0$。

对于二维速度场而言，无辐散部分可以用流函数 $\psi$ 表示为

$$\boldsymbol{V}_{\psi}=\boldsymbol{k}\times\nabla\psi \tag{11.11}$$

---

[3] 可参见 Bourne 和 Kendall（1968），第 190 页。

在对应的笛卡儿坐标系中的分量形式为

$$u_\psi = -\frac{\partial \psi}{\partial y}, \quad v_\psi = \frac{\partial \psi}{\partial x}$$

据此很容易可以证明：$\nabla \cdot \boldsymbol{V}_\psi = 0$，$\zeta = \boldsymbol{k} \cdot \nabla \times \boldsymbol{V}_\psi = \nabla^2 \psi$。因为 $\psi$ 的等值线对应着无辐散速度的流线，并且 $\psi$ 的等值线间距与无辐散速度的量级成反比，所以可以很容易地通过在天气图上绘制等 $\psi$ 线得到 $\boldsymbol{V}_\psi$ 的空间分布。

在式（11.1）中用 $\boldsymbol{V}$ 的无辐散部分 $\boldsymbol{V}_\psi$ 来近似表示其自身，并通过略去小的垂直平流项，就可以得到适用于热带无降水区域天气尺度系统的近似动量方程，即

$$\frac{\partial \boldsymbol{V}_\psi}{\partial t} + (\boldsymbol{V}_\psi \cdot \nabla)\boldsymbol{V}_\psi + f\boldsymbol{k} \times \boldsymbol{V}_\psi = -\nabla \Phi \qquad (11.12)$$

利用如下矢量恒等式：

$$(\boldsymbol{V} \cdot \nabla)\boldsymbol{V} = \nabla\left(\frac{\boldsymbol{V} \cdot \boldsymbol{V}}{2}\right) + \boldsymbol{k} \times \boldsymbol{V}\zeta$$

可将式（11.12）改写为

$$\frac{\partial \boldsymbol{V}_\psi}{\partial t} = -\nabla\left(\Phi + \frac{\boldsymbol{V}_\psi \cdot \boldsymbol{V}_\psi}{2}\right) - \boldsymbol{k} \times \boldsymbol{V}_\psi(\zeta + f) \qquad (11.13)$$

接下来计算 $\boldsymbol{k} \cdot \nabla \times$ 式（11.13），就可以得到适用于无辐散气流的涡度方程，即

$$(\frac{\partial}{\partial t} + \boldsymbol{V}_\psi \cdot \nabla)(\zeta + f) = 0 \qquad (11.14)$$

这个方程说明，在没有凝结加热的情况下，热带地区垂直高度尺度与大气标高相当的天气尺度环流必然是正压的，并且随着无辐散水平风的绝对涡度是保守的。这种扰动无法将位能转化为动能。它们的驱动方式必然为通过平均气流动能的正压转换，或者通过与中纬度系统或热带降水扰动的侧边界耦合。

因为无辐散速度与涡度都可以用流函数来表示，所以只需要任意层上的 $\psi$ 场就可以利用式（11.14）进行预报。气压的分布既不是必需的，也不是可以被预报的；相反，它必须通过诊断来确定。气压与流函数之间的关系可以通过 $\nabla \cdot$ 式（11.13）得到。由此产生的位势场与流函数场之间的诊断关系，通常被称为非线性平衡方程：

$$\nabla^2\left[\Phi + \frac{1}{2}(\nabla \psi)^2\right] = \nabla \cdot \left[(f + \nabla^2 \psi)\nabla \psi\right] \qquad (11.15)$$

对于定常环状对称气流的特殊情况，式（11.15）等价于梯度风近似。但是，与梯度风不同的是，式（11.15）中的平衡并不需要轨迹的曲率信息，因此可以根据等压面上 $\psi$ 的瞬时分布通过求解 $\Phi$ 得到。换言之，如果 $\Phi$ 的分布已知，就可以根据式（11.15）求得 $\psi$。在这种情况下，对应的方程是二次方程，通常可能会有两个根，分别对应着正常梯度风和异常梯度风的情况。

只有在使用上述尺度分析参数时，这个平衡条件才成立。而这些参数都是基于系统的深度尺度与大气标高相当，并且水平尺度量级为 1000 km 的假设。大气中还存在一种特殊的行星尺度运动类型，此时在涡度方程中的散度项即使在活跃降水区外也是很重要的（参见 11.4 节）。对于这种运动，气压场不能通过平衡关系诊断得到；相反，气压场必须通过动力学方程组的原始方程形式来预报。

对于热带地区有降水的天气尺度系统，上述尺度分析还需要进行相当大的修正。在这种系统中，降水率的典型量级为 $2\,\mathrm{cm\,d^{-1}}$，说明在单位截面积气柱中每天可以凝结 $m_w = 20\,\mathrm{kg}$ 的水。因为凝结潜热 $L_c \approx 2.5 \times 10^6\,\mathrm{J\,kg^{-1}}$，所以这种降水率对气柱内热量的补充值为

$$m_w L_c \sim 5 \times 10^7\,\mathrm{J\,m^{-2}\,d^{-1}}$$

如果这些热量在 $p_0 / g \approx 10^4\,\mathrm{kg\,m^{-2}}$ 的气柱内均匀分布，那么单位质量大气的平均加热率为

$$\frac{J}{c_p} \approx \left( \frac{L_c m_w}{c_p} \frac{p_0}{g} \right) \sim 5\,\mathrm{K\,d^{-1}}$$

在实际情况下，由深对流云导致的凝结加热在整个垂直气柱中并不是均匀分布的，而是在 $300 \sim 400\,\mathrm{hPa}$ 层有最大值，对应加热率可高达 $10\,\mathrm{K\,d^{-1}}$。在这种情况下，由热力学方程的近似式（11.10）可知，为了使绝热冷却能够平衡 $300 \sim 400\,\mathrm{hPa}$ 层的凝结加热，在天气尺度降水系统中垂直运动的量级必须为 $W \sim 3\,\mathrm{cm\,s^{-1}}$。由此可见，热带降水扰动内平均垂直运动的量级比扰动外大 1 个量级，这样导致的结果是，在这些扰动中流体的散度分量相对比较大，因此，正压涡度方程式（11.14）不再是合理近似，必须使用完整的原始方程组来分析这种气流。

# 11.3　凝结加热

水汽凝结加热大气的方式强烈依赖于凝结过程的性质。特别地，有必要区分大尺度垂直运动（如天气尺度受迫抬升）造成的潜热释放与深积云对流导致的潜热释放。前一个过程通常与中纬度天气尺度系统有关，可以很容易地以天气尺度场变量的形式整合到热力学方程中。但是，多个积云单体共同作用形成的大尺度加热场需要用天气尺度场变量来表示这种类型的潜热加热，相对而言这要困难得多。

在分析积云对流造成的凝结加热问题之前，有必要简要说明如何在预报模式中考虑大尺度受迫抬升造成的凝结加热。2.9.1 节中针对假绝热过程的热力学方程的近似形式说明

$$\frac{\mathrm{d}\ln\theta}{\mathrm{d}t} \approx -\left( \frac{L_c}{c_p T} \right) \frac{\mathrm{d}q_s}{\mathrm{d}t} \tag{11.16}$$

可以通过定义相当静力稳定度 $\Gamma_e$，将式（11.16）写为

$$\left( \frac{\partial}{\partial t} + \boldsymbol{V} \cdot \nabla \right) \theta + w \Gamma_e \approx 0 \tag{11.17}$$

其中

$$\Gamma_e \approx \begin{cases} (\Gamma_s / \Gamma_d) \partial \theta_e / \partial z & q \geq q_s \text{和} w > 0 \\ \partial \theta / \partial z & q < q_s \text{或} w < 0 \end{cases}$$

这里的 $\Gamma_s$ 和 $\Gamma_d$ 分别为假绝热递减率和干上升递减率。可以看出，对于大尺度受迫抬升造成的凝结（$\Gamma_e > 0$），除静力稳定度被相当静力稳定度代替外，其热力学方程实际上与绝热运动的热力学方程形式相同。因此，受迫抬升造成的局地温度变化会小于在相同递

减率条件下受迫于上升造成的局地温度变化。

但是，如果 $\Gamma_e < 0$，那么大气是条件不稳定的，并且凝结主要通过积云对流来实现。在这种情况下，垂直速度必然是个别积云上升的速度，而不是天气尺度的垂直速度 $w$。可见，仅用天气尺度变量来表述热力学方程的简单形式是不可能的。但是，仍然可以对热力学方程进行一定程度的简化。11.2 节已经指出，因为热带地区的温度扰动比较小，所以绝热冷却项与非绝热加热项必然近似平衡［参见式（11.10）］。故式（11.16）近似可写为

$$w\frac{\partial \ln \theta}{\partial z} \approx -\frac{L_c}{c_p T}\frac{\mathrm{d}q_s}{\mathrm{d}t} \tag{11.18}$$

上式中出现的天气尺度垂直速度 $w$ 是活跃对流单体中非常大的垂直速度与环境大气中较小的垂直速度的平均值。因此，如果用 $w'$ 表示对流单体中的垂直速度，用 $\overline{w}$ 表示环境大气中的垂直速度，那么有

$$w = aw' + (1-a)\overline{w} \tag{11.19}$$

式中，$a$ 为对流活动所占的面积。用 $w\partial q_s/\partial z$ 近似表示随着运动的 $q_s$ 的变化，则可将式（11.18）改写为

$$w\frac{\partial \ln \theta}{\partial z} \approx -\frac{L_c}{c_p T}aw'\frac{\partial q_s}{\partial z} \tag{11.20}$$

接下来的问题是用天气尺度场变量来表示式（11.20）右端的凝结加热项。

对积云对流加热进行参数化处理是热带气象学中最具挑战的领域之一。在某些理论研究[4]中成功使用了一种简单的方法，这种方法认为由于云中存储的水是相当少的，所以凝结造成的总垂直积分加热率必然近似与净降水率成正比：

$$-\int_{z_c}^{z_T}\left(\rho aw'\frac{\partial q_s}{\partial z}\right)\mathrm{d}z = P \tag{11.21}$$

式中，$z_c$ 和 $z_T$ 分别为云底和云顶高度，$P$ 为降水率（单位：$\mathrm{kg\,m^{-2}\,s^{-1}}$）。

因为相对较小的湿度会改变大气的水汽混合比，所以净降水率必然近似等于进入气柱的湿度辐合再加上地表蒸发：

$$P = -\int_0^{z_m}\nabla \cdot (\rho q \boldsymbol{V})\mathrm{d}z + E \tag{11.22}$$

式中，$E$ 为蒸发率（单位：$\mathrm{kg\,m^{-2}\,s^{-1}}$），$z_m$ 为湿润层顶高度（在大部分赤道海洋上 $z_m \approx 2\,\mathrm{km}$）。再将如下关于 $q$ 的近似连续方程代入式（11.22），有

$$\nabla \cdot (\rho q \boldsymbol{V}) + \frac{\partial(\rho q w)}{\partial z} \approx 0 \tag{11.23}$$

可得

$$P = (\rho w q)_{z_m} + E \tag{11.24}$$

利用式（11.24），就可以将垂直平均加热率与天气尺度变量 $w(z_m)$ 和 $q(z_m)$ 联系起来。

尽管如此，仍然需要确定加热的垂直分布。最常见的方法是利用基于观测并通过经验方法确定的垂直分布。在这种情况下，式（11.16）可写为

---

[4] 参见 Stevens 和 Lindzen（1978）的研究。

$$\left(\frac{\partial}{\partial t} + V \cdot \nabla\right)\ln\theta + w\frac{\partial\ln\theta}{\partial z} = \frac{L_c}{\rho c_p T}\eta(z)[(\rho w q)_{z_m} + E] \tag{11.25}$$

当 $z < z_c$ 或 $z > z_T$ 时，有 $\eta(z) = 0$；而当 $z_c \leqslant z \leqslant z_T$ 时，$\eta(z)$ 是满足如下等式的权重函数：

$$\int_{z_c}^{z_T} \eta(z)\mathrm{d}z = 1$$

根据式（11.20），非绝热加热必然与绝热冷却近似平衡，而由式（11.25）可以看出，$\eta(z)$ 的垂直结构类似于大尺度垂直质量通量 $\rho w$ 的垂直结构。观测表明，对于很多热带天气尺度扰动而言，$\eta(z)$ 在大约 400 hPa 层达到最大值，这与图 11.5 给出的散度模态一致。

上述公式模拟的是热带地区的平均状况。在实际情况下，非绝热加热的垂直分布是由云高的局地分布决定的。所以说，云高的局地分布显然是积云参数化过程中的一个关键参数。在 Arakawa 和 Schubert（1974）发展的积云参数化方案中，这种分布是由大尺度变量决定的。在过去 10 余年间，还有人提出了其他若干方案，但这已经超出了本书的讨论范围。

# 11.4  赤道波动理论

赤道波动指的是在大气和海洋中被赤道截陷的（在远离赤道的区域衰减）、很重要的一类向东和向西传播的扰动。有组织热带对流造成的非绝热加热可以激发大气赤道波动，而风应力则能够激发海洋赤道波动。大气赤道波动的传播能使对流风暴传播很远的纬向距离，从而产生对局地热源的远程响应。此外，通过影响低层湿度辐合的模态，大气赤道波动可以部分控制对流加热的时空分布。如 11.1.6 节所述，海洋赤道波动的传播会造成局地风应力异常，并对斜温层深度和海表温度产生远程影响。

## 11.4.1  赤道罗斯贝波和罗斯贝—重力波

对赤道波动理论的完整讨论是相当复杂的。为了尽可能简单地介绍赤道波动，这里使用类似于 4.5 节的浅水波模式，并集中分析其水平结构。在层结大气中的垂直传播将在第 12 章讨论。简单起见，我们分析的是在静止基本态下平均深度为 $h_e$ 的流体的线性化动量方程和连续方程。因为我们只对热带地区感兴趣，所以使用的是 5.7 节的赤道 $\beta$ 平面上的解析几何方法。在这种近似条件下，与 $\cos\phi$ 成正比的项可以用单位值 1 来代替，而与 $\sin\phi$ 成正比的项则被 $y / a$ 代替，其中 $y$ 表示相对于赤道的距离，$a$ 为地球半径。在这种近似下的科氏参数为

$$f \approx \beta y \tag{11.26}$$

式中，$\beta \equiv 2\Omega / a$，$\Omega$ 为地球旋转的角速度。在平均深度为 $h_e$ 的静止基本态条件下，得到的扰动线性化浅水方程组（参见 4.5 节）可写为

$$\frac{\partial u'}{\partial t} - \beta y v' = -\frac{\partial \Phi'}{\partial x} \tag{11.27}$$

$$\frac{\partial v'}{\partial t} + \beta y u' = -\frac{\partial \Phi'}{\partial y} \tag{11.28}$$

$$\frac{\partial \Phi'}{\partial t} + gh_e\left(\frac{\partial u'}{\partial x} + \frac{\partial v'}{\partial y}\right) = 0 \tag{11.29}$$

式中，$\Phi' = gh'$ 为位势扰动，带"′"的量表示扰动场。

为了将 $x$ 和 $t$ 的依赖关系分离开来，可以给定如下纬向传播波动的形式解：

$$\begin{pmatrix} u' \\ v' \\ \Phi' \end{pmatrix} = \begin{bmatrix} \hat{u}(y) \\ \hat{v}(y) \\ \hat{\Phi}(y) \end{bmatrix} \exp[i(kx - \nu t)] \tag{11.30}$$

将式（11.30）代入式（11.27）～式（11.29）后，就可以得到经向结构函数 $\hat{u}$、$\hat{v}$ 和 $\hat{\Phi}$ 关于 $y$ 的常微分方程组：

$$-i\nu\hat{u} - \beta y\hat{v} = -ik\hat{\Phi} \tag{11.31}$$

$$-i\nu\hat{v} + \beta y\hat{u} = -\frac{\partial\hat{\Phi}}{\partial y} \tag{11.32}$$

$$-i\nu\hat{\Phi} + gh_e\left(ik\hat{u} + \frac{\partial\hat{v}}{\partial y}\right) = 0 \tag{11.33}$$

在式（11.31）中求 $\hat{u}$，并将得到的结果代入式（11.32）和式（11.33），可得

$$(\beta^2 y^2 - \nu^2)\hat{v} = ik\beta y\hat{\Phi} + i\nu\frac{\partial\hat{\Phi}}{\partial y} \tag{11.34}$$

$$(\nu^2 - gh_e k^2)\hat{\Phi} + i\nu gh_e\left(\frac{\partial\hat{v}}{\partial y} - \frac{k}{\nu}\beta y\hat{v}\right) = 0 \tag{11.35}$$

最后，将式（11.35）代入式（11.34），消去 $\hat{\Phi}$，就可以得到关于单个未知量 $\hat{v}$ 的二阶微分方程：

$$\frac{\partial^2\hat{v}}{\partial y^2} + \left[\left(\frac{\nu^2}{gh_e} - k^2 - \frac{k}{\nu}\beta\right) - \frac{\beta^2 y^2}{gh_e}\right]\hat{v} = 0 \tag{11.36}$$

因为式（11.36）是齐次的，所以，只有当对应于简正模扰动频率的 $\nu$ 取特定值时，满足 $|y|$ 较大处衰减要求的非零解才会存在。

在详细讨论这个方程之前，有必要来分析当 $h_e \to \infty$ 或 $\beta = 0$ 时出现的渐近极限。前一种情况相当于假定运动是无辐散的，此时式（11.36）简化为

$$\frac{\partial^2\hat{v}}{\partial y^2} + \left(-k^2 - \frac{k}{\nu}\beta\right)\hat{v} = 0$$

如果 $\nu$ 满足罗斯贝波频散关系，即 $\nu = -\beta k/(k^2 + l^2)$，那么上述方程就存在形如 $\hat{v} \sim \exp(ily)$ 的解。这就说明，对于无辐散正压流体，赤道大气动力学并无特别之处。地球的旋转作用仅以 $\beta$ 效应的形式得到反映，而与 $f$ 无关。但是，如果 $\beta = 0$，那么旋转的所有影响都会消失，式（11.36）就简化为浅水重力波模型，并在 $\nu$ 满足下式时有非零解：

$$\nu = \pm[gh_e(k^2 + l^2)]^{1/2}$$

再回到式（11.36），以 $|y| \to \infty$ 处扰动场为 0 作为边界条件，来寻找 $\hat{v}$ 的经向分布对应的解。这个边界条件是必要的，因为在纬度远超 $\pm 30°$ 的地区，近似表达式 $f \approx \beta y$ 并不成立，所以说如果这些解是对球面上精确解的良好近似，那么它们必然会在赤道附近被截陷。式（11.36）与 $y$ 方向上简谐振子的经典方程不同，因为方括号中的系数不是常数，而是 $y$ 的函数。对于足够小的 $y$，这个系数为正，并且解在 $y$ 方向上振荡；而对于大的 $y$，解在 $y$ 方向上或者增长，或者衰减，但是只有衰减的解才能满足边界条件。

已经证明[5]，只有当式（11.36）方括号中系数的常数部分满足如下表达式时，该式满足远离赤道处衰减这个条件的解才会存在：

$$\frac{\sqrt{gh_e}}{\beta}\left(-\frac{k}{\nu}\beta - k^2 + \frac{\nu^2}{gh_e}\right) = 2n+1; \quad n = 0, 1, 2\cdots \quad (11.37)$$

这是一个三次频散方程，可以确定当纬向波数为 $k$、经向节点数为 $n$ 时赤道附近可能出现的截陷自由振荡的频率。如果用如下无量纲经向坐标来代替 $y$，有

$$\xi \equiv \left(\frac{\beta}{\sqrt{gh_e}}\right)^{1/2} y$$

那么就可以很方便地给出这些解，其形式为

$$\hat{v}(\xi) = v_0 H_n(\xi)\exp\left(-\frac{\xi^2}{2}\right) \quad (11.38)$$

式中，$v_0$ 为速度常数，$H_n(\xi)$ 表示 $n$ 阶埃尔米特多项式。这个多项式的前几项为

$$H_0 = 1, \; H_1(\xi) = 2\xi, \; H_2(\xi) = 4\xi^2 - 2$$

可见下标 $n$ 对应的是在 $|y| < \infty$ 时经向速度廓线的节点数。

一般来说，式（11.37）的 3 个解可以理解为向东、向西移动的赤道截陷重力波，以及向西移动的赤道罗斯贝波。$n = 0$ 的情况（对应的经向速度扰动满足以赤道为中心的高斯分布）必须单独进行处理。在这种情况下，频散关系式（11.37）可因式分解为

$$\left(\frac{\nu}{\sqrt{gh_e}} - \frac{\beta}{\nu} - k\right)\left(\frac{\nu}{\sqrt{gh_e}} + k\right) = 0 \quad (11.39)$$

与西传重力波对应的根 $\nu/k = -\sqrt{gh_e}$ 是不应当存在的，因为已经隐含假设：当式（11.34）和式（11.35）联立消去 $\hat{\Phi}$ 时，式（11.39）括号中第二项不为零。根据式（11.39）括号中第一项得到的根为

$$\nu = k\sqrt{gh_e}\left[\frac{1}{2} \pm \frac{1}{2}\left(1 + \frac{4\beta}{k^2\sqrt{gh_e}}\right)^{1/2}\right] \quad (11.40)$$

上述正根对应东传赤道重力惯性波，而负根则对应西传赤道重力惯性波，类似于纬向尺度较长（$k \to 0$）的重力惯性波，也类似于天气尺度扰动的纬向特征尺度对应的罗斯贝波。这种波动通常被称为罗斯贝—重力波。图 11.13 给出的是 $n = 0$ 的西传赤道重力

---

[5] 参见 Matsuno（1966）。

惯性波波动解的水平结构，这种波动及其他几种赤道波动的频率和纬向波数之间的关系如图 11.14 所示。

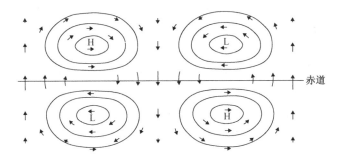

图 11.13 与赤道罗斯贝—重力波相关的水平速度和高度扰动平面（引自 Matsuno，1966；日本学术振兴学会许可使用）

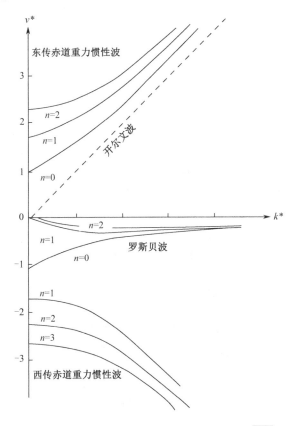

图 11.14 自由赤道波的频散关系。频率和纬向波数分别利用 $v^* \equiv v/(\beta\sqrt{gh_e})^{1/2}$ 和 $k^* \equiv k(\sqrt{gh_e}/\beta)^{1/2}$ 进行了无量纲化处理；曲线表示向东、向西传播的赤道重力惯性波，以及罗斯贝波和开尔文波的纬向波数与频率之间的关系（$k^*$ 轴上的间隔为单位长度，左端为 0）

## 11.4.2　赤道开尔文波

除了 11.4.1 节讨论的波动，还存在另一种具有重要实际意义的赤道波动。对于这种被称为赤道开尔文波的波动而言，其经向速度扰动为 0，并且式（11.31）～式（11.33）可简化为如下更简单的方程组：

$$-i\nu\hat{u} = -ik\hat{\Phi} \tag{11.41}$$

$$\beta y\hat{u} = -\frac{\partial \hat{\Phi}}{\partial y} \tag{11.42}$$

$$-i\nu\hat{\Phi} + gh_e(ik\hat{u}) = 0 \tag{11.43}$$

式（11.41）和式（11.43）联立消去 $\hat{\Phi}$ 后，就可以看出开尔文波的频散方程与普通浅水重力波相同：

$$c^2 \equiv \left(\frac{\nu}{k}\right)^2 = gh_e \tag{11.44}$$

根据式（11.44），相速度 $c$ 可正可负。但如果式（11.41）和式（11.42）联立消去 $\hat{\Phi}$，就可以得到如下可确定经向结构的一阶方程：

$$\beta y\hat{u} = -c\frac{\partial \hat{u}}{\partial y} \tag{11.45}$$

对其积分后可以得

$$\hat{u} = u_0 \exp\left(-\frac{\beta y^2}{2c}\right) \tag{11.46}$$

式中，$u_0$ 为赤道上扰动纬向速度的振幅。式（11.46）表明，如果要使远离赤道时衰减的解存在，那么相速度必须为正（$c > 0$）。由此可见，开尔文波是向东传播的，并且其纬向速度和位势扰动的经向变化是以赤道为中心的高斯函数。对应的 e 折衰减宽度为

$$Y_K = |2c/\beta|^{1/2}$$

对于相速度 $c = 30\,\mathrm{m\,s^{-1}}$ 的情况，$Y_K \approx 1600\,\mathrm{km}$。

如图 11.15 所示是开尔文波的扰动风场和位势场结构的平面。在纬向方向上，开尔文波的力的平衡完全与东传浅水重力波的力的平衡相同。沿着赤道的垂直剖面与图 5.10 完全相同。开尔文波经向方向上力的平衡就是纬向速度与经向气压梯度之间的地转平衡。科氏参数在赤道上的变号是导致存在这种特殊类型的赤道波动的原因。

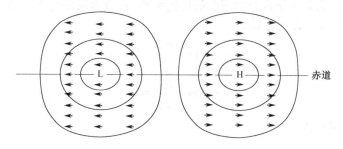

图 11.15　与赤道开尔文波有关的水平速度和高度扰动平面图（引自 Matsuno，1966）

# 11.5 稳定受迫赤道运动

并不是所有的热带地区纬向对称环流都可以基于无黏赤道波动理论来解释。对于准稳态环流而言，纬向气压梯度力必然是被湍流拖曳所平衡的，而不是惯性力。可以将沃克环流视为由非绝热加热造成的准稳态赤道截陷环流。这种环流的最简单模式给定了非绝热加热，并利用赤道波动理论的方程组来计算大气的响应。但是，这些模式都忽略了非绝热加热高度依赖于边界层中的平均风场和相当位温场分布这一事实。这些场反过来又依赖于与运动场有关的地面气压和湿度的分布。因此，在一个相容模式中，不能将非绝热加热视为外部指定的量，而必须通过使用诸如 11.3 节所述的积云参数化方案，作为解的一部分来求得。

根据式（11.25），要利用这个方案求解整个对流层的温度扰动，就需要有对流加热的垂直分布信息。但也有证据表明，定常赤道环流的基本特征可以部分地用只涉及边界层的模式来解释。这可能并不令人惊讶，因为对流系统的维持依靠的就是边界层中的蒸发和水汽辐合。在热带大洋上，可将边界层近似视为厚度约为 2 km 的混合层，其上则是一个逆温层，该层存在密度不连续，上下相差 $\delta\rho$（参见图 8.2）。在混合层中的虚温与海表温度高度相关。如果假设混合层顶的气压场是均匀的，那么地面气压仅由边界层内的静力质量调整来决定。最终得到的混合层气压扰动则依赖于该层顶的密度不连续性，以及相对于该层平均深度 $H_b$ 的偏差 $h$；此外，还有混合层内扰动虚位温 $\theta_v$ 的贡献。因此，在混合层中的扰动位势可写为

$$\Phi = g\left(\frac{\delta\rho}{\rho_0}\right)h - \Gamma\theta_v \tag{11.47}$$

式中，$\Gamma \equiv gH_b/\theta_0$ 为常数，$\rho_0$ 和 $\theta_0$ 分别为密度和位温的混合层定常参考值。

根据式（11.47），正的海表温度异常和负的边界层高度异常会产生较低的地面气压，反之亦然。如果边界层厚度的变化不大，那么地面气压梯度就倾向于与海表温度梯度成正比。这种混合层内的稳态环流动力学可以用类似于赤道波动方程式（11.27）～式（11.29）的线性方程组来近似描述，但其中的时间导数项要用线性阻尼项来代替。

由此可见，在动量方程中的表面涡动应力正比于在混合层中的平均速度；在连续方程中的混合层厚度扰动正比于该层中的质量辐合，并且因为对流造成的边界层气体交换，使得有对流时的比例系数小于没有对流时的比例系数。在混合层中稳态运动的垂直平均动量方程的 $x$ 方向分量和 $y$ 方向分量为

$$\alpha u - \beta yv + \frac{\partial\Phi}{\partial x} = 0 \tag{11.48}$$

$$\alpha v + \beta yu + \frac{\partial\Phi}{\partial y} = 0 \tag{11.49}$$

而连续方程可写为

$$\alpha h + H_b (1-\varepsilon)\left(\frac{\partial u}{\partial x} + \frac{\partial v}{\partial y}\right) = 0 \qquad (11.50)$$

式中，$\varepsilon$ 为系数，在无对流时为 0，在有对流时为 $3/4$。将式（11.47）代入式（11.50）可得：

$$\alpha \Phi + c_b^2 (1-\varepsilon)\left(\frac{\partial u}{\partial x} + \frac{\partial v}{\partial y}\right) = -\alpha \Gamma \theta_v \qquad (11.51)$$

式中，$c_b^2 \equiv g(\delta\rho/\rho_0)H_b$ 是沿着混合层顶逆温层传播的重力波相速度的平方。更完整的讨论可参考 Battisti et al.（1999）。

　　式（11.48）、式（11.49）和式（11.51）是在给定边界层扰动虚温 $\theta_v$ 的条件下，关于边界层变量 $u$、$v$ 和 $\Phi$ 的闭合预报方程组。但由于参数 $\varepsilon$ 依赖于是否出现对流，因此，对于有对流出现的情况，系统只能通过使用式（11.22）迭代求解。这个模式可被用于计算稳态地面环流。图 11.16 就是根据典型 ENSO 事件对应的温度异常计算得到的异常环流实例。需要注意的是，由于在边界层模式中的对流反馈，辐合区比暖的海表温度异常区狭窄。

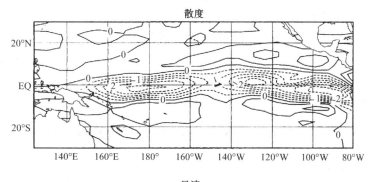

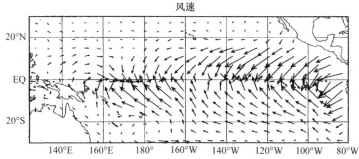

图 11.16　赤道太平洋地区具有厄尔尼诺特征的海表温度异常强迫产生的稳态地面环流（感谢 D. Battisti）

# 推荐参考文献

Philander 著作的 *El Niño，La Niña，and the Southern Oscillation*（《厄尔尼诺、拉尼娜

与南方涛动》），写作上乘，分析深入，内容涉及 ENSO 在海洋和大气方面的动力学分析。

Trenberth 于 1991 年发表了一篇关于 ENSO 的优秀综述性论文。

Wallace（1971）详细回顾了在赤道太平洋上的天气尺度对流层波动扰动的结构。

Webster 和 Fasullo（2003）很好地回顾了热带季风的结构和动力学特征。

 习题

11.1 假定 $15°N$ 处埃克曼层顶的相对涡度为 $\zeta = 2 \times 10^{-5}\,\text{s}^{-1}$，令涡动黏性系数 $K_m = 10\,\text{m}^2\,\text{s}^{-1}$，埃克曼层顶的水汽混合比为 $12\,\text{g\,kg}^{-1}$，请利用 11.3 节的方法估算因埃克曼层中的水汽辐合导致的降水率。

11.2 如 11.1.3 节所述，正压不稳定是某些赤道扰动的可能能量来源。假定赤道附近的东风急流有如下廓线：

$$\bar{u}(y) = -u_0 \sin^2[l(y - y_0)]$$

式中，$u_0$、$y_0$ 和 $l$ 为常数，$y$ 是相对于赤道的距离。请确定在这种廓线下出现正压不稳定的必要条件。

11.3 证明平衡方程式（11.15）中的非线性项：

$$G(x, y) = -\nabla^2 \left( \frac{1}{2} \nabla \psi \cdot \nabla \psi \right) + \nabla \cdot (\nabla \psi \nabla^2 \psi)$$

可在笛卡儿坐标系中写为

$$G(x, y) = 2\left[ \left( \frac{\partial^2 \psi}{\partial x^2} \right)\left( \frac{\partial^2 \psi}{\partial y^2} \right) - \left( \frac{\partial^2 \psi}{\partial x \partial y} \right)^2 \right]$$

11.4 利用习题 11.3 的结果，证明如果 $f$ 为常数，那么平衡方程式（11.15）就等价于环状对称低压的梯度风方程式（3.15），并且该低压满足如下位势扰动：

$$\Phi = \Phi_0 \frac{x^2 + y^2}{L^2}$$

式中，$\Phi_0$ 为位势常数，$L$ 为定常长度尺度。

提示：假定 $\psi(x, y)$ 与 $(x, y)$ 的函数关系与 $\Phi$ 的相同。

11.5 从扰动方程式（11.27）～式（11.29）出发，证明对于赤道波而言，动能与有效位能之和守恒。此外，进一步证明对于开尔文波而言，存在动能与有效位能之间的能量均分。

11.6 根据式（11.38）给出的经向速度分布，求解罗斯贝—重力波对应的纬向风和位势扰动的经向分布。

11.7 利用线性化模式式（11.48）和式（11.49），假设地转风满足 $u_g = u_0 \exp(-\beta y^2 / 2c)$，$v_g = 0$（其中 $u_0$ 和 $c$ 为常数），计算在混合层中散度的经向分布。

11.8　证明当 $n=1$ 时赤道罗斯贝波的频率近似可表示为 $\nu = -k\beta(k^2 + 3\beta/\sqrt{gh_e})^{-1}$，并利用这个结果根据在已知 $\hat{v}(y)$ 的条件下求解 $\hat{u}(y)$ 和 $\hat{\Phi}(y)$。

　　提示：利用罗斯贝波的相速度远小于 $\sqrt{gh_e}$ 这一结论。

# MATLAB 练习题

　　M11.1　MATLAB 脚本 profile_2.m 和函数 Tmoist.m 利用文件 tropical_temp.dat 中萨摩亚（ $14°S, 171°W$ ）11 月至次年 3 月的季平均气压和温度数据，并假定相对湿度为固定不变的 80%，计算并绘制温度、露点，以及从探空底层抬升而来的气块从抬升凝结高度假绝热上升时对应温度的垂直廓线；修改脚本，绘制位温、相当位温及饱和相当位温的廓线。

　　提示：参见练习题 M9.2。

　　M11.2　根据练习题 M11.1 的热力学探空数据，在不考虑夹卷的情况下，计算从底层抬升而来的气块的对流有效位能（CAPE）和垂直速度廓线；求出气块的最大垂直速度，以及气块超出其中性浮力层的距离；最后，请说明从这种与平均热带探空有关的对流中可以得到什么结论。

　　M11.3　已知有一个简单的无辐散流体，可用流函数表示为 $\psi = A\sin kx \sin ly$。MATLAB 脚本 nonlinear_balance.m 用于求解关于位势 $\Phi$ 的非线性平衡方程式（11.15），其中假定科氏参数为常数，取其在 30°N 处的值。振幅 $A$ 为 $0.4\times10^7 \sim 4.0\times10^7$ $\mathrm{m^2 s^{-1}}$ 中所取的若干个值，运行该脚本，给出位势场与 $A$ 之间的变化关系；对于 $A=4.0\times10^7$ $\mathrm{m^2 s^{-1}}$ 的情况，利用 MATLAB 中的 gradient 函数来计算地转风，并求出非地转风；将得到的结果绘制成斜率图，并解释为什么非地转风具有图中所示的结构。

　　M11.4　已知在赤道 $\beta$ 平面上混合层中受赤道波动强迫的水平气流满足如下简单模型：

$$\frac{\partial u}{\partial t} = -\alpha u + \beta yv - \frac{\partial \Phi}{\partial x}$$

$$\frac{\partial v}{\partial t} = -\alpha v - \beta yu - \frac{\partial \Phi}{\partial y}$$

其中 $\Phi(x, y, t)$ 是式（11.30）对应的波动。MATLAB 脚本 equatorial_mixed_layer.m 针对在混合层中的水平速度分量和散度场来数值求解上述方程组，其中受到了特定罗斯贝—重力波（ $n=0$ 的模态）位势扰动的强迫，这种位势扰动对应着纬向波长为 4000 km 且 $\sqrt{gh_e} = 18\ \mathrm{m\ s^{-1}}$ 的西传波动。要将该脚本运行足够长时间，才能使解随时间周期变化。当纬向波长为 10000 km 且 $\sqrt{gh_e} = 36\ \mathrm{m\ s^{-1}}$ 时，重新运行该脚本。在每种情况下，将振荡频率与波动强迫产生最大辐合的纬度处的科氏参数进行比较，并说明从这些结果中可以得到什么结论。

M11.5　修改练习题 M11.4 的 MATLAB 脚本，利用习题 11.8 推导的频率和位势公式，针对 $n=1$ 的罗斯贝波，计算当纬向波长为 4000 km 且 $\sqrt{gh_e}=18\,\mathrm{m\,s^{-1}}$ 时的混合层速度和散度。

M11.6　MATLAB 脚本 forced_equatorial_mode2.m 描述的是在赤道 $\beta$ 平面上的浅水波中，由瞬时局地质量源产生的速度和高度扰动随时间的演变。这个模式基于式（11.48）、式（11.49）和式（11.51），但考虑了时间倾向项（这里令 $\varepsilon=0$，但是在实验中可以取所需的任意值）。源位于 $x=0$ 的赤道上，前 2.5 天的振幅是平滑上升的，但在 5 天时会减小到 0。修改脚本，使之能够绘制散度和涡度的等值线图；将该脚本运行 10 天，并利用赤道波动理论来解释得到的结果（注意：扰动结构和能量传播速度朝着源的东、西两侧）。

# 第 12 章

# 中层大气动力学

● ● ● ● ● ● ● ● ●

中层大气通常指的是从对流层顶（根据纬度不同，高度为 10~16 km）到约 100 km 之间的大气层。中层大气包含两个主要层次，分别是平流层和中间层，它们是根据温度层结来区分的（见图 12.1）。平流层从对流层顶一直伸展到约 50 km 高的平流层顶，具有很强的静力稳定性，这与温度随高度升高而增大有关。中间层具有类似于对流层的温度递减率，从平流层顶一直伸展到 80~90 km 的中间层顶。

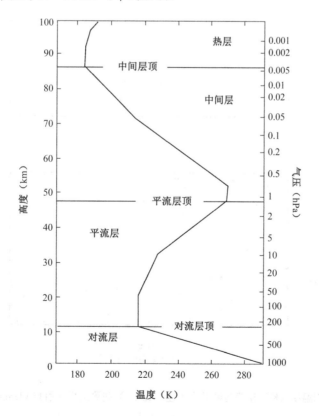

图 12.1　中纬度地区的平均温度廓线（基于美国标准大气，1976）

本书前面的章节基本都集中于对流层动力学。对流层中包含了约85%的大气总质量，以及几乎所有的水分。毋庸置疑，发生在对流层中的过程是造成天气扰动和气候变率的主因。尽管如此，中层大气也是不可忽略的。对流层和中层大气是通过辐射过程和动力过程联系在一起的，这些过程必须在全球预报模式和气候模式中表示出来。它们还通过痕量物质的交换联系在一起，这些物质对于臭氧层的光化学反应是很重要的。本章主要讨论中层大气下部的动力学过程及其与对流层的关系。

# 12.1　中层大气的结构与环流

图12.2（a）和图12.3（a）分别给出了1月和7月中低层大气的纬向平均温度剖面。由于对流层几乎不吸收太阳辐射，因此对流层的热力学结构主要依靠红外辐射冷却、小尺度涡旋自地面向上垂直输送的感热和潜热，以及天气尺度涡旋的大尺度热量输送之间的近似平衡来维持。其结果是形成赤道地区地面温度最高，并朝着两极减小的平均温度结构。此外，还存在温度随高度升高的快速减小，递减率为6℃ km$^{-1}$。

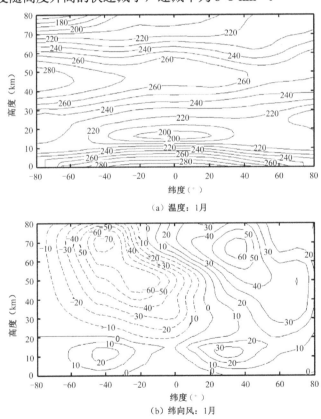

（a）温度：1月

（b）纬向风：1月

图12.2　1月平均温度（K）和纬向风平均风速（m s$^{-1}$）观测结果（引自 Fleming et al.，1990）

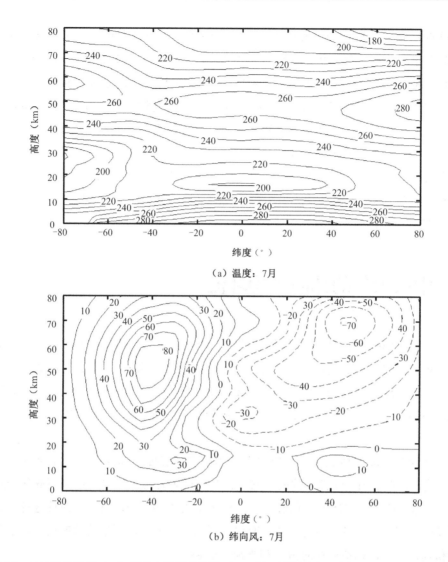

（a）温度：7月

（b）纬向风：7月

图 12.3　7月平均温度（K）和纬向风平均风速（m s⁻¹）观测结果（引自 Fleming et al.，1990）

　　但是，在平流层，平均而言，红外辐射冷却主要通过臭氧吸收太阳紫外辐射得到辐射加热来平衡。在臭氧层中太阳辐射加热的结果是使平流层的平均温度随高度上升而增大，并在约 50 km 的平流层顶达到最大值。在平流层顶之上，由于臭氧引起的太阳辐射加热减小，温度随高度上升而减小。

　　在中层大气中的经向温度梯度也与在对流层中截然不同。平流层下层的温度受到对流层上层过程的强烈影响，极小值位于赤道，极大值位于夏季极区和冬半球的中纬度地区。在约 30 hPa 层以上，从夏季极区到冬季极区温度呈现一致减小的趋势，这与辐射平衡条件定性一致。

　　在中层大气中的气候平均纬向风通常可以用卫星观测的温度场推导得到。具体的方法是以平流层下层等压面上的地转风（通过常规气象分析得到）为下边界条件，对热成风方程进行垂直积分。图 12.2（b）和图 12.3（b）分别是 1 月和 7 月的纬向风垂直剖面，其主要特征是夏半球的东风急流和冬半球的西风急流，最大风速通常出现在 60 km 高度层附近，其中特别显著的是冬半球高纬度地区的西风急流。这些极夜急流为准定常行星波的垂直传播提供了波导。正如 12.4 节讨论的，在北半球，因这种波动导致的 EP 通量辐合（参见 10.2.2 节）经常会使平均纬向气流快速减弱，并伴随着极区的平流层爆发性增温。

在赤道中层大气中的平均纬向气流受到垂直传播的重力惯性波，以及赤道波动（特别是开尔文波和罗斯贝波）的强烈影响。这些波动与平均气流相互作用产生的长周期振荡被称为准两年振荡。这种振荡会使赤道中层大气的平均纬向风产生较大的逐年变化，这种变化在如图 12.3 所示的长期平均结果中没有反映出来。

## 12.2　中层大气的纬向平均环流

如 10.1 节所讨论的，可将大气环流整体视为大气对非绝热加热响应的一级近似，而这种非绝热加热则是由近地面处吸收的太阳辐射造成的。因此，可以合理地认为大气是由不均匀非绝热加热驱动的。但是，对于大气中开放的子区域，如中层大气，假定大气环流被非绝热加热驱动是不正确的。相反，有必要考虑这个子区域与其余大气之间的动量和能量转换。

在没有涡旋运动的情况下，中层大气的纬向平均温度会趋向于一个由辐射确定的状态，也就是说，除了因热惯性导致的小滞后，温度对应着与太阳辐射年循环变化一致的辐射平衡。在这种情况下的环流仅包含处于热成风平衡的纬向平均气流，并且这种热成风平衡具有经向温度梯度。略去小的年循环变化的影响，对于这种假想的状态而言，不存在经向环流和垂直环流，也不存在对流层和平流层交换。

如图 12.4 所示是根据辐射决定的北半球冬季温度剖面。可将图 12.4 与图 12.2 所示的同季节温度廓线观测结果进行对比。尽管在 30～60 km 高度内，自冬极到夏极相当一致的温度增大趋势与辐射决定的温度分布定性一致，但两极之间的实际温差远小于辐射决定的温差。在 60 km 高度以上，观测结果中梯度的符号甚至与辐射决定梯度的符号相反；夏极中间层顶附近的温度观测值远低于冬极中间层顶附近的温度。

辐射决定状态的偏差必然是靠涡旋输送来维持的。因此，在中层大气中观测到的辐射加热和冷却模态是涡动驱动气流偏离辐射平衡状态的结果，而不是造成平均环流的原因。这种由涡动驱动产生的环流具有经向分量和垂直分量，会诱发大量相对于辐射平衡状态的局地偏差，特别是在冬季平流层及冬季和夏季中间层。

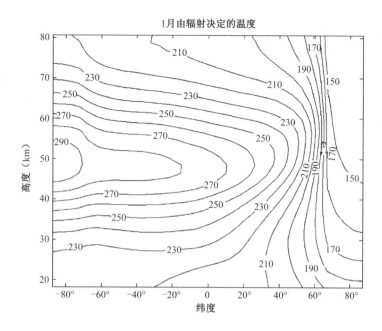

图 12.4　根据时间以年循环方式推进的辐射模式得到的北半球冬至日由辐射决定的中层大气温度分布（单位：K）。对流层顶的向上辐射通量根据真实的对流层温度和云量确定（基于 Shine，1987）

## 12.2.1　气块的拉格朗日运动

在传统的欧拉平均框架（参见 10.2.1 节）下，在中层大气中时间平均的纬向平均温度分布是由净辐射加热或冷却、涡动热量输送，以及平均经向环流$(\bar{v}, \bar{w})$导致的绝热加热或冷却这三者之间的净平衡量确定的。通过分析当大尺度波动存在时的稳态绝热运动可以看出，对于子午面上的传输而言，这个框架并不是非常适用。根据式（10.12），在这种情况下，具有正的向极热通量的波动必然会驱动一个非零$\bar{w}$，具体表现为高纬度地区的上升流和低纬度地区的下降流分别对应热通量的辐合区和辐散区。但如果气流是绝热的，就不存在穿越等熵面的气流，因此，在稳定状态下，即使$\bar{w} \neq 0$，也不会存在净垂直输送。所以，在这种情况下，$\bar{w}$显然无法作为气块垂直运动（垂直输送）的近似值。

但是，当欧拉平均垂直运动有限时，垂直输送是如何消失的呢？如图 12.5（a）所示，在背景西风气流上叠加定常大尺度波动的情况下，通过对绝热流体的运动学分析，就可以分辨出这种自相矛盾的"零输送"现象。对于沿着标记为 $S_1$、$S_2$ 和 $S_3$ 的流线移动的气块，在围绕其平均纬度振荡的同时，这些气块会首先向赤道向上运动，然后向极向下运动，同时还伴随着波动的等熵面上下位移。但在整个波动周期内，并不存在随气块的净垂直运动，这是因为气块必然会停留在相同的等熵面上，故也不会存在垂直输送。但如果沿着某个固定纬圈通过求平均来计算平均垂直速度，那么由图 12.5（a）明显可以看出，在波动振幅最大值向极方向的纬圈$\phi_3$上，欧拉平均是向上的（$\bar{w}(\phi_3) > 0$），这是因为相对于向下运动的区域，该纬圈向上运动的区域占主导。

反过来，在波动振幅最大值向赤道方向的纬圈 $\phi_1$ 上，欧拉平均是向下的（$\bar{w}(\phi_1) < 0$）。因此，传统欧拉平均环流会错误地表明，痕量成分会在波动最大振幅所在纬度的向极方向上向上输送，并在该纬度的向赤道方向上向下输送。实际上，在这个理想化绝热波动运动实例中的气块不会有净垂直位移，但会在同一等熵面上简单地来回振荡，如图 12.5（b）所示，其轨迹在子午面上的投影是闭合椭圆。在这种情况下，不存在气块净垂直运动，因此也不存在净垂直输送。

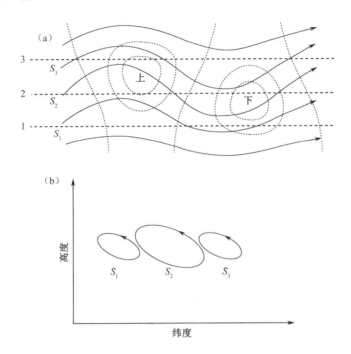

图 12.5　在纬向西风中绝热行星波对应的气块运动。（a）标记为 $S_1$、$S_2$ 和 $S_3$ 的实线表示气块轨迹，粗虚线表示纬圈，细虚线表示垂直速度场的等值线；（b）气块振荡轨迹在子午面上的投影

只有当存在净非绝热加热或冷却时，才会存在穿越等熵面的平均输送。冬季，在平流层的定常行星波的振幅会比较大，并且存在低纬非绝热加热和高纬非绝热冷却，气块实际运动轨迹的子午面投影是图 12.5（b）的椭圆轨道与图 12.6 的平均垂直偏移相结合的结果。这个结果清楚地表明，由于与非绝热加热和非绝热冷却有关的气块垂直输送，垂直层结的长寿命痕量成分会在低纬地区向上输送，在高纬地区向下输送。因此，为了有效地表示净输送作用，纬向平均过程会产生一个平均垂直环流，用来模拟气块净穿越等熵面的运动。

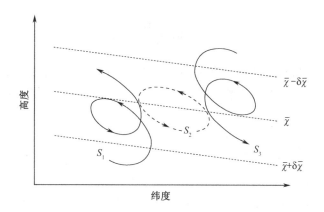

图 12.6　在低纬地区非绝热加热、高纬地区非绝热冷却的西风中，行星波中的气块运动轨迹在子午面上的投影。细虚线表示由非绝热环流输送造成的示踪物混合比的等值面倾斜

## 12.2.2　变换欧拉平均

在很多情况下，10.2.2 节提出的变换欧拉平均（TEM）方程组为研究全球尺度中层大气输送提供了一个有用的模型。此时的纬向平均动量方程、连续方程、热力学方程和热成风方程[1]分别为

$$\frac{\partial \overline{u}}{\partial t} - f_0 \overline{v}^* = \frac{1}{\rho_0} \nabla \cdot \boldsymbol{F} + \overline{X} \equiv \overline{G} \tag{12.1}$$

$$\frac{\partial \overline{T}}{\partial t} + \frac{N^2 H}{R} \overline{w}^* = -\alpha_r [\overline{T} - \overline{T}_r(y, z, t)] \tag{12.2}$$

$$\frac{\partial \overline{v}^*}{\partial y} + \frac{1}{\rho_0} \frac{\partial(\rho_0 \overline{w}^*)}{\partial z} = 0 \tag{12.3}$$

$$f_0 \frac{\partial \overline{u}}{\partial z} + \frac{R}{H} \frac{\partial \overline{T}}{\partial y} = 0 \tag{12.4}$$

式中，剩余环流 $(\overline{v}^*, \overline{w}^*)$ 的定义可参见式（10.16a）和式（10.16b），$\boldsymbol{F}$ 表示大尺度涡旋造成的 EP 通量；$\overline{X}$ 表示小尺度涡旋造成的纬向力（重力波拖曳）；$\overline{G}$ 表示总的纬向力。在式（12.2）中，非绝热加热是用牛顿松弛来近似表示的，而牛顿松弛又正比于纬向平均温度 $\overline{T}(x, y, z)$ 相对于其辐射平衡值 $\overline{T}_r(y, z, t)$ 的偏差；$\alpha_r$ 为牛顿冷却系数。

为了理解涡旋是如何导致在中层大气中纬向平均温度分布相对于其辐射决定状态的偏差的，可利用 TEM 系统方程组来分析中纬度地区强迫的理想化模型。环流对强迫频率的依赖关系可以在理想化模型中进行分析，具体是将 $\overline{T}_r$ 仅取为高度的函数，而强迫则是简单的、只与时间有关的、频率为 $\sigma$ 的简谐振荡。那么，$\overline{w}^*$ 和 $\overline{G}$ 的形式为

---

[1]　与第 10 章相同，我们将对数—气压坐标简单表示为 $z$，而不是 $z^*$。

$$\begin{bmatrix} \overline{w}^* \\ \overline{G} \end{bmatrix} = \mathrm{Re} \begin{bmatrix} \hat{w}(\phi,z) \\ \hat{G}(\phi,z) \end{bmatrix} \mathrm{e}^{\mathrm{i}\sigma t} \tag{12.5}$$

式中，$\hat{w}$ 和 $\hat{G}$ 分别是与纬度和高度有关的复振幅。在式（12.1）和式（12.3）联立消去 $\overline{v}^*$ 后，将得到的方程与式（12.2）和式（12.4）联立消去 $\overline{T}$，就可得到如下关于 $\hat{w}$ 的偏微分方程：

$$\frac{\partial}{\partial z}\left(\frac{1}{\rho_0}\frac{\partial(\rho_0\hat{w})}{\partial z}\right) + \left(\frac{\mathrm{i}\sigma}{\mathrm{i}\sigma + \alpha_r}\right)\left(\frac{N^2}{f_0^2}\right)\frac{\partial^2\hat{w}}{\partial y^2} = \frac{1}{f_0}\frac{\partial}{\partial y}\left(\frac{\partial\hat{G}}{\partial z}\right) \tag{12.6}$$

$\hat{w}$ 在子午面上的结构依赖于强迫 $\overline{G}$ 的经向分布和垂直分布。微分方程式（12.6）是椭圆形式的，这就意味着作用于任意区域的局地强迫都会产生大尺度环流形式的非局地响应，它起着通过经向温度梯度维持热成风平衡中纬向气流的作用。

由式（12.6）的系数可知，非局地响应的特征依赖于强迫频率与牛顿冷却系数的比值。我们需要分析如下 3 种情况。

（1）高频变率 $\sigma \gg \alpha_r$：运动是近似绝热的（平流层爆发性增温就是这种情况），即

$$\frac{\mathrm{i}\sigma}{\mathrm{i}\sigma + \alpha_r} \to 1$$

在远离强迫区域的地方，式（12.6）等号右端为 0，因此式（12.6）左端的两项必然平衡。为了保持这种平衡，对变量的简单尺度分析表明，在中纬度地区，响应的垂直尺度 $\delta z$ 必然与水平尺度有关，因为 $\delta z \sim (f_0/N)\delta y \sim 10^{-2}\delta y$。

（2）低频变率（如年循环）：牛顿冷却系数的量级从平流层低层的 $\alpha_r \approx 1/(20\text{天})$ 增大到平流层顶附近的 $\alpha_r \approx 1/(5\text{天})$。因此，$\alpha_r > \sigma$，并且与式（12.6）等号左端第二项相乘的系数相对于第 1 种情况值会有所减小，这会使得垂直贯透尺度增大。

（3）稳态型 $\sigma/\alpha_r \to 0$：在这种极限条件下，有 $\partial\overline{u}/\partial t = 0$，并且不再继续使用式（12.6），因为在这种情况下，式（12.1）会简化为科氏力和纬向拖曳力之间的简单平衡：

$$-f_0\overline{v}^* = \overline{G} \tag{12.7}$$

将这个方程与连续方程式（12.3）联立，并要求当 $z \to \infty$ 时 $\rho_0\overline{w}^* \to 0$，可以得到

$$\rho_0\overline{w}^* = -\frac{\partial}{\partial y}\left[\frac{1}{f_0}\int_z^\infty \rho_0\overline{G}\mathrm{d}z'\right] \tag{12.8}$$

根据式（12.8），$\overline{w}^*$ 在局地强迫区域的上方为 0，而在其正下方为常数，因此有时候将这种稳态的情况称为"向下控制"。

将式（12.8）代入热力学第一定律对应的方程式（12.2），并略去与时间有关的项，就可以得到如下表达式，用来显式地给出时间偏差的纬向力分布与相对于辐射平衡状态的纬向平均温度之间的关系。

$$(\overline{T} - \overline{T}_r) = \frac{N^2 H}{\alpha_r\rho_0 R}\frac{\partial}{\partial y}\left[\frac{1}{f_0}\int_z^\infty \rho_0\overline{G}\mathrm{d}z'\right] \tag{12.9}$$

可以看出，在稳定状态下，特定层次上温度相对于其辐射平衡态的偏差依赖于在该层以上气柱中纬向力分布的经向梯度。

为了使数学处理简单，在本节的方程推导过程中略去了科氏参数随纬度的变化及其他

球面几何效应，但我们仍可以直接将这个模型扩展到球坐标系。图 12.7 给出的就是在保留球面几何效应的情况下，之前讨论的 3 种不同松弛冷却系数对应的中纬度地区强迫所激发的经向质量环流的流线。

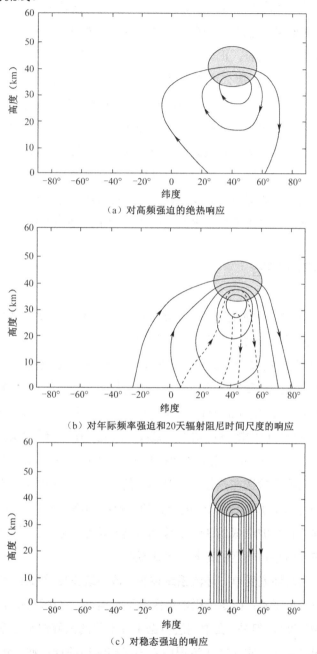

（a）对高频强迫的绝热响应

（b）对年际频率强迫和20天辐射阻尼时间尺度的响应

（c）对稳态强迫的响应

图 12.7　纬向对称环流对作用于阴影区的向西方向力的响应。等值线为 TEM 经向质量环流的流线，每幅子图中的等值线间隔相同。其中（b）中实等值线和虚等值线分别表示对同相和 90° 反相强迫的响应（引自 Holton et al., 1995；美国地球物理联合会许可使用）

比较图 12.2 和图 12.4 可以看出，相对于辐射平衡态的最大偏差出现在中间层夏季和冬季，以及极地平流层冬季。根据式（12.9），这些都是纬向强迫处于最强时所对应的位置和季节。中间层的纬向力主要是由垂直传播的重力内波造成的。它们将动量从对流层输送到中间层，并在该层通过波动破碎来产生强的纬向强迫。冬季平流层中的纬向力主要是由定常行星罗斯贝波造成的。正如 12.3 节所讨论的，只要平均纬向风为西风，并且小于强烈依赖于波长的临界值，那么这些行星罗斯贝波就会垂直传播。所以，在中纬度平流层，预期 $\delta T$ 有强的年循环，冬季为大值（相对于辐射平衡的强偏差），夏季为小值。

实际观测结果也证明确实如此（见图 12.2 和图 12.4）。此外，因为涡旋强迫维持着中纬度平流层中高于辐射平衡的观测温度，所以存在辐射冷却，并且根据式（12.3）可知，剩余垂直运动必然是向下的。根据质量连续性原理，热带地区的剩余垂直运动是向上的，其温度必然低于该区域的辐射平衡温度。需要注意的是，正是中纬度地区涡旋的动力学驱动，而不是局地强迫，造成了热带平流层的向上剩余运动和净辐射加热。

### 12.2.3　纬向平均输送

从 TEM 的角度看，平流层冬季总体经向环流的定性表示如图 12.8 所示。剩余环流在热带地区穿过对流层顶将物质和化学示踪物向上输送，而在中纬度地区则向下输送。通过被 EP 通量辐合平衡的向极经向漂移，这种垂直环流在平流层低层是闭合的。通过分析任意一种长寿命垂直层结痕量气体的纬向平均混合比的分布，就可以得到定性、准确的环流示意。图 12.9 给出的是 $N_2O$ 的分布。$N_2O$ 在地面上产生后，在对流层混合均匀，但由于光化学分解，会在平流层中随高度增加而衰减。因此，在平流层中随着高度升高混合比是减小的。但需要注意的是，混合比等值面在热带地区向上位移，在较高纬度地区向下位移，这就说明平均经向物质输送在热带地区是向上的，而在中纬度地区是向下的。

除如图 12.8 所示的剩余经向速度导致的缓慢经向漂移外，在冬季平流层中的痕量气体也受制于破碎的行星波造成的快速准等熵输送和混合。这种在时间和空间上变化的涡旋输送必须包含在平流层内输送的定量、准确模拟中。

在中间层，剩余环流受单一环流系统控制，该系统在夏季极地地区有上升运动，从夏半球到冬半球有经向漂移；在冬季极地地区有下沉运动。这个环流与平流层中的剩余环流相似，是由涡旋驱动的。但是，在中间层占据主导地位的涡旋似乎是垂直传播的重力内波，就时间和空间尺度而言，它比在平流层中主导涡旋活动的行星波要短。

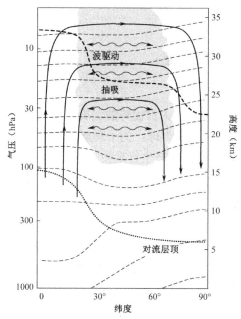

图 12.8 在中层大气中波驱动环流的剖面及其在输送中的作用。细虚线为等位温面，点线为对流层顶，实线为波动诱生强迫（阴影区）所驱动的 TEM 经向环流的等值线，双箭头曲线表示涡旋运动造成的经向输送和混合，粗虚线为长寿命示踪物混合比等值线

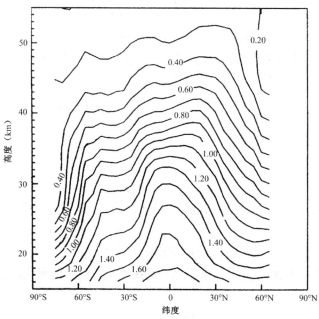

图 12.9 在卤素掩星实验（Halogen Occultation Experiment，HAOLE）中由上层大气研究卫星（Upper Atmosphere Research Satellite，UARS）观测得到的十月甲烷含量（单位：ppmv）纬向平均剖面。需要注意在平流层中因光化学分解造成的强垂直层结。在赤道地区向上鼓起的混合比等值线就是该地区存在向上物质流的证据；在高纬地区向下倾斜的等值线则是极地地区存在下沉物质流的证据；南半球中纬度地区的平直等值线则是冬季行星波活动造成准绝热波动输送的证据（引自 Norton，2003）

# 12.3　垂直传播的行星波

在 12.1 节已经指出，在平流层中占优势的涡旋活动是垂直传播的准定常行星波（罗斯贝波），并且这些波动被限制在冬半球。为了理解不存在天气尺度运动，并且定常行星波被约束在冬半球的状况，有必要对产生行星波垂直传播的条件进行分析。

## 12.3.1　线性罗斯贝波

为了分析在平流层中的行星波传播，比较方便的方法是将运动方程组写在 7.4.1 节引入的对数—气压坐标系中。为了分析在中纬度中层大气中的行星波运动，还要将运动放在 $\beta$ 平面上，并使用准地转位涡方程进行处理。该方程在对数—气压坐标系中可写为

$$\left(\frac{\partial}{\partial t} + \boldsymbol{V}_g \cdot \nabla\right) q = 0 \tag{12.10}$$

其中，

$$q \equiv \nabla^2 \psi + f + \frac{f_0^2}{\rho_0 N^2} \frac{\partial}{\partial z}\left(\rho_0 \frac{\partial \psi}{\partial z}\right)$$

式中，$\psi = \Phi / f_0$ 为地转流函数；$f_0$ 为科氏参数的中纬度参考常数值。假定运动是由叠加在定常纬向气流上的小振幅扰动构成的，因此，令 $\psi = -\bar{u}y + \psi'$，$q = \bar{q} + q'$，并对式（12.10）进行线性化处理，就可以得到扰动 $q'$ 场满足

$$\left(\frac{\partial}{\partial t} + \bar{u}\frac{\partial}{\partial x}\right) q' + \beta\frac{\partial \psi'}{\partial x} = 0 \tag{12.11}$$

其中，

$$q' \equiv \nabla^2 \psi' + \frac{f_0^2}{\rho_0 N^2} \frac{\partial}{\partial z}\left(\rho_0 \frac{\partial \psi'}{\partial z}\right) \tag{12.12}$$

式（12.11）具有纬向波数和经向波数分别为 $k$ 和 $l$、纬向相速度为 $c_x$ 的谐波形式解，即

$$\psi'(x,y,z,t) = \Psi(z)\mathrm{e}^{\mathrm{i}(kx+ly-kc_xt)+z/2H} \tag{12.13}$$

式中引入因子 $\mathrm{e}^{z/2H}$（正比于 $\rho_0^{-1/2}$）来简化方程在垂直方向上的变化。将式（12.13）代入式（12.11）后可得

$$\frac{\mathrm{d}^2\Psi}{\mathrm{d}z^2} + m^2\Psi = 0 \tag{12.14}$$

其中，

$$m^2 \equiv \frac{N^2}{f_0^2}\left[\frac{\beta}{(\bar{u}-c_x)} - (k^2+l^2)\right] - \frac{1}{4H^2} \tag{12.15}$$

由 7.4 节的分析可知，$m^2 > 0$ 是垂直传播所需的条件，并且在这种情况下，$m$ 为垂直波数。也就是说，式（12.14）有形如 $\Psi = A\mathrm{e}^{imz}$ 的解，其中，$A$ 表示振幅常数，$m$ 的符号是由群速度的垂直分量为正这一条件决定的。对于定常波（$c_x = 0$），由式（12.15）可以看出，只有当平均纬向气流满足如下条件时才会存在垂直传播波动：

$$0 < \bar{u} < \beta \left[ (k^2 + l^2) + \frac{f_0^2}{4N^2H^2} \right]^{-1} \equiv U_c \tag{12.16}$$

式中，$U_c$ 为罗斯贝临界速度。可以看出，只有当出现西风的风速比依赖于波动水平尺度的临界速度小的情况时，才会出现定常波的垂直传播。在夏半球，平流层的平均纬向风为东风，因此定常行星波在垂直方向上都是被截陷的。

在实际大气中，平均纬向风并不是定常不变的，而是随纬度和高度变化的。但观测分析和理论研究都证明，尽管实际临界速度比根据 $\beta$ 平面理论得到的速度大，但式（12.16）仍然能够对估算行星波垂直传播提供定性指导。

## 12.3.2　罗斯贝波的破碎

简单来说，罗斯贝波的破碎指的是物质等值线快速、不可逆的变形。根据式（12.10）可知，罗斯贝波满足近似位涡守恒，所以在等熵面上的等位涡线近似就是物质等值线，并且可以通过分析位涡场很好地展示波动破碎。在动力学方程组中，当扰动场的振幅达到非线性作用不能再被忽略时，就有可能发生波动破碎。例如，如果将气流分为平均量和扰动量，并且包含非线性项，那么准地转位涡守恒方程式（12.10）可改写为

$$\left( \frac{\partial}{\partial t} + \bar{u} \frac{\partial}{\partial x} \right) q' + v' \frac{\partial \bar{q}}{\partial y} = -u' \frac{\partial q'}{\partial x} - v' \frac{\partial q'}{\partial y} \tag{12.17}$$

对于相对于地面以纬向相速度 $c_x$ 传播的稳定波动，其位相随时间和空间的变化可表示为 $\phi = k(x - c_x t)$，其中 $k$ 为纬向波数；而且很容易可以证明

$$\frac{\partial}{\partial t} = -c_x \frac{\partial}{\partial x}$$

因此，在式（12.17）的线性化形式中，存在多普勒频移平均风造成的扰动位涡 $q'$ 平流与扰动经向风造成的平均位涡平流之间的平衡：

$$(\bar{u} - c_x) \frac{\partial q'}{\partial x} = -v' \frac{\partial \bar{q}}{\partial y} \tag{12.18}$$

线性近似的有效性可以通过比较式（12.17）等号右端两项与式（12.18）中任意一项的大小进行分析。只要有

$$|\bar{u} - c_x| \gg |u'| \tag{12.19a}$$

且

$$\frac{\partial \bar{q}}{\partial y} \gg \left| \frac{\partial q'}{\partial y} \right| \tag{12.19b}$$

就说明线性特征成立。大体而言，这些标准要求 $(x, y)$ 平面上物质等值线的坡度必须比较小。

如式（12.13）所示，在具有定常纬向风的大气中，垂直传播的线性罗斯贝波具有振幅随高度升高成指数增大的特征。因此，在某个高度上，扰动振幅就会增大到足以发生波动破碎。但在实际大气中，平均气流随纬度和高度变化，并且这种变化对于理解罗斯贝波破碎造成的分布和平均气流强迫具有关键作用。最简单的罗斯贝波破碎的例子发生在多普勒频移相速度为 0（$\bar{u} - c_x = 0$）的临界面上。在这种情况下，即使小振幅波动，也不会满足式（12.19a）。

要理解临界面附近的波动行为，可以将 12.3.1 节对罗斯贝波的分析推广到如图 12.2 所示的季节平均剖面的情况，此时纬向风与纬度和高度有关，即 $\bar{u} = \bar{u}(y, z)$。式（12.11）中 $x$ 和 $t$ 的关系可以通过寻找以下形式解分离出来：

$$\psi' = e^{z/2H} \mathrm{Re}[\Psi(y, z) e^{ik(x - c_x t)}] \tag{12.20}$$

这样我们可以得到

$$\frac{\partial^2 \Psi}{\partial y^2} + \frac{f_0^2}{N^2} \frac{\partial^2 \Psi}{\partial z^2} + n_k^2 \Psi = 0 \tag{12.21}$$

式中略去了 $N^2$ 较小的垂直变化，并且有

$$n_k^2(y, z) = \frac{1}{\bar{u} - c_x} \frac{\partial \bar{q}}{\partial y} - k^2 - \frac{f_0^2}{4H^2 N^2} \tag{12.22}$$

式（12.21）的形式类似于当光波在可变折射率（记为 $n_k$）介质中二维传播时控制方程的形式。在这种情况下，线性罗斯贝波 EP 通量的传播可以用类似于光线射线的行为来表示。因此，波动会沿着射线传播，并朝着大的正 $n_k^2$ 区弯曲，远离负 $n_k^2$ 区。对于纬向波数较小的定常罗斯贝波（$c_x = 0$），$n_k^2$ 在西风不太强的区域为正，并且会沿着平均气流为 0 的临界面增大到无穷大。因此，在冬半球波动的折射指数为正，但会朝着赤道 0 风速线方向快速增大。由此导致的结果是，罗斯贝波会向上向赤道传播，并且波动破碎就发生在赤道临界面附近。

# 12.4  平流层爆发性增温

在平流层低层，温度最小值出现在赤道，温度最大值则出现在夏季极地及冬半球纬度约 45° 处（见图 12.2）。从热成风的角度看，冬季纬度 45° 向极方向上温度的快速降低需要有一个纬向涡旋，并伴随垂直方向上强烈的西风切变。

在北半球，每隔 1 年左右，这种冷的极地平流层与西风涡旋相伴的正常冬季模态会在隆冬被一种惊人的现象打断。几天之内，极地涡旋会变得高度扭曲并崩溃（见图 12.10），同时伴随大尺度的极地平流层增温。这种增温会快速逆转经向温度梯度，并通过热成风平衡形成一个极地东风气流。几天之内，就会在 50 hPa 层出现 40 K 的增温。

许多关于爆发性增温的观测研究已经确认，来自对流层的、以纬向波数 1 波和 2 波为主的、增强的行星波传播，对于增温过程的发展是必不可少的。由于观测到的增温主要出

现在北半球，因此合乎逻辑的结论是，进入平流层的这种增强的波动传播是由地形受迫波动造成的，这种波动在北半球要比在南半球强得多。但即使在北半球，显然只有在条件适当的冬季才会产生爆发性增温。

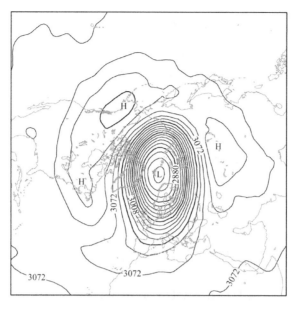

(a) 2月11日12UTC分析场

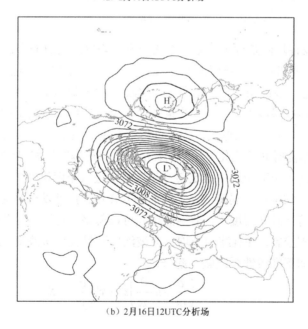

(b) 2月16日12UTC分析场

图 12.10　1979 年 2 月 11 日、16 和 21 日 12UTC 的 10 hPa 位势高度分析场，其中给出的是与 2 波平流层爆发性增温有关的极涡崩溃，等值线间隔为 16 dam［分析数据来自欧洲中期天气预报中心（ECMWF）的 ERA-40 再分析数据集］

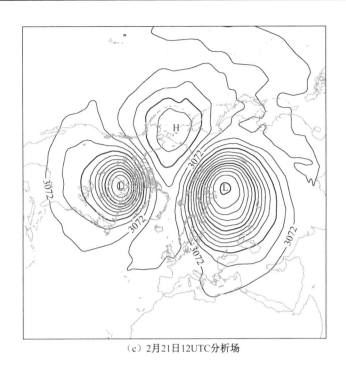

（c）2月21日12UTC分析场

图 12.10　1979 年 2 月 11 日、16 日和 21 日 12UTC 的 10 hPa 位势高度分析场，其中给出的是与 2 波平
　　　　流层爆发性增温有关的极涡崩溃，等值线间隔为 16 dam（分析数据来自欧洲中期天气预报中
　　　　心［ECMWF］的 ERA-40 再分析数据集）（续）

　　普遍认为，爆发性增温是行星波驱动造成瞬变平均气流强迫的实例。10.2.3 节已指出，
对行星波而言，为了使纬向平均环流减速，必然存在一个非零的向赤道的扰动位涡通量（净
EP 通量辐合）；还进一步证明，对于稳态非频散波动，EP 通量的散度为 0。对于平流层极
夜急流中正常的定常行星波而言，这个约束条件至少应当是近似满足的，因为辐射和摩擦
耗散是相当小的。由此可见，在爆发性增温过程中发生的波动与平均气流的强相互作用必
然与波动瞬变（振幅随时间的变化）和波动耗散有关；在爆发性增温过程中发生的大多数
剧烈的平均气流减速是由对流层中准定常行星波传播进入平流层后的放大造成的。

　　通过分析纬向平均位涡与涡旋位涡之间的相互作用，就可以理解这个过程。假定在爆
发性增温对应的短特征时间尺度下，非绝热过程可以忽略；此外，还假定涡旋运动近似受
线性化涡旋位涡方程控制，并且纬向平均只会被涡旋通量辐合所改变，那么涡旋与平均气
流之间就可以通过如下准线性系统联系起来：

$$\left(\frac{\partial}{\partial t} + \bar{u}\frac{\partial}{\partial x}\right)q' + v'\frac{\partial \bar{q}}{\partial y} = -S' \tag{12.23}$$

其中，

$$q' \equiv \nabla^2\psi' + \frac{f_0^2}{\rho_0}\frac{\partial}{\partial z}\left(\frac{\rho_0}{N^2}\frac{\partial \psi'}{\partial z}\right) \tag{12.24}$$

此外，还增加了涡动阻尼项 $-S'$ 来表示运动学和热力学耗散的作用（对于定常和等效

瑞利摩擦及牛顿冷却，$S' = \alpha q'$，其中 $\alpha$ 为耗散率系数）。将式（12.23）与 $q'$ 相乘，然后求纬向平均，并注意到

$$\overline{\bar{u} q' \frac{\partial q'}{\partial x}} = \frac{\bar{u}}{2} \frac{\partial \overline{q'^2}}{\partial x} = 0$$

再利用式（10.26）可得

$$\frac{\partial A}{\partial t} + \nabla \cdot \boldsymbol{F} = D \tag{12.25}$$

其中，波作用 $A$ 和耗散 $D$ 分别定义为

$$A \equiv \frac{\rho_0 \overline{q'^2}}{2 \partial \bar{q} / \partial y}, \quad D \equiv -\frac{\rho_0 \overline{S' q'}}{\partial \bar{q} / \partial y} \tag{12.26}$$

对于满足准地转方程组的线性行星波，可以证明

$$\boldsymbol{F} = (0, c_{gy}, c_{gz}) A \tag{12.27}$$

由此可见，EP 通量是波活动与经向 $(y, z)$ 平面上群速度的乘积。波动与平均气流相互作用的基础是波作用通量，而不是波动能量通量。

式（12.25）表明，如果没有耗散和瞬变，那么 EP 通量散度必然为 0。将其代入式（12.1）就可以得到无加速定理。根据该定理，对于稳态（$\partial A / \partial t = 0$）波动和保守（$D = 0$）波动而言，不存在波动驱动的平均气流加速。对于波动诱生的强迫，EP 通量散度必然不为 0，而是与波动的瞬变和耗散有关。

在平流层爆发性增温过程中，行星波振幅会随时间快速增大。在北半球冬季，纬向波数为 1 和 2 的准定常行星波是在对流层中由地形强迫产生的。这些波动垂直传播进入平流层，就意味着波作用存在局地增大，因此有 $\partial A / \partial t > 0$。根据式（12.25）可知，对于准保守气流而言，准地转位涡通量为负，并且 EP 通量场是辐合的，即

$$\rho_0 \overline{v' q'} = \nabla \cdot \boldsymbol{F} < 0 \tag{12.28}$$

通常 $D < 0$，所以耗散和波动发展都会产生辐合的 EP 通量（向赤道的位涡通量）。

根据变换欧拉平均下的纬向动量方程式（12.1），EP 通量辐合会导致平均纬向风减速，后者又会被科氏力距 $f \overline{v^*}$ 部分抵消。由此导致的结果是，即使有更多的波动传播进入平流层，极夜急流仍会减弱。在某些位置，平均纬向风会变向，从而形成一个关键层。定常线性波动的传播无法超越发生这种情况的层次，而在这个关键层之下则会发生强的 EP 通量辐合，甚至更快的东风加速。

图 12.11（a）是因瞬变行星波作用的向上传播造成的 EP 通量辐合引起的平均纬向风减速。需要注意的是，与涡动强迫相比，减速会扩散到更大的高度范围内。这说明从变换欧拉平均方程组推导而来的平均纬向风加速方程具有椭圆特征。图 12.11（b）则是 TEM 剩余经向环流，以及与平均纬向风减速有关的温度扰动模态。热成风关系表明，极夜急流的减速会导致极地平流层增温，并导致赤道平流层变冷，伴随着极地中间层的补偿增温、赤道中间层的冷却。随着更多气流转为东风，波动不再垂直传播；则波动诱生的剩余环流会减弱，辐射冷却过程会慢慢重建正常的极地低温。此外，热成风平衡还意味着正常的西风极涡也会被重建。

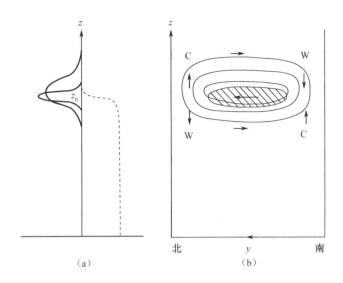

图 12.11　发生平流层增温时瞬变波与平均气流相互作用示意。（a）EP 通量（虚线）、EP 通量散度
（粗实线）和平均纬向气流加速（细实线）的高度廓线，其中 $z_0$ 为图示时刻波包前沿到达的高
度；（b）EP 通量辐合区（阴影）、诱生的纬向加速场等值线（细实线），以及诱生的剩余环流
（箭头）的纬度—高度剖面，其中还给出了增温（W）和冷却（C）的区域（引自 Andrews et al.,
1987）

在某些情况下，波动可能会放大到足以产生极地增温，但又不足以导致极区的平均纬
向风出现逆转。这种"轻度增温"在每个冬季都会发生，并且之后通常会快速回到正常的
冬季环流。"显著增温"则对应着极区 30 hPa 处发生的平均纬向气流逆转，这种情况基本
每隔两年才会发生一次。如果冬季的显著增温发生得足够迟，那么在正常季节环流逆转之
前，西风极涡可能根本不会恢复。

# 12.5　赤道平流层中的波动

11.4 节在浅水波理论背景下分析了赤道截陷波。但在某些条件下，赤道波（包括重
力波和罗斯贝波）有可能会垂直传播，并且为了分析垂直结构，浅水模型必然会被连续
层结大气所代替。已经证明，垂直传播的赤道波会共享若干普通重力波的物理属性。5.6
节讨论了假定科氏参数为常数，并且再波动为 $x$ 方向上和 $y$ 方向上正弦波的简单旋转情
况下垂直传播的重力波。

结果发现，只有当波动频率满足不等式 $f < \nu < N$ 时，这种重力惯性波才会垂直传播。
可见，在中纬度地区，周期为若干天的波动通常都是被垂直截陷的，也就是说它们不能大
幅度地传播进入平流层。但是，当接近赤道时，减小的科氏频率会使垂直传播在较低频率
的波动上发生。因此，在赤道地区有长周期垂直传播重力内波存在的可能性。

类似 11.4 节，我们来分析在赤道 $\beta$ 平面上的线性化扰动。线性化运动方程、连续方

程、热力学方程可在对数—气压坐标系中分别写为

$$\frac{\partial u'}{\partial t} - \beta y v' = -\frac{\partial \Phi'}{\partial x} \tag{12.29}$$

$$\frac{\partial v'}{\partial t} + \beta y u' = -\frac{\partial \Phi'}{\partial y} \tag{12.30}$$

$$\frac{\partial u'}{\partial x} + \frac{\partial v'}{\partial y} + \frac{1}{\rho_0}\frac{\partial(\rho_0 w')}{\partial z} = 0 \tag{12.31}$$

$$\frac{\partial^2 \Phi'}{\partial t \partial z} + w' N^2 = 0 \tag{12.32}$$

再次假设扰动是纬向传播的波动，同时还假设这些波动会以波数 $m$ 垂直传播。由于基本态密度层结，所以，波动的振幅正比于 $\rho_0^{-1/2}$ 随高度升高而增大。因此，$x$、$y$、$z$ 和 $t$ 之间的关系可分离写为

$$\begin{pmatrix} u' \\ v' \\ w' \\ \Phi' \end{pmatrix} = e^{z/2H} \begin{bmatrix} \hat{u}(y) \\ \hat{v}(y) \\ \hat{w}(y) \\ \hat{\Phi}(y) \end{bmatrix} \exp[\mathrm{i}(kx + mz - \nu t)] \tag{12.33}$$

将式（12.33）代入式（12.29）～式（12.32），就可以得到如下关于经向结构的常微分方程组：

$$-\mathrm{i}\nu\hat{u} - \beta y \hat{v} = \mathrm{i}k\hat{\Phi} \tag{12.34}$$

$$-\mathrm{i}\nu\hat{v} + \beta y \hat{u} = -\frac{\partial \hat{\Phi}}{\partial y} \tag{12.35}$$

$$\left(\mathrm{i}k\hat{u} + \frac{\partial \hat{v}}{\partial y}\right) + \mathrm{i}\left(m + \frac{\mathrm{i}}{2H}\right)\hat{w} = 0 \tag{12.36}$$

$$\nu\left(m - \frac{\mathrm{i}}{2H}\right)\hat{\Phi} + \hat{w}N^2 = 0 \tag{12.37}$$

## 12.5.1 垂直传播的开尔文波

对开尔文波而言，之前的扰动方程组可以进行相当大的简化。令 $\hat{v} = 0$，并通过联立式（12.36）和式（12.37）消去 $\hat{w}$，可得

$$-\mathrm{i}\nu\hat{u} = -\mathrm{i}k\hat{\Phi} \tag{12.38}$$

$$\beta y \hat{u} = -\frac{\partial \hat{\Phi}}{\partial y} \tag{12.39}$$

$$-\nu\left(m^2 + \frac{1}{4H^2}\right)\hat{\Phi} + \hat{u}kN^2 = 0 \tag{12.40}$$

可使用式（12.38）在式（12.39）和式（12.40）中消去 $\Phi$。这样就产生了两个 $\hat{u}$ 场必须满足的独立方程。其中，第一个方程决定 $\hat{u}$ 的经向分布，等价于式（11.47）；而第二个方程则仅是如下所示的频散方程：

$$c^2 \left( m^2 + \frac{1}{4H^2} \right) - N^2 = 0 \qquad (12.41)$$

与 11.4 节相同，其中 $c^2 = (v^2 / k^2)$。

如果假设 $m^2 \gg 1/(4H^2)$（大多数平流层开尔文波观测结果均满足这个条件），那么式（12.41）就可以简化为重力内波式（5.66）在流体静力学极限（$|k| \ll |m|$）下的频散关系。对于对流层扰动强迫产生的平流层波动，能量的传播（群速度）必然有一个向上的分量。根据 5.4 节的讨论，相速度必然有一个向下的分量。在 11.4 节中已经证明，如果开尔文波在赤道上被截陷，那么它必然是向东传播的（$c < 0$）。但对于向下的位相传播而言，向东的位相传播要求满足 $m < 0$，因此垂直传播开尔文波的等位相线随高度的升高向东倾斜，如图 12.12 所示。

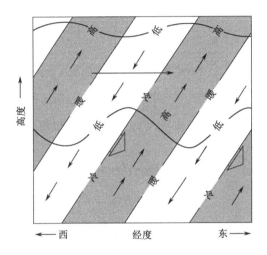

图 12.12　热阻尼开尔文波对应的扰动气压、温度和风场沿着赤道的经度—高度剖面。粗实线为物质线，短钝箭头为位相传播，阴影为高压区，细窄箭头的长度正比于波动振幅（由于阻尼，它是随高度升高而减小的），粗阴影箭头表示波动应力辐散造成的净平均气流加速

## 12.5.2　垂直传播的罗斯贝—重力波

对于其他的赤道波动，可以用与 11.4.1 节对浅水波方程组的描述完全类似的方式，联立式（12.34）～式（12.37）。如果再次假设 $m \gg 1/(4H^2)$，并令

$$gh_e = \frac{N^2}{m^2}$$

那么得到的经向结构方程就与式（11.38）相同。对于 $n = 0$ 的波动，频散关系式（11.41）说明

$$|m| = N v^{-2} (\beta + vk) \qquad (12.42)$$

当 $\beta = 0$ 时，会再次得到在流体静力学条件下重力内波的频散关系。在式（12.42）中 $\beta$ 效应的作用是破坏向东（$v > 0$）和向西（$v < 0$）传播的波动之间的对称性。相对于向

西传播的波动，向东传播的波动具有更短的垂直波长。只有当 $c = v/k > -\beta/k^2$ 时，垂直传播的 $n = 0$ 波才会存在。因为 $k = s/a$（$s$ 为围绕整个纬圈的波长个数），所以这个条件就意味着对于 $v < 0$，只有当频率满足如下不等式时解才会存在：

$$|v| < \frac{2\Omega}{s} \tag{12.43}$$

对于不满足式（12.43）的频率，在远离赤道的地方波动振幅不会衰减，而且也不可能满足极地的边界条件。

经过若干代数计算后，$n = 0$ 波的水平速度和位势扰动的经向结构可写为

$$\begin{pmatrix} \hat{u} \\ \hat{v} \\ \hat{\Phi} \end{pmatrix} = v_0 \begin{pmatrix} i\,|\,m\,|\,N^{-1} v y \\ 1 \\ i v y \end{pmatrix} \exp\left( -\frac{\beta\,|\,m\,|\,y^2}{2N} \right) \tag{12.44}$$

$n = 0$ 的西传波通常被称为罗斯贝—重力波[2]。对于向上的能量传播，这种波动必然具有向下的位相传播（$m < 0$），类似于普通的西传重力内波。图 12.13 所示是赤道以北某纬度上 $(x, z)$ 平面内的波动结构。特别令人感兴趣的是，向极运动的大气具有正温度扰动，因此涡动热通量对垂直 EP 通量的贡献为正；反之亦然。

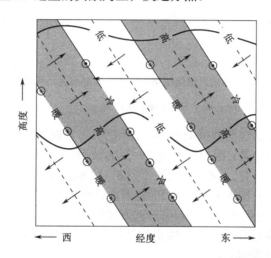

图 12.13　热阻尼罗斯贝—重力波对应的扰动气压、温度和风场沿着赤道以北某纬圈的经度—高度剖面。阴影表示高压区；小箭头表示纬向和垂直扰动风场，其长度正比于波动振幅；相对纸面向内（向北）和向外（向南）的箭头表示经向扰动风场；粗阴影箭头表示波动应力辐散造成的净平均气流加速

## 12.5.3　赤道波动的观测事实

开尔文波和罗斯贝—重力波都可以从赤道平流层观测数据中识别出来。观测到的平流层开尔文波主要是纬向波数 $s = 1$ 且周期为 12～20 天的波动。图 12.14 用时间—高度剖面的形式给出了开尔文波经过赤道附近某台站时造成的纬向风振荡。在图 12.14 所示的观测

---

[2] 有些研究者也用这个术语来描述向东和向西的 $n = 0$ 波。

周期内，准两年振荡（参见 12.6 节）的西风位相是下降的，因此在每层都存在平均纬向风随时间的普遍增大。叠加在这个长期趋势之上的是大的周期振荡分量，其周期为 12 天与 10~12 km 的垂直波长（根据振荡随高度的倾斜计算所得）的最大值。

对同一时段温度场的观测表明，温度振荡领先纬向风振荡约 1/4 周期（最大温度出现在最大西风之前），这正是向上传播的开尔文波所需要的位相关系（见图 12.12）。其他台站的观测结果还表明，这些振荡确实会以理论预测的速度向东传播。因此，毫无疑问，观测到的振荡就是开尔文波。

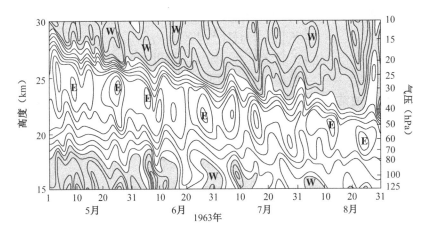

图 12.14　在 Canton 岛（3°S）上纬向风观测结果的时间—高度剖面。等值线间隔为 5 m s$^{-1}$，阴影区为
西风（感谢 J. M. Wallace 和 V. E. Kousky 供图）

对赤道太平洋平流层观测数据的分析，已经确认了罗斯贝—重力波的存在。最容易识别这种波动的是经向风分量，因为对罗斯贝—重力波而言，$v'$ 在赤道上有最大值。观测结果中的罗斯贝—重力波具有 $s=4$、垂直波长为 6~12 km、周期为 4~5 天的特征。开尔文波和罗斯贝—重力波都只在赤道两侧约 20°范围内有显著的振幅。

表 12.1 给出的是开尔文波和罗斯贝—重力波观测结果与理论分析的更完整的比较。在理论分析和观测结果的比较中必须注意的是，与动力学相关的是相对于平均气流的频率，而不是相对于地面的频率。

表 12.1　在赤道平流层低层中主要行星尺度波动的特征

| 理论描述 | 开尔文波 | 罗斯贝—重力波 |
|---|---|---|
| 发现者 | Wallace 和 Kousky（1968） | Yanai 和 Maruyama（1966） |
| 周期（相对于地面）$2\pi\omega^{-1}$ | 15 天 | 4~5 天 |
| 纬向波数 $s=ka\cos\phi$ | 1~2 | 4 |
| 垂直波长 $2\pi m^{-1}$ | 6~10 km | 4~8 km |
| 相对于地表的平均相速度 | +25 m s$^{-1}$ | −23 m s$^{-1}$ |
| 当平均纬向风不同时的观测结果 | 东风（最大值 ≈ −25 m s$^{-1}$） | 西风（最大值 ≈ +7 m s$^{-1}$） |
| 相对于最大纬向风的平均相速度 | +50 m s$^{-1}$ | −30 m s$^{-1}$ |

| 理论描述 | 开尔文波 | 罗斯贝—重力波 |
|---|---|---|
| 振幅的近似观测结果 | | |
| $u'$ | $8\ \mathrm{m\ s^{-1}}$ | $2\sim3\ \mathrm{m\ s^{-1}}$ |
| $v'$ | 0 | $2\sim3\ \mathrm{m\ s^{-1}}$ |
| $T'$ | $2\sim3\ \mathrm{K}$ | $1\ \mathrm{K}$ |
| 振幅的近似推导结果 | | |
| $\Phi'/g$ | $30\ \mathrm{m}$ | $4\ \mathrm{m}$ |
| $w'$ | $1.5\times10^{-3}\ \mathrm{m\ s^{-1}}$ | $1.5\times10^{-3}\ \mathrm{m\ s^{-1}}$ |
| 经向尺度近似值 $(2N/\beta\mid m\mid)^{1/2}$ | $1300\sim1700\ \mathrm{km}$ | $1000\sim1500\ \mathrm{km}$ |

引自 Andrews et al.，1987.

开尔文波和罗斯贝—重力波似乎是由赤道对流层大尺度对流加热模态中的振荡激发的。尽管相对于典型的对流层天气扰动，这些波动并不包含太多能量，但它们仍然是赤道平流层中的主要扰动，并且通过其垂直能量和动量输送在平流层大气环流中发挥着关键作用。除了这里讨论的平流层波动，还存在更高速度的开尔文波和罗斯贝—重力波，它们对于平流层上层和中间层都是很重要的。此外，还存在对赤道中层大气的动量平衡很重要的宽谱赤道重力波。

# 12.6　准两年振荡

长期以来，人们都在试图寻找大气中存在的周期振荡。但是，除外部强迫产生的逐日分量和逐年分量及其谐波外，并没有令人信服的证据证明存在真正的大气周期振荡。可能最接近周期行为，但又与周期强迫函数无关的现象就是赤道平流层纬向风场中的准两年振荡（QBO）。这种振荡具有如下观测特征：

（1）纬向对称东风模态和西风模态交替规则出现，周期为 24～30 个月；

（2）连续模态出现在 30 km 以上，但会以 1 km/月的速度向下传播；

（3）当在 30～23km 出现向下传播时振幅不会减小，但在 23 km 以下出现向下传播时振幅则会快速减小；

（4）振荡关于赤道对称，最大振幅约为 20 m s$^{-1}$，并且随纬度呈现近似高斯分布，半值宽度约为 12°。

对这种振荡的最佳描述方法是如图 12.15 所示的赤道纬向风速时间—高度剖面。由图可见，显然在一种模态代替另一种模态的层次上，风的垂直切变是非常强的。因为 QBO 是纬向对称的，并且只会造成非常小的平均经向和垂直运动，所以 QBO 的平均纬向风场和温度场满足热成风平衡方程。在赤道 $\beta$ 平面上，该方程的形式 ［与式（10.13）比较］为

$$\beta y\frac{\partial\overline{u}}{\partial z}=-\frac{R}{H}\frac{\partial\overline{T}}{\partial y}$$

　　由于具有赤道对称性，所以在 $y=0$ 处有 $\partial\overline{T}/\partial y=0$。此外，根据洛必达法则，在赤道上热成风平衡的形式为

$$\frac{\partial\overline{u}}{\partial z}=-\frac{R}{\beta H}\frac{\partial^2\overline{T}}{\partial y^2}\qquad(12.45)$$

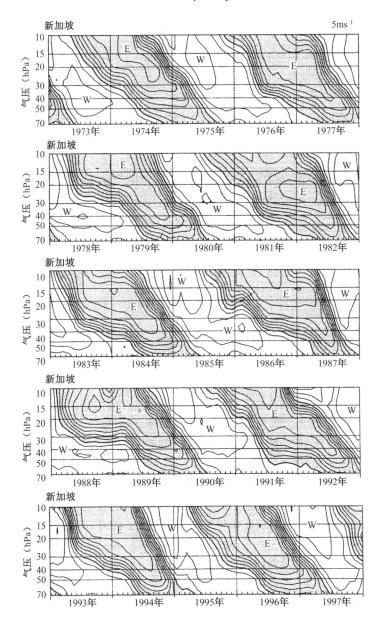

图 12.15　在赤道台站上根据各月长期平均数据得到的逐月纬向平均风场偏差（单位：$\mathrm{m\,s^{-1}}$）的时间—高度剖面。注意图中交替出现的向下传播西风（W）模态和东风（E）模态（引自 Dunkerton，2003，数据由 B. Naujokat 提供）

　　可以利用式（12.45）来估算赤道处 QBO 的温度扰动量级。赤道处观测到的平均纬向

风垂直切变的量级 $\sim 5\ \mathrm{m\ s^{-1}\ km^{-1}}$，经向尺度 $\sim 1200\ \mathrm{km}$，由式（12.45）可知，赤道处的温度扰动振幅 $\sim 3\ \mathrm{K}$。由于赤道处温度二阶导数的符号与温度的符号相反，所以东风切变区和西风切变区分别具有暖的和冷的赤道温度异常。

QBO 理论模型必须解释的主要因子包括约为两年的周期、向下传播但不会减弱的振幅，以及赤道处纬向对称西风的出现。因为在赤道上向西运动的纬向环状大气中单位质量所具有的角动量大于地球的角动量，所以没有合理的纬向对称平流过程来解释振荡的西风位相。因此，在 QBO 的向下传播切变区，必然存在由涡旋造成的动量垂直转换，并产生西风加速的过程。

观测研究和理论分析均已确认，垂直传播的赤道开尔文波和罗斯贝—重力波提供了相当一部分驱动 QBO 所需的纬向动量源。根据图 12.12，显然具有向上能量传播特征的开尔文波会将西风角动量向上输送（$u'$ 和 $w'$ 成正相关，故 $\overline{u'w'} > 0$）。由此可见，开尔文波可以为 QBO 的西风动量提供来源。

罗斯贝—重力波对垂直动量的转换需要进行特别讨论。对图 12.13 的分析表明，对罗斯贝—重力波而言，有 $\overline{u'v'} > 0$。这种波动对平均气流的总效应不能仅通过垂直动量通量来确定，而需要考虑完整的垂直 EP 通量。这种波动有很强的向极热通量（$\overline{v'T'} > 0$），可以提供向上的 EP 通量。这样就会控制垂直动量通量，导致的净结果是罗斯贝—重力波将东风角动量向上输送，并且能够为 QBO 的东风位相提供动量源。但是，开尔文波和罗斯贝—重力波动量通量的观测结果不足以解释 QBO 的纬向加速观测结果。其他波源，如对流风暴产生的重力波，必然也会对 QBO 的强迫有贡献。

12.4 节已经指出，准地转波动不会产生任何净平均气流加速，除非波动是瞬变的，或者被运动学阻尼或热力学阻尼。类似的分析也适用于重力波，以及赤道开尔文波和罗斯贝—重力波。平流层波动受红外辐射造成的热力学阻尼的影响，同时也受小尺度涡旋运动造成的热力学阻尼和运动学阻尼的影响。这种阻尼强烈依赖于波动的多普勒偏移频率。

当多普勒偏移频率减小时，群速度的垂直分量也会减小，并且当波动经过给定垂直距离时就会有更长的时间使其能量被阻尼。因此，向东传播的重力波和开尔文波会在多普勒偏移频率随高度升高而减小的西风切变区被优先阻尼。与这种阻尼有关的动量通量辐合为平均气流提供了西风加速，从而造成西风切变区的下降。向西传播的重力波和罗斯贝—重力波会在东风切变区被阻尼，进而造成东风加速和东风切变区的抬升。所以可以得出结论，QBO 实际上主要是由垂直传播波动激发的，这种波动通过瞬变和阻尼过程造成了西风切变区的西风加速和东风切变区的东风加速。

这种波动与平均气流相互作用的过程可以通过分析图 12.12 和图 12.13 中的粗实线来解释。这些实线表示的是与波动有关的速度场造成的气块水平面（物质面）垂直位移（对于足够弱的热力学阻尼，这些物质面近似与等熵面相同）。这些实线说明最大向上位移比最大向上扰动速度落后 1/4 周期。对于开尔文波（见图 12.12），正的气压扰动与负的物质面坡度一致。因此，位于波浪形物质线之下的流体会对其上的流体施加一个指向东的压力。因为波动振幅随高度增加而减小，所以，对图 12.12 中两条物质线中下面的那条线而言，这种压力是比较大的。由此可见，图 12.12 中两条波浪形物质线之间的气块将会有净西风加速。

但对于罗斯贝—重力波而言，正的气压扰动与正的物质线坡度一致，因此存在物质线下的流体施加于其上流体指向西的力，如图 12.13 所示。在这种情况下，最终结果是图 12.13 中两条波浪形物质线之间的流体会有净东风加速。由此可见，通过分析由波动作用于整个物质面而产生的应力，不用直接涉及波动的 EP 通量，就有可能推导出波动造成的平均气流加速。

通过对图 12.16 的定性分析可以看出，当波动将等量的东风动量和西风动量穿过对流层顶向上输送时，平均气流振荡是通过怎样的机制造成的。如图 12.16（a）所示，如果初始时刻的纬向平均风是弱的西风，那么向东传播的波动会在较低高度上优先被阻尼，并产生西风加速。随着平均西风增强，以及波动驱动的加速集中于更低的高度，这种西风加速将会随时间向下移动。但是，向西传播的波动初始时会穿透到更高的高度，并在那里产生东风，而东风也会随时间增加向下移动。最终，当西风接近对流层顶时，就会被阻尼，并且平流层由东风主导，因此，向东传播的波动能够到达更高的高度，并产生新的西风位相。通过这种方式，平均纬向风受迫在东风和西风之间来回振荡，其周期主要取决于垂直动量输送及波动的其他属性，而不取决于周期变化的外强迫。

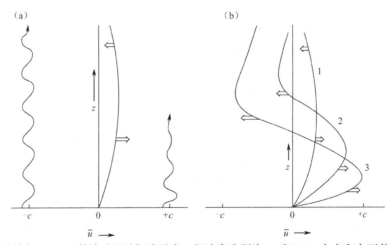

图 12.16　导致纬向风 QBO 的波动驱动加速示意。相速度分别为 $+c$ 和 $-c$，向东和向西传播的重力波会向上传播，并会以与多普勒偏移频率有关的速率被频散。（a）初始时弱的西风会有选择地阻尼向东传播的波动，并导致低层的西风加速和高层的东风加速。（b）下沉的西风切变区阻碍了向东传播波动的穿透，而向西传播的波动则产生了下沉的高层东风。空心箭头表示平均风加速中最大值的位置和方向，波浪线表示波动的相对穿透（引自 Plumb，1982）

## 12.7　示踪成分的输送

对全球输送的研究涉及大气示踪物的运动。大气示踪物定义为用流体块标记的化学量或动力学量。其中，化学示踪物指的是大气中具有显著空间变率的微量成分，而动力学示踪物（位温或位涡）则是指在特定条件下运动过程中保持守恒的流场属性。它们都可以用于解释输送。

## 12.7.1　动力学示踪物

式（2.44）定义的位温可被视为气块的垂直位置的判断依据。因为大气是稳定层结的，所以位温随高度增加而单调增加（见图 12.17，在对流层较慢，在平流层很快），故可将其作为独立的垂直坐标，也就是 4.6.1 节引入的等熵坐标。绝热运动的气块停留在定常位温面上，可用其位温来"标记"。从等熵坐标系来看，这个气块的运动是二维的。

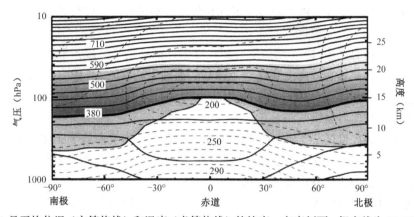

图 12.17　1 月平均位温（实等值线）和温度（虚等值线）的纬度—高度剖面。粗实线为 380 K 等位温线，位于其上的所有等位温线均完全处于中层大气。380 K 等位温线下的浅阴影区为平流层底部，这里的等 $\Theta$ 面跨越了对流层顶，图中用阴影区的下边界线来表示（感谢 C. Appenzeller 供图）

等位温面是准水平的，但是会随着温度的绝热变化而在物理空间内上下移动。所以说，使用位温而不使用气压或高度作为示踪成分数据是比较好的，因为此时也考虑了与瞬变运动（如重力波）有关的绝热垂直位移所导致的局地高度或气压的可逆变化。

另一种常用的动力学示踪物是位涡（PV），对绝热无摩擦流体而言，它是守恒的。正如式（4.25）所定义的，PV 在等熵面的经向方向上通常有正的梯度；PV 在南半球为负，在赤道（及附近）为 0，在北半球为正。PV 在纬度和高度方向上都有很强的梯度。因为在绝热无摩擦流体中运动的气块满足位涡守恒，也满足位温守恒，所以其运动必然平行于等熵面上 PV 的等值线。快速经向输送意味着当 PV 的极区高值向着赤道平流，或者 PV 的赤道低值向着极地平流时，会有强的 PV 异常生成。正如前面所讨论的，背景 PV 场的经向梯度通过生成罗斯贝波来反抗经向位移。因此，在等熵面上的强 PV 梯度区可以作为输送的半渗透性"障碍"。这种 PV 的阻碍作用是涡动扩散通常不能成为好的经向输送模型的原因之一。

因为 PV 只依赖于等熵面上水平风和温度的分布，所以其分布可由常规气象观测资料来确定。在相关化学示踪物观测资料不足的情况下，要分析等熵面上的示踪成分输送，可以用位涡在等熵面上的演变作为替代。此外，对于动力学研究而言，PV 还具有其他示踪物不具备的重要属性，它不仅是由流场的平流产生的，而且可以决定流场。因此，可以根据等熵面上的 PV 分布"反演"产生风场和温度场，也可以说，PV 分布的变化"诱生"

了风场和温度场的变化。在准地转的情况下，这种诱生的变化需要保持地转平衡和静力平衡。一般来讲，这种变化保留了动力场之间更高阶的平衡。

## 12.7.2　化学示踪物

通过分析大气中准保守化学示踪物的气候分布，可以认识到很多关于大尺度输送的性质。这种示踪物质的分布依赖于动力学过程和化学过程的竞争。这种竞争可以通过比较特征化学时间尺度和动力学时间尺度来近似度量。化学时间尺度指的是因化学源/汇造成的示踪物置换或消除的平均时间，动力学时间尺度则是指通过平流或扩散过程将示踪物从赤道输送到极地或者在垂直方向上穿过一个标高所需的平均时间。在确定示踪物气候态的过程中，输送所起的作用不仅依赖于示踪物源/汇的分布和性质，也依赖于动力学时间尺度和化学时间尺度的相对量级。

如果化学时间尺度远小于动力学时间尺度，那么示踪物就会处于光化学平衡，并且输送不会直接影响其分布。但是，通过部分地决定参与示踪物光化学生成或损失过程的其他物质的浓度，输送仍然起着重要的间接作用。

如果化学时间尺度远大于动力学时间尺度，那么示踪物就会被流场被动平流。在没有局地化学源/汇的情况下，由于输送的扩散效应，这种示踪物最终会被完全混合。正是因为这个原因，诸如 $N_2O$ 这样的示踪物在平流层中具有均匀的浓度，所以化学时间尺度对于平流层输送研究是没有用的。

当化学时间尺度和动力学时间尺度相当时，示踪物浓度的观测结果取决于化学源/汇及输送的净效应。在很多情况下，化学时间尺度与动力学时间尺度的比值在对流层和平流层之间，以及平流层内部随高度上升都有剧烈的变化。在对流层和平流层低层中具有长生命周期的示踪物被称为长寿命示踪物。这种示踪物大部分位于对流层和平流层低层，其生命周期主要由示踪物的（慢）通量决定，并且这种通量指向化学时间尺度与动力学时间尺度相当或比动力学时间尺度小的位置高度。

## 12.7.3　平流层中的输送

输送过程通常可分为涉及大气平均运动或平流的过程，以及以湍流扩散性质为特征的过程。对于点源（如火山喷发）的情况，它们的区别是非常明显的。平流会使烟柱中心沿着平均风的方向移动，而湍流扩散则会使烟柱在垂直于平均风的平面上消散。但是，从全球尺度看，平流和湍流扩散过程的区别通常并不是很明晰。因为大气的特征是其在很大时间和空间尺度范围内变化运动，所以在"平均"和"湍流"运动之间并不存在明显的物理界限。

实际上，那些可以被特定观测网络或所使用的传输模型明确解析的过程通常被视为平流运动，而其余不可解析的运动则被假定为扩散过程。不可解析运动的作用必然要通过某种方式使用平均运动来进行参数化处理，通常假定不可解析运动造成的示踪物通量正比于可解析示踪物分布的梯度。但这种方法在物理上通常并不成立。在全球输送模拟过程中的一个主要问题就是准确表示不可解析涡旋运动对总输送的贡献。

正如 12.2 节所讨论的，在中层大气中全球尺度剩余经向环流是由波动诱生的纬向力（与罗斯贝波和重力波有关）所驱动的。显而易见，剩余经向环流对中层大气内示踪化学成分的经向和垂直输送起着至关重要的作用。此外，造成驱动剩余经向环流的纬向力的波动也是造成与波动破碎有关的准等熵混合的原因。所以对传输过程的理解包括涡旋和平均气流的输送作用两部分。

在动力学研究中，通常使用体积混合比（或摩尔分数）来表示某个化学成分，其定义式为 $\chi \equiv n_T / n_A$，其中 $n_T$ 和 $n_A$ 分别为示踪成分与大气的数密度（每立方米内的分子数）。在没有源/汇的条件下，运动的混合比是保守的，并满足如下简单的示踪物连续方程：

$$\frac{\mathrm{d}\chi}{\mathrm{d}t} = S \tag{12.46}$$

式中，$S$ 表示所有化学源/汇的总和。

正如 12.2 节所讨论的动力学变量，可以定义经向平均混合比 $\bar{\chi}$ 和扰动（或涡动）混合比 $\chi'$，故有 $\chi = \bar{\chi} + \chi'$。此外，可以证明利用式（10.16a）（10.16b）定义的剩余经圈环流 $(\bar{v}^*, \bar{w}^*)$ 也是很有用的。在 TEM 框架下，纬向平均示踪物连续方程可写为

$$\frac{\partial \bar{\chi}}{\partial t} + \bar{v}^* \frac{\partial \bar{\chi}}{\partial y} + \bar{w}^* \frac{\partial \bar{\chi}}{\partial z} = \bar{S} + \frac{1}{\rho_0} \nabla \cdot \boldsymbol{M} \tag{12.47}$$

式中，$\boldsymbol{M}$ 表示涡旋的扩散作用，以及未使用剩余经圈环流表示的部分平流作用。在模式中，涉及 $\boldsymbol{M}$ 的项通常会用经向和垂直涡动扩散来表示，并且会使用经验扩散系数。

为了理解波动诱生的全球尺度环流在确定中层大气长寿命示踪物分布过程中所起的作用，有必要来分析没有波动运动的情况，此时也没有波动诱生的纬向力的理想大气。对于这种情况，正如 12.2 节所讨论的，中层大气会趋向于辐射平衡，剩余经圈环流会消失，示踪物的分布由各高度上缓慢向上的扩散与光化学分解之间的平衡来决定。由此可见，对于年平均而言，示踪物混合比的等值面趋向于水平。这与混合比等值面在热带地区向上弯曲、朝着两级向下倾斜的分布特征观测结果（见图 12.9）矛盾。

正如 12.2 节讨论的，波动诱生的全球尺度环流包括低纬地区穿越等熵面向上、向极并伴随着非绝热加热的运动，以及高纬地区穿越等熵面向下并伴随着非绝热冷却的运动。当然，实际的气块轨迹并不是随着纬向平均运动的，而受到三维波动运动的影响。尽管如此，用平均非绝热加热和冷却定义的非绝热环流与全球输送环流还是非常相似的。对于季节和更长时间尺度而言，TEM 剩余环流常常可以为非绝热环流提供很好的近似，并且从标准气象分析场来进行计算通常也比较简单。对于温度倾向比较大的较短期现象，剩余环流不再是对非绝热环流的良好近似。

上述关于全球输送的概念模型明显得到了如图 12.9 所示的长寿命示踪物观测结果的支持。在中纬度地区，存在示踪物混合比等值线接近于水平的区域，这就说明由波动破碎区的行星波破碎造成的经向频散起着水平均匀化的作用。这个过程同样也倾向于使等熵面上容易发生罗斯贝波破碎的中纬度波动破碎区的 PV 分布变得均匀。波动破碎区被长寿命

示踪物和 PV 的强经向梯度区约束在低纬地区和高纬地区。这种梯度的存在是只有弱的混合才能进出热带地区和极地冬季涡旋的证据。因此，这些位置有时被称为"输送障碍区"。沿着位于波动破碎区和极地边缘处的输送障碍区，强 PV 梯度、强风场和强风切变的发生都抑制波动破碎，进而使混合最小化，并在这些区域维持强的梯度。

## 推荐参考文献

　　Andrews、Holton 和 Leovy 著作的 *Middle Atmosphere Dynamics*（《中层大气动力学》），对平流层和中间层进行了动力学分析，适用于研究生。

　　Brasseur 和 Solomon 著作的 *Aeronomy of the Middle Atmosphere*（《中层大气物理学》），对平流层化学特征做了非常好的讨论。

## 习题

12.1　假定在 $20\sim50\,\mathrm{km}$ 层内温度以 $2\,\mathrm{K\,km^{-1}}$ 的速度随高度升高线性增大。如果在 20 km 处的温度为 200 K，请计算当对数—气压高度 $z$ 对应实际高度为 50 km 时标高 $H$ 的值（假设 $z$ 与 20 km 处的实际高度一致，并令常数 $g=9.81\,\mathrm{m\,s^{-2}}$）。

12.2　对于中心为 $45°\mathrm{N}$ 的在 $\beta$ 平面上的大气运动，同时取标高 $H=7\,\mathrm{km}$，浮力振荡频率 $N=2\times10^{-2}\,\mathrm{s^{-1}}$，无限经向尺度 $l=0$，请计算纬向波数为 1、2 和 3（沿着完整纬圈分别有 1 个波、2 个波和 3 个波）时的罗斯贝临界速度。

12.3　假设定常线性罗斯贝波是当气流翻越高度满足 $h(x)=h_0\cos(kx)$ 的正弦波地形时受迫产生的，其中，$h_0$ 为常数，$k$ 为纬向波数。请证明用流函数 $\psi$ 表示的下边界条件在这种情况下可写为

$$\frac{\partial\psi}{\partial z}=-h\frac{N^2}{f_0}$$

根据这个边界条件及适当的上边界条件，利用 12.3.1 节的方程组，在 $|m|\gg1/(2H)$ 的情况下求 $\psi(x,z)$。对于 $|m|\gg1/(2H)$ 的极限情况，根据 $m^2$ 的符号，请说明槽相对于山脊的位置。

12.4　已知有一个关于中纬度通道内纬向对称气流的稳态平均经圈环流的简单模型，该通道边界为 $y=0$、$\pi/L$ 和 $z=0$，$\pi/m$。假设纬向平均纬向风 $\bar{u}$ 处于热成风平衡，并且涡动动量和热通量为 0。简单起见，令 $\rho_0=1$（布辛涅斯克近似），并用线性拖曳 $\bar{X}=-\gamma\bar{u}$ 来表示小尺度运动造成的纬向力，假设非绝热加热的形式为

$J/c_p = (H/R)J_0 \cos(ly)\sin(mz)$，并令 $N$ 和 $f$ 为常数。那么根据式（12.1）~式（12.4），就可以得到如下方程组

$$-f_0\overline{v}^* = -\gamma\overline{u}$$

$$+\frac{N^2 H}{R}\overline{w}^* = +\frac{\overline{J}}{c_p}$$

$$\overline{v}^* = -\frac{\partial\overline{\chi}^*}{\partial z}$$

$$\overline{w}^* = \frac{\partial\overline{\chi}^*}{\partial y}$$

$$f_0\frac{\partial\overline{u}}{\partial z} + \frac{R}{H}\frac{\partial\overline{T}}{\partial y} = 0$$

假定没有流体穿过通道壁，请求解用 $\overline{\chi}^*$、$\overline{v}^*$ 和 $\overline{w}^*$ 表示的剩余环流。

12.5　针对习题 12.4 的情况，计算稳态纬向风场 $\overline{u}$ 和温度场 $\overline{T}$。

12.6　已知开尔文波的纬向波数为 1，相速度为 $40\,\mathrm{m\,s^{-1}}$，纬向速度扰动振幅为 $5\,\mathrm{m\,s^{-1}}$，取 $N^2 = 4\times10^{-4}\,\mathrm{s^{-1}}$，计算其位势波动和垂直速度波动。

12.7　针对习题 12.6 的情况，计算垂直动量通量 $M \equiv \rho_0\overline{u'w'}$，并证明 $M$ 不随高度变化。

12.8　已知罗斯贝—重力波对应的扰动如式（12.44）中的 $u'$、$v'$ 和 $\Phi'$ 所示，请确定其垂直速度扰动的形式。

12.9　对于纬向波数为 4、相速度为 $-20\,\mathrm{m\,s^{-1}}$ 的罗斯贝—重力波，请确定当垂直动量通量 $M \equiv \rho_0\overline{u'w'}$ 达最大值时的纬度。

12.10　假设在赤道 QBO 的下降西风带中，平均纬向风切变可以在赤道 $\beta$ 平面上写为 $\partial u/\partial z = \Lambda\exp(-y^2/L^2)$，其中 $L = 1200\,\mathrm{km}$，请确定当 $|y|\ll L$ 时，对应温度异常与纬度的近似关系。

12.11　假设辐射冷却可以用 20 天松弛时间的牛顿冷却来近似表示，并假设垂直切变为 $20\,\mathrm{m\,s^{-1}}/5\,\mathrm{km}$，经向半宽度为纬度 $12°$，请估算在这种情况下在赤道 QBO 西风切变区内的 TEM 剩余垂直速度。

## MATLAB 练习题

M12.1　MATLAB 脚本 topo_Rossby_wave.m 绘制的是当气流翻越孤立山脊时受迫产生的定常线性罗斯贝波所对应的各个场的解。根据 12.3.1 节的讨论，这里使用的是 $\beta$ 平面通道模式。平均风风速分别取 $5\,\mathrm{m\,s^{-1}}$、$10\,\mathrm{m\,s^{-1}}$、$15\,\mathrm{m\,s^{-1}}$、$20\,\mathrm{m\,s^{-1}}$ 和 $25\,\mathrm{m\,s^{-1}}$ 并运行该脚本，请说明随着平均风风速的变化，位势和位温扰动是如何变化的，并根据 12.3.1 节的讨论来解释这些结果。

**M12.2** 对于习题 12.4 的情况，令 $J_0 = 10^{-6}\,\text{s}^{-3}$，$N = 10^{-2}\,\text{s}^{-1}$，$f = 10^{-4}\,\text{s}^{-1}$，$l = 10^{-6}\,\text{s}^{-1}$，$m = \pi/H$，其中，$H = 10^4\,\text{m}$，$\gamma = 10^{-5}\,\text{s}^{-1}$，绘制 $\bar{u}$、$\bar{v}^*$、$\bar{w}^*$ 和 $\bar{T}$ 场的等值线，并讨论这些场与所受到的非绝热加热之间的关系。

**M12.3** MATLAB 脚本 sudden_warming.m 模拟的是中心位于 $60°\text{N}$ 处的在中纬度 $\beta$ 平面上的平流层爆发性增温。脚本中下边界（取为 16km 高度层）处纬向波数 $s = 1$ 或 $s = 2$ 的单个行星波的振幅是给定的，利用时间积分来确定由给定波动的 EP 通量强迫产生的平流层纬向平均风的演变。对 $s = 1$ 和 $s = 2$ 的情况，位势高度为 $100 \sim 400\,\text{m}$ 并每隔 50 m 取值后运行模式。对每种情况，要注意气流是趋于稳定状态还是重复出现爆发性增温；修改代码，对 $s = 2$ 和强迫取 200 m 的情况，绘制 EP 通量散度的时间—高度演变图。

**M12.4** MATLAB 脚本 qbo_model.m 是 Plumb 于 1977 年首先提出的赤道 QBO 简化一维模式。在这个模式中，平均纬向气流受到下边界处振幅相等、相速度相等但反向的两个波动的强迫。初始平均风廓线有弱的西风切变。如果取足够弱的强迫来运行这个模式，那么平均风就会达到稳定状态；但对于超过临界振幅的强迫，则平均风会出现向下传播的振荡解，而且其周期与强迫的振幅有关。强迫在 $0.04 \sim 0.40$ 取值后运行脚本，确定当大振幅振荡发生时强迫的近似最小值，以及周期与强迫振幅的关系；修改脚本，计算在几个振荡过程中纬向风的时间平均值；取向东 0.15 和向西 0.075 的强迫，说明在这种情况下纬向风的时间平均值是如何变化的。

# 第 13 章

# 数值模拟与预报

● ● ● ● ● ● ● ●

　　动力气象学为现代天气预报提供了理论基础和方法。简而言之，动力学预报的目的就是将数值近似方法应用于动力学方程组，由大气环流现在的状态预报其未来的状态。为了达到这个目标，需要场变量初始状态的观测结果、关于这些场变量的闭合预报方程组，以及对方程组进行时间积分得到场变量未来分布的方法。

　　数值预报是一个高度专业且仍在持续发展的领域。业务预报中心一般使用复杂预报模式进行预报，这就需要有强大的超级计算机来求解这个模式。很难在一个浅显的介绍性文章中对这些模式进行比较深入的讨论。但幸运的是，我们可以使用一个简单的模式，如正压涡度方程，来揭示数值预报的很多方面。实际上，这个方程也是早期业务预报模式的基础。

## 13.1　历史背景

　　英国科学家 L. F. Richardson 首次尝试用数值方法来预报天气。他在 1922 年出版的《天气预报的数值处理》一书是这个领域的经典论著。Richardson 在他的著作中给出了如何将控制大气运动的微分方程组近似写为在空间有限个格点上关于各种场变量趋势值的代数差分方程组。在这些格点上给出场变量的观测值后，就可以使用数值计算方法求解代数差分方程组得到其发展趋势。

　　将计算得到的发展趋势通过外插方法向前推进一个小的时间步长，就可以得到未来很短时刻场的估计值。这个场变量的新值又可以再次用于计算趋势值，并通过外插继续向未来时刻推进，以此类推。即使对一个很小的区域进行短期预报，这个过程也需要进行大量的数学计算。Richardson 并没有预见到高速计算机的发展，所以他估计需要 64000 人通力合作才有可能赶上全球天气的变化。

尽管需要大量烦琐的计算，Richardson 还是给出了一个关于两个格点地面气压趋势预报的例子。遗憾的是，其结果还是很差，预报得到的气压变化比观测结果大了 1 个量级。在当时，这种失败的原因主要被归结为初始资料不足，特别是高层大气探空资料不足。但现在我们知道还存在其他问题，Richardson 的方案甚至存在更严重的问题。

Richardson 失败以后，很多年再也没有关于数值预报的尝试。第二次世界大战之后，人们又开始对数值预报感兴趣，部分原因是气象观测网络的大规模扩张，这样就有了质量更高的初始数据，但更重要的原因是计算机的发展，这使得数值预报所需的大量数学运算成为可能。同时，人们也意识到 Richardson 的方案并不是最简单的数值预报方案。他的方程组不仅包含缓慢移动的、在气象学上很重要的运动，也包含高速的声波解和重力波解。实际上，后一类波动的振幅通常是非常弱的。但是，基于后面将要给出的原因，Richardson 的数值计算经过初始时间步长后，这些振荡会被虚假地增大，从而在结果中引入"噪声"，使得具有气象学意义的扰动被掩盖。

1948 年，美国气象学家 J. G. Charney 给出了系统性地引入地转近似和流体静力学近似、滤除声波和重力波、简化动力学方程组的方法。根据 Charney 的滤波近似方法得到的方程组实际上就是准地转模式的方程组。可见，Charney 的滤波近似方法实际上利用的是位涡守恒这个性质。1950 年，他利用这种模式的一种特殊情况，即相当正压模式，开展了第一次成功的数值预报。

这个模式提供的是 500 hPa 层附近位势的预报，可见它不能预报通常意义上的"天气"。但是，它可以为预报员预报与大尺度环流有关的局地天气提供帮助。后来的多层准地转模式可以直接提供地面气压、温度分布的预报，但由于准地转模式固有的近似特征，这些预报的准确性都是有限的。

随着更高性能计算机和更成熟模拟技术的发展，现在的数值预报模式所用的公式已经回归到了非常类似于 Richardson 的公式，也比准地转模式准确得多。尽管如此，分析最简单的过滤模式，即正压涡度方程，仍然是很有价值的，因为这样可以用很简单的文字来展示数值预报的某些技术。

# 13.2 运动方程组的数值近似

运动方程组是初值问题系统通用类的实例。当微分方程组的解不仅依赖于边界条件，而且依赖于某个初始时刻未知量场或其导数的值时，就可以将其视为初值问题。显然，天气预报是非线性初值问题的一个重要例子。由于其非线性特征，即使最简单的预报方程，即正压涡度方程，分析起来也是相当复杂的。幸运的是，利用经过线性化处理的方程就可以解释初值问题数值解的一般特征，而这种方程要比正压涡度方程简单得多。

## 13.2.1　有限差分方法

运动方程组涉及因变量的二次项（平流项），通常是求不出形式解的，因此，必须采用某些适当的离散化近似来进行数值求解。最简单的离散化形式就是有限差分方法。

为了引入有限差分的概念，假定场变量 $\psi(x)$ 是 $0 \leqslant x \leqslant L$ 中某个微分方程的解。如果这个区间被划分为 $J$ 个长为 $\delta x$ 的小区间，$\psi(x)$ 可以近似用 $J+1$ 个值表示为 $\Psi_j = \psi(j\delta x)$，也就是场变量在 $J+1$ 个格点上的值 $x = j\delta x, \; j = 0,1,2,\cdots,J$，其中 $\delta x = L/J$。只要 $\delta x$ 相对于 $\psi$ 的变化足够小，那么 $J+1$ 个格点的值就可以很好地近似表示出 $\psi(x)$ 及其导数。

注意到变量场也可以用有限傅里叶级数来近似表示，因此可以用它来分析连续变量有限差分表达式准确性的极限。变量场的有限傅里叶级数可写为

$$\psi(x) = \frac{a_0}{2} + \sum_{m=1}^{m=J/2}\left(a_m \cos\frac{2\pi mx}{L} + b_m \sin\frac{2\pi mx}{L}\right) \tag{13.1}$$

$\Psi_j$ 的 $J+1$ 个值正好足以确定式（13.1）的 $J+1$ 个系数。也就是说，完全有可能确定 $a_0$，以及波数 $m = 1,\,2,\,3\cdots J/2$ 时对应的 $a_m$ 和 $b_m$。式（13.1）中最短波长分量所对应的波长为 $L/m = 2L/J = 2\delta x$。由此可见，能被有限差分方法解析的最短波长是网格距的两倍，但要准确地表示其导数，波长必须远大于 $2\delta x$。

接下来，分析如何使用格点变量 $\Psi_j$ 来构建微分方程的有限差分近似。也就是说，我们希望用有限差分场来表示如 $\mathrm{d}\psi/\mathrm{d}x$ 和 $\mathrm{d}^2\psi/\mathrm{d}x^2$ 这样的导数。关于点 $x_0$ 的泰勒级数展开为

$$\psi(x_0 + \delta x) = \psi(x_0) + \psi'(x_0)\delta x + \psi''\frac{(\delta x)^2}{2} + \psi'''(x_0)\frac{(\delta x)^3}{6} + O[(\delta x)^4] \tag{13.2}$$

$$\psi(x_0 - \delta x) = \psi(x_0) - \psi'(x_0)\delta x + \psi''\frac{(\delta x)^2}{2} - \psi'''(x_0)\frac{(\delta x)^3}{6} + O[(\delta x)^4] \tag{13.3}$$

式中，"$'$" 表示关于 $x$ 的微分，$O[(\delta x)^4]$ 表示被略去的是量级为 $(\delta x)^4$ 或者更小的项。

式（13.3）～式（13.2），求解 $\psi'(x)$，就可以得到一阶导数的有限差分表达式为

$$\psi'(x_0) = \frac{\psi(x_0 + \delta x) - \psi(x_0 - \delta x)}{2\delta x} + O[(\delta x)^2] \tag{13.4}$$

式（13.3）+式（13.2），求解 $\psi''(x)$，就可以得到二阶导数的有限差分表达式为

$$\psi''(x_0) = \frac{\psi(x_0 + \delta x) - 2\psi(x_0) + \psi(x_0 - \delta x)}{(\delta x)^2} + O[(\delta x)^2] \tag{13.5}$$

因为式（13.4）和式（13.5）中的差分近似涉及点 $x_0$ 两侧等距离的点，因此称其为中央差分格式。这种近似中略去项的量级为 $(\delta x)^2$，因此截断误差的量级为 $(\delta x)^2$。可以通过减小网格距的方法来得到更高的准确度；或者说，完全有可能在不减小网格距的情况下，针对 $2\delta x$ 写出类似式（13.2）和式（13.3）的公式，并与式（13.2）和式（13.3）共同使用，消去量级小于 $(\delta x)^4$ 的误差项，从而得到更高的准确度。但这种方法的缺点是会产生更复杂的表达式，而且很难在接近边界点的地方使用。

## 13.2.2 中央差分格式：显式时间差分

作为原型模式，我们分析如下一维线性平流方程：

$$\frac{\partial q}{\partial t} + c\frac{\partial q}{\partial x} = 0 \qquad (13.6)$$

式中，$c$ 为给定的速度；$q(x,0)$ 为已知的初始条件。这个方程可以利用中央差分格式近似表示为关于 $x$ 和 $t$ 的二阶精度：

$$\frac{q(x,t+\delta t) - q(x,t-\delta t)}{2\delta t} = -c\frac{q(x+\delta x, t) - q(x-\delta x, t)}{2\delta x} \qquad (13.7)$$

这样原来的微分方程式（13.6）就可以用代数方程式（13.7）来代替，通过求解式（13.7），就可以得到由 $x$ 和 $t$ 确定的网格系（见图 13.1）中有限点集的解。为了方便表示，将网格系中的点用符号 $m$ 和 $s$ 来表示，其中，$x = m\delta x$，$m = 0, 1, 2, 3, \cdots, M$，$t = s\delta t$，$s = 0, 1, 2, 3, \cdots, S$。另外，记 $\hat{q}_{m,s} \equiv q(m\delta x, s\delta t)$，那么差分方程式（13.7）可写为

$$\hat{q}_{m,s+1} - \hat{q}_{m,s-1} = -\sigma(\hat{q}_{m+1,s} - \hat{q}_{m-1,s}) \qquad (13.8)$$

式中，$\sigma \equiv c\delta/\delta x$ 为克朗（Courant）数。这种形式的时间差分方案被称为蛙跃方案，因为 $s$ 时步的趋势是由 $s+1$ 和 $s-1$ 时步的值差分求得的（跳过了点 $s$）。

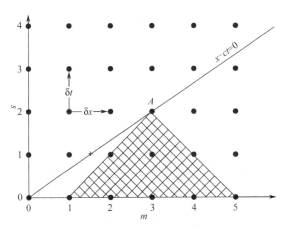

图 13.1　一维线性平流方程在 $m=3$ 和 $s=2$ 时显式有限差分解相关区域的 $x-t$ 空间格点。实心圆点表示网格点，斜线表示沿着 $q(x,t) = q(0,0)$ 的特征曲线，加号表示半拉格朗分方案的插值点。在本例中，因为 $A$ 点的有限差分解不依赖于 $q(0,0)$，因此蛙跃差分方案是不稳定的

蛙跃差分方案不能用于初始时刻 $t = 0(s = 0)$，因为 $\hat{q}_{m,-1}$ 是未知的。对于第一时步，需要使用另一种方法，如前差近似方法，即

$$\hat{q}_{m,1} - \hat{q}_{m,0} \equiv -\frac{\sigma}{2}(\hat{q}_{m+1,0} - \hat{q}_{m-1,0}) \qquad (13.9)$$

平流方程式（13.8）的中央差分方案是显式时间差分方案的实例。在显式时间差分方案中，$s+1$ 时步某网格点上预报场的值仅依赖于前一时步场的已知量（在蛙跃差分方案中，需要使用 $s$ 时步和 $s-1$ 时步的场）。通过遍历所有格点，并求得每个格点上的值，就可以

求解这些差分方程。因此，显式蛙跃差分方案是很容易求解的。但是，正如 13.2.3 节所讨论的，其缺点是引入了虚假的计算解，并对克朗数所允许的最大值有严格的要求。还有很多其他不会引入计算解的显式时间差分方案（参见习题 13.3），但这些方案都要求克朗数足够小。

### 13.2.3　计算稳定性

分析表明，即使有限差分的时间差分和空间步长都非常小，但如式（13.8）所示的有限差分近似的解仍然不会都收敛到原来微分方程的解上。已经证明，解的特征强烈地依赖于差分方程的计算稳定性。如果差分方程不稳定，即使线性平流方程（该方程微分解的振幅不随时间变化），其数值解还是会成指数增长。

正如后面要证明的，对于式（13.8），基于对稳定性的考虑，对参数 $\sigma$ 的取值有严格的限制。如果初始条件为

$$q(x,0) = \text{Re}[\exp(\text{i}kx)] = \cos(kx)$$

那么式（13.6）满足这个初始条件的解析解为

$$q(x,t) = \text{Re}\{\exp[\text{i}k(x-ct)]\} = \cos(kx - ct) \tag{13.10}$$

接下来，比较式（13.10）与差分方程式（13.8）和式（13.9）的解。上述初始条件的有限差分形式可写为

$$\hat{q}_{m,0} = \exp(\text{i}km\delta x) = \exp(\text{i}pm) \tag{13.11}$$

式中，$p \equiv k\delta x$。注意到解析解是在 $x$ 和 $t$ 上分离的，因此假定式（13.8）和式（13.9）解的形式为

$$\hat{q}_{m,s} = B^s \exp(\text{i}pm) \tag{13.12}$$

式中，$B$ 为复常数。将式（13.2）代入式（13.8），并除以公因子 $B^{s-1}$，就可以得到关于 $B$ 的二次方程：

$$B^2 + (2\text{i}\sin\theta_p)B - 1 = 0 \tag{13.13}$$

式中，$\sin\theta_p \equiv \sigma\sin p$。式（13.13）有两个根，可写为如下形式：

$$B_1 = \exp(-\text{i}\theta_P), \ \ B_2 = -\exp(+\text{i}\theta_P)$$

因此，有限差分方程的通解为

$$\hat{q}_{m,s} = [CB_1^s + DB_2^s]\exp(\text{i}pm) = Ce^{\text{i}(pm-\theta_p s)} + D(-1)^s e^{\text{i}(pm+\theta_p s)} \tag{13.14}$$

式中，$C$ 和 $D$ 为常数，可利用初始条件式（13.11）和第一时步式（13.9）来确定。根据前者可求得 $C + D = 1$，而根据后者则可以得到

$$Ce^{-\text{i}\theta_p} - De^{+\text{i}\theta_p} = 1 - \text{i}\sin\theta_p \tag{13.15}$$

因此有

$$C = \frac{1 + \cos\theta_p}{2\cos\theta_p}, \ \ D = -\frac{1 - \cos\theta_p}{2\cos\theta_p} \tag{13.16}$$

根据对式（13.14）的分析，显然只要 $\theta_p$ 是实数，当 $s \to \infty$ 时解仍然会保持有限。如

果 $\theta_p$ 为虚数，式（13.14）中的某一项就会成指数增大，当 $s \to \infty$ 时解就会趋向于无限。这种现象被称为计算不稳定性。因为

$$\theta_p = \sin^{-1}(\sigma \sin p) \tag{13.17}$$

所以，只有当 $|\sigma \sin p| \leqslant 1$ 时 $\theta_p$ 才会为实数，而这个条件只有在 $\sigma \leqslant 1$ 时才会对所有波动（对所有的 $p$）都成立。由此可见，差分方程式（13.8）的计算稳定性要满足

$$\sigma = c \frac{\delta t}{\delta x} \leqslant 1 \tag{13.18}$$

这个条件被称为 CFL（Courant-Friedrichs-Levy）稳定性判据。

CFL 稳定性判据说明，对于给定的空间步长 $\delta x$，所选择的时间步长 $\delta t$ 必须可以使因变量场在单位时步内平流的距离小于一个网格距。式（13.18）中对 $\sigma$ 的限制可以借助图 13.1 中 $(x, t)$ 平面上解的特征从物理上进行理解。对于如图 13.1 所示的情况，$\sigma = 1.5$。对中央差分方程式（13.8）的分析表明，图 13.1 中 $A$ 点的数值解仅依赖于该图中阴影区域内的格点。但是，因为 $A$ 点位于特征线 $x - ct = 0$ 上，所以 $A$ 点的真实解仅依赖于 $x = 0$ 处的初始条件（初始时刻位于原点的气块会在 $2\delta t$ 时间内平流到 $3\delta x$ 点处）。$x = 0$ 处则位于数值解的影响区域之外。因为数值解中 $A$ 点的值与 $x = 0$ 处的条件无关，所以数值解不可能如实重现原始微分方程的解。只有当满足 CFL 稳定性判据时，数值解的影响区域才会把分析解的特征线包含在内。

尽管式（13.18）的 CFL 稳定性判据能够保证一维平流方程中央差分近似的稳定性，但一般情况下，CFL 稳定性判据仅是计算稳定性的必要条件，而并非充分条件。与式（13.18）相比，一维平流方程的其他差分格式可能对 $\sigma$ 有更严格的限制。

计算不稳定性的存在是利用过滤方程组的首要原因。在准地转系统中，不会出现重力波和声波。因此，式（13.18）中的速度 $c$ 正好是风速的最大值。通常 $c < 100 \text{ m s}^{-1}$，所以，对于 2000 km 的网格距而言，时间步长可以超过 30 分钟。但对于在云分辨模式中普遍使用的非静力方程组而言，其解会出现与声波对应的特征，为了确保在影响区域中包含这些特征，需要令 $c$ 等于这个方程组所能描述的最快波动，即声波的速度。在这种情况下，$c \approx 300 \text{ m s}^{-1}$，当垂直网格距为 1 km 时，时间步长只能取几秒。

## 13.2.4　隐式时间差分

在蛙跃时间差分方案中引入的虚假计算解并不会出现在其他的显式时间差分方案中。例如，习题 13.3 讨论的欧拉—后差格式。但这些差分格式还是会保留 CFL 稳定性判据所要求的时间步长限制。这种限制和计算解问题可以使用另一种被称为梯形隐式格式的有限差分方案来消除。对于线性平流方程式（13.6），这个方案可写为

$$\frac{\hat{q}_{m,s+1} - \hat{q}_{m,s}}{\delta t} = -\frac{c}{2} \left( \frac{\hat{q}_{m+1,s+1} - \hat{q}_{m-1,s+1}}{2\delta x} + \frac{\hat{q}_{m+1,s} - \hat{q}_{m-1,s}}{2\delta x} \right) \tag{13.19}$$

将实验解式（13.12）代入式（13.19），可得

$$B^{s+1} = \left[\frac{1 - \mathrm{i}(\sigma/2)\sin p}{1 + \mathrm{i}(\sigma/2)\sin p}\right] B^s \tag{13.20}$$

与前面一样，其中，$\sigma = c\delta t/\delta x$，$p = k\delta x$。定义

$$\tan\theta_p \equiv \frac{\sigma}{2}\sin p \tag{13.21}$$

在式（13.20）中消去公因子 $B^s$，可以证明

$$B = \left(\frac{1 - \mathrm{i}\tan\theta_p}{1 + \mathrm{i}\tan\theta_p}\right) = \exp(-2\mathrm{i}\theta_p) \tag{13.22}$$

因此，其解可以简单地表示为

$$\hat{q}_{m,s} = A\exp[\mathrm{i}k(m\delta x - 2\theta_p s/k)] \tag{13.23}$$

式（13.19）仅包含两个时间层，因此，与式（13.14）不同，它只能产生一个波动解，对应的相速度 $c' = 2\theta_p/(k\delta t)$。根据式（13.21），对于所有的 $\delta t$，$\theta_p$ 均为实数[这与式（13.17）给出的显式方案相反]。由此可见，隐式时间差分方案是绝对稳定的。但是，如果不能保持 $\theta_p$ 足够小，截断误差就会变大（参见习题 13.9）。隐式时间差分格式的缺点是不能像显式格式那样通过遍历所有格点进行积分。在式（13.19）中，等号两端都有 $s+1$ 时间层的项，共涉及 3 个网格点的值。因此，式（13.19）必须在所有网格点同时进行求解。如果网格数很大，就需要转置一个非常大的矩阵，所需的计算量将非常大。此外，通常对非线性项（如动量方程中的平流项）使用隐式时间差分格式也是不可行的。本书将在 13.5 节简要讨论将线性项进行隐式处理，而将非线性项进行显式处理的半隐式时间差分格式。

## 13.2.5　半拉格朗日方法

上述讨论的差分方案都是欧拉格式，都是通过计算空间固定网格点集上预报场的倾向来进行时间积分的。从理论上讲，完全有可能在拉格朗日观点下通过追随一组标记的气块来进行预报，但实际上这并不是一个可行的替代方案，因为切变和拉伸变形会使标记的气块在若干区域内出现集中的趋势，因此很难在预报区域内保持一致的分辨率。但是，我们完全有可能通过使用半拉格朗日方法，在保持一致分辨率的同时，充分利用拉格朗日方法的守恒性质。这种方法允许在使用相对比较长的时间步长的同时，保持数值计算的稳定性和高准确性。

可以利用一维平流方程式（13.6）对半拉格朗日方法进行简单说明。根据一维平流方程，流速为 $c$ 的纬向气流的 $q$ 场是保守的。因此，对于任意格点 $x_m = m\delta x$ 和任意时刻 $t_s = s\delta t$，有

$$q(x_m, t_s + \delta t) = q(\tilde{x}_m^s, t_s) \tag{13.24}$$

式中 $\tilde{x}_m^s$ 表示 $t_s + \delta t$ 时刻位于 $x_m$ 的气块在 $t_s$ 时刻的位置。这个位置一般不会正好位于格点上（见图 13.1 中的"＋"号），因此在对式（13.24）等号右端进行分析时需要利用 $t$ 时刻格点上的值进行插值。当 $c > 0$ 时，$\tilde{x}_m^s$ 位于格点 $x_{m-p}$ 和 $x_{m-p-1}$ 之间，其中 $p$ 为表达式 $c\delta t/\delta x$

（度量的是单位时步内通过的格点数）的整数部分。如果使用线性插值，则有

$$q(\tilde{x}_m^s, t_s) = \alpha q(x_{m-p-1}, t_s) + (1-\alpha) q(x_{m-p}, t_s)$$

式中，$\alpha = (x_{m-p} - \tilde{x}_m^s)/\delta x$。由此可见，在图 13.1 中，$p=1$，并且为了预报 $A$ 点的 $q$ 值，点 $m=1$ 和点 $m=2$ 之间的值需要插值到用 "$+$" 号标记的点上。

与这个简单的例子相同，在实际的预报模式中，速度场是预报量，而不是已知量。因此，对于二维场有

$$q(x, y, t+\delta t) = q(x-u\delta t, y-v\delta t, t) \tag{13.25}$$

式中可用 $t$ 时刻的速度分量来估算 $t+\delta t$ 时刻的场。一旦得到这些值，就可以为式（13.25）右端的速度场提供更准确的估计值。式（13.25）等号右端需要再次通过插值来估算，不过此时需要在二维情况下进行。

如图 13.1 所示，半拉格朗日方法可以保证数值解的影响区域正好对应物理问题的影响区域。因此，对比显示欧拉方案的时间步长更长的时间步长而言，半拉格朗日方法仍然是计算稳定的。半拉格朗日方法也可以相当准确地保持守恒属性，这对于准确计算示踪成分（如水汽）的平流是特别有用的。

## 13.2.6　截断误差

数值解不仅要稳定，而且要能提供相对于真实解的准确近似解。有限差分方程的数值解与相应微分方程的解之间的差被称为离散误差。如果这种误差随着 $\delta t$ 和 $\delta x$ 的减小接近于 0，那么就称这个解是收敛的。与此类似，微分方程与有限差分方程之间的差别被称为截断误差，因为它是在对导数进行近似表示，因此是在截断泰勒级数时出现的。如果随着 $\delta t$ 和 $\delta x$ 趋向于 0，截断误差也趋向于 0，就称这个方案是一致的。根据 Lax 等价定理[1]，如果有限差分格式满足一致性条件，那么稳定性就是收敛性的充分必要条件。因此，如果一个有限差分格式近似是一致的，并且是稳定的，那么随着差分间距的减小，即使不可能准确地确定误差的大小，也能确定离散误差是减小的。

因为数值解仅是当分析解不可求时的一种搜索规则，因此通常不可能直接确定一个解的准确性。但对于 13.2.3 节中具有定常平流速度的线性平流方程，完全有可能对有限差分方程式（13.8）和原始微分方程式（13.6）的解进行比较。接下来就用此例来分析前述差分方法的准确性。

根据前面的讨论，本实例中截断误差的量级为 $(\delta x^2)$ 和 $(\delta t^2)$。通过对式（13.14）的分析，可以得到有关准确性的更精确信息。当 $\theta_p \rightarrow 0$ 时，有 $C \rightarrow 1$ 和 $D \rightarrow 0$。与 $C$ 成正比的那部分解是物理解；而与 $D$ 成正比的两部分解则是计算解，因为它在原来的微分方程中没有对应的解析解。之所以出现这样的情况，是因为时间中央差分格式会将关于时间的一阶微分方程转化为二阶有限差分方程。有限差分方程解的准确性不仅依赖于 $D \rightarrow 0$ 和 $C \rightarrow 1$ 的程度，而且依赖于物理解相速度与分析解相速度的匹配程度。式（13.14）中给

---

[1] 参见 Richtmyer 和 Morton（1967）。

出的物理解的相速度为

$$pm - \theta_p s = \frac{p}{\delta x} \frac{m\delta x - \theta_p s\delta x}{p} = k(x - c't)$$

式中，$c' = \theta_p \delta x / (p\delta t)$ 是物理解的相速度。它与真实相速度的比值为

$$\frac{c'}{c} = \frac{\theta_p \delta x}{pc\delta t} = \frac{\sin^{-1}(\sigma \sin p)}{\sigma p}$$

可见，当 $\sigma p \to 0$ 时，$c'/c \to 1$。在本实例中，$\sigma = 0.75$，此时 $c'/c$、$|D|/|C|$ 与波长的关系如表 13.1 所示。

表 13.1　中央差分格式的准确性

| $L/\delta x$ | $p$ | $\theta_p$ | $c'/c$ | $|D|/|C|$ |
|---|---|---|---|---|
| 2 | $\pi$ | $\pi$ | — | $\infty$ |
| 4 | $\pi/2$ | 0.848 | 0.720 | 0.204 |
| 8 | $\pi/4$ | 0.559 | 0.949 | 0.082 |
| 16 | $\pi/8$ | 0.291 | 0.988 | 0.021 |
| 32 | $\pi/16$ | 0.147 | 0.997 | 0.005 |

注：上述结果是分辨率的函数，对应于当 $\sigma = 0.75$ 时的平流方程。

从表 13.1 中可以很清楚地看出，相速度和振幅的误差均会随着波长的减小而增大。尽管在微分方程中所有波动均以相同的速度 $c$ 移动，但在有限差分解中短波比长波移动得慢。在有限差分解中相速度对波长的依赖关系被称为计算频散。这对于任何具有很强梯度的平流场及因此产生的大振幅短波分量的数值模拟而言，都是很严重的问题。

短波也会受到计算解中显著振幅的影响。这种计算解在微分方程中没有对应的部分，会向着物理解的相反方向传播，并且会在一个时步到下一个时步时改变符号。当计算解的振幅比较显著时，这种行为是很容易识别的。

# 13.3　正压涡度方程的有限差分形式

最简单的动力学预报方程实例就是正压涡度方程［见式（11.14）］，它在笛卡儿 $\beta$ 平面上的表达式可写为

$$\frac{\partial \zeta}{\partial t} = -F(x, y, t) \tag{13.26}$$

式中，

$$F(x, y, t) = V_\psi \cdot \nabla(\zeta + f) = \frac{\partial}{\partial x}(u_\psi \zeta) + \frac{\partial}{\partial y}(v_\psi \zeta) + \beta v_\psi \tag{13.27}$$

式中，$u_\psi = -\partial \psi / \partial y$，$v_\psi = \partial \psi / \partial x$，$\zeta = \nabla^2 \psi$。式中已经利用水平速度的无辐散性质

（$\partial u_\psi / \partial x + \partial v_\psi / \partial y = 0$）将平流项写成了通量形式。只要知道$\psi(x,y,t)$场，就可以计算绝对涡度平流$F(x,y,t)$。这样，式（13.26）对时间向前积分就可以得到预报的$\zeta$。另外，还有必要通过求解泊松方程$\zeta = \nabla^2 \psi$来预报流函数。

一种直接求解方法是 13.2.2 节讨论的蛙跃差分方案。这种方案需要将式（13.27）写成有限差分形式。假定$(x,y)$平面被划分为具有$(M+1) \times (N+1)$个格点的网格，间距分别为$\delta x$和$\delta y$，就可以将网格点的坐标位置写为$x_m = m\delta x$，$y_n = n\delta y$，其中，$m = 1, 2, \cdots, M$；$n = 1, 2, \cdots, N$。这样，网格上的任何点都可以用$(m, n)$唯一确定。由此形成的部分网格如图 13.2 所示。

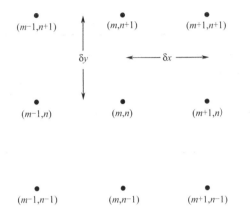

图 13.2　用于求解正压涡度方程的部分二维$(x, y)$网格

可使用式（13.4）的中央差分格式来近似表示$F(x, y, t)$表达式中的导数。例如，如果假定$\delta x = \delta y \equiv d$，那么有

$$u_\psi \approx u_{m,n} = -\frac{\psi_{m,n+1} - \psi_{m,n-1}}{2d}$$

$$v_\psi \approx v_{m,n} = +\frac{\psi_{m+1,n} - \psi_{m-1,n}}{2d} \tag{13.28}$$

利用式（13.5）可以将水平拉普拉斯近似写为

$$\nabla^2 \psi \approx \frac{\psi_{m+1,n} + \psi_{m-1,n} + \psi_{m,n+1} + \psi_{m,n-1} - 4\psi_{m,n}}{d^2} = \zeta_{m,n} \tag{13.29}$$

可见水平拉普拉斯的有限差分格式正比于中心点函数值与其四周格点平均值的差。如果有$(M-1) \times (N-1)$个内部格点，根据式（13.29）就可以产生由$(M-1) \times (N-1)$个方程联立的方程组。再加上适当的边界条件，就可以根据给定的数组$\zeta_{m,n}$来确定$\psi_{m,n}$。这个方程组可以用标准的矩阵求逆方法来求解。

在给出平流项$F(x,y,t)$的有限差分格式之前，值得注意的是，如果在$\beta$平面通道的南、北边界上$\psi$均为常数，那么很容易可以通过对整个通道内的面积积分证明$F(x,y,t)$的平均值为 0，这就意味着对这个通道而言平均涡度是守恒的。通过进一步的数学推导，还有可能证明平均动能和均方涡度（也称为涡度拟能）也是守恒的。

为了长期积分的准确性，对$F(x,y,t)$的任何有限差分近似都应当满足与其微分方程相同的守恒约束条件，否则有限差分解就不会守恒。例如，仅因为有限差分解的性质，平均涡度可能会随时间出现系统性偏移。现在已经有了同时能使平均涡度、平均动能和涡度拟能保持守恒的有限差分方案，但它们都相当复杂。对此处的分析而言，只要将平流项写成如式（13.27）所示的通量形式，并利用空间中央差分格式，就足以使平均涡度和平均动能保持守恒，即

$$F_{m,n} = \frac{1}{2d}[(u_{m+1,n}\zeta_{m+1,n} - u_{m-1,n}\zeta_{m-1,n}) + (v_{m,n+1}\zeta_{m,n+1} - v_{m,n-1}\zeta_{m,n-1})] + \beta v_{m,n} \quad （13.30）$$

很容易可以证明，如果 $\psi$ 满足周期边界条件，那么当对式（13.30）在整个区域求和时，这些项就会被抵消，即

$$\sum_{m=1}^{m=M} \sum_{n=1}^{n=N} F_{m,n} = 0 \quad （13.31）$$

因此，当将式（13.30）作为平流项的有限差分形式时，平均涡度就是守恒的（不考虑时间差分引入的误差）。这种形式同样也能使平均动能保持守恒（参见习题 13.2）。在这个差分公式中涡度拟能是不守恒的，为了控制在数值计算过程中涡度拟能的增加，通常会增加一个小的扩散项。

基于正压涡度方程，构建数值预报模式的步骤可以总结如下：

（1）利用初始时刻的位势场观测值计算所有格点上初始时刻的流函数 $\psi_{m,n}(t=0)$；

（2）计算所有格点上的 $F_{m,n}$；

（3）利用中央差分格式确定 $\zeta_{m,n}(t+\delta t)$，但第一步需要使用前差格式；

（4）求解式（13.29），得到 $\psi_{m,n}(t+\delta t)$；

（5）以预报得到的数组 $\psi(m,n)$ 作为初始数据，重复（2）～（4）步骤，直到需要的预报时刻。例如，时间步长为 30 分钟的 24 小时预报需要计算 48 个循环。

# 13.4　谱方法

在有限差分方法中，因变量在关于空间和时间的点集上给定，而导数则用有限差分方法来近似表示。还有一种方法称为谱方法，它用被称为基函数的正交函数的有限序列来表示因变量的空间变化。对于中纬度 $\beta$ 平面通道中的解析几何坐标，其适用的基函数是关于 $x$ 和 $y$ 的双傅里叶级数；而对于地球球面，其适用的基函数是球面谐波函数。

有限差分方法是局地的，也就是说有限差分变量 $\Psi_{m,n}$ 表示的是 $\psi(x,y)$ 在空间特定点上的值，有限差分方程组确定的是所有格点上 $\Psi_{m,n}$ 的演变；而谱方法是基于全局函数（基函数）序列的个别分量。例如，对于解析几何的情况，这些分量决定着正弦波的振幅和位相，而这些正弦波之和决定着因变量的空间分布。它的解通过有限个傅里叶系数的演变来确定。因为特定函数的傅里叶系数的波数空间分布被称为它的谱，所以这种方法被称为谱方法。

当分辨率较低时，谱方法一般比格点方法更准确，部分原因是：在格点模式中，13.2.4 节

讨论的线性平流数值频散问题会比较严重，而这个问题在比较好的谱模式中不会出现。对于在预报模式中常用的分辨率范围，这两种方法的准确性是相当的，每种方法都有其适用者。

### 13.4.1　球坐标系中的正压涡度方程

谱方法对于求解涡度方程具有特别的优势。当选择适当的基函数集后，很容易就可以求解流函数的泊松方程。谱方法的这种属性不仅能够节省计算机时，而且能够消除对拉普拉斯算子进行有限差分时出现的截断误差。

在实际应用中，使用谱方法最频繁的是全球模式。这就要求在模式中使用球谐函数，而这种函数比傅里叶级数还要复杂。为了使分析尽可能简单，同时又能阐明球面上的谱方法，再次使用正压涡度方程作为模式预报方程进行说明。

在球坐标系中的正压涡度方程可写为

$$\frac{\mathrm{d}}{\mathrm{d}t}(\zeta + 2\Omega \sin\phi) = 0 \tag{13.32}$$

与前面一样，$\zeta = \nabla^2 \psi$，其中 $\psi$ 为流函数，并且有

$$\frac{\mathrm{d}}{\mathrm{d}t} \equiv \frac{\partial}{\partial t} + \frac{u}{a\cos\phi}\frac{\partial}{\partial\lambda} + \frac{v}{a}\frac{\partial}{\partial\phi} \tag{13.33}$$

分析表明，定义 $\mu \equiv \sin\phi$ 并把它作为经向坐标是非常方便的。在这种情况下的连续方程可写为

$$\frac{1}{a}\frac{\partial}{\partial\lambda}\left(\frac{u}{a\cos\phi}\right) + \frac{1}{a}\frac{\partial}{\partial\mu}(v\cos\phi) = 0 \tag{13.34}$$

因此，根据式（13.35）可知，流函数与纬向速度和经向速度有关，即

$$\frac{u}{\cos\phi} = -\frac{1}{a}\frac{\partial\psi}{\partial\mu}, \quad v\cos\phi = \frac{1}{a}\frac{\partial\psi}{\partial\lambda} \tag{13.35}$$

这样，涡度方程可写为

$$\frac{\partial\nabla^2\psi}{\partial t} = \frac{1}{a^2}\left(\frac{\partial\psi}{\partial\mu}\frac{\partial\nabla^2\psi}{\partial\lambda} - \frac{\partial\psi}{\partial\lambda}\frac{\partial\nabla^2\psi}{\partial\mu}\right) - \frac{2\Omega}{a^2}\frac{\partial\psi}{\partial\lambda} \tag{13.36}$$

式中，

$$\nabla^2\psi = \frac{1}{a^2}\left\{\frac{\partial}{\partial\mu}\left[(1-\mu^2)\frac{\partial\psi}{\partial\mu}\right] + \frac{1}{1-\mu^2}\frac{\partial^2\psi}{\partial\lambda^2}\right\} \tag{13.37}$$

这里适用的正交基函数是球谐函数，定义为

$$Y_\gamma(\mu, \lambda) \equiv P_\gamma(\mu)\mathrm{e}^{im\lambda} \tag{13.38}$$

式中，$\gamma \equiv (n, m)$ 是与球谐函数整数序号对应的矢量，具体取值为 $m = 0$，$\pm 1$，$\pm 2$，$\pm 3$，$\cdots$；$n = 1, 2, 3, \cdots$，并且 $|m| \leqslant n$；这里的 $P_\gamma$ 是 $n$ 阶第一类连带勒让德函数。根据式（13.38），

显然 $m$ 是纬向波数。可以证明[2]，$n-|m|$ 表示 $-1 < \mu < 1$（两极之间）中 $P_\gamma$ 的节点数，是对球谐函数经向尺度的度量。若干球谐函数的结构如图 13.3 所示。

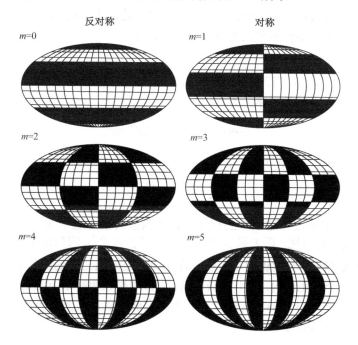

图 13.3　当 $n = 5$；且 $m = 0, 1, 2, 3, 4, 5$ 时球谐函数的正负区域分布（引自 Washington 和 Parkingson，1986；改编自 Baer，1972；美国气象学会版权所有，许可复制）

球谐函数一个很重要的属性是满足如下关系式：

$$\nabla^2 Y_\gamma = -\frac{n(n+1)}{a^2} Y_\gamma \tag{13.39}$$

由此可见，球谐函数的拉普拉斯正比于函数本身，这就说明与特定球谐函数分量有关的涡度正比于同一分量的流函数。

对于球面上的谱方法，令

$$\psi(\lambda, \mu, t) = \sum_\gamma \psi_\gamma(t) Y_\gamma(\mu, \lambda) \tag{13.40}$$

就可以将流函数展开为球谐函数的有限个序列，其中 $\psi_\gamma$ 是球谐函数 $Y_\gamma$ 对应的复振幅，求和是同时针对 $n$ 和 $m$ 进行的。单个球谐函数系数 $\psi_\gamma$ 与流函数 $\psi(\lambda, \mu)$ 是通过如下逆变换联系在一起的：

$$\psi_\gamma(t) = \frac{1}{4\pi} \int_S Y_\gamma^* \psi(\lambda, \mu, t) \mathrm{d}S \tag{13.41}$$

式中，$\mathrm{d}S = \mathrm{d}\mu \mathrm{d}\lambda$，$Y_\gamma^*$ 表示 $Y_\gamma$ 的复共轭。

---

[2]　参见 Washington 和 Parkingson（1986）对勒让德函数属性的讨论。

### 13.4.2 罗斯贝—豪维茨波

在分析正压涡度方程的数值解之前，值得注意的是，对于流函数等于单个球面谐波的特殊情况，可以求得非线性方程的解析解。为此，令

$$\psi(\lambda,\mu,t) = \psi_\gamma(t)\mathrm{e}^{\mathrm{i}m\lambda}P_\gamma(\mu) \tag{13.42}$$

将式（13.42）代入式（13.36），并利用式（13.39），就会发现非线性项正好等于 0，因此振幅系数满足如下线性常微分方程：

$$-n(n+1)\frac{\mathrm{d}\psi_\gamma}{\mathrm{d}t} = -2\Omega\mathrm{i}m\psi_\gamma \tag{13.43}$$

上述方程的解为 $\psi_\gamma(r) = \psi_\gamma(0)\exp(\mathrm{i}\nu_\gamma t)$，其中

$$\nu_\gamma = 2\Omega\frac{m}{n(n+1)} \tag{13.44}$$

是罗斯贝—豪维茨波（球面上的行星波）的频散关系［这个表达式可与式（5.110）取 $\bar{u}=0$ 的表达式进行对比，后者是 $\beta$ 平面上的对应表达式］。因为球面谐波的水平尺度正比于 $n^{-1}$，所以式（13.44）就说明单个波动在球面上是向西传播的，其速度近似正比于水平尺度的平方。这个解还说明，对于某些问题，当分辨率较粗时谱方法优于有限差分方法；甚至仅包含单个傅里叶分量的模式也可以代表真实的气象场（罗斯贝波），而使用有限差分表示相同的场则需要很多格点。

### 13.4.3 谱变换方法

当出现多个球面谐波时，利用单纯的谱方法求解式（13.36）的解就需要对因平流项造成的多个波动之间的非线性相互作用进行分析。分析表明，相互作用项的数量随着保留在式（13.40）序列中的波动数成平方增长，因此，这种方法对于天气尺度扰动预报所需的空间分辨率而言，计算会变得非常低效。谱变换方法在每个时步对球面谐波波数空间与经纬网格进行相互变换，并在格点空间对平流项进行乘法运算，达到了消除上述问题的目的。由此可见，没有必要去计算谱函数的乘积。

为了说明这种方法，将正压涡度方程写成如下形式：

$$\frac{\partial\nabla^2\psi}{\partial t} = -\frac{1}{a^2}\left[2\Omega\frac{\partial\psi}{\partial\lambda} + A(\lambda,\mu)\right] \tag{13.45}$$

式中，

$$A(\lambda,\mu) \equiv -\frac{\partial\psi}{\partial\mu}\frac{\partial\nabla^2\psi}{\partial\lambda} + \frac{\partial\psi}{\partial\lambda}\frac{\partial\nabla^2\psi}{\partial\mu} \tag{13.46}$$

将式（13.40）代入式（13.45），就可以得到球面谐波系数满足

$$\frac{\mathrm{d}\psi_\gamma}{\mathrm{d}t} = \mathrm{i}\nu_\gamma\psi_\gamma + \frac{1}{n(n+1)}A_\gamma \tag{13.47}$$

式中，$A_\gamma$ 是 $A(\lambda,\mu)$ 变换的 $\gamma$ 分量，写为

$$A_\gamma = \frac{1}{4\pi} \int_0^{2\pi} \int_{-1}^{1} A(\lambda, \mu) Y_\gamma^* \mathrm{d}\lambda \mathrm{d}\mu \qquad (13.48)$$

如果求和 $\gamma = (n, m)$ 是对有限数量的波动进行的，那么变换表达式（13.48）中的积分可以通过数值积分精确地计算［通过经纬网格中格点 $(\lambda_j, \mu_k)$ 处 $A(\lambda, \mu)$ 的适当加权求和得到］。谱变换方法在分析过程中用到了这个结论。在计算所有格点上 $A(\lambda, \mu)$ 的分布时，并不需要引入导数的有限差分，因为可将平流项写为

$$A(\lambda_j, \mu_k) = \frac{1}{1 - \mu^2}(F_1 F_2 + F_3 F_4) \qquad (13.49)$$

式中，

$$F_1 = -(1 - \mu^2)\frac{\partial \psi}{\partial \mu}, \quad F_2 = \frac{\partial \nabla^2 \psi}{\partial \lambda}$$

$$F_3 = (1 - \mu^2)\frac{\partial \nabla^2 \psi}{\partial \mu}, \quad F_4 = \frac{\partial \psi}{\partial \lambda}$$

可以利用谱系数 $\psi_\gamma$ 和已知的球谐函数的微分属性，精确计算每个格点上的 $F_1 \sim F_4$。例如，

$$F_4 = \frac{\partial \psi}{\partial \lambda} = \sum_\gamma \mathrm{i} m \psi_\gamma Y_\gamma(\lambda_j, \mu_k)$$

一旦计算得到这些项在所有格点上的值，就可以通过计算乘积 $F_1 F_2$ 和 $F_3 F_4$，得到格点上的 $A(\lambda, \mu)$；在这个过程中，对导数的处理不需要任何有限差分近似。另外，可以通过数值积分方法对谱变换表达式（13.48）进行分析，从而计算得到球面谐波分量 $A_\gamma$。最后，为了得到流函数球面谐波分量新的估算值，需要利用式（13.47）以时间步长 $\delta t$ 向前积分。上述整个过程循环往复，直到所需的预报时刻。图 13.4 总结了利用谱变换方法基于正压涡度方程进行预报的步骤。

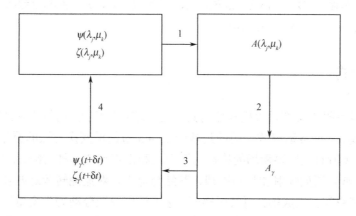

图 13.4 利用谱变换方法基于正压涡度方程进行预报的步骤

# 13.5 原始方程模式

现代数值天气预报基于一组被称为原始方程组的动力学方程组，这个方程组实际上就是 Richardson 提出的方程组。原始方程组与完整动量方程组式（2.19）~式（2.21）的区别在于，垂直动量方程被流体静力学近似代替，表 2.1 中 C、D 列水平运动方程中的小项被略去。在大多数模式中，使用的是 10.3.1 节引入的 $\sigma$ 坐标系，并通过将大气分为若干层，利用垂直导数的有限差分近似来表示垂直方向上的变化。在原始方程业务预报模式中，会同时使用有限差分方法和谱方法进行水平离散化。

格点模式使用的是 13.2.1 节描述的有限差分方法。大多数格点模式都使用网格交错方案来提高特定场的准确性。图 13.5 所示是动量场相对于热力学变量交错的两个实例。荒川（Arakawa）—C 网格是交错的，所以水平散度（$\partial u/\partial x + \partial v/\partial y$）位于格点中央[见图 13.5（a）]；荒川—D 网格也是交错的，但垂直涡度（$\partial v/\partial x - \partial u/\partial y$）位于格点中央[见图 13.5（b）]。

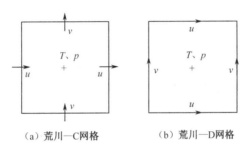

（a）荒川—C网格　　　　　（b）荒川—D网格

图 13.5　荒川—C 和荒川—D 水平网格交错方案。热力学变量（$T$、$p$）和其他标量场位于网格中央，水平速度分量 $u$ 和 $v$ 则沿着网格边界

## 13.5.1　谱模式

大多数业务预报中心都以谱模式作为其首选全球预报模式，而格点模式通常只用于细网格有限区域模式。业务谱模式使用的是基于 13.4.3 节的谱变换方法的原始方程。在这种方法中，每个时步所有气象要素场的值都有谱形式和格点形式两种。预报量是涡度和散度，而不是 $u$ 和 $v$。涉及诸如辐射加热与冷却、凝结与降水、对流翻转等这些物理过程的计算都是在网格物理空间上完成的，而气压梯度、速度梯度等微分动力学变量则都是在谱空间准确计算的。这种组合方式既保留了格点方法在表示具有"局地"性质的物理过程中的简洁性，又保留了谱方法在进行动力学计算时更高的准确性。

在全球谱模式中通常会使用两种谱截断方法。第一种是三角形截断，在以 $m$ 和 $n$ 为坐标轴的图形[参见式（13.38）]中，保留的模态是一个三角形区域；第二种是菱形截断，满足 $N = |m| + M$。图 13.6 所示是这两种截断示意。在三角形截断中，经向和纬向上的分

辨率几乎相等；在菱形截断中，对于每个纬向波数而言，经向分辨率都是相同的。菱形截断在低分辨率模式中相对具有优势，而三角形截断在高分辨率模式中更具优势。

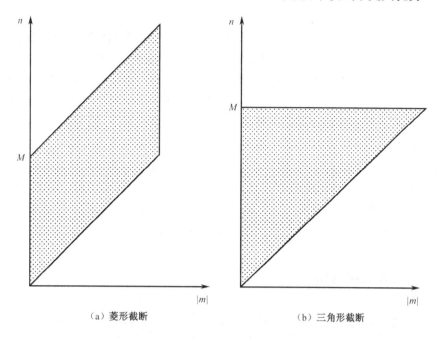

（a）菱形截断  （b）三角形截断

图 13.6  在菱形截断和三角形截断中保留的谱分量的波数空间 $(n, m)$ 的范围（引自 Simmons 和 Bengtsson，1984；许可使用）

## 13.5.2  物理过程参数化

如图 10.21 所示，现代业务预报模式中的物理过程一般与大气环流模式中的物理过程是相同的。边界层通量、干/湿对流的垂直扩散、云的形成和降水等过程的引入，以及云与辐射场的相互作用，都要求用模式预报场来表示相关的次网格尺度过程。这种用可解析的变量来近似表示不可解析过程的方法被称为参数化。参数化可能是天气和气候模拟领域最困难、最有争议的领域。

对流过程可能是最重要，也是最需要进行参数化处理的物理过程。由对流输送的垂直热量对于维持对流层递减率和湿度是必不可少的。模拟这种不可解析对流运动的最简单方法是通过对流调整。在这种最简单的方法中，每个格点上气柱的相对湿度和递减率是在每个时步的最后计算的。如果递减率是超绝热的，那么温度廓线就会以保持能量守恒的方式调整到干静力中性状态。如果气柱是条件不稳定的，并且湿度超过了特定值，那么气柱就会调整到湿静力中性状态。更成熟的方案是利用湿对流依赖于低层湿度辐合这个事实，在其中包含一个湿度收支，作为参数化的一部分。

可以用很多方法将云与可解析的湿度、温度和风场联系起来，但没有哪种方法是完全令人满意的。在某些模式中，模式预报的云只能用于模式中与降水有关的部分，而云—辐射相互作用的参数化仍使用给定的气候态云分布。

# 13.6　资料同化

因为预报问题实际上是一个初值问题，所以需要通过观测结果来形成初始条件，这种初始条件通常被称为分析场。观测结果在空间和时间上的分布是不均匀的，这与数值模式形成了对比，后者具有规则网格及开始于特定时刻的预报。资料同化是一种考虑观测结果中的误差，并将不均匀观测结果绘制于规则网格的技术。正如其名，这种方法将观测结果同化进数值模式，并将各时步同化进模式的观测结果中包含的信息传递到未来时步。

正是因为这个原因，资料同化涉及观测结果与来自短期预报的预报结果的融合。由于短期预报开始于相对准确的初始条件，因此通过模式估算得到的结果的误差是很小的。对业务预报系统而言，在分析场中只有大约 15%来自数百万个观测结果，而其余的 85%则来自模式，是由模式从前期观测结果中积累得到的信息。资料同化的一个重要方面是，没有任何东西是准确已知的，问题必须以概率的形式来处理。

## 13.6.1　单变量资料同化

为了阐明资料同化问题及用于解决该问题的相关技术，在分析多变量问题之前，先从单个标量开始。已知标量 $x$，假设有两个关于其真实值的估计值，分别为观测值 $y$ 和先验估计（背景值）$x_b$。背景值可能有多个来源，但主要来自短期预报。本书希望在给定背景值和观测值的情况下估算 $x$ 的真实值。这个表述的数学形式可写为如下条件概率：

$$p(x_a) = p(x \mid y) \qquad (13.50)$$

具体而言，分析场 $x_a$ 的概率密度等于真实状态 $x$ 在给定观测结果 $y$ 的情况下的条件概率密度（参见附录 G 关于条件概率的背景知识）。背景信息是通过贝叶斯法则得到的，通过它可以"反演"得到条件概率密度，因此有

$$p(x \mid y) = \frac{p(y \mid x)p(x)}{p(y)} \qquad (13.51)$$

式中，$p(y)$ 仅是一个可以被略去的比例常数[3]。因为 $p(y \mid x)$ 是第二个参数 $x$ 的函数，所以它是在给定 $x$ 的情况下关于观测结果的似然函数。附录 G 对此有更为全面的描述，但基本思路可以通过投掷硬币确定其为公平硬币的可能性来展示（例如，在连续 3 次投掷硬币均出现正面的情况下，确定这是一枚公平硬币的可能性）。这个问题是在已知硬币公平的条件下确定所得结果的概率（例如，一枚公平硬币连续 3 次投掷出正面的概率）的反问题。

此时，概率密度函数是广义的，但对于多变量问题而言，还需要进行简化。主要的简化方法是假定变量是正态（或高斯）分布的；对于标量而言，在这种情况下概率密度函数就简化为平均值和方差，因此有

---

[3]　与所有的概率密度函数类似，对 $p(x_a)$ 的积分结果必然为 1。

$$p(y \mid x) = c_1 \mathrm{e}^{-[(y-x)/\sigma_y]^2/2}$$
$$p(x) = c_2 \mathrm{e}^{-[(x-x_b)/\sigma_b]^2/2}$$

（13.52）

式中，$c_1$ 和 $c_2$ 是常数，观测场和背景场的误差方差分别为 $\sigma_y^2$ 和 $\sigma_b^2$。在式（13.50）中利用式（13.52）和式（13.51），可以得到分析场概率密度为

$$p(x_a) = C \mathrm{e}^{-[(x-x_b)/\sigma_b]^2/2} \mathrm{e}^{-[(y-x)/\sigma_y]^2/2}$$

（13.53）

这个结果涉及高斯分布的乘积，可以被简化为一个新的高斯分布。为此，定义如下关于概率密度的度量值 $J$ 是很有用的，即

$$J(x) \equiv -\log[p(x)] = \frac{1}{2}\frac{(x-x_b)^2}{\sigma_b^2} + \frac{1}{2}\frac{(y-x)^2}{\sigma_y^2} - \log(C)$$

（13.54）

目标函数（Cost Function）$J$ 是对标量真实值与得到的两个估算值之间不匹配程度的二次度量，其值越小，说明匹配程度越好。要得到最佳匹配，则需要求 $\partial J/\partial x$，并令其为 0，得到 $J$ 的最小值，并在该点求解 $x$，进而可以得到分析场 $x_a$：

$$x_a = \left(\frac{\sigma_y^2}{\sigma_y^2 + \sigma_b^2}\right)x_b + \left(\frac{\sigma_b^2}{\sigma_y^2 + \sigma_b^2}\right)y$$

（13.55）

这个结果表明，对真实状态的最佳估计可以通过先验估计和观测结果的线性组合[4]得到，其权重由这些变量的误差确定。当对观测结果中消失的误差取极限（$\sigma_y^2 \to 0$）时，先验估计的权重趋向于 0，观测结果的权重接近于 1。$x_a$ 的误差方差为

$$\sigma_a^2 = \frac{\sigma_b^2}{1 + (\sigma_b/\sigma_y)^2} = \frac{\sigma_y^2}{1 + (\sigma_y/\sigma_b)^2} < \sigma_b^2, \ \sigma_y^2$$

（13.56）

这就证明，在观测结果中的误差通常小于在先验估计和观测结果中的误差。由此可见，观测场满足平均值为 $x_a$、方差为 $\sigma_a^2$ 的高斯分布。

在涉及多分析变量多观测场的情况下，将标量的情况推广到矢量是很方便的。此时，式（13.55）可以改写为

$$x_a = x_b + K(y - x_b)$$

（13.57）

式（13.56）可以改写为

$$\sigma_a^2 = (1 - K)\sigma_b^2$$

（13.58）

其中，

$$K = \frac{\sigma_b^2}{\sigma_b^2 + \sigma_y^2}$$

（13.59）

由式（13.57）可以看出，分析场可被视为先验估计与观测结果的余差（Innovation，或称新信息）的线性组合。如果观测结果与先验估计的值相同，那么就学习不到任何东西，也就没必要去调整先验估计。当有新信息时，相对于背景的权重会受到增益权重因子 $K$ 的

---

[4] 这个结果等价于利用线性最小二乘法得到的结果。

控制，它是先验估计中的方差与余差中的方差的比值[5]。当 $\sigma_y^2 \to 0$ 时，$K$ 取上限 1；当 $\sigma_b^2 \to 0$ 时，$K$ 取下限 0。在式（13.58）中需要注意的是，当处于完美观测条件时，分析场中的先验估计误差会减小为 0。

这些结果的示意如图 13.7 所示。需要注意的是，根据假设，观测结果（细实线）分布的误差小于先验估计（虚线），由此导致的结果是分析场（粗实线）的加权比先验估计更接近观测结果。分析场分布的概率密度比先验估计和观测结果都要高，这是因为分析误差方差比较小。灰色粗线给出的是目标函数 $J$，它在 $x_a$ 的平均值处取最小值。

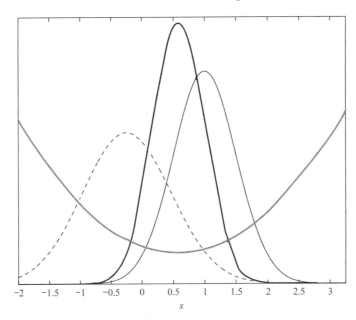

图 13.7　在假定满足高斯误差统计的条件下，标量 $x$ 的资料同化。先验估计 $x_b$（虚线）的平均值为 -0.25，方差为 0.5；观测结果 $y$（细实线）的平均值为 1.0，方差为 0.25；分析场 $x_a$（粗实线）的平均值为 0.58，方差为 0.17；灰色抛物线表示目标函数 $J$，它在 $x_a$ 的平均值处取最小值

## 13.6.2　多变量资料同化

只要使用矩阵的概念，就可以将标量的情况直接拓展到多变量的情况。因为方程组的形式与标量的情况非常相似，所以，即使对不熟悉矩阵代数的读者，只要不是讨论数学方面的要点，通常都是能够理解的。

系统用状态向量 $x$ 来表示，它是包含所有格点（或谱）变量的列向量。对于多变量的情况而言，目标函数式（13.54）可改写为

$$J(x) = \frac{1}{2}(x - x_b)^{\mathrm{T}} B^{-1} (x - x_b) + \frac{1}{2}(y - Hx)^{\mathrm{T}} R^{-1} (y - Hx) \tag{13.60}$$

---

5　只要先验估计中的误差和观测结果中的误差不相关，那么余差的方差就可以用方差之和 $\sigma_b^2 + \sigma_y^2$ 来表示。

与前面相同，$J$ 为标量，度量的是真实状态与先验估计和观测结果之间的不匹配程度。式（13.60）中每项的权重不再由方差 $\sigma_b^2$ 和 $\sigma_y^2$ 决定，对于先验估计和观测结果而言，分别由协方差矩阵 $B$ 和 $R$ 决定。协方差矩阵 $B$ 的对角线元素是 $x$ 中每个变量的误差方差，非对角线元素则是变量间的协方差，它度量的是变量间的线性关系（例如，气压场与风场的关系可能满足梯度风平衡）。协方差矩阵 $R$ 的对角线元素是每个观测结果的误差方差，非对角线元素则是观测结果之间的协方差。上标 T 表示转置，即将列向量转置为行向量，因此两项的（内）积就是标量。矩阵 $H$ 为观测算子，负责将状态变量投影到观测结果上。关于 $H$ 的一个简单实例是将格点上的温度线性插值到观测站点上；另一个更复杂的实例则是通过对整个模式大气的辐射传输计算求得卫星辐射的估算值。

$J$ 的最小值是由分析场决定的，但此时需要应用矩阵计算和矩阵代数来求得类似于式（13.57）的多变量表达式：

$$x_a = x_b + K(y - Hx_b) \qquad (13.61)$$

对式（13.61）的解释与式（13.57）相同，只不过这里的权重是卡尔曼目标矩阵：

$$K = BH^T[HBH^T + R]^{-1} \qquad (13.62)$$

尽管这个表达式看上去比式（13.59）复杂，但 $K$ 仍然可以类似地解释为先验协方差与余差协方差的比值。$HBH^T$ 度量的是观测结果的先验估计中的误差协方差，类似于 $R$。

式（13.58）的多变量形式涉及分析场误差协方差 $A$，其形式为

$$A = (I - KH)B \qquad (13.63)$$

式中，$I$ 为单位矩阵。可以看出，先验协方差"减小"了 $I - KH$。

式（13.61）和式（13.63）表示卡尔曼滤波其中的一部分。所谓卡尔曼滤波，指的是按时间顺序估算系统状态的递归算法。卡尔曼滤波的另一部分包括当观测结果再次可用时从分析场到未来时刻的预报。除了对先验估计的预报，式（13.61）和式（13.63）还需要对误差协方差矩阵 $B$ 进行预报。由于 $B$ 的大小是变量数的平方，因此，对业务预报系统而言，其量级约为 1 亿，对应的计算量是非常庞大的。主要有两种近似方法可以处理这个问题，一种是变分资料同化，另一种是集合卡尔曼滤波（EnKF）。

对式（13.61）的求解涉及矩阵反演在内的大量矩阵运算，与此不同，在变分资料同化中对式（13.60）的求解采用的是直接搜索的方法。从背景场出发，梯度下降算法的目标是寻找更小的 $J$，直到在容许误差范围内其变化很小。这种算法通常涉及 $J$ 及其梯度 $\partial J / \partial x$（必须在搜索过程中不断更新）。变分资料同化中常用的近似是假定有固定的先验误差协方差矩阵 $B$，这就避免了传播大矩阵。

在某一时刻使用的变分资料同化被称为三维变分同化（3DVAR）。在目标函数式（13.60）中进一步考虑一个时间窗口内与观测结果的不匹配，就可以得到四维变分同化（4DVAR）。对它的详细讨论已超出了本书的范围，但可以明确的是，4DVAR 比 3DVAR 需要更多的计算资源，这是因为梯度下降算法涉及一个时间段内的迭代，并需要专门的模式（所谓预报模式的"伴随"）或集合来完成这个任务。图 13.8 是欧洲中期天气预报中心

（ECMWF）所使用的 4DVAR 的流程示意。ECMWF 的方案利用了 12 小时同化窗口，即从分析时刻（00Z、12Z）之前 9 小时到分析时刻之后 3 小时。当一个同化周期开始时，该方案会将前一分析时刻的预报结果作为初始状态，得到先验估计。同化窗口内的所有观测结果都用于更新分析场。

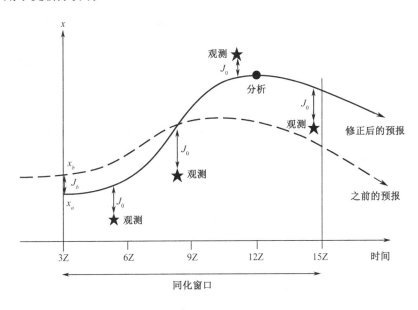

图 13.8　ECMWF 使用的 ADVAR 流程示意。垂直轴表示大气场变量的值，标记为 $x_b$ 的曲线为第一估计或者背景场、$x_a$ 为分析场，$J_b$ 表示背景场与分析场之间的不匹配程度，星号表示观测结果，$J_0$ 表示目标函数，度量的是观测场和分析场之间的不匹配程度。当沿着 $J_b$ 的 $J_0$ 达到最小时，就可以得到分析时刻大气状态的最佳估计（感谢 ECMWF）

　　EnKF 直接对式（13.61）进行处理，并通过一次处理一个观测结果，或者将分析区域划分成更小的便于进行矩阵运算的子区域，使计算易于处理。此外，EnKF 采用的是一种取样策略，它使用非线性预报模式来积分选定数量的集合成员，而不是传播大矩阵 $B$。这个样本提供了估算矩阵 $B$ 的基础，但要注意处理取样误差。主要有两种通过观测来更新预报集合并产生集合分析场的方法。第一种方法是"扰动观测"，即在观测结果上叠加与误差协方差矩阵 $R$ 一致的随机误差，使得每个集合成员同化略有不同的观测结果。第二种方法是"平方根滤波器"，即利用观测结果将集合平均预报更新为集合平均分析场，接着利用修改后的式（13.61），更新每个集合成员相对于平均值的偏差。有若干种统计学上等价的技术来完成平方根更新。EnKF 除可以带算先验协方差矩阵 $B$ 外，还可以将集合分析场立即用于集合预报。

# 13.7　可预报性与集合预报

对大气的预报从根本上来说是一个概率问题。观测结果和先验估计中的误差不为 0，从而导致分析场中的误差也不为 0。天气预报的问题是确定这些用概率密度函数表示的误差是如何随时间演变的。这种概率密度 $p$ 满足如下刘维尔方程：

$$\frac{\mathrm{d}p}{\mathrm{d}t} = -p\nabla \cdot \boldsymbol{F}(\boldsymbol{x}) \tag{13.64}$$

与质量守恒类似，式（13.64）表示的是总概率守恒。这个方程中的物质导数适用于随着状态—空间坐标的运动。状态—空间速度矢量描述的是状态矢量 $\boldsymbol{x}$ 在特定基底（如谱变量或格点变量）定义的坐标集合中随时间的变化：

$$\frac{\mathrm{d}\boldsymbol{x}}{\mathrm{d}t} = \boldsymbol{F}(\boldsymbol{x}) \tag{13.65}$$

速度 $\boldsymbol{F}$ 是矢量函数，定义为系统的动力学特征，如动量、质量和能量守恒。

到这里为止，我们还没有进行任何近似，但有一个需要特别注意的情况是，因为刘维尔方程是关于 $p$ 的线性一阶偏微分方程，所以对于大气可预报性问题而言存在如下精确解：

$$p[\boldsymbol{x}(t),\, t] = p[\boldsymbol{x}(t_0),\, t_0]\mathrm{e}^{-\int_{t_0}^{t}\nabla \cdot \boldsymbol{F}(\boldsymbol{x})\mathrm{d}t'} \tag{13.66}$$

如果已知初始概率密度函数 $p[\boldsymbol{x}(t_0),\, t_0]$，那么未来某时刻的概率密度函数 $p[\boldsymbol{x}(t),\, t]$ 就由状态—空间轨迹的散度决定。当状态—空间轨迹发散时，$\nabla \cdot \boldsymbol{F} > 0$，概率密度成指数快速减小。混沌系统的特征是对初始条件敏感，这可以通过发散的状态—空间轨迹（解的差异以指数速率快速出现）看出。由此导致的结果是，对于混沌系统（如大气）而言，在吸引子上的概率密度接近于 0，但整个状态—空间的概率一直保持为 1。

对于标量微分方程，概率密度函数随时间的演变可以用如下方程清楚地加以说明（Ehrendorfer, 2006）：

$$\frac{\mathrm{d}x}{\mathrm{d}t} = x - x^3 \tag{13.67}$$

如图 13.9 所示，对于初始时刻具有微小的正平均值的高斯分布，当解朝着位于 $x=1$ 和 $x=-1$ 的稳定固定点发散时，概率密度会快速减小，并在 $x$ 方向上扩散。对于正（负）的 $x$，状态—空间速度式（13.67）为正（负），因此，状态—空间轨迹的散度在 $x$ 处达到最大，并且当 $|x|>1/\sqrt{3}$ 时会变为负值（辐合）。随着概率密度的增大，解最终会辐合于固定点。

遗憾的是，对于任何实际问题而言，式（13.67）的数值解是很难处理的。如图 13.9 所示，对每个状态—空间变量，考虑将概率密度离散化处理，分为 100 份。三变量系统将涉及 100 万个自由度的庞大计算量；五变量系统则涉及 100 亿个自由度的计算量；对于有 1 亿个自由度的现代数值天气预报，式（13.67）是根本不可能求解的。这就促使我们利用集合方法来实施取样策略，只对初始分布状态的随机抽样进行时间积分。图 13.9（b）所示就是这样一个例子，它从初始分布中抽取了 100 个集合成员，然后进行时间积分。当 $t=3$ 时，集合直方图给出了一个比较粗糙但很有用的对刘维尔方程解（实线）的近似。

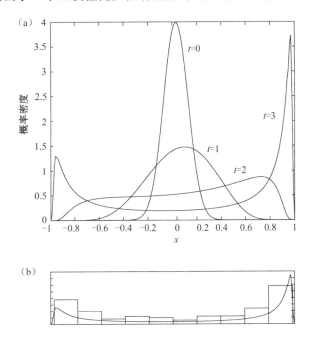

图 13.9　（a）通过数值方法求解刘维尔方程得到的式（13.67）控制的动力学过程中初始高斯概率密度
　　　　函数的时间演变；（b）通过随机抽样，从初始概率密度函数中抽取 100 个成员组成集合，通
　　　　过求解式（13.67）得到当 $t=3$ 时的状态，给出了对刘维尔方程解（实线）的一个估算结果

　　预报准确性最终受到对初始状态敏感程度的限制，这也是混沌系统的本质特征。Lorenz（1963）的三变量系统就简单描述了对初始条件误差的敏感程度（参见练习题M13.9）。这个系统中预报的敏感程度如图 13.10 所示，图中给出了吸引子上固定时间长度（单位无量纲时间）预报的平方误差。图中给出的误差是对数尺度的，因此各种各样的误差都是显而易见的，其中大误差区域（深色区域）围绕两个朝着中间点的固定点。开始于敏感位置的预报在图中用实线表示，说明小的初始条件误差会随着两个动力学轨迹朝着相反方向分离并快速增长。这种行为是各种受确定性方程组控制的动力学系统（包括大气运动）的特征。

　　利用原始方程预报模式可以估算这种类型的误差增长是如何限制大气的内在可预报性的。在这些可预报性实验中，首先，要利用给定时刻观测气流的初始数据进行控制实验；接着，用引入的随机小误差来扰动初始数据；最后，运行模式，如图 13.10 所示。这样就可以通过比较控制实验和第二次预报实验来估算内在误差的增长。若干这类研究结果表明，对于小误差而言，位势高度场均方根误差的倍增时间为 2～3 天；对于大误差而言，时间更长一些。由此可见，天气尺度过程可预报性的理论极限可能为 2 周。

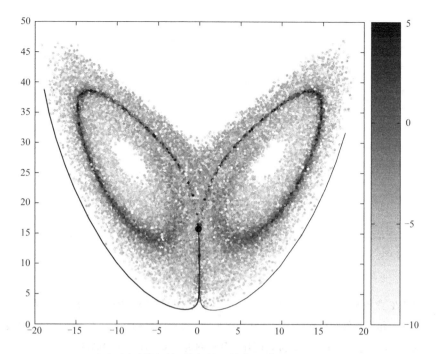

图 13.10　Lorenz（1963）吸引子中预报对初始条件误差的敏感性（预报间隔为单位时间长度）。误差的
自然对数用灰度来表示，深灰色表示产生较大预报误差的点，线条表示最敏感位置所对应的解

　　但是，目前确定性模式的实际预报技巧小于根据内在误差增长得到的理论预报技巧极限。目前的数值模式无法达到理论预报技巧极限，可能与很多因素有关，包括初始数据中的观测和分析误差、模式分辨率的不足，以及涉及辐射、云、降水和边界层通量的物理过程的表现不尽如人意等。图 13.11 给出了当前全球预报模式的预报技巧。图中的预报技巧是用 500 hPa 位势高度场的距平相关来表示的，它定义为相对于气候态的观测偏差和预报偏差之间的相关系数。客观评价结果表明，当距平相关系数大于 0.6 时，得到的预报是可用的。由图 13.11 可见，在过去 20 年间，ECMWF 预报给出的预报技巧可用范围从 5 天增加到了 7 天多。当然，从一种情况转变到另一种情况时预报技巧会有非常大的变化，这反映了从一种大气流型到另一种大气流型可预报性的变化程度。

　　集合方法是估算初值问题中误差演变的主要技术。可以使用一些基本统计结果来评估集合预报系统的性能。对于成员数为 $M$ 的集合，关于集合平均的集合离散度 $S$ 定义为

$$S = \frac{1}{M-1} \sum_{j=1}^{j=M} (u_j - \bar{u})^2 \qquad （13.68）$$

式中，$\bar{u}$ 为集合平均，$u_j$ 为集合成员。式（13.68）描述的是相对于集合平均的方差。针对有限数量的概率密度函数和吸引子上的所有状态（"气候"），对 $S$ 求平均可得

$$\langle S \rangle \equiv D \qquad （13.69）$$

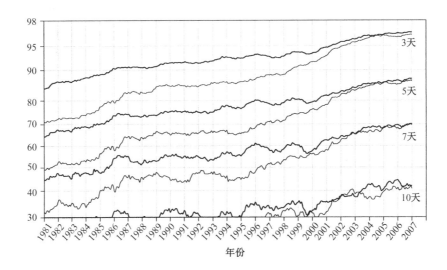

图 13.11　ECMWF 业务预报模式 3 天、5 天、7 天和 10 天预报的 500 hPa 位势高度场的距平相关系数逐年演变。粗线和细线分别对应北半球和南半球。需要注意的是，两个半球之间预报技巧的差异在近 10 年来逐渐消失，这是成功同化卫星资料的结果（感谢 ECMWF）

集合平均的误差定义为

$$e_M = (\bar{u} - u_t)^2 \tag{13.70}$$

式中，$u_t$ 为真实（未知）状态。再一次像上面那样求平均，可以证明（Murphy, 1989）：

$$\langle e_M \rangle = \frac{M+1}{M} D \tag{13.71}$$

由此可以看出，对于确定性预报（$M=1$），$\langle e_1 \rangle = 2D$。

由式（13.69）和式（13.71）可以推导出两个主要结果。第一个结果是集合平均的误差与单一确定性预报的误差之比为

$$\frac{\langle e_M \rangle}{\langle e_1 \rangle} = \frac{M+1}{2M} \tag{13.72}$$

这清楚地表明了使用集合方法对误差求平均的好处：对大的集合取极限，平均而言，集合平均的误差是单一确定性预报（如随机选取的一个集合成员）的 1/2。第二个结果是集合平均的误差与集合离散度的比值为

$$\frac{\langle e_M \rangle}{\langle S \rangle} = \frac{M+1}{M} \tag{13.73}$$

这说明，除了小的集合，集合平均的误差应当与集合离散度相等。集合预报系统的普遍问题是离散度偏小，因此式（13.73）的结果大于经过有效订正系统的结果。

# 推荐参考文献

Durran 著作的 *Numerical Methods for Wave Equations in Geophysical Fluid Dynamics*（《地球物理流体力学中波动方程组的数值求解方法》），是关于大气科学中数值计算方法的教科书，适用于研究生。

Kalnay 著作的 *Atmospheric Modeling, Data Assimilation and Predictability*（《大气模拟、资料同化与可预报性》），是可供研究生使用的优秀教材，内容涉及现代数值天气预报的所有方面。

# 习题

13.1 证明对于笛卡儿 $\beta$ 平面上的正压涡度方程式（13.26），当对整个区域求平均时，涡度拟能和动能是守恒的，也就是说满足如下积分约束：

$$\frac{\mathrm{d}}{\mathrm{d}t}\iint\frac{\zeta^2}{2}\mathrm{d}x\mathrm{d}y=0,\quad\frac{\mathrm{d}}{\mathrm{d}t}\iint\frac{\nabla\psi\cdot\nabla\psi}{2}\mathrm{d}x\mathrm{d}y=0$$

提示：要证明能量守恒，需要将式（13.26）乘以 $-\psi$，并利用求导的链式法则。

13.2 利用 $x$ 方向上和 $y$ 方向上的周期边界条件，证明式（13.31）。

13.3 对平流方程进行差分处理的欧拉—后差方法包括两步，首先向前预报一步，然后向后订正一步。利用 13.2.2 节的符号，这种方法的完整过程可写为

$$\hat{q}_m^*-\hat{q}_{m,s}=-\frac{\sigma}{2}(\hat{q}_{m+1,s}-\hat{q}_{m-1,s})$$

$$\hat{q}_{m,s+1}-\hat{q}_{m,s}=-\frac{\sigma}{2}(\hat{q}_{m+1}^*-\hat{q}_{m-1}^*)$$

其中 $\hat{q}_m^*$ 为 $s+1$ 时步的第一估算值。利用 13.2.3 节的方法确定这种差分方法满足稳定性的必要条件。

13.4 取 $\sigma=0.95$ 和 $\sigma=0.25$，对平流方程的中央差分近似进行类似表 13.1 的截断误差分析。

13.5 假定流函数 $\psi$ 可用单个正弦波 $\psi(x)=A\sin(kx)$ 来表示。分别计算当 $k\delta x$ 为 $\pi/8$、$\pi/4$ 和 $\pi$ 时，如下有限差分近似的误差表达式：

$$\frac{\partial^2\psi}{\partial x^2}\approx\frac{\psi_{m+1}-2\psi_m+\psi_{m-1}}{\delta x^2}$$

式中 $x=m\delta x$，其中 $m=0,1,2\cdots$

13.6 利用 13.2.3 节的方法，分析一维平流方程如下两种差分近似形式的计算稳定性：

(a) $\hat{\zeta}_{m,\,s+1} - \hat{\zeta}_{m,\,s} = -\sigma(\hat{\zeta}_{m,\,s} - \hat{\zeta}_{m-1,\,s})$

(b) $\hat{\zeta}_{m,\,s+1} - \hat{\zeta}_{m,\,s} = -\sigma(\hat{\zeta}_{m+1,\,s} - \hat{\zeta}_{m,\,s})$

其中 $\sigma = c\delta t / \delta x > 0$。上述（a）和（b）两种方案分别称为上游差分方案和下游差分方案。证明方案（a）能够阻尼平流场，并计算当初始场 $\zeta = \exp(\mathrm{i}kx)$，并且 $\sigma = 0.25$，$k\delta x = \pi/8$ 时，每个时步的分数阻尼率。

13.7 利用类似于图 13.5（a）所示的交错网格（但这里是在 $\beta$ 平面几何坐标中），给出线性化浅水波方程组式（11.27）～式（11.29）的有限差分形式。

13.8 证明式（13.22）中给出的如下等式：

$$\left(\frac{1 - \mathrm{i}\tan\theta_p}{1 + \mathrm{i}\tan\theta_p}\right) = \exp(-2\mathrm{i}\theta_p)$$

13.9 针对式（13.19）的隐式差分方案，分别取 $\sigma = 0.75$ 和 $\sigma = 1.25$，在 $p$ 为 $\pi$、$\pi/2$、$\pi/4$、$\pi/8$、$\pi/16$ 时，求数值计算相速度与真实相速度的比值 $c'/c$，并将得到的结果与表 13.1 进行比较。

13.10 利用 13.2.1 节的方法，证明如下一阶导数的四点差分公式是四阶精度的：

$$\psi'(x_0) \approx \frac{4}{3}\left(\frac{\psi(x_0 + \delta x) - \psi(x_0 - \delta x)}{2\delta x}\right) - \frac{1}{3}\left(\frac{\psi(x_0 + 2\delta x) - \psi(x_0 - 2\delta x)}{4\delta x}\right) \quad (13.74)$$

13.11 对如下一维扩散方程：

$$\frac{\partial q}{\partial t} = K\frac{\partial^2 q}{\partial x^2}$$

利用 Dufort-Frankel 方法和 13.2.2 节的符号，可将其近似写为

$$\hat{q}_{m,\,s+1} = \hat{q}_{m,\,s-1} + r[\hat{q}_{m+1,\,s} - (\hat{q}_{m,\,s+1} + \hat{q}_{m,\,s-1}) + \hat{q}_{m-1,\,s}]$$

其中 $r \equiv 2K\delta t/(\delta x)^2$。请证明这种方案是显式差分方案，并且对于所有的 $\delta t$ 而言都是计算稳定的。

13.12 从式（13.54）出发，推导式（13.55）。

## MATLAB 练习题

M13.1 MATLAB 脚本 finite_diff1.m 可用于比较在 $-4 \leqslant x \leqslant 4$ 内取不同网格距时函数 $\psi(x) = \sin(\pi x/4)$ 对应的一阶导数中央差分式（13.4）与分析表达式 $\mathrm{d}\psi/\mathrm{d}x = (\pi/4)\cos(\pi x/4)$ 的差别。请绘制最大误差随网格数 ngrid 在 $4 \sim 64$ 的变化；对二阶导数进行类似的分析（注意：在靠近边界的地方使用一阶差分）。

M13.2 修改练习题 M13.1 中的脚本，在 $x$ 方向上同样的区间内分析函数 $\tanh(x)$ 的一阶导数的误差。

M13.3 MATLAB 脚本 advect_1.m 给出的是式 (13.8) 对应的一维平流方程蛙跃差分方案。取不同网格距后运行脚本，计算位相误差（单位波动周期内的度数）与单位波长内网格数（取值为 4~64）的关系，并将得到的结果与表 13.1 进行比较。

M13.4 修改脚本 advect_1.m，将其中的方案替换为习题 13.6 的上游差分方案和习题 13.3 的欧拉—后差方案，并比较这两种方案与练习题 M13.3 的蛙跃差分方案在位相和振幅上的准确性。

M13.5 除了初始示踪物分布是宽为 0.25 的局地正定脉冲，MATLAB 脚本 advect_2.m 与习题 M13.3 的脚本类似。取网格距为 100、200 和 400，并运行脚本。请解释为什么在发生平流时脉冲会改变形状；利用练习题 13.10 的结果，修改脚本，给出平流项的四阶精度近似，并比较四阶精度形式与网格距为 400 的二阶精度形式的精确度。

M13.6 MATLAB 脚本 advect_3.m 是练习题 M13.5 中二阶精度脚本的变形，其中用到了式 (13.19) 的隐式差分方案。取 $\sigma$ 为 1 和 1.25，网格距为 400，并运行这个脚本，再取同样的 $\sigma$ 值运行脚本 advect_2.m。参考习题 13.9，对得到的结果进行定性解释。

M13.7 MATLAB 脚本 barotropic_model.m 用于求解正压涡度方程的有限差分近似，其中用到了式 (13.30) 的非线性项通量形式，以及蛙跃时间差分方案。在本例中，初始流场包含局地涡旋和定常纬向平均气流。取不同时间步长，运行此模式进行 10 天的模拟，确定能使数值计算保持稳定的最大步长；将得到的结果与式 (13.18) 的 CFL 稳定性判据进行对比。

M13.8 MATLAB 脚本 Lorenz_model.m 给出了著名的三分量 Lorenz 方程组的准确数值解。这个方程常用于展示混沌系统（如大气）对初始条件的敏感性。Lorenz 模型的方程组可写为

$$\frac{\mathrm{d}X}{\mathrm{d}t} = -\sigma X + \sigma Y \tag{13.75}$$

$$\frac{\mathrm{d}Y}{\mathrm{d}t} = -XZ + rX - Y \tag{13.76}$$

$$\frac{\mathrm{d}Z}{\mathrm{d}t} = XY - bZ \tag{13.77}$$

式中，$(X, Y, Z)$ 是表示"气候"的矢量，$\sigma$、$r$ 和 $b$ 是常数。取初始值 $X = 10$ 并运行脚本，那么解的轨迹点在 $(X, Z)$ 平面上组成的是著名的"蝴蝶翅膀"形状。修改代码并保存，绘制变量的时间演变图，并比较初始条件 $X$ 增大和减小 0.1% 对结果有什么影响；计算在多长时间（用无量纲时间单位来表示）内上述 3 个解的差别可以保持在 10% 以内。

M13.9 修改 MATLAB 脚本 Lorenz_model.m，在控制 $\mathrm{d}X/\mathrm{d}t$ 的方程右端加上一个定常强迫 $F = 10$，分析在这种情况下解的特征会有什么变化 [参见 Palmer (1993) 的研究]。

M13.10 利用练习题 13.7 的结果，编写在赤道 $\beta$ 平面上浅水模式的 MATLAB 脚本 forced_equatorial_mode2.m（参见练习题 M11.6）的交错网格版本。设定交错网格，将 $u$ 和 $\Phi$ 定义在赤道上，将 $v$ 定义在赤道南、北 $\delta y/2$ 处的点上。令交错网格模式的网格距是 MATLAB 脚本 forced_equatorial_mode2.m 中网格距的 2 倍，比较两个模式的结果。

M13.11 MATLAB 脚本 nonlinear_advect_diffuse.m 给出的是如下一维非线性平流—

扩散方程的数值近似：

$$\frac{\partial u}{\partial t} = -u\frac{\partial u}{\partial x} + K\frac{\partial^2 u}{\partial x^2}$$

其初始条件为 $u(x, 0) = \sin(2\pi x / Lx)$。在这个脚本中，平流项使用了蛙跃差分格式，扩散项使用了前差格式。在没有扩散的情况下，气流很快就会发展成振动，但扩散会阻止这种情况的发生。运行脚本，通过改变 $\delta t$，确定出现稳定解的最大时间步长；修改代码，把扩散项用习题 13.11 给出的 Dufort–Frankel 差分方案表示，确定在这种情况下保持稳定所需的最大时间步长；并进一步说明随着时间步长的增大，解的准确性是如何变化的。

# 附录 A

# 常用的常数和参数

● ● ● ● ● ● ● ●

| | |
|---|---|
| 万有引力常数 | $G = 6.673 \times 10^{-11} \, \text{N m}^2 \, \text{kg}^{-2}$ |
| 海平面上的重力加速度 | $g = 9.81 \, \text{m s}^{-2}$ |
| 地球平均半径 | $a = 6.37 \times 10^6 \, \text{m}$ |
| 地球旋转角速度 | $\Omega = 7.292 \times 10^{-5} \, \text{rad s}^{-1}$ |
| 普适气体常数 | $R^* = 8.314 \times 10^3 \, \text{J K}^{-1} \, \text{kmol}^{-1}$ |
| 干空气气体常数 | $R = 287 \, \text{J K}^{-1} \, \text{kg}^{-1}$ |
| 干空气的定压比热 | $c_p = 1004 \, \text{J K}^{-1} \, \text{kg}^{-1}$ |
| 干空气的定容比热 | $c_v = 717 \, \text{J K}^{-1} \, \text{kg}^{-1}$ |
| 干空气的热容比 | $\gamma = c_p / c_v = 1.4$ |
| 水分子量 | $m_v = 18.016 \, \text{kg kmol}^{-1}$ |
| 0 ℃时水的凝结潜热 | $L_c = 2.5 \times 10^6 \, \text{J kg}^{-1}$ |
| 地球的质量 | $M = 5.988 \times 10^{24} \, \text{kg}$ |
| 标准海平面气压 | $p_0 = 1013.25 \, \text{hPa}$ |
| 标准海平面气温 | $T_0 = 288.15 \, \text{K}$ |
| 标准海平面大气密度 | $\rho_0 = 1.225 \, \text{kg m}^{-3}$ |

# 附录 B

# 符号列表

这里仅列出了主要的符号，没有分别列出带撇号、上划线、下标等的符号。粗斜体表示矢量、向量等。凡具有多个意义的符号，这里列出了次要意义首次使用时所在的章节。

| | |
|---|---|
| $a$ | 地球半径 |
| $b$ | 浮力 |
| $c$ | 波动相速度 |
| $c_p$ | 干空气的定压比热 |
| $c_{pv}$ | 水汽的定压比热 |
| $c_v$ | 干空气的定容比热 |
| $c_w$ | 液态水的比热 |
| $d$ | 格点距离 |
| $e$ | 单位质量气体的内能 |
| $f$ | 科氏参数（$\equiv 2\Omega\sin\phi$） |
| $g$ | 重力的大小 |
| $\boldsymbol{g}$ | 重力 |
| $\boldsymbol{g}^*$ | 重力加速度 |
| $h$ | 流体深度；湿静力能（见 2.9.1 节） |
| i | 虚数单位，$-1$ 的方根 |
| $\boldsymbol{i}$ | 沿着 $x$ 轴的单位向量 |
| $\boldsymbol{j}$ | 沿着 $y$ 轴的单位向量 |
| $\boldsymbol{k}$ | 沿着 $z$ 轴的单位向量 |
| $k$ | 纬向波数 |
| $l$ | 混合长；经向波数 |

| | |
|---|---|
| $m$ | 质量元；垂直波数；行星波数（见 13.4 节） |
| $m_v$ | 水的分子量 |
| $n$ | 到气团轨迹的法向距离；赤道波动的经向序数（见 11.4 节） |
| $\boldsymbol{n}$ | 气团轨迹的单位法向量 |
| $p$ | 气压 |
| $p_s$ | 标准气压常数；$\sigma$ 坐标系中的地面气压（见 10.3.1 节） |
| $q$ | 准地转位涡；水汽混合比 |
| $q_s$ | 饱和混合比 |
| $r$ | 球坐标系中的径向距离 |
| $\boldsymbol{r}$ | 位置向量 |
| $s$ | 广义垂直坐标；沿着气团轨迹的距离（见 3.2 节）；熵（见 2.7 节）；干静力能（见 2.9.1 节） |
| $t$ | 时间 |
| $\boldsymbol{t}$ | 平行于气团轨迹的单位向量 |
| $u^*$ | 摩擦速度 |
| $u$ | $x$ 方向上的速度分量（向东） |
| $v$ | $y$ 方向上的速度分量（向北） |
| $w$ | $z$ 方向上的速度分量（向上） |
| $w^*$ | 对数－压力坐标系中的垂直运动 |
| $x, y, z$ | 分别为向东、向北和向上的距离 |
| $z^*$ | 对数－压力坐标系中的垂直坐标 |
| $\boldsymbol{A}$ | 任意向量 |
| $A$ | 面积 |
| $B$ | 对流有效位能 |
| $C_d$ | 地面拖曳系数 |
| $D_e$ | 埃克曼层深度 |
| $E$ | 蒸发率 |
| $E_I$ | 内能 |
| $\boldsymbol{F}$ | 力；EP 通量（见 10.2 节） |
| $F_r$ | 摩擦力 |
| $G$ | 普适万有引力常数；纬向力（见 10.2 节） |
| $H$ | 标高 |
| $J$ | 非绝热加热率 |
| $K$ | 水平全波数；动能（见 9.3 节） |
| $K_m$ | 涡动黏性系数 |
| $L$ | 长度尺度 |
| $L_c$ | 凝结潜热 |

| $M$ | 质量；埃克曼层中的质量辐合（见 8.4 节）；绝对纬向动量（见 9.3 节）；角动量（见 10.3 节） |
| $N$ | 浮力振荡频率 |
| $P$ | 有效位能（见 7.3 节）；降水率（见 11.3 节） |
| $\boldsymbol{Q}$ | $\boldsymbol{Q}$ 矢量 |
| $R$ | 干空气的气体常数；地轴到地表某点的距离（见 1.3 节）；非绝热能量产生率（见 10.4 节） |
| $\boldsymbol{R}$ | 赤道面上由地轴指向地表某点的向量 |
| $R^{*}$ | 普适气体常数 |
| $S_p$ | $\equiv -T\partial\ln\theta/\partial p$，$p$ 坐标系中的稳定度参数 |
| $T$ | 温度 |
| $U$ | 水平风速的尺度 |
| $V$ | 自然坐标系中的速度 |
| $\delta V$ | 体积增量 |
| $\boldsymbol{U}$ | 三维速度矢量 |
| $\boldsymbol{V}$ | 水平速度矢量 |
| $W$ | 垂直运动尺度 |
| $X$ | 纬向湍流阻力 |
| $Z$ | 位势高度 |
| $\alpha$ | 比容 |
| $\beta$ | $\equiv \mathrm{d}f/\mathrm{d}y$，科氏参数随纬度的变化；风的方向角（见 3.3 节） |
| $\gamma$ | $\equiv c_p/c_v$，热容比 |
| $\varepsilon$ | 能量的摩擦耗散率 |
| $\zeta$ | 相对涡度的垂直分量 |
| $\eta$ | 绝对涡度的垂直分量；加热廓线的权重函数（见 11.3 节） |
| $\theta$ | 位温 |
| $\dot{\theta}$ | $\equiv \mathrm{d}\theta/\mathrm{d}t$，等熵坐标系中的垂直运动 |
| $\theta_e$ | 相当位温 |
| $\kappa$ | $\equiv R/c_p$，气体常数与定压比热的比值；瑞利摩擦系数（见 10.6 节） |
| $\lambda$ | 经度，向东为正 |
| $\mu$ | 动力学黏度系数 |
| $\nu$ | 角频率；运动学黏度（见 1.2.2 节） |
| $\rho$ | 密度 |
| $\sigma$ | $\equiv RT_0 p^{-1}\mathrm{d}\ln\theta/\mathrm{d}p$，在 $p$ 坐标系中标准大气的静力学稳定度参数；$\equiv -p/p_s$，在 $\sigma$ 坐标系中的垂直坐标（见 10.3 节）；等熵坐标系中的"密度"（见 4.6 节） |

| | |
|---|---|
| $\tau_d$ | 扩散时间尺度 |
| $\tau_E$ | 涡动应力 |
| $\phi$ | 纬度 |
| $\chi$ | 位势倾向；经向流函数；示踪物混合比 |
| $\psi$ | 水平流函数 |
| $\omega$ | $\equiv \mathrm{d}p/\mathrm{d}t$，$p$ 坐标系中的垂直速度 |
| $\boldsymbol{\omega}$ | 涡度矢量 |
| $\Gamma$ | $\equiv -\mathrm{d}T/\mathrm{d}z$，温度递减率 |
| $\Gamma_d$ | 干绝热递减率 |
| $\Phi$ | 位势 |
| $\Pi$ | Ertel 位涡；Exner 函数 |
| $\Theta$ | 位温偏差 |
| $\Omega$ | 地球旋转角速率 |
| $\boldsymbol{\Omega}$ | 地球角速度 |

# 附录 C

# 矢量分析

### C.1  矢量恒等式

在下列公式中，$\Phi$ 为任意标量、$A$ 和 $B$ 为任意矢量。

$$\nabla \times \nabla \Phi = 0$$

$$\nabla \cdot (\Phi A) = \Phi \nabla \cdot (A) + A \cdot \nabla \Phi$$

$$\nabla \times (\Phi A) = \nabla \Phi \times A + \Phi (\nabla \times A)$$

$$\nabla \cdot (\nabla \times A) = 0$$

$$(A \cdot \nabla) A = [\nabla (A \cdot A)] / 2 - A \times (\nabla \times A)$$

$$\nabla \times (A \cdot B) = A(\nabla \cdot B) - B(\nabla \cdot A) - (A \cdot \nabla) B + (B \cdot \nabla) A$$

$$A \times (B \times C) = (A \cdot C) B - (A \cdot B) C$$

### C.2  积分定理

（1）散度定理

$$\int_A B \cdot n \mathrm{d}A = \int_V \nabla \cdot B \mathrm{d}V$$

式中，$V$ 为曲面 $A$ 包围的体积，$n$ 为曲面 $A$ 的单位法向量。

（2）斯托克斯定理

$$\oint B \cdot \mathrm{d}l = \int_A (\nabla \times B) \cdot n \mathrm{d}A$$

式中，$A$ 为有向曲线包围的面积，沿着该曲线的切向量为位置矢量 $l$，$n$ 为 $A$ 的单位法向量。

### C.3  各种坐标系中的矢量运算

（1）笛卡儿坐标系：$(x, y, z)$

| 坐 标 | 符 号 | 速度分量 | 单位矢量 |
|-------|-------|----------|----------|
| 向东 | $x$ | $u$ | $\boldsymbol{i}$ |
| 向北 | $y$ | $v$ | $\boldsymbol{j}$ |
| 向上 | $z$ | $w$ | $\boldsymbol{k}$ |

$$\nabla \Phi = \boldsymbol{i}\frac{\partial \Phi}{\partial x} + \boldsymbol{j}\frac{\partial \Phi}{\partial y} + \boldsymbol{k}\frac{\partial \Phi}{\partial z}$$

$$\nabla \cdot V = \frac{\partial u}{\partial x} + \frac{\partial v}{\partial y}$$

$$\boldsymbol{k} \cdot (\nabla \times V) = \frac{\partial v}{\partial x} - \frac{\partial u}{\partial y}$$

$$\nabla_h^2 \Phi = \frac{\partial^2 \Phi}{\partial x^2} + \frac{\partial^2 \Phi}{\partial y^2}$$

（2）柱坐标系：$(r, \lambda, z)$

| 坐 标 | 符 号 | 速度分量 | 单位矢量 |
|-------|-------|----------|----------|
| 径向 | $r$ | $u$ | $\boldsymbol{i}$ |
| 方位角 | $\lambda$ | $v$ | $\boldsymbol{j}$ |
| 向上 | $z$ | $w$ | $\boldsymbol{k}$ |

$$\nabla \Phi = \boldsymbol{i}\frac{\partial \Phi}{\partial r} + \boldsymbol{j}\frac{1}{r}\frac{\partial \Phi}{\partial \lambda} + \boldsymbol{k}\frac{\partial \Phi}{\partial z}$$

$$\nabla \cdot V = \frac{1}{r}\frac{\partial (ru)}{\partial x} + \frac{1}{r}\frac{\partial v}{\partial \lambda}$$

$$\boldsymbol{k} \cdot (\nabla \times V) = \frac{1}{r}\frac{\partial (rv)}{\partial x} - \frac{1}{r}\frac{\partial u}{\partial \lambda}$$

$$\nabla_h^2 \Phi = \frac{1}{r}\frac{\partial}{\partial r}\left(r\frac{\partial \Phi}{\partial r}\right) + \frac{1}{r^2}\frac{\partial^2 \Phi}{\partial \lambda^2}$$

（3）球坐标系：$(\lambda, \phi, r)$

| 坐 标 | 符 号 | 速度分量 | 单位矢量 |
|-------|-------|----------|----------|
| 经度 | $\lambda$ | $u$ | $\boldsymbol{i}$ |
| 纬度 | $\phi$ | $v$ | $\boldsymbol{j}$ |
| 高度 | $r$ | $w$ | $\boldsymbol{k}$ |

$$\nabla \Phi = \frac{\boldsymbol{i}}{r\cos\phi}\frac{\partial \Phi}{\partial \lambda} + \boldsymbol{j}\frac{1}{r}\frac{\partial \Phi}{\partial \phi} + \boldsymbol{k}\frac{\partial \Phi}{\partial r}$$

$$\nabla \cdot \boldsymbol{V} = \frac{1}{r\cos\phi}\left[\frac{\partial u}{\partial \lambda} + \frac{\partial(v\cos\phi)}{\partial \phi}\right]$$

$$\boldsymbol{k}\cdot(\nabla\times\boldsymbol{V}) = \frac{1}{r\cos\phi}\left[\frac{\partial v}{\partial \lambda} - \frac{\partial(u\cos\phi)}{\partial \phi}\right]$$

$$\nabla_h^2\Phi = \frac{1}{r^2\cos^2\phi}\left[\frac{\partial^2\Phi}{\partial \lambda^2} + \cos\phi\frac{\partial}{\partial \phi}\left(\cos\phi\frac{\partial \Phi}{\partial \phi}\right)\right]$$

# 附录 D

# 湿度变量

● ● ● ● ● ● ● ●

### D.1 相当位温

将热力学第一定律应用于 1 kg 干空气与 $q$ kg 水汽的混合物，就可以推导出 $\theta_e$ 的数学表达式。这里，$q$ 被称为混合比，通常用单位质量干空气中所含的水汽克数来表示。如果气块是非饱和的，那么干空气就满足如下能量方程：

$$c_p \mathrm{d}T - \frac{\mathrm{d}(p-e)}{p-e}RT = 0 \tag{D.1}$$

而水汽则满足

$$c_{pv} \mathrm{d}T - \frac{\mathrm{d}e}{e}\frac{R^*}{m_v}T = 0 \tag{D.2}$$

这里已假定运动是绝热的。其中，$e$ 为水汽分压，$c_{pv}$ 为水汽的定压比热，$R^*$ 为普适气体常数，$m_v$ 为水的分子量。如果气块是饱和的，1 kg 干空气中 $-\mathrm{d}q_s$ kg 的水汽凝结后，可以通过转化为液态水来释放热量，从而加热空气和水汽的混合物，那么饱和气块必然满足如下能量方程：

$$c_p \mathrm{d}T + q_s c_{pv} \mathrm{d}T - \frac{\mathrm{d}(p-e_s)}{p-e_s}RT - q_s \frac{\mathrm{d}e_s}{e_s}\frac{R^*}{m_v}T = -L_c \mathrm{d}q_s \tag{D.3}$$

式中，$q_s$ 和 $e_s$ 分别为饱和混合比和饱和水汽压。使用克劳修斯-克拉伯龙方程，可用温度将 $\mathrm{d}e_s/e_s$ 表示为[1]

$$\frac{\mathrm{d}e_s}{\mathrm{d}T} = \frac{m_v L_c e_s}{R^* T^2} \tag{D.4}$$

将式（D.4）代入式（D.3），整理后可得

---

[1] 推导过程可参见 Curry 和 Webster(1999, p108)的研究。

$$-L_c \mathrm{d}\left(\frac{q_s}{T}\right) = c_p \frac{\mathrm{d}T}{T} - \frac{R\mathrm{d}(p-e_s)}{p-e_s} + q_s c_{pv} \frac{\mathrm{d}T}{T} \tag{D.5}$$

如果将干空气的位温取为 $\theta_d$，那么根据

$$c_p \mathrm{d}\ln\theta_d = c_p \mathrm{d}\ln T - R\mathrm{d}\ln(p-e_s)$$

可将式（D.5）改写为

$$-L_c \mathrm{d}\left(\frac{q_s}{T}\right) = c_p \mathrm{d}\ln\theta_d + q_s c_{pv} \mathrm{d}\ln T \tag{D.6}$$

但是，可以证明

$$\frac{\mathrm{d}L_c}{\mathrm{d}T} = c_{pv} - c_w \tag{D.7}$$

式中，$c_w$ 为液态水的比热。联立式（D.7）和式（D.6），消去 $c_{pv}$ 后可得

$$-\mathrm{d}\left(\frac{L_c q_s}{T}\right) = c_p \mathrm{d}\ln\theta_d + q_s c_w \mathrm{d}\ln T \tag{D.8}$$

略去式（D.8）中的最后一项，再从初始状态 $(p,\, T,\, q_s,\, e_s,\, \theta_d)$ 积分到 $q_s \to 0$ 的状态。这样饱和气块的相当位温就可写为

$$\theta_e = \theta_d \exp\left(\frac{L_c q_s}{c_p T}\right) \approx \theta \exp\left(\frac{L_c q_s}{c_p T}\right) \tag{D.9}$$

如果使用的是当气块绝热膨胀到饱和状态时所具有的温度，那么式（D.9）也可用于非饱和气块的情况。

### D.2 假绝热递减率

2.9.2 节已经证明，根据热力学第一定律，经历假绝热上升的饱和气块的垂直温度递减率可由下式得到：

$$\frac{\mathrm{d}T}{\mathrm{d}z} + \frac{g}{c_p} = -\frac{L_c}{c_p}\left[\left(\frac{\partial q_s}{\partial T}\right)_p \frac{\mathrm{d}T}{\mathrm{d}z} - \left(\frac{\partial q_s}{\partial p}\right)_T \rho g\right] \tag{D.10}$$

需要注意的是，$q_s \cong \varepsilon e_s / p$，其中 $\varepsilon = 0.622$ 为水汽和干空气的分子量之比。利用式（D.4），可将式（D.10）中的偏导数写为

$$\left(\frac{\partial q_s}{\partial p}\right)_T \approx -\frac{q_s}{p}, \qquad \left(\frac{\partial q_s}{\partial T}\right)_p \approx \frac{\varepsilon}{p}\frac{\partial e_s}{\partial T} = \frac{\varepsilon^2 L_c e_s}{pRT^2} = \frac{\varepsilon L_c q_s}{RT^2}$$

将其代入式（D.10），并利用 $g/c_p = \Gamma_d$，得到最终结果为

$$\Gamma_s \equiv -\frac{\mathrm{d}T}{\mathrm{d}z} = \Gamma_d \frac{1 + L_c q_s /(RT)}{1 + \varepsilon L_c^2 q_s /(c_p RT^2)}$$

# 附录 E

# 标准大气数据

## 位势高度与气压

| 气压（hPa） | 位势高度（km） |
|---|---|
| 1000 | 0.111 |
| 900 | 0.998 |
| 850 | 1.457 |
| 700 | 3.012 |
| 600 | 4.206 |
| 500 | 5.574 |
| 400 | 7.185 |
| 300 | 9.164 |
| 250 | 10.363 |
| 200 | 11.784 |
| 150 | 13.608 |
| 100 | 16.180 |
| 50 | 20.576 |
| 30 | 23.849 |
| 20 | 26.481 |
| 10 | 31.055 |

**标准大气中温度、气压和密度与位势高度的关系**

| 位势高度（km） | 温度（K） | 气压（hPa） | 密度（kg m$^{-3}$） |
| --- | --- | --- | --- |
| 0 | 288.15 | 1013.25 | 1.225 |
| 1 | 281.65 | 898.74 | 1.112 |
| 2 | 275.15 | 794.95 | 1.007 |
| 3 | 268.65 | 701.08 | 0.909 |
| 4 | 262.15 | 616.40 | 0.819 |
| 5 | 255.65 | 540.19 | 0.736 |
| 6 | 249.15 | 471.81 | 0.660 |
| 7 | 242.65 | 410.60 | 0.590 |
| 8 | 236.15 | 355.99 | 0.525 |
| 9 | 229.65 | 307.42 | 0.466 |
| 10 | 223.15 | 264.36 | 0.412 |
| 12 | 216.65 | 193.30 | 0.311 |
| 14 | 216.65 | 141.01 | 0.227 |
| 16 | 216.65 | 102.87 | 0.165 |
| 18 | 216.65 | 75.05 | 0.121 |
| 20 | 216.65 | 54.75 | 0.088 |
| 24 | 220.65 | 29.30 | 0.046 |
| 28 | 224.65 | 15.86 | 0.025 |
| 32 | 228.65 | 08.68 | 0.013 |

# 附录 F

# 对称斜压振荡

· · · · · · · ·

在推导斜压区受迫横向环流的 Sawyer-Eliassen 方程［见式（9.15）］时，会出现一种变形形式。这种形式可用于推导自由对称横向振荡方程，而这个方程又可用于推导不稳定对称振荡增长率或稳定对称振荡频率的表达式。

假设流场是纬向对称的，因此有 $u_g = u_g(y, z)$ 和 $b = b(y, z)$。用流函数 $\psi(y, z)$ 可将非地转（横向）气流表示为 $v_a = -\partial\psi/\partial z$ 和 $w_a = \partial\psi/\partial y$。那么，根据式（9.12）有 $Q_2 = 0$，可见任何横向环流都是非受迫的，并且必然在地转平衡的偏差中出现。这可以通过在 $y$ 方向动量方程中增加一个加速度项来简单表示。此时，式（9.10）可改写为

$$\frac{\partial}{\partial t}\left(-\frac{\partial^2\psi}{\partial z^2}\right) + f\frac{\partial u_g}{\partial z} + \frac{\partial b}{\partial y} = 0 \tag{F.1}$$

联立式（9.11）和式（9.13），并利用式（F.1），可得

$$\frac{\mathrm{d}}{\mathrm{d}t}\left[\frac{\partial}{\partial t}\left(\frac{\partial^2\psi}{\partial z^2}\right)\right] + N_s^2\frac{\partial^2\psi}{\partial y^2} + F^2\frac{\partial^2\psi}{\partial z^2} + 2S^2\frac{\partial^2\psi}{\partial y\partial z} = 0 \tag{F.2}$$

略去流函数中的二次项，有

$$\frac{\mathrm{d}}{\mathrm{d}t} = \frac{\partial}{\partial t} + v_a\frac{\partial}{\partial y} + w_a\frac{\partial}{\partial z} \approx \frac{\partial}{\partial t}$$

可以得到最终结果为

$$\frac{\partial^2}{\partial t^2}\left(\frac{\partial^2\psi}{\partial z^2}\right) + N_s^2\frac{\partial^2\psi}{\partial y^2} + F^2\frac{\partial^2\psi}{\partial z^2} + 2S^2\frac{\partial^2\psi}{\partial y\partial z} = 0 \tag{F.3}$$

# 附录 G

# 条件概率与似然

● ● ● ● ● ● ● ● ●

随机变量定义为某个规则（如函数）所对应的结果，这种规则将一个实数与抽样空间 $S$ 中的每个结果联系在了一起。假设有两个离散随机变量 $A$ 和 $B$，它们都与样本空间中的事件有关。$A$ 和 $B$ 发生的概率分别表示为 $P(A)$ 和 $P(B)$，在[0，1]取值，并且根据定义有 $P(S) = 1$。条件概率表示为 $P(A|B)$，读作"在出现 $B$ 的条件下出现 $A$ 的概率"。如果 $B$ 已经发生，那么样本空间就从 $S$ 收缩到了 $B$。

预期 $P(A|B)$ 正比于 $P(A \cap B)$，后者是 $A$ 和 $B$ 都发生的交叉概率。由于 $P(B|B) = 1$，$P(B \cap B) = P(B)$，所以，两者的比例常数必然为 $1/P(B)$，故有

$$P(A|B) = \frac{P(A \cap B)}{P(B)} \tag{G.1}$$

类似有

$$P(B|A) = \frac{P(A \cap B)}{P(A)} \tag{G.2}$$

利用式（G.2）替换式（G.1）中的 $P(A \cap B)$，就可以得到贝叶斯定理：

$$P(A|B) = \frac{P(B|A)P(A)}{P(B)} \tag{G.3}$$

根据条件概率，就可以得到某一事件影响另一事件发生概率的特定信息。例如，已知 $B = b$，那么根据式（G.3），由 $P(A|B=b)$ 就可以"更新"事件 $A$ 发生的概率。相反，如果将条件概率视为第二个变量 $B$ 的函数，那么就可以得到如下似然函数：

$$L(b|B) = \alpha P(A|B = b) \tag{G.4}$$

式中，$\alpha$ 为常值参数。例如，假设有一组掷硬币得到的"正面（$H$）"和"反面（$T$）"的结果。如果掷硬币一次，并得到"正面"，那么我们就可以问，"实际概率 $P(H) = 0.5$ 的可能性指的是什么？"由图 G.1 可知 $L = 0.5$，但实际上最有可能的值是 $P(H) = 1$；需要注意的是，$L(0) = 0$，这是因为观察到了"正面"，所以，必然有非零概率。假定再次投掷硬币又得到一个"正面"，那么最大可能性仍然位于 $P(H) = 1$ 处，并且出现较小 $P(H)$ 的可能

性就降低了。此时可以回过头来再问："如果我们已知 $P(H) = 0.5$（硬币是公平的），那么观测到两次正面（$HH$）的概率是多少？" 这就是条件概率，在这种情况下为 0.25，也就是 $L(0.5|HH)$。另外，如果其中一个观测结果是"反面"，那么 $L(0)$ 和 $L(1)$ 必然均为 0（见图 G.1）。需要注意的是，不同于条件概率，似然并不是概率，因为其值可能会大于 1，而且不会累加到 1。

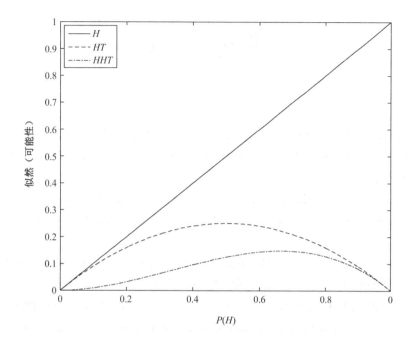

图 G.1　在投掷硬币时，出现"正面"的概率与似然（可能性）之间的函数关系

# 参考文献

[1]   Acheson, D.J., 1990. Elementary Fluid Dynamics. Oxford University Press, New York.

[2]   Andrews, D.G., Holton, J.R., Leovy, C.B., 1987. Middle Atmosphere Dynamics. Academic Press, Orlando.

[3]   Andrews, D.G., McIntyre, M.E., 1976. Planetary waves in horizontal and vertical shear: The generalized Eliassen–Palm relation and the mean zonal acceleration. J. Atmos. Sci. 33, 2031–2048.

[4]   Arakawa, A., Schubert, W., 1974. Interaction of a cumulus cloud ensemble with the large scale environment. Part I. J. Atmos. Sci. 31, 674–701.

[5]   Arya, S.P., 2001. Introduction to Micrometeorology, second ed. Academic Press, Orlando.

[6]   Baer, F., 1972. An alternate scale representation of atmospheric energy spectra. J. Atmos. Sci. 29, 649–664.

[7]   Battisti, D.S., Sarachik, E.S., Hirst, A.C., 1992. A consistent model for the large-scale steady surface atmospheric circulation in the tropics. J. Climate 12, 2956–2964.

[8]   Blackburn, M., 1985. Interpretation of ageostrophic winds and implications for jet stream maintenance. J. Atmos. Sci. 42, 2604–2620.

[9]   Blackmon, M.L., Wallace, J.M., Lau, N.-C., Mullen, S.L., 1977. An observational study of the northern hemisphere wintertime circulation. J. Atmos. Sci. 34, 1040–1053.

[10]  Bluestein, H., 1993. Synoptic-Dynamic Meteorology in Midlatitudes, Vol.II. Oxford University Press, New York.

[11]  Bourne, D.E., Kendall, P.C., 1968. Vector Analysis. Allyn & Bacon, Boston.

[12]  Brasseur, G. Solomon, S., 1986. Aeronomy of the Middle Atmosphere. Chemistry and Physics of the Stratosphere and Mesosphere, second ed. Reidel, Norwell, MA.

[13]  Brown, R.A., 1970. A secondary flow model for the planetary boundary layer. J. Atmos. Sci. 27, 742–757.

[14]  Brown, R.A., 1991. Fluid Mechanics of the Atmosphere. Academic Press, Orlando.

[15]  Chang, C.P., 1970. Westward propagating cloud patterns in the Tropical Pacific as seen from time-composite satellite photographs. J. Atmos. Sci. 27, 133–138.

[16] Chang, E.K.M., 1993. Downstream development of baroclinic waves as inferred from regression analysis, J. Atmos. Sci. 50, 2038–2053.

[17] Chapman, S., Lindzen, R.S., 1970. Atmospheric Tides. Thermal and Gravitational. Reidel, Dordrecht, Holland.

[18] Charney, J.G., 1947. The dynamics of long waves in a baroclinic westerly current. J. Meteor. 4, 135–163.

[19] Charney, J.G., 1948. On the scale of atmospheric motions. Geofys. Publ. 17(2), 1–17.

[20] Charney, J.G., DeVore, J.G., 1979. Multiple flow equilibria in the atmosphere and blocking. J. Atmos. Sci. 36, 1205–1216.

[21] Charney, J.G., Eliassen, A., 1949. A numerical method for predicting the perturbations of the middle latitude westerlies. Tellus 1(2), 38–54.

[22] Cunningham, P., Keyser, D., 2004. Dynamics of jet streaks in a stratified quasi-geostrophic atmosphere: Steady-state representations. Quart. J. Roy. Meteor. Soc. 130A, 1579–1609.

[23] Curry, J. A., Webster, P. J., 1999. Thermodynamics of Atmospheres and Oceans. Academic Press, San Diego.

[24] Dai, A., Wigley, T.M.L., Boville, B.A., Kiehl, J.T. Buja, L.E., 2001. Climates of the Twentieth and Twenty-First Centuries Simulated by the NCAR Climate System Model. Climate 14, 485–519.

[25] Dunkerton, T.J., 2003. Middle Atmosphere. Quasi-biennial Oscillation. In: Holton, J.R. Curry, J.A., Pyle, J. A. (Eds), Encyclopedia of Atmospheric Sciences, Academic Press, London.

[26] Durran, D. R., 1990. Mountain waves and downslope winds. In: Blumen, W. (Eds.), Atmospheric Processes over Complex Terrain, American Meteorological Society, pp. 59–82.

[27] Durran, D.R., 1993. Is the Coriolis force really responsible for the inertial oscillation? Bull. Am. Meteorol. Soc. 74(11), 2179–2184.

[28] Durran, D.R., 1999. Numerical Methods for Wave Equations in Geophysical Fluid Dynamics. Springer, New York.

[29] Durran, D.R., Snellman, L.W., 1987. The diagnosis of synoptic-scale vertical motion in an operational environment. Wea. Forecasting 1, 17–31.

[30] Eady, E.T., 1949. Long waves and cyclone waves. Tellus 1(3), 33–52.

[31] Eliassen, A., 1990. Transverse circulations in frontal Zones. In: Newton, C.W., Holopainen, E.O. (Eds.), Extratropical Cyclones, The Erik Palmén Memorial Volume, American Meteorological Society, Boston, 155–164.

[32] Emanuel, K.A., 1988. Toward a general theory of hurricanes. Am. Sci. 76, 370–379.

[33] Emanuel, K.A., 1994. Atmospheric Convection. Oxford University Press, New York.

[34] Emanuel, K.A., 2000. Quasi-equilibrium thinking. In: Randall, D.A. (Eds.), General Circulation Model Development, Academic Press, New York, 225–255.

[35] Fleming, E.L., Chandra, S., Barnett, J.J., Corey, M., 1990. Zonal mean temperature, pressure, zonal wind and geopotential height as functions of latitude. Adv. Space Res. 10(12), 11–59.

[36] Garratt, J.R., 1992. The Atmospheric Boundary Layer. Cambridge University Press, Cambridge.

[37] Gill, A.E., 1982. Atmosphere-Ocean Dynamics. Academic Press, New York.

[38] Hakim, G.J., 2000. Role of nonmodal growth and nonlinearity in cyclogenesis initial-value problems. J. Atmos. Sci. 57, 2951–2967.

[39] Hakim, G.J., 2002. Cyclonesis. In: Encyclopedia of the Atmospheric Sciences. Elsevier, Boston.

[40] Hamill, T.M., 2006. Ensemble-based atmospheric data assimilation. In: Palmer, T., Hagedorn, R. (Eds.), Predicitability of Weather and Climate. Cambridge University, Cambridge, UK, pp. 124–156.

[41] Held, I.M., 1983. Stationary and quasi-stationary eddies in the extratropical troposphere: theory. In Hoskins, B.J., Pearce, R. (Eds.), Large-Scale Dynamical Processes in the Atmosphere, Academic Press, New York, pp. 127–168.

[42] Hess, S.L. 1959. Introduction to Theoretical Meteorology. Holt, New York.

[43] Hide, R., 1966. On the dynamics of rotating fluids and related topics in geophysical fluid mechanics. Bull. Am. Meteorol. Soc. 47, 873–885.

[44] Hildebrand, F.B., 1976. Advanced Calculus for Applications, second ed. Prentice Hall, New York.

[45] Holton, J.R., 1986. Meridional distribution of stratospheric trace constituents. J. Atmos. Sci. 43, 1238–1242.

[46] Holton, J.R., Haynes, P.H., McIntyre, M.E., Douglass, A.R., Rood, R.B., Pfister, L., 1995. Stratosphere-troposphere exchange. Rev. Geophys. 33, 403–439.

[47] Horel, J.D., Wallace J.M., 1981. Planetary scale atmospheric phenomena associated with the southern oscillation. Mon. Wea. Rev. 109, 813–829.

[48] Hoskins, B.J., 1975. The geostrophic momentum approximation and the semi-geostrophic equations. J. Atmos. Sci. 32, 233–242.

[49] Hoskins, B.J., 1982. The mathematical theory of frontogenesis. Annu. Rev. Fluid Mech. 14, 131–151.

[50] Hoskins, B.J., 1983. Dynamical processes in the atmosphere and the use of models. Quart. J. Roy. Meteor. Soc. 109, 1–21.

[51] Hoskins, B.J., Bretherton F.P., 1972. Atmospheric frontogenesis models: mathematical formulation and solution. J. Atmos. Sci. 29, 11–37.

[52]  Hoskins, B.J., McIntyre, M.E., Robertson, A.W., 1985. On the use and significance of isentropic potential vorticity maps. Quart. J. Roy. Meteorol. Soc. 111, 877-946.

[53]  Houze Jr., R.A., 1993. Cloud Dynamics. Academic Press, San Diego.

[54]  James, I.N., 1994. Introduction to Circulating Atmospheres. Cambridge University Press, Cambridge, UK.

[55]  Kalnay, E., 2003. Atmospheric Modeling, Data Assimilation and Predictability. Cambridge University Press, Cambridge, UK.

[56]  Kepert, J.D., Wang Y., 2001. The Dynamics of boundary layer jets within the tropical cyclone core. part II: nonlinear enhancement. J. Atmos. Sci. 58, 2485-2501.

[57]  Klemp, J.B., 1987. Dynamics of tornadic thunderstorms. Annu. Rev. Fluid Mech. 19, 369–402.

[58]  Lackmann G., 2012. Midlatitide Synoptic Meteorology: Dynamics, Analysis, and Forecasting. American Meteorological Society, Boston.

[59]  Lim, G.H., Holton, J.R., Wallace, J.M., 1991. The structure of the ageostrophic wind field in baroclinic waves. J. Atmos. Sci. 48, 1733–1745.

[60]  Lindzen, R.S., Batten, E.S., Kim, J.W., 1968. Oscillations in atmospheres with tops. Mon. Wea. Rev. 96, 133–140.

[61]  Lorenz, E.N., 1960. Energy and numerical weather prediction. Tellus 12, 364–373.

[62]  Lorenz, E.N., 1967. The Nature and Theory of the General Circulation of the Atmosphere. World Meteorological Organization, Geneva.

[63]  Lorenz, E.N., 1984. Some aspects of atmospheric predictability. In: Burridge, D.M., Källén, E. (Eds.), Problems and Prospects in Long and Medium Range Weather Forecasting, Springer-Verlag, New York, pp. 1–20.

[64]  Madden, R.A., 2003. Intraseasonal oscillation (Madden–Julian oscillation). In: Holton, J.R., Curry, J.A., Pyle, J.A. (Eds.), Encyclopedia of Atmospheric Sciences. Academic Press, London, 2334–2338.

[65]  Madden, R.A., Julian, P.R., 1972. Description of global-scale circulation cells in the tropics with a 40–50 day period. Atmos. Sci. 29, 1109–1123.

[66]  Martin, J.E., 2006. Mid-Latitude Atmospheric Dynamics. John Wiley & Sons, New York.

[67]  Matsuno, T., 1966. Quasi-geostrophic motions in the equatorial area. J. Meteorol. Soc. Japan 44, 25–43.

[68]  Nappo, C.J., 2002. An Introduction to Atmospheric Gravity Waves. Academic Press, San Diego.

[69]  Naujokat, B., 1986. An update of the observed quasi-biennial oscillation of the stratospheric winds over the tropics. J. Atmos. Sci. 43, 1873–1877.

[70]  Norton,W.A., 2003. Middle atmosphere: transport circulation. In: Holton, J.R., Curry, J.A., Pyle, J.A. (Eds.), Encyclopedia of Atmospheric Sciences. Academic Press, London, pp. 1353–1358.

[71] Oort, A.H., 1983. Global atmospheric circulation statistics, 1958-1973. NOAA Professional Paper 14, U. S. Government Printing Office, Washington, DC.

[72] Oort, A.H., Peixoto, J.P., 1974. The annual cycle of the energetics of the atmosphere on a planetary scale. J. Geophys. Res. 79, 2705–2719.

[73] Oort, A.H., Peixoto, J.P., 1983. Global angular momentum and energy balance requirements from observations. Adv. Geophys. 25, 355–490.

[74] Ooyama, K., 1969. Numerical simulation of the life cycle of tropical cyclones. J. Atmos. Sci. 26, 3–40.

[75] Palmén, E., Newton, C.W., 1969. Atmospheric Circulation Systems. Academic Press, London.

[76] Palmer, T.N., 1993. Extended-range atmospheric prediction and the Lorenz model. Bull. Am. Meteor. Soc. 74, 49–65.

[77] Panofsky, H.A., Dutton, J.A., 1984. Atmospheric Turbulence. Wiley, New York.

[78] Pedlosky, J., 1987. Geophysical Fluid Dynamics, second ed. Springer-Verlag, New York.

[79] Philander, S.G., 1990. El Nino, La Nina, and the Southern Oscillation. Academic Press, New York.

[80] Phillips, N.A., 1956. The general circulation of the atmosphere: a numerical experiment. Quart. J. Roy. Meteorol. Soc. 82, 123–164.

[81] Phillips, N.A. 1963. Geostrophic motion. Rev. Geophys. 1, 123–176.

[82] Pierrehumbert, R.T., Swanson, K.L., 1995. Baroclinic Instability. Annu. Rev. Fluid Mech. 27, 419–467.

[83] Plumb, R.A., 1982. The circulation of the middle atmosphere. Aust. Meteorol. Mag. 30, 107–121.

[84] Randall, D.A., 2000. General Circulation Model Development. Academic Press, San Diego.

[85] Reed, R.J., Norquist, D.C., Recker, E.E., 1977. The structure and properties of African wave disturbances as observed during Phase III of GATE. Mon. Wea. Rev. 105, 317–333.

[86] Richardson, L.F., 1922. Weather Prediction by Numerical Process. Cambridge University Press (report by Dover, 1965).

[87] Richtmyer, R.D., Morton, K.W. 1967. Difference Methods for Initial Value Problems, second ed. Wiley (Interscience), New York.

[88] Riehl, H., Malkus, J.S., 1958. On the heat balance of the equatorial trough zone. Geophysica 6, 503–538.

[89] Roe, G.H., Baker, M.B., 2007. Why is climate sensitivity so unpredictable? Science 318, 629-632.

[90] Salby, M.L., 1996. Fundamentals of Atmospheric Physics. Academic Press, San Diego.

[91] Salby, M.L., Hendon, H.H., Woodberry, K., Tanaka, K., 1991. Analysis of global cloud

imagery from multiple satellites. Bull. Am. Meteorol. Soc. 72, 467–480.

[92]  Sanders, F., Hoskins, B.J., 1990. An easy method for estimation of Q-vectors from weather maps. Wea. Forecasting 5, 346–353.

[93]  Sawyer, J.S., 1956. The vertical circulation at meteorological fronts and its relation to frontogenesis. Proc. Roy. Soc. A 234, 346–362.

[94]  Schubert, S., Park, C.-K., Higgins, W., Moorthi, S., Suarez, M., 1990. An atlas of ECMWF analyses(1980–1987) Part I—First moment quantities. NASA Technical Memorandum 100747.

[95]  Scorer, R.S., 1958. Natural Aerodynamics, Pergamon Press, New York.

[96]  Shine, K.P., 1987. The middle atmosphere in the absence of dynamical heat fluxes. Quart. J. Roy. Meteor. Soc. 113, 603–633.

[97]  Simmons, A.J., Bengtsson, L., 1984. Atmospheric general circulation models: their design and use for climate studies. In: Houghton, J.T. (Eds.), The Global Climate. Cambridge University Press, Cambridge, UK, pp. 37–62.

[98]  Simmons, A.J., Burridge, D.M., Jarraud, M., Girard, C., Wergen, W., 1989. The ECMWF mediumrange prediction models: Development of the numerical formulations and the impact of increased resolution. Meteorol. Atmos. Phys. 40, 28–60.

[99]  Simmons, A.J., Hollingsworth, A., 2002. Some aspects of the improvement in skill of numerical weather prediction. Quart. J. Roy. Meteorol. Soc. 128, 647–678.

[100]  Sinclair, P.C., 1965. On the rotation of dust devils. Bull. Am. Meteorol. Soc. 46, 388–391.

[101]  Smagorinsky, J., 1967. The role of numerical modeling. Bull. Am. Meteorol. Soc. 46, 89–93.

[102]  Smith, R.B., 1979. The influence of mountains on the atmosphere. Adv. Geophys. 21, 87–230.

[103]  Stevens, D.E., Lindzen, R.S., 1978. Tropical wave–CISK with a moisture budget and cumulus friction. J. Atmos. Sci. 35, 940–961.

[104]  Stull, R.B., 1988. An Introduction to Boundary Layer Meteorology. Kluwer Academic Publishers, Boston.

[105]  Thompson, D.W.J., Wallace, J.M., Hegerl, G.C., 2000. Annular modes in the extratropical circulation. Part II: Trends. J. Climate 13, 1018-1036.

[106]  Thorpe, A.J., Bishop, C.H., 1995. Potential vorticity and the electrostatics analogy. Ertel-Rossby formulation. Quarti. J. Ref. Meteorol. Soc. 121, 1477–1495.

[107]  Trenberth, K.E., 1991. General characteristics of El Nino-Southern Oscillation. In: Glantz, M., Katz, R., Nichols, N. (Eds), ENSO Teleconnections Linking Worldwide Climate Anomalies: Scientific Basis and Societal Impact. Cambridge University Press, Cambridge, UK, 13–42.

[108] Turner, J.S., 1973. Buoyancy Effects in Fluids. Cambridge University Press, Cambridge.

[109] U.S. Government Printing Office, 1976. U. S. Standard Atmosphere, 1976, U. S. Government Printing Office, Wahsington, DC.

[110] Vallis, G.K., 2006. Atmospheric and Oceanic Fluid Dynamics: Fundamentals and Large-Scale Circulation. Cambridge University Press, Cambridge, UK.

[111] Wallace, J.M., 1971. Spectral studies of tropospheric wave disturbances in the tropical Western Pacific. Rev. Geophys. 9, 557–612.

[112] Wallace, J.M., 2003. General circulation: overview. In: Holton, J.R., Curry, J.A., Pyle, J.A. (Eds.), Encyclopedia of Atmospheric Sciences. Academic Press, London, pp. 821–829.

[113] Wallace, J.M., Hobbs, P.V., 2006. Atmospheric Science. An Introductory Survey, second ed. Academic Press, New York.

[114] Wallace, J.M., Kousky, V.E., 1968. Observational evidence of Kelvin waves in the tropical stratosphere. J. Atmos. Sci. 25, 900–907.

[115] Warsh, K.L., Echternacht, K.L., Garstang, M., 1971. Structure of near-surface currents east of Barbados. J. Phys. Oceanog. 1, 123–129.

[116] Washington, W.M., Parkinson, C.L., 1986. An Introduction to Three-Dimensional Climate Modeling. University Science Books, Mill Valley, CA.

[117] Webster, P.J., 1983. The large-scale structure of the tropical atmosphere. In: Hoskins, B.J., Pearce, R., Large-Scale Dynamical Processes in the Atmosphere. Academic Press, New York, pp. 235–275.

[118] Webster, P.J., Chang, H.R., 1988. Equatorial energy accumulation and emanation regions: impacts of a zonally varying basic state. J. Atmos. Sci. 45, 803–829.

[119] Webster, P.J., Fasullo, J., 2003. Monsoon: dynamical theory. In: Holton, J.R., Curry, J.A., Pyle, J.A. (Eds.), Encyclopedia of Atmospheric Sciences. Academic Press, London, pp. 1370–1386.

[120] Williams, J., Elder, S.A., 1989. Fluid Physics for Oceanographers and Physicists. Pergamon Press, New York.

[121] Williams, K.T., 1971. A statistical analysis of satellite-observed trade wind cloud clusters in the western North Pacific. Atmospheric Science Paper No. 161, Dept. of Atmospheric Science, Colorado State Univ., Fort Collins, CO.

[122] Yanai, M., Maruyama, T., 1966. Stratospheric wave disturbances propagating over the equatorial Pacific. J. Meteor. Soc. Jpn. 44, 291–294.